L'ÉLECTRICITÉ

ET LES

CHEMINS DE FER

PARIS. — TYP. SIMON RAÇON ET COMP., RUE D'ERFURTH, 1.

L'ÉLECTRICITÉ

ET

LES CHEMINS DE FER

DESCRIPTION ET EXAMEN DE TOUS LES SYSTÈMES PROPOSÉS

POUR ÉVITER

LES ACCIDENTS SUR LES CHEMINS DE FER

AU MOYEN DE L'ÉLECTRICITÉ

PRÉCÉDÉS

D'UN RÉSUMÉ HISTORIQUE ÉLÉMENTAIRE DE CETTE SCIENCE
ET DE SES PRINCIPALES APPLICATIONS

PAR

MANUEL FERNANDEZ DE CASTRO

INGÉNIEUR EN CHEF DE PREMIÈRE CLASSE DU CORPS ROYAL DES MINES D'ESPAGNE

Publié par ordre du Gouvernement espagnol.

TOME PREMIER

PARIS

LIBRAIRIE SCIENTIFIQUE, INDUSTRIELLE ET AGRICOLE

LACROIX ET BAUDRY

RÉUNION DES ANCIENNES MAISONS L. MATHIAS ET DU COMPTOIR DES IMPRIMEURS

15, QUAI MALAQUAIS, 15

1859

A

M. PH. FERNANDEZ DE CASTRO

Ce n'est point uniquement pour vous témoigner mon respect et mon affection que je vous dédie cet ouvrage : en le faisant, j'accomplis aussi un devoir de justice et j'acquitte une dette de reconnaissance. Je vous dois la première idée de mon *système de signaux électriques*, et c'est dans cette idée première que réside tout son mérite. Aussi longtemps que vous l'avez pu, vous m'avez prodigué vos conseils, et la patiente fermeté avec laquelle vous avez supporté les plus cruelles vicissitudes, en me servant d'exemple, m'a donné la force de lutter contre bien des obstacles et m'a permis d'obtenir, dans mon pays, la plus douce des récompenses, une manifestation d'estime de la part de ses représentants. Aujourd'hui que les circonstances nous contraignent à vivre éloignés l'un de l'autre, recevez au moins l'assurance que votre nom est inséparable de la gloire à laquelle peut aspirer votre fils.

MANUEL FERNANDEZ DE CASTRO.

PRÉFACE

Ce qui domine aujourd'hui chez les enfants du dix-neuvième siècle, c'est le contentement orgueilleux de l'œuvre accomplie. Chacun porte avec complaisance ses regards en arrière, et aime à comparer l'état de l'Europe au temps de nos aïeux avec celui de l'Europe de nos jours, toute resplendissante des merveilles sans nombre qui nous entourent. Ce parallèle fait naître chez ceux qui ont contribué en partie à cette brillante transformation une idée exagérée de la perfection moderne, et, conséquence naturelle de cette idée, une tendance à croire l'œuvre terminée, à se reposer devant elle dans une extatique contemplation, et à s'écrier témérairement : *Non plus ultra!*

La punition infligée jadis à la femme de Loth se renouvelle sans cesse : presque tous, oubliant cette sage parabole, cèdent à la tentation de tourner souvent la tête, et, perdant toute énergie, ils s'immobilisent et méconnaissent cette loi éternelle de l'humanité, le progrès!

Heureusement les générations succèdent aux générations, et, quand l'une d'elles, glorieuse mais vieillie, n'a plus la force nécessaire pour marcher à de nouvelles conquêtes, survient une plus jeune qui, moitié par inexpérience, moitié par enthousiasme, bouleverse les idées et les choses, remet tout en question et fait un pas en avant.

C'est cette lutte qui enfante la lumière. C'est là l'histoire constante du genre humain, et, sans remonter bien haut pour chercher des exemples, je vais en citer un de notre époque. M. Arago, M. Thiers et plusieurs autres sommités du talent et de la science, taxèrent de folie les premiers projets d'établissement de chemins de fer en France, et traitèrent leurs auteurs de rêveurs insensés. Ces derniers, pleins d'enthousiasme et de foi dans l'invention nouvelle, eurent à soutenir de rudes combats contre ces illustres incrédules dont l'expérience avait pourtant déjà sanctionné d'autres progrès ; et, chose singulière, aujourd'hui que le fait accompli leur a donné raison contre leurs adversaires, aujourd'hui qu'ils sont maîtres du terrain, ils semblent se laisser aller aux préjugés dont ils furent victimes. Eux aussi se montrent incrédules, eux aussi refusent d'écouter ceux qui, comme eux il y a vingt ans, ne veulent pas croire au *non plus ultra* et prétendent que le monde n'a pas encore dit son dernier mot!

Hélas! telle est, en effet, la faiblesse humaine. L'homme, au soir de sa longue et pénible journée, s'efforce, d'un bras débile, d'arrêter ceux qui vont à la découverte de nouveaux horizons. Ceux-là mêmes qui se rappellent l'ironie ou tout au moins l'indifférence avec laquelle on écoutait jadis le développement de leurs idées utiles, et qui savent ce qu'il leur en a coûté de peine et de tourments pour les faire triompher, sont les premiers à répondre à ceux qui en émettent de nouvelles : « Ne vous donnez point tant de peine ; notre œuvre est achevée et parfaite ; de plus longues recherches sont inutiles ; consacrez plutôt votre talent et vos soins à la maintenir et à la perfectionner. Que voulez-vous de plus ? Comparez-la à ce qui existait avant elle ; n'êtes-vous pas satisfaits ? »

Triste chose ! après avoir été les apôtres du progrès, les hommes, en vieillissant, deviennent les pharisiens de ses lois, presque tous s'arrêtent ; et ils parviendraient à tout paralyser sans l'élan de cette jeunesse vigoureuse et active qui vient renouveler et rajeunir incessamment l'aspect de la terre !

Le livre auquel ces quelques lignes servent de préface est le développement d'une idée nouvelle qui tend à modifier profondément, — en la perfectionnant, — la plus utile et la plus grande des inventions humaines, les chemins de fer. L'auteur de ce livre est du nombre de ceux qui croient et qui marchent. Inutile de rappeler comment il a été accueilli par ceux qu'on appelle les princes de la science, et qui, déjà à leur déclin, voudraient barrer le chemin aux jeunes gens qui s'élancent derrière eux.

Et pourtant l'idée est bonne, toute dans l'intérêt de l'humanité ; l'application est urgente et le succès probable. Si elle eût pris naissance dans le cerveau d'un homme déjà célèbre, elle suffirait à elle seule pour éclipser ses autres titres de gloire ; mais, fruit des laborieuses études d'un obscur chercheur, il faut qu'elle subisse le contrôle jaloux de ceux dont elle doit modifier les œuvres ; et, dès lors, il n'est pas étonnant de la voir lutter péniblement et sans pouvoir avancer.

Et qu'on ne croie pas que j'exagère. Notre compatriote est allé de ville en ville : à peine un sourire d'encouragement ; de tous côtés il a été repoussé. Il eut une entrevue avec le justement renommé Robert Stephenson, et eut la douleur de s'entendre dire que son système n'avait qu'un défaut, celui d'être inutile, par la raison qu'il n'arrivait pas d'accidents sur les chemins de fer.

— Comment! et la catastrophe d'hier sur la ligne de Chester?

— Eh bien... c'en est un...

— Et la rencontre qui eut lieu, il y a quatre jours, sur le North Eastern?

— Ça fait deux.

Devant une pareille insouciance, il n'y avait rien à répliquer. Le jeune inventeur se retira. Qu'eût-il dit, le père de ce même Stephenson, si, lorsqu'il exposait ses idées nouvelles sur les chemins de fer, tout le monde lui eût riposté ainsi, ou lui eût débité les mille et une niaiseries que M. Arago lui-même n'a pas craint d'avancer?

Sans doute il serait absurde de prétendre que des hommes dont les instants sont précieux doivent écouter les milliers d'inventeurs qui s'adressent à eux tous les jours. Je sais par expérience combien sont insipides et oiseuses ces entrevues avec des gens qui, le plus souvent, ignorent même les notions premières, et n'ont aucune idée de tout ce qui se rattache à l'objet de leurs rêves; mais, quand un homme à qui la science est déjà familière se présente avec un système complet, quoique imparfait encore; quand ce système s'appuie sur des faits irrécusables et des essais couronnés de succès; quand l'auteur s'offre à répéter les expériences, il est incroyable que des hommes qui doivent leur position à des idées neuves viennent, de leur voix pleine d'autorité, étouffer non plus l'œuvre insignifiante du premier venu, mais la noble aspiration d'un cœur jeune et croyant vers un progrès nécessaire.

N'est-ce pas un phénomène étrange que toutes les vérités, toutes les grandes idées n'aient trouvé d'appui que chez le vulgaire, et que les savants leur aient toujours été contraires? Cette anomalie ne peut s'expliquer que par ce que nous disions au commencement de cette préface : l'amour exagéré que nous portons à nos propres enfants nous fait méconnaître les qualités de ceux des autres.

Les progrès réalisés pendant la première moitié de ce siècle sont réellement extraordinaires : l'histoire, à aucune époque, n'offre le spectacle d'une pareille activité intellectuelle. Mais sommes-nous parvenus au but, ou commençons-nous seulement le voyage? Nos pas suivent-ils toujours la bonne route, ou cette prodigieuse activité elle-même ne nous éloigne-t-elle pas de plus en plus de ce que nous nous proposons d'atteindre? Touchons-nous à la perfection, ou avons-nous encore beaucoup à faire pour y arriver? Tous nos efforts pour améliorer l'ordre matériel, pour faire triompher la vérité dans l'ordre moral, — ce dont il a grand besoin, — seront-ils vains, ou devons-nous les redoubler pour ne point perdre le fruit de tant de peines? Hélas! j'ose à peine le dire; mais cependant, ou ma raison s'égare, ou nous sommes encore, en beaucoup de choses, sinon à l'état de vrais barbares, du moins bien près de la folie.

Les sciences exactes, ainsi que tout ce qui en découle, sont arrivées à une hauteur dont à bon droit nous pouvons nous enorgueillir. Les chemins de fer et le télégraphe électrique, leur puissant auxiliaire, ont distancé les rêves les plus fantastiques des plus fougueuses imaginations. Nous avons découvert dans la nature de nouveaux agents, nous en avons étudié les phénomènes et sommes restés saisis d'admiration devant l'œuvre de Dieu. Mais l'application que nous avons faite de ces agents est bien éloignée de la simplicité, de la perfection, de l'unité, qui caractérisent l'œuvre divine, et ces voies rapides, ce merveilleux télégraphe lui-même, séparés, sans connexion, sans rapports entre eux, semblent aujourd'hui les membres épars d'un corps mutilé, avec lesquels, si l'on parvenait à les réunir, on pourrait créer un ensemble de précision et d'harmonie, et arriver à une copie, bien que grossière, des êtres pensants et agissants.

Pour obtenir ce résultat, prétendent quelques-uns, l'intervention de la volonté humaine suffit avec les ressources dont elle dispose actuellement; d'autres, et parmi eux M. de Castro, recherchent la coopération de ces agents naturels, si dociles, si précis, si supérieurs. Les premiers s'indignent de ce qu'on soit assez hardi pour prétendre modifier l'œuvre de la création; les seconds luttent, et ils seront un jour vainqueurs. Est-il possible de proclamer parfaites les nouvelles voies de communication? Sans faire ici l'analyse de leurs absurdes tarifs, source d'un grand nombre de difficultés artificielles et de complications inutiles, sans approfondir leur administration, dispendieuse, confuse et basée, — comme dernière ressource, — sur la plus déplorable méfiance, il n'est personne qui ne sache que ces voies ne présentent pas toutes les garanties de sécurité qu'on devrait être en droit d'attendre d'elles, comme une de leurs qualités les plus indispensables.

En m'entendant proclamer ce fait, les directeurs, les ingénieurs et tous ceux qu'intéressent les chemins de fer, vont, je le prévois, saisir leur plume et chercher à me démontrer, à coups de chiffres, que les chances d'accidents et de morts sont telles et telles. Soit : je ne veux et même je ne pourrais contredire en rien ces *tant pour cent ;* mais y a-t-il encore des accidents? une catastrophe accompagnée d'une centaine de victimes est-elle possible? Si une existence inconnue est sans cesse menacée, — et cette existence peut être d'un prix inestimable, — doit-on avoir recours à tous les expédients possibles pour éloigner tout danger et rendre de plus en plus rares les chances de mort?

Parce qu'un perfectionnement a été obtenu, on ne doit point pour cela renoncer à un nouveau perfectionnement. De temps à autre, dans les pays montagneux, une diligence s'abîme dans un précipice; que penser de celui qui s'opposerait à la construction d'un parapet ou à la consolidation d'un pont, sous le prétexte que, de nos jours, le nombre des accidents est bien moindre qu'au moyen âge, et que, réduits à un chiffre *comparativement* insignifiant, ces accidents ne justifieraient point une nouvelle dépense?

Sans doute, les malheurs que l'on a à déplorer sur les voies ferrées paraîtront restreints, si on les met en regard des immenses multitudes qu'elles transportent; mais, considérés d'une manière absolue, ils présentent un tout autre aspect de gravité. D'après les documents officiels, il y a eu, de 1840 à 1852, sur les chemins de fer d'Angleterre, 1,828 tués et 2,648 blessés, dont 441 parmi les premiers, et 1,861 parmi les seconds, étaient des voyageurs.

J'appelle d'une manière toute spéciale l'attention du lecteur sur la première partie du dixième chapitre de ce livre. Le relevé statistique des victimes sur les chemins de fer est, dans tous les pays, on ne peut plus obscur; cependant, d'après les données présentées par M. de Castro, il sera aisé de voir qu'il y a encore d'assez nombreux accidents pour appeler l'attention des hommes sérieux et leur inspirer un violent désir de les éviter. Personne ne songe à nier la sécurité *com-*

parative plus grande des chemins de fer, et j'accepte volontiers les calculs qui prouvent et démontrent au voyageur les nombreuses probabilités pour l'heureux achèvement de sa route ; mais je n'admettrai pas patiemment que, en vertu de ces mêmes calculs, on vienne soutenir l'inutilité de perfectionnements et de progrès qui sont indispensables. Chaque année, nous voyons encore périr une personne par cinquante kilomètres de voie exploitée, et ce chiffre n'est pas tellement insignifiant qu'on puisse prétendre que les systèmes de signaux employés sont parfaits. Déjà l'électricité peut contribuer à la sécurité des chemins de fer, et le projet qui fait le sujet de ces lignes est appelé à diminuer dans une proportion notable le nombre des sinistres qui jettent si fréquemment le trouble et l'alarme parmi nous.

Ce n'est pas que je prétende que le système de M. de Castro soit parfait tel qu'il le présente : qu'on lise, à cet égard, les lignes par lesquelles l'auteur termine son dernier chapitre ; mais M. de Castro a donné la première solution pratique d'un problème à peine posé, et il l'a si bien étudié, il en a combattu les difficultés de telle sorte, qu'il mérite assurément la considération des hommes instruits, l'appui des ingénieurs et l'honneur d'une application étendue.

On remarquera peut-être dans ce système la faiblesse de quelques parties ; on exagérera peut-être tel ou tel inconvénient ; mais j'ai la conviction profonde, — parce que les vérités sur lesquelles il repose sont incontestables, — que ses imperfections disparaîtront dans la pratique. La pratique, en effet, source de toutes les sciences exactes, enseigne, produit et corrige. Qu'on adopte un système de signaux électriques tel que le décrit le douzième chapitre de ce volume, et les modifications améliogratrices se succéderont chaque jour ; je crois même entrevoir comme une réalité future, — pardon de l'audace, — la substitution des rails eux-mêmes de la voie aux fils de fer proposés par le projet. Les expériences de l'alagi semblent justifier cette croyance, et, si jamais nos prévisions se réalisent, combien seront grandes l'économie et l'utilité du système! quels résultats ne devra-t-on pas en attendre! quel étonnement ne produiront pas ces admirables crampons de fer destinés par la Providence à lier d'une manière indissoluble les peuples avec les peuples, les frères avec les frères!

Cependant un premier essai ne peut pas aspirer à un résultat aussi grand : comme tous les progrès qu'enfante l'humanité, celui-ci devra passer par cette série d'obstacles de second ordre dont l'importance diminue au fur et à mesure qu'on avance dans la route entreprise. Parmi ces obstacles, le plus grand et celui qui se présente le premier, c'est la dépense qu'entraînerait l'adoption d'un pareil système de signaux. Voilà la cause, — n'en cherchons pas d'autre, — de l'opposition faite par tous les directeurs de chemins de fer à tous les projets présentés jusqu'à ce jour dans le but d'éviter les accidents. Rien de plus inutile que de prêcher la philanthropie quand l'homme croit son intérêt lésé par l'exercice de cette sublime vertu; mais il en serait tout autrement si l'on pouvait prouver le contraire, et démontrer à cette malheureuse et pauvre intelligence humaine combien elle méconnaît les magnifiques harmonies de l'œuvre du Tout-Puissant, harmonies qu'est loin de rendre plus évidentes l'amas de sophismes et de folies dont l'homme s'efforce en vain de les entourer depuis des milliers d'années.

Heureusement, dans la question qui nous occupe, comme dans toutes, l'intérêt matériel bien compris est d'accord avec les exigences du sentiment moral. Dans le nombre des sinistres pouvant occasionner la mort sur un chemin de fer, il en est peu qui n'entraînent aussi des pertes matérielles considérables, soit de temps, soit d'argent; soit immédiates, soit éloignées. Comme je suis convaincu que le total de ces pertes compenserait et au delà les déboursés que l'on ferait pour les éviter, je me permettrai d'entrer dans quelques détails qui ne seront pas, je crois, hors de propos.

Le prix d'installation du nouveau système de signaux électriques serait à peu près :

2,000 mètres de fer galvanisé à télégraphe.	160 fr.
36 petits poteaux de $1^{m},20$ de hauteur.	72
72 isoloirs.	72
72 tiges pour soutenir les isoloirs.	36
2 appareils tendeurs.	16
Prix de chaque kilomètre de voie.	356 fr.

Pour les passages à niveaux, il faudrait 20 mètres de fil de fer, 4 petits poteaux, 4 tendeurs simples, soit 35 francs; pour les aiguilles ou changements de voie, 120 francs; pour les plaques tournantes, 75 francs, et 5 francs par chaque garde de ligne.

Voyons maintenant la dépense à faire pour assurer la sécurité d'un train ou d'une locomotive :

Une tringle avec son communicateur, isolée sur des supports en bois.	30 fr.
Une pile voltaïque.	60
Un appareil d'alarme.	100
Un inverseur.	45
Une poulie en fonte avec courroie de gutta-percha. . . .	35
Fil métallique isolé et frais d'installation.	30
Total.	300 fr.

Supposons que l'exploitation de 100 kilomètres de voie exige 50 locomotives, munies d'une pile chacune, et 50 autres en réserve et pour différents emplois ; supposons aussi qu'il y ait à protéger 40 passages à niveau, 40 changements de voie et ouvrages d'art, et 50 plaques tournantes; nous verrons d'une manière fort évidente que le nouveau système peut-être établi avec une dépense de 600 francs par kilomètre, soit 60,000 francs par chaque section de 100 kilomètres.

Ce devis une fois établi, et en admettant qu'il fallût renouveler entièrement le matériel tous les huit ans, on peut conclure que la dépense annuelle nécessaire pour la protection d'une ligne de 100 kilomètres se réduit aux chiffres suivants :

Renouvellement du matériel.	8,000 fr.
Entretien de 100 piles, dont 50 tout au plus fonctionneraient à la fois.	9,000
Augmentation du personnel du télégraphe.	4,000
TOTAL.	21,000 fr.

Soit 210 francs par an et par kilomètre. Examinons maintenant les résultats que ces déboursements permettraient d'obtenir.

Sans insister sur les existences qu'on pourrait épargner, sans parler non plus de la réduction du personnel, quoiqu'il soit on ne peut plus certain que l'économie sur ce point compenserait largement la dépense, je prierai seulement messieurs les directeurs de tous les chemins de fer qui font aujourd'hui un grand trafic de vouloir bien ouvrir leurs livres et faire le total des sommes payées dans l'espace d'un an pour ces petits accidents, ces avaries constantes et ordinaires de la voie et du matériel, provenant d'erreurs dans les signaux et de méprises de la part des employés; qu'ils veuillent bien tenir compte de l'excédant de dépense en combustible et des autres augmentations qu'entraîne l'arrêt des trains dans les stations pour attendre des avertissements ou des ordres; que, d'autre part, ils considèrent le développement plus grand, l'agencement plus économique du service que permet d'espérer un bon système de signaux électriques, et qu'ils disent ensuite si de pareils avantages, et d'autres dont je ne fais pas mention, ne balanceraient pas grandement les dépenses occasionnées par une amélioration qui a tant de chances de réussite. Que ces messieurs n'oublient pas qu'un seul de ces accidents qui détruisent une partie du matériel nécessite en un seul jour des frais plus grands que ceux qu'exigerait l'établissement de signaux électriques pour plusieurs années.

C'est avec intention que je n'ai pas voulu prendre en considération la diminution de personnel qui doit résulter tôt ou tard de l'adoption du système de M. de Castro, car c'est précisément un des arguments favoris invoqués contre lui par ses adversaires : « Comment! disent-ils, irez-vous vous reposer de la sécurité des trains sur des machines ou appareils susceptibles de se déranger et qui, augmentant la confiance des employés de chemins de fer, accroîtront en proportion la liste des catastrophes? »

En premier lieu, l'inventeur ne supprime pour le moment aucun signal, aucun employé; et la preuve, c'est que, dans le devis donné plus haut, figure au contraire une augmentation de personnel. Son système ne doit être qu'une précaution de plus, jusqu'à ce que le temps et l'expérience aient convaincu les plus incrédules. Ensuite les chances de dérangement ne peuvent qu'être excessivement rares, car le système a ses moyens de vérification constants. En troisième lieu, si la surveillance d'un employé, qui peut se laisser aller à des distractions ou se mettre hors d'état de faire son service, semble préférable aux appareils automoteurs, que n'abandonnons-nous d'un seul coup les nombreuses inventions très-ingénieuses, mais sujettes aussi à se déranger, qu'on introduit depuis quelque temps dans les machines et dans les chemins de fer mêmes, et qui donnent des résultats si excellents, appréciés de tout le monde ?

Mais quelle est l'innovation utile qui ne s'est vu opposer et ces arguments et une foule d'autres encore ?

Je considère comme de la plus haute importance les travaux de M. de Castro, parce que, en ma qualité d'ingénieur en chef du chemin de fer de la Méditerranée, j'ai assisté dans leurs moindres détails aux essais qu'il a faits sur cette voie, et qu'ils m'ont laissé convaincu que cette découverte permettra l'établissement de chemins de fer à une seule voie dans les contrées où les ressources ne peuvent suffire aux dépenses de la double voie ; parce que l'adoption définitive du système aura pour conséquence la multiplication de ces entreprises, qui, vu les frais beaucoup moindres de leur construction, pourront réduire considérablement les tarifs des transports ; parce que, suivant moi, on obtiendra, par ce moyen, une sécurité infiniment plus grande sur les voies actuelles, tout en réalisant une économie remarquable ; parce qu'il me semble qu'on doit prendre au sérieux la tâche de sauver des existences qui peuvent être précieuses pour un pays, pour toute l'humanité, et parce que, enfin, une fois ce système de signaux électriques adopté, j'ai l'intime conviction qu'il sera un jour simplifié au point de ne former plus avec les autres parties des chemins de fer qu'un tout indissoluble, un ensemble aussi inséparable que le sont aujourd'hui la boussole et le vaisseau.

Pour satisfaire à ses légitimes aspirations, l'auteur a non-seulement créé un excellent système de signaux électriques; mais, pendant son séjour à l'étranger, il s'est consacré à l'étude théorique des principales applications de l'électricité, cette branche des connaissances humaines à laquelle, naguère encore, les traités de physique n'accordaient que quelques pages, mais qui maintenant a besoin de plusieurs volumes pour révéler ses merveilles, et semble destinée à remplacer d'autres agents naturels qui eux-mêmes ont régénéré le monde en peu d'années. M. de Castro a cru devoir présenter un résumé du résultat de ses études, supposant avec raison que, sans les notions préliminaires, il ne serait point aisé de comprendre les divers systèmes, d'en faire la comparaison, de se rendre compte des difficultés qu'il faut vaincre pour arriver à leur application, ni enfin d'apprécier à leur juste valeur les solides fondements sur lesquels il a échafaudé sa découverte.

Dans les premiers chapitres de son ouvrage, il expose, sous forme de précis historique élémentaire, le tableau des progrès accomplis par la science, ainsi que le résumé de ses lois et de ses phénomènes. Cette forme est heureusement et habilement choisie, car elle rend moins monotone et même agréable la lecture de ces sortes de livres.

Les huit chapitres qui composent le premier volume renferment tout ce qui rentre dans le cadre de l'auteur, lequel, n'ayant point l'intention d'écrire un traité didactique, a dû passer légèrement sur quelques points qui s'éloignaient par trop de son sujet, tels que les applications électro-chimiques et électro-médicales. Il s'est étendu davantage sur tout ce qui a trait au télégraphe électrique, car ce dernier est non-seulement aujourd'hui la principale sauvegarde des chemins de fer, mais encore il présente de grandes analogies avec tout ce que propose M. de Castro.

Le deuxième volume commence par une courte description des chemins de fer, description indispensable, toute brève qu'elle dût être, car, s'il est nécessaire de connaître les vérités sur lesquelles s'appuie le nouveau système, il n'est pas moins intéressant d'avoir une idée du terrain sur lequel il doit être établi. Rien n'a été omis, dans ce chapitre, de ce qui peut faire comprendre l'immense sécurité dont les signaux électriques entourent les parties si nombreuses et si compliquées d'un chemin de fer. Les hommes spéciaux eux-mêmes trouveront à cette lecture plaisir et profit.

D'après l'ordre igoureusement logique que s'était imposé M. de Castro, il consacre le chapitre dixième à rechercher les défauts auxquels il faut remédier, c'est-à-dire quels sont et quels peuvent être les accidents que l'on doit éviter sur les chemins de fer. Cette recherche a coûté à l'auteur un travail long et minutieux duquel on doit lui savoir gré : le tableau où ce travail se trouve résumé est parfait, et l'on ne s'étonne pas qu'après avoir étudié d'une manière aussi complète tous les cas possibles d'accidents, l'auteur se trouve à même, dans le chapitre onzième, de décrire et de détailler les divers moyens employés jusqu'ici pour les éviter.

Le terrain une fois préparé, et le problème posé sur d'aussi nombreuses données, M. de Castro, plein de confiance, expose, dans le chapitre douzième, le système auquel il a donné son nom. J'ai déjà dit mon opinion sur ce système, et, après avoir proclamé combien j'y ai foi, il me sera sans doute permis de dire que quelques-unes de ses parties réclament d'importantes modifications. Cependant, je le répète, la pratique seule peut décider quelles doivent être ces modifications, et l'état actuel de la science nous les fait espérer telles, que plusieurs parties, nécessaires en ce moment, pourront sans doute être supprimées afin de donner à cette nouvelle découverte une unité plus grande, ainsi qu'une simplicité et une sécurité inappréciables.

Les treizième et quatorzième chapitres contiennent la description de tous les projets émis jusqu'à ce jour dans le but d'éviter les accidents sur les chemins de fer au moyen de l'électricité, et le quinzième et dernier est consacré à les comparer entre eux et avec celui de M. Fernandez de Castro.

Le point de vue où s'est placé notre ami pour juger les autres et se juger lui-même, bien que dégagé de toute partialité, laisse cependant entrevoir une certaine amertume. Personne ne lira sans intérêt l'histoire du système Guyard, et chacun y reconnaîtra la véracité des assertions de M. de Castro, tout en en tirant les conséquences qui en découlent naturellement. Cette question touche à notre amour-propre national, et c'est un devoir pour nous tous d'encourager l'auteur, afin qu'une heureuse idée, éclose sous notre ciel, ne meure point, comme tant d'autres, étouffée sous le poids de notre apathique indifférence.

Tous les gouvernements qui se sont succédé depuis 1855 peuvent revendiquer comme un de leurs plus beaux actes la protection qu'ils ont accordée à cette idée féconde. L'État ne possédant pas de chemins de fer où l'on aurait pu établir le système de signaux électriques, ils ont fait tout ce qu'il leur était possible de faire, en donnant à l'auteur une mission pour l'étranger, et en publiant aujourd'hui le résultat de ses travaux. Remercions-les donc d'une aussi digne conduite, et, pour qu'une si noble protection ne demeure pas stérile, rappelons à M. de Castro que *noblesse oblige*.

Madrid, 9 novembre 1857.

MELITON MARTIN,
Ancien ingénieur en chef du chemin de fer
de Madrid à Albacete.

INTRODUCTION

Notre but, en écrivant ce livre, est de faire connaître les applications de l'électricité aux chemins de fer, et principalement les divers systèmes de signaux proposés pour éviter les accidents; mais, avant de les décrire, nous avons cru nécessaire de donner au lecteur une idée générale de l'électricité et de ses applications en déroulant à ses yeux les diverses phases qu'ont fait parcourir à cette science Volta, OErsted, Faraday, Arago et autres, par la découverte successive de la pile, de l'électro-magnétisme et de l'induction. Bornant à un petit nombre de pages les notions abrégées de cette branche de la physique, dont l'importance et l'étendue exigeraient une division en plusieurs traités spéciaux si l'on voulait en expliquer tous les principes et toutes les applications, nous n'avons pas eu la prétention de faire un ouvrage didactique. Enfermé dans des limites trop étroites, ce travail, incomplet pour les uns, eût été inutile pour les autres; notre unique désir a été d'initier en quelque sorte nos lecteurs les moins versés dans la physique aux mystères principaux de cette science, de manière qu'ils fussent à même de juger du mérite des systèmes que nous allons décrire, et parvinssent à comprendre d'eux-mêmes l'usage des différentes parties dont ils sont composés, sans avoir à recourir aux livres spéciaux sur la matière pour y chercher l'explication des phénomènes électriques obtenus par l'entremise de ces systèmes. C'est ainsi qu'en relatant les principales découvertes faites dans l'étude de ces phénomènes nous avons exposé les notions fondamentales de la science.

Voulant rendre nos descriptions plus claires en nous bornant à l'exposé pur et simple de l'idée de l'inventeur, nous consacrerons un espace assez étendu de la première partie à la description des générateurs de l'électricité et des parties essentielles de tout appareil électrique ; de cette manière, nous n'aurons plus qu'à les nommer, et nous éviterons des répétitions fastidieuses pour les savants, et embarrassantes pour ceux à qui la science n'est pas très-familière.

De plus, nous espérons que la lecture de ce précis pourra inspirer une certaine confiance dans le système que nous proposons pour éviter les accidents sur les chemins de fer, car on y verra que les principes de la science sont infaillibles, que les découvertes dont elle s'enrichit tous les jours ne font que rendre plus probables les résultats qu'on doit attendre de notre invention; et enfin que l'électricité, bien que considérée encore comme un fluide impondérable, est devenue l'esclave soumise de l'homme, à tel point qu'il peut la forcer de produire ses phénomènes au moment et de la manière qu'il le veut. Qui doutera qu'une étincelle électrique puisse arrêter l'élan fougueux d'un train se précipitant à la rencontre d'un autre, s'il voit que cette étincelle, qui naguère encore n'était autre chose que le tonnerre destructeur dans l'atmosphère, ou un jouet inutile dans nos cabinets de physique, est devenue l'agent le plus docile et le plus utile que se soit asservi notre époque? Après l'avoir vue, retenue d'abord par un fil métallique, s'élancer ensuite dans l'espace, traverser les mers, franchir instantanément d'immenses distances où elle transmet la pensée, qui ne comprendra qu'elle est l'unique messager qui par son incalculable vitesse soit apte à signaler le danger sur les chemins de fer? Qui, après avoir été témoin des effets surprenants de la pile, fondant en moins d'une seconde les plus durs métaux, doutera qu'elle puisse enflammer une substance explosible? Qui, ayant connaissance de l'expérience du canal de la Manche, expérience dans laquelle une étincelle produite par une pile à Calais a fait sortir le projectile des canons à Douvres, pourra nier la possibilité de serrer à la fois, par le moyen d'une étincelle semblable, les freins de deux, de dix, de cent waggons?

Quand on voit de pareilles choses, quand on réfléchit que presque tous ces résultats ont été obtenus dans l'espace de peu d'années; quand l'évidence force à admirer aujourd'hui ce qu'on croyait impossible hier, on ne peut qu'avoir confiance dans l'avenir; et, sans s'écarter de la prudente réserve qui n'abandonne jamais l'homme vraiment instruit, on ne doit pas regarder avec indifférence les efforts tentés pour dérober de nouveaux secrets à la nature, ou pour étendre le cercle des applications des principes découverts. Ces applications ont beau paraître bizarres, elles ont beau s'éloigner de celles déjà connues, on ne doit pas les rejeter d'une manière exclusive, du moment qu'elles ont pour base un principe exact. Qu'on examine les phénomènes de l'électricité, qu'on lise l'histoire de ses applications, et qu'on nous dise ensuite si nous n'avons pas tout à attendre de cet agent mystérieux dont l'influence s'étend depuis les inexplicables fonctions de la vie et de la végétation jusqu'aux réactions chimiques les plus délicates.

L'ÉLECTRICITÉ

ET LES

CHEMINS DE FER

PREMIÈRE PARTIE

PRÉCIS HISTORIQUE ÉLÉMENTAIRE DE L'ÉLECTRICITÉ

CHAPITRE PREMIER

ÉLECTRICITÉ STATIQUE

On donne le nom d'*électricité* à la science qui a pour objet l'étude des phénomènes produits, suivant l'opinion générale, par un fluide impondérable désigné aussi sous le nom d'*électricité*. Cette dénomination d'impondérable ou d'impondéré, comme disent plus exactement quelques auteurs, indique non-seulement que le fluide électrique n'a pu être pesé, mais encore qu'il est impossible de le considérer isolément, sous forme tangible, comme, par exemple, le fer, l'eau ou l'air. Pour se faire une idée de l'électricité, il faut examiner les modifications produites par elle dans la matière des corps où elle se présente, ou, pour mieux dire, les propriétés qu'elle leur communique, différentes de celles qu'ils possédaient avant la présence de l'électricité; il faut concevoir enfin un corps impalpable et non susceptible d'être isolé. Les physiciens admettent que les phénomènes électriques sont dus à l'existence d'un fluide spécial, parce que l'étude de ces phénomènes démontre que leur cause ne peut être attribuée à la substance propre des corps où ils ont lieu; il en est de même pour la chaleur et la lumière. L'état actuel de la science nous contraint d'adopter cette théorie dans le cours de cet ouvrage; mais il en est une autre éloquemment soutenue par Grove et acceptée par d'autres physiciens éminents, qui considèrent l'électricité comme une *force* modifiant la matière, et non comme la matière elle-même à l'état impondérable.

Et qu'on ne croie pas que nous allons élever sur des fondements peu solides un édifice que le moindre souffle pourrait renverser. Dans l'étude des sciences physiques, la connaissance exacte des faits forme la partie principale, la base, pour ainsi dire, sur laquelle doivent reposer toutes les déductions qui conduisent à la découverte de nouveaux faits; et, si la théorie est chose très-importante, ce n'est pas tant parce qu'elle donne la véritable explication des phénomènes, — explication qui peut-être restera toujours obscure pour l'homme, — que parce qu'elle nous permet de grouper les faits dans notre esprit, de les rapporter les uns aux autres, et qu'elle nous aide à tirer des conséquences plus ou moins exactes, mais toujours utiles. Quelle que soit la théorie ou plutôt l'hypothèse par laquelle nous expliquons un fait, nous devons la croire utile, indispensable, et ne la repousser que lorsque nous pouvons la remplacer par une meilleure; et celle-là sera la meilleure qui expliquera un plus grand nombre de faits sans recourir à de nouvelles inductions; qui se rapprochera le plus d'une démonstration tendant à prouver l'unité, la simplicité de l'œuvre de Dieu. C'est ce qui nous fait croire à la supériorité de la théorie qui considère l'électricité, ainsi que le mouvement, comme une *force;* mais, comme elle n'est pas encore très-répandue, comme la plupart des physiciens ne l'ont pas encore adoptée, et que le plus grand nombre des ouvrages sont écrits d'après l'opinion contraire, nous nous réservons de traiter cette matière dans un travail spécial, et nous admettrons dans celui-ci qu'on peut définir l'électricité, comme le fait Ganot, de la manière suivante : L'électricité est un agent physique puissant dont la présence se manifeste par des attractions et des répulsions, par des apparences lumineuses, par des commotions violentes, par des décompositions chimiques et un grand nombre d'autres phénomènes, et que les causes qui la développent sont le frottement, la pression, les actions chimiques, la chaleur, le magnétisme et l'électricité elle-même.

Parmi les phénomènes électriques, quelques-uns étaient connus dès les temps les plus reculés : déjà les Grecs, six cents ans avant Jésus-Christ, avaient observé que le frottement donnait au succin ou ambre jaune la propriété d'attirer les corps légers, ce qui lui fit donner le nom d'ἤλεκτρον (de ἑλκύω, j'attire), qui est aussi l'étymologie du mot par lequel on désigne la science qui traite de ces phénomènes et de plusieurs autres qui doivent probablement leur origine à la même cause.

Cette propriété d'attirer, qui, au point où en est la science, ne doit point être confondue avec celle que possèdent les aimants, ou celle que nous verrons plus tard dans les électro-aimants, ne fut point utilisée et ne donna même lieu à d'autre découverte que celle d'une semblable propriété dans le jais, l'agate, la tourmaline et plusieurs autres corps dont le docteur Gilbert publia la liste à la fin du seizième siècle, jusqu'à ce qu'enfin, vers la moitié du dix-septième, le docteur Wall découvrit l'étincelle électrique par le frottement d'un grand cylindre de succin avec un morceau de flanelle : en approchant son doigt, il obtint pour la première fois cette lumière bleuâtre et ce bruit sec qui la caractérisent. Quelques auteurs attribuent cette découverte à Boyle, le premier qui eut l'idée d'essayer l'action de l'électricité sur une aiguille aimantée, et celle de nettoyer et chauffer les corps avant de les frotter. D'autres supposent que ce fut Otto de Guericke qui se servit, pour développer le fluide électrique, d'une sphère de soufre fixée sur un axe auquel il imprimait avec la main un mouvement de rotation; ce qui fait qu'on le désigne aussi comme l'inventeur de la machine électrique.

Aux importants travaux d'Hawksbée, en 1709, succéda bientôt la belle découverte du docteur Stephen Gray; elle eut lieu en 1727, et créa la division des corps en *idio-électriques* et *anélectriques*. Les premiers sont ceux qui développent l'électricité, mais sans la conduire, tandis que les seconds, au contraire, sont ceux qui la conduisent et chez lesquels elle ne se manifeste que lorsqu'on les met en contact avec un corps idio-électrique sur lequel elle a été développée, tout en ayant soin d'éviter le contact d'autres corps de la même espèce.

Les auteurs ne s'accordent pas dans la relation du fait qui a donné lieu à cette découverte; nous adopterons la version de Pouillet, laquelle a l'avantage de mettre en lumière une autre propriété fort importante de l'électricité.

« Gray, après avoir électrisé un tube de verre ouvert par les deux bouts, voulut voir s'il obtiendrait les mêmes résultats en fermant le tube avec un bouchon de liége; car à cette époque la science était encore si peu avancée, que l'on essayait de tout au hasard; on n'avait rien pour se conduire, pas même un système. Or, en faisant l'expérience, Gray s'aperçut avec un grand étonnement que le bouchon lui-même était devenu électrique, tandis qu'il ne l'est jamais lorsqu'on le frotte directement. Une tige de métal plantée dans le bouchon devint électrique comme lui; une tige plus longue le devint pareillement, et l'habile observateur ne se lassait pas de répéter des expériences aussi curieuses. Voyant qu'il ne pouvait pas, dans son cabinet, ajuster au bouchon des tiges assez longues, il imagine de monter au premier étage, et de suspendre à son tube électrique un fil de métal qui descende jusqu'au sol; il frotte le tube, et un de ses amis présente des corps légers à l'extrémité du fil. Chose surprenante! les corps légers y sont vivement attirés. On répète l'expérience au second et au troisième étage, et toujours avec le même succès. Donc le métal a la propriété de transmettre l'électricité; et, puisqu'il la transmet instantanément, il faut que l'électricité soit comme une espèce de *fluide* qui passe du verre au métal et qui se répand instantanément. » La pratique a démontré plus tard cette propriété, qui commençait à se manifester alors, que la distance à laquelle peut se transmettre l'électricité est infinie, pourvu que le conducteur soit parfaitement *isolé*, c'est-à-dire séparé des autres corps bons conducteurs ou anélectriques.

La découverte de Gray amena naturellement la division des corps en deux groupes : tous ceux que renferme la nature y sont compris ; c'est pourquoi Desaguillers proposa de les distinguer en appelant les uns *électriques* ou *non conducteurs*, et les autres, *non électriques* ou *conducteurs*. Mais, quoique la conductibilité provienne d'une cause permanente qui est la nature de sa substance, elle est due aussi à plusieurs autres causes dont il est difficile d'apprécier l'influence et parmi lesquelles figure le plus ou moins d'humidité dont les corps sont imprégnés : il serait donc plus exact de nommer ces derniers *bons* ou *mauvais conducteurs*, car il n'en est aucun qui soit absolument idio-électrique.

Les corps mauvais conducteurs de l'électricité sont : la gomme laque, la soie, le verre, la résine, la gutta-percha, le caoutchouc, etc.; ils ont reçu le nom de *corps isolants*, parce que, l'air sec étant un très-mauvais conducteur, et la terre, au contraire, éminemment anélectrique, si l'on fait reposer un corps électrisé sur un de ces isoloirs, il conservera longtemps son électricité. Les métaux sont les meilleurs conducteurs que nous connaissions : un fil métallique de plusieurs lieues de long devient électrique instantanément dans toute son étendue dès qu'on applique sur un point quelconque de sa longueur un corps électrisé, et il conservera l'électricité ainsi acquise, si, comme nous venons de le dire, il est entouré d'une atmosphère sèche, et s'il repose sur des substances isolantes. Nous devons faire remarquer toutefois qu'on n'obtient jamais un isolement parfait, et que plus la charge ou tension électrique est forte, plus il faut de soin dans le choix de la substance composant les isoloirs, ainsi que pour leurs formes et dimensions. La déperdition électrique diminue graduellement en raison de la tension électrique, et l'on peut même la regarder comme nulle si on a le soin de donner aux isoloirs une longueur suffisante. Coulomb a démontré que cette longueur doit être proportionnelle au carré de la tension électrique du corps à isoler. Avec ces précautions, l'isolement au moyen de la gomme laque est presque parfait ; mais le verre, qui est hygrométrique, nécessite un séchage fréquent.

En faisant l'expérience de l'attraction d'un corps léger par un corps électrisé, on observa que le premier était repoussé dès qu'il s'électrisait lui-même par le contact ; on remarqua aussi que, quand le corps électrisé était une tige de verre, le corps léger était vivement attiré par une tige de résine également électrisée. Symner, d'après les uns, Dufay, d'après les autres, en 1733, conclurent de ce double fait qu'il y avait deux électricités différentes par leur origine et leurs effets ; que toutes deux étaient en équilibre dans tous les corps à l'état naturel, mais que, dès que par un moyen quelconque on rompait cet équilibre, il se manifestait sur les uns une électricité identique à celle de la tige de verre, et sur les autres une électricité identique à celle de la tige de résine, ce qui fit donner à la première le nom d'*électricité vitrée*, et à la seconde celui d'*électricité résineuse.*

Franklin et d'autres physiciens ont voulu expliquer le phénomène avec une seule électricité, en admettant qu'elle se trouvait tantôt en excès, tantôt en quantité trop faible ; de là la dénomination d'*électricité positive* donnée à l'électricité vitrée, et celle d'*électricité négative* à l'électricité résineuse.

Quelle que soit la théorie adoptée, tout ce qu'on a dit sur l'origine de l'électricité est si vague, que nous croyons inutile de rappeler les hypothèses de Newton, de l'abbé Nollet et d'autres à ce sujet. Nous mentionnons seulement celles de Symner et de Franklin, parce que la première est la plus généralement admise, et qu'on a emprunté à la seconde les termes d'électricité *positive* et *négative*, employés dans tous les ouvrages de physique. On s'aperçoit par cela même qu'il n'y a rien de positif dans ces théories et qu'on ne doit y voir qu'un moyen de convention pour que tous puissent s'expliquer d'une manière uniforme les phénomènes électriques, qui sont toujours les mêmes, et qu'on peut énoncer sans se prononcer pour l'une ou pour l'autre des deux théories, en disant que *les électricités du même nom se repoussent, et que celles du nom contraire s'attirent.*

L'électricité a une autre propriété que nous ne devons pas passer sous silence, c'est celle de se communiquer, plus ou moins facilement, selon la conductibilité des corps et l'étendue de leur surface : et qu'on ne perde pas de vue cette dernière circonstance, car il faut, pour qu'un corps abandonne la presque totalité de son fluide, qu'il soit mis en contact avec une surface beaucoup plus grande que la sienne propre. Or, comme la terre est infiniment grande en comparaison de tous les corps qu'il est en notre pouvoir d'électriser, il arrive qu'en mettant en communication avec le sol un corps quelconque électrisé, il perd tout le fluide qu'il renfermait; c'est pourquoi on considère la terre comme le *réservoir commun* de l'électricité.

Quand on opère un contact entre des corps mauvais conducteurs, ils ne perdent leur électricité que dans l'étendue des surfaces qui se touchent; les corps bons conducteurs, au contraire, perdent la leur dans toute l'étendue de leur surface, et les corps intermédiaires entre les idio-électriques et les anélectriques l'abandonnent ou la reçoivent autour des points de contact dans une proportion d'autant plus grande qu'ils sont meilleurs conducteurs.

L'électricité n'exige pas toujours le contact : elle peut se communiquer aussi *à distance* en se précipitant sur les corps en raison de sa conductibilité; mais, dans ce cas, a lieu le curieux phénomène de l'étincelle dont nous avons mentionné la découverte, phénomène fort intéressant, à la description duquel la crainte d'être prolixe nous empêche de donner tous les développements qu'il mérite et auquel nous ne pouvons accorder que quelques instants.

Les plus grandes charges électriques accumulées dans les corps ne donnent aucune apparence lumineuse tant que l'équilibre existe et que le fluide est en repos, de sorte que la condition première pour la production de la lumière électrique, — c'est ainsi qu'on appelle l'étincelle en question, — est le mouvement des fluides ou la rupture de l'équilibre; mais cette condition indispensable n'est pas toujours suffisante, il faut encore que la tension des fluides, c'est-à-dire leur tendance à se réunir pour établir l'équilibre soit très-considérable. Par exemple, l'électricité d'une machine ordinaire, que nous décrirons plus tard, ne produit pas de lumière sensible quand elle passe à la terre par un fil métallique, tandis qu'au contraire une machine puissante peut entourer d'une auréole brillante un fil de fer long de 15 à 20 mètres en communication avec la terre; et il doit être en communication parfaite, car le passage de l'électricité a lieu, comme nous l'avons dit, en raison des surfaces.

La tension nécessaire pour produire la lumière électrique est aussi essentiellement subordonnée à l'état, à la forme et au degré de conductibilité du milieu où se meuvent les fluides : ainsi, si ces derniers sont transmis par une corde de chanvre, ils ne produiront pas une lumière à beaucoup près comparable à celle qu'on obtiendrait avec un fil métallique, quand bien même la tension serait plus grande dans le premier cas.

La distance à laquelle on peut tirer l'étincelle d'un corps électrisé dépend du degré de conductibilité de sa substance, de l'étendue de sa surface et de l'épaisseur de la couche électrique dont il est chargé, car l'unique condition du départ de l'étincelle, c'est qu'elle puisse vaincre la résistance de l'air; voilà pourquoi, dans les corps anguleux et terminés par des pointes, l'électricité, comme nous le verrons plus loin, se décharge spontanément, même avec une tension minime du fluide, tandis que, dans les corps arrondis, il faut de très-fortes charges pour faire jaillir spontanément l'étincelle; mais il suffit de leur présenter un conducteur en communication avec la terre pour que celui-ci ait à l'instant une action par influence [1], c'est-à-dire que le fluide libre du corps électrisé attire le fluide contraire qui était combiné dans la terre, et, ce fluide s'accumulant en raison de l'étendue des surfaces, l'étincelle part après avoir vaincu la résistance de l'air qui comprimait pour ainsi dire les deux surfaces.

Quel que soit le nombre de petites interruptions d'un conduc-

[1] Voyez ce que nous disons, pages 35 et suivantes, à propos de l'électricité par influence et des électricités dissimulées.

teur, l'étincelle jaillira dans toutes, pourvu que le fluide ait assez de tension pour vaincre la résistance qu'il trouve dans la plus grande; nous verrons cependant, quand nous parlerons de l'électricité développée par l'induction, que ce n'est pas un fait constant, et qu'il faut encore se livrer à des recherches afin de déterminer les différences qui peuvent exister entre l'électricité provenant du frottement, qui est celle dont nous nous occupons en ce moment, et celle dite d'induction, par les raisons que nous développerons en temps et lieu.

L'étincelle électrique développe une certaine quantité de chaleur, puisqu'elle produit quelquefois les effets du feu; et même elle les surpasse, comme nous aurons l'occasion de le voir, et devient un des plus puissants agents de la chimie. Une bougie qu'on vient d'éteindre se rallume au moment où jaillit l'étincelle si on tient la mèche dans l'intervalle; on peut aussi enflammer l'éther, l'alcool, la poudre à canon, et les gaz détonants quand les interruptions où jaillit l'étincelle sont convenablement disposées. Cette dernière fond aussi les métaux et volatilise même ceux qui résistent à l'action d'un feu très-intense, l'or, par exemple, et cela avec une rapidité telle, que, lorsqu'on soumet à l'action d'une étincelle énergique un fil d'or recouvert de soie, l'or disparaît sans que la soie éprouve la moindre altération.

Pour enflammer un gaz ou un liquide, on emploie l'appareil que représente la figure 1, et connu sous le nom de *pistolet de Volta*. C'est un vase de métal fermé avec un bouchon de liége; une tige métallique, terminée par deux petites boules, traverse les parois du vase sans les toucher, en passant par un tube en verre auquel on la fait adhérer au moyen de cire à cacheter; en face de la boule qui est à l'intérieur, à une distance de deux ou trois millimètres, on place quelquefois, quoique cela ne soit pas indispensable, une autre boule communiquant avec les parois du vase, lesquelles, à leur tour, sont en communication avec le sol par un moyen quelconque, de manière qu'en approchant la boule exté-

Fig. 1.

rieure d'un corps électrisé capable de produire une étincelle, l'électricité parcourt la tige métallique, passe de la boule intérieure aux parois du vase à travers le gaz remplissant le pistolet, et court se précipiter sur le sol. Si le gaz est détonant, comme par exemple un mélange d'hydrogène et d'air atmosphérique, il s'enflamme au contact de l'étincelle qui jaillit entre les deux boules, et le bouchon est chassé avec une force et un bruit proportionnels à la quantité et à la qualité du gaz employé pour l'expérience. Si, au lieu d'un gaz, on introduit dans le pistolet un liquide ne produisant pas, à la température ordinaire, des vapeurs susceptibles de s'enflammer, comme l'alcool, il faut avoir soin de faire partir l'étincelle à la surface même du liquide.

Pour enflammer la poudre à canon et d'autres substances solides, on peut se servir de l'appareil représenté par la figure 2, appelé *mortier électrique*, et qu'on emploie dans les cabinets de physique pour essayer l'explosion des gaz. C'est un petit mortier fait d'une matière non conductrice, du verre ou de l'ivoire, et dont les parois sont traversées par deux tiges métalliques qui se terminent en pointe très-près l'une de l'autre dans l'intérieur du mortier. Comme le pistolet de Volta, cet appareil est hermétiquement fermé au moyen d'une boule en bois, qui est lancée par l'explosion aussitôt qu'on enflamme le corps renfermé à l'intérieur, inflammation qu'on obtient en mettant en communication avec la terre l'anneau ou la boule qui termine extérieurement l'une des tiges et en approchant du corps électrisé la petite boule adhérente à l'autre tige.

Fig. 2.

Nous verrons plus tard qu'on peut produire l'inflammation de la poudre à canon directement, sans le mortier électrique, en préparant des pétards dont nous donnerons la description.

La découverte de la *bouteille de Leyde*, faite par Muschenbroëck en 1746, n'est pas moins importante que celles dont nous avons déjà parlé. D'après quelques historiens, c'est à Von Kleist qu'on devrait l'idée première de cet appareil, car c'est lui qui le premier fit usage, pour ses expériences, d'une fiole pourvue d'un fil métallique pénétrant à l'intérieur.

Afin de faire bien comprendre toute l'importance de cet appareil si simple, tout en n'accordant à sa description que peu de mots, nous la ferons précéder de quelques lignes sur l'*électricité par influence*, dont les phénomènes furent observés d'abord par les missionnaires de Péking, quoique, d'après Arago, il ne les firent connaître en Europe qu'en 1755, lorsque Canton en avait déjà parlé dans un mémoire lu à la Société royale le 6 décembre 1753. Ce sont Wilke et OEpinus, au milieu du dix-huitième siècle, qui ont le plus contribué à faire progresser cette partie de la science.

Nous avons vu que les fluides électriques de même nom se repoussent, et que ceux de nom contraire s'attirent. Ces attractions et répulsions ont lieu non-seulement avec les fluides libres et déjà séparés, mais aussi avec les fluides combinés ou en équilibre existant dans tous les corps. Il en résulte qu'*un corps conducteur peut se constituer en un état électrique particulier, sans recevoir ni perdre la moindre parcelle de fluide* : état dû à la cause dont il dépend et disparaissant avec elle. Cette électricité, qui se produit toujours à distance, c'est-à-dire sans le contact des corps influent et influencé, a reçu le nom d'*électricité par influence.*

Soit, par exemple, *nn'* (fig. 3) un anneau de cuivre suspendu à une tige ou crochet de verre, auquel sont attachés deux fils métalliques très-fins terminés par deux petites boules de moelle de sureau *bb*. Si on approche de l'anneau, sans le toucher, un corps *r* électrisé négativement, les deux boules se sépareront et prendront la position *b'b'*, et la divergence sera d'autant plus grande, que l'on approchera davantage le corps *r* de l'anneau, sans déterminer toutefois l'étincelle. On peut aisément se convaincre qu'il n'y a pas communication à travers l'air, car, aussitôt qu'on éloigne de l'anneau le corps *r*, la distance diminue gra-

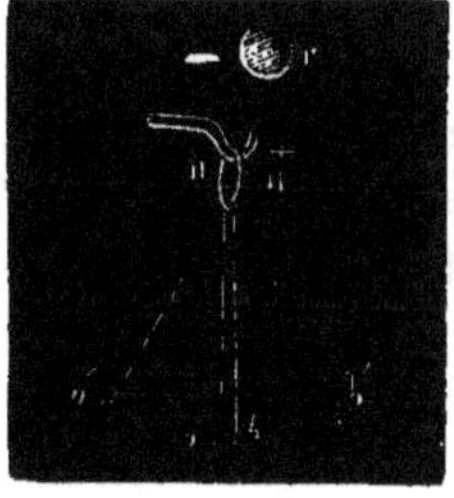

Fig. 3.

duellement entre les deux boules jusqu'à ce qu'elle devienne nulle quand l'éloignement est assez considérable, ce qui n'arriverait pas si le corps *r* leur avait communiqué la moindre quantité d'électricité. Il est donc évident que le fluide naturel de l'anneau et des boules est décomposé sous l'influence du corps électrisé *r*, et, si celui-ci est négatif, comme nous l'avons supposé, tout le fluide positif se porte sur l'anneau attiré par le corps *r*, et le fluide négatif sur les boules par l'effet de la répulsion, c'est-à-dire qu'il n'y a qu'un changement de place dans les fluides, qui se recomposent de nouveau par l'effet de leur mutuelle attraction quand l'influence du corps électrisé cesse de se faire sentir.

Supposons maintenant deux disques *aa'* (fig. 4) placés en face l'un de l'autre et séparés par un corps mauvais conducteur *n* : si le disque *a* est chargé d'électricité positive et le disque *a'* d'électricité négative, ces deux électricités s'attirent mutuellement à travers la plaque *n*, et, par l'effort qu'elles font pour se réunir, elles exercent une tension ou pression sur les deux faces opposées. On dit alors que ces *électricités sont dissimulées;* et, en effet, quand les disques sont chargés, on peut les toucher séparément, mais non à la fois, sans que le fluide que contient l'un se précipite sur le sol, car il est retenu par l'action du fluide de l'autre, qui est supérieure à la force répulsive qui lui est propre, ou, pour mieux dire, à sa tendance de transmission vers le réservoir commun.

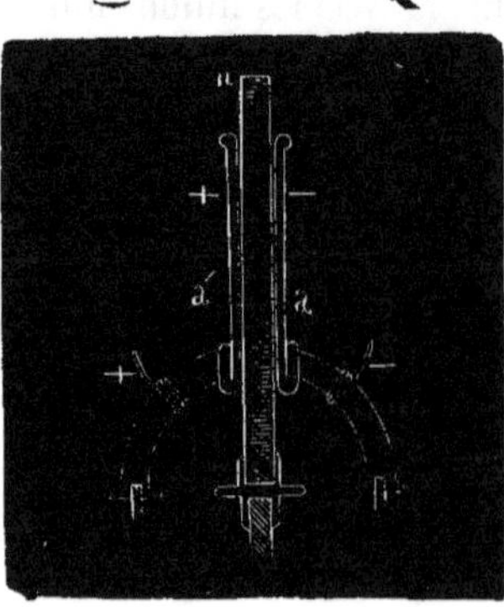

Fig. 4.

Si, au lieu de charger les deux disques avec des électricités différentes, on met l'un d'eux, *a'* par exemple, en communication avec la terre et qu'on charge le disque *a* d'électricité positive, celle-ci décompose par influence l'électricité naturelle du disque *a'* à travers la plaque de verre *n* (jouant ici le rôle de l'air ou espace intermédiaire entre le corps *r* et l'anneau *nn'* de la figure 5), attire vers lui le fluide négatif et repousse le positif vers la terre; et les électricités restent dissimulées sur les surfaces intérieures des disques, comme comprimant la plaque *n* et tendant à se réunir à travers elle. C'est d'après ce principe que Volta a construit l'électrophore, que nous décrirons plus tard, et le condensateur qui porte son nom.

Il est facile d'accumuler ainsi une quantité considérable de fluide dissimulé, car le plateau *a* peut recevoir à chaque instant une nouvelle charge de fluide positif et décomposer une nouvelle quantité de fluide neutre sur le plateau opposé; mais cette accumulation a ses limites, 1° parce que la quantité d'électricité accumulée directement sur les plateaux est proportionnelle à leur surface et en raison inverse de l'épaisseur de la plaque isolante, de sorte que, si l'on augmente la tension sur les surfaces intérieures quand la plaque est mince, le fluide peut se frayer un passage au travers; 2° parce que la tension, quoique bien plus forte sur les surfaces intérieures que sur les surfaces extérieures, n'en existe pas moins, et il vient un moment où elle surpasse la pression de l'air, et le plateau perd une quantité d'électricité égale à celle qu'il reçoit.

Après les explications que nous venons de donner sur l'électricité par influence et l'électricité dissimulée, il sera aisé de comprendre l'objet et l'utilité de la bouteille de Leyde, que nous pourrons maintenant décrire en quelques mots. C'est un verre ou plutôt une bouteille de verre (fig. 5) garnie extérieurement avec une feuille d'or, d'étain, ou tout autre corps anélectrique qui laisse à nu le verre à une distance assez grande du goulot : elle est remplie intérieurement, jusqu'à la moitié au moins, de feuilles d'or, de cuivre, de mercure ou toute autre substance conductrice. On assujettit au goulot, au moyen d'un bouchon de liége, une branche métallique qui pénètre jusqu'au fond et se termine en boule par son extrémité opposée. L'espace compris entre la feuille métallique, qui s'ap-

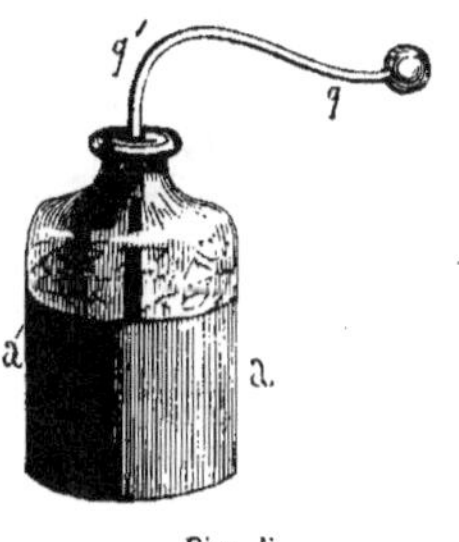

Fig. 5.

pelle *armature extérieure*, et la tige qq', qui reçoit les noms de *bouton*, *crochet* ou *armature intérieure*, est soigneusement verni avec de la gomme laque.

La bouteille de verre n'est donc qu'une plaque d'une substance peu conductrice ; les armatures extérieure et intérieure remplacent les plateaux a et a' de la figure 4 ; et, par conséquent, cet appareil nous permet d'accumuler une grande quantité d'électricité ; pour tout dire enfin, c'est un condensateur d'une immense utilité pour la science, qui lui doit une grande partie de ses progrès.

Que ce soit la plaque de la figure 4 ou la bouteille de la figure 5 que l'on ait chargée de la façon ci-dessus décrite, les fluides dissimulés peuvent être recomposés lentement ou d'une manière instantanée.

La recomposition ou *décharge lente* présente des phénomènes curieux qui prouvent l'exactitude de la théorie sur l'électricité dissimulée, et celle de la loi sur la répulsion des électricités du même nom ; c'est pourquoi nous allons dire comment se fait l'expérience dans les cabinets de physique.

Les plateaux a et a' (fig. 6) étant chargés d'électricités contraires et convenablement isolés par une plaque idio-électrique, on y suspend deux petites boules pp' de manière qu'elles communiquent avec les surfaces extérieures des plateaux : immédiatement il y aura répulsion entre elles, car elles se chargent de l'électricité libre que renferment les plateaux.

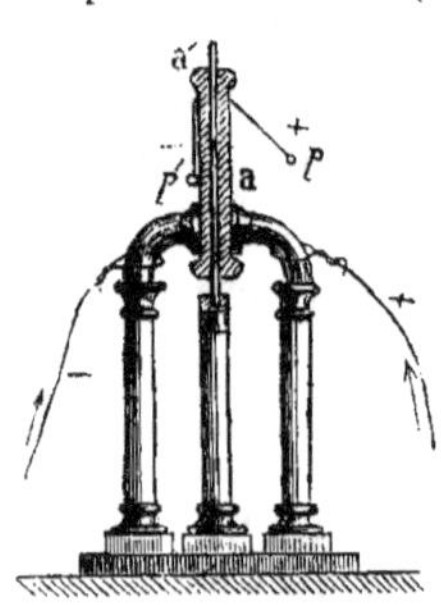

Fig. 6.

En touchant l'un d'eux, le plateau a, par exemple, on fait jaillir une petite étincelle, la boule p s'approche du plateau et la boule p' s'en éloigne, comme si le plateau a avait reçu une nouvelle charge ; mais cette répulsion plus grande n'est due qu'au fluide résineux qui devient libre par la perte de fluide vitré qu'éprouve le plateau a lorsqu'on y touche ; si l'on touche le plateau a', la boule p' tombera et la boule p se détachera : l'on peut continuer de la même manière jusqu'à ce que l'appareil soit entièrement déchargé.

La *décharge subite* est beaucoup plus importante pour notre objet : nous nous arrêterons donc quelques instants afin de l'expliquer.

On la provoque au moyen de l'excitateur *bcb'* (fig. 7), dont les deux arcs en cuivre ou laiton *bc*, *b'c*, tournent autour de la charnière *c*; ils sont pourvus de deux manches isolants *mm'*, afin que l'opérateur soit à l'abri des conséquences de la décharge. Les plateaux étant disposés de la manière indiquée page 36, on touche l'un d'eux avec la boule *b* de l'excitateur, et, si ensuite on approche la boule *b'* à une certaine distance de l'autre, l'étincelle part avec le bruit et la lumière caractéristiques du fluide électrique. La tension qui a lieu au point de contact *b* et la tendance du fluide à se transmettre à travers ou plutôt par la surface des corps conducteurs font qu'une partie du fluide négatif dont est chargé le plateau *e'* se porte sur le point *b'* en passant par les branches de l'excitateur ; là il se trouve en présence du fluide positif du plateau *e*, et, sa tension n'éprouvant d'autre résistance que celle de l'air, il finit par en triompher aussitôt que la couche interposée diminue avec la distance, et les deux fluides se recomposent.

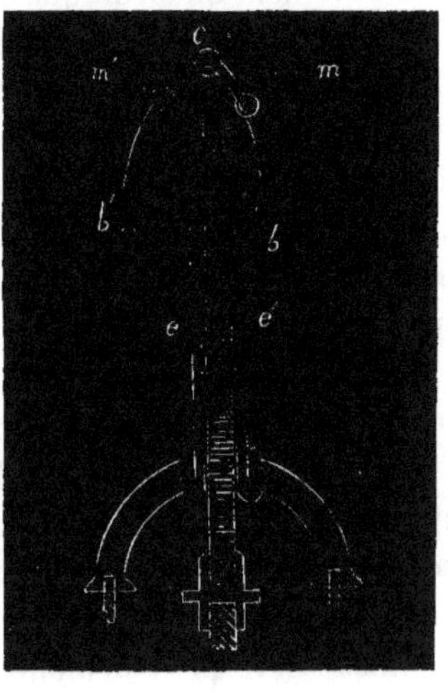

Fig. 7.

Les décharges lente et subite que nous venons d'examiner dans l'électricité par influence produisent dans les molécules pondérables des corps des effets chimiques ou des secousses mécaniques fort remarquables, auxquelles on a donné le nom de *choc en retour*, afin d'en faire la distinction avec le *choc direct*. Celui-ci a lieu quand un corps chargé d'une électricité quelconque s'approche à une certaine distance d'un bon conducteur et lui enlève l'électricité du nom contraire qui est nécessaire à ce corps pour neutraliser celle qu'il avait d'abord. Le *choc en retour* est produit par la recomposition de deux électricités séparées par influence dans le corps même, — non point hors de sa masse, ni l'une ni l'autre, mais transportées sur les points extrêmes, — et c'est dans ce mouvement qu'on dit que les fluides exercent une pression pour se réunir et ébranlent les molécules du corps.

Quand le corps conducteur qui reçoit l'influence électrique n'est pas en communication directe avec la terre, il peut se faire qu'il perde peu à peu l'électricité repoussée; et alors, quand la cause décomposante a disparu, il perd tout à coup, par une seule étincelle, l'électricité qui restait accumulée sur sa surface.

Comme nous l'avons vu, les appareils pour accumuler l'électricité consistent principalement en deux plaques conductrices séparées par une troisième d'une substance isolante, et on les appelle *condensateurs*. Il y en a de différentes formes, et leur nom est modifié selon l'usage auquel on les applique. Ayant décrit déjà le *condensateur à plaques de verre* (fig. 4), dont nous nous sommes servi pour démontrer la théorie de l'électricité dissimulée, et la *bouteille de Leyde*, nous mentionnerons seulement le *condensateur à feuilles d'or* (fig. 8), qui sert à faire distinguer les corps dans lesquels une électricité quelconque s'est développée, ce qui lui a fait donner aussi le nom d'*électroscope* (du grec ἤλεκτρον, et σκοπέω, j'observe), c'est-à-dire instrument propre à découvrir l'électricité. Cet appareil peut en outre indiquer, par des mesures comparatives, la quantité d'électricité développée dans ces corps; dans ce dernier cas, il reçoit le nom d'*électromètre*.

Tous les électroscopes sont basés sur la propriété qu'ont les corps de se repousser quand ils sont électrisés de la même manière (*voy*. p. 30). Celui que représente la figure 8 est un vase ou cloche en verre *V* avec un conducteur fixe *f* et un autre mobile, *mm*, qui consiste en deux feuilles d'or très-légères, se séparant aussitôt qu'on électrise le conducteur fixe *f*.

Pour convertir l'électroscope en condensateur, il suffit de terminer le conducteur fixe par un plateau métallique dont la surface supérieure est vernie avec de la gomme laque et d'ajouter un second plateau mobile f' muni d'un manche isolant; la surface de ce plateau, qui sera mis en contact avec le premier, doit aussi être vernie à la gomme laque. Le plateau mobile reçoit la charge électrique, décompose par influence l'électricité de l'autre plateau, et, par conséquent, celle des deux conducteurs f et m', qui sont en communication avec lui.

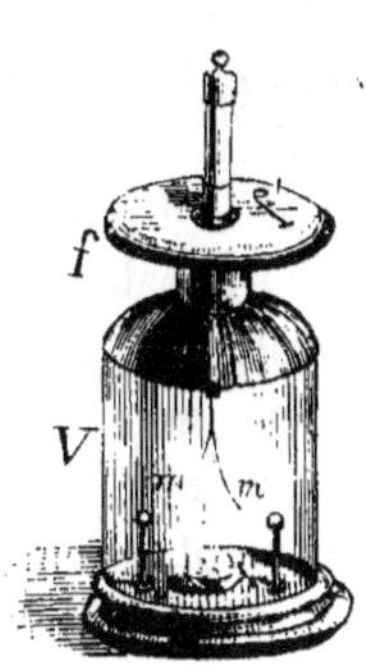

Fig. 8.

Le premier condensateur employé à mesurer la charge électrique fut fabriqué par Darcy et Leroy en 1749; mais il était si imparfait, qu'on ne put l'adopter. En 1780, Cavallo perfectionna celui qu'avait proposé l'abbé Nollet en 1747; il était composé de deux fils qui se séparaient par l'effet de la répulsion électrique; Volta le perfectionna de nouveau deux années plus tard. Nous ne nous y arrêterons pas davantage, car, depuis le pendule électrique, servant seulement à constater que les fluides ne sont pas équilibrés dans un corps, jusqu'à la balance de torsion, que nous décrirons plus tard et dont se servit Coulomb en 1785 pour démontrer la loi fondamentale des actions électriques, le nombre d'électroscopes et d'électromètres de toutes formes est trop considérable pour en entreprendre la description.

La loi découverte par Coulomb, la relation des expériences qui servent à la démontrer et la description des appareils employés à cet effet, constituent une des parties les plus intéressantes de l'étude de l'électricité; mais nous ne pouvons nous en occuper, car ce serait trop nous éloigner du but que nous avons en vue; disons seulement que tous les électromètres et électroscopes sont basés sur la propriété qu'ont les corps de se repousser quand ils sont électrisés avec des fluides du même nom, et de s'électriser par le contact d'un corps déjà électrisé.

C'est en s'appuyant sur ces deux propriétés que Coulomb découvrit la loi déjà citée, que nous pouvons énoncer ainsi : *Les attractions et les répulsions électriques sont en raison directe de la quantité d'électricité que possèdent les corps, et en raison inverse du carré de la distance qui les sépare.*

Quoique la balance de torsion dont se servit Coulomb pour la démonstration de cette loi soit un des appareils les plus parfaits et les mieux imaginés que l'on connaisse, comme nous aurons l'occasion de nous en convaincre au chapitre troisième, il n'est pourtant point exempt de quelques inconvénients qu'on a tenté d'éviter dans d'autres appareils, tels que la balance bifilaire de Harris, l'électromètre de Peltier, etc., qui diffèrent par plusieurs points de la balance de torsion. Celle-ci se borne essentiellement à une aiguille en gomme laque suspendue horizontalement par le milieu à un fil métallique non tordu, et à laquelle on présente le corps électrisé après l'avoir mis en contact avec elle pour l'électriser de la même manière. L'action répulsive de l'électricité sépare l'aiguille en tordant le fil, lequel résiste à cette action par sa propre élasticité, qui tend à remettre l'aiguille dans sa position normale.

Dans la balance bifilaire de Harris, l'aiguille est suspendue par deux fils à une certaine distance l'un de l'autre, et, quand l'action répulsive de l'électricité change la position de l'aiguille, celle-ci tend à y revenir par l'action de la pesanteur.

Dans l'électromètre de Peltier, la force qui s'oppose à la répulsion électrique est l'action magnétique d'une barre aimantée dont on accroît à volonté la sensibilité, comme nous le verrons plus tard. On peut recourir à la description de ces appareils dans les ouvrages spéciaux de MM. Becquerel, de la Rive ou du Moncel.

Les condensateurs destinés à mesurer l'électricité, c'est-à-dire les électromètres, sont d'autant plus parfaits que la lame isolante est plus mince ; c'est pourquoi ils ne peuvent supporter que de très-faibles charges. MM. du Moncel, Lane et autres ont construit de nouveaux appareils dans le but d'obvier à cet inconvénient. Le premier, avec son *inductomètre*, peut mesurer des charges électriques considérables, et l'*électromètre* du second permet de communiquer une charge donnée à un corps conducteur; mais jusqu'à présent la balance de Coulomb et l'électromètre de Peltier sont exclusivement employés, à moins qu'il s'agisse seulement de découvrir l'espèce d'électricité que renferme un corps; dans ce cas, l'électroscope à feuilles d'or suffit, et on peut lui substituer avantageusement, vu sa commodité, l'électroscope inventé récemment par MM. Fabre et Kunemann : il consiste en une feuille très-mince de gutta-percha suspendue à un support, et qu'on électrise avant l'expérience en la frottant légèrement avec le doigt; elle acquiert ainsi l'électricité résineuse, et il suffit d'en approcher à la distance d'un mètre un corps quelconque électrisé pour que l'attraction ou la répulsion indique si l'électricité qu'il renferme est positive ou négative.

Pour accumuler de grandes quantités d'électricité, il faut se servir de la bouteille de Leyde, condensateur dont la plaque idio-électrique est en verre assez fort pour qu'il n'y ait point à craindre qu'il soit brisé par la recomposition des fluides : et, la communication de l'électricité se faisant en raison des surfaces, on a imaginé, pour augmenter les effets de la bouteille, les *batteries* électriques, composées d'un certain nombre de bouteilles dont les armatures intérieures communiquent entre elles au

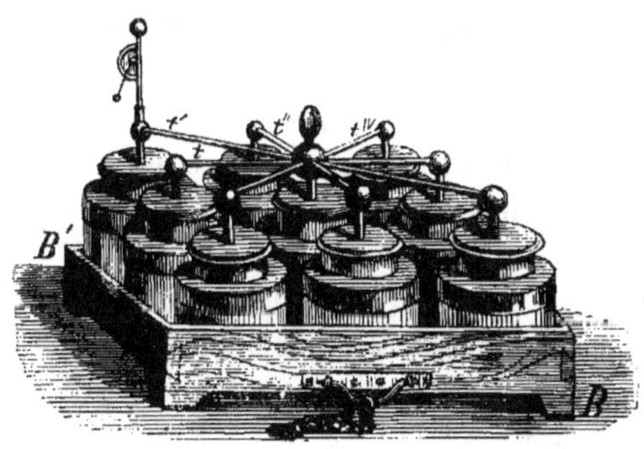

Fig. 9.

moyen de tiges métalliques *tt't''* (fig. 9), et les extérieures par la feuille d'étain ou de plomb dont est couvert le fond de la boîte

BB' où elles sont placées. Cet ingénieux appareil permet d'obtenir le même effet que produirait une énorme bouteille dont les armatures présenteraient une surface égale à celle de toutes les armatures de la batterie réunies. On voit que la bouteille et les batteries sont deux appareils identiques, ne différant que par leur puissance; par conséquent, tout ce que nous dirons sur la manière de charger et de décharger l'une peut s'appliquer aussi aux autres; mais, les effets de ces dernières étant plus puissants, il faut doubler les précautions.

Pour charger la bouteille, on la prend avec la main par l'armature extérieure et on fait communiquer le bouton avec une des machines productrices d'électricité dont nous parlerons plus tard, soit en contact, soit à une petite distance, ce qui permet de voir sauter les étincelles, avec une rapidité d'abord extraordinaire, mais qui, en s'affaiblissant successivement, indique le degré de la charge. L'électricité de la machine se dirige vers l'armature intérieure, agit par influence à travers le verre, décompose l'électricité naturelle de l'armature extérieure, attire l'électricité du nom contraire, qui s'accumule et se condense sur la surface du verre, et enfin repousse l'électricité de même nom, qui se rend au réservoir commun en traversant la main et le corps de l'opérateur, qui lui offrent un libre passage. On pourrait charger la bouteille en sens inverse, c'est-à-dire en la prenant par le crochet et présentant l'armature extérieure à la machine génératrice : il n'y aurait d'autre différence que la situation des fluides, qui, dans cette dernière manière d'opérer, changeraient d'armature. Dans l'un et l'autre cas, la communication de l'une des armatures avec le sol est aussi essentielle que celle de l'autre avec la machine.

Il arrive quelquefois que la bouteille se décharge spontanément, soit que l'étincelle jaillisse entre le bouton et l'armature, et alors on peut recommencer l'opération; soit qu'elle jaillisse entre les deux armatures à travers le verre, et, dans ce cas, il faut prendre une autre bouteille.

En parlant de la recomposition des fluides dissimulés, nous avons vu comment on pouvait obtenir cette recomposition d'une manière lente ou subite ; nous ajouterons une circonstance très-importante, c'est que, *quand on présente à la bouteille plusieurs conducteurs pour la décharger, l'électricité suit toujours le meilleur :* ainsi, en prenant dans une main une chaîne ou fil métallique et l'approchant de l'armature extérieure, on peut impunément appliquer au bouton avec l'autre main la seconde extrémité de la chaîne, parce que la décharge passe par le métal, et jamais par le corps ; il sera prudent toutefois de bien s'assurer d'abord qu'il n'y a pas de solution de continuité dans le métal ou qu'il n'est pas trop mince, car, n'offrant pas un passage facile au fluide, il serait impuissant à éviter la commotion.

On mesure la charge d'une bouteille par la distance à laquelle jaillit l'étincelle entre le bouton de l'armature intérieure *t'* et un autre bouton *c*, qui communique avec l'armature extérieure (fig. 10). La tige *q* est divisée en millimètres ; on la fait avancer graduellement au moyen de la vis *v*, et on observe la distance à laquelle jaillit l'étincelle.

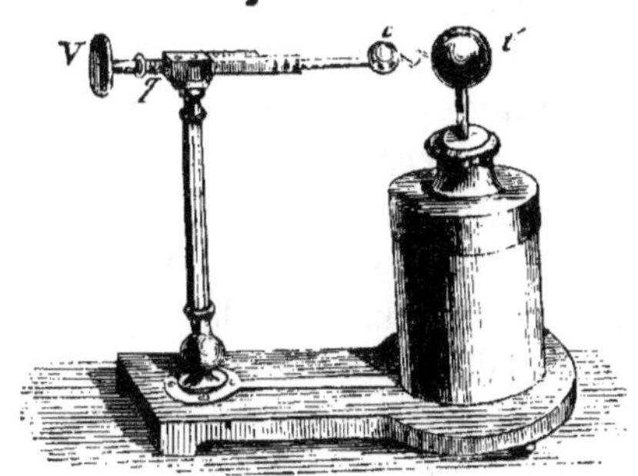

Fig. 10.

Pour qu'on pût comparer entre elles les expériences, il faudrait que toutes les boules *t'* des bouteilles eussent les mêmes dimensions. Cet appareil, qu'on nomme *compas électrique*, peut être d'une grande utilité, comme nous le verrons plus loin, dans les applications de l'électricité aux signaux des chemins de fer.

Les effets produits par la bouteille de Leyde, et, par conséquent, par les batteries électriques, sont les suivants : des commotions très-fortes qui se font sentir quand le corps humain sert de conducteur entre les deux armatures ; l'inflammation des substances susceptibles de s'enflammer promptement ; la fusion des fils métalliques, et plusieurs autres applications plus ou moins ingénieuses, telles que le carillon électrique ; mais nous ne nous y arrêterons pas, car, bien que l'on puisse tirer parti de ces applications faites sur une large échelle, il suffit de mentionner les plus importantes.

La commotion produite par la bouteille de Leyde est quelquefois si forte, qu'elle peut devenir dangereuse; elle passe par les bras et la poitrine quand on tient la bouteille d'une main par l'armature extérieure, et qu'on approche l'autre main du bouton ou armature intérieure. Les faibles charges se font sentir dans l'avant-bras seulement, dans le coude si elles sont un peu plus fortes, et quelques-unes produisent une douleur très-vive à la poitrine. Quand plusieurs personnes forment une chaîne en se tenant par la main, si la première touche l'armature extérieure de la bouteille et la dernière le bouton, tout le cercle reçoit instantanément la commotion; le choc est un peu moins fort pour ceux qui sont au milieu et plus vif pour ceux qui touchent la bouteille.

A l'époque où l'on inventa la bouteille de Leyde, le phénomène de la commotion excita une grande curiosité, et l'on voulut savoir jusqu'à quel point s'étendrait le pouvoir du choc électrique. Le premier qui l'éprouva fut Cunœus, de Leyde. A l'une des expériences faites par Muschenbroek et ses amis, il tenait à la main une bouteille de verre remplie d'eau; il voulut la suspendre au conducteur d'une machine électrique, et, touchant le fil métallique qui était déjà en contact avec la machine, il perçut aussitôt une sensation nouvelle qui n'avait point été décrite jusqu'alors. Les annales de la science rapportent avec exagération les effets produits par le choc sur les individus qui eurent assez de courage pour s'y soumettre. Winkler, Muschenbroek, Boze et Singer éprouvèrent, ou du moins prétendirent avoir éprouvé de terribles effets. L'abbé Nollet fit éprouver la commotion électrique à cent quatre-vingts soldats qui se tenaient par la main; dans une autre circonstance, ce fut à plusieurs moines chartreux, séparés les uns des autres par des fils métalliques formant une chaîne d'un mille de long; enfin, on fit l'expérience sur un régiment rangé en bataille, et tous, dit-on, seraient tombés au même instant.

A propos de l'étincelle électrique, nous avons déjà parlé des autres effets de la bouteille de Leyde, enflammant certaines substances et fondant les métaux ; nous ajouterons qu'au moyen de la bouteille de Leyde on enflamme plus facilement les liqueurs spiritueuses, et qu'avec les batteries électriques et l'excitateur universel, que nous ne décrirons pas, la figure 11 suffisant pour

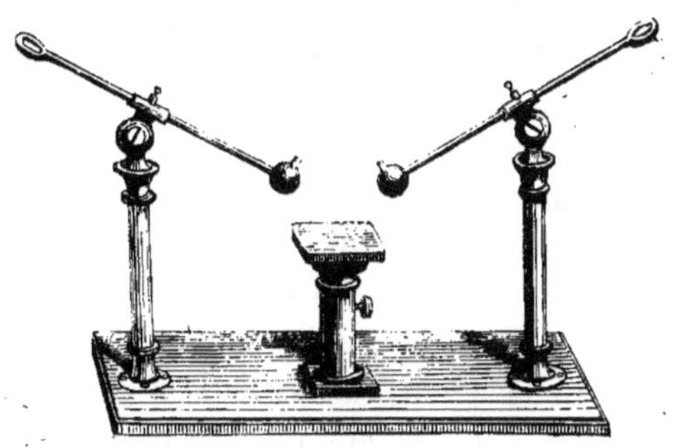

Fig. 11.

donner une idée de sa forme et de ses usages, on a obtenu des effets surprenants : un fil de fer long de plusieurs centimètres, placé entre les branches de l'excitateur, est chauffé par une charge faible, rougit si elle est un peu plus forte, fond en globules si elle est plus forte encore, et peut même disparaître en vapeur. Avec une puissante machine, Van Marum a pu fondre de quinze à vingt mètres de fil métallique ; on peut même en fondre sous l'eau, mais de longueur moindre, car l'eau s'empare d'une notable partie de l'électricité, malgré le peu de durée de la décharge.

On a tenté aussi, au moyen de la bouteille de Leyde, d'apprécier la vitesse avec laquelle se propage l'électricité à travers les corps, et de 1745 à 1750, Watson en Angleterre et Lemonnier en France prouvèrent par leurs expériences que la décharge électrique se transmettait instantanément à travers des fils métalliques dont la longueur atteignait une lieue. Aujourd'hui, les expériences de MM. Arago, Wheatstone, Pouillet, Fizeau et Gounelle, dont nous parlerons plus loin, quoique n'étant pas entièrement d'accord, sont beaucoup plus parfaites, et permettent de supposer que la vitesse du fluide électrique est dix mille fois plus grande que celle de la lumière.

De 1745 à 1750, on essaya de transmettre l'électricité à travers l'eau et la terre sèche et humide. Partant d'un endroit donné, un fil métallique long de plusieurs centaines de toises, isolé sur des poteaux de bois sec, allait s'enterrer dans le sol par l'autre extrémité, après avoir traversé des rivières et des terrains de différente nature. L'une des armatures de la bouteille était en communication avec ce fil, et l'autre avec la terre, de manière que les fluides ne pouvaient se recomposer qu'après avoir traversé le fil métallique dans toute sa longueur et l'étendue de terre et d'eau qui séparait ses deux extrémités ; malgré ce parcours si grand et tous ces obstacles, la décharge de la bouteille était instantanée, comme si elle avait été provoquée par l'excitateur ordinaire. Sur un point quelconque de ce parcours où l'on ménageait de petites interruptions, on pouvait enflammer des liqueurs spiritueuses, et c'était un spectacle vraiment surprenant que de voir l'inflammation de l'alcool déterminée par un feu qui venait pour ainsi dire de traverser les eaux d'une rivière. Nous examinerons cette question au chapitre sixième.

Nous terminerons ce que nous avions à dire sur la bouteille de Leyde en citant un fait très-curieux qui prouve, d'une façon irrécusable, que, bien que l'électricité naturelle soit uniformément éparse dans toute la masse d'un corps conducteur et y semble accumulée en quantité indéfinie, comme la chaleur, cependant, quand un des fluides est libre ou séparé de l'autre, il agit sur lui-même comme une force répulsive, et toutes ses molécules, pour ainsi dire, tendent sans cesse à se disperser jusqu'à ce qu'elles rencontrent un obstacle qui les arrête ; d'où vient que l'électricité libre développée sur un point quelconque d'un conducteur métallique se porte toujours à sa surface, où elle est retenue par l'air ambiant, qui est un mauvais conducteur, et où elle forme une couche d'une épaisseur moindre que celle de l'or en feuilles. Cette couche semble tout à fait indépendante de la matière du corps conducteur, car il est probable qu'elle peut subsister sans elle. Ce fait, remarqué par Beccaria et démontré par

Coulomb en 1786, peut s'observer dans la bouteille à armatures mobiles (fig. 12). Après l'avoir chargée et placée sur un isoloir, on enlève la partie intérieure *i*, qui ne renferme qu'une très-petite quantité d'électricité ; on enlève ensuite le vase *v*, en laissant sur l'isoloir l'armature extérieure *e*, qui ne conserve elle-même que de faibles parcelles d'électricité. En touchant les armatures et en les laissant, par conséquent, à leur état naturel, si l'on replace le vase dans l'armature extérieure et l'armature intérieure dans le

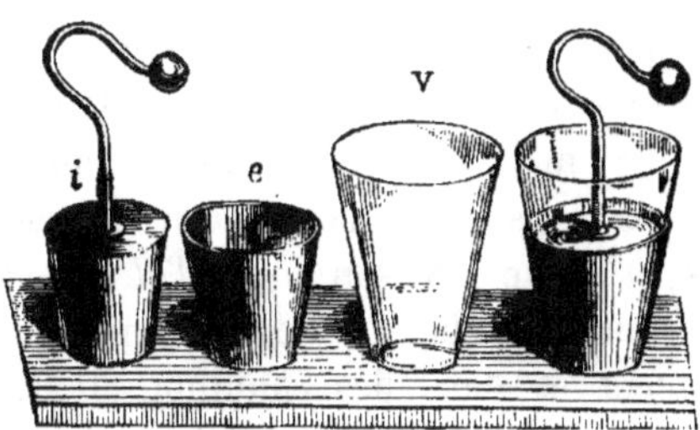

Fig. 12.

verre, la bouteille, ainsi reconstituée, conserve une charge presque égale à celle qu'elle avait avant d'être démontée, ce qui est une preuve certaine que, pendant la séparation des pièces, les électricités sont demeurées pour ainsi dire adhérentes à la surface du verre. On peut s'en convaincre en touchant avec la main l'intérieur et l'extérieur du vase après avoir enlevé les armatures, car on ne manquerait pas de ressentir une forte commotion. De cette expérience néanmoins on ne peut pas conclure que l'électricité puisse s'obtenir isolée, car; le verre et l'air n'étant pas tout à fait idio-électriques, le fluide pénètre plutôt leur surface de contact, comme il pénètre l'armature métallique quand elle est en contact avec le verre.

Comme on a vu, par ce qui précède, que l'électricité se porte à la surface des corps et qu'elle y demeure arrêtée par l'air sec, qui est un mauvais conducteur, il est presque inutile de nous arrêter aux causes qui peuvent produire une perte d'électricité : il suffit de l'humidité venant modifier l'atmosphère et la rendre bon conducteur pour occasionner une perte d'électricité d'autant plus grande que l'atmosphère sera chargée d'une plus grande quantité de vapeur d'eau. Coulomb a démontré que, *dans une atmosphère tranquille et par un état hygrométrique constant, la perte est proportionnelle à la tension, c'est-à-dire à la force de la charge;* loi analogue à celle trouvée par Newton pour le refroidissement, et aussi intéressante que celle dont nous avons fait mention en parlant de la perte de l'électricité par les supports (p. 30).

L'électricité étant arrêtée sur la surface des corps par la résistance que lui oppose un mauvais conducteur, il résulte de là que l'électricité doit se perdre d'autant plus que l'air se raréfie davantage, et même se dissiper entièrement dans le vide, où la résistance est nulle ; mais Becquerel a observé que dans un vide presque parfait les corps conservent encore leur électricité pendant deux jours, et il cite dans son *Traité d'électro-chimie* des expériences par lesquelles il cherche à prouver qu'on pourrait conserver indéfiniment et dans des conditions déterminées une certaine tension électrique.

La succession des idées et en même temps l'ordre chronologique nous font arriver à une des époques les plus importantes de l'histoire de l'électricité, où une nouvelle voie fut ouverte à la science, et où se développa le germe d'une des plus utiles inventions des temps modernes, l'application en grand de l'électricité : cette époque est celle où Franklin fit la découverte du *pouvoir des pointes*, peu après celle de la bouteille de Leyde. Son importance nous oblige à relater les faits qui l'accompagnèrent.

Par une série de déductions d'analogies faites avec toute conscience, dit l'auteur d'un des ouvrages les plus populaires et les plus utiles qui aient été publiés, le docteur Franklin crut être fondé à regarder l'électricité comme identique avec la foudre, et cette proposition, émise d'abord par l'abbé Nollet (d'après une biographie moderne), se répandit dans le monde scientifique en même temps que les solides raisonnements sur lesquels elle s'appuyait.

Le 10 mai 1752, Dalibard, Lelord, Mazeas, Buffon et Lemonnier firent quelques expériences en plaçant verticalement dans le jardin de Marly une tige de fer de 40 pieds de long, qui, s'électrisant au passage d'un nuage orageux, permit de charger des bouteilles et de produire quelques autres phénomènes électriques. Cependant à Franklin était réservé l'honneur de vérifier par lui-même ses précieuses inductions, sans avoir connaissance des expériences du 10 mai. Supposant qu'un nuage orageux céderait son électricité à des conducteurs terminés en pointe, il avait depuis longtemps demandé l'érection d'une pyramide à Philadelphie ; mais, n'ayant pu l'obtenir, il entrevit dans l'emploi d'un cerf-volant la possibilité de se mettre en communication avec les nuages, et, au mois de juin 1752, il lança un cerf-volant armé d'une tige en laiton terminée en pointe. A l'extrémité de la corde de chanvre qui le retenait, près de la main, il attacha un cordon de soie, et une clef entre le cordon et la corde.

D'après les détails qu'il a laissés lui-même de son expérience, il s'écoula quelque temps avant que la corde donnât aucun signe d'électricité, et pourtant un nuage orageux, qui était très-rapproché, aurait dû la lui communiquer. Déjà il commençait à perdre tout espoir, quand il remarqua que les barbes de la corde se dressaient dans toutes les directions ; il présenta le doigt à la clef, et sa découverte fut confirmée : à peine une pluie qui survint eut-elle mouillé la corde, que les étincelles se succédèrent plus nombreuses, on put charger des bouteilles, et répéter avec la clef les expériences que l'on faisait d'ordinaire avec les machines électriques.

M. de Romas ajouta plus tard un fil métallique à la corde de chanvre qui retenait captif le cerf-volant, et en fit ainsi un conducteur parfait. Le 7 juin 1753, il le lança à 500 pieds du sol au moyen d'une corde longue de 780 pieds, formant avec l'horizon un angle de près de 45 degrés, et il tira de son conducteur des étincelles d'un quart de pouce de diamètre, et de 3 pouces de longueur, dont le crépitement pouvait s'entendre à 200 pas. Le 16 août 1756 on fit une nouvelle expérience, et les courants de feu électrique qui jaillissaient offraient un spectacle vraiment imposant : les étincelles avaient 1 pouce de diamètre et 10 pieds de long ; les détonations semblaient produites par un coup de pistolet, et néanmoins on pouvait facilement diriger le fluide vers le sol au moyen d'un conducteur placé à côté de la corde.

Énumérer les avantages de cette découverte, ce serait relater tout ce qui a été fait depuis cette époque dans l'*électricité statique*, car ce fut seulement alors qu'on commença à construire les instruments de manière qu'ils ne présentassent pas de surfaces anguleuses, et qu'ils fussent aptes à atteindre le but que l'on se proposait dans les expériences. Parmi les diverses applications auxquelles a donné lieu cette découverte, nous ne parlerons que de la plus importante et la plus immédiate, le *paratonnerre*, cette arme avec laquelle la science a dompté la nature en forçant l'étincelle électrique à ne plus abandonner la chaîne conductrice qu'elle lui impose jusqu'à ce que, arrivant au sol, elle s'y ensevelisse sans avoir produit aucun de ses funestes effets.

Un paratonnerre est une tige ou barre métallique terminée en pointe, qu'on place isolée sur le faîte des édifices qu'on veut préserver de la foudre. On met cette tige en communication avec la terre au moyen d'une chaîne ou d'un fil, métallique aussi, qu'il faut avoir le soin d'isoler le plus possible de l'édifice, et dont l'extrémité inférieure vient s'enterrer à une certaine profondeur dans un sol humide ou dans un puits. L'électricité des nuages, au lieu de se décharger avec ses terribles effets sur l'édifice ainsi préservé, passe du nuage à la tige et de la tige à la terre sans causer le moindre dégât, car elle suit toujours de préférence le meilleur conducteur à sa portée.

Dans la théorie de sa découverte, Franklin commit une erreur en attribuant à une *affinité d'entrée de l'électricité* ce qui n'est, au contraire, que le résultat d'une *facilité de sortie*. Il croyait que l'électricité développée sur un corps à la sollicitation d'une pointe était attirée par celle-ci, tandis que c'est cette électricité qui agit par influence sur le fluide naturel du métal, attire vers elle, c'est-à-dire vers la pointe, l'électricité du nom contraire, et repousse celle du même nom vers l'autre extrémité, ou vers la terre, si elle est en contact avec elle.

Si l'on se rappelle ce que nous avons dit, à propos de l'électricité par influence, sur le rôle que joue l'air atmosphérique sec parmi les conducteurs, on comprendra aisément que, si l'on veut accumuler sur eux le fluide électrique, il faut éviter les formes anguleuses et se borner de préférence aux formes arrondies. En effet, l'électricité tend à se disperser par sa tension ou force répulsive sur elle-même, comme nous l'avons dit (page 48), et se porte vers la surface, où elle est arrêtée par l'air, qui, nous l'avons dit aussi, est un mauvais conducteur, et auquel on attribue la propriété d'exercer une pression sur le fluide électrique.

Quoique cette indication suffit pour faire comprendre l'influence des pointes, nous ne croyons pas inutile de donner ici une démonstration mathématique de ce fait, un des plus importants de l'électricité.

Sur un globe conducteur électrisé (fig. 13), tout étant symétrique autour du centre, il est évident que la couche électrique doit avoir partout la même épaisseur; ainsi elle est comprise entre la surface *ee'* du globe, où elle s'arrête contre l'air, et une autre surface *ii'* pareillement sphérique, qui passe *au-dessous* ou *au dedans* de la première d'une quantité infiniment petite : cette surface *intérieure* de la couche électrique est sa surface *libre*. Il semble d'abord qu'une molécule de fluide, telle que *m*, ne puisse être en équilibre dans cet état; mais, en concevant le plan *pmp'*, on verra que, si tout le fluide qui est au-dessus tend, par sa répulsion, à précipiter la molécule *m* vers le centre, tout le fluide qui est au-dessous tend, au contraire, à la repousser vers la surface; et l'on démontre mathématiquement que, par la loi de la raison inverse du carré de la distance, ces deux forces opposées doivent exactement se faire équilibre. Il n'en est pas de même d'une molécule de la surface extérieure : celle-ci est repoussée loin du centre par toutes les molécules du fluide : de là l'effort continuel qu'elle exerce contre l'air ou contre les corps non conducteurs sur lesquels elle s'appuie.

Fig. 13.

Laplace a démontré que le fluide électrique a une force répulsive qui est partout proportionnelle à son épaisseur, et, comme la pression qu'il exerce contre l'air ou contre les obstacles qui l'arrêtent est en raison composée de sa force répulsive et de son épaisseur, il en résulte que cette pression, en chaque point, ou sur chaque élément de surface, est proportionnelle au carré de l'épaisseur de la couche qui se trouve en ce point ou sur cet élément. Ainsi le fluide électrique répandu sur les corps conducteurs peut être considéré comme les fluides pondérables contenus dans des vases contre lesquels ils exercent des pressions : quand ces vases sont assez résistants, le fluide est contenu; quand ils sont trop faibles pour résister à la pression, les parois crèvent et le fluide s'écoule : pour le fluide électrique, le vase est le corps conducteur, la paroi est l'air qui l'enveloppe ou la couche du vernis non conducteur qui le couvre; et, quand l'épaisseur de l'électricité est assez grande, elle fend l'air ou elle perce la couche du vernis, et l'étincelle jaillit, ce qui est la marque d'un écoulement rapide du fluide. Quand la couche électrique est arrêtée et maintenue en équilibre, il est évident que la somme des actions qu'elle exerce sur un point intérieur quelconque est toujours nulle : sans cela, elle opérerait par influence une nouvelle décomposition des fluides naturels qui sont en ce point, et l'équilibre serait troublé.

Sur un ellipsoïde de révolution (fig. 14), l'épaisseur électrique n'est plus la même aux différents points de la surface. Il résulte des conditions mathématiques dont nous venons de parler qu'au pôle p et en un point q de l'équateur, les épaisseurs sont entre elles comme les rayons vecteurs cp et cq; par conséquent, les pressions sont entre elles comme les carrés de cp et cq. Par exemple, si l'ellipsoïde est très-allongé, de telle sorte que $cp=100\ cq$, la pression au point p sera 10,000 fois plus grande qu'au point q; c'est donc toujours par l'extrémité la plus amincie de l'ellipsoïde que le fluide devra s'écouler.

Fig. 14.

Une pointe très-aiguë peut toujours être considérée comme étant le pôle d'un ellipsoïde de révolution très-allongé : ainsi, quelque faible que soit la charge électrique d'un tel corps, le fluide qui s'accumule à son sommet y formera toujours une épaisseur assez grande pour vaincre la résistance de l'air : de là le *pouvoir des pointes*, qui avait été découvert par Franklin avant qu'il fût expliqué par la théorie.

Nous écartant de la ligne ordinairement suivie par les auteurs qui traitent de la physique, nous avons rejeté à la fin du chapitre consacré à l'électricité statique la description des *machines électriques* qu'on emploie comme générateurs d'électricité, et cela pour deux raisons.

La première, c'est qu'en suivant l'ordre jusqu'à un certain point chronologique que nous avons conservé jusqu'ici, nous n'avions point à parler plus tôt des appareils de Ramsden, de Van Marum et d'autres, car ils sont postérieurs aux découvertes sur lesquelles est fondée leur construction. La seconde raison, plus décisive, c'est que, ayant déjà quelque idée des phénomènes de l'électricité statique et de ses théories principales, on comprendra beaucoup mieux les appareils servant à sa production, sans qu'il soit besoin d'autre chose que d'en faire une brève description ; et il suffira de les voir pour être à même d'apprécier les avantages et les inconvénients que peut présenter telle ou telle de leurs parties. En procédant autrement, il eût fallu entrer dans des détails compliqués sur chacune de ces parties, ce qui aurait nui à l'ensemble de la description, car il aurait été indispensable de répéter les explications pour chaque machine, sous peine de laisser le lecteur dans une ignorance absolue de la constitution de ces appareils, objet principal de la première partie de notre livre; et encore en eût-il saisi difficilement les applications.

DES CAUSES QUI PEUVENT DÉVELOPPER LE FLUIDE ÉLECTRIQUE

Une fois justifiée la marche que nous avons adoptée de ne faire la description des machines électriques qu'après avoir parlé de quelques-uns des phénomènes qu'elles produisent, et des propriétés dont il faut tenir compte pour donner aux parties qui les composent la forme la plus propre au but qu'on se propose, il sera bon de dire aussi quelques mots sur la manière dont se produit l'électricité, puisque c'est là-dessus qu'est basée la construction des machines électriques.

D'après l'état actuel de nos connaissances, l'électricité est développée dans les corps par quatre causes différentes : l'action mécanique, l'action physique, l'action chimique et l'action physiologique.

Les *actions mécaniques* susceptibles de rompre l'équilibre du fluide naturel des corps et de produire dans ces derniers des phénomènes électriques sont : le *frottement*, la *pression* et le *clivage*.

Les *actions physiques* qui développent l'électricité dans les corps sont : l'action *capillaire*, celle *de la chaleur*, celle du *magnétisme*, et celle de l'*électricité* même. Les deux dernières ont reçu les noms d'*induction magnétique* et *induction électrique ;* nous les étudierons d'une manière spéciale au cinquième chapitre.

Toutes les réactions chimiques sont accompagnées d'un dégagement d'électricité, et nous mentionnerons séparément, quoiqu'elles ne soient que de véritables réactions chimiques, la *combustion*, l'*action chimique de la lumière solaire* et celle produite par le contact des gaz avec les métaux non oxydables dans l'eau, qu'on désigne sous le nom d'*action catalitique*.

Les *actions physiologiques*, enfin, s'observent dans les poissons électriques, dans la germination des plantes, et il est plus que probable qu'on arrivera à les découvrir dans les fonctions vitales des individus du règne animal.

Comme nous aurons plus loin à traiter longuement la manière de produire l'électricité par les réactions chimiques et par l'induction, procédés qui la fournissent plus abondamment et plus facilement dans un état particulier que nous étudierons, nous nous bornerons maintenant à parler de l'électricité obtenue par le frottement, car c'est sur ce principe que se fonde la construction des machines électriques proprement dites. En temps et lieu nous donnerons de légères notions sur les autres actions qui ne sont pas encore l'objet d'applications scientifiques, mais qui peuvent servir de base à des études dont nul ne saurait deviner l'avenir.

ÉLECTRICITÉ DÉVELOPPÉE PAR LES ACTIONS MÉCANIQUES. ÉLECTRICITÉ PAR FROTTEMENT.

Six cents ans avant Jésus-Christ, Thalès de Milet découvrit dans le succin, ayant subi un frottement préalable, la propriété d'attirer les corps légers. C'est le premier fait cité d'un phénomène électrique produit par l'homme ; on peut donc dire que le frottement a été le premier moyen employé pour développer ce fluide, et que l'ambre gris est le corps où il s'est rencontré pour la première fois : c'est sans doute pour cette raison qu'il reçut le nom grec de ἤλεκτρον (du verbe ἑλκύω, j'attire), nom qu'on ne lui aurait pas donné si cette faculté ne lui avait pas été particulière. Théophraste d'Eresus, plus tard, indique la même propriété comme existant dans le jais, dans l'agate et dans le *lyncurium*, qui n'était sans doute autre chose que la tourmaline.

Le docteur Gilbert publia un catalogue des corps auxquels le frottement communiquait le pouvoir d'attirer ; mais tous ces faits restèrent isolés et ne purent être formulés d'une manière générale qu'après la découverte de Gray. On soumit alors tous les corps à l'épreuve, et on les divisa en deux classes : les corps *idio-électriques*, qui acquièrent l'électricité par le frottement, tels que la gomme laque, l'ambre, la résine, le soufre, le verre, le diamant, la topaze, l'émeraude et la plupart des pierres précieuses ; et les corps *anélectriques*, qui ne reçoivent du frottement aucune propriété attirante : parmi ces derniers, les métaux figurent en première ligne ; viennent ensuite le charbon, le bois et les terres cuites, qui possèdent rarement cette faculté.

Les corps idio-électriques durent naturellement piquer la curiosité des physiciens, et l'un des premiers phénomènes observés fut la différence existant entre l'électricité développée par le frottement du verre et celle de la résine. Nous avons déjà parlé de la découverte attribuée à Dufay et à Symner ; nous y revenons, afin de pouvoir déduire la conséquence de leur théorie, que nous connaissons déjà. D'après cette théorie, *les deux fluides vitré et résineux, combinés ou neutralisés entre eux, constituent* L'ÉTAT NATUREL *des corps ; et quand, par un moyen quelconque, on détruit cet équilibre, les corps s'électrisent* POSITIVEMENT *quand c'est le fluide* VITRÉ *qui domine ;* NÉGATIVEMENT *quand c'est, au contraire, le fluide* RÉSINEUX.

Voici maintenant la conséquence : si un corps, à l'état naturel, possède les deux électricités en proportions égales, *il n'y a pas de raison pour qu'il prenne ou retienne de préférence l'une des deux, et, en s'électrisant par frottement, il doit être susceptible d'acquérir tantôt l'électricité vitrée, tantôt l'électricité résineuse.* En effet, le verre est vitré quand on le frotte avec de la laine ou de la soie, et résineux quand on le frotte avec une peau de chat, de loutre, ou toute autre de la même espèce. De même il y a des corps qui déterminent l'électricité vitrée dans la résine, tandis que d'autres y développent la résineuse.

Ainsi donc, pour définir rigoureusement les fluides, il faut dire que le *fluide vitré* est celui que développe dans le *verre* le frottement avec de la *laine;* et le *fluide résineux* celui qu'acquiert la *résine* frottée avec une *peau de chat*, de la *laine* ou de la *soie*.

Encore une autre conséquence de la théorie de Symner : si dans un corps à l'état naturel vient à se produire l'électricité résineuse ou l'électricité vitrée, l'électricité contraire devra s'en séparer ou se détruire par la cause décomposante ; or, comme la destruction d'un agent naturel ou d'une force n'est pas plus possible que la destruction de la matière, nous pouvons être assuré que l'une des deux électricités ne se développera jamais sans l'autre ; et l'expérience l'a démontré : si l'on frotte l'un contre l'autre deux disques isolés par des manches en verre, ils ne donnent aucun signe d'électricité tant qu'ils demeurent en contact ; mais, aussitôt qu'ils sont séparés, on peut se convaincre que l'un est chargé d'électricité vitrée, et l'autre d'électricité résineuse.

Les disques peuvent être en verre, en résine, en bois ou en métal ; et, si l'on désire varier les expériences, il suffit d'y coller des peaux, de la toile, du papier, etc., car *la nature du fluide électrique dépend uniquement des surfaces frottantes.*

Beaucoup d'expériences ont été faites dans le but de découvrir la cause du développement de l'électricité par le frottement; mais aucun résultat satisfaisant n'a été obtenu. Plusieurs physiciens prétendent que la séparation des fluides est due à la secousse ou mouvement des molécules; mais M. Pouillet croit, et nous partageons son avis, que cette explication est vague et inexacte à la fois, car il y a secousse et mouvement des molécules lors du changement d'état des corps, et cependant on n'y rencontre pas la moindre trace d'électricité. D'autres supposent que le frottement qui fait naître l'électricité est toujours accompagné d'une action chimique, et qu'il suffit d'empêcher cette action pour que l'électricité cesse de se produire. A l'appui de cette théorie, on cite des expériences de Wollaston qui semblent la confirmer; mais les observations de Gay-Lussac, Peclet, et celles plus récentes de M. Ed. Becquerel, prouvent qu'elle est erronée.

Si jusqu'à présent on n'a pu déterminer l'origine de l'électricité par frottement, nous indiquerons du moins les principales circonstances qui paraissent modifier son développement d'une manière constante.

1° Deux corps solides, quels qu'ils soient, bons ou mauvais conducteurs, acquièrent toujours par le frottement, l'un l'électricité résineuse, l'autre l'électricité vitrée, quand on prend les précautions convenables pour les sécher, les isoler, etc.

Le frottement des corps solides contre les corps liquides semble aussi, dans plusieurs cas, susceptible de produire l'électricité. Nous croyons qu'on pourrait citer comme exemple le fait si intéressant, observé dernièrement par M. Becquerel, de l'électricité développée par le contact des masses d'eau avec la terre. M. Becquerel l'attribue exclusivement aux actions chimiques; mais les faits recueillis sont si complexes, qu'il n'a pu encore établir de conclusions absolues, et il pourrait bien se faire que le frottement des eaux contre le rivage ne fût pas étranger à cette formation d'électricité.

Dans des circonstances appropriées, les liquides frottés entre eux peuvent aussi développer de l'électricité.

Les gaz, soit frottés entre eux, soit contre des corps liquides ou solides, ne semblent pas, d'après M. Pouillet, susceptibles de produire électricité, à moins cependant qu'ils soient chargés de particules solides ou liquides.

2° Quand on élève la température d'un corps, il acquiert une tendance à s'électriser résineusement ; mais cette tendance n'est pas proportionnelle dans tous les corps avec le même degré de température.

3° L'état de la surface d'un corps est pour beaucoup quant à l'espèce de fluide que le frottement lui communique; on a remarqué qu'en général les aspérités de la surface donnent aux corps une tendance à s'électriser résineusement, surtout quand ils sont mauvais conducteurs.

La couleur, la disposition des molécules ou des fibres, la direction dans laquelle on frotte et même la pression plus ou moins grande du corps frottant peuvent influer aussi sur l'espèce d'électricité qui s'y produit; mais les observations sont si vagues, qu'on ne peut poser une règle générale comme pour les deux cas ci-dessus de la température et de la rugosité de surface. Lorsque, par exemple, on frotte un ruban de soie noir contre un ruban de soie blanc, le noir prend toujours l'électricité résineuse; si les deux rubans sont de même espèce et qu'on les frotte en croix, c'est celui qui est frotté transversalement qui s'électrise négativement, et l'autre, qui reste immobile, prend l'électricité positive ou vitrée; enfin, il y a des substances qui, comme le *disthène*, acquièrent l'électricité positive sur quelques points de leur surface, et l'électricité négative sur d'autres, sans que, pour cela, on remarque la moindre différence de température ou d'aspect.

4° D'après M. Becquerel, une plaque métallique acquiert l'électricité vitrée par le frottement avec de la limaille de même métal, et, par suite, la limaille s'électrise résineusement.

Deux plaques de métaux différents frottées l'une contre l'autre prennent, l'une l'électricité vitrée, l'autre l'électricité résineuse; mais on a observé que tout métal s'électrise positivement avec les uns et négativement avec d'autres. Voici une table basée d'après ces observations, où chaque métal développe l'électricité vitrée avec celui qui le suit, et l'électricité résineuse avec celui qui le précède :

Antimoine.	Argent.	Platine.
Arsenic.	Or.	Paladium.
Cadmium.	Cuivre.	Cobalt.
Fer.	Étain.	Nickel.
Zinc.	Plomb.	Bismuth.

Il ne faut pas oublier cette circonstance que, lorsqu'on frotte l'un contre l'autre deux corps qui n'ont pas un même degré de dureté et que, par conséquent, il y en a un des deux qui laisse adhérer à l'autre une partie de sa substance, le frottement n'a plus lieu entre ces deux corps différents, mais bien entre le plus mou et la partie de ce dernier détachée et déposée sur le plus dur, ce qui rend très-difficile l'appréciation des effets électriques obtenus par le frottement, et nombreuses les causes d'erreur; dans ce cas, toute l'attention du plus habile expérimentateur est nécessaire.

D'après M. Peclet, la tension de l'électricité obtenue par le frottement est indépendante de la vitesse, de la pression, de l'étendue des surfaces en contact, de l'épaisseur des corps frottants et de la manière dont ils frottent; mais M. Becquerel prétend qu'on doit obtenir un maximum de tension en ne perdant pas de vue les deux considérations suivantes : 1° quand la décomposition des deux électricités dans le frottement est plus rapide que la recomposition, la tension électrique augmente; 2° si la recomposition a lieu dans un espace de temps appréciable, plus la vitesse des deux corps frottants sera grande, plus élevé aussi sera le maximum de tension.

On devra avoir le soin de se rappeler tout ce que nous venons de dire lorsqu'on lira la description des machines électriques fondées sur le développement de l'électricité par frottement, car nous nous bornerons à décrire les parties dont elles sont composées et les effets qu'elles produisent.

Dorénavant nous emploierons exclusivement les dénominations *positive* et *négative* pour désigner les électricités *vitrée* et *résineuse;* car, comme nous l'avons dit, non-seulement ces deux derniers mots seraient impropres, mais susceptibles aussi d'occasionner des erreurs, puisque la résine peut produire de l'électricité vitrée, et le verre de l'électricité résineuse, selon la nature des corps frottants.

La PRESSION est une des actions mécaniques qui développent le fluide électrique. La découverte en est due à Œpinus. Plus tard, Libes démontra que, si l'on pose un disque métallique sur un taffetas gommé et qu'on le soulève au moyen d'un manche isolant après l'avoir comprimé légèrement, ce disque se charge d'électricité positive, et le taffetas d'électricité négative. Cette expérience n'est pas concluante, car l'adhérence entre le métal et le vernis produit un effet analogue au frottement; mais l'abbé Haüy est parvenu à produire l'électricité dans un grand nombre de corps à surfaces unies et dans des circonstances où il n'était pas permis de douter que le phénomène fût dû à la pression. Un fragment de spath calcaire s'électrise positivement quand on le presse un moment entre les doigts; il en est de même du spath-fluor, du mica, de l'arragonite, du quartz et de plusieurs autres substances; notons cependant que le genre d'électricité dont ces substances se chargent dépend du corps avec lequel on les comprime.

Haüy découvrit aussi une propriété très-importante dans les cristaux électrisés par la pression : celle de conserver leur électricité pendant quelques heures, et même pendant quelques jours; le carbonate de chaux, entre autres, possède une force conservatrice si grande, qu'il donne encore des signes sensibles d'électricité *onze* jours après avoir été soumis pendant un instant à la pression. C'est sur cette propriété qu'est fondée l'aiguille électrique d'Haüy, l'un des électroscopes les plus simples et les plus exacts.

M. Becquerel a conclu de ses expériences que la quantité de fluide qui se dégage est proportionnelle à la pression; on ne peut cependant pas adopter cette assertion comme une loi générale, parce que les liquides n'ont pas été soumis à l'expérience et que les gaz, qui sont éminemment compressibles, n'ont présenté aucune apparence électrique.

Le CLIVAGE est aussi une des actions mécaniques qui développent l'électricité. En opérant rapidement dans l'obscurité avec une feuille de mica et en se servant de pinces isolantes, il se produit une faible lumière phosphorescente, et, au moyen de l'électroscope, on peut s'assurer que chacune des deux feuilles résultant du clivage possède une électricité contraire dont l'intensité est d'autant plus grande que l'opération a été plus rapide.

Ce phénomène ayant toujours lieu, quelle que soit l'épaisseur de la feuille de mica, on peut déduire comme conséquence qu'il se reproduirait si cela était possible, jusqu'à la séparation des deux dernières molécules.

On peut obtenir des effets semblables avec toutes les substances cristallisées qui se prêtent au clivage et qui sont de mauvais conducteurs de l'électricité.

Le bref résumé que nous venons de donner de quelques-uns des divers moyens propres à développer l'électricité et d'autres que nous ferons connaître plus loin laissent entrevoir que, bien approfondis, ils pourraient se réduire à un nombre très-restreint de phénomènes généraux ; peut-être même (d'après une opinion que nous n'enregistrons ici que sous toute réserve) sont-ils tous dus à une réaction chimique plus ou moins perceptible. Mais, en supposant à chacun une origine spéciale, il n'y a néanmoins que quatre sources où les sciences, les arts et l'industrie viennent puiser quand ils doivent recourir à l'électricité.

Nous étudierons plus tard les appareils et les phénomènes qui se rattachent à l'électricité produite par les réactions chimiques, par la chaleur et par l'induction électro-magnétique, parce qu'ils doivent être traités avec la même étendue, au moins, que ceux dont nous venons de nous occuper, afin de bien faire comprendre ce que sont les appareils désignés en physique sous le nom de *machines électriques*. Ces machines, dont la construction est fondée sur la propriété qu'ont les corps de développer l'électricité par le *frottement*, étaient les seules connues dans la première période de l'histoire de l'électricité que nous avons esquissée. Faisons-en maintenant la description.

DESCRIPTION DES MACHINES ÉLECTRIQUES.

Rigoureusement parlant, tout appareil susceptible de détruire l'équilibre des fluides électriques qui se trouvent dans tous les corps à l'*état naturel* et de mettre en évidence une des propriétés quelconques de l'électricité est une machine électrique. Ainsi la plante qui croît dans une capsule isolée, comme celle qu'employait M. Pouillet pour démontrer l'action physiologique dans l'acte de la végétation, serait en réalité une machine électrique ; mais on est convenu de restreindre l'emploi de cette dénomination, et de la réserver pour désigner les appareils qui, au moyen du frottement, mettent en lumière les phénomènes de l'électricité.

Le morceau d'ambre dans lequel Thalès de Milet découvrit la propriété d'attirer les corps légers et le drap de la tunique ou du manteau avec lequel il dut le frotter constituent la première machine électrique connue qui ait servi aux expériences de cette branche de la science. Le cylindre d'ambre et le morceau de flanelle avec lesquels le docteur Walls obtint la première étincelle constituent de même une machine électrique. Le tube de verre avec le bouchon de liége et la tringle métallique dont Gray se servit pour faire la grande division des corps en idio-électriques et anélectriques, voilà encore une autre machine plus parfaite déjà, puisqu'elle renferme toutes les parties dont se compose essentiellement la machine électrique employée de nos jours.

Il serait beaucoup trop long de signaler toutes les modifications qui ont été faites à ces machines, tant dans la matière que dans la forme des trois parties principales qui les constituent, car ces modifications sont innombrables. Walls, comme nous l'avons déjà dit, employa un cylindre de succin et un morceau de flanelle; Otto de Guericke se servit d'un globe de soufre qu'il faisait tourner et frottait avec la main. Hawksbée faisait usage d'une sphère de verre qui tournait sur un axe; Gray se servit d'un tube de verre, auquel il ajouta pour la première fois, d'accord avec Winkler, un conducteur isolé, car on peut considérer comme tel la tige métallique qu'il engagea dans le bouchon de liége de son tube de verre. En 1752, Duffay démontra que la glace pouvait tenir lieu de corps frotté, et l'abbé Nollet lui-même lui servit de conducteur en restant suspendu à des cordons de soie. En 1741, Boze introduisit de nouveau le globe de verre de Hawksbée en le substituant au tube qu'on employait exclusivement depuis les expériences de Gray. Ce fut aussi lui qui le premier eut l'idée de recueillir l'électricité développée par le frottement sur un conducteur isolé, qui n'était autre chose qu'un tuyau de fer-blanc suspendu au plafond par un cordon de soie. Le germe de cette idée existait dans la tige métallique inventée par Gray, quoiqu'il ne se rendît pas compte des avantages qui devaient en résulter plus tard. Winkler employa, comme corps frottant, un coussin, au lieu de la main, qui jusqu'alors avait rempli cet office. On doit à M. Gordon la forme cylindrique de plusieurs machines, et à Ramsden, d'après les uns, au docteur Ingénouze, suivant les autres, la machine à plateau connue sous le nom de *machine électrique ordinaire*, parce qu'elle est la plus usuelle dans les cabinets de physique.

En général, on peut dire que toutes les machines électriques maintenant en usage se composent d'un *corps frottant*, d'un *corps frotté* et d'un *conducteur isolé*.

Le *corps frottant* est un coussin élastique rembourré de crin et recouvert de cuir enduit d'une couche de substance oxydable, telle que l'or musif (deuto-sulfure d'étain) ou différents amalgames parmi lesquels celui de zinc et d'étain semble être préférable.

Le *corps frotté* est un cylindre ou plateau de verre ou de toute autre substance idio-électrique.

Le *conducteur isolé* est généralement un système de cylindres creux en laiton, terminés par des surfaces sphériques ou arrondies, et soutenues par des colonnes en verre vernies à la gomme laque.

Il n'est pas nécessaire d'indiquer pourquoi ces substances et ces formes ont été adoptées plutôt que d'autres : les lois déduites des phénomènes que nous avons déjà signalés et l'expérience ont démontré leurs avantages. Nous allons faire une description détaillée de trois ou quatre des machines les plus employées dans les cabinets de physique.

La figure 15 représente la machine électrique de Ramsden ou d'Ingénouze. Le plateau de verre *a*, dont le diamètre varie depuis 50 et 80 centimètres pour les machines ordinaires, jusqu'à 3 mètres, comme celle que possède le Panopticon de Londres, est fixé par son centre à un axe muni de sa manivelle *b* et assujetti au moyen de la vis *c*. Les montants *dd* sont disposés de manière à supporter en même temps le plateau de verre et les quatre coussins qui le frottent des deux côtés depuis la circonférence jusqu'à un tiers ou la moitié du rayon. Le conducteur *fgf'*, isolé sur des colonnes en verre *hh*, se termine en deux branches *ii*, qui entourent le bord du disque à l'extrémité de son diamètre horizontal, c'est-à-dire qu'elles forment une croix avec les montants où sont les frottoirs. Les branches du conducteur sont armées de pointes métalliques en regard du plateau, dont elles s'approchent beaucoup, sans le toucher cependant. Quelquefois on attache aux montants des morceaux de taffetas qui recouvrent la partie du disque *di* qui vient de subir le frottement depuis le coussin jusqu'à la branche, afin d'éviter la perte de l'électricité au contact de l'air humide.

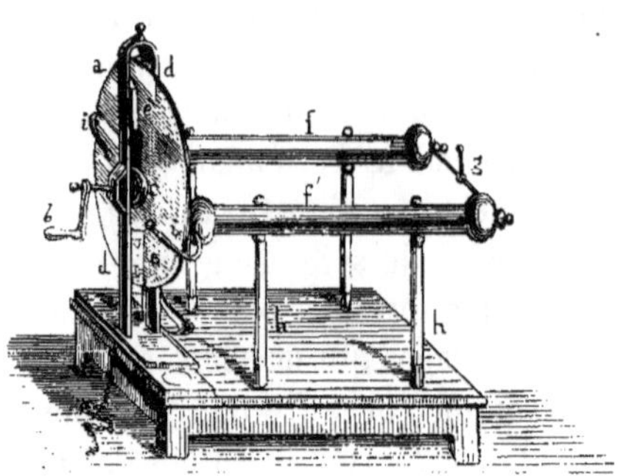

Fig. 15.

Quand on veut faire fonctionner la machine, il faut avoir soin de bien sécher chacune de ses parties, d'enduire les coussins avec un des amalgames dont nous avons parlé plus haut, et de les mettre en communication avec le sol au moyen d'une chaîne métallique; après quoi il suffit d'imprimer un mouvement de rotation à la manivelle pour recueillir l'électricité sur le conducteur isolé.

Il est presque inutile d'expliquer ce qui a lieu dans cette machine, car c'est la conséquence nécessaire de ce que nous avons dit dans les pages précédentes. L'électricité positive qui se développe par le frottement sur le plateau de verre décompose par influence le fluide naturel du conducteur isolé, surtout dans les branches *ii*; l'électricité positive repoussée va occuper toute la surface du conducteur isolé, et l'électricité négative, qui, au contraire, est attirée, passe par les pointes métalliques des branches, et neutralise l'électricité positive dont est chargé le plateau. Le fluide négatif développé sur les coussins s'écoule par le sol, avec lequel ces coussins doivent être en parfaite communication, parce que, s'ils restaient chargés d'électricité négative, ils développeraient une quantité moindre de fluide positif dans le plateau, car ils tendraient à le neutraliser.

Pour reconnaître quand le conducteur de la machine est chargé d'électricité, et pour mesurer la charge, on se sert de l'*électromètre à cadran* ou *de Henley*, que représente la figure 16, et dans lequel la petite boule de sureau *o*, attachée à une tige de bois librement suspendue, s'éloigne plus ou moins du conducteur *v*, et marque le degré d'écartement sur un cadran en ivoire.

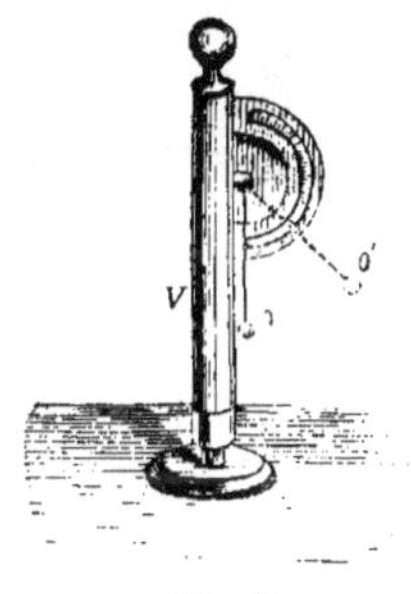

Fig. 16.

On emploie quelquefois des *conducteurs secondaires*. Ce sont de gros cylindres en cuivre ou en fer-blanc suspendus par des cordons en soie ou appuyés sur des colonnes isolantes. En mettant ces conducteurs en communication avec ceux de la machine, le système entier se charge d'électricité, et l'on peut obtenir des étincelles plus fortes, car la tension est beaucoup plus grande.

Comme exemple remarquable d'une machine de ce genre, nous citerons celle qui est au Panopticon de Londres, construite d'après les plans de Marmaduke Clarke. Le plateau a 3 mètres de diamètre, et est mis en mouvement par une petite machine à vapeur, le conducteur isolé est un cylindre de 75 centimètres de rayon, et de 2 mètres de long. L'électricité que développe cette énorme machine se communique à une batterie composée de 36 jarres de verre, dont les armatures réunies présentent une surface de 250 pieds carrés. Les effets qu'on obtient avec cette machine et cette batterie sont extraordinaires, et on peut vraiment les comparer à ceux de la foudre, car on est parvenu à fondre instantanément des fils métalliques longs de 20 et 22 pieds.

La *machine de Van Marum* (fig. 17) diffère de celle de Ramsden, en ce qu'elle est établie de façon à produire à volonté l'élec

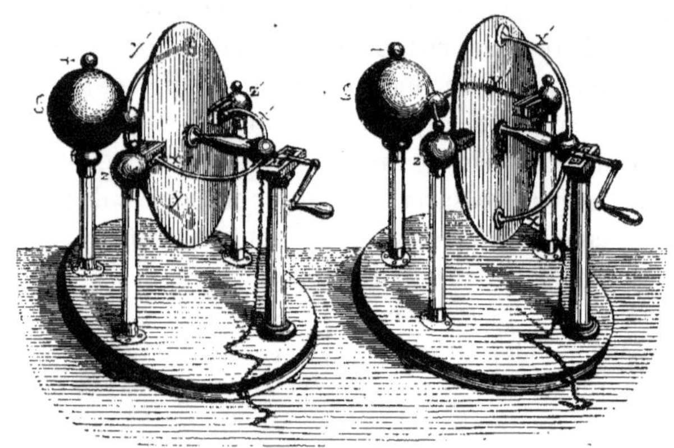

Fig. 17.

tricité positive ou l'électricité négative, c'est-à-dire celle des coussins ou celle du plateau.

Les deux paires de coussins sont disposées, dans ce cas, dans le sens du diamètre horizontal, appuyées sur les semi-globes en laiton z et z'. Il y a deux branches mobiles xx' et yy' qui doivent toujours être en plans perpendiculaires, c'est-à-dire que, quand la branche yy' est verticale, la branche xx reste horizontale, communique avec les coussins, et transmet au sol l'électricité négative, tandis que la branche yy' et le globe g se chargent d'électricité positive. Quand, au contraire, la branche yy' est horizontale, la branche xx', qui est verticale, communique avec le plateau et recompose son fluide au moyen du fluide naturel du sol, tandis que la branche yy' recueille l'électricité des coussins, c'est-à-dire l'électricité négative, et la communique au globe g et aux semi-globes zz', où l'on peut charger les condensateurs.

La *machine de Nairne* (fig. 18) est disposée aussi pour donner

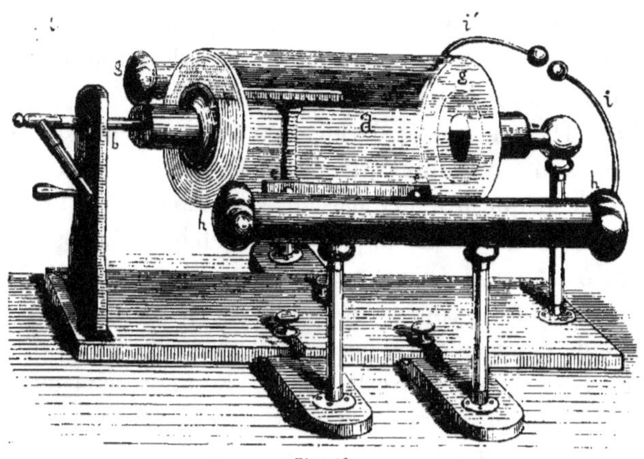

Fig. 18

les deux électricités; mais on peut les recueillir à la fois sur deux conducteurs différents.

Le corps frotté est ordinairement un grand cylindre de verre a, mobile autour d'un axe horizontal b, et le frottement est produit dans le sens de la longueur par un seul coussin e, fixé à l'un des conducteurs isolés hh, tandis que l'autre, gg, armé de pointes, se charge d'électricité contraire à celle de hh. Au moyen des branches i ou i', on peut recueillir simultanément les deux électricités ou une seule à volonté; dans ce dernier cas, il suffit de mettre l'un des conducteurs en communication avec le sol. On peut aussi y ajouter une armure ou morceau de taffetas gommé, afin de prévenir les effets du contact de l'air humide avec le cylindre de verre.

On a tenté de remplacer le plateau ou cylindre en verre par d'autres corps moins hygrométriques, moins coûteux et moins fragiles. En 1851 figurait à l'Exposition de Londres une machine où on avait substitué au plateau en verre une courroie en gutta-percha qui roulait sur deux poulies ; et à l'Exposition universelle de 1855 MM. Fabre et Kunemann ont présenté une machine dont le disque était en caoutchouc vulcanisé. Nous ne doutons pas de l'excellence de cette dernière modification, car le caoutchouc est un corps éminemment électrique, et son prix modique, ainsi que la ténacité qu'il peut acquérir, permettra de faire de grands plateaux et de répandre ainsi l'usage de machines d'une haute puissance.

M. Jules Thoré a envoyé dernièrement à l'Académie des sciences de Paris une communication dans laquelle il décrivait une machine électrique inventée par lui, semblable, pour la forme, à celle dont nous venons de parler, qui était à l'Exposition de Londres; mais, au lieu d'une courroie en gutta-percha, M. Thoré emploie un bande de papier dont les deux extrémités sont collées ensemble de manière qu'on puisse la tendre sur deux cylindres ou rouleaux en bois recouverts de soie. En imprimant un mouvement de rotation à l'un des deux cylindres, et en appuyant sur le papier un fer à repasser chaud, on obtient des quantités considérables d'électricité. M. Sigaud de Lafont et d'autres auteurs anciens ont décrit de semblables machines, où le papier est remplacé par des rubans de soie.

L'électrophore, dont l'invention est attribuée par quelques-uns au Suédois Wilke, mais par M. Becquerel et la plupart des physiciens à Volta, est la plus simple et la plus commode de toutes les machines avec lesquelles on obtient l'électricité par frottement et par influence, quand on n'a besoin toutefois que de petites charges électriques.

L'électrophore se compose d'un gâteau de résine *r* (fig. 19) et d'un disque en métal *m* pourvu d'un manche isolant *a*. La résine doit être enfermée dans une boîte en bois, et il faut avoir soin que sa surface soit bien unie. Le disque peut être en cuivre ou en laiton avec un rebord arrondi, ou bien en bois recouvert d'une feuille d'étain; son diamètre doit être plus petit que celui du gâteau de résine.

Pour faire fonctionner cet appareil, on frotte ou plutôt l'on bat la résine avec une peau de chat; on place le disque sur la résine en appuyant avec la main ; puis on le soulève par son manche, et il se trouve chargé d'électricité positive qui éclate en une étincelle quand on approche un doigt, un excitateur ou une bouteille de Leyde. Cette opération peut être répétée plusieurs fois sans qu'il soit besoin d'électriser de nouveau le gâteau de résine.

L'explication de ce phénomène est fort simple. L'électricité négative développée sur le gâteau de résine décompose par influence l'électricité naturelle du disque métallique et du corps qui est en contact avec lui par la main ; l'électricité positive est attirée vers le gâteau pour y neutraliser l'électricité négative ; mais elle n'y passe pas, parce qu'elle s'accumule sur une surface très-grande et qu'elle ne peut vaincre la résistance de l'air, qui est un mauvais conducteur ; l'électricité négative qui occupe la partie supérieure du disque est repoussée et passe au sol par la main de l'opérateur ; et, quand on lève le disque par son manche, il n'est chargé que d'électricité positive.

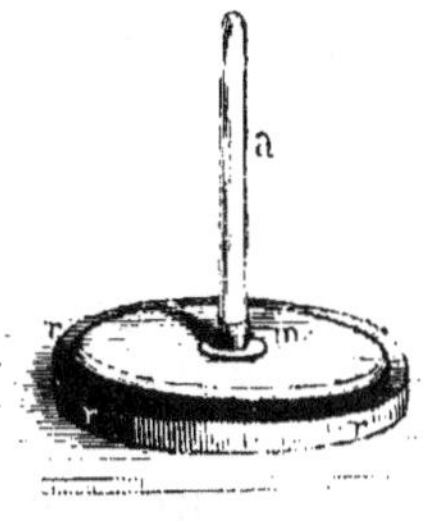

Fig. 19.

La simplicité, le peu de volume, le prix modique et la commodité de cet appareil en ont beaucoup répandu l'usage, et, comme nous l'avons dit, on le préfère aux autres machines électriques quand on n'a pas besoin d'obtenir de grandes charges en peu de temps.

MM. Fabre et Kunemann ont construit des électrophores dont le gâteau, au lieu d'être en résine, est en caoutchouc vulcanisé, comme les plateaux des machines dont nous avons parlé, et ils assurent que les résultats sont aussi bons.

Voulant obtenir de l'électrophore une grande quantité d'électricité, on a imaginé de réunir plusieurs de ces appareils et de les soumettre à un mouvement capable de développer en tous simultanément les propriétés électriques. Nous ne décrirons pas la *machine électrophorique* de M. Girarbon, cela n'étant pas nécessaire pour faire comprendre le but qu'il s'est proposé, et nous ne croyons pas qu'on doive la préférer au simple électrophore pour de faibles charges, ni aux machines à plateau pour les charges plus fortes.

Au mois de décembre 1854, M. Hermite présenta à l'Académie des sciences la description et le calcul d'une machine électrique dont il proposait la construction, fondée sur le principe de l'électrophore. D'après son auteur, cette machine devait offrir une particularité singulière, celle de développer l'électricité de manière à produire une quantité considérable de travail mécanique, au lieu d'en exiger, comme cela a lieu d'ordinaire. Le compte rendu de l'Académie des sciences ne décrivant pas l'appareil, nous n'avons pu nous en faire une idée quelconque; mais il est certain que, lorsque l'auteur voudra mettre son invention à exécution, il se trouvera bien loin de ses calculs et de ses considérations.

Pour produire de grandes charges électriques en peu de temps, il n'y a aucun appareil, parmi ceux déjà connus, qui puisse rivaliser avec la *machine hydro-électrique* d'Armstrong. Elle est due au physicien de ce nom, qui appliqua de la manière la plus heureuse dans sa construction le principe qu'il déduisit d'un fait observé accidentellement en 1840 par un ouvrier de Sighill, près de Newcastle, lequel, voulant régler le poids de la soupape de sûreté d'une machine à vapeur fixe dont il était chargé, resta tout surpris en voyant partir une étincelle électrique paraissant sortir du métal de la chaudière.

C'est aussi le frottement qui développe l'électricité dans la machine d'Armstrong: mais c'est le frottement d'un jet de vapeur à haute pression contre les ajutages étroits par où on le fait sortir. Cette machine se compose d'une chaudière à vapeur isolée *a* (fig. 20), d'une boîte réfrigérante *b*, de trois ajutages de sortie *c*, et d'un conducteur *d*.

La chaudière est à foyer intérieur, dont on voit la petite porte en *f* et la cheminée en *g*; elle est isolée sur quatre colonnes de verre *v*, fixées à un cadre muni de roulettes *u*; *s* est la soupape de sûreté, *r* le robinet pour laisser sortir la vapeur et faire agir l'appareil. Quand on ouvre ce robinet, la vapeur passe d'abord de la chaudière au grand tuyau *t*; elle se répand ensuite dans trois tuyaux qui traversent en droite ligne la boîte *b*, et arrive aux ajutages *c*, qui terminent ces tubes.

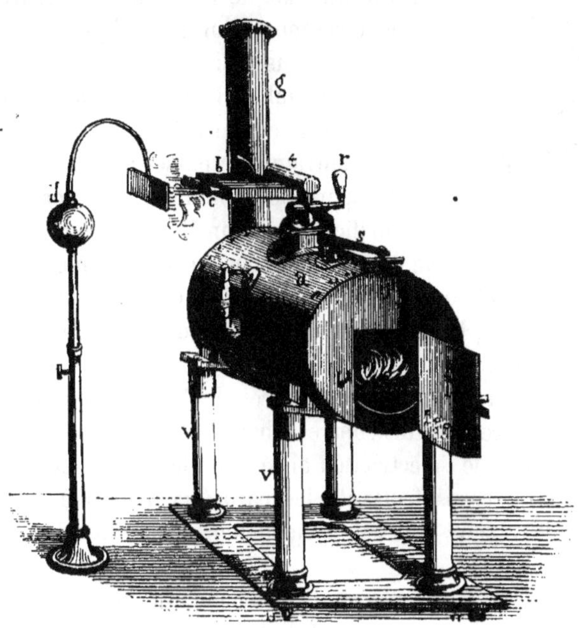

Fig. 20.

La boîte réfrigérante *b* contient de l'eau à la température ordinaire; le niveau de cette eau n'étant pas assez élevé pour atteindre les tubes, on pose sur ceux-ci des mèches de coton dont les bouts trempent dans l'eau, qui monte en vertu de la capillarité, et refroidissent jusqu'à un certain degré la vapeur passant dans les tubes : la vapeur qui se produit dans la boîte *b* passe dans la cheminée par un autre petit tube courbé que l'on voit dans la figure.

Les ajutages de sortie constituent la partie principale de l'appareil, car c'est d'eux que dépend le pouvoir électrique de la machine. Après de nombreux essais, M. Armstrong s'est arrêté à la disposition représentée dans les figures 21 et 22. Le tuyau de vapeur s'élargit en forme de cône près de son extrémité, et on y introduit la pièce représentée dans la figure 21, qui est le vrai ajutage de sortie, et dont on voit la coupe, mais déjà introduite dans le tube, dans la figure 22. Elle se compose d'un tronc de cône en bois *p*, dont la plus petite base est attachée à la pièce de métal *m*. La vapeur y arrive directement, frappe contre le métal, s'éparpille, et est contrainte de passer par une fente; là elle s'éparpille de nouveau pour passer par un orifice d'un diamètre approprié et pratiqué dans l'axe même du tronc de cône en bois; l'anneau à vis *n* sert à fixer solidement l'ajutage de sortie. Quand la vapeur traverse la boîte *b*, le refroidissement y produit quelques petites gouttes d'eau qui sont entraînées par le reste de la vapeur, et il semble démontré par les expériences de Faraday que c'est au frottement de ces gouttes contre le bois de l'ajutage qu'est dû le développement de l'électricité : ainsi donc les gouttelettes d'eau constituent le corps frottant, les parois de l'ajutage le corps frotté, et la vapeur est l'agent ou le moteur qui détermine un frottement rapide.

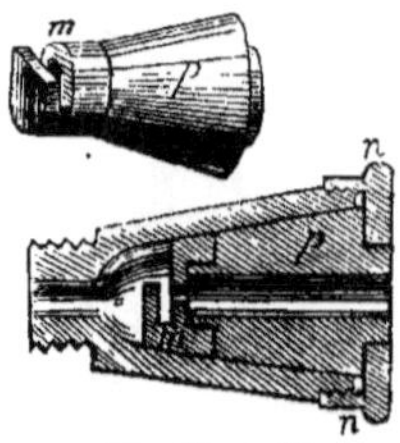

Fig. 21 et 22.

Le conducteur *d* a à peu près la forme indiquée par la figure 20; c'est celle d'un peigne ou plutôt d'une brosse métallique ; la vapeur lui communique son électricité, et, comme il est isolé, on peut faire jaillir l'étincelle sur la boule *d'*, qui est une partie du conducteur.

On a omis sur la figure un autre tube d'échappement destiné à introduire différentes substances en poudre entraînées par la vapeur, afin d'étudier leur influence sur la nature et la quantité d'électricité produite.

Avec une chaudière de 80 centimètres, ce qui n'est pas un appareil bien volumineux, on obtient plus d'électricité qu'avec trois machines ordinaires à plateau de 1 mètre et faisant un tour par seconde. Il y a eu à la Sorbonne une autre machine plus puissante : elle avait quatre-vingts ajutages de sortie, et ses énormes étincelles se succédaient avec une rapidité telle, qu'elles formaient un jet continu éblouissant, large de quelques centimètres et long de plusieurs décimètres. Le musée polytechnique de Londres possède une machine plus puissante encore.

Avant de passer outre, et pour terminer ce chapitre, nous expliquerons la différence existant entre les deux états sous lesquels se présente l'électricité, états tout à fait distincts, du moins en apparence, ce qui a fait donner à l'un le nom d'*électricité statique*, et à l'autre celui d'*électricité dynamique*.

Toutes les fois qu'il y a neutralisation des deux électricités positive et négative, soit à travers l'air au moyen d'une étincelle, soit au moyen d'un corps conducteur, l'électricité se trouve à l'*état dynamique* pendant tout le temps que dure la neutralisation, car on suppose que les deux fluides sont en mouvement et qu'ils se dirigent à la rencontre l'un de l'autre pour se recomposer. Cette dénomination exprime une idée opposée à celle d'*état statique* ou de repos, où se trouvent les deux électricités quand, après leur développement, elles restent accumulées séparément sur des corps isolés. L'*état statique* a aussi reçu le nom de *tension électrique*, qui exprime parfaitement l'état violent, pour ainsi dire, où se trouve le fluide électrique et la tendance qu'il a, par conséquent, à l'abandonner.

L'état dynamique peut être *instantané* ou *continu*. Il est instantané dans tous les cas où deux corps électrisés sont isolés, et, par conséquent, n'acquièrent plus d'électricité après s'être mutuellement neutralisé celle qu'ils possédaient. Mais, si l'on suppose que l'un des deux corps communique avec un générateur permanent d'électricité positive, et l'autre avec un générateur, permanent aussi, d'électricité négative, les deux fluides se renouvellent à mesure qu'ils se neutralisent, et il y aura entre les deux corps une série d'étincelles s'ils sont à une certaine distance l'un de l'autre, ou une réunion continue des deux électricités si les deux corps communiquent entre eux par un conducteur. Cette neutralisation non interrompue est ce qu'on appelle *état dynamique continu* ou *courant électrique*, et les phénomènes obtenus au moyen de ces courants, leurs lois et les appareils qui les produisent, constituent l'*électricité dynamique*, branche nouvelle de la science électrique qui date à peine de soixante ans, mais qui a rendu aux arts et aux sciences des services si nombreux et d'une telle importance, qu'on a dû non-seulement la séparer de l'électricité statique connue depuis Thalès de Milet, mais en faire de nouvelles subdivisions qui semblent devoir prendre d'immenses proportions, comme nous le verrons dans les prochains chapitres.

CHAPITRE II

ÉLECTRICITÉ DYNAMIQUE. — GALVANISME. — THERMO-ÉLECTRICITÉ. PILES.

Quand on compare les résultats qu'entraîne aujourd'hui le simple énoncé d'un fait avec ceux qu'il produisait à une époque non encore trop éloignée, on ne peut qu'admirer les progrès immenses de l'intelligence humaine et la rapidité avec laquelle toute idée émise porte fruit de nos jours. Plus de deux mille ans se sont écoulés entre les observations de Thalès de Milet et la construction des machines perfectionnées de Ramsden et de Van Marum, et pendant cette longue suite d'années nous ne voyons apparaître qu'à de rares intervalles les importants travaux de Gilbert, Otto de Guericke, Gray, Muschenbroek et Franklin, dont nous avons parlé. A l'époque où nous vivons, chaque année, chaque jour, chaque minute, sont témoins d'une nouvelle révélation, et à peine une découverte est-elle annoncée que déjà elle sert de point d'appui au levier puissant de la science, qui bientôt en cherche d'autres pour poursuivre sa marche dans le progrès.

Par une de ces bizarreries dont la Providence seule a le secret, c'est quand la fiévreuse activité développée dans le monde scientifique par les découvertes de Franklin changeait le cours de la science; quand, abandonnant les investigations sur l'électricité, on s'occupait presque exclusivement de l'étude des phénomènes qui sont les fondements de la chimie moderne; quand, seul, l'infatigable Coulomb cherchait à fixer les lois des phénomènes électriques, et que cette science semblait condamnée à ne plus voir s'étendre le cercle de ses applications, c'est alors qu'un cas fortuit, étranger en apparence à tout ce qui avait rapport à l'électricité, vint attirer l'attention générale au milieu d'une des plus grandes commotions politiques qui aient jamais troublé l'Europe. Le *galvanisme* naît en 1790, l'année même de la mort de Franklin, comme pour rendre un dernier honneur au nom déjà immortel de l'illustre Américain. Cette découverte fait faire à la science un pas gigantesque, et, comme pour la dédommager du veuvage où cette grande mort semblait la laisser, elle lui ouvre une voie nouvelle et féconde.

Un simple hasard, nous l'avons dit, enfanta ce grand événement, et, pour que la loi de la création, qui des plus petites causes fait surgir les plus grands effets, eût son accomplissement dans les progrès de l'intelligence humaine, il suffit d'une circonstance minime pour faire passer à la postérité le nom de Galvani : ce fut le fait de préparer des grenouilles pour le bouillon d'une malade sur une table où se trouvait une machine électrique[1]. En effet, une dame de Bologne, qui s'occupait d'expériences sur cette machine, remarqua que les grenouilles placées à un pied de distance du conducteur et touchées avec la pointe du couteau dans la partie supérieure de la cuisse, se contractaient avec des convulsions très-violentes. Ce phénomène lui sembla digne d'être rapporté à son mari, et, en effet, elle en instruisit Galvani. En lui racontant le fait, elle ajouta qu'il lui semblait que ces contractions avaient lieu au moment où les étincelles partaient du conducteur de la machine ; et on reproduisit ces effets, à la surprise de tous les assistants.

Si Galvani eût été un physicien habile, dit M. Arago, s'il eût été familiarisé avec les propriétés du fluide électrique, ce phénomène eût à peine été remarqué par lui, car il l'eût attribué à ce que nous connaissons sous le nom de *choc en retour*. Heureusement il n'était que savant anatomiste, peu au fait de l'électricité, et, frappé de la nouveauté du fait, il voulut lui donner suite, et s'étudia à varier ses expériences de mille manières, au gré de son ardente imagination, soit avec d'autres animaux, soit avec

[1] Dans le quatrième volume de ses *Découvertes scientifiques*, M. Figuier combat cette version, adoptée par Alibert et Arago.

l'électricité atmosphérique. Enfin, s'acharnant à une recherche que les physiciens eussent regardée comme fort inutile, il fit une de ces découvertes dont le hasard se plaît à récompenser la persévérance du profane qui travaille, plutôt que l'indolente confiance du savant qui s'explique tout trop facilement.

Il remarqua qu'une grenouille préparée à la manière ordinaire, qu'il avait suspendue par un crochet de cuivre à une balustrade de fer de la maison par lui habitée, éprouvait tout à coup de vives contractions. Il n'y avait plus là ni machine électrique ni choc en retour : les conjectures de la science s'évanouissaient par conséquent, et ce fait devait naturellement surprendre tous les hommes spéciaux. L'étonnement du professeur de Bologne fut alors légitime, ajoute M. Arago, et l'Europe entière s'y associa.

Galvani s'aperçut que les contractions n'avaient lieu que quand le vent occasionnait un contact entre le fer de la balustrade et les muscles de l'animal ; et, sans faire attention aux deux métaux différents, il supposa que la manifestation électrique provenait des deux courants contraires existant dans les muscles et dans les nerfs, et il lui donna le nom d'*électricité animale*. Il considérait les nerfs et les muscles comme les deux armatures d'une bouteille de Leyde ; quant au crochet de cuivre et au fer de la balustrade, ils n'étaient, à ses yeux, qu'un conducteur complexe établissant la communication entre les deux armatures, et opérant la décharge. Un fait le confirmait dans cette croyance, c'est qu'il avait obtenu des contractions en établissant une communication entre les muscles et les nerfs au moyen d'un seul métal ; il reconnaissait cependant que l'effet obtenu était beaucoup plus faible que lorsqu'on employait deux métaux différents.

Nous l'avons dit, toute hypothèse est bonne dès qu'elle donne lieu à de nouvelles découvertes, et, sous ce point de vue, celle de Galvani fut excellente, car les controverses qu'elle suscita et les expériences qui vinrent à leur suite furent d'une grande utilité pour les progrès de la science, et on leur doit des découvertes que n'eût point enfantées peut-être une autre hypothèse plus exacte, mais moins appropriée à cette époque d'innovation et d'enthousiasme fiévreux, où l'on ne prétendait à rien moins qu'à dérober le secret de la vie et à le ranger dans le domaine scientifique de l'humanité.

Les physiologistes avaient accaparé, pour ainsi dire, la nouvelle électricité sous le nom d'*électricité animale* ou *fluide galvanique;* mais les physiciens ne tardèrent pas à opposer leurs droits, et prétendirent, d'une manière tout aussi formelle, comprendre les nouveaux phénomènes dans la classe des faits déjà connus de l'électricité ordinaire.

L'un des plus ardents partisans de cette doctrine fut Alexandre Volta, professeur de physique à l'université de Pavie, inventeur de plusieurs instruments électriques, et rival de Galvani pour la sagace persévérance de ses observations. Il obtint les convulsions de la grenouille en interposant deux métaux différents, non pas entre un nerf et un muscle, comme avait fait Galvani, mais en les faisant toucher un muscle seulement, et cette expérience ne permit plus la comparaison faite d'abord des nerfs et des muscles avec les deux armatures d'une bouteille de Leyde. L'électricité négative des muscles et l'électricité positive des nerfs n'étaient donc qu'une simple supposition ; les faits observés ne ressemblaient à aucun de ceux déjà connus, et se couvraient de nouveau d'un voile épais. Mais Volta voulut dissiper ces ténèbres. A ses yeux, les parties animales ne jouaient que le rôle secondaire de conducteurs établissant la communication entre les métaux, et, au contraire, il attribua à ceux-ci la propriété de *mettre en mouvement le fluide électrique qui existait en repos dans chacun d'eux*. Comme Franklin, il croyait à l'existence d'une seule électricité, et n'employait jamais ce mot au pluriel. « *Je prouve*, dit-il, *que les métaux et même les bons charbons de bois sont non-seulement les meilleurs conducteurs électriques, mais aussi des excitateurs d'électricité*[1], *au moyen du simple contact*. . . . .
J'ai découvert, ajoute-t-il, qu'avec ces métaux ou avec ces charbons on peut rompre l'équilibre de la matière et développer une nouvelle électricité. Les métaux et les charbons, émettant par eux-mêmes le fluide électrique et le forçant à passer dans les sur-

[1] Il les nomma plus tard *électro-moteurs*.

faces conductrices qu'il touche, provoquent cette faible quantité d'électricité qui ne peut pas être observée dans les électromètres ordinaires, même les plus délicatement construits, mais qui suffit pour contracter les fibres nerveuses des muscles, et cela sans frottement, par le simple contact des métaux, pourvu qu'au moyen de l'eau ou de corps imbibés d'humidité ce contact soit convenablement ménagé. »

Quel immense horizon ce principe n'a-t-il pas ouvert aux recherches électriques! Volta cependant devait l'agrandir encore. L'école de Bologne défendait obstinément la théorie de Galvani. Ce dernier et Aldini présentèrent à l'appui un fait qui semblait contredire l'opinion du physicien de Pavie : les contractions musculaires pouvaient s'obtenir sans le concours d'aucun métal, en faisant seulement toucher une des parties de la grenouille aux muscles de la cuisse. Mais cette expérience, loin de décourager Volta, le conduisit à généraliser son principe et à admettre que deux corps différents, quelle que soit leur nature, s'ils sont bons conducteurs, se constituent toujours en deux états électriques contraires *par le simple fait du contact établi entre eux*.

La parité observée entre les résultats d'une expérience faite en 1767 par l'Allemand Sulzer avec l'électricité statique, et ceux d'une autre expérience de Volta avec la nouvelle électricité, vint mettre en évidence l'analogie existant entre les deux électricités, analogie qu'indiquaient déjà les contractions de la grenouille provoquées par le contact des métaux et le choc en retour[1]. Si l'on place une rondelle de zinc sur la langue et une autre de cuivre dessous, de manière qu'elles débordent un peu, on ne ressentira rien tant que ces rondelles ne seront pas en contact; mais, dès que le contact a lieu, et pendant tout le temps qu'il se prolonge, on éprouve une démangeaison sur la langue, de la chaleur et un goût de fer très-prononcé. Si l'on change la position des deux rondelles, c'est-à-dire si l'on place le zinc sous la langue et le cuivre dessus, on ressent une impression différente, moins facile à définir, mais semblable à celle que produit le conducteur d'une ma-

[1] Voyez page 59.

chine électrique chargé d'électricité négative; lequel, au contraire, donne le goût de fer, s'il est chargé d'électricité positive.

Cette particularité fournit au savant physicien non-seulement un moyen de distinguer l'espèce d'électricité dont se chargeaient les métaux par leur mutuel contact, mais aussi, comme nous l'avons dit, une preuve de l'analogie existant entre l'électricité développée par le contact et celle obtenue par le frottement. Les contractions de la grenouille n'étaient donc pas le seul électroscope commun aux deux électricités; il y avait encore celui de la sensation produite à la surface de la langue. Volta, non satisfait encore, voulut rendre sensible le nouveau fluide avec des instruments semblables à ceux qui servaient pour l'ancienne électricité, et il construisit l'électromètre qui porte son nom. Cet électromètre diffère de l'électroscope de Bennet en ce que les feuilles d'or sont remplacées par deux pailles très-fines et très-légères, et en ce qu'il est pourvu d'un condensateur; c'est cet électromètre que nous avons décrit dans notre premier chapitre, et que représente la figure 8 : on le nomme *électromètre* ou *condensateur de paille*, selon qu'on l'emploie comme simple électroscope ou qu'on y ajoute un condensateur.

Au moyen de cet appareil on peut rendre sensible le fluide développé par le contact d'une plaque de zinc avec une plaque de cuivre. L'identité des deux électricités ainsi démontrée, Volta, par une autre expérience, prouva que le fluide développé par le contact des métaux n'était pas dû au frottement, et en tira cette conséquence : que les deux électricités étaient les mêmes, mais qu'elles provenaient d'une source différente.

C'était donc un fait évident et des plus importants pour la physique que le nouveau fluide était soumis aux mêmes lois que l'ancien : l'esprit restait confondu devant le nombre de ses applications, et, si l'on avait quelque chose à désirer encore, c'était de trouver les moyens d'augmenter ce genre d'électricité. Cela ne tarda point : dix ans après la découverte de Galvani, le 20 mars 1800, Volta écrivait de Côme au président de la Société royale de Londres qu'il avait trouvé le moyen d'augmenter à volonté le développement de l'électricité galvanique. En effet, plaçant sur une plaque de verre un disque de cuivre, sur celui-ci un disque de zinc, sur celui de zinc une rondelle de drap humide; puis un disque de cuivre, un de zinc, une rondelle de drap humide toujours dans le même ordre, et continuant ainsi sans changer le rang où sont placées ces substances, il obtint un appareil qui a reçu le nom de son inventeur, la *pile de Volta*, appareil qui, d'après M. Arago, est, par la singularité de ses effets, l'instrument le plus merveilleux qui soit sorti des mains de l'homme.

Les propriétés de cet appareil sont : 1° de communiquer une charge d'électricité positive à un condensateur si l'on applique celui-ci au dernier disque de zinc après avoir mis le premier disque de cuivre en communication avec la terre; 2° de communiquer au condensateur une charge d'électricité négative si l'on opère en sens inverse, c'est-à-dire si l'on met le zinc de la partie supérieure en contact avec la terre et si l'on applique le condensateur au disque de cuivre inférieur; ces expériences peuvent être répétées indéfiniment, même quand la pile est montée depuis quelques heures, pourvu que le drap conserve quelque humidité; 3° de produire des effets électriques d'autant plus intenses, que le nombre d'éléments accumulés est plus grand.

On donne le nom de *couples* ou d'*éléments* de la pile à chaque paire de disques, l'un en cuivre, l'autre en zinc, qui sont en contact entre deux rondelles de drap. On peut rendre ce contact plus intime en les soudant l'un à l'autre; on peut aussi, au lieu de zinc et de cuivre, employer deux autres métaux pour former un *couple*, pourvu qu'ils ne soient pas attaqués de la même manière par l'acide contenu dans le liquide dont le drap est imbibé, circonstance que nous expliquerons plus tard.

Le disque de zinc qui forme l'une des extrémités de la pile et charge le condensateur d'électricité positive a reçu le nom de *pôle positif;* le disque de cuivre qui termine l'autre extrémité et charge le condensateur d'électricité négative a reçu celui de *pôle négatif*. Quand les deux disques sont en contact avec des fils métalliques ou *conducteurs* d'une longueur quelconque, ce sont ces conducteurs qui prennent les noms de *pôles*, *rhéophores* ou *électrodes*.

Telles sont les conditions générales d'une pile voltaïque et les principales propriétés qu'elle possède. La figure 23 représente la première qui sortit des mains de l'inventeur, et connue aujourd'hui sous la dénomination de *pile à colonne*.

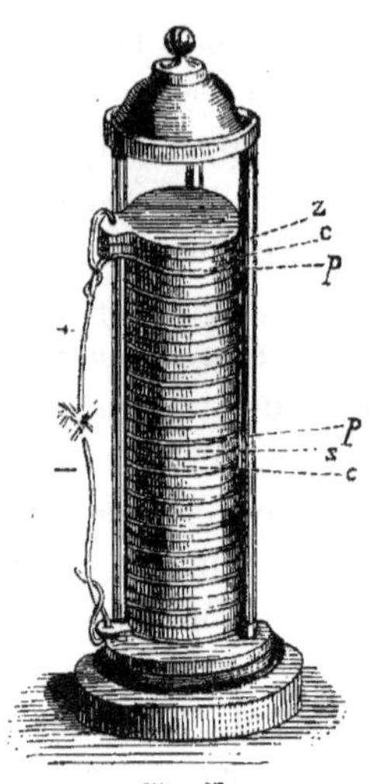

Fig. 23.

Examinons maintenant quelques-uns de ses effets.

Comme l'un des pôles est toujours chargé d'électricité négative et l'autre d'électricité positive, on doit obtenir une étincelle quand on les rapproche à une petite distance : c'est ce qui arrive en effet quand la pile est assez forte, par exemple si elle se compose de vingt ou trente couples.

L'effet de la pile étant continu et persistant pendant plusieurs heures, les étincelles doivent aussi se produire pendant plusieurs heures, et c'est ce qui confirme l'expérience. La pile de Volta est donc une vraie bouteille de Leyde, ou plutôt une batterie qui a, de plus, la propriété de se charger elle-même, et dans laquelle l'électricité ne s'épuise pas à chaque décharge, comme dans une batterie ordinaire, pourvu qu'elle soit maintenue dans les conditions indiquées plus haut ; la pile doit donc produire, quoique d'une manière différente et avec une intensité qui dépend de la permanence de son action, tous les effets obtenus avec la bouteille de Leyde et les batteries, c'est-à-dire des effets physiologiques, physiques, chimiques et mécaniques.

Parmi les *effets physiologiques* de la pile à colonne, nous citerons le suivant, comme un des plus remarquables. Si l'on prend dans chaque main un corps métallique légèrement humecté d'eau acidulée, et qu'après avoir mis l'un d'eux en contact avec la partie inférieure de la pile on touche l'extrémité supérieure ou l'un quelconque des disques de zinc intermédiaires, on reçoit une commotion plus ou moins forte qui se renouvelle pendant toute la durée du contact.

Parmi les *effets physiques*, ceux de chaleur et de lumière sont visibles quand, au lieu du corps humain, on emploie d'autres conducteurs au travers desquels s'effectue la neutralisation des fluides, pourvu que ces conducteurs et la pile elle-même réunissent certaines conditions. D'abord la pile doit être suffisamment forte, et, par conséquent, se composer d'un bon nombre de couples; ensuite il faut que ceux-ci aient une surface assez étendue.

Quant aux *effets calorifiques*, il est indispensable que l'électricité passe d'un conducteur de grande section et de très-bonne conductibilité à un autre d'une section moindre et moins bon conducteur : c'est ainsi que lorsqu'on réunit les deux pôles ou électrodes de cuivre par un fil de fer ou de platine très-mince et court, on le voit rougir et rester dans cet état aussi longtemps que le *courant passe*, c'est-à-dire pendant que la communication reste établie, à moins que la pile soit tellement forte, qu'elle le fasse fondre ou se volatiliser instantanément. On produit aussi les phénomènes calorifiques en présentant le corps que l'on veut fondre ou volatiliser à l'action d'un charbon interposé dans le courant, de manière que celui-ci passe à travers le corps et le charbon en produisant l'étincelle : dans ce cas, le charbon acquiert un degré de température assez élevé pour fondre instantanément le métal mis en contact avec lui.

D'après l'opinion de M. de la Rive, ces effets proviennent de la résistance qu'éprouve l'électricité en passant d'un corps à un autre ou d'une molécule d'un même corps à la suivante, et le développement de chaleur est d'autant plus considérable, que la quantité d'électricité arrêtée est plus grande. Cette hypothèse est justifiée par plusieurs expériences que la nature de ce travail ne nous permet pas de rapporter ici. Nous recommanderons cependant, avant de terminer ce paragraphe, la lecture d'un mémoire présenté en 1854 par M. Favre à l'Académie des sciences, sous le titre de *Thermo-Chimie*, dans lequel l'auteur démontre que la quantité de chaleur produite par le passage du courant voltaïque dans les conducteurs métalliques est rigoureusement complémentaire de celle qui est consommée par les couples d'une pile, et qui formerait une quantité égale à la chaleur totale correspondant aux réactions chimiques qui y ont lieu si la transmission électrique se faisait sans aucune résistance dans les conducteurs.

Les effets lumineux exigent que le courant soit interrompu à de très-petits intervalles, et, si on veut leur donner une grande intensité, le courant devra traverser deux charbons séparés aussi par une distance excessivement courte : la lumière alors peut se produire dans l'eau, dans le vide ou dans l'air, ce qui prouve qu'elle ne résulte pas d'une combustion et que son éclat est dû à ce que dans la flamme, — si l'on peut ainsi nommer ce que les physiciens désignent par *arc voltaïque*, — sont interposées et chauffées au rouge blanc les particules de charbon entraînées par le courant.

L'étincelle du courant électrique diffère de celle produite par l'électricité statique en ce qu'elle ne part pas à distance, mais au moment même du contact ; et elle est encore plus sensible quand le contact cesse, c'est-à-dire quand on interrompt le courant en ouvrant le circuit. Cette circonstance, qui est fort remarquable, vient sans doute du peu de tension de l'électricité voltaïque.

Nous dirons, en terminant nos observations sur les effets physiques de la pile, que des essais récents ont démontré que les pôles positif et négatif n'agissent pas de la même manière par rapport à la chaleur et à la lumière produites par le courant. La lumière apparaît d'abord sur l'un d'eux, tandis que la chaleur se manifeste sur l'autre.

Quoique les effets physiques de la pile de Volta n'aient point encore été autant appliqués que les effets chimiques, ils sont appelés à jouer un grand rôle dans les arts et dans l'industrie. Comme nous le verrons dans un autre chapitre, ils sont applicables à l'inflammation immédiate des substances explosibles, et pourront peut-être servir de base à un système de signaux destinés à prévenir les accidents dans une foule de circonstances où les moyens actuels seraient impuissants même à signaler le danger. Quant au problème de l'éclairage électrique, s'il n'est pas encore entièrement résolu, il est bien près de l'être, et on en a déjà retiré de grands services.

Les *effets chimiques* ont été, pendant un demi-siècle, les seuls employés dans les arts et dans l'industrie, et, bien qu'ils soient encore les plus importants parmi ceux de la pile, nous ne nous arrêterons pas à en faire l'énumération, ce qui serait une tâche trop longue, car ils embrassent presque tous les phénomènes de la chimie ; cependant, comme, pendant une longue période, l'histoire de l'électricité est pleine de découvertes faites dans l'électro-chimie, nous ne pouvons nous dispenser de citer celles qui font époque et qui ont immortalisé leurs auteurs.

Le premier et le plus remarquable parmi les effets chimiques de la pile fut découvert, le 30 avril 1800, par Carlisle et Nicholson, peu de jours après que fut communiquée au public la lettre de Volta au président de la Société royale de Londres (*voy*. p. 82), pendant que cet homme illustre constatait l'identité du fluide galvanique avec le fluide développé par la machine électrique à frottement, et étudiait les phénomènes qu'il était parvenu à rendre plus évidents au moyen de la multiplication du couple qui avait servi de point de départ à ses observations.

Les deux chimistes anglais construisirent, pour répéter les expériences indiquées par Volta sur la conductibilité des liquides, une pile composée de dix-sept pièces de monnaie et d'autant de disques de zinc et de carton humecté. On ne sait pas de quel liquide étaient imbibés ces cartons, mais ce qui est certain, c'est qu'avec cette pile ils obtinrent des secousses très-sensibles, et qu'après quelques essais ils perçurent une odeur d'hydrogène très-prononcée. Cette odeur suggéra à Nicholson l'heureuse idée de faire passer le courant électrique par un tube rempli d'eau, en se servant de deux fils métalliques placés à une très-petite distance l'un de l'autre. Les expérimentateurs ne tardèrent pas à voir apparaître dans le tube une longue traînée de bulles excessivement fines qui semblaient sortir du bout de fil métallique communiquant avec l'extrémité *argent*, c'est-à-dire avec le *pôle négatif*, tandis que le bout opposé, en contact avec le *zinc*, ou *pôle positif*, s'oxydait d'une manière visible. En transposant les bouts du conducteur métallique, c'est-à-dire en mettant en communication avec le pôle positif celui qui produisait les bulles, et avec le pôle négatif celui qui s'oxydait, le phénomène devenait inverse : le premier des bouts s'oxydait, et le second laissait échapper la traînée de bulles. Le gaz produit, ayant été mélangé avec quantité égale d'air atmosphérique, fit explosion au contact de la flamme. C'était donc de l'hydrogène, et Carlisle et Nicholson se convainquirent avec surprise qu'ils étaient parvenus à décomposer l'eau pour la première fois ; car Cavendish avait bien réussi à la composer avec de l'hydrogène et de l'oxygène ; mais tous ses efforts pour en séparer les éléments avaient été vains.

Nicholson continua seul ces essais, et, voulant se rendre compte de ce qui résulterait de l'emploi de fils conducteurs inoxydables, il substitua le platine au cuivre, et se servit de l'appareil représenté par la figure 24, auquel on a donné le nom de *voltamètre*. Il se compose d'un verre *b*, dont le fond est traversé par deux fils de platine *ff'* qui ne doivent pas se toucher et couverts par les cloches en verre *o* et *h*, remplies de liquide. Ayant établi la communication entre les fils du voltamètre et les pôles de la pile, il remarqua qu'aucun des fils ne s'oxydait, mais qu'il partait de chacun d'eux une traînée de bulles. Il songea alors à recueillir les gaz dans des cloches séparées, et il put se convaincre qu'un des gaz était de l'hydrogène et l'autre de l'oxygène, avec cette circonstance remarquable que l'hydrogène occupait un espace double de celui de l'oxygène.

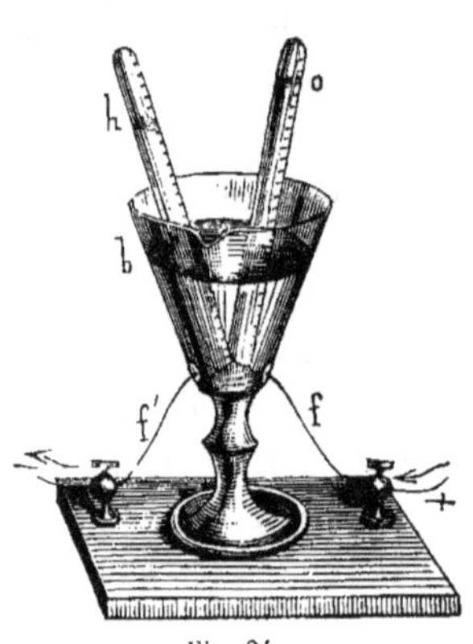

Fig. 24.

Deux atomes d'hydrogène à l'un des pôles et un atome d'oxygène à l'autre ! c'est là un phénomène bien singulier, disent les auteurs, car, dans les décompositions ordinaires, les éléments se séparent, mais ils ne s'éloignent pas les uns des autres, tandis qu'ici il y a à la fois séparation et *transport* des éléments séparés. Plus tard, quand nous parlerons de la manière dont se développe l'électricité voltaïque et quand nous aurons exposé la théoric de la pile, nous donnerons l'explication, faite par Grothus et acceptée par les physiciens, de ce phénomène et de toutes les décompositions chimiques produites par le courant; car, ainsi que nous l'allons voir, la pile ne décompose pas seulement l'eau, mais tous les corps composés résistant à d'autres agents chimiques. L'oxygène et les acides en général se portent toujours à la cloche qui couvre l'électrode positif, et l'hydrogène et la plupart des oxydes ou bases salifiables à l'électrode négatif.

Les physiciens ont donné le nom d'*électrolyte* au corps dont les éléments sont décomposés par le courant de la pile; on a fait ensuite dériver de ce nom ceux d'*électrolysation* et de *phénomènes électrolytiques* pour signifier la décomposition au moyen de l'électricité, et les phénomènes relatifs à cette décomposition.

Cruikshanck en Angleterre et Ritter en Allemagne renouvelèrent en même temps les expériences de Nicholson, et ils obtinrent non-seulement le transport des éléments gazeux, mais aussi celui des solides; en effet, des fils de cuivre ou d'argent étant employés, ces corps se présentaient à l'état métallique au pôle négatif, quand on avait le soin d'acidifier l'eau de manière qu'elle en pût dissoudre une partie.

Presque à la même époque, Davy, entrant dans la carrière, fit une révolution complète dans la science, et enrichit la chimie de nouvelles découvertes. « En poursuivant mes expériences sur le galvanisme pendant ces deux derniers mois, écrivait-il de Bristol le 20 octobre 1800, j'ai obtenu un succès plus grand que je ne l'espérais. Parmi les faits nouveaux, quelques-uns me donnent l'espoir que je pourrai soulever le voile qui couvre les actes de la nature..... *Je me suis convaincu, par de nombreuses observations, que le galvanisme est un procédé purement chimique, et dépend complétement de l'oxydation des surfaces métalliques qui ont un degré différent de conductibilité électrique.*

Voici encore une autre théorie tout à fait nouvelle de l'électricité découverte par Galvani, théorie qui, dans ces derniers temps, a même prévalu sur celle de Volta, mais qui est loin encore d'avoir entièrement triomphé, comme nous le verrons bientôt.

Davy continua à enrichir de ses découvertes *l'électro-chimie* (nom par lequel il définit l'union des deux sciences dans le discours qu'il prononça à la Société royale de Londres le 29 novembre 1806). En novembre 1801, il annonça la combustion de l'argent, de l'or et du platine, et le fait non moins important de la construction d'une pile galvanique, *sans l'intervention de substances métalliques*, avec dix morceaux de charbon bien brûlés, de l'acide nitrique et de l'eau disposés alternativement dans des verres ordinaires. Il justifiait ainsi ce qu'il avait déclaré dès le 8 juin 1801 : qu'il pourrait construire une pile avec un seul métal entre deux liquides différents, pourvu que l'oxydation n'eût lieu que sur une des surfaces du métal.

Wollaston présenta aussi un mémoire tendant à prouver que l'oxydation du métal était la cause première des phénomènes voltaïques, et il confirma les travaux de Volta relativement à l'identité de l'ancienne et de la nouvelle électricité. Il parvint à décomposer l'eau au moyen de l'électricité ordinaire, et voulut même attribuer le fluide développé par le frottement dans la machine électrique à une oxydation de l'amalgame dont il est nécessaire d'enduire les coussins frotteurs.

De même que Wollaston crut pouvoir supposer qu'il y avait oxydation chaque fois qu'il y avait dégagement d'électricité, de même Ritter crut pouvoir conclure de là qu'il y avait dégagement d'électricité chaque fois qu'il y avait oxydation. Là-dessus, les chimistes multiplient leurs expériences avec la pile voltaïque, et opèrent des merveilles, au nombre desquelles il faut mettre en première ligne la décomposition de la potasse et de la soude par Davy, en 1807, qui conduisit à la connaissance de deux nouveaux métaux, le potassium et le sodium, et la décomposition de la baryte et de la chaux, obtenue, en 1808, par Berzelius, qui confirma ainsi ce qu'avait avancé auparavant Lavoisier, qui attribuait l'indifférence des terres pour l'oxygène à une complète saturation de ce corps.

Pendant le cours de ces expériences, la pile reçut dans sa forme d'importantes modifications, rendues indispensables par une cause toute naturelle : comme l'on voulait augmenter les effets de la pile, on augmenta en proportion le nombre des couples ; mais l'on fut arrêté par un grave inconvénient : les rondelles de drap ou de carton, comprimées par le poids des disques métalliques, ne s'imbibaient plus d'une quantité suffisante de liquide ou le laissaient s'échapper en coulant tout le long de l'appareil, ce qui contrariait ses effets. Nicholson, le premier, eut l'idée de diviser la colonne en tronçons communiquant entre eux ; mais cela ne suffit pas, et l'on imagina de placer la colonne horizontalement dans une longue boite calfeutrée avec un mastic isolant. Cruikshanck inventa un autre système qui permettait de supprimer les rondelles de drap, et où les couples, séparés entre eux, formaient dans une auge plusieurs subdivisions dont les intervalles étaient remplis avec le liquide dont on imbibait auparavant les rondelles de drap dans la pile à colonne. Cette nouvelle forme fit changer le nom de l'appareil, qui reçut celui de *pile à auge* ou *auge voltaïque*. Celle-ci subit encore d'autres modifications partielles, soit dans la matière de l'auge, soit dans la forme des disques, soit enfin dans la manière de placer les disques dans l'auge, modifications qui contribuèrent beaucoup aux progrès de la chimie, car non-seulement elles facilitaient le mode d'opérer, mais elles permettaient d'obtenir une plus grande puissance électrique.

En même temps qu'on cherchait à multiplier le nombre des couples, on fit aussi l'essai de disques de plus grande dimension ; et, au mois de juin 1801, Fourcroy, Vauquelin, Hachette et Thénard formèrent une pile avec des disques métalliques d'un pied carré. « Les commotions et la décomposition de l'eau, dit le *Journal de Physique* de messidor an IX, eurent lieu de la même manière qu'avec un nombre égal de plaques plus petites ; mais la combustion des fils métalliques interposés entre les deux pôles s'opérait instantanément avec une violence extraordinaire, et, si l'on immergeait ces fils dans du gaz oxygène, ils s'enflammaient en produisant un éclat très-vif. »

Ce fait important, qui s'est constamment renouvelé dans les nombreuses expériences faites depuis, permet d'établir d'une façon certaine les deux principes suivants :

1° On peut accroître la force d'une pile de deux manières : en agrandissant la surface des corps sur lesquels ont lieu les réactions chimiques, ou en multipliant le nombre de petites piles ou couples qu'on appelle *éléments;* mais l'effet n'est pas le même dans les deux cas : dans le premier, la quantité d'électricité produite est considérable, mais on a besoin de conducteurs à grande section; dans le second, l'électricité acquiert une tension qui la rend susceptible d'agir plus énergiquement à d'énormes distances avec un conducteur de petit diamètre.

2° D'une pile composée de plusieurs petits éléments, on peut faire une pile à un seul élément de grande surface, ou une pile à plusieurs éléments différents des premiers. Il suffit, pour le premier cas, de réunir tous les pôles de même nom des divers éléments et d'en former deux groupes ; pour le second, on réunit les couples par des pôles différents les uns après les autres. Il est inutile d'ajouter que si l'on veut avoir une pile de plusieurs éléments, mais en plus petit nombre et d'une surface plus étendue que celle des premiers, il n'y a qu'à faire des groupes partiels d'éléments réunis par les pôles de même nom et à réunir ensuite ces groupes entre eux par les pôles différents.

Les travaux de Davy ne laissèrent aucune ombre sur les faits que nous venons de citer, et les expériences de Children, en 1808, les confirmèrent de telle sorte, qu'on put en faire une des lois de l'électricité dynamique, loi qu'on peut énoncer ainsi : *Dans la pile, la* TENSION *de l'électricité s'accroît avec le nombre des éléments, et la* QUANTITÉ *avec la grandeur des couples qui composent cette pile.*

Quoique les expériences dont nous avons parlé et qui ont conduit à cette loi soient assez explicites pour faire comprendre ce qu'on entend par *tension* et par *quantité* dans l'électricité voltaïque, nous ajouterons cependant quelques mots pour jeter encore plus de jour à ce sujet.

Lorsque deux circuits opposent une égale résistance au passage de l'électricité et que le rhéomètre (appareil qui sert à mesurer les courants électriques) marque un nombre de degrés plus grand dans l'un que dans l'autre, on dit que le courant a plus d'*intensité* dans le premier que dans le second, ou qu'il est supérieur en *quantité;* et, quand deux courants traversent deux circuits différents et marquent le même degré au rhéomètre, celui qui a traversé le circuit le plus résistant est celui qui offre le plus de *tension :* en d'autres termes, la *tension*, dans une pile, est la tendance qu'a l'électricité accumulée dans les pôles à se dégager et à vaincre les obstacles qui s'opposent à son essor; et l'*intensité* est la quantité de fluide dont le rhéomètre indique le nombre de degrés plus ou moins considérable.

Les effets chimiques de la pile ne se bornent pas à la décomposition des corps; quelquefois aussi on en obtient des combinaisons, comme le démontre le phénomène observé par Seebeck en 1808. Que l'on verse quelques gouttes de mercure dans une cavité pratiquée dans un morceau d'hydrochlorate d'ammoniaque et qu'on conduise le courant électrique de manière que le pôle négatif pénètre dans le mercure, on verra celui-ci s'augmenter graduellement, s'épanouir en forme de champignon, prendre de la consistance et parvenir à un volume cinq ou six fois plus grand; en un mot, il se forme un amalgame; puis, si l'on interrompt le courant, le champignon diminue peu à peu, l'hydrogène et l'ammoniaque se dégagent, le mercure revient à l'état liquide, et l'amalgame disparaît.

Parmi les *effets mécaniques* de la pile, nous mentionnerons les mouvements remarquables imprimés au mercure par le courant, et qui ont été observés par Erman en 1808 et plus tard par Herschel et Davy. Nous citerons aussi les expériences de Porret en 1816 : il divisait un vase avec un diaphragme vertical en peau ou papier imperméable; il remplissait d'eau l'un des compartiments et en versait seulement quelques gouttes dans l'autre; puis, introduisant le rhéophore positif dans le premier et le négatif dans le second, il observa qu'excepté la petite quantité d'eau décomposée, le liquide traversait la paroi verticale et prenait le même niveau dans les deux compartiments au bout d'une demi-heure; et qu'enfin ce niveau devenait plus élevé dans le compartiment négatif que dans le positif. Il remarqua, en outre, que la nature du liquide n'avait aucune influence sur les résultats, et que l'ascension de ce liquide avait toujours lieu dans le compartiment négatif. M. Pouillet confirma ces observations par une nouvelle expérience, dans laquelle il faisait passer d'une branche à l'autre d'un siphon renversé une dissolution saline, en y introduisant le pôle négatif de la pile, tandis que le pôle positif était en contact avec le mercure occupant l'autre branche.

Après avoir rappelé les brillantes découvertes de Davy et de Berzelius, nous poursuivrions avec plaisir l'histoire de ces conquêtes scientifiques dont l'intérêt égale l'utilité, nous parlerions volontiers des travaux de M. Becquerel sur les phénomènes géologiques de la cristallisation des minéraux ; des hypothèses de Davy sur l'action de l'oxygène à la surface de la terre et dans les volcans ; de la magnifique théorie électro-chimique de Berzelius et de plusieurs autres œuvres non moins sublimes ; mais nous devons nécessairement nous maintenir dans le cadre de ce travail.

Nous ne nous occuperons pas non plus des modifications successives qu'a subies la pile, qui constituent une époque fort curieuse de l'histoire du galvanisme jusqu'à la découverte d'Oersted ; car nous voulons consacrer les dernières pages de ce chapitre à la description de toutes les piles connues par nous, et, outre qu'il serait inutile de détacher cette description de la place que nous lui avons assignée, ce serait nous répéter, du moins en partie.

Avant donc de décrire les piles, qui sont les machines électriques du galvanisme, nous allons, comme nous l'avons déjà fait pour l'électricité statique, essayer de donner une idée de la manière dont les fluides se développent dans ces appareils, ou plutôt exposer les deux opinions qui prétendent à la gloire d'expliquer ces phénomènes. L'importance de ce sujet, la nécessité où nous serons d'aborder en passant quelques points qui ne pouvaient trouver place dans les pages qui précèdent, nous obligeront à nous y arrêter quelques instants ; mais nous espérons que cette partie de notre travail ne sera pas taxée de prolixité, parce qu'il est du plus haut intérêt de la connaître bien à fond.

En énumérant dans le chapitre premier les diverses causes qui pouvaient produire l'électricité, nous avons signalé les *réactions chimiques* comme une des principales, nous réservant d'en parler en temps et lieu. Ce n'était point, en effet, le moment d'aborder une question aussi compliquée, sur laquelle les physiciens ne sont pas d'accord, et à la clarté de laquelle suffiront à peine tout ce que nous avons déjà dit et les brèves explications où la nature de notre travail nous permettra d'entrer. Il ne s'agit, en effet, de rien moins que de donner une solution à cette question : l'électricité développée dans toutes les réactions chimiques est-elle la cause ou l'effet de ces réactions? et de décider, par conséquent, si l'électricité de la pile est due à l'action chimique des corps les uns sur les autres, comme le prétend Davy, ou si elle est due au simple contact, comme l'assure Volta.

Heureusement, les phénomènes de l'électricité galvanique, qu'on les explique par l'une ou par l'autre des deux hypothèses, demeurent les mêmes, et, loin de souffrir du désaccord des opinions, la science y a au contraire gagné une foule d'observations et de découvertes dues aux expériences par lesquelles chacun cherchait à appuyer son avis.

Notre opinion personnelle ne devant pas avoir le moindre poids dans la question, nous croyons mieux faire en développant avec le plus de précision possible ces deux théories, accompagnées des arguments et des preuves sur lesquels elles ont été fondées, et en indiquant au passage celles qui nous ont paru les plus convaincantes.

On a vu au commencement de ce chapitre que Volta, repoussant la théorie de Galvani sur l'existence d'un fluide animal, attribua tous les phénomènes de la nouvelle électricité au contact de deux métaux différents ; plus tard, généralisant sa doctrine, il prétendit que *le contact de deux corps différents, quelle que fût leur nature, les constituait, s'ils étaient bons conducteurs, dans deux états électriques contraires*. Peu de temps après, Davy, à la suite d'observations faites par lui, proclama que *le galvanisme était un procédé purement chimique*, principe que Wollaston soutint avec une telle chaleur, qu'il en vint à attribuer à l'oxydation le développement des fluides dans les machines électriques à frottement.

A l'appui de leur opinion et afin de prouver qu'il existe entre le cuivre et le zinc de deux plaques qui se touchent une *force électro-motrice* capable de développer l'électricité positive dans l'une et négative dans l'autre, Volta et ses partisans employèrent le condensateur à pailles (fig. 8). Après l'avoir mis dans son état naturel, ils établissaient, au moyen de la main, la communication entre le plateau supérieur et la terre, et touchaient en même temps avec une plaque de zinc le plateau inférieur du condensateur : un instant suffisait, puis on interrompait les communications, on levait le plateau supérieur, et on pouvait observer une divergence sensible entre les pailles de l'électroscope.

Les preuves tirées de cette expérience ont été contestées par les partisans de la réaction chimique, qui prétendaient que, pour rendre sensible l'électricité dans le condensateur, il était indispensable d'avoir humides les doigts avec lesquels on établit la communication entre le plateau supérieur et la terre, et de mouiller aussi la main avec laquelle on prend la plaque de zinc touchant le plateau inférieur; et ils attribuaient le développement de l'électricité à l'action chimique qui se produisait entre le zinc et le liquide humectant les doigts.

On invoque l'expérience suivante contre la théorie de Volta : si, adaptant deux fils d'or ou de platine aux extrémités des fils d'un *rhéomètre*, on les introduit dans un verre rempli d'acide azotique pur, on n'aperçoit aucun phénomène électrique, parce que cet acide n'attaque ni l'or ni le platine; mais, si l'on verse une seule goutte d'acide hydrochlorique, une action chimique se produit, et il y a à l'instant même développement d'électricité. A cette dernière expérience on oppose celle-ci : quand on met en contact dans une atmosphère d'hydrogène ou dans le vide deux plaques de métaux différents pourvues de manches isolants, on remarque des signes d'électricité qu'on ne peut attribuer à une action chimique.

Ces expériences et un grand nombre d'autres aussi contradictoires ne suffisent point, à notre avis, pour donner raison à l'un ou à l'autre des opposants, car, si elles étaient concluantes, chacun devrait abandonner la prétention d'expliquer l'origine de l'électricité de la pile. Pendant près de trente ans la théorie de Volta a été admise presque sans conteste ; mais, dans ces vingt dernières années, au contraire, celle des réactions chimiques a semblé prendre le dessus, et a été soutenue par plusieurs savants, entre autres, Becquerel, de la Rive et Pouillet. Cependant Berzélius et Ampère ont maintenu celle du contact d'une manière qui fait honneur à leur génie.

La magnifique théorie électro-chimique du premier, qui a été modifiée plus tard par le second, suffirait à faire adopter une opinion qui, sans être en contradiction avec aucun des faits observés, est sans doute plus philosophique que celle qui considère les réactions chimiques comme cause première. Voici quelques passages de la théorie, expliquée par Ampère au Collége de France :

« Si nous admettons que les particules des corps soient naturellement dans un état électrique permanent, il résulte de l'ensemble de faits observés que nous devons regarder comme électro-négatifs, c'est-à-dire comme renfermant par leur nature une quantité plus ou moins grande d'électricité négative, tous les corps qui, dans les décompositions chimiques par la pile, se portent habituellement au pôle positif, comme s'ils avaient de l'affinité pour l'électricité positive, tandis que nous regarderons comme électro-positifs ceux qui se portent de préférence au pôle négatif.

« Mais, si les particules des corps sont naturellement dans un état électrique, on peut se demander pourquoi ils ne donnent eux-mêmes aucun signe d'électricité. Il est facile de répondre. En effet, les particules des corps se sont trouvées en contact avec des corps plus ou moins conducteurs, puisque aucun corps n'est complétement dépourvu de la faculté conductrice avec le temps : elles ont agi par influence pour attirer l'électricité de nom contraire à la leur, et pour repousser l'électricité de même nom ; par ce moyen elles se sont formées comme une petite atmosphère électrique qui, à toute distance sensible, dissimule leur électricité propre : elles peuvent être assimilées à des petites bouteilles de Leyde. »

Tel est l'état naturel qu'Ampère attribue aux corps; et, dans la même séance où il prononça les paroles que nous avons reproduites ci-dessus, analysant ce qui se passe dans un corps, d'après cette hypothèse, qu'il soit électro-positif ou électro-négatif, il démontra qu'on n'y découvrait rien d'incompatible avec ce qu'on avait observé sur le mouvement ou la transmission de l'électricité dans les corps conducteurs, avec la manière dont l'étincelle se produit, ni avec aucune des notions générales admises. Allant plus loin, Ampère s'attacha à prouver que les conséquences de la théorie électro-chimique sont d'accord avec les enseignements de l'expérience, et qu'on explique parfaitement, avec cette théorie, la décomposition et la combinaison des corps par la pile, en un mot, que c'est la force électro-motrice qui y agit.

Personne n'a résumé la question qui nous occupe d'une manière aussi claire que M. l'abbé Moigno, dans son excellent *Traité de télégraphie électrique;* et, comme nous arriverions difficilement à être aussi lucide et aussi complet que lui, nous préférons le laisser parler lui-même.

« *Théorie de la pile.* — Cette théorie a été, dans ces derniers temps, l'objet de tant de controverses, de tant d'expériences, de tant de dissertations à perte de vue, qu'on aurait dû, ce semble, l'éclairer de quelque jour ; mais les expériences se contredisent, les dissertations se combattent, et la lumière n'est pas faite.

« Je vais poser nettement le problème et indiquer la solution qui est pour moi l'expression de la vérité et des faits. Dans la pile il y a et une action chimique, et de l'électricité produite, et un courant établi. D'où naît cette électricité, et comment s'établit le courant? L'électricité est-elle le produit de l'action chimique, ou l'action chimique est-elle le produit de l'électricité? Partisan convaincu de la théorie électro-chimique et ne concevant les combinaisons et décompositions que sous l'intervention des électricités propres ou accidentelles des molécules, nous ne balancerons pas un instant, et nous admettrons comme fait théorique et pratique à la fois : 1° que l'électricité de la pile est antérieure à l'action chimique, ou que l'électricité de la pile est la cause, et l'action chimique l'effet ; 2° que l'électricité de la pile naît au contact des deux éléments positif et négatif du zinc et du cuivre, du cuivre et de l'amalgame du zinc, du zinc et du platine, du zinc et du charbon, etc., de l'hydrogène et de l'oxygène dans la pile à gaz de M. Grove. La théorie du contact est donc celle que nous adoptons. Les expériences que je vais décrire ne laissent dans mon esprit place à aucun doute ; en les rappelant, j'aurais l'occasion de faire revivre un excellent appareil, le duplicateur de l'électricité, décrit il y a bien longtemps dans les *Tableaux de physique* de Barruel : on ne l'a pas seulement oublié, on a osé lui substituer des instruments beaucoup plus imparfaits, par exemple, l'électromètre condensateur à trois plateaux.

« Le duplicateur de l'électricité (fig. 25) se compose d'un condensateur et demi. *E* est un électroscope condensateur à feuilles d'or; *D* est un demi-condensateur, simplement formé d'un disque de cuivre semblable au plateau supérieur du premier condensateur, et porté sur une tige isolante de verre. Voici par quelle manipulation on transforme cet ensemble en duplicateur de l'électricité : on touche le bouton *B* du condensateur avec le corps dont on veut éprouver l'électricité, en même temps que l'on fait communiquer le plateau supérieur *S* avec le sol ; on a, de cette manière, en admettant que le corps fût électrisé positivement +1 sur le plateau inférieur *Y* ou collecteur, et —1 sur le plateau supérieur *S*; on porte alors ce plateau supérieur sur le demi-condensateur *Y'*, en même temps que par-dessous on fait communiquer *Y'* avec le sol ; on a par là même +1 sur le plateau inférieur *Y'*, —1 sur le plateau supérieur *S*. Si maintenant, par un fil conducteur isolé, on met le collecteur *Y* du condensateur *E* en communication avec le plateau inférieur *Y'*, en même temps que le plateau supérieur *S* communique avec le sol, on aura sur *Y'* +2 d'électricité positive, — 2 sur le plateau supérieur *S*, et 0

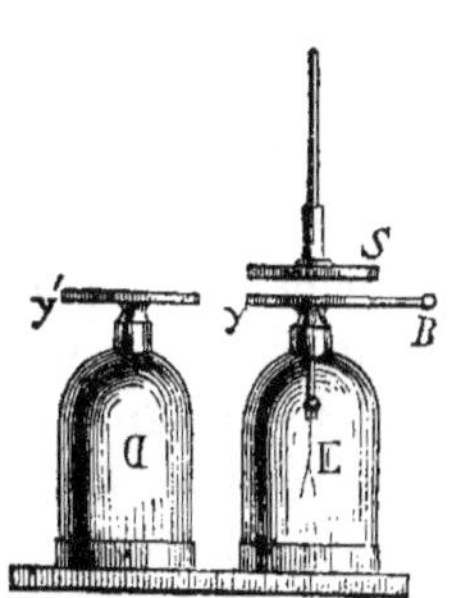

Fig. 25.

sur le plateau *Y*. On porte de nouveau le plateau *S* sur le collecteur *Y*, en même temps que le collecteur communique avec le sol ; on a + 2 sur *Y*, — 2 sur *S*, et, en faisant communiquer *Y'* avec *Y* par un arc conducteur isolé, pendant que *S* communiquera avec le sol, on aura + 4 sur *Y*, — 4 sur *S*; la quantité primitive d'électricité, doublée dans un premier transport, et quadruplée par un second, deviendra 8 par un troisième, 16 par un quatrième, etc.; elle croîtra donc dans une proportion énorme. Ce n'est pas une progression arithmétique, où l'unité ajoute à l'unité, comme dans le condensateur à trois plateaux, mais une progression géométrique dont la raison est 2. Cela posé, en opérant avec un instrument semblable dont les plateaux étaient dorés, et ayant soin de ne les toucher qu'avec des fils d'or pour les faire communiquer soit entre eux, soit avec le sol, de manière à exclure toute action chimique, nous avons mis en évidence l'électricité née au simple contact des métaux. Quand nous avons touché le bouton *B* avec un fil de platine électro-négatif par rapport à l'or, l'électroscope, après trois ou quatre transports, manifestait une quantité considérable d'électricité positive. Les deux feuilles d'or ou les deux pailles s'écartaient violemment, et l'on constatait, à l'aide d'un bâton de résine, qu'elles étaient électrisées positivement. Quand, au contraire, j'avais touché avec du cuivre, l'électroscope montrait de l'électricité négative, etc.

« Dans ces expériences souvent multipliées, les phénomènes s'accordaient parfaitement bien avec la théorie électro-chimique, l'ordre établi par Ampère entre les métaux était toujours conservé ; l'électricité recueillie, sans cesse doublée, était toujours ce qu'elle devait être. Il faudrait avoir l'esprit par trop prévenu, ou cesser d'être de bonne foi, pour hésiter encore quand on a répété ces expériences, et ne pas admettre le principe fondamental énoncé par Volta, que le contact des corps fait naître une rupture d'équilibre électrique et dégage de l'électricité. Du reste, quoi de plus naturel que ce principe ; il est si simple en lui-même, si évident *à priori*, qu'il a à peine besoin de démonstration.

« L'électricité naît donc au contact des métaux, et en elle réside la source de l'action chimique qui naît plus tard. Cette action chimique, quel rôle joue-t-elle à son tour dans la pile? Pour le mieux expliquer, concevons que les deux pôles de la pile sont en contact avec deux électrodes en platine plongeant dans le vase du voltamètre ou appareil pour la décomposition de l'eau. L'électricité née au contact des métaux arrive au sommet des électrodes, la molécule positive d'un côté, la molécule négative de l'autre; si ces deux électricités n'avaient pas de débouché, l'action électro-motrice cesserait; mais ces deux électricités, en agissant sur les molécules d'eau qui les séparent, attirent l'une l'oxygène, l'autre l'hydrogène : la décomposition est effectuée; les deux molécules gazeuses sont à l'état naissant, elles ont besoin de se former une atmosphère. La molécule d'oxygène attirée par le pôle positif décharge donc l'électrode positif pour constituer son atmosphère électro-positive; la molécule d'hydrogène qui va au pôle négatif décharge l'électrode négatif pour constituer son atmosphère électro-négative, et par là même il y a place à une nouvelle arrivée d'électricité positive et négative : la force électro-motrice née au contact des métaux fonctionne de nouveau, et il se dégage une nouvelle quantité d'électricité qui se rend aux électrodes et est de nouveau enlevée par de nouvelles molécules d'oxygène et d'hydrogène, etc., etc.

« Voilà le véritable rôle de l'action chimique née de l'électricité produite au contact : elle donne une issue à cette électricité, et permet au dégagement de se continuer, au courant de s'établir. La source d'électricité au contact est indéfinie, mais le dégagement ou l'intensité du courant seront proportionnels à l'écoulement à l'issue ouverte, à l'action chimique en un mot. Nous ne comprenons pas et nous ne concevons pas qu'on puisse comprendre autrement la théorie de la pile. L'action chimique fait dans ce cas ce que fait la terre dans les circuits télégraphiques, elle dissimule les électricités condensées aux pôles, et rend possible un dégagement subséquent. »

Pour se rendre compte de la distribution de l'électricité dans la pile, c'est-à-dire de l'accumulation de force électro-motrice qui y a lieu quand on ajoute de nouveaux couples à ceux qui existaient déjà, Volta et ses partisans, fidèles à la théorie du contact, — d'après laquelle l'un des corps est constitué en un état électro-positif et l'autre en un état électro-négatif, au même degré tous deux, — supposent que dans un nombre quelconque d'éléments, composés chacun de deux plaques superposées, l'une en cuivre et l'autre en zinc, dans chaque couple isolément le zinc fournira une quantité d'électricité représentée par $+1\,e$, et le cuivre une autre égale à $-1e$ (e étant la quantité d'électricité développée par le contact), et qu'il y aura entre l'état électrique de l'un et de l'autre métal une différence égale à $2\,e$; si ensuite on fait communiquer le cuivre avec le sol dans le premier couple, son électricité sera 0, et celle du zinc $+2\,e$.

En plaçant d'autres couples sur les premiers, de manière que le cuivre soit toujours en dessous, et en séparant chaque couple par une rondelle de drap humide qui empêche le contact, mais laisse passer l'électricité d'un couple à l'autre, en un mot, en formant la pile à colonne, on obtiendra le résultat suivant : le cuivre du second élément aura, au lieu de 0, le même état électrique $2e$, que lui transmettra le zinc du premier couple, et le zinc du second aura alors $+4e$, en vertu de la nouvelle force électro-motrice égale à $2\,e$ développée par le contact avec le cuivre de son élément; $4\,e$ sera aussi l'état électrique du cuivre du troisième couple, dont le zinc aura $+6\,e$; l'augmentation suivra constamment la même proportion, car entre l'état électrique du zinc et du cuivre de chaque couple il y aura toujours une différence égale à $2\,e$, due à la nouvelle force électro-motrice développée, et dans chaque cuivre s'accumulera l'électricité que lui communique le couple précédent.

Dans le cas dont nous venons de parler, la pile n'est chargée que d'électricité positive, augmentant de la partie inférieure vers la supérieure ; elle ne serait chargée que d'électricité négative si l'on renversait les couples, c'est-à-dire si le zinc occupait le dessous dans chacun d'eux. Quand les deux extrémités ou pôles de la pile sont isolés, la distribution de l'électricité n'est plus la même : chaque moitié de la pile se trouve chargée d'électricité différente : l'une positive et l'autre négative, en quantités faciles à calculer d'après les données ci-dessus ; il va sans dire que la somme des électricités libres prises avec leur signe doit être égale à 0, car il n'y a rien de transmis au sol.

Les observations directes de Volta d'abord, et, plus tard, de Coulomb et Biot, confirment assez bien dans la pratique les déductions de la théorie ; mais tout cela est insuffisant pour convaincre les partisans de la préexistence de l'action chimique : en effet, leur hypothèse envisage de la même manière l'accumulation des forces électro-motrices des différents couples d'une pile ; sous ce rapport, ils sont parfaitement d'accord, et ils appliquent le même calcul pour obtenir le maximum de tension accumulée.

En admettant exclusivement les actions chimiques comme cause du dégagement d'électricité dans la pile, M. de la Rive adopte la théorie suivante sur son intensité (Ganot) : dans une pile à auges *AB* (fig. 26), formée de couples de zinc et de cuivre

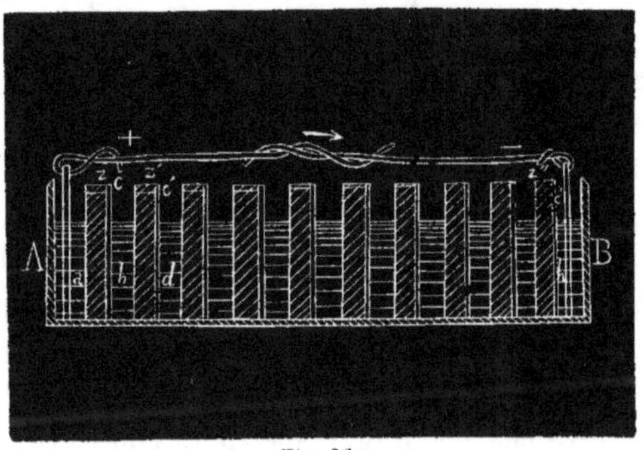

Fig. 26.

dont les intervalles sont remplis d'acide sulfurique étendu d'eau, l'acide de chaque auge attaque le zinc, mais reste sans action sur le cuivre à la température ordinaire : il y a donc dans toute la pile dégagement d'électricité positive dans le liquide et d'électricité négative sur le zinc de chaque couple. Or, dans l'auge *b*, où le liquide est en même temps en contact avec un zinc et un cuivre, l'électricité positive du liquide se recompose incessamment avec l'électricité contraire du groupe *zc*; de même dans l'auge *d* le fluide positif du liquide se combine avec le fluide négatif du couple $z'c'$, et ainsi de suite dans toute la pile, en sorte qu'il n'y a que les électricités des auges extrêmes *a* et *h* qui, ne pouvant s'unir à celles des auges voisines, restent libres. Il est facile alors de voir que c'est *a* qui est électrisé positivement par l'action de son acide sur le zinc *z*, et *h* négativement par l'électricité que lui communique l'élément $c''z''$.

M. de la Rive démontre ainsi que les éléments interpolaires donnent toujours du fluide neutre, et que, si l'on réunit les pôles par un circuit métallique, celui-ci n'est jamais traversé que par l'électricité développée par un couple. Quant à la tension de l'électricité dans les pôles, on peut aisément prouver qu'elle augmente avec le nombre des couples, non-seulement en raison de l'hypothèse sus-énoncée, mais aussi parce que M. de la Rive à découvert que la conductibilité d'une masse liquide interrompue par des diaphragmes métalliques est en raison inverse de leur nombre [1]; il s'ensuit que plus le nombre de couples interpolaires est considérable, plus grande est la résistance qu'éprouve l'électricité à se recomposer à travers la pile même, et, par conséquent, plus la tension des pôles est forte.

Des observations de M. de la Rive on peut tirer deux conséquences : la première, c'est que, dans les éléments interpolaires, la tension va en décroissant des pôles au centre de la pile, car, d'un côté, la résistance opposée par elle à la recomposition est de plus en plus faible, et, de l'autre, en appliquant le calcul mentionné page 102 au cas où les deux pôles sont isolés et où chaque moitié se trouve chargée d'une électricité contraire à partir du centre, plus les couples seront rapprochés de ce centre, et moindre sera le coefficient d'*e* qui leur correspond; il doit être zéro au centre même, et c'est ce qui a lieu en effet.

La seconde conséquence est que, la résistance à la recomposition de l'électricité par la pile même étant augmentée par un liquide moins bon conducteur, la tension se trouvera aussi augmentée ; mais, comme en même temps un liquide bon conducteur fait dégager plus d'électricité, la tension reste toujours la même, quoique la résistance soit moindre.

[1] Voyez plus loin chap. VI.

Il serait donc d'une extrême importance de trouver des combinaisons voltaïques dont les forces électro-motrices et les résistances fussent telles, qu'un seul couple, ou du moins un petit nombre, pût produire le même effet que plusieurs; c'est ce qui a lieu avec la combinaison d'amalgame de potassium, de l'acide sulfurique étendu et du peroxyde de plomb, qui, d'après Wheatstone, présente la même force électro-motrice qu'une série de cinq éléments d'amalgame de zinc, d'acide sulfurique étendu et de cuivre; malheureusement cette combinaison est d'un prix de revient trop élevé, et l'on préfère s'en tenir à l'ancienne.

Pour en finir avec ce que nous nous étions proposé de dire sur la théorie de la pile, nous citerons celle qu'a émise Schœnbein, à laquelle se rangent Faraday et M. de la Rive ; elle prouve, conformément à notre opinion, combien peu diffèrent entre elles les deux théories du contact et des actions chimiques, puisqu'elles sont d'accord sur les effets et même sur l'explication des premiers phénomènes qui doivent se produire.

Si l'on plonge une plaque métallique dans un liquide électrolytique (fig. 27), ses molécules polarisent celles du liquide qui les touchent; celles-ci polarisent les suivantes, et ainsi de suite, de manière que de la surface du métal partent autant de lignes de molécules d'eau polarisées qu'il y a de points sur cette surface. Chacune de ces molécules présente son oxygène (négatif) du côté du métal, et son hydrogène (positif) du côté opposé, tandis que les molécules de métal ont leur électricité positive du côté où elles sont en contact avec les molécules d'eau. Cet état de polarisation ou de tension ne cesse que quand on fait communiquer le métal et l'eau avec la terre ou avec les plateaux d'un condensateur, car alors on ménage une sortie à l'électricité négative du métal et à la positive des particules d'eau en contact avec le conducteur. Dans le même moment, d'après M. de la Rive, l'oxygène de la molécule d'eau en contact avec le zinc se combine avec lui et donne lieu à une neutra-

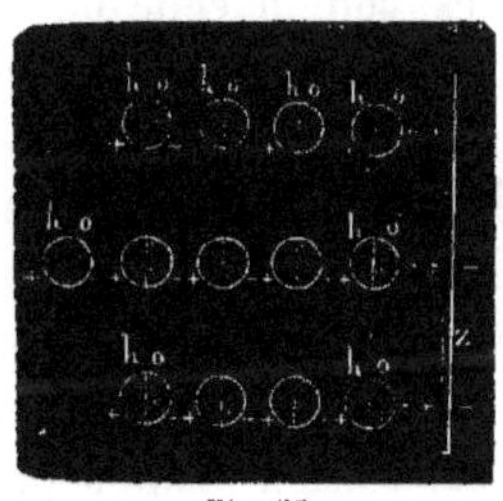
Fig. 27.

lisation des deux électricités contraires. L'hydrogène de cette même molécule d'eau se combine avec l'oxygène de la seconde, et ainsi de suite, jusqu'à l'hydrogène de la particule en contact avec le conducteur, sur la surface duquel cet hydrogène se dégage.

De quoi s'en faut-il, en vérité, que l'analogie de cette hypothèse soit complète avec celle d'Ampère ou plutôt de Berzélius et Volta que nous avons déjà mentionnée? Les raisons qui sembleraient pouvoir faire pencher vers la théorie du contact, malgré l'incertitude des expériences invoquées pour et contre, sont non-seulement celles exposées par M. l'abbé Moigno dans les pages que nous avons précédemment transcrites, mais aussi c'est qu'on voit, pour ainsi dire, dans cette théorie, une cause immédiate, ce qui n'a pas lieu dans la théorie des actions chimiques qui exige la préexistence de l'affinité, et celle-ci reste inexpliquée si l'on ne veut pas admettre la préexistence de l'électricité, au moyen de laquelle on l'expliquerait assez bien.

Nous voyons, en outre, que quelques-uns des partisans de la préexistence de l'action chimique admettent déjà certaines théories, comme celle de la polarisation, qui n'a point été acceptée par tous. Cependant ces diverses théories nous paraissent être une conséquence de celle que professait Ampère : telle est, par exemple, celle de Grothus, sur le transport des éléments dans les décompositions chimiques au moyen de la pile voltaïque; nous en avons fait mention (p. 88) lorsque nous avons parlé des effets chimiques de la pile, mais nous avons cru devoir en ajourner l'explication jusqu'à présent, espérant qu'elle serait mieux comprise à cette place.

Théorie de Grothus. — Supposons une ligne de molécules d'eau 1, 2, 3, 4, etc. (fig. 28) formant une espèce de chaîne droite ou courbe réunissant l'électrode positif d'une pile *f* à l'électrode négatif *f'*. L'électricité positive de *f* agira par influence sur la molécule 1 et *la fera tourner*, pour ainsi dire, afin d'attirer l'oxygène, qui est électro-négatif, et de repousser l'hydrogène, qui est électro-positif; la molécule 1 agira de la même manière sur la molécule 2, et ainsi de suite; à l'extrémité de la chaîne pareil phénomène aura lieu. Dès que la tension électrique sera assez forte, l'oxygène de la molécule 1, par l'effet de l'attraction, sera comme détaché de la molécule d'hydrogène à laquelle elle était unie, et se dirigera vers le pôle, tandis que l'hydrogène libre agira sur l'oxygène de la molécule 2 pour se combiner avec lui ; et il y parviendra facilement, car à cette force vient s'ajouter la répulsion qu'éprouve la molécule d'hydrogène à s'éloigner du pôle positif ; la molécule d'oxygène, en se combinant, laisse en liberté l'hydrogène de la molécule 2, qui s'empare à son tour de l'oxygène de la 3ᵉ. Des phénomènes analogues, quoique en sens inverse, ont lieu dans les deux pôles, de manière qu'il y aura en même temps une multitude de décompositions et de recompositions. Ce que nous avons dit pour une ligne de molécules s'applique à toutes celles qui unissent les électrodes : de là le grand nombre d'atomes gazeux qui restent libres et l'abondance de bulles qui se forment et se dégagent sur chaque pôle en produisant le phénomène auquel on a donné le nom de *transport des éléments*, bien qu'à vrai dire il n'y ait aucun transport, ainsi que le démontrent des expériences fort simples et très-curieuses.

Fig. 28.

Ces mouvements vibratoires des derniers éléments de la matière dont parle Grothus sont semblables à ceux que M. l'abbé Moigno suppose dans sa théorie de la pile, et, dans l'un et l'autre cas, ils peuvent avoir lieu non-seulement à travers les masses liquides, mais aussi à travers les corps solides. Ceci explique le phénomène observé par M. du Moncel de l'existence simultanée des deux électricités, statique et dynamique, sur le même conducteur sans influence sensible sur leur action réciproque, car nous avons dit que l'électricité statique se développe ou plutôt s'accumule sur la surface des corps, et que l'électricité dynamique établit un courant de molécule en molécule, qui, par conséquent, est intérieur.

Nous ne pouvons passer sous silence, en parlant des décompositions de la pile, la remarquable loi des *équivalents électro-chimiques*, déduite par Faraday de ses observations : *Quand un même courant agit successivement sur une série de dissolutions, le poids des éléments séparés est dans le même rapport que leurs équivalents chimiques.*

De nombreuses expériences ont prouvé l'exactitude de cette loi, et, ajoute M. de la Rive, son application n'est pas restreinte aux électrolytes interposés dans la partie extérieure du circuit d'une pile, mais elle peut s'étendre également à ce qui se passe dans l'intérieur de la pile. On peut, d'après le même auteur, considérer le circuit d'une pile, quand il est fermé, comme une série de conducteurs unis par leurs extrémités, et dans lesquels le courant circule d'une manière identique et uniforme, étant produit par une suite de polarisations et de recompositions des électricités contraires des molécules qui se suivent, de sorte que l'opération est accompagnée de chaleur quand le courant trouve une certaine résistance, et de décompositions chimiques quand les molécules sont composées ; mais ces effets sont équivalents sur toutes les parties du même circuit, même dans la pile. Ces dernières conclusions de M. de la Rive ont été récemment contestées par plusieurs physiciens, et, entre autres, par M. Despretz, dont les expériences semblent prouver que le courant électrique, lorsqu'il n'est pas très-intense, peut traverser l'eau sans la décomposer, comme si elle était un conducteur simple ou métallique.

M. Pouillet a observé deux faits dont nous ferons mention, quoique ce physicien n'ait pu qu'imparfaitement les faire passer à l'état de lois. Le premier est l'*inégalité du pouvoir chimique des deux pôles*, qui ne contribuent pas d'une manière identique à la séparation des éléments des corps composés. D'après les expériences faites, le pôle négatif, dans certains cas, possède exclusivement le pouvoir décomposant ; dans d'autres, sans être exclusive, son action domine celle du pôle positif, et celui-ci, à son tour, exerce, dans plusieurs cas, une action supérieure à celle du pôle négatif. Nous croyons que ce fait doit être étudié davantage, et qu'il le mérite.

Le second fait observé par M. Pouillet est celui des *pôles multiples*. Voici en quoi il consiste : lorsque, dans le circuit d'une pile, il y a plusieurs liquides interposés les uns à la suite des autres, ils se servent mutuellement d'électrodes, de manière que, s'ils sont deux, il y a double décomposition ; et, pour cela, il faut que la colonne de chacun des liquides serve d'électrode négatif pour sa propre décomposition, et d'électrode positif pour la décomposition de la colonne de liquide en contact avec elle [1].

Un autre phénomène remarquable est celui de la *polarité électrique secondaire*, qui est la propriété acquise par les plaques polaires des piles voltaïques de conserver adhérentes à leur surface les bulles d'hydrogène, ce qui annule l'action chimique, et donne à ces plaques une grande force de résistance au passage du courant. En décrivant les piles, nous indiquerons les moyens d'éviter cet inconvénient, nous bornant maintenant à mentionner le phénomène secondaire auquel donne lieu cette propriété, phénomène que M. de la Rive a observé avant les autres physiciens. Si l'on retire d'une dissolution faisant partie du circuit de la pile deux plaques d'un métal inoxydable, comme l'or et le platine, qui étaient plongées dans un liquide conducteur susceptible d'être décomposé par le courant, que ce soit ce liquide, celui de la pile même ou bien une dissolution interposée dans le circuit, pourvu que l'une des plaques communique avec le pôle positif et l'autre avec le pôle négatif, et qu'on les plonge dans de l'eau pure, elles donneront naissance à un courant en sens inverse de celui qu'elles avaient transmis dans le circuit de la pile. Ce courant, qui tend sans cesse à affaiblir le courant primitif, est assez fort quelquefois pour qu'on ait pu en composer des piles qu'on appelle *piles à courants secondaires*. M. Becquerel, attribuant cette *polarité* au dépôt formé sur les plaques par les gaz et autres matières transportées par le courant, dépôt qui agit sur le liquide en contact, a imaginé, dans le but d'empêcher cet effet, deux appareils *dépolarisateurs* que nous ne croyons pas devoir décrire : il suffit de les mentionner.

[1] Voyez, sur ces deux questions, les comptes rendus de l'Académie des sciences du mois de mai 1845.

Électricité développée par la combustion. — Plusieurs physiciens avaient depuis longtemps supposé que la combustion devait être accompagnée d'un dégagement d'électricité. Lavoisier, Laplace, Saussure, et, plus tard, Davy, tentèrent en vain de confirmer cette opinion ; la gloire en était réservée à M. Pouillet, qui sut découvrir certaines circonstances jusque-là inaperçues, et donner aux expériences une régularité qui les a rendues concluantes. Il démontra ainsi la généralité du principe que, dans toute réaction chimique, il y a dégagement électrique, et que la combustion, qui n'est qu'une réaction, doit nécessairement présenter les mêmes phénomènes.

Ce savant physicien démontra, par plusieurs expériences, que, dans la *combustion du charbon*, l'acide carbonique s'électrise positivement et le charbon négativement ; que, dans la *combustion de l'hydrogène*, ce gaz s'électrise négativement et l'oxygène positivement ; et, en général, que le corps combustible acquiert l'électricité négative, et que la flamme, l'hydrogène carboné ou l'acide carbonique qui se dégage, s'électrise positivement.

Électricité développée par les rayons chimiques de la lumière. — La lumière peut agir aussi sur les substances photographiques et produire de l'électricité ; nous entendons par substances photographiques toutes celles qui, sous l'influence de la lumière, éprouvent des changements perceptibles, soit dans leur état moléculaire, soit dans leur coloration, comme les sels d'argent, et connues sous le nom de *substances sensibles* ou *substances impressionnables*. M. Becquerel s'est livré à d'importants et remarquables travaux sur cette matière.

En parlant de l'électricité développée par les actions mécaniques, nous avons dit que le frottement entre les corps solides et les corps liquides dégageait de l'électricité dans plusieurs cas, et nous avons même ajouté qu'on pourrait peut-être bien compter au nombre de ces cas l'observation de M. Becquerel sur le contact des masses d'eau avec la terre ; cependant ce physicien attribue le phénomène à une action chimique, et établit comme une règle sans exception que le contact d'une masse ou d'un courant d'eau avec la terre développe de l'électricité : la terre prend un excès de fluide positif ou négatif, et l'eau un excès correspondant du fluide contraire, selon la nature des sels ou des autres composés entrant en dissolution. Les importantes expériences de M. Becquerel ont ainsi confirmé des idées qu'Ampère émit le premier, et au développement desquelles ont travaillé plus tard Barlow, Fox et Magrini.

Électricité développée par les actions physiques. — Les actions physiques qui développent l'électricité sont, comme nous l'avons dit, celles de l'*induction par le magnétisme* et *par l'électricité elle-même*, que nous étudierons plus tard ; celles de la *capillarité*, sur lesquelles nous ne nous appesantirons pas, car les faits dont s'est appuyé M. Becquerel pour leur attribuer des phénomènes électriques sont peu nombreux et peu concluants ; enfin celles de la *chaleur*, dont nous nous occuperons quelques instants, car leur importance actuelle permet d'espérer qu'avec le temps elles donneront lieu à des applications utiles ; du reste, elles sont déjà la base d'une des branches les plus intéressantes de l'électro-magnétisme, connue sous le nom de *thermo-magnétisme*.

Les Hollandais furent les premiers à faire connaître en Europe les tourmalines, dont la propriété d'acquérir l'état électrique et d'attirer ou de repousser, dans cet état, les corps légers, servait depuis longtemps d'amusement dans l'Inde. Depuis un siècle, leurs propriétés électriques sont l'objet des investigations des savants, et nous résumerons en peu de mots les résultats obtenus par Canton, Wilson, Œpinus, Haüy et d'autres.

Quand une tourmaline est électrisée, elle présente toujours vers les extrémités de son axe *deux pôles contraires*, dans l'un desquels se rencontre le fluide positif et dans l'autre le fluide négatif, et elle ne présente aucun signe d'électricité dans la région du milieu ; les fluides électriques s'y trouvent donc distribués d'une manière analogue aux fluides magnétiques d'un aimant, comme nous le verrons bientôt.

Si l'on casse transversalement une tourmaline électrique, chacun des morceaux présente deux pôles disposés dans le même sens que les pôles primitifs, ce qui constitue une nouvelle analogie entre le fluide électrique des tourmalines et le fluide magnétique d'un aimant.

Il existe dans chaque tourmaline deux limites de température, entre lesquelles ont lieu tous les phénomènes électriques ; au-dessus de la limite supérieure et au-dessous de l'inférieure, la tourmaline se comporte comme les autres corps et ne donne aucun signe d'électricité polaire. Ces limites sont entre 10° et 150°, et sont à peu près les mêmes pour des tourmalines d'égale dimension, mais elles varient avec la longueur.

Dans ces limites, lorsqu'on chauffe avec régularité une tourmaline, les pôles électriques de cette dernière commencent à paraître et se maintiennent ainsi tout le temps que la température *s'élève*.

Quand on refroidit avec régularité une tourmaline polarisée par élévation de température, ses pôles disparaissent un moment pour reparaître après, mais dans une position différente, c'est-à-dire que là où était le pôle positif se trouve le pôle négatif, et *vice versa* ; et, par le refroidissement, ces pôles se maintiennent renversés par rapport aux premiers, tout le temps que la température *s'abaisse*.

La polarisation semble donc dépendre du *changement* de température, de telle sorte qu'au même degré thermométrique une tourmaline peut se présenter dans trois états distincts : à l'état naturel, si elle est restée longtemps à cette température ; polarisée, si elle y est arrivée par augmentation graduelle de la chaleur, et polarisée aussi, mais en sens inverse, si c'est par refroidissement.

L'abbé Haüy a constaté un changement des pôles pendant l'élévation de température, et un autre contraire pendant l'abaissement ; mais ce phénomène n'a pas toujours lieu et provient peut-être d'une quantité différentielle de chaleur entre les couches de la surface et celles du centre.

Une tourmaline chauffée ou refroidie par une seule de ses extrémités semble, pendant quelques moments, ne posséder dans toute sa longueur qu'une seule des deux électricités ; mais, comme dans tous les phénomènes électriques les deux électricités se développent toujours en même temps, il est probable que dans ce cas exceptionnel en apparence les deux fluides existent aussi, mais inégalement distribués, et, pour cette raison, imperceptibles.

L'action de la chaleur n'agit pas seulement sur les tourmalines et autres cristaux, mais aussi sur les corps bons conducteurs, et particulièrement sur les métaux, en y développant le fluide électrique à l'état que nous avons défini sous le nom de *courants électriques;* les courants dus exclusivement à l'action de la chaleur sont appelés *thermo-électriques*, et ont été découverts en 1821 par le docteur Seebeck, de Berlin.

Cette source nouvelle d'électricité promet d'être si avantageuse, d'une application si facile dans l'industrie, si utile pour la construction des générateurs électriques qui pourront être employés dans les systèmes que nous décrirons dans le second volume, que c'est avec regret que nous n'en faisons pas ici une étude plus approfondie ; mais ce serait trop nous écarter de l'objet que nous nous sommes proposé en donnant ce précis historique élémentaire de l'électricité. Nous devons nous borner, sous peine d'être prolixe, à remplir seulement ces pages du récit des applications déjà faites aux arts et à l'industrie pour développer l'électricité, et à mentionner simplement les inventions qui n'ont point encore reçu d'application. Nous ferons connaître cependant, dans l'*action de la chaleur*, les conditions les plus essentielles pour la production de l'électricité, et qui peuvent servir de base à de nouvelles découvertes.

Si l'on soude par les extrémités deux fils ou deux tringles de métaux différents, de manière qu'ils forment un circuit, et si l'on maintient les deux soudures à des températures différentes, le fluide électrique se présente à travers ces métaux sous forme de courant ; cette manifestation est d'autant plus énergique, que la différence de température est plus considérable et plus grand le nombre de soudures entre les deux métaux ; en maintenant les soudures paires à un degré de chaleur et les impaires à un autre, la manifestation électrique persiste pendant tout le temps que dure cette différence de température. Le cuivre et le bismuth, ou le bismuth et l'antimoine, sont les métaux qui produisent les résultats les plus remarquables par leur intensité.

La soudure de deux métaux différents n'est pas une condition indispensable pour développer des courants thermo-électriques : M. Adie a prouvé qu'il suffit d'une simple différence de densité entre deux morceaux soudés du même métal. Par la même raison, lorsqu'on chauffe ou refroidit quelques endroits d'un circuit métallique homogène, ils présentent certaines conditions d'électricité plus ou moins énergiques.

Si l'on réfléchit que par l'emploi de l'eau glacée et de l'eau bouillante comme sources calorifiques on peut obtenir pendant aussi longtemps qu'on le désire une différence constante de température, on comprendra aisément que les manifestations ou courants thermo-électriques peuvent être d'une régularité parfaite, à laquelle ne pourrait arriver aucune autre des actions connues. Ainsi c'est à la découverte de Seebeck et aux piles ou générateurs thermo-électriques, fondés sur les propriétés que nous venons de faire connaître, et construits par Nobili et Melloni, que sont dues les observations de Ohm, Feschner et Pouillet, observations qui ont eu pour résultat les belles lois de la conductibilité électrique des métaux, de l'intensité des courants électriques d'après leur diamètre, leur longueur, leurs dérivations et la composition des éléments métalliques ou non métalliques du circuit, comme nous le verrons au sixième chapitre de cet ouvrage.

On n'a pu déterminer encore quelle est la cause de la manifestation électrique dans les phénomènes thermo-électriques. Quelques-uns l'attribuent à la formation dans les métaux, pendant leur refroidissement, de groupes cristallins qui s'opposent à la propagation uniforme de la chaleur dans tous les sens ; d'autres prétendent que l'effet d'une action calorifique inégale détermine une réaction chimique qui développe les deux électricités. Quoi qu'il en soit, ces phénomènes présentent des anomalies si étranges, qu'il est difficile de donner une théorie qui puisse s'accorder avec tous.

Électricité développée par les actions physiologiques. — Nous avons dit que les actions physiologiques étaient aussi une source d'électricité; en effet, dans la torpille, dans l'anguille électrique, dans les gymnotes et autres poissons, on observe des effets électriques d'une telle intensité, que leurs commotions sont quelquefois plus énergiques que celles des plus fortes bouteilles de Leyde. La faculté qu'ont ces animaux de produire l'électricité réside en un organe particulier dans lequel on a cru trouver une analogie surprenante avec la pile de Volta, et la commotion qu'on ressent lorsqu'on touche ces poissons est la conséquence d'un phénomène volontaire : cet état électrique est donc lié si intimement au phénomène de la vie, qu'il cesse aussitôt que la vie de l'animal s'éteint. MM. Matteucci et de Bois-Raymond ont fait dernièrement des observations très-neuves et très-intéressantes sur cette espèce d'électricité.

La végétation développe aussi le fluide électrique, et M. Pouillet est arrivé à le prouver en faisant germer des plantes dans des capsules isolées et dans une atmosphère suffisamment sèche : il confirma ainsi le principe général déjà énoncé : *que, toutes les fois que l'oxygène se combine avec d'autres corps, il y a dégagement d'électricité : l'oxygène s'électrise positivement, et le corps combustible négativement.*

Maintenant que les sources principales de l'électricité dynamique sont connues, nous allons procéder à la description des appareils dans lesquels elle se développe, en commençant par ceux qui sont fondés sur les réactions chimiques.

DESCRIPTION DES PILES VOLTAIQUES.

Nous avons fait connaître que le contact de deux corps différents produit un dégagement d'électricité, et que ce dégagement est d'autant plus considérable que la réaction chimique qui a lieu est plus forte ; nous avons énoncé les lois sur le transport des éléments, sur les équivalents électro-chimiques, sur la distribution de l'électricité dans les piles et sur tous les autres faits que nous avons cités après avoir exposé la théorie de ces appareils : il sera donc aisé de comprendre leur structure et de juger sciemment de leur bonté et des différents usages auxquels on peut appliquer chacun de ceux que nous allons décrire.

Les appareils générateurs de l'électricité voltaïque se composent tous de deux éléments, l'un électro-positif et l'autre électro-négatif, qui sont mis en contact pour former un couple. On peut diviser ces appareils en quatre groupes, dont les deux principaux diffèrent en ce que, dans l'un, les corps sont plongés dans un seul liquide, et, dans l'autre, dans deux liquides. Ces derniers appareils sont tout à fait modernes, et l'on n'a commencé à en construire que bien longtemps après avoir reconnu la grande influence de l'action chimique dans le développement de l'électricité, bien que M. du Moncel prétende que Volta avait eu, dès l'origine de sa découverte, l'idée de la pile à deux liquides et que Davy en avait construit plusieurs systèmes, mais sans résultat satisfaisant, puisqu'ils ne furent point adoptés, et que lui-même y renonça pour ses expériences.

PILES A UN SEUL LIQUIDE.

Pile à colonne. — Nous avons dit plus haut que la pile à colonne fut la première construite par Volta ; nous rappellerons seulement que ses éléments, composés d'une plaque de zinc et d'une autre en cuivre, sont séparés par des rondelles de drap ou de carton humecté, et superposés les uns aux autres, de manière à former une colonne (fig. 23). L'inconvénient de cette pile, c'est qu'on ne peut accroître sa puissance en augmentant le nombre ou la grandeur des plaques, car la pression à laquelle se trouvent alors soumises les rondelles de drap leur fait perdre le liquide dont elles sont imbibées ; et, outre qu'elles deviennent trop sèches, le liquide qu'elles abandonnent, coulant sur le côté de la colonne, établit une communication entre les différents couples, et donne lieu à des recompositions partielles, ce qui empêche l'électricité d'acquérir toute la *tension* nécessaire.

Pile à auge. — La figure 29 représente la *pile à auge* ou *de Cruikshank*, qui succéda à la pile à colonne. Les plaques en zinc et en cuivre y sont rectangulaires et soudées deux à deux, afin de former les couples ou éléments. On les place sur champ et parallèles les unes aux autres dans une boîte en bois *bb'*, dont les parois intérieures sont recouvertes d'un mastic non conduc-

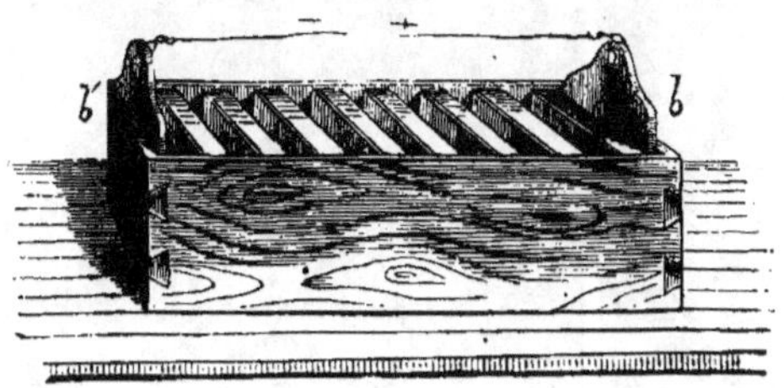

Fig. 29.

teur. Dans l'intervalle ménagé entre chaque paire de couples on verse de l'eau mélangée d'acide sulfurique, et cette eau, qu'on peut nommer, pour ainsi dire, plaque de liquide, remplace les rondelles de drap de la pile à colonne. On doit avoir bien soin que le liquide d'un intervalle ne communique pas avec celui d'un autre intervalle, soit par les côtés, soit par la partie supérieure des couples.

En réunissant plusieurs piles, on forme une batterie voltaïque ou galvanique; cette réunion, comme nous l'avons dit, peut être faite de deux manières : si, par exemple, les piles contiennent cent couples d'un décimètre carré, et qu'on en réunisse deux en faisant communiquer le pôle négatif de l'une avec le pôle positif de l'autre, on aura une batterie de deux cents éléments de 1 décimètre carré; mais si, au contraire, on fait communiquer les pôles négatifs entre eux, et les pôles positifs de même, on aura une batterie de cent éléments de 2 décimètres carrés.

La Société royale de Londres fit construire, en 1806, une batterie de deux cents piles composées chacune de dix éléments de 32 pouces carrés; le nombre des couples était donc de deux mille, et leur surface totale de 128,000 pouces carrés. Avec cet appareil, Davy, en 1808, parvint à décomposer la potasse et la soude.

Pile de Wollaston. — Pour mieux faire comprendre la structure de cette pile, nous examinerons spécialement, comme le fait M. Pouillet, deux couples, représentés de front par la figure 30, et de côté par la figure 31 ; *cs* est le premier cuivre, *sz* le premier

Fig. 30.

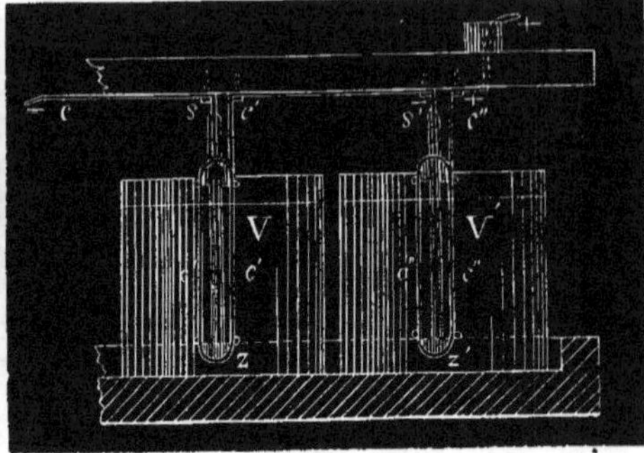
Fig. 31.

zinc, et ils sont soudés l'un à l'autre en *s ;* le second cuivre *c's'* entoure la première plaque de zinc sans la toucher, et vient aboutir au point *s'*, où est soudé le second zinc, etc.; de petits morceaux de liége, placés dans chaque couple, servent à assujettir l'appareil et à maintenir séparés le cuivre et le zinc. Tous les couples sont fixés à une barre de bois et ont chacun au-dessous d'eux un vase rempli d'eau acidulée : pour mettre la pile en activité, il suffit de plonger les couples dans les vases correspon-

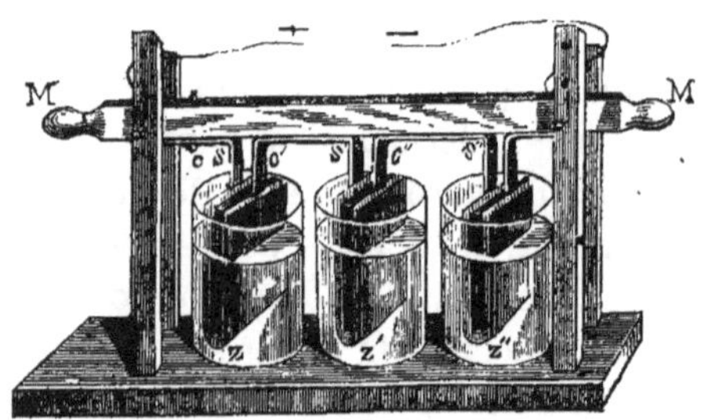

Fig. 32.

dants, ce qu'on pratique très-simplement en baissant la barre et en lui maintenant son horizontalité (fig. 32).

L'électricité passe du premier zinc au second cuivre par la couche de liquide qui les sépare ; du second zinc au troisième cuivre de la même manière, et ainsi de suite d'un couple à l'autre.

Entre autres avantages importants, cette disposition offre les deux suivants : 1° le zinc présente sa surface entière à l'action du liquide ; 2° le fluide électrique développé n'a, pour arriver au cuivre, qu'à traverser la série de molécules d'une couche très-mince de liquide, et cette couche, qui s'altère promptement dans la pile à auges avec la dissolution de sulfate de zinc, peut se renouveler ici en se mêlant au liquide resté dans le vase.

Pile de MM. Schlagdenhauffen et Freyss. — MM. Schlagdenhauffen et Freyss ont amalgamé le zinc et l'un des côtés de la lame de cuivre de l'élément de Wollaston, obtenant ainsi une polarisation constante des lames, et par suite une augmentation de la constance du couple ; il est vrai que son énergie est moindre que celle de la pile de Wollaston. On verra un peu plus loin comment se fait l'amalgamation des plaques.

Pile de Faraday ou de Muncke. — Cette pile diffère très-peu, quant à la forme, de celle de Wollaston : elle est composée aussi de plaques de cuivre et de zinc ; mais celles de cuivre se trouvent séparées entre elles par une feuille de papier qui empêche les effets du contact, car, dans cette pile, on introduit tous les éléments dans un même vase contenant une dissolution très-faible d'acide sulfurique et d'acide nitrique.

D'après M. Deguin, cette pile a sur celle de Wollaston l'avantage d'être ramassée et d'occuper par conséquent fort peu de place : en effet, pour cent couples elle n'exige que l'espace de 1 mètre, et elle produit des effets plus énergiques, en raison de la proximité de ses éléments. Cette dernière circonstance, toutefois, demande un fréquent renouvellement du liquide, et c'est peut-être à cause de cela que cette pile est rarement employée.

Pile à hélice. — Cette pile n'est, à vrai dire, qu'une modification de celle de Wollaston ; on l'a construite spécialement en vue d'obtenir de grandes quantités d'électricité avec une tension très-peu considérable.

Les figures 33 et 34 représentent les dispositions adoptées par M. Pouillet pour cette pile à la Faculté des sciences de Paris. Deux feuilles métalliques, l'une en zinc et l'autre en cuivre, sé-

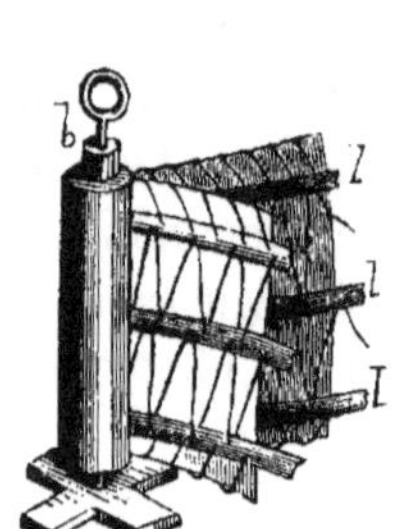

Fig. 33.

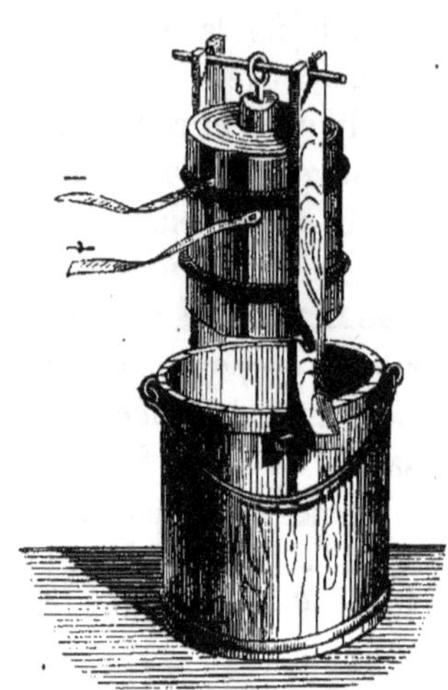

Fig. 34.

parées par deux ou trois bandes de drap *lll* liées entre elles par des ficelles dont l'épaisseur est moindre que celle du drap, sont roulées autour d'un cylindre en bois *b*. En formant de cette manière des couples dont les éléments aient une surface de 5 ou 6 mètres carrés, on peut, avec un seul couple, obtenir des effets physiques très-énergiques, et, en en réunissant vingt ou trente, on a une batterie d'une force extraordinaire, susceptible de faire rougir et de fondre instantanément non-seulement des fils, mais de vraies tiges de métal.

Pile de Smée. — Les figures 35 et 36 représentent, de front et de profil, l'élément de la pile de Smée. Il est composé d'une lame *P* de *platine platiné* entre deux autres *zz* de *zinc amalgamé*, dont la largeur n'a que le tiers de celle de la lame de platine. Celle-ci est assujettie par le bord supérieur entre deux règles en bois *rr*, dont la prolongation sert à appuyer le couple sur les bords du vase de verre ou de porcelaine où il est plongé; la partie supérieure des plaques de zinc est vissée contre la partie extérieure des règles en bois, dont l'épaisseur, par conséquent, détermine la distance entre la lame de platine et celles de zinc.

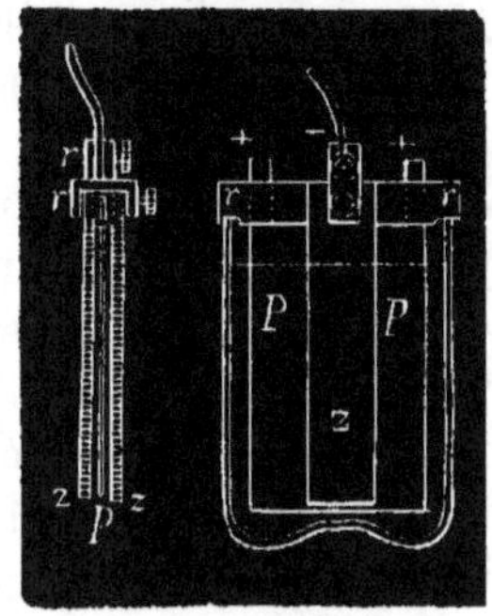

Fig. 35 et 36.

Le liquide généralement employé pour immerger l'élément de Smée est un mélange d'eau et d'acide sulfurique dans le rapport de 7 à 1. Dans les éléments à grandes dimensions, la lame de platine a 200 millimètres de hauteur et 130 de largeur; les plaques en zinc, 180 de hauteur et 55 de largeur; il faut, dans ce cas, avoir soin d'assujettir les trois bords libres de la lame de platine au moyen d'un cadre en bois. C'est à une pince ou vis métallique pressant les bords supérieurs des deux plaques de zinc contre les règles en bois que l'on fixe le fil métallique qui constitue le *rhéophore négatif;* le *rhéophore positif* part d'une autre pince ou vis qui presse la lame de platine.

Dans la pile de Smée, comme dans toutes celles où l'on emploie le zinc, ce métal est toujours amalgamé depuis que Kemp a fait connaître, en 1826, les avantages de cette opération. Quand la surface du zinc n'est pas amalgamée, l'acide où il est plongé l'attaque plus directement et d'une manière constante, même quand il est très-étendu d'eau, de sorte que cette surface est toujours couverte de bulles d'hydrogène dont nous connaissons les effets de polarité. Au contraire, quand il est amalgamé, le zinc est négatif par rapport au mercure, et l'acide électro-positif ne peut plus l'attaquer directement; il ne redevient attaquable que si le courant lui donne un excès d'électricité positive, et alors, chose singulière! il est plus oxydable et se change plus facilement en sulfate que s'il n'était pas amalgamé; l'action chimique est beaucoup plus rapide, et le courant, par conséquent, plus intense.

Pour amalgamer le zinc, on mouille d'abord les surfaces des plaques avec de l'eau acidulée, et on les plonge dans un bain de mercure pendant une minute à peu près ; on les retire ensuite, et on les fait reposer sur un de leurs coins pour laisser couler tout le mercure en excès. Les plaques n'en seront que mieux préparées si l'on répète une seconde fois cette opération, car alors l'amalgame se conservera aussi longtemps que la plaque peut servir.

Bien que cette préparation soit rapide et peu compliquée, les physiciens et les industriels la trouvent incommode ; c'est pourquoi on a cherché à obtenir instantanément l'amalgamation par la simple immersion des plaques de zinc dans un liquide, et un savant anglais a proposé l'emploi d'un mélange de nitrate de bioxyde de mercure et d'acide hydrochlorique. Il suffit d'une immersion d'une seconde pour amalgamer parfaitement une plaque de zinc, même quand elle est très-sale et très-usée. M. Berjot donne les détails suivants sur la fabrication de ce liquide : on fait dissoudre à chaud 200 grammes de mercure dans 1,000 grammes d'eau régale; la dissolution de mercure étant terminée, on y ajoute 1,000 grammes d'acide chlorhydrique (l'eau régale étant composée de 1 d'acide nitrique pour 3 d'acide chlorhydrique). Il paraît qu'avec un litre de ce liquide, dont le prix n'excède pas 2 francs, on peut amalgamer plus de 150 zincs.

L'effet du *platine platiné* s'explique, comme l'amalgame du zinc, de la manière suivante : c'est un fait reconnu que, selon l'état où il se trouve, le platine a la propriété de se couvrir plus ou moins facilement d'une couche gazeuse qui empêche le contact immédiat du liquide, et, par conséquent, des éléments gazeux qui se portent à sa surface. Soit à cause de ses aspérités, soit pour toute autre raison, le platine platiné semble avoir une tendance moindre à retenir ces couches gazeuses ; il est donc meilleur conducteur et donne plus d'énergie au courant.

Le dépôt de platine noir sur les lames de platine, dépôt qui constitue le platiné, s'obtient en plongeant les lames de platine bien nettes dans une dissolution de chlorure double de potassium et de platine, et en les faisant communiquer avec le pôle négatif d'une pile qui ne soit pas trop intense : le fil positif s'introduit dans la dissolution, et le platine se dépose sur la lame. Si l'électrode positif est aussi une lame de platine, il est attaqué par le chlore, et la dissolution conserve le même degré de saturation.

Smée imagina d'employer des feuilles de plaqué d'argent et de les platiner ; mais le poli de l'argent ne se prête qu'imparfaitement à cette opération, et on n'a pas obtenu des résultats très-satisfaisants.

M. Boquillon a inventé un système qui semble préférable : il consiste à prendre une feuille de cuivre du commerce et à y déposer une couche de cuivre, en ayant soin de disposer l'appareil de manière que cette couche soit rugueuse et présente de légères aspérités. Au moyen d'une seconde opération, on recouvre cette couche d'un dépôt d'argent dont la surface est dans les mêmes conditions, et enfin sur cette dernière surface on dépose la couche de platine poudreux et adhérent, qui communique au plus haut degré à la feuille la propriété de laisser échapper l'hydrogène.

Il est possible qu'avec les plaques de M. Boquillon, qui ont plus d'efficacité que celles de Smée, on puisse augmenter la grandeur des plaques de zinc comparativement à celles de platine platiné.

Dans la pile de Smée, les actions chimiques et électriques sont les mêmes que dans celle de Wollaston ; seulement, dans cette dernière, les zincs ne sont pas amalgamés ; elle est donc dépourvue des avantages que lui donnerait l'amalgame, et c'est à cela sans doute qu'on doit attribuer la diminution rapide observée dans l'intensité de la pile. On pourrait aisément remédier à cet inconvénient en amalgamant le zinc des éléments de Wollaston ; mais il paraît que le cuivre n'est jamais aussi efficace que le platine platiné, qu'on lui a substitué dans la pile de Smée, et qui conserve on ne peut mieux l'intensité du courant, car il rend, comme nous l'avons dit, le dégagement de l'hydrogène beaucoup plus facile.

M. Poggendorf est parvenu aussi à donner aux éléments formés d'une plaque de zinc amalgamé et d'une autre de cuivre plongées dans de l'acide sulfurique étendu d'eau une continuité et une intensité remarquables, en couvrant la plaque de cuivre d'une couche de poussière de cuivre, comme celle de platine platiné ; on pourrait appeler cette plaque plaque de cuivre cuivré.

Afin d'utiliser le zinc quand il est trop usé pour qu'on puisse l'employer dans la pile que nous venons de décrire, Smée en a imaginé une nouvelle, à laquelle il a donné le nom de *pile à résidus*. Il place au fond d'un vase les fragments de zinc, et il les couvre avec du mercure; on y introduit un fil d'argent renfermé dans un tube de verre, afin qu'il ne communique point avec l'acide sulfurique étendu dont on remplit le vase. Ce fil est terminé par une vis où l'on assujettit le fil qui doit former l'électrode négatif; à son tour, l'électrode positif est fixé sur une autre vis attachée à une plaque d'argent platiné qu'on plonge dans le liquide le plus près possible du mercure, mais sans le toucher aucunement.

Avec la pile à résidus, qui offre cet avantage qu'on peut la monter facilement partout, on ne perd pas la moindre parcelle de zinc ou de mercure : elle est, par conséquent, fort économique. Le liquide doit contenir tout au plus une partie d'acide sulfurique du commerce pour trois parties d'eau, et il est même préférable de l'employer moins acidulé encore.

Smée a construit des piles où le platine est remplacé par du palladium, du cuivre argenté, du fer ou du charbon de bois qu'il est parvenu aussi à platiner.

M. Becquerel conçut l'idée d'augmenter l'énergie de la pile de Smée et de toutes les autres à un seul liquide, en faisant l'application de ce fait qu'il avait observé : que deux plaques de même métal, plongées dans un liquide excitateur, dégagent de l'électricité quand l'une est mise en mouvement et quand l'autre reste en repos, et M. du Moncel, contre l'opinion même de son auteur, regarde cette idée comme applicable dans les établissements galvano-plastiques, où il ne serait pas très-dispendieux d'adapter un moteur aux électrodes négatifs de chaque couple, car le dégagement électrique est quelquefois au moins égal à celui qu'on obtient avec les piles à courants continus, dont nous parlerons plus tard.

Pile de M. Erckmann. — Un système analogue à celui de M. Becquerel a été adopté par M. Erckmann pour détruire la polarisation des lames de la pile de Wollaston ; mais il ajoute un système de nettoyage des surfaces métalliques au moyen de brosses fixes.

M. Erckmann propose de faire les couples de forme circulaire, de les monter sur un axe de rotation commun, mis en mouvement par un moteur quelconque, et de les immerger jusqu'à la hauteur de cet axe dans des auges isolées remplies du liquide excitateur ; les brosses seraient alors fixées au bâti de l'appareil, entre les surfaces métalliques de ces couples, de telle sorte qu'une moitié de chaque couple serait immergée alors que l'autre serait brossée. De cette manière, dit M. du Moncel, il n'y aurait plus de variations d'intensité dans le courant transmis, qui serait toujours maintenu à son maximum d'énergie.

Pile de Young. — La figure 37 représente la disposition ima-

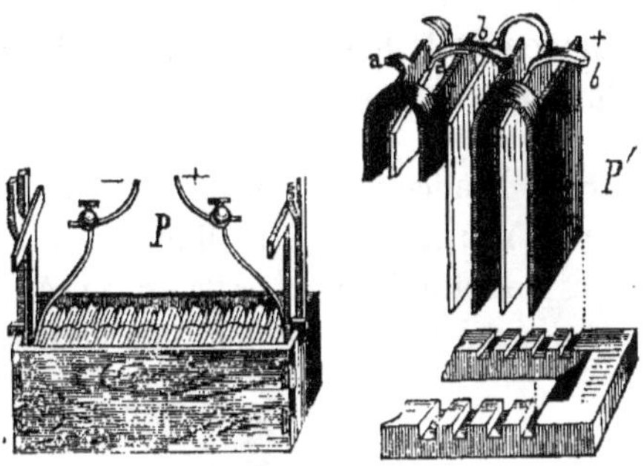

Fig. 37.

ginée par M. James Young pour former des batteries d'un grand nombre d'éléments et n'occupant que très-peu d'espace. *P* est l'ensemble ou la pile en activité ; *P′* expose sur une échelle plus étendue les détails de construction. On voit dans quelle forme il faut découper la plaque de zinc avec l'appendice *a*, que l'on soude à un appendice semblable *b* de la plaque de cuivre, découpée exactement comme celle de zinc ; on devra seulement avoir bien soin, en ajoutant ces appendices les uns aux autres pour joindre les deux plaques, de mettre toujours d'un côté ceux en zinc, et, de l'autre, tous ceux en cuivre.

Au moyen de cette disposition, chaque plaque de zinc se trouve placée entre deux plaques de cuivre, et chaque plaque de cuivre entre deux plaques de zinc ; d'où il suit, comme dans la pile de Smée, que le zinc attaqué par l'acide se charge d'électricité négative qui se communique par un conducteur métallique au cuivre avec lequel il est soudé, de manière qu'au même instant toutes les plaques de zinc et toutes celles de cuivre se chargent d'électricité négative, et l'hydrogène, qui, de son côté, est chargé d'électricité positive, trouve à peu de distance une surface négative qui l'attire, et sur laquelle il se dégage après y avoir déposé son électricité positive.

Dans les piles de cette espèce il est très-important que les plaques de zinc soient toutes attaquées avec la même énergie, car les deux lames de cuivre entourant chaque plaque de zinc ne reçoivent pas d'elle l'électricité négative qui doit neutraliser l'électricité positive de l'hydrogène laissé en liberté par le zinc.

Le simple examen de la figure suffit pour indiquer que tous les éléments plongent dans la même auge.

Pile de Munch. — Beaucoup plus simple et plus facile à construire que celle de Young, la pile de Munch réunit néanmoins tous les avantages de cette dernière. Elle est représentée dans la figure 38, et, comme on le voit, elle en diffère seulement par la

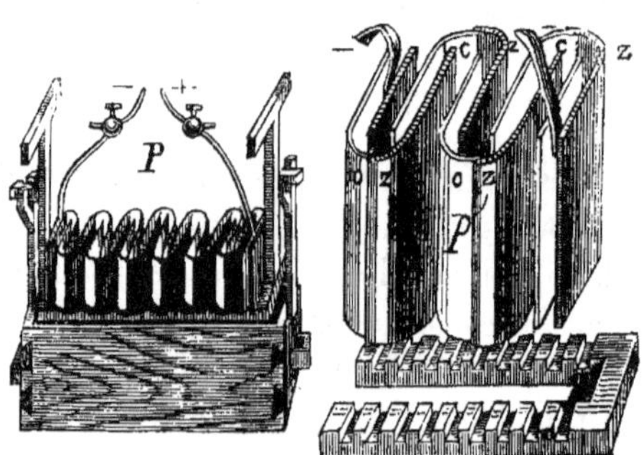

Fig. 38.

disposition des plaques, qui, au lieu d'être réunies par un appendice à la partie supérieure, se joignent latéralement par une soudure allant de haut en bas. On peut les plier, comme l'indique la figure, et former ainsi une espèce de zigzag dans lequel les plaques sont enchevêtrées les unes dans les autres, en ayant soin qu'il y ait toujours un zinc entre deux cuivres. De cette manière on peut réunir un grand nombre d'éléments dans un espace très-restreint : en effet, pour une pile renfermant cinquante éléments, il suffit d'une auge de 3 décimètres de longueur. Rien n'est plus commode que cette pile lorsqu'on n'a pas besoin d'une action constante : ses plaques sont maintenues dans leur position par quelques petites règles ou chevilles de bois ; elle est d'un poids très-peu considérable, n'occupe que fort peu d'espace, et ses effets sont énergiques et d'assez longue durée, surtout si l'on amalgame les plaques de zinc, opération que sa forme rend très-facile.

Pile de Sturgeon. — La figure 39 représente un élément de cette pile. C'est un vase cylindrique en fonte de 250 millimètres de hauteur et 76 de diamètre. On le remplit d'un liquide composé de huit parties d'eau pour une d'acide sulfurique ; on place au centre une plaque ou cylindre de zinc amalgamé qui repose sur un disque en bois. Les phénomènes qui se produisent dans cet élément sont identiques à ceux de la pile de Smée, de laquelle il ne diffère qu'en ce que le platine est remplacé par la fonte du vase ; c'est des parois extérieures de ce dernier que se dégage abondamment l'hydrogène. On a observé que l'intensité du courant est plus grande quand la paroi intérieure est oxydée, et l'on comprend en effet qu'il en soit ainsi parce que l'hydrogène réduit l'oxyde, ou parce que les aspérités du fer régénéré facilitent le dégagement du gaz : dans les deux cas, la polarité est moindre. Une pile de huit à dix éléments produit des effets assez énergiques, mais non continus, à moins que l'on renouvelle fréquemment, au moyen d'un siphon, l'eau acidulée qu'on emploie comme liquide excitateur. Le docteur Fau dit qu'on augmenterait la puissance de ces piles en remplaçant le vase en fonte par un

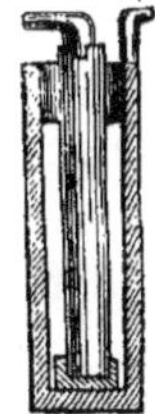

Fig. 39.

cylindre creux de même matière placé dans un autre vase, et il propose une autre modification qui rentre dans la catégorie des piles à deux liquides, dont nous nous occuperons plus tard.

Pile de Wheatstone. — L'élément de cette pile (fig. 40) se compose d'un vase poreux de terre à moitié cuite qu'on remplit d'un amalgame pâteux de zinc; ce vase est placé dans un autre en verre ou en porcelaine contenant une dissolution de sulfate de cuivre. On introduit dans l'amalgame un fil de cuivre qui est le pôle négatif de la pile, et autour du vase poreux, dans le bain de sulfate, on met une feuille de cuivre qui communique avec le fil constituant le pôle positif de la pile. A la longue, le zinc de l'amalgame est attaqué, même quand les deux pôles ne sont pas en communication; mais l'action est faible. Au contraire, quand cette communication a lieu, l'action est énergique, l'eau se décompose, le zinc s'oxyde, l'amalgame s'électrise négativement, et le fluide est transmis à la feuille de cuivre plongée dans le bain de sulfate de cuivre; l'hydrogène qui résulte de la décomposition de l'eau se dirige donc vers le cuivre, et là il réduit l'oxyde du sulfate pour donner lieu à un dépôt de cuivre métallique, tandis que l'acide reste libre pour se combiner avec l'oxyde de zinc. C'est ainsi que chaque équivalent de zinc oxydé donne lieu à un équivalent de cuivre revivifié. Le sulfate de zinc qui se forme vient occuper la partie supérieure de l'amalgame dans le vase poreux, et, tant que celui-ci permet la circulation libre du liquide et que le sulfate de cuivre est maintenu à un degré convenable de saturation, l'élément conserve une puissance assez continue.

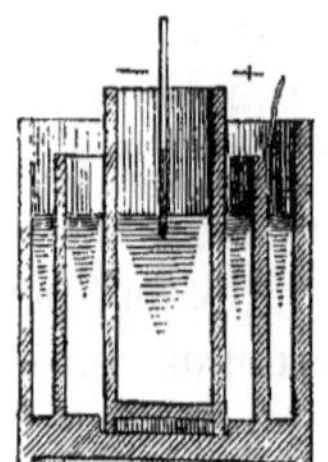

Fig. 40.

Pile de Bagration. — La pile du prince de Bagration se compose d'une série de feuilles ou de cylindres parallèles de zinc et de cuivre placés à une très-petite distance les uns des autres, comme dans la figure 41, qui ne représente que deux éléments; en plus grand nombre, ils communiquent convenablement entre eux. On introduit ces cylindres ou ces plaques dans un vase de verre ou de bois, on remplit les intervalles avec du sable et de la terre, et l'on arrose de temps en temps avec une dissolution de chlorhydrate d'ammoniaque.

Fig. 41.

L'inconvénient de cette pile est que le sable s'agglomère avec le sel d'ammoniaque quand celui-ci se dessèche, et qu'il se forme des croûtes nuisibles au développement de l'électricité ; mais, comme l'action de cette pile se maintient pendant des semaines et même des mois entiers jusqu'à ce que le zinc soit entièrement épuisé, elle est très-économique et fort souvent employée.

Pile de Cooke ou de sable. — La plus simple de toutes les piles, la plus usuelle sur les lignes télégraphiques d'Angleterre, et que le gouvernement espagnol adopta aussi avec les appareils de Wheatstone[1], est la pile de Cooke, construite d'après le système de la pile de Bagration. Elle se compose d'une auge *A* de bois très-fort (fig. 42), du chêne, par exemple, de 75 centimètres de

Fig. 42.

long sur 14 de large, divisée par des plaques d'ardoise en vingt-quatre compartiments, ce qui donne à chacun d'eux à peu près 3 centimètres. Les éléments électro-négatifs sont des plaques en cuivre *c*, et les positifs d'autres plaques en zinc *z*; ces plaques

[1] On remplace aujourd'hui ces appareils par ceux de Morse, d'après la convention internationale conclue entre plusieurs États d'Europe.

ont 112 millimètres de hauteur sur 87 de largeur, et l'épaisseur du zinc est de 5 millimètres et demi. Des bandes de cuivre larges de 25 millimètres, soudées ou plutôt rivées, réunissent les plaques deux à deux. Une simple plaque en zinc commence la série et forme le pôle négatif avec le fil de cuivre qui y est attaché; une autre en cuivre termine la série et forme le pôle positif.

Les couples intermédiaires sont placés à cheval sur les séparations d'ardoise, de manière que les deux feuilles métalliques qui constituent chaque couple se trouvent dans des cellules ou compartiments contigus. Les extrémités supérieures des couples sont vernies, pour être à l'abri de la corrosion. Les cellules sont remplies, jusqu'à 25 millimètres du bord, de sable humecté d'un liquide composé d'une partie d'acide sulfurique concentré et de quinze parties d'eau. Le sable doit être seulement humecté, sans excès de liquide; on pourra ainsi facilement transporter la pile d'un endroit à un autre.

On doit de préférence augmenter le nombre des couples avec une dissolution étendue, plutôt que d'employer un liquide trop acide. Le nombre des couples, sur les lignes télégraphiques, varie selon la distance entre les stations; on en emploie généralement vingt-quatre pour une distance de dix à quinze milles anglais (dix-huit à vingt-huit kilomètres), quarante-huit pour une distance de quarante à soixante milles (soixante-treize à cent dix kilomètres), etc. Une pile montée avec soin peut fonctionner pendant six ou huit mois, si les dépêches ne sont pas trop multipliées; quelques-unes ont très-bien marché pendant un an sans qu'on ait fait autre chose qu'y ajouter un peu d'eau acidulée. On doit aussi renouveler le sable quand il devient trop sale; on l'expulse au moyen d'un jet d'eau si l'on ne veut pas démonter la pile.

Il est presque superflu d'ajouter que, dans cette pile comme dans toutes celles où le zinc est employé, il est bon d'amalgamer ce métal de la manière indiquée pour la pile de Smée, afin d'obtenir les avantages attachés à cette opération. Quant aux inconvénients de la pile de sable, ils doivent être à peu les mêmes que ceux de la pile de Bagration; et, comme elle est beaucoup moins puissante que celles à deux liquides, elle n'est généralement employée que pour les télégraphes à aiguilles, lesquels exigent moins de force électro-motrice que les autres.

Pile de Prax. — L'élément combiné par M. le professeur Prax est aussi une modification de la pile de Bagration. Il se compose d'une planche de zinc et d'une autre de cuivre, séparées par cinq morceaux de flanelle double et deux diaphragmes de papier imbibés du liquide excitateur. Pour charger cette pile, on humecte d'abord les deux surfaces métalliques avec une dissolution de sel ammoniac; ensuite on applique sur la plaque de zinc un des morceaux de flanelle imbibé de la même dissolution; puis sur cette flanelle un diaphragme de papier également humecté, et sur ce dernier deux autres morceaux de flanelle qui, outre la dissolution qui les humecte, ont reçu une couche de sel ammoniac en poudre; on met par-dessus un nouveau diaphragme de papier, et sur lui les deux derniers morceaux de flanelle imbibés d'eau seulement; c'est sur cette espèce de matelas de laine qu'on pose la plaque de cuivre, que l'on charge d'un poids pour obtenir l'adhérence ou le contact parfait. D'après son auteur, la pile ainsi disposée l'emporte de beaucoup sur les autres piles à courant faible, et, au moyen de légères modifications, il est parvenu à lui donner une énergie plus que suffisante pour faire jaillir de belles étincelles et fondre des fils de platine avec cinq éléments seulement.

Ces modifications consistent à n'employer que quatre morceaux de flanelle imbibés de la dissolution de sel ammoniac et recouverts d'une couche d'un sel excitateur. Pour les deux couches les plus proches du zinc, on se sert de vert-de-gris pulvérisé, et pour les deux autres de sel ammoniac aussi en poudre; mais on les sépare par un diaphragme de papier, pour prévenir le mélange des deux substances. On comprendra aisément qu'on pourrait n'employer que deux morceaux de flanelle au lieu de quatre; mais, dans ce cas, la durée de l'action électrique serait bien moins longue.

Pile de M. Mœnig. — Une autre modification de la pile de sable a été proposée par M. Mœnig : au lieu de sable, l'inventeur emploie des oxydes, des acides ou des sels métalliques secs et réduits en poudre, qu'il mélange avec partie égale d'amidon pour former une pâte poreuse. Tant que cette pâte se maintient sèche, aucune action électrique ne se manifeste ; mais, dès qu'on l'arrose d'une dissolution excitante, il se produit un dégagement d'électricité d'autant plus fort que la pâte est plus poreuse, raison pour laquelle M. Mœnig y introduit quelquefois du verre pilé ou de la silice. Quand la quantité d'oxydes ou de sels métalliques est supérieure à celle d'amidon, le dégagement électrique est plus considérable, mais le courant est moins continu ; dans le cas contraire, le courant est plus faible, mais plus continu.

Pile de MM. Fabre et Kunemann. — Cette pile se compose de plaques de zinc disposées verticalement et revêtues, d'un côté, d'une feuille de plomb, et, de l'autre, d'un diaphragme de laine doublé en toile ; les intervalles sont remplis de poussière de charbon de cornue, sur laquelle on verse goutte à goutte de l'eau acidulée.

M. du Moncel considère cette pile comme une simple inversion de celle de Volta : l'élément cuivre s'y trouve remplacé par le charbon, car la feuille de plomb ne fait autre chose que s'approprier la polarité du charbon. Cette pile offre cet avantage qu'on peut la monter d'une manière permanente et commode. Il suffit pour cela de presser tous les couples entre deux fortes planches de bois au moyen de cadres en fer, et de les placer ensuite sous un dépôt *tt* d'eau acidulée. (*Voyez* fig. 43.)

Quelques précautions sont nécessaires pour monter cette pile : il faut d'abord avoir soin de garnir d'une couche de mastic les intervalles des couples sur les côtés de la pile, afin que les liquides qui traversent le charbon pulvérisé ne puissent s'échapper et établir une communication entre les différents éléments ; on devra ensuite la disposer de telle sorte que le liquide excitateur coule d'une manière lente et uniforme. On y parvient en disposant à travers les couples, sur une surface bien unie et de niveau, une bande de toile à voile sur laquelle est appuyé le fond d'un sac en feutre ayant la forme d'une trémie. Le sac est soutenu par une planche un peu inclinée, et le liquide, en tombant goutte à goutte, se répand régulièrement entre tous les couples par l'effet de l'endosmose que produit la bande de toile.

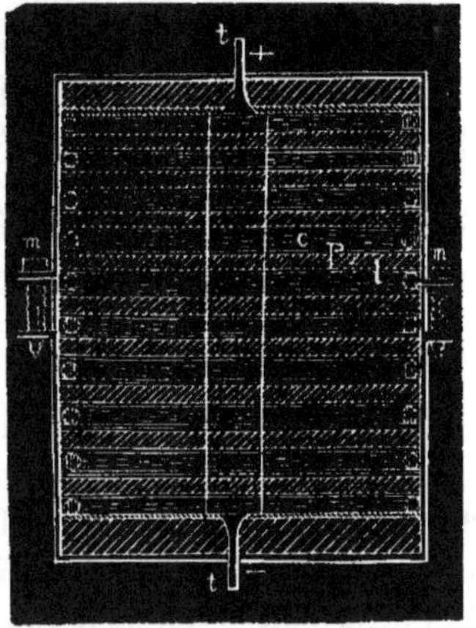

Fig. 43.

D'après les auteurs, cette pile peut marcher pendant six mois régulièrement et sans interruption.

Pile de Weare. — Dans l'élément de Weare, les plaques de zinc et de cuivre de la pile de Wollaston sont couvertes de plâtre ou d'un ciment poreux, et adaptées à un cadre de bois enduit de mastic, dont l'intérieur sert de cellule pour le liquide excitateur. On met dans ces cellules de la paille hachée, du papier mâché, et même des morceaux de carton, qui remplacent le sable des autres piles de ce genre que nous avons décrites.

D'après M. du Moncel, M. Weare paraît avoir donné une autre disposition à ses piles en enveloppant les éléments zinc et cuivre dans des espèces de sacs en papier perméable; celui qui contient le zinc est rempli de chlorure de calcium ou de zinc, l'autre de chlorure de cuivre. Le tout est plongé dans une auge, mais chaque couple est séparé des autres par de petites cloisons de bois de placage.

Pile de Pulvermacher. — Les figures 44 et 45 représentent une disposition très-ingénieuse de la pile de cuivre et de zinc; elle a été imaginée par M. Pulvermacher, dans le but d'obtenir une grande tension dans un très-petit volume, et de rendre cette pile, par la mobilité de ses éléments, propre à se prêter à toutes sortes de mouvements et de positions. La forme d'une véritable chaîne, dont chaque chaînon est un élément voltaïque, que M. Pulvermacher a su donner à sa pile, répond parfaitement à l'objet qu'il s'est proposé.

Fig. 44.

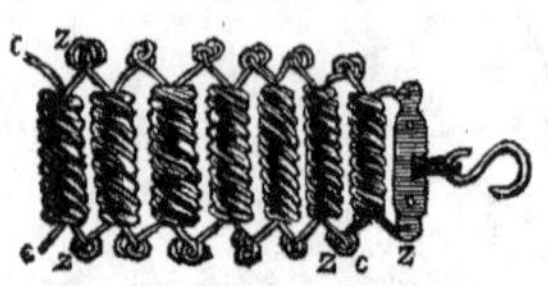

Fig. 45.

Chaque élément se compose d'un petit morceau de bois légèrement convexe à deux de ses faces opposées, sur lequel on roule en hélice l'un à côté de l'autre deux fils de cuivre et de zinc. Ces fils sont pour ainsi dire enchâssés dans le bois, car la machine dont on se sert pour les y enrouler fait d'abord une espèce de rainure assez profonde dans laquelle on les introduit et qui sert à les maintenir. Pour augmenter la dimension des surfaces métalliques destinées à exercer l'action électro-motrice, M. Pulvermacher emploie quelquefois, au lieu de fils cylindriques, des fils plats qu'il place de champ ; cette disposition produit un développement d'électricité d'autant plus considérable que le contact des surfaces métalliques avec l'air atmosphérique favorise davantage le dégagement de l'hydrogène, qui se combine avec l'oxygène de l'atmosphère : celle-ci remplit donc le rôle d'un appareil dépolarisateur, ce qui lui donne une continuité relative.

Les figures 44 et 45 indiquent la manière dont on peut ajouter les éléments qui doivent composer la pile ou chaîne voltaïque. Quand leur nombre n'est pas considérable, on les accroche les uns à la suite des autres, en attachant le fil de zinc des éléments pairs avec le fil de cuivre des éléments impairs ; mais, quand leur nombre est trop grand, on les unit parallèlement entre eux, ainsi qu'on le voit dans la figure 45, et toujours de manière qu'un fil de zinc soit attaché à un fil de cuivre.

Pour charger une chaîne électrique, il suffit de la plonger dans du vinaigre, et, une fois trempée de liquide, elle peut conserver longtemps ses propriétés électriques. Sa sensibilité est telle, que la moindre trace d'humidité provoque son action électrique, ce dont on peut se convaincre en plaçant un seul chaînon dans le circuit d'un rhéomètre[1], car il suffit de le presser entre les doigts humides pour que l'aiguille aimantée de l'instrument s'écarte de la position qu'elle occupait. Quant à la puissance électrique, elle dépend du nombre d'éléments qui composent la pile. Une chaîne de vingt-cinq chaînons, même sèche, sépare les feuilles d'or de l'électroscope de Bohnemberg sans condensateur. Si la pile a trente ou quarante éléments, elle décompose immédiatement l'eau pure en quantité proportionnelle à la grosseur des chaînons ; si elle en a cent cinquante ou cent quatre-vingts, elle produit des étincelles électriques, et, avec deux cents, d'une dimension un peu plus grande, elle enflamme à distance la poudre à canon. Cent vingt ou cent trente éléments de grandeur ordinaire produisent une contraction violente des muscles au moment où l'on interrompt le circuit, et, quand celui-ci reste constamment fermé, la chaleur est assez forte pour cautériser la peau.

M. Pulvermacher a perfectionné encore la construction de ses chaînes électriques, et le *Cosmos* du 25 décembre en a parlé longuement. Parmi ces modifications, nous citerons celle d'enrouler les métaux autour d'une bande flexible de gutta-percha, qui leur sert à la fois de support et d'isolateur : cette bande est percée d'un grand nombre de trous circulaires qui donnent accès au liquide excitateur, qui est toujours le même, l'acide acétique.

A l'instar de ces chaînes voltaïques on en a construit plusieurs autres fondées sur le même principe, et qui diffèrent à peine par leur forme et leur disposition ; mais, malgré leur antériorité, celles de M. Pulvermacher sont regardées comme les meilleures d'après M. du Moncel.

Pile de M. Martins Roberts. — Cette pile se compose de cinquante plaques d'étain hautes de 15 centimètres et larges de 10, placées chacune entre deux lames de platine de mêmes dimensions. On introduit ces plaques d'étain ainsi couvertes par le platine dans des vases de porcelaine de 60 centimètres de profondeur remplis d'acide nitrique étendu. La profondeur de ces vases, qui doit paraître énorme, est nécessaire, d'après l'inven-

[1] Voyez la description du rhéomètre au chapitre IV.

teur, pour recueillir le résidu qui doit couvrir la dépense de la pile. En effet, sous l'influence du courant l'étain forme un oxyde d'étain hydraté qui se dépose au fond des vases et se combine avec une certaine quantité de soude qu'on y avait mise, et il se produit du stannate de soude, sel très-employé comme mordant dans la teinture.

L'intensité de ces piles de cinquante éléments est considérable; elles déterminent aisément la lumière électrique. Appliquées à la décomposition de l'eau, elles produisent par minute 9 pouces cubes d'un mélange d'oxygène et d'hydrogène; leur action est continue pendant cinq ou six heures, et, sous le rapport de l'intensité et de la continuité, on peut les comparer à une pile de Grove, dont nous parlerons bientôt, de la même grandeur et renfermant le même nombre d'éléments.

M. Martins Roberts a construit aussi d'autres piles où le charbon et l'étain sont les éléments du couple; ces dernières sont, par conséquent, moins dispendieuses que les précédentes, à cause de la substitution du charbon au platine. Les couples, introduits dans de l'acide nitrique, développent instantanément une grande quantité d'électricité.

Pile de MM. Fonvielle et Humbert. — Cette pile, dernièrement présentée à l'Académie des sciences, a pour liquide excitateur l'eau acidulée par un dixième d'acide chlorhydrique. D'après la description que donne le *Cosmos*, elle se compose de lames de zinc et de plaques de charbon réunies par des conducteurs métalliques. Quoique fonctionnant avec un seul liquide, elle est constante; la dépolarisation est produite par un courant de chlore. Le gaz, par sa combinaison avec l'hydrogène naissant de la pile, maintient le liquide excitateur au même degré de concentration. On atteint au bout de quelques minutes, pour un dégagement de chlore déterminé, dégagement qui se produit bulle à bulle, un certain effet qui reste le même pendant tout le temps que dure le passage du gaz. Les effets électrolytiques, lumineux et calorifiques sont remarquables par leur intensité. Enfin les inventeurs prétendent avoir supprimé dans la pile de Bunsen l'un des liquides, et substitué l'acide chlorhydrique à l'acide nitrique sans rien perdre en intensité ni en continuité.

Pile de MM. Lavalette et Dulaurier. — La disposition des éléments de cette pile est semblable à celle des piles à hélice de Wollaston ; mais, au lieu d'eau acidulée, on se sert d'une dissolution de chlorure de zinc, produit d'une action chimique, où il y a aussi un dégagement électrique qu'on utilise. Le chlorure de zinc s'obtient par la réaction de l'eau acidulée avec de l'acide chlorhydrique sur le zinc dans une pile où ce liquide est employé au lieu d'eau acidulée avec l'acide sulfurique, dont on se sert ordinairement. En faisant agir ce chlorure de zinc comme liquide excitateur dans une pile composée d'un élément de zinc et de cuivre disposé en hélice, on obtiendra un oxychlorure de zinc qui pourra être employé dans les arts comme blanc de zinc au lieu de blanc de céruse.

En chauffant le liquide, on peut activer considérablement le dégagement électrique de cette pile.

M. Sorel, et d'autres qui s'occupent de galvanoplastie, ont donné aux piles des dispositions diverses que nous ne nous arrêterons pas à passer en revue, car, outre que ces modifications sont multiples et varient selon le caprice de l'inventeur et les conditions de l'objet soumis à l'opération, elles n'altèrent en rien les bases essentielles de ce genre d'appareils.

Pile de Melsens. — Dans la description d'un système d'avertisseur électrique, breveté en Belgique au mois d'avril 1856, nous avons vu le détail d'une pile que nous ne pouvons nous dispenser de mentionner, à cause de l'idée originale qui a présidé à sa formation, et parce que, bien que nous ne croyions pas nécessaire, dans les applications qu'on fait aujourd'hui de l'électricité à l'industrie, d'avoir recours au moyen proposé par M. Melsens pour obtenir un fluide électrique économique, néanmoins les proportions que ces applications atteindront peut-être un jour ne permettent pas de rester indifférent devant la possibilité d'une diminution quelconque de frais, si minime qu'elle soit.

Préoccupé sans doute d'une idée d'économie, M. Melsens propose, non-seulement pour son système d'avertisseur électrique, mais aussi pour les télégraphes des chemins de fer et tous autres usages, « une pile où l'urine est employée comme liquide excitateur, soit seul et sans diaphragme en présence de deux corps, soit avec diaphragme et séparé du second liquide conducteur, soit enfin, dans l'un et l'autre cas, mêlé à certains corps qui rendraient son action plus énergique. » Ce sont là les expressions de l'inventeur, d'après lesquelles on voit qu'il revendique comme sienne l'idée d'employer l'urine comme liquide excitateur, quelle que soit la manière dont on l'emploie. Les observations de l'inventeur pour prouver l'économie de ce liquide sont fort curieuses.

Toutes les piles que nous venons de décrire sont à un seul liquide, et le dégagement électrique s'y opère d'une manière identique : par les réactions chimiques, d'après les uns ; par le contact, aidé de la décomposition de l'eau, d'après les autres. Ces derniers croient que, le contact des métaux développant l'électricité, les molécules du liquide se polarisent et se décomposent : celles d'hydrogène (électro-positif) se portent vers le métal électro-négatif, et celles d'oxygène (électro-négatif) oxydent le métal électro-positif. Les premiers prétendent qu'il n'y a dégagement d'électricité que sur le métal oxydable ; mais les deux métaux composant le couple sont électrisés négativement par la communication plus ou moins conductrice existant entre eux hors du liquide ; l'hydrogène, qui s'électrise positivement, ne vient que vers le corps non oxydé, cuivre, platine ou fer, parce que ce corps se trouve chargé de l'électricité négative qu'il a reçue du zinc ; il peut ainsi, en décomposant l'eau en sens inverse, c'est-à-dire en s'emparant de l'hydrogène, compléter la chaîne des décompositions successives entre toutes les molécules liquides séparant les deux métaux, qui a commencé dans le zinc par l'absorption de l'oxygène.

La tension électrique de toutes ces piles et la quantité de fluide développée sur une surface donnée sont très-variables ; elles sont subordonnées aux états divers où se trouve le zinc, à la conductibilité du liquide, et aussi aux conditions variées qu'offrent les surfaces sur lesquelles se dégage ou se combine l'hydrogène.

Les piles à deux liquides, que nous allons décrire, sans avoir fait entièrement abandonner l'usage des piles à un seul liquide, leur sont néanmoins de beaucoup préférées, parce que leur dégagement électrique est plus continu, et qu'il réunit l'énergie à la régularité.

PILES A DEUX LIQUIDES.

Nous avons déjà dit dans ce même chapitre que, dès l'origine de la découverte de la pile, Volta avait conçu l'idée d'en construire à deux liquides, et que, plus tard, Davy mit cette idée à exécution. Mais, n'ayant point obtenu de résultats satisfaisants, il y renonça, et jusqu'en 1836 n'employa presque exclusivement que les piles de Wollaston ou leurs modifications.

A cette époque, Daniell pensa que l'irrégularité des piles alors en usage provenait de la précipitation du zinc sur le cuivre, qui ne pouvait avoir lieu qu'aux dépens du dégagement électrique. Il chercha à remplacer cette précipitation nuisible par une autre qui, au contraire, fût favorable à l'action électrique, ou, ce qui est la même chose, à faire en sorte que le métal précipité sur le cuivre fût électro-positif. Après de nombreux essais, il trouva que la dissolution de sulfate de cuivre pouvait remplir son but, mais que, pour cela, il était nécessaire que la dissolution fût séparée de l'eau acidulée dans laquelle on introduit le zinc. Il divisa donc le vase où était plongé l'élément voltaïque en deux compartiments au moyen d'un diaphragme poreux : dans l'un il mit le métal électro-négatif et le liquide acidulé, et dans l'autre le métal électro-positif et la dissolution de sulfate de cuivre, remplaçant ainsi la pile à un liquide de Wollaston par celle à deux liquides qui porte son nom. Nous allons procéder immédiatement à sa description, nous écartant ainsi un peu de l'ordre chronologique, puisque déjà avant Daniell, et par une série de déductions toutes différentes, M. Becquerel était parvenu à former des piles à deux liquides, dont nous parlerons plus tard, l'une desquelles a une grande ressemblance avec celle de Daniell. Mais leur peu d'énergie et leur disposition incommode furent cause qu'on ne les employa dans aucune expérience depuis les années 1826 et 1829, époque où leur inventeur en fit mention à l'Académie des sciences.

Nous décrirons donc d'abord la pile de Daniell, parce qu'elle est, pour ainsi dire, le type des piles à deux liquides où l'on emploie une dissolution saline, comme celles de Grove et de Bunsen sont le type des piles à deux acides, et qu'il vaut mieux nous livrer, en parlant d'elle, aux considérations générales relatives à toutes les piles de cette espèce. Il faut dire aussi que, quoique M. Becquerel ait la priorité sur Daniell, c'est à ce dernier qu'on doit la généralisation de l'idée, qu'il conçut peut-être de son côté sans avoir connaissance de celle de M. Becquerel, car l'un et l'autre poursuivaient dans leurs travaux un but bien différent.

Pile de Daniell. — L'élément de cette pile est représenté sous trois formes diverses dans les figures 46, 47 et 48.

L'élément que représente la figure 46 se compose d'un cylindre creux *a* en cuivre rouge très-mince, lesté avec du sable *b* et fermé de tous côtés; le fond ou la partie inférieure *c* est plane, et la supérieure *d* conique; sur la base de ce cône s'élève un rebord *e*, percé de plusieurs trous *f*. Ce cylindre entre dans une vessie *g*, attachée autour du rebord *e;* on verse sur le cône *d*, au-dessus des trous *f*, une dissolution saturée de sulfate de cuivre qui pénètre par les trous et remplit tout l'espace compris entre la vessie et le cylindre; on met ensuite sur le cône des fragments de sulfate de cuivre que l'on renouvelle au fur et à mesure qu'ils se dissolvent dans le liquide, où ils doivent tremper toujours un peu : un tube de zinc fendu *h*, c'est-à-dire une plaque recourbée en forme de cylindre, dont, par conséquent, le diamètre peut être augmenté ou diminué, plonge dans une dissolution de sul-

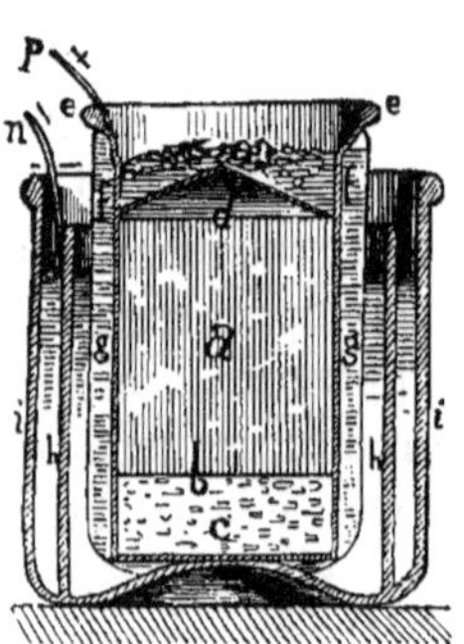

Fig. 46.

fate de zinc ou de chlorure de sodium contenue dans le vase en verre ou en porcelaine *i*. On introduit le cylindre de cuivre avec la vessie dans le tube de zinc, et les deux bandes de cuivre *pu*, soudées l'une au zinc, l'autre au cuivre, constituent les deux pôles de l'élément. Dès qu'on établit la communication entre eux, on obtient un courant d'une intensité constante qui dure des jours et même des mois entiers.

Pendant que la pile est en action, c'est-à-dire pendant que les deux pôles communiquent entre eux et que le courant est établi, le cylindre en cuivre se couvre d'une couche de cuivre revivifié qui, en général, est pulvérulent et sans adhérence. La dissolution de sulfate contenue dans la vessie s'appauvrirait rapidement si l'on n'avait soin d'ajouter de temps en temps sur le cône des fragments ou cristaux de cette substance qui s'y dissolvent et la maintiennent toujours à l'état de saturation. Le zinc s'use de son côté, et le sulfate de zinc augmente en proportion dans la dissolution contenue dans le vase extérieur.

Les phénomènes chimiques qui ont lieu peuvent être expliqués de différentes manières. Les réactions n'ont pas été assez exactement étudiées pour qu'on puisse en donner une théorie absolue ; voici la plus généralement admise : le zinc tend à s'oxyder par la décomposition de l'eau qui est en contact avec lui, et il se constitue ainsi dans un état électro-négatif ; au moyen des conducteurs extérieurs, il communique cet état au cylindre de cuivre, qui devient alors susceptible d'attirer l'hydrogène et d'absorber son électricité positive. L'hydrogène naissant, au lieu de se dégager comme dans les autres piles, réduit l'oxyde de cuivre du sulfate, le métal se dépose, et l'acide sulfurique resté libre ne tarde pas à s'emparer de l'oxyde de zinc pour former le sulfate.

M. Pouillet regarde cette explication comme incomplète, parce qu'elle ne démontre pas comment l'acide sulfurique libre parvient jusqu'au zinc pour dissoudre l'oxyde à mesure qu'il se forme, et il repousse l'opinion de quelques physiciens qui supposent qu'il y a double décomposition de l'eau et du sulfate de cuivre, avec *transport* de l'acide sulfurique en même temps que de l'oxygène. Sans prétendre dissiper les doutes de M. Pouillet, nous croyons devoir émettre ici notre opinion, d'autant plus qu'elle est fondée sur les théories admises et sur nos propres observations. La théorie de Grothus, contre laquelle il nous semble impossible de rien alléguer, bannit toute idée de transport matériel des molécules d'oxygène, qui ne se présentent, qui ne doivent se présenter qu'à l'extrémité touchant au métal de la série de molécules polarisées par le conducteur liquide; mais il est hors de doute que celui-ci permet la communication de l'acide sulfurique à travers les pores du diaphragme, et cela résulte non-seulement de ce fait que l'acide sulfurique disparaît d'un vase pour se présenter dans l'autre, mais aussi de l'examen de ces mêmes vases, à travers lesquels a dû passer non pas seulement l'acide sulfurique, mais quelquefois le cuivre lui-même sous forme dendritique, ce qui explique d'une manière fort claire la cause de ce phénomène dans la nature. Il est donc évident pour nous que le transport de l'acide sulfurique a lieu matériellement à travers la membrane ou diaphragme poreux; mais nous n'admettons pas celui de l'oxygène, qui se produit pour ainsi dire au contact du zinc, et seulement là.

L'élément représenté dans la figure 47 ne diffère pas du précédent quant aux phénomènes chimiques et électriques, mais seulement par la disposition des parties qui le constituent. La vessie est remplacée par un vase poreux en terre cuite ou porcelaine dégourdie *vv*, rempli d'eau acidulée avec de l'acide sulfurique, et qu'on place au centre d'un autre vase *v'v'*, en verre ou en faïence, rempli d'une dissolution de sulfate de cuivre. On introduit dans l'eau acidulée un cylindre *z* de zinc amalgamé, auquel on attache un fil de cuivre qui forme le pôle négatif; dans le sulfate de cuivre, entourant le vase *vv*, on introduit une lame de cuivre enroulée en forme de cylindre avec un fil de la même substance, qui constitue le pôle positif.

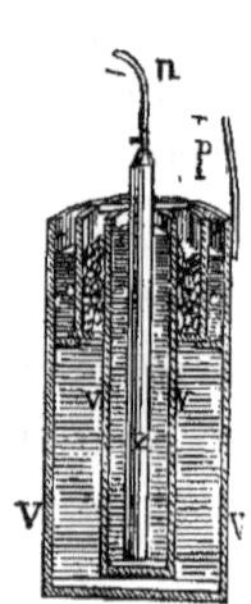

Fig. 47.

La figure 48 représente un autre élément employé surtout en Allemagne et qui ne diffère du précédent que par la petite cellule *e*, disposée pour recevoir les fragments de sulfate de cuivre.

La pile de Daniell a subi d'autres modifications plus ou moins importantes ; la plupart sont relatives au diaphragme poreux; après avoir essayé des peaux, de la toile, du bois, du plâtre et des terres cuites, on a adopté la porcelaine dégourdie.

Fig. 48.

Une modification, entre autres, semble simplifier beaucoup la construction de cette pile : c'est de supprimer le vase extérieur en verre ou en faïence, et de substituer un vase de cuivre à la plaque de même métal qu'on introduisait dans le sulfate de cuivre. On se fonde pour agir ainsi sur ce que le cuivre n'est jamais attaqué et que la couche de métal revivifié qui se dépose sur les parois du vase en cuivre n'est pas adhérente, et peut, par conséquent, se détacher facilement, de manière qu'il paraît y avoir économie dans la construction de l'appareil, puisqu'on supprime un vase, et précisément le plus fragile; il ne serait pas impossible pourtant que cette substitution entraînât au contraire plus de frais, car le prix d'un vase de cuivre est bien supérieur à celui d'une simple plaque; et, d'un autre côté, cette dernière présente plus de surface à l'action électrique. Ces deux raisons sont probablement la cause pour laquelle on n'a point accepté cette apparente économie.

M. Buff a introduit dans la pile de Daniell une modification qui, d'après M. de la Rive, donne à cet appareil une continuité remarquable. Elle consiste à renouveler incessamment le sulfate de cuivre, et, en même temps, à faire en sorte que le zinc amalgamé s'enfonce graduellement dans le liquide, à mesure qu'il s'use.

Pile de Breguet. — M. Breguet a fait subir une modification à toutes les piles qu'il emploie pour les lignes télégraphiques qu'il est chargé de monter. Cette modification, qui s'est généralisée au point qu'on ne voit guère de piles de Daniell où elle n'ait été adoptée, consiste à se servir d'eau pure au lieu des dissolutions dans lesquelles on introduisait le zinc.

La figure 49 représente la pile modifiée : *P* est le vase poreux contenant la dissolution de sulfate de cuivre, et *V* le vase extérieur en verre ou en faïence que l'on remplit d'eau. La plaque de zinc *z*, recourbée en forme de tuyau, entoure le vase poreux, et on introduit dans la dissolution de sulfate de cuivre un petit diaphragme *d* en cuivre ou en gutta-percha, percé de trous et attaché à une tige de cuivre sur laquelle on aura soin de toujours maintenir 15 à 20 grammes de cristaux de sulfate de cuivre qui devront naturellement plonger dans le liquide.

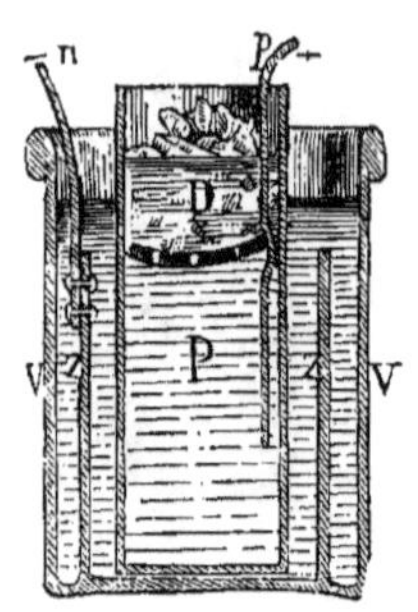
Fig. 49.

On peut conserver ces piles six mois et même un an sans faire autre chose qu'y ajouter de petits cristaux de sulfate de cuivre ; mais, dans les stations télégraphiques, on les renouvelle par prudence tous les trois mois. Un des grands avantages de la pile de Daniell et de toutes ses modifications est de ne pas produire d'émanations acides ou nauséabondes

Les éléments de Daniell qu'on emploie en Allemagne pour les télégraphes sont si petits, qu'on peut en renfermer une vingtaine dans une boîte d'un pied carré, ce qui ne doit pas surprendre, après ce que nous avons dit : on se rappelle, en effet, que la tension ne dépend que du nombre des éléments.

Bien que peut-être cela soit superflu, nous ajouterons que la pile de Daniell, comme toutes les autres, se forme en ajoutant plusieurs éléments, soit par les pôles de même nom quand on veut obtenir des quantités d'électricité plus considérables avec la même tension, soit par les pôles de nom contraire si l'on veut obtenir une tension plus grande avec la même intensité.

Pile de M. Callaud. — Pour éviter les inconvénients des dépôts de cuivre qui se forment dans les vases poreux des piles de Daniell, M. Callaud a profité de la différence de densité qui existe entre l'eau pure ou chargée de sulfate de zinc et la dissolution de sulfate de cuivre. Chaque élément de sa pile se compose d'un vase rempli de ces deux liquides superposés et qui porte en même temps les deux métaux, découpés en forme de cylindre creux d'inégale hauteur; ils sont maintenus au niveau voulu par des tiges qui passent à travers deux trous percés dans le verre, bien lutés autour, et qui se terminent extérieurement par deux boutons d'attache constituant les pôles de la pile. Le zinc peut rester ainsi à la partie supérieure et le cuivre à la partie inférieure, c'est-à-dire chacun plongé dans le liquide sur lequel il doit réagir. Un petit entonnoir en verre établit une communication directe entre l'extérieur et la dissolution de sulfate de cuivre.

Quand on charge cette pile avec précaution en versant d'abord le liquide acidulé et puis par l'entonnoir la dissolution de sulfate de cuivre, les deux liquides se trouvent parfaitement séparés, et la surface de séparation joue le rôle de vase poreux. La dissolution de sulfate de cuivre appauvrie se renouvelle au moyen de cristaux placés dans l'entonnoir, qui plongent toujours dans le liquide. M. du Moncel ne croit pas que la force de ces piles soit de 30 pour 100 plus grande que celles de Daniell, comme le prétend M. Callaud, et, en effet, d'après les *Annales télégraphiques*, elle n'a une intensité supérieure à celle de la pile de Daniell que les premiers jours de son emploi; elle tombe ensuite au-dessous, et présente, en outre, l'inconvénient de dépenser beaucoup de sulfate de cuivre.

Pile de M. Bourseul. — M. Bourseul, chef de station des lignes télégraphiques de l'Ouest, a résolu le problème d'une autre manière. Cherchant d'abord la cause de ces incrustations dues à la mauvaise conductibilité du vase poreux, qui fait accumuler le fluide positif sur sa surface et attire le cuivre réduit, il propose de mettre un point de la surface intérieure du diaphragme en communication métallique avec le pôle cuivre : de cette manière il lui enlève l'électricité positive, et dans un certain rayon autour de ce point l'incrustation ne peut avoir lieu; mais, comme le diaphragme est mauvais conducteur, il faut mettre un grand nombre de points en communication. On y parvient en plaçant dans le vase poreux un petit manchon de cuivre percé à jour, ou simplement un fil de cuivre contourné en hélice et terminé inférieurement par une spirale plate qui s'applique au fond. On régularise l'action, et l'on empêche complétement l'incrustation en mettant l'hélice en communication avec le pôle positif par un point pris au milieu de la hauteur de cette hélice. Cette disposition diminue considérablement la résistance de la pile.

Pile à sel de cuivre de M. Becquerel. — Cette pile, ainsi que celle à deux acides, fut imaginée par cet infatigable physicien avant que Daniell et Grove eussent inventé les appareils qui portent leur nom. M. Becquerel, en effet, construisit en 1826 la pile à deux acides, que nous décrirons bientôt, et en 1829 il présenta à l'Académie des sciences la description de celle où il emploie un sel de cuivre. Elle ne diffère de celle de Daniell que par la forme et la disposition des vases; mais cette différence seule prouve que les deux idées ont été entièrement étrangères l'une à l'autre. M. Becquerel n'eut en vue qu'un appareil d'expérimentation ou de démonstration, tandis que Daniell poursuivait un but d'application pour ainsi dire industrielle.

Chaque élément de la pile de M. Becquerel se compose d'un tube en U au fond duquel on met un peu d'argile mouillée ; on remplit l'une des branches du tube avec du sulfate ou du nitrate de cuivre, et l'autre avec une dissolution saline neutre ; on introduit dans la première une lame de cuivre, et dans la seconde une autre lame d'un métal oxydable, afin de constituer les deux pôles de la pile.

Pile de M. Parelle. — M. Parelle a imaginé en 1852 une disposition qui permet aux piles de Daniell de fonctionner très-longtemps (six mois) sans qu'il soit nécessaire de renouveler souvent la charge de liquide qui, d'ordinaire, diminue beaucoup, surtout quand on emploie les appareils dans l'horlogerie électrique. Son système consiste à mettre sur les vases poreux contenant la dissolution de sulfate de cuivre un flacon en verre rempli de cristaux de cette substance imprégnés d'eau. Le goulot du flacon trempe dans le liquide du vase poreux, et, comme la dissolution du sel de cuivre est plus lourde que l'eau, elle sature constamment la dissolution du vase à mesure qu'elle s'affaiblit.

Cette disposition semble équivaloir à l'usage d'un grand vase poreux qui aurait à son centre une grille chargée de nombreux cristaux de sulfate de cuivre ; les effets ne sont pourtant pas les mêmes, car le courant s'affaiblit beaucoup, comme le prouve l'exemple cité par M. du Moncel : supposant à deux éléments de Daniell montés d'après la méthode ordinaire la tension rigoureusement nécessaire pour faire marcher une horloge électrique, si l'on place sur leurs vases poreux les flacons remplis de sulfate de cuivre, la force électrique de la pile diminue au point d'exiger un troisième élément si l'on veut obtenir le même effet électro-mécanique. M. du Moncel croit que ce phénomène est de même nature que celui en vertu duquel s'amoindrit l'énergie des piles de Bunsen quand on ferme hermétiquement les vases poreux contenant l'acide nitrique. Nous attribuons tout simplement cette atténuation à ce que, n'agrandissant pas la surface métallique qui transmet le courant au circuit, on augmente la quantité de matière dont la résistance devra être vaincue par l'électricité pour passer de la pile aux électrodes, si, comme cela est bien possible, il existe une espèce de radiation qui établit des courants circulaires à travers le liquide du flacon.

MM. Vérité et Mouilleron, ignorant sans doute les travaux de M. Parelle, ont adopté de leur côté des dispositions semblables dans les piles qu'ils ont fait figurer à l'Exposition universelle de 1855 : la pile de M. Mouilleron diffère cependant en ce que le dépôt de cuivre n'a pas lieu directement sur les vases poreux, mais sur un support séparé, et que la communication s'établit au moyen d'un tube avec son robinet. Il s'agit seulement de savoir si cette modification permet d'éviter les inconvénients de la pile de M. Parelle.

Pile de M. Gérard. — Un constructeur de Liége, M. Gérard, a présenté à l'Exposition économique de Bruxelles, en 1856, une pile de Daniell, dans laquelle il avait remplacé le cylindre de zinc par un fil en hélice de même métal et le cuivre par une autre hélice aussi de cuivre. L'inventeur avait pour but, et il croit l'avoir atteint, de supprimer les étincelles des interrupteurs du courant; mais M. du Moncel attribue cette suppression à la faiblesse de la pile, parce que, prétend-il, la surface du zinc est bien moins grande que celle des cylindres ordinairement employés. Cela peut être vrai pour les piles de Gérard que nous avons vues fonctionner, parce que les tours de l'hélice étaient assez écartés; mais il est certain qu'en les rapprochant de façon qu'ils se touchent presque, la surface exposée à l'action du liquide sera beaucoup plus grande que celle des plaques ordinaires, et, par conséquent, la quantité d'électricité développée beaucoup plus considérable. Nous signalerons seulement l'inconvénient du prix de revient, qui doit être beaucoup plus élevé dans le système Gérard.

Pile de MM. Breton frères. — Cette pile portative, à effet continu, se prête, en raison de sa forme, à un grand nombre d'applications très-importantes. Ses auteurs l'ont particulièrement destinée à la médecine, mais nous croyons qu'il est possible de l'employer avantageusement aussi pour les appareils électriques des trains de chemins de fer : suivant M. du Moncel, en effet, elle a une force d'aimantation considérable et peut fort bien remplacer la pile de Daniell. Un des éléments du couple de cette pile est un mélange de cuivre rouge et de sciure de bois qui n'a d'autre objet que de diviser les parties métalliques ; on secoue ce mélange dans une dissolution de chlorure de calcium, de façon que la masse demeure toujours humide. L'autre élément du couple est un mélange de sciure de bois et de zinc en poudre. Ces deux préparations sont placées dans un vase divisé en deux compartiments par un diaphragme poreux, et constituent une pile à effet continu dont l'intensité est toujours égale, à cause de son état permanent d'humidité et du nombre indéfini de ses éléments.

PILES A ACIDES.

Pile de Grove. — Quelque temps après Daniell, en 1839, le célèbre Grove, qui commençait alors sa carrière scientifique, chercha à perfectionner aussi la pile de Wollaston en utilisant toute la puissance d'oxydation du zinc, et en empêchant en même temps la précipitation du métal négatif sur le positif.

La figure 50 représente le premier élément imaginé par Grove; c'est le plus petit que l'on connaisse. Le diaphragme poreux est une pipe en terre, dont le bout de tuyau qui reste adhérent est bouché avec de l'argile. Ce diaphragme est fixé au centre d'un verre ordinaire, et on le remplit d'acide nitrique concentré, tandis que le verre contient de l'acide chlorhydrique ou sulfurique étendu, dans lequel on plonge une petite lame de zinc amalgamé; le pôle positif, que l'on introduit dans de l'acide nitrique, est une feuille de platine.

Plus tard, Grove adopta pour cet élément une disposition préférable, en substituant un vase poreux de terre à moitié cuite aux diaphragmes d'argile et aux membranes employés jusqu'alors. Le diaphragme poreux *d* (fig. 51) a la forme d'un parallélipi-

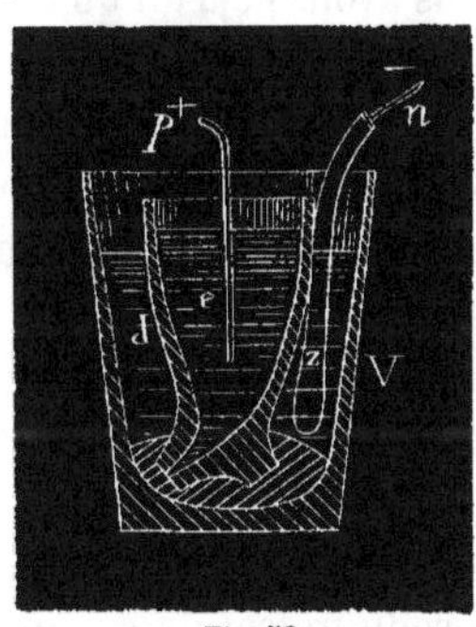

Fig. 50.

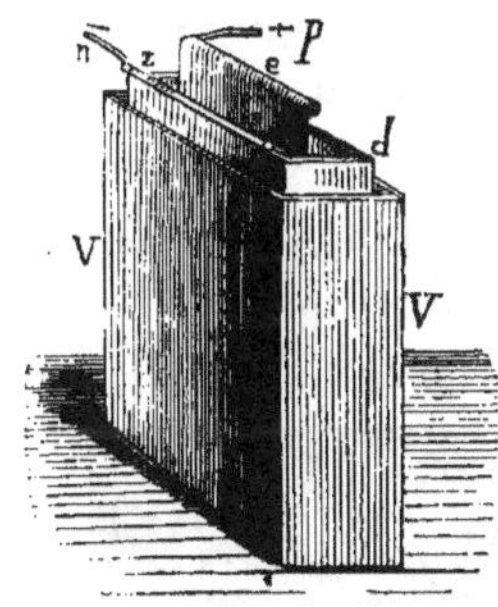

Fig. 51.

pède; il contient de l'acide nitrique concentré et la feuille de platine *e;* le verre extérieur *vv* est rempli d'acide sulfurique étendu, et la plaque de zinc amalgamé *e*, pliée en deux sous le diaphragme, reste presque collée à ses côtés.

On peut, au lieu d'acide sulfurique, employer de l'acide chlorhydrique étendu de deux volumes d'eau, et alors, à la place du sulfate, il se forme du chlorhydrate de zinc; dans les deux cas, l'acide nitrique perd sa force peu à peu, l'hydrogène se dégage sur le platine, et le courant devient moins intense. L'action de cette pile est cependant assez régulière, énergique et continue; mais le platine est cher, et, après quelques semaines d'usage, il devient friable et se brise au moindre effort. Cette pile a aussi l'inconvénient de laisser échapper une grande quantité de vapeur de gaz nitreux, ce qui, joint à son prix élevé, a rendu son usage moins fréquent que celui de la pile de Bunsen, qui, à la vérité, n'est qu'une modification de celle de Grove. Ce dernier a lui-même tenté de remplacer le platine par du charbon de bois ou de cornue, afin de rendre les frais moins considérables; mais, convaincu que dans les applications scientifiques on n'estimait réellement que l'électrode en platine, il ne mentionna jamais ses piles à charbon dans ses mémoires; néanmoins, six mois après sa découverte, on vendait à Londres des piles à acides avec du charbon remplaçant le platine.

Piles à acides de M. Becquerel. — Nous avons déjà dit qu'avant que Daniell eût inventé la pile de sulfate de cuivre employée aujourd'hui, M. Becquerel avait présenté la description de la sienne à l'Académie des sciences; il a également la priorité sur Grove, car c'est en 1826 que le physicien français décrivit la pile dont nous allons parler.

Elle se compose (fig. 52) d'un large tube de verre *u* dont l'extrémité inférieure est fermée par un bouchon sur lequel on met une petite couche d'argile humectée d'une dissolution de chlorure de sodium (sel de cuisine); on verse ensuite dans le tube une dissolution concentrée de potasse, et on l'introduit dans un verre ou flacon rempli d'acide nitrique concentré. On plonge dans la potasse une lame de platine, une autre dans l'acide nitrique, et on les fait communiquer avec des fils de même métal qui constituent les électrodes. Immédiatement après que le contact entre eux est établi, l'oxygène se dégage abondamment sur

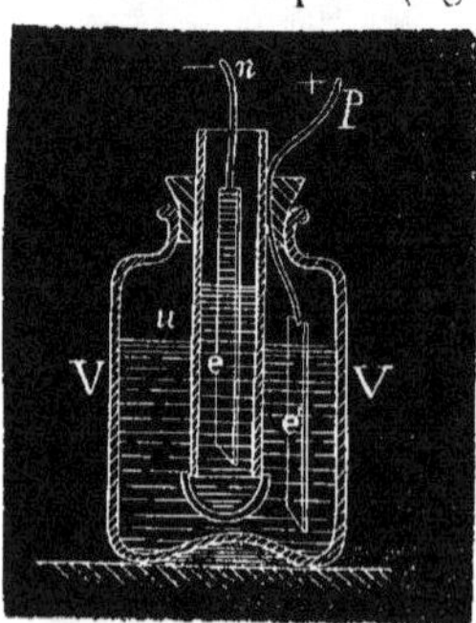

Fig. 52.

la lame plongée dans la dissolution de potasse, tandis que sur la lame plongée dans l'acide nitrique on voit que ce dernier perd son oxygène et se change en acide hyponitrique sans dégagement de gaz. M. Becquerel prétend, et il doit avoir en effet raison, que la lame de l'alcali prend l'électricité négative et celle de l'acide l'électricité positive; et, d'après M. du Moncel, la continuité du dégagement électrique est basée sur la dépolarisation constante des lames par l'action électro-chimique résultant de l'effet électrique produit par le contact de l'acide et de l'alcali. Tout au contraire, dans la pile de Grove, en voulant prévenir la précipitation du métal négatif sur l'élément positif, on a augmenté la puissance d'oxydation du métal électro-négatif avec une double réaction chimique.

Les deux piles diffèrent donc essentiellement, bien qu'on ait voulu les confondre, à cause de leur ressemblance au premier abord.

M. Becquerel a réuni plusieurs éléments semblables à celui que nous venons de décrire pour en former des piles, et il assure qu'on obtient avec ces dernières une grande continuité et une force électro-motrice remarquable; elles sont loin cependant d'égaler l'énergie des effets de celle de Grove, que, malgré l'appareil de M. Becquerel, on peut regarder comme la première pile à deux liquides formée avec des acides. Si M. Becquerel avait substitué une lame de zinc à celle de platine, il serait arrivé aux mêmes résultats, et l'usage de ce genre de piles se serait répandu treize ans plus tôt.

Pile de Bunsen. — La pile connue sous ce nom est exactement celle de Grove, que nous avons décrite plus haut; mais M. Bunsen, professeur de chimie à l'Université de Heidelberg, ignorant sans doute les tentatives déjà faites par Grove dans cette voie, proposa, en 1843, comme une amélioration économique, la substitution du charbon au platine; et sa pile, qui, sans contredit, est la plus énergique entre toutes celles à effet continu et la plus usuelle aujourd'hui, a acquis sous son nom une célébrité qui éclipse celle de son véritable inventeur.

La figure 53 représente l'élément de cette pile. Les deux liquides sont l'acide nitrique du commerce et l'acide sulfurique étendu de dix ou douze parties d'eau ; le zinc et le charbon sont les deux corps qui reçoivent l'électricité. Les liquides sont séparés par un vase poreux de terre cuite ou de porcelaine dégourdie *u*, que l'on remplit d'acide sulfurique étendu, et dans lequel on plonge un cylindre *z* de zinc amalgamé. On place le diaphragme ou vase poreux dans un autre en verre *vv* contenant de l'acide nitrique ; dans ce vase et autour du diaphragme on met un cylindre de charbon *cc*, qui doit être fort résistant et percé de plusieurs trous pour que l'acide dans lequel il est plongé puisse circuler librement.

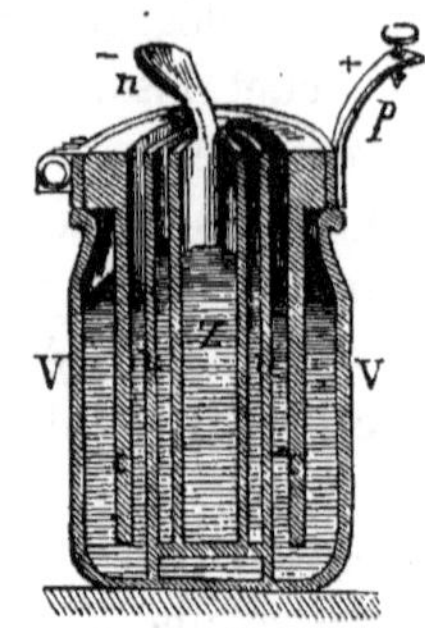

Fig. 53.

Le charbon spécial à ces piles se fabrique en pressant dans un moule en fer un mélange de coke et de houille grasse en proportions convenables ; on soumet ce mélange à l'action du feu ; on plonge ensuite le cylindre de charbon dans un sirop fait avec du sucre, et on le soumet de nouveau à l'action d'un feu vif. Ces cylindres sont de très-bons conducteurs de l'électricité et parfaitement inattaquables par l'acide nitrique. A leur partie supérieure et hors du liquide ils ont un collier en cuivre auquel est attaché le ruban métallique qui établit les communications électriques ; un ruban métallique semblable est soudé au cylindre de zinc et sert à réunir les éléments les uns aux autres ; ces deux colliers forment le pôle positif dans le charbon et le pôle négatif dans le zinc.

Quand le zinc est bien amalgamé, il n'éprouve aucune action tant que la communication extérieure avec le charbon n'est pas établie ; mais, dès qu'elle a lieu, le zinc s'oxyde ; il se forme du sulfate de zinc ; l'acide nitrique perd son oxygène en partie sans qu'on s'aperçoive d'un sensible dégagement de gaz ni sur le charbon dans l'acide nitrique ni sur le zinc dans l'acide sulfurique.

La théorie est la même ici que pour la pile de Smée : avec la décomposition de l'eau, le zinc attire l'oxygène pour se combiner avec lui, et l'hydrogène se dirige vers le charbon ; mais, comme il est à l'état naissant, il agit sur l'acide nitrique pour lui enlever une partie de son oxygène et le changer en acide hyponitrique qui se dissout dans le liquide ; il ne serait pas impossible non plus que, dans de certaines conditions, l'hydrogène se combinât avec le charbon.

Les éléments de Bunsen conservent une force constante qui dure assez longtemps, et la pile qu'on forme avec eux, de l'avis de tous les physiciens, doit être préférée à toutes les autres quand on veut obtenir des effets énergiques, réguliers, continus et d'une durée de plusieurs heures. La saturation des liquides et le nettoyage des dépôts n'exigent pas de grands soins : il suffit, quand on cesse de se servir de la pile, de jeter les diaphragmes dans un baquet d'eau et les cylindres de zinc dans un autre : ces derniers sont réamalgamés en un instant, comme nous l'avons vu en parlant de la pile de Smée. On doit noter aussi que les vapeurs nitreuses qui se dégagent ne sont pas excessivement incommodes.

Pile d'Archereau. — On a apporté à la pile de Bunsen, comme à celle de Daniell, plusieurs modifications, dont la plus importante est due à MM. Lemolt et Archereau, qui, sans s'en douter, ont ressuscité en 1849 les premières piles de Grove, telles qu'elles se vendaient à Londres dix ans auparavant. Ils leur donnèrent seulement la disposition représentée dans la figure 54, disposition d'après laquelle l'acide nitrique est contenu dans le vase poreux où l'on introduit non pas un cylindre de charbon préparé, mais un simple parallélipipède ou cylindre *c* de charbon de cornue, c'est-à-dire du charbon qui se dépose sous forme de croûte sur les parois intérieures des cornues ayant servi à la fabrication du

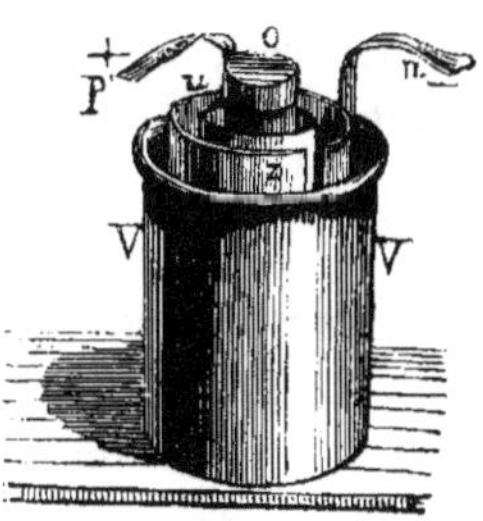

Fig. 54.

gaz pour l'éclairage, et que l'on coupe en barres prismatiques avec une scie. Le vase extérieur contient de l'acide sulfurique étendu et la plaque de zinc enroulée en forme cylindrique. Une bande de cuivre soudée au bord supérieur de la plaque de cuivre et pliée à angle droit vient s'appuyer contre le prisme de charbon d'un autre élément au moyen d'une vis.

Cette seule modification permet à la nouvelle pile de produire un courant d'une intensité presque double, et offrant plus de continuité, parce que le vase où se dépose le sulfate de zinc insoluble est plus grand. Cette pile est aussi plus économique, parce que le vase renfermant le liquide le plus cher, l'acide nitrique, est plus petit. Enfin il est bien plus facile et beaucoup moins dispendieux de couper des prismes de charbon et d'enrouler des feuilles de zinc que de couler tout exprès des prismes de zinc et de fabriquer des cylindres creux de charbon préparé.

Le seul inconvénient qu'on peut reprocher à cet appareil, c'est de dégager beaucoup plus d'acide nitreux que la première pile de Bunsen. M. Archereau assure cependant, et nous avons eu l'occasion de le constater, qu'on peut en partie éviter ce dégagement en se servant de vases poreux très-profonds remplis seulement aux deux tiers de leur hauteur.

M. Archereau a opéré encore un autre changement : il a remplacé le zinc par le cuivre, de manière qu'il se forme un résidu de sulfate de cuivre ; et, comme ce résidu est plus soluble que celui de zinc, l'action de la pile doit être plus continue, quoique beaucoup moins énergique. Quant à la question d'économie, l'expérience a démontré qu'elle est nulle, car s'il est vrai qu'on obtient un produit qui peut être utilisé, les frais aussi sont plus élevés.

Modifications par MM. Deleuil, du Moncel et autres. — Dans le but de diminuer l'oxydation des bandes ou lames polaires au moyen desquelles on joint le charbon et le zinc aux électrodes, et aussi, par conséquent, la résistance qui s'oppose à la transmission du fluide, on a proposé un grand nombre de modifications tendantes à remplacer la ligature dont se servait M. Archereau. Celle de M. Deleuil consiste à percer dans la base supérieure du prisme de charbon un trou auquel on adapte un bouchon métallique soudé à la bande de cuivre partant du zinc de l'autre élément. D'autres ont proposé de faire dans le charbon une fente dans laquelle entrerait à frottement la bande de cuivre soudée au zinc; d'autres encore ont proposé une pince de cuivre avec une vis adaptée au charbon et qui maintiendrait les susdites bandes; enfin M. du Moncel, ne voulant pas, comme il le dit lui-même, rester au-dessous des autres, pratique dans la partie supérieure du charbon un trou de 4 centimètres de profondeur, dans lequel il introduit quelques gouttes de mercure, et qu'il ferme ensuite avec un bouchon métallique, comme dans le système de M. Deleuil.

Pile de M. Dering. — C'est une modification de la pile de Bunsen ayant pour but d'obtenir une réaction plus grande de la part de l'acide nitrique, remplacé par un mélange de nitrate de potasse et d'acide sulfurique anhydre ou dissous dans un quantité d'eau ne dépassant pas le tiers du mélange : l'acide nitrique naissant et très-concentré qui se forme provoque la désoxydation d'une manière plus énergique.

M. Dering a cherché aussi à remplacer l'acide nitrique dans lequel plonge le charbon, élément électro-négatif dont il se sert toujours, par une combinaison d'acide chlorhydrique et d'acide sulfurique, modification que M. du Moncel ne trouve pas avantageuse.

L'élément métallique électro-positif de M. Dering est tantôt un cylindre de zinc renforcé dans son épaisseur vers les parties qui s'usent le plus vite, comme, par exemple, la partie qui correspond au niveau du liquide excitateur, tantôt de la tournure de fonte de fer, dont la polarité se trouve recueillie au moyen d'une spirale de fer ou de plomb.

Pile de M. Bœttger. — C'est encore une modification de la pile de Bunsen, ou plutôt de la manière de préparer ses éléments. Elle consiste à charger la pile en dedans et en dehors des vases poreux, avec une eau légèrement acidulée par un vingtième d'acide sulfurique. Mais, avant de plonger les cylindres ou parallélipipèdes du charbon dans les vases poreux, on les trempe dans de l'acide nitrique concentré, et on les laisse sécher à l'air pendant douze heures environ. La pile ainsi préparée ne laisse, suivant l'auteur, rien à désirer sous le rapport de l'intensité et de la continuité.

Montage des piles de Bunsen. — La charge des piles de Bunsen est longue et ennuyeuse, et, quoi qu'en disent plusieurs physiciens, entre autres M. Dubosc, qui, pour le montage de ses appareils de lumière électrique, prétend qu'il n'y a rien de mieux que de préparer les éléments séparément par la méthode ordinaire, même quand il en faut cent ou deux cents, il serait fort utile de trouver un moyen plus prompt et plus facile de monter les piles.

Deux procédés sont venus donner la solution de ce problème : l'un tout mécanique, qui permet de charger et de décharger en peu d'instants les liquides des piles toujours montées ; l'autre, au moyen duquel les piles sont toujours en état de fonctionner instantanément, sans que les éléments producteurs de l'électricité s'altèrent pendant tout le temps de la non-activité.

Le premier de ces deux systèmes, imaginé par M. Archereau, convient aux batteries très-fortes; et le second, de M. du Moncel, ne peut s'appliquer qu'aux batteries de huit ou dix éléments tout au plus.

Le système de M. Archereau consiste dans l'emploi de deux pompes qui introduisent les liquides excitateurs dans les compartiments des piles au moyen de tubes en gutta-percha qui pénètrent jusqu'au fond des vases, deux par chaque élément. Tous les tubes aboutissant à un vase poreux ont leur autre extrémité soudée à un maître tube horizontal communiquant avec le dépôt d'acide nitrique, et ceux qui partent des vases non poreux vont aboutir à un second tube disposé, comme le premier, de manière qu'en deux coups de piston on peut remplir simultanément tous ces vases d'acide sulfurique étendu.

Nous ne nous arrêterons pas à décrire cet appareil dans tous ses détails, qu'on peut trouver dans l'ouvrage de M. du Moncel[1]; nous dirons seulement ici que son inventeur a pris toutes les précautions nécessaires pour éviter la communication entre eux des liquides des différents éléments au moyen du maître tube, et a fait en sorte qu'une pile de cent éléments pût être chargée ou déchargée en cinq minutes.

Il est inutile de dire que cet appareil est applicable à toutes les piles, soit à deux liquides, soit à un seul; mais, dans ce dernier cas, la chose est beaucoup plus simple.

M. Archereau a proposé encore un autre système pour le cas où on reculerait devant l'emploi des pompes. Il consiste à placer la batterie montée dans une grande caisse enduite d'un mastic imperméable inattaquable par les acides. On place cette caisse au-dessous de deux autres qui contiennent une grande quantité de liquides excitateurs. Les vases extérieurs des éléments ont tous, à leur partie inférieure, un trou que traverse un bouchon de caoutchouc solidement fixé en-dessous, de façon qu'il ne puisse s'échapper, et, en dessus, à des ficelles attachées à une longue règle en bois. Au moyen de cette disposition, quand la caisse où se trouve la batterie est remplie d'eau acidulée, il suffit de tirer les ficelles pour que le bouchon en caoutchouc s'amincissant, permette au liquide de pénétrer dans les vases et d'atteindre le même niveau que dans la caisse. L'un des dépôts supérieurs étant rempli du même liquide, on peut entretenir le niveau à la hauteur qu'on désire. On pratique la même opération pour décharger les vases; seulement, au lieu de remplir la caisse avec le liquide du dépôt supérieur, on ouvre, au contraire, une soupape ou robinet qui laisse échapper tout ce qu'elle contenait.

Le même procédé n'était pas praticable pour charger et décharger les vases poreux, et M. Archereau se sert à cet effet d'un système de siphons qui met tous les vases poreux en communication entre eux. On peut maintenir ces siphons constamment chargés, en ayant soin de laisser dans chaque vase un peu

[1] *Exposé des applications de l'électricité*

d'acide nitrique qui empêche l'air de pénétrer; ils ont, au sommet de leur courbe, un robinet de matière non conductrice de l'électricité, lequel intercepte, lorsqu'il est fermé, la communication du liquide dans les deux branches du siphon.

L'appareil étant ainsi disposé, il suffit d'ouvrir le robinet du dépôt d'acide nitrique et celui de chaque siphon pour que le liquide qui entre dans le premier vase pénètre dans tous les autres; en fermant ensuite tous les robinets, on intercepte la communication électrique dans tous les vases. Pour les vider, il suffit d'appliquer au dernier un siphon chargé aboutissant à un dépôt inférieur et d'ouvrir les robinets de tous les vases, sans omettre de laisser un peu de liquide au fond ; autrement, pour recharger la pile, on se trouverait obligé de remplir à la main chacun de ces siphons.

M. Jaxton, auteur de la machine électro-magnétique connue sous le nom de *machine de Clarke*, a donné, dans son brevet, la description d'un système analogue, mais moins bon, selon M. du Moncel.

Pile permanente de M. du Moncel. — Ce physicien a modifié la pile de Bunsen de manière qu'elle pût rester toujours chargée sans que pour cela les éléments producteurs de l'électricité s'altérassent; mais son système n'est applicable qu'aux petites batteries, de huit éléments par exemple, comme celle qu'il a montée dans son cabinet de physique pour faire marcher à volonté les appareils électro-magnétiques.

Ce système consiste dans l'addition de trois parties accessoires aux batteries de M. Archereau : la première est destinée à transporter simultanément tous les vases poreux avec leurs charbons; la seconde est une réunion de récipients ou dépôts d'acide nitrique où doivent être plongés les vases poreux une fois retirés de la pile ; la troisième enfin est une espèce de cadre au moyen duquel on peut enlever, simultanément aussi, les cylindres de zinc.

Nous ne décrirons pas avec détails ce système, qu'on peut étudier dans l'ouvrage déjà mentionné de M. du Moncel; nous nous bornerons seulement à dire que la première combinaison est une planche en bois résineux enduite de cire à cacheter ou de gutta-percha, dans laquelle sont parfaitement emboîtés les vases poreux, qui y sont adhérents par leur partie supérieure, de manière qu'en levant la planche, on les retire tous des vases extérieurs où ils étaient plongés ; les charbons restent dans les vases poreux couverts par la planche à laquelle sont fixés les bouchons métalliques dont nous avons parlé à propos des modifications de la pile de Bunsen, et qui trempent dans le mercure occupant le trou pratiqué dans les charbons : chacun de ces bouchons communique avec le pôle négatif de l'élément correspondant au moyen de fils métalliques assez longs pour permettre le transport sans difficulté.

Afin d'éviter que l'acide contenu dans les vases poreux s'échappe au travers des pores pendant la séparation d'avec la pile, on plonge les vases dans un nombre égal de récipients convenablement disposés et remplis d'acide nitrique, de manière que l'acide des vases poreux, au lieu de s'affaiblir, répare ses pertes par l'endosmose avec l'acide concentré des récipients. La troisième combinaison, destinée à transporter les cylindres de zinc hors de l'eau acidulée, est semblable à celle employée au même usage pour les vases poreux ; mais elle est plus simple, car ce n'est qu'un cadre de bois auquel sont fixés les appendices polaires au moyen d'une vis qui permet de les renouveler facilement en cas d'usure.

En résumé, il suffit de deux mouvements pour faire marcher ou arrêter la pile ; cependant on ne pourrait arriver à ce résultat avec un grand nombre d'éléments sans employer un mécanisme qui serait peut-être plus coûteux et plus incommode que le montage de la pile par le procédé ordinaire ; mais, tant que cette opération peut être faite à la main, elle est réellement avantageuse, dans un cabinet de physique, par exemple, où l'espace ne manque pas, car elle exige au moins trois fois celui d'une pile ordinaire.

Pile permanente de M. Fabre de la Grange. — Ce système consiste, comme nous l'avons dit pour les piles à un seul liquide, à faire tomber le liquide goutte à goutte sur les éléments qui développent l'électricité, ce qui a fait adopter à son auteur la disposition particulière que nous connaissons. Le vase extérieur est percé à son centre comme un pot à fleurs ; on fixe au fond avec du mastic un diaphragme en toile forte n'atteignant pas tout à ait à la hauteur du vase ; dans le diaphragme on introduit une barre de charbon de cornue entourée de fragments de la même substance, et autour du diaphragme on place le cylindre creux de zinc amalgamé plongé dans l'eau acidulée qui tombe goutte à goutte sur le diaphragme : de cette manière, le charbon, sans être inondé, est cependant maintenu humecté, et la partie extérieure se trouve fournie de liquide. Ce liquide ne traverse le diaphragme que dans les couches inférieures, par suite de la pression à laquelle elles sont soumises, ce qui n'a pas lieu pour les couches supérieures ni pour celles du milieu ; et, comme ce sont précisément les couches inférieures qui sont les plus chargées de sulfate de zinc et ont besoin d'être retirées, il s'établira un courant électrique constant jusqu'à ce que le zinc soit totalement usé.

Lorsqu'on veut réunir plusieurs éléments et employer deux liquides, ceux-ci arrivent directement à chaque vase au moyen de canaux disposés sur la pile et alimentés par deux dépôts différents. Dans ce cas, les diaphragmes sont en terre cuite, et, à ce qu'il paraît, non-seulement on peut employer avantageusement de l'acide nitrique affaibli qui ne peut plus servir pour les piles de Bunsen ordinaires, mais les liquides recueillis au sortir des vases de la même pile peuvent être, jusqu'à un certain point, employés de nouveau.

Pile de M. Stoney. — M. Stoney s'est proposé de rendre plus commode la manipulation des piles voltaïques, et, à cet effet, il a imaginé la pile dont voici la description faite par l'auteur lui-même :

« Dans ce système on courbe des gros fils de fer de manière à leur donner une forme qui se rapproche d'une S couchée $\underset{1\ 2\ 3}{\backsim}$.

« Aux points 1 et 2 on soude des plaques de zinc, et en 3 une plaque de platine, et ainsi de suite avec les autres éléments. On avait craint d'abord qu'il n'y eût beaucoup de difficulté à souder la plaque de platine dans la courbure 3 du fil, mais cette crainte ne s'est pas réalisée, et, en plongeant le fer dans du chlorure de zinc, puis posant contre lui la plaque de platine, on a trouvé que le fer à souder avec un petit globule de soudure opérait une jonction parfaite dans toute l'étendue. Pour prévenir toute chance de contact du point 3 du fil avec les points 1 et 2 de l'élément suivant, on a introduit un petit tube de gutta-percha sur chacun des bouts 3 des fils qui porte la plaque de platine. Quand on assemble les éléments de la batterie, la plaque de platine 3 de chaque élément est simplement insérée entre les plaques 1 et 2 de l'élément suivant et ainsi de suite, et alors chaque élément est parfaitement distinct de l'autre, et peut être introduit ou retiré à volonté ; de même, les cellules auxquelles il appartient peuvent être remontées et rechargées en acide, ou pour tout autre besoin, suivant l'occasion, et sans toucher en aucune façon aux autres. Quand on veut arrêter le travail, tous ces fils en forme de ∽ avec les plaques de zinc et de platine qui y sont attachées sont relevés ensemble de leurs auges à l'aide d'un bâti en bois d'acajou dont un des côtés glisse dans une coulisse, de façon que ces côtés soient tout d'abord à une distance suffisante pour traverser tout le système des ∽ ; l'un des côtés du châssis est alors amené sur une des lignes courbes des fils, et le côté mobile poussé de manière à s'engager sous les courbes du côté opposé ; on enlève alors le châssis entier avec toutes les plaques d'un seul coup, et on plonge le tout dans une auge remplie d'eau placée auprès ; de cette manière on évite complétement les vapeurs. »

Pile de Jedlick et Csapo, ou pile hongroise. — De toutes les améliorations proposées depuis quelques années pour la pile de Bunsen, aucune n'a produit des résultats aussi satisfaisants que celle qu'ont introduite MM. Jedlick et Csapo dans l'appareil présenté par eux à l'Exposition de 1855, où il a été honoré d'une récompense.

L'élément de Bunsen, dans ce système, rappelle par sa disposition celui de Wollaston, dit M. du Moncel. Le charbon, préparé à peu de chose près comme celui des premières piles de Bunsen, reçoit la forme de plaques minces et carrées, et est introduit, comme le représente la figure 55, par deux de ses côtés dans un cadre isolant et inattaquable par les acides. Pour éviter l'oxydation de la lame polaire positive qui y est adaptée, la partie supérieure du charbon est préalablement trempée dans un bain de stéarine, au moyen duquel se trouvent bouchés les pores du charbon, et qui arrête l'endosmose de l'acide. Ladite partie du charbon une fois enduite ainsi de stéarine, on la ponce et on la plonge dans un bain de sulfate de cuivre, afin qu'elle se couvre par galvanisation d'un dépôt métallique sur lequel se soude à l'étain la lame polaire.

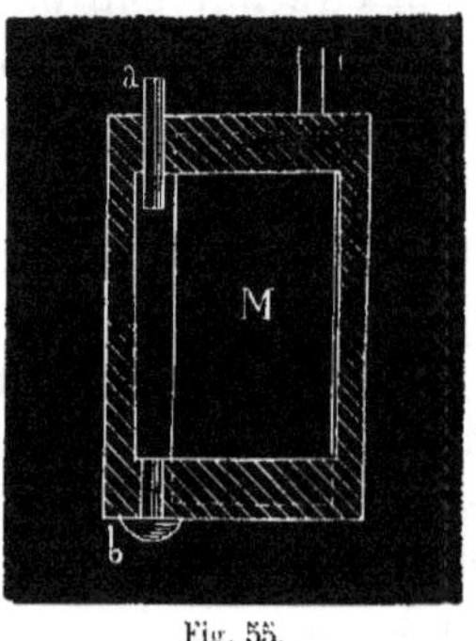

Fig. 55.

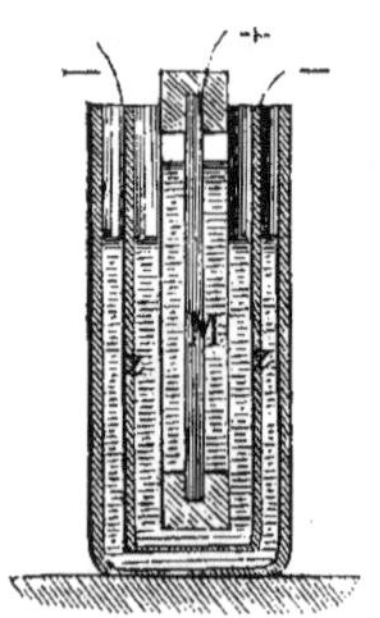

Fig. 56.

Le cadre isolant dans lequel on fixe la plaque de charbon est fait d'un mélange de peroxyde de fer, de soufre et d'amiante, le tout fondu ensemble; ce mélange se moule facilement, devient très-dur en se refroidissant et n'est attaquable par aucun acide.

En haut et en bas de ce cadre il y a deux tubes *a* et *b;* le premier, en verre, est destiné à donner sortie aux vapeurs nitreuses qui se dégagent; et l'autre, *b*, terminé par une boule et fait de même matière que le cadre, sert à introduire l'acide nitrique quand l'élément est monté.

Deux feuilles de papier imbibées d'acide nitrique concentré, et collées au collodium aux quatre côtés du cadre, constituent le vase poreux. Grâce à cette préparation, qui lui donne les propriétés du coton-poudre, ce papier peut résister aux acides, et, comme son épaisseur est pour ainsi dire inappréciable, il n'oppose presque aucune résistance à la transmission du courant électrique.

C'est dans cette boîte de papier qu'on verse l'acide nitrique, et, pour compléter l'élément, il ne reste qu'à le placer dans une auge remplie d'eau acidulée, entre deux plaques de zinc de la même grandeur (fig. 56).

La forme de cet élément permet de les approcher les uns des autres, et, partant, d'augmenter considérablement l'intensité du courant. Ainsi un élément de cette espèce équivaut, à égalité de surfaces, à plus de deux éléments de Bunsen. En outre, leur peu de volume fait qu'on peut les réunir en plus grand nombre dans un espace restreint, et, en leur donnant la disposition indiquée dans la figure 57, on les charge et on les décharge instantanément.

La pile que représente la figure 57 se compose de neuf élé-

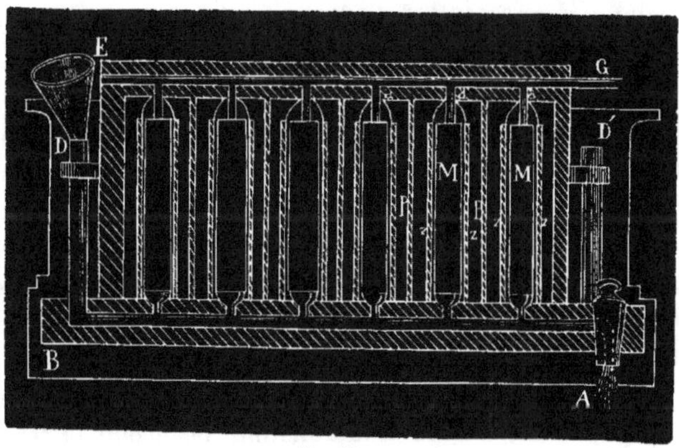

Fig. 57.

ments, placés dans une même caisse et séparés les uns des autres par des plaques d'ardoise. La caisse a les parois intérieures revêtues d'une couche de caoutchouc, et le fond enduit d'un mastic composé de la même matière que les cadres des éléments.

Ce fond est moulé de manière à présenter au centre de chaque compartiment une cavité en forme de tasse, où s'insère exactement le bouchon sémi-sphérique *b* de l'élément positif. Ces cavités ont un trou qui correspond précisément à celui du bouchon *b*, et qui va aboutir intérieurement à un tube *AB* ouvert dans le mastic du fond. Toutes les cavités sont placées du même côté, et du côté opposé il y a d'autres orifices disposés de la même manière, qui communiquent avec un second tube pratiqué aussi dans le mastic du fond. Ces deux tubes correspondent, pour un côté de la pile, à un autre tube vertical *BD* ou *AD'*, dans lequel on verse les liquides excitateurs au moyen d'un entonnoir *E*; et, pour l'autre, à un robinet *A*, par lequel on fait sortir lesdits liquides. Il est presque superflu de dire que le robinet *A* et les tubes *BD* et *AD'* sont du même mastic que le fond. Enfin, les éléments communiquent, à la partie supérieure, au moyen de tubes *a*, avec un conduit *EG* qui donne sortie aux émanations nitreuses de la pile.

Les unions métalliques des éléments entre eux se font au moyen de plaques fixées aux éléments polaires et s'insérant dans deux rainures pratiquées dans le couvercle de la pile. Ces rainures, divisées en autant d'espaces qu'il y a d'éléments, sont remplies d'un amalgame de zinc, de manière qu'au moyen des plaques métalliques pliées on peut aisément disposer la pile, soit en tension, soit en quantité.

Pour charger la pile, il suffit de verser les acides par les tubes verticaux *BD* et *AD'*, jusqu'à ce que le niveau des liquides arrive à *D'*; on peut alors être certain qu'ils ont atteint la même hauteur dans les éléments, parce que ceux-ci forment tous avec les tubes des vases communiquants.

On a objecté que la communication des éléments entre eux par les liquides excitateurs devait affaiblir beaucoup la tension des piles ainsi disposées; mais il n'en est point ainsi, à cause de la facilité avec laquelle les courants pénètrent les diaphragmes, et de l'étroitesse des orifices de communication. Du reste, l'expérience a démontré que pareil inconvénient n'existe pas.

On n'a indiqué dans la figure 57 qu'un des tubes de charge; c'est celui qui conduit l'acide nitrique aux compartiments positifs. L'autre tube se trouve au côté opposé de la figure, et l'on voit en D' l'extrémité verticale qui lui correspond. C'est ce second tube qui distribue l'eau acidulée aux compartiments séparés par les ardoises.

Les auteurs de cette pile ont substitué avec succès dans l'appareil le nitrate de soude à l'acide nitrique. Ils ont, à la vérité, remarqué une légère diminution d'intensité dans le courant qui en résulte; mais cet inconvénient est largement compensé par la plus grande continuité obtenue dans le développement électrique.

Une autre modification dont les avantages ont été prouvés par l'expérience consiste à se servir d'eau salée au lieu d'eau acidulée, afin d'éviter l'élévation considérable de température qui se manifeste dans la pile quand elle fonctionne avec le dernier de ces liquides. Le dégagement électrique diminue aussi un peu; mais il gagne en régularité d'action.

Il paraît que cette pile avait été imaginée depuis longtemps déjà par MM. Jedlick et Csapo; mais ils travaillent depuis plus de dix ans à la perfectionner. Il serait urgent pour eux d'éclaircir cette question, car déjà un professeur de physique de Piémont, M. Frascara, réclame la priorité des diaphragmes en papier préparé avec l'acide nitrique, qu'il nomme *papier-xiloïdé*.

La disposition de la pile de M. Frascara, brevetée en 1854, est cependant différente, car il emploie comme liquides excitateurs un acide et une base, l'acide sulfurique ou nitrique et l'ammoniaque; on plonge le charbon dans l'alcali, et l'acide est contenu dans un vase de fonte qui remplit le rôle de pôle négatif.

MM. Guillou et d'Artois ont demandé aussi en 1853 un brevet pour une disposition semblable à celle de la pile hongroise, et destinée à charger et décharger les piles ordinaires de Bunsen.

M. Marçais paraît avoir apporté dernièrement de nombreux perfectionnements dans la pile hongroise afin d'en rendre la construction et plus simple et plus solide : toutes les parties creuses de la pile, constituée par un seul bloc de la substance isolante, semblent évidées au sein de la masse elle-même. Il a obtenu aussi une fermeture plus hermétique dans les orifices de communication entre le tuyau de l'acide nitrique et les différents éléments.

Pile de M. Bergeat. — D'après M. du Moncel, cette pile n'est autre chose qu'une pile de Bunsen, dans laquelle le charbon fait corps avec l'anneau métallique destiné à en recueillir la polarité par suite d'un cuivrage galvano-plastique que ne peut altérer l'acide azotique endosmosé dans les pores du charbon. Ces pores se trouvent, en effet, bouchés avec de la résine fondue, puis avec de la stéarine.

Pile de M. Ozann. — Cette pile se compose de trois parties que décrit ainsi M. Dorville : « Sur une planche horizontale de un pied dix pouces de longueur et de six pouces six lignes de largeur, munie de manivelles à chacune de ses extrémités, se trouvent cinq bocaux cylindriques de quatre pouces trois lignes de hauteur et de trois pouces neuf lignes de diamètre, pourvus de cinq cylindres de zinc amalgamé, s'élevant quelquefois au-dessus des bocaux. A l'extrémité de la planche se trouvent fixés, au moyen de chevilles arrêtoires, cinq vases de bois mobiles dans les évidements qui les contiennent; on les remplit de mercure, en les réunissant au moyen d'une bandelette de cuivre au cercle supérieur du zinc. Une seconde planche longitudinale, d'une largeur égale à celle qui contient les bocaux en verre, contient cinq évidements pour des cylindres de charbon d'un pouce six lignes de diamètre sur quatre pouces six lignes de hauteur; des anneaux en cuivre, munis de boutons à vis, permettent de fixer fortement les cylindres à la planche; de larges bandes en cuivre battu, recourbées sur ses côtés, permettent de faire communiquer le cylindre avec le mercure lorsque le courant est fermé. Enfin, cinq vases remplis d'acide azotique, aux trois quarts de leur hauteur, sont fixés à une troisième planche d'une longueur identiquement égale à celle des bocaux en verre. On y fait plonger les cylindres de charbon pendant une demi-heure, puis on les place dans les bocaux en verre qui contiennent le zinc, lesquels sont remplis préalablement du liquide excitateur; en immergeant leur bande de cuivre dans le mercure, la pile se trouve construite d'un seul coup; le cylindre charbon du premier vase se trouve en effet en communication avec le zinc du second vase : restent une extrémité cuivre du cylindre de charbon qui forme le pôle positif, et une extrémité libre du zinc qui plonge dans le mercure et forme le pôle négatif.

« Le liquide excitateur est un mélange de deux cents parties d'eau, cinq ou dix parties d'acide sulfurique, quatre parties d'acide nitrique, et le liquide dépolarisateur est de l'acide azotique du commerce.

« Dans le but d'augmenter encore l'énergie de cette pile, M. Ozann recuit les cylindres de charbon dans une dissolution bouillante d'eau mêlée d'un peu de carbonate de soude, ce qui, suivant l'auteur, élargit les pores du charbon et leur permet d'absorber une plus grande quantité d'acide. »

La disposition de cette pile est semblable à celle proposée par M. du Moncel pour rendre facile le montage des batteries de Bunsen, et que nous avons décrite quelques pages plus haut.

Pile de M. le Roux. — Se fondant sur ce principe que le dégagement de l'électricité est dû principalement à la combinaison de l'hydrogène résultant de la décomposition de l'eau avec l'oxygène qui se dégage du liquide excitateur contenu dans le diaphragme, M. le Roux, employé au laboratoire de l'École polytechnique, pensa que l'acide nitrique, qui rend si coûteux l'emploi des piles de Bunsen, pourrait être remplacé par un autre corps susceptible de s'unir à l'hydrogène, et ses expériences l'amenèrent à se servir du chlore, qui réunit en apparence toutes les conditions nécessaires.

Pour charger sa pile, il introduit dans le vase poreux d'un élément et autour du charbon un mélange de peroxyde de manganèse et d'acide chlorhydrique étendu d'une égale quantité d'eau, de manière à éviter le dégagement des vapeurs; le courant obtenu, dit l'auteur, est à peu près de la même intensité que celui qu'on obtenait avec l'acide nitrique ordinaire.

Cette pile, dit le *Cosmos*, a été essayée dans les ateliers galvano-plastiques de M. Christofle, et par M. Dubosc pour la production de la lumière électrique. Les résultats ont été satisfaisants, car le courant est intense et assez continu, mais il se dégage beaucoup de vapeurs de chlore.

Une autre modification introduite à la pile de Bunsen par M. le Roux consiste à mélanger de l'acide sulfurique concentré avec l'acide nitrique que l'on verse dans le diaphragme poreux; le courant est bien plus intense que quand on le remplit d'acide nitrique seulement. Ce phénomène s'explique aisément, dit M. du Moncel, car la grande affinité de l'acide sulfurique et de l'eau fait que, quand l'acide nitrique s'affaiblit, l'acide sulfurique lui retire complétement l'eau et lui rend toute sa force. Il suffit donc de verser un peu d'acide sulfurique dans le diaphragme des piles ordinaires de Bunsen pour les renforcer quand elles commencent à s'affaiblir.

Pile de M. Guignet. — Pour éviter les inconvénients qui résultent de l'emploi de l'acide nitrique dans la pile de Bunsen, M. Guignet a proposé de le remplacer par des sels de peroxyde de fer, qui sont facilement réduits par l'hydrogène, en se servant comme corps oxydant d'un mélange d'acide sulfurique et de peroxyde de manganèse. D'après M. Guignet, le courant ne diffère pas en intensité de celui que produit la pile d'acide nitrique, et son système offrirait l'avantage de réduire de cinquante pour cent les frais d'alimentation de la pile, et d'éviter le dégagement des vapeurs nitreuses, si incommodes et même dangereuses pour les opérateurs.

Les résultats obtenus par M. Guignet ont été contestés par M. le Roux, qui soutient que l'effet des deux piles n'est nullement comparable, et qu'il faudrait élever la température jusqu'à soixante-dix ou quatre-vingts degrés pour que la pile de M. Guignet pût remplacer celle de Bunsen. M. Payerne, au contraire, assure que le mélange d'acide sulfurique et de peroxyde de manganèse employé au lieu d'acide nitrique et de charbon produit d'excellents résultats. M. du Moncel prétend que M. Guignet s'attribue indûment cette invention, expérimentée longtemps auparavant à Cherbourg.

Piles de MM. Liais et Fleury, Pulvermacher et Duchesne. — Dans les piles de Bunsen comme dans celles de Daniell, la transmission des effets électriques a lieu à travers les pores des vases; et, comme ceux-ci ne sont pas de bons conducteurs, ils opposent une résistance assez considérable au passage de l'électricité. Cet inconvénient a été surmonté par MM. Liais et Fleury, ou plutôt par M. Duchesne, de Boulogne, qui a eu le premier l'idée de supprimer le vase poreux et de mettre l'acide nitrique dans une cavité pratiquée dans le charbon lui-même. Il résulte de cette disposition une action beaucoup plus énergique, parce que le charbon est un bon conducteur de l'électricité.

Au lieu de charbon, M. Pulvermacher a employé le graphite.

Une autre modification introduite par MM. Liais et Fleury dans la pile de Bunsen leur a permis d'obtenir avec un seul élément les mêmes avantages que l'on n'attend que d'une pile à plusieurs éléments. Le charbon, qui doit être préparé, et non du charbon de cornue, pour qu'il ait une porosité suffisante, présente une cavité beaucoup plus grande que dans la pile que nous venons de décrire, laquelle cavité, outre l'acide nitrique, peut contenir les uns dans les autres plusieurs vases poreux de différents diamètres, ou bien, ce qui revient au même, la forme primitive des piles de Bunsen est rétablie, et, au lieu d'un vase poreux, on en met plusieurs les uns dans les autres. Dans le plus grand, c'est-à-dire celui qui est posé immédiatement sur le charbon, on verse de l'acide sulfurique concentré; dans le plus petit, qui est au centre de tous, on verse de l'acide sulfurique à douze degrés, et on y plonge le zinc, comme d'habitude. On remplit aussi les autres vases intermédiaires d'acide sulfurique, mais à différents degrés, et formant, pour ainsi dire, une échelle descendante depuis le plus concentré jusqu'au plus étendu. La conductibilité de cette pile, dit M. du Moncel, est la même que celle de la pile de Bunsen; mais sa tension est beaucoup plus forte, car un de ses éléments équivaut à plusieurs de la pile primitive occupant la même superficie. Dans la première édition de son livre, ce physicien attribuait cet accroissement de tension aux réactions d'endosmose qui doivent avoir lieu.

Pile de M. Lavenarde. — Ce système consiste à remplacer l'eau acidulée et l'acide nitrique de la pile de Bunsen par une dissolution de sel de cuisine et d'eau acidulée, de manière que le zinc entre dans la dissolution saline et le charbon dans le liquide acidulé; les proportions du mélange sont : pour la dissolution saline, deux cents parties d'eau et quarante de sel; pour le liquide acide, quatre cents parties d'eau et huit parties d'acide; l'inventeur a donné une autre disposition à sa pile en substituant à l'eau acidulée une dissolution de carbonate de soude ou de potasse. Enfin, dans une troisième combinaison, il emploie l'hypochlorite de chaux au lieu de la dissolution saline.

Pile de M. de la Rive. — Adoptant la forme de l'élément de Grove, M. de la Rive eut l'idée de substituer à l'acide nitrique un corps solide facile à désoxygéner, et il employa le peroxyde de plomb, dont il entoura la lame de platine ou de charbon, et il introduisit le vase poreux qui le contient dans un autre vase où se trouvent le zinc et l'eau acidulée. Cet élément à un seul liquide est aussi énergique que celui de Bunsen, mais malheureusement le peroxyde de plomb coûte fort cher.

Pile de M. Croissant. — M. Croissant a introduit dans la pile de Bunsen une modification qui consiste à couvrir le charbon d'une couche d'oxyde de tungstène et à le calciner ensuite. Le charbon dans cet état étant plongé dans l'acide nitrique, la pile, dit l'inventeur, acquiert une tension considérable; mais la réaction qui a lieu ne s'explique pas facilement.

Pile de M. Laborde. — Voulant utiliser la réaction électrique qui se manifeste au moment où l'on met en contact l'acide sulfurique et l'eau, opération qui se fait ordinairement avant de monter la pile, l'abbé Laborde a disposé la sienne de manière que cette réaction eût lieu à travers un diaphragme.

A cet effet, il verse l'eau pure dans le vase qui contient le zinc; il y plonge ensuite un diaphragme de porcelaine dégourdie rempli d'acide sulfurique étendu dans deux fois son volume d'eau, dans lequel il introduit le vase, le charbon ou la lame de platine qui doit constituer l'appendice polaire. Le courant produit par cette pile est très-énergique et se maintient sans interruption pendant plusieurs jours; en effet, comme nous l'avons déjà dit, le courant ne provient pas seulement de l'action de l'acide sur le zinc, mais aussi de celle que l'acide sulfurique exerce sur l'eau au travers du diaphragme, et dans laquelle l'acide sulfurique prend l'électricité positive, et l'eau l'électricité négative; de sorte que cet appareil se compose en réalité de deux couples agissant dans le même sens, comme l'élément de Bunsen, et, à mesure que l'action de l'acide sulfurique sur l'eau diminue, celle de l'eau sur le zinc augmente en raison de l'acide dont elle s'empare peu à peu, et cette compensation progressive contribue à maintenir au même degré la force du courant.

Les tentatives faites par l'abbé Laborde pour employer l'acide sulfurique concentré ont démontré qu'il n'en résultait aucun avantage, car non-seulement il est moins bon conducteur, mais il se décompose et l'hydrogène sulfuré qui se dégage rend incommode l'usage de la pile. Pour plus de détails, on peut consulter l'ouvrage déjà cité de M. du Moncel, où l'on verra aussi la curieuse description de la formation de cette pile en batterie, quand on veut l'employer à la galvanoplastie.

Pile de M. Froment. — Cette pile se compose d'un vase qui contient une dissolution acide et un cylindre de zinc, et aussi un vase poreux dans lequel on mastique un long tube de verre rempli, ainsi que le diaphragme, d'une même eau acidulée, et avec une lame de plomb qui n'est pas attaquée par la dissolution et sert d'électrode négatif pour communiquer au circuit extérieur l'électricité positive. Si la pile ne renfermait d'autres parties que celles que nous venons d'énoncer, elle n'agirait que comme un élément ordinaire, très-faible même, et la dissolution extérieure se chargerait de sulfate de zinc : M. Froment a établi à la partie supérieure du tube lié au diaphragme un flacon de Mariotte qui y maintient un niveau constant, et dans le vase extérieur un siphon qui descend jusqu'au fond et produit le même résultat.

Comme la différence des niveaux est considérable, et, par conséquent, très-forte la pression du liquide du tube sur les parois du vase poreux, le liquide traverse ces dernières et se rend au vase extérieur; mais le siphon expulse une quantité égale à celle qui entre, avec cette différence que ce qui entre est de l'eau acidulée pure, et ce qui sort la partie la plus chargée de sulfate de zinc : le liquide de l'élément se renouvelle donc constamment, et l'on a pour ainsi dire une pile permanente, tant qu'il y a de l'eau acidulée dans le flacon de Mariotte.

Pile de Schœnbein. — M. Schœnbein, le physicien célèbre qui a découvert l'ozone, a obtenu d'excellents résultats de deux éléments ou piles qui ne sont réellement que des modifications de celle de Bunsen. Au lieu d'un vase de verre ou de terre vernie, il se sert d'un vase en fonte passive, dans lequel il verse un mélange de trois parties d'acide nitrique et une d'acide sulfurique ordinaire; le cylindre de charbon est supprimé, et le vase poreux contenant le zinc amalgamé et l'eau acidulée est placé dans le vase en fonte, qui constitue ainsi le pôle positif de la pile.

Le second de ses éléments, c'est-à-dire l'autre combinaison, diffère de l'élément de Bunsen en ce que le zinc amalgamé y est remplacé par un cylindre en fonte non passive. (De la Rive.)

Les actions chimiques peuvent être les mêmes dans la pile de Schœnbein que dans l'élément de Bunsen, car il n'y a pas lieu de supposer qu'elles soient modifiées par la présence de l'acide sulfurique dans l'acide nitrique : l'objet principal du premier, comme nous l'avons vu, est de déshydrater l'acide nitrique à mesure qu'il s'affaiblit.

Pile de Menant. — Si la substitution de la fonte au zinc, faite par M. Schœnbein, offre des avantages sous le rapport de l'économie, celle-ci est encore plus sensible quand on se sert, comme l'a fait M. Menant, de tournure de fonte, car le prix de cette dernière n'est que de 6 francs les 100 kilogrammes, tandis que le zinc vaut environ 90 francs; il est vrai que l'action est beaucoup moins énergique, mais d'une constance assez grande dans ses effets.

Quand on substitue la tournure de fonte au zinc, on prend la polarité en y plongeant un fil de fer tourné en spirale qui sort du vase pour constituer le pôle négatif.

Pour tirer tout le parti possible de cette substitution, il faut pouvoir se débarrasser facilement de l'oxyde en excès qui se forme pendant le travail. On obtient ce résultat en employant un liquide excitateur susceptible de fournir avec le fer un sel soluble : tels sont les sulfates en général, et surtout le sulfate de magnésie étendu d'eau. Enfin le vase dans lequel plonge la tournure doit porter une ouverture à sa partie inférieure pour laisser écouler la solution trop saturée des sels de fer et permettre de renouveler le liquide excitateur sans déranger l'appareil.

Pile de Maynooth ou de Callan. — Cette pile, décrite dans le *Cosmos*, d'après une communication de l'ingénieur du Panopticon, M. Warner, est une importante modification de celle que nous venons de décrire; c'est pourquoi nous en parlons ici, bien que sa vraie place soit parmi les piles à un seul liquide.

Elle se compose d'une série d'éléments ou de couples de fonte et de zinc amalgamé que l'on charge ou excite avec un des liquides suivants : 1° acide chlorhydrique du commerce ou acide chlorhydrique concentré, étendu de moitié d'eau; 2° un mélange de parties égales d'acide sulfurique et d'acide chlorhydrique, étendu d'égal volume d'eau; 3° acide sulfurique étendu dans double quantité d'eau; 4° acide sulfurique mélangé dans trois fois son volume d'une dissolution de sel de cuisine. Ce dernier liquide est préférable aux autres, et le courant voltaïque qu'il produit sur deux plaques de fer et de zinc placées l'une à côté de l'autre est beaucoup plus intense que celui que l'on obtient d'une pile quelconque à acide nitrique et de mêmes dimensions, comme on paraît l'avoir expérimenté au moyen d'un bon galvanomètre à fil court et gros.

MM. *Gluckman*, *Payerne*, *Frascara* et d'autres ont employé aussi, comme M. Schœnbein, le fer au lieu de zinc; tantôt en copeaux, tantôt en limaille, tantôt constituant la matière même du vase extérieur, et M. Beckensteiner, inventeur d'un système analogue, prétend que la réaction de l'acide nitrique sur le sulfate de fer qui se dépose forme un sulfate suroxydé employé comme mordant dans la teinturerie et qu'en général on prépare directement en versant de l'acide nitrique sur du sulfate de fer.

Pile de Watson. — Le docteur Watson croit pouvoir obtenir sans frais ou à très-bas prix la lumière électrique en faisant que le courant qui éclaire les charbons soit produit par des substances dont les résidus sont des matières colorantes, comme par exemple le chromate de plomb. D'après cela, la nouvelle pile de Watson doit être composée de plaques de plomb au lieu de plaques de zinc, et employer le bichromate de potasse comme liquide excitateur au lieu d'acide sulfurique. Malheureusement nous ignorons les travaux de la compagnie qui a été fondée pour l'exploitation de cette idée, malgré les pompeuses annonces qui ont salué son établissement.

Pile de M. Douhet. — Plus heureux que ceux de M. Watson, les travaux auxquels s'est livré M. Douhet dans le but d'utiliser les produits de la pile lui ont valu une mention honorable dans le rapport fait récemment par M. Dumas sur le concours ouvert au sujet du prix extraordinaire de cinquante mille francs fondé par Sa Majesté l'empereur des Français pour la meilleure application nouvelle de la pile de Volta. M. Douhet, remarquant que le sulfate de zinc précipité par le sulfure de baryum donne du sulfure de zinc et du sulfate de baryte insolubles et blancs l'un et l'autre, a pensé que ce mélange pouvait être utilisé comme couleur dans la peinture à l'huile. Depuis 1853, on a fabriqué par ses soins et livré au commerce cent trente mille kilogrammes de ce produit sous le nom de *blanc métallique*.

Pile de M. Poggendorf. — D'après ce savant physicien, avec trois parties de bichromate de potasse, quatre d'acide sulfurique et dix-huit d'eau, on obtient dans les piles de Grove ou de Bunsen un effet aussi énergique qu'avec l'acide nitrique; il se forme, à ce qu'il paraît, dans la dissolution un alun de chrome après la réduction complète de l'acide chromique, et, si l'on recueille les résidus, on peut revivifier le bichromate de potasse sans perdre le sel de chrome.

Pile de MM. Fonvielle et Grenet. — Une autre pile à bichromate de potasse qui a mérité une mention honorable en même temps que les travaux de M. Douhet est celle de MM. Fonvielle et Grenet; il est vrai que cette pile présente une circonstance très-importante qui rappelle le moyen proposé par M. Ed. Becquerel pour dépolariser les éléments de la pile de Smée. Les éléments polaires de la pile de Grenet sont le graphite (charbon de cornue) et le zinc taillés en plaques et disposés à peu près comme dans les anciens éléments de Wollaston; le liquide excitateur consiste en une dissolution de bichromate de potasse pulvérisé dans de l'acide sulfurique concentré. Au-dessus des auges qui contiennent cette liqueur se trouvent placés des siphons communiquant avec un récipient dans lequel on fait passer un fort courant d'air, soit au moyen d'un soufflet, soit au moyen d'un ventilateur. Ce courant d'air est conduit par les siphons à travers le liquide et augmente considérablement l'énergie du courant.

L'appareil paraît être habilement combiné : les plaques de zinc, réunies trois à trois par des brides de fer-blanc, se trouvent séparées dans chaque élément par des lames de charbon qui les dépassent des deux côtés d'environ 3 centimètres, et qui sont également réunies deux à deux à l'une de leurs extrémités. Des bandes de caoutchouc durci séparent ensuite les éléments les uns des autres, et ces éléments se trouvent réunis en tension au moyen des brides elles-mêmes qui se trouvent découpées dans ce but. Le tout est encastré dans un bâti formé par quatre colonnes de caoutchouc durci montées sur un socle de la même substance, à l'intérieur duquel se trouve le récipient pour l'air insufflé. Ce récipient est, à cet effet, percé de nombreux petits trous qui correspondent aux vides laissés entre les plaques zinc et charbon, et c'est par les tuyaux en caoutchouc durci que se fait l'insufflation. Enfin le dessus de l'appareil est recouvert par une planche munie d'une poignée dans laquelle se trouvent fixées les colonnes du bâti et à travers laquelle ressortent les deux tiges polaires. C'est cet ensemble, qui, comme on le voit, est très-facilement maniable, qu'on plonge dans le vase où se trouve la dissolution de bichromate de potasse. Une pareille pile coûte environ 75 francs (Du Moncel.).

Dans l'une des séances du mois de novembre de la *Presse scientifique*, M. Grenet présenta trois de ses piles, dont l'une destinée à l'éclairage; le volume de l'appareil entier est à peine celui de deux cubes de 30 centimètres de côté; sa puissance cependant est égale à celle de quatre-vingts éléments de Bunsen. La lumière éblouissante qu'il projette sans intermittence ni oscillation équivaut, d'après le compte rendu de cette séance, à celle que donneraient cinq à six cents bougies, et ne coûterait, au dire de M. Grenet, que 1 franc 75 centimes par heure.

Pile de Doat. — Comme celle de Poggendorf, cette pile a aussi été imaginée dans le but d'extraire à bon marché de ses résidus les matières premières ayant servi à la faire marcher. Nous en donnerons une description détaillée, d'après celles qu'ont publiées les journaux scientifiques, le *Compte rendu des séances de l'Académie des sciences* du 5 mai 1856 (date à laquelle on la fit connaître pour la première fois), et surtout d'après la description accompagnée de planches qu'en donne M. du Moncel dans la deuxième édition de ses *Applications de l'électricité.*

Dans cette pile, le mercure métallique est substitué comme élément positif au zinc des piles ordinaires. Une solution saturée d'*iodure de potassium* tient lieu d'eau acidulée par l'acide sulfurique; l'*iode* dissous dans l'iodure de potassium remplace l'acide nitrique ou le sulfate de cuivre des piles à deux liquides, et sert à maintenir la continuité du courant pendant plusieurs jours, quelle que soit l'énergie de son action; le charbon est employé comme élément négatif.

Au fond d'une espèce d'auge carrée en gutta-percha, *EFGH* (fig. 58), on verse une couche mince de mercure; puis, sur celle-ci, une dissolution d'iodure de potassium, et on laisse flotter sur ce liquide une seconde auge ou vase dont les côtés sont en gutta-percha, mais dont le fond est en porcelaine dégourdie. A l'intérieur de ce second vase, et plongée dans de l'iodure de potassium, se trouve une grille *A* formée de morceaux de charbon de cornue, sur laquelle on pose des cristaux d'iode, et qui constitue le pôle positif de la pile.

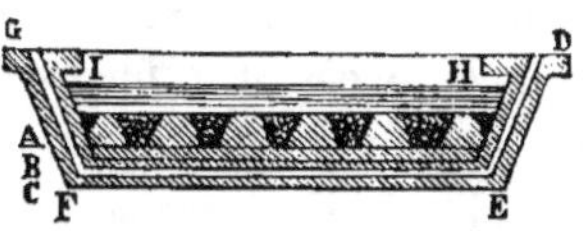

Fig. 58.

Quand on ferme le circuit, l'iodure de potassium attaque le mercure avec une grande énergie, forme du proto-iodure de mercure, qui, en présence de l'iodure alcalin, abandonne la moitié du mercure à l'état métallique et se change en periodure. Ce dernier sel, qui est une des substances qui attaquent le plus énergiquement le mercure, vient ajouter son action à celle de l'iodure de potassium, et, chaque fois que le proto-iodure se change en periodure, une partie du métal qui le constitue se révivifie, et il se forme une nouvelle combinaison entre le potassium demeuré libre et l'iode qui se trouve sur la grille de charbon, de manière que la solution ou liquide excitateur reste toujours au même degré de saturation jusqu'à ce qu'il absorbe entièrement l'iode. Cette combinaison produit donc le même effet que l'absorption de l'hydrogène dans les piles de Bunsen, et c'est à elle qu'on doit la continuité et l'énergie du dégagement électrique; la continuité surtout est remarquable, et cela se comprend facilement si l'on réfléchit que le periodure de mercure qui se forme comme résidu, et qui sature plus ou moins la solution d'iodure de potassium, provoque l'action excitante de cette solution, au lieu de la diminuer, comme fait le sulfate de zinc dans les piles de Bunsen. Quand tout l'iode qui est sur la grille se trouve consumé, la dissolution d'iodure de potassium se sature complétement de periodure de mercure, et la pile s'affaiblit considérablement.

Pour révivifier les éléments excitateurs, M. Doat commence par chauffer, dans une capsule de platine couverte et en communication avec un grand récipient en verre, la dissolution qu'il a tirée de la pile au moyen d'un siphon. A une température assez peu élevée, le periodure de mercure se volatilise et vient se condenser sur les parois du récipient, en laissant dans la capsule l'iodure de potassium révivifié. Si l'on prend ensuite le periodure de mercure condensé et si on le mélange avec de la baryte caustique en excès, il se forme un oxyde de mercure et un iodure de baryum qu'on sépare aisément en faisant chauffer de nouveau. En effet, le mercure se volatilise et se condense en gouttelettes très-fines sur les parois du récipient; l'iode est extrait de l'iodure de baryum en ajoutant de l'eau avec quelques cristaux d'iode, et, en chauffant de nouveau, l'iode cristallise sur les parois du récipient; enfin, en évaporant jusqu'à siccité, on finit par obtenir la baryte caustique, laquelle sert pour une nouvelle révivification.

A première vue, quand on considère le prix élevé de l'iode et du mercure, les dimensions considérables que doit avoir chaque élément, et le soin qu'exige l'installation de plusieurs de ces éléments, on pourrait croire cette pile peu susceptible d'applications pratiques; mais, si l'on met en balance avec ces inconvénients les avantages qu'elle présente, tels que la production d'un courant énergique et parfaitement continu pendant plusieurs jours, la possibilité de révivifier les matières existantes, sans autres frais que ceux d'une faible quantité de charbon et la déperdition mécanique de matière et d'ustensiles, on comprendra sans peine que, dans les applications en grand de l'électricité, où la dépense première des appareils n'est rien en comparaison des frais d'entretien, ces piles pourront rendre d'immenses services.

Quant à leur installation, une fois faite sur des planches mobiles, superposées les unes aux autres, et réunies par une traverse qui, par le moyen d'une vis, permettrait de les incliner plus ou moins, elle offrirait plus d'avantages que celle des autres piles, parce qu'il suffirait d'incliner plus ou moins les auges pour modifier le niveau du mercure et par conséquent l'étendue de sa surface en contact avec le liquide excitateur, et qu'ainsi la quantité d'électricité serait très-facilement réglée.

D'après son auteur, la force électro-motrice de cette pile est à peu près d'un tiers moindre que celle d'un élément de Bunsen ayant la même surface. M. Regnault a présenté récemment à l'Académie des sciences le calcul exact qu'il en avait fait; mais ce n'est point ici le lieu de l'examiner; ceux qui voudraient plus de détails peuvent recourir au compte rendu de l'Académie des sciences du 7 juillet 1856. Nous nous bornerons à dire que, prenant pour unité l'élément thermo-électrique, bismuth et cuivre, de 0° et 100° centigrade, la force électro-motrice de l'élément de Doat, tel que nous l'avons décrit, est de 102 unités, de la valeur desquelles on se rendra mieux compte si l'on sait que l'élément de Daniell équivaut à 175 unités, et celui de Grove à 310.

Quelque temps après qu'il eut présenté sa pile à l'Académie, M. Doat a fait savoir qu'il l'avait améliorée, en substituant au mercure plusieurs amalgames, et particulièrement l'amalgame de zinc. Avec ce changement, dit-il, la tension et la quantité d'électricité sont comparables et même supérieures à celles des piles de Grove et de Bunsen, et on jouit de tous les avantages de la révivification. Avec l'amalgame de zinc, la force électro-motrice est de 216 unités, avec l'amalgame de sodium 381, et avec celui de potassium 386. Convaincu que l'affinité joue un rôle très-important dans les phénomènes voltaïques, M. Jules Regnauld a substitué à l'iode de l'élément de Doat le brome et le chlore, et il a obtenu avec l'amalgame de bromure de potassium 471 unités, et avec celui de chlorure de potassium 512.

La révivification des iodures des métaux électro-positifs amalgamés a été l'une des difficultés qui se sont présentées à M. Doat quand il voulut substituer ses amalgames au mercure; heureusement il découvrit que le carbonate basique de bioxyde de cuivre est un des agents de décomposition les plus énergiques qu'il y ait pour les iodures, et, avec son aide, il révivifia sans difficulté aucune les éléments de sa pile, formée avec l'amalgame de zinc, l'iodure de potassium et l'iode.

La disposition de la pile est exactement la même que celle que nous avons décrite pour l'emploi du mercure seul, avec les vases de la même forme aussi; seulement, dans la grille de charbon on dispose un filtre en terre poreuse qui contient le carbonate de bioxyde de cuivre hydraté. Après que la pile a fonctionné quelque temps, on extrait le liquide contenu dans les vases et on le verse dans les filtres, où il se décompose très-vite à la température ordinaire, et instantanément par 60° centigrade. (Voyez le *Cosmos* du 16 décembre 1856.)

Pile de Selmi. — Un journal italien, la *Corrispondenza*, de Turin, a annoncé que le professeur Selmi avait inventé une nouvelle pile à force continue, dont la construction se fonde sur un principe nouveau qui se prête merveilleusement aux applications industrielles. L'auteur assure que sa pile est simple et peu coûteuse, qu'elle ne dégage pas de gaz délétères et qu'elle est beaucoup plus énergique que celle de Daniell, quoique un peu inférieure en intensité à celles de Grove et de Bunsen.

L'élément de cette pile se compose d'un vase en verre ou en faïence dans le fond duquel on met une plaque de zinc sans amalgame, qui communique avec la partie extérieure au moyen d'un appendice métallique formant l'un des pôles de la pile; sur la plaque de zinc on place une spirale de cuivre, faite d'une bande enroulée de ce métal, qui a un autre appendice pour établir la communication avec l'extérieur de la pile. Avec une dissolution de sulfate de potasse, on couvre entièrement la plaque de zinc et jusqu'à une certaine hauteur celle de cuivre, et aussitôt qu'on réunit par un conducteur les deux appendices du cuivre et du zinc, il s'établit un courant dont la permanence dure des mois entiers.

Ce qu'il y a de nouveau dans la pile de Selmi, ce qui fait son mérite, à ce qu'il paraît, c'est le *triple contact* qui existe entre le sulfate de potasse et le zinc, le sulfate de potasse et le cuivre, et entre le cuivre et l'air; en effet, quand le cuivre est tout entier recouvert par la dissolution, le courant s'affaiblit d'une manière notable. L'auteur de cette pile explique le phénomène, et, si les avantages qu'il annonce sont réels, dit M. Govi, sa pile sera, parmi toutes celles connues, la moins coûteuse et celle qui produira le travail le plus régulier. M. Selmi produit du blanc de zinc avec les résidus de sa pile, ce qui la rend encore plus économique.

Pile de M. Magrini. — Dans le but d'utiliser aussi les résidus de la pile, M. Magrini a substitué l'acide chlorhydrique à l'acide sulfurique (1 partie pour 10 parties d'eau) dans la pile de Bunsen, et il produit de l'oxychlorure de zinc sous la forme d'une pâte très-fine qui s'attache aux parois des vases poreux, et qui, dit-on, est excellente pour la peinture. L'énergie de cette pile ne paraît pas être beaucoup moindre que celle de la pile de Bunsen.

Pile à aluminium. — Dans la séance de l'Académie des sciences du 21 mai 1855, M. Dumas annonça que le directeur des ateliers galvanoplastiques de la Monnaie de Paris avait obtenu des résultats très-satisfaisants dans les essais qu'il avait tentés dans le but de s'assurer si l'on pourrait substituer l'aluminium au platine dans les piles à zinc et à eau acidulée.

Un mois avant M. Hulot, Wheatstone avait présenté à la Société royale de Londres le résultat des observations par lui faites dans le même but, et d'après lesquelles l'aluminium est électronégatif par rapport au zinc plongé dans de l'acide sulfurique étendu ou dans de l'acide nitrique étendu aussi, et, au contraire, positif par rapport au cuivre et au platine plongés dans ces mêmes acides étendus.

M. Hulot, qui très-probablement ne connaissait pas les travaux de Wheatstone, a constaté de son côté qu'un couple d'aluminium et de zinc amalgamé, excité par l'eau acidulée à vingt degrés, donne lieu à un dégagement considérable d'hydrogène et à un courant comparable au moins à celui d'un élément de zinc et de platine excité au même degré. D'après Wheatstone, le couple de cuivre et d'aluminium, excité par de l'acide hydrochlorique étendu, donne un courant incomparablement plus énergique et plus constant; et l'élément d'aluminium et de zinc, excité par une dissolution de potasse, produit aussi, à ce qu'il paraît, d'excellents résultats.

Quand on se livrait à ces expériences, l'aluminium coûtait 3 francs le gramme, et, par conséquent, bien qu'il soit neuf fois plus léger que le platine, on ne pouvait envisager la question que sous un point de vue entièrement scientifique et tout d'avenir;

mais aujourd'hui que, d'après les indications de M. Dumas dans la séance du 13 octobre 1856, ce métal coûte dix fois moins, vendu au détail, il est temps de reprendre les expériences de Wheatstone et de Hulot et de s'occuper d'appliquer à l'industrie cette nouvelle conquête de la science.

Pile de MM. Alix et Henry. — Ces messieurs ont proposé une autre substitution; mais, au lieu du platine, c'est le zinc des piles de Grove ou de Bunsen qu'ils remplacent par l'aluminium. Ils prétendent avoir ainsi un couple sinon d'une grande énergie, du moins d'une grande constance, sans aucune dépense de métal, puisqu'il n'y a plus alors d'oxydation produite; mais M. du Moncel a fait voir qu'ils se trompaient en voulant sur ce fait nier l'influence de la réaction chimique de l'acide sur le zinc, et il prétend à son tour que l'effet se produit par la réaction des deux liquides l'un sur l'autre, et s'appuie sur ce fait qu'il faut renouveler souvent l'acide nitrique, qui se désoxyde.

Pile de MM. Lacassagne et Thiers. — Une autre pile, dans laquelle l'aluminium joue un rôle très-important, non comme élément constitutif, mais comme produit de la réaction qui y a lieu, est celle de MM. Lacassagne et Thiers, affectée principalement à la production de la lumière électrique au moyen d'une lampe de leur invention et d'un régulateur électro-métrique destiné à obtenir constamment un courant de la même intensité.

Le peu de confiance que cette pile semble inspirer à M. du Moncel quand il en parle dans son livre, nous l'avons partagé en voyant la manière pompeuse dont fut annoncée cette invention; cependant nous devons avouer que, bien que ne connaissant point encore les effets de la pile de MM. Lacassagne et Thiers, et ne sachant rien de plus à son sujet que quand on en parla pour la première fois, notre défiance a un peu diminué depuis que nous avons vu les résultats obtenus avec leur lampe électrique, et surtout avec leur régulateur électro-métrique, appareil très-ingénieux et d'une grande importance que nous décrirons dans notre septième chapitre. Il n'est pas supposable que qui tient si bien sa promesse pour une partie de son invention, digne en tout point par elle seule des plus sincères éloges, ira s'exposer à amoindrir sa gloire en accompagnant de réclames mensongères l'autre partie de cette même invention. Nous trouvons étrange toutefois que MM. Lacassagne et Thiers n'aient point fait connaître simultanément l'ensemble de leur découverte, en se servant de leur pile dans les essais de lumière électrique qu'ils ont récemment faits à Paris, au lieu d'employer les batteries de Bunsen : leur triomphe en eût été bien plus complet.

D'après les journaux de Lyon, qui ont les premiers parlé de cette invention, le nouveau générateur électrique est une pile sèche qui fonctionne sans eau ni acides, parce que ces liquides sont remplacés par des sels anhydres qui passent à l'état de fusion ignée et produisent l'aluminium, qui s'accumule en grenaille au fond d'un des creusets employés au lieu de vases. Au surplus, nous ferons mieux de décrire l'appareil.

Il se compose de deux creusets concentriques séparés par un cylindre en fer. Dans l'espace compris entre le cylindre et le creuset extérieur, on met du sel de cuisine, et un sel d'alumine dans l'espace resté vide entre le cylindre et le creuset intérieur ; dans ce dernier on introduit un cylindre ou prisme de charbon. En chauffant l'appareil au rouge, les deux sels entrent en fusion, et, dès qu'on réunit les deux conducteurs, l'un soudé au fer du cylindre, et l'autre en contact avec le charbon, il se produit une action électrique d'une force remarquable. Cette pile a en outre, dit-on, la propriété d'agir non-seulement avec d'autres éléments de la même espèce et d'acquérir ainsi une puissance électrique énorme, mais de se joindre à des piles d'un autre genre. L'aluminium se dépose au fond du creuset intérieur en forme de grenaille ou de résidu après deux heures de feu.

Nous ferons mention de deux autres piles où la chaleur joue un rôle très-important, et, quoique jusqu'à présent elles n'aient servi que comme appareil de démonstration, le principe sur lequel elles sont fondées est nouveau et pourrait donner lieu à des travaux qui le rendraient applicable à la construction de piles industrielles dans lesquelles on tenterait ou dans lesquelles il y aurait nécessité de supprimer les liquides excitateurs, comme ont commencé à le faire MM. Thiers et Lacassagne. Ces piles, dues à MM. Becquerel et Buff, font naître des courants électriques que le premier de ces deux physiciens a nommés courants *pyro-électriques*, bien que M. de la Rive affirme qu'ils sont dus à une cause purement chimique. Nous n'entrerons pas dans l'examen de cette question, qui nous entraînerait trop loin, et nous nous contenterons de décrire ces deux piles.

Pile de M. Caussinus. — Cette pile a pour but la suppression des acides liquides. Elle se compose d'un vase de zinc au fond duquel se trouve un disque de liége, et d'un vase tout en cuivre rouge ou en plomb, moitié plus petit que le premier et qui est posé sur le disque de liége. On charge avec un mélange de sels que l'inventeur appelle *sels combinés* et qu'il prépare de la manière suivante :

On met dans un demi-litre d'eau 100 grammes de sel marin et 200 grammes d'azotate de potasse, puis on chauffe et on fait réduire de moitié. On ajoute ensuite peu à peu 200 grammes d'acide sulfurique, et on chauffe encore, jusqu'à ce que le tout ne fasse plus qu'une espèce de pâte. Cette pâte est ensuite exposée à l'air dans des assiettes pour laisser évaporer les liquides et cristalliser les sels dont on charge la pile. Quand on veut charger, on a soin de remplir préalablement à moitié le plus grand vase, qui est celui en zinc, avec du sel marin; les sels combinés remplissent alors le second vase et la moitié du plus grand. La présence de ces sels suffit, selon M. Caussinus, pour produire un dégagement électrique assez intense. Pour régénérer la pile pendant sa marche, on ajoute, quand il le faut, une eau seconde faite avec moitié eau et moitié acide sulfurique.

Pile pyro-électrique de M. Becquerel. — Dans un creuset en terre, il place une lame de cuivre enterrée dans du verre pilé; Dans ce dernier, il introduit aussi une tige de fer et expose le creuset à la chaleur d'un fourneau à réverbère.

M. Becquerel obtient les mêmes résultats en introduisant dans le creuset rempli de verre pilé, avec les deux tiges de cuivre et de fer, 25 pour 100 de carbonate de soude, pour faciliter la fusion.

Quelquefois aussi il a remplacé le fer par un cylindre de charbon et les effets obtenus ont été analogues.

Bien que d'autres substances puissent produire le même effet que le verre, celui-ci a semblé préférable dans tous les essais que l'on a tentés.

Pile pyro-électrique de M. Buff. — En faisant des expériences sur la conductibilité du verre chauffé, M. Buff est arrivé à construire une pile où le verre remplace le liquide électrolytique, mais non de la même manière que dans la pile de M. Becquerel. Il place les uns sur les autres et dans le même ordre des disques de laiton doré, des disques de zinc et de minces plaques de verre; puis, au moyen d'un fil de platine, il unit le premier et le dernier disque qui couvraient les plaques de verre, formant ainsi une véritable pile à colonne, haute de quatre centimètres. Comprimant ensuite les plaques afin de les soumettre au courant d'air chaud d'une lampe d'Argand, il obtint pour résultat une divergence de dix millimètres dans l'électroscope à feuilles d'or; les disques une fois échauffés, un contact de quelques secondes produisait une divergence d'au moins trente-cinq millimètres.

Cette pile, employée en diverses occasions, n'avait rien perdu de sa force électro-motrice au bout de cinq mois.

Quoique M. de la Rive ne le dise point, le sens du courant dans cette pile doit être le même que dans celle de M. Becquerel, où il va du fer au cuivre à travers le verre, c'est-à-dire que, dans celle de M. Buff, il doit se diriger du zinc au laiton dans la pile.

Une autre pile, que nous ne connaissons que par les quelques lignes insérées par M. du Moncel dans son livre, développe l'électricité, à ce qu'il paraît, en lançant un jet de vapeur d'eau sur des charbons incandescents. Nous nous abstiendrons de toutes considérations sur cette pile, car elles seraient hasardées en ce moment; d'ailleurs, le nombre des combinaisons possibles d'éléments pour former des couples étant immense, immense aussi celui des liquides excitateurs qu'on peut employer, et non moins considérable celui des dispositions à adopter pour activer et régulariser leur action, on ne doit, sous peine de perdre un temps précieux, soumettre à l'analyse que les appareils qui, dans les essais, ont donné des résultats satisfaisants, qui sont fondés sur un principe reconnu fécond, ou qui, présentés avec tous les détails que nécessiterait une application immédiate, et quelques faits à l'appui, rendent possible et facile cette analyse sans qu'il soit besoin de recourir pour cela à des suppositions plus ou moins aventurées.

Pile tellurique de M. Palagi. — Le désir de réunir en un seul chapitre tous les générateurs d'électricité qui portent le nom de *piles* nous fait placer ici la pile tellurique ou terrestre de M. Palagi, qui peut-être eût mieux figuré dans le sixième chapitre, où nous parlons des expériences de Magrini et autres qui ont étudié les courants telluriques; nous engageons donc le lecteur à consulter cette partie de notre ouvrage s'il ne trouve pas assez de détails dans la description que nous empruntons à M. du Moncel de la nouvelle pile de M. Palagi.

Le savant auteur des *Applications de l'électricité* dit que, bien qu'on fût parvenu à provoquer de la part du globe terrestre des courants électriques assez sensibles, aucun de ces courants n'avait pu jusqu'à présent être assez régulier et assez énergique pour être employé dans la télégraphie électrique. Nous croyions au contraire que M. Steinheil était arrivé à employer, dans son système électrique pour la sécurité des chemins de fer, le courant provenant de deux plaques de cuivre et de zinc, enterrées la première dans le fond d'un puits, la seconde au fond du lit d'une rivière à plus de 30 kilomètres l'une de l'autre, et que ce système avait fonctionné pendant quelque temps sans qu'il y eût rien à reprocher ni à la force ni à la constance du courant électro-tellurique qui en résultait; cependant nous n'avons pas vu par nous-même l'application de M. Steinheil, et il se pourrait que M. du Moncel eût raison en attribuant à M. Palagi la véritable solution de ce problème.

« L'un des grands inconvénients des courants électriques obtenus par l'immersion des lames métalliques, zinc et cuivre, dit le savant physicien, était le changement irrégulier et continuel de direction, changement qui, d'après les observations de M. Palagi, faites deux fois par jour pendant trois mois, ne semblait avoir aucune cause apparente. Voulant se rendre compte de ce phénomène, M. Palagi remplaça l'une des lames métalliques par une plaque de charbon, et quel fut son étonnement lorsqu'il reconnut non-seulement que le courant produit était plus intense, mais encore qu'il se trouvait dirigé d'une manière régulière du charbon au zinc [1] ! Cette découverte l'encouragea à entreprendre d'autres expériences, et il put reconnaître bientôt les faits suivants :

« 1° La force du courant tellurique obtenu avec charbon et zinc plongés dans l'eau aux deux extrémités d'un circuit diminue, il est vrai, d'intensité quelques instants après l'immersion des lames, mais devient bientôt d'une constance très-grande;

« 2° L'énergie des courants telluriques ne dépend pas de la surface des lames de charbon et de zinc, mais bien du nombre de ces lames lorsqu'elles sont suspendues les unes à la suite des autres (les lames charbon avec les lames charbon, les lames zinc avec les lames zinc), comme les grains d'un chapelet; alors l'accroissement d'énergie du courant est presque proportionnel au nombre des plaques formant chacune des deux chaînes;

« 3° Si les plaques charbon et zinc, au lieu d'être suspendues les unes au-dessus des autres, sont réunies aux deux extrémités du fil formant le circuit, cette augmentation d'énergie n'existe pas;

« 4° La condition essentielle pour que le développement électrique ait lieu est que la chaîne formée par les plaques de zinc

[1] La plaque de cuivre employée par M. Steinheil était roulée sur elle-même, et entre les spires il plaçait du charbon, de manière que le cuivre n'était pour ainsi dire que le collecteur qui transmettait au fil conducteur l'électricité développée sur le charbon; de toutes les manières, il y a une grande analogie entre cette idée de M. Palagi et celle de M. Steinheil, qui l'avait précédé de plusieurs années; l'autre partie de la pile tellurique du premier n'est pas pour cela moins neuve ni moins intéressante.

ne touche pas le sol, mais flotte librement au sein de l'eau dans laquelle elle est immergée;

« 5° La chaîne charbon peut toucher sans inconvénient le fond de l'eau dans laquelle elle est immergée, à la condition que les fils de cuivre formant la suspension des charbons ne se touchent pas. Si cependant ce contact avait lieu, l'intensité du courant diminue, comme si l'on supprimait les charbons placés à la suite du fil touché;

« 6° Plus les zincs ou les charbons réunis en chaîne sont éloignés les uns des autres, plus le courant est énergique;

« 7° Si les lames de zinc se touchent entre elles, le courant cesse complétement. Si, au contraire, les charbons se touchent, le courant n'est que notablement diminué; il reste cependant plus fort que si les charbons ne formaient qu'une seule pièce;

« 8° Si les zincs sont relevés de l'eau et plongés de nouveau sans avoir été essuyés, le courant diminue d'énergie et ne reprend sa force première qu'après qu'ils ont été essuyés, puis replongés. Les charbons au contraire peuvent être retirés de l'eau, puis replongés sans avoir été essuyés sans qu'aucun changement ait lieu;

« 9° L'amalgamation des zincs augmente l'intensité du courant;

« 10° La chaîne des charbons et celle des zincs peuvent être plongées dans un même puits ou dans des puits plus ou moins éloignés, ou des rivières; elles peuvent être placées verticalement ou horizontalement, en les soutenant par des flotteurs;

« 11° La déviation de l'aiguille aimantée n'est pas diminuée quand on sort de l'eau la chaîne des charbons, pourvu qu'ils soient tous humides, et que le dernier d'entre eux au moins soit plongé en totalité ou en partie;

« 12° Les chaînes peuvent même être placées dans des vases d'eau pure isolés de la terre.

« Voici les expériences tentées par M. Palagi pour utiliser les courants telluriques obtenus de la manière précédente à la télégraphie.

« 1° Le 20 septembre 1857, dit M. Palagi, douze lames de

zinc d'environ 20 centimètres de longueur sur 20 de largeur furent placées dans un puits, aux Batignolles. A Asnières, douze charbons de piles de Bunsen, de 20 centimètres de longueur sur 4 de diamètre, furent plongés dans la Seine. Ces deux chaînes furent réunies aux deux extrémités d'un fil de ligne télégraphique de 3 kilomètres de longueur environ. Deux appareils-Breguet à cadran, placés dans le circuit, fonctionnèrent d'une manière satisfaisante.

« 2° Le 16 octobre, à Asnières, on fit usage d'une chaîne de 45 charbons : à Chatou, une chaîne de 24 zincs fut mise dans la Seine ; le fil télégraphique entre ces deux stations a environ 12 kilomètres de longueur. L'appareil Breguet fonctionna d'une manière imparfaite ; mais le télégraphe à aiguilles de Wheatstone fonctionna parfaitement.

« 3° Le 31 octobre, une chaîne de 24 zincs fut mise dans la Seine au pont d'Oissel, près de Rouen, et une de 40 charbons à Asnières, la distance étant de 120 kilomètres ; le télégraphe Wheatstone put fonctionner ; il fonctionna même avec un seul charbon. »

Ces expériences de M. Palagi, ainsi que celles que nous mentionnons dans le sixième chapitre, faites par le même savant dans le but d'employer les rails des chemins de fer comme conducteurs télégraphiques, sont appelées à former le point de départ d'applications très-importantes dans la télégraphie électrique ; nous l'espérons du moins.

PILES A GAZ.

La pile de Grove, que représente la figure 59, se compose de plusieurs cloches en verre en partie remplies d'hydrogène et d'oxygène, plongées dans de l'eau légèrement acidulée avec de l'acide sulfurique. Chaque élément comprend deux de ces cloches, l'une d'hydrogène, l'autre d'oxygène, et, dans chacune d'elles, il y a une feuille de platine platiné qui occupe presque toute sa hauteur. Dans le système représenté dans la figure 59, ces feuilles sortent par la partie supérieure des cloches, où elles sont hermétiquement scellées. Dans d'autres systèmes, Grove introduit les feuilles de platine jusqu'à la partie supérieure des cloches, là il les plie, et les replie de nouveau à la partie inférieure pour, de là, les faire sortir du liquide; la pile se monte en faisant communiquer le platine de l'hydrogène du premier vase avec celui de l'oxygène du second, le platine de l'hydrogène de celui-ci avec le platine de l'oxygène du suivant, et ainsi de suite, de sorte que les deux feuilles de platine des extrémités appartiennent à des gaz différents; celle de l'oxygène forme le pôle positif de la pile, et celle de l'hydrogène le pôle négatif.

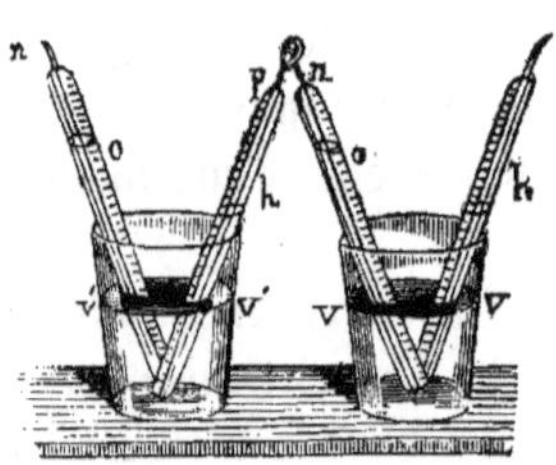

Fig. 59.

Quand on fait communiquer les deux pôles, il se produit un courant d'une notable énergie, qui donne des commotions assez violentes, des étincelles très-vives, et possède une force décomposante de quelque intensité.

Pile hydrodynamique de Carosio. — Nous n'affecterons pas à cette pile les pages nombreuses que semblait exiger l'intérêt avec lequel a été débattue la question de savoir si le docteur Carosio, en se promettant d'immenses résultats avec sa pile hydrodynamique, était tout simplement un visionnaire, ou s'il devait justifier la comparaison qu'on faisait de lui avec son compatriote Colomb. L'expérience semble avoir déjà décidé la question, et, comme malheureusement le succès n'a pas répondu aux magnifiques espérances qu'on avait conçues, nous nous bornerons, ce qui suffit pour l'histoire de la science, à indiquer le principe sur lequel est fondée cette pile, et à donner la description de l'appareil construit sous les ordres de M. Carosio lui-même par MM. Deleuil père et fils.

L'appareil électro-magnétique que le docteur Carosio nomme pile électro-dynamique est fondé sur la théorie des équivalents électro-chimiques et sur la loi de Faraday qui établit que le courant électrique est en raison directe de l'action chimique, et, par conséquent, que la quantité d'électricité qui sert à décomposer un gramme d'eau en ses deux éléments, oxygène et hydrogène, est égale à celle qui résulte de la combinaison de ces deux mêmes gaz quand ils s'unissent pour former un autre gramme d'eau; et l'inventeur invoquait à son appui la pile de Grove et l'opinion de M. Pouillet, qui a démontré ce principe dans son *Traité de physique*.

Dans un rapport fait par lui, le célèbre ingénieur prussien M. Siemens non-seulement se montre favorable à l'idée du docteur Carosio; mais, se fondant sur les résultats des travaux de Grove, Thompson et autres physiciens, qui prouvent que la chaleur, l'électricité, la lumière, le son, l'affinité chimique et la force dynamique ne sont que les différentes manifestations d'une grande cause universelle, le *mouvement*, il conclut en disant que la réalisation finale du principe contenu dans l'invention du docteur Carosio est pour lui chose certaine. Malheureusement, nous le répétons, on n'a point encore obtenu ce résultat définitif, qui n'allait à rien moins qu'à produire, au moyen du courant électrique développé par la composition et la recomposition de l'eau, un mouvement mécanique capable de remplacer celui des machines à vapeur ordinaires. Mais passons à la description de l'appareil construit par M. Deleuil.

Il consiste en deux grands cylindres formant l'un la pile et l'autre le voltamètre. Les parois du premier cylindre sont en gutta-percha parfaitement moulée, et il est divisé en deux compartiments par un diaphragme de terre poreuse. Dans toute la longueur de chaque compartiment il y a un cylindre de charbon, auquel pendent 120 plaques rectangulaires, de charbon aussi, qui constituent les éléments positifs de la pile à gaz. Cette pile a donc 240 éléments, et se remplit jusqu'à moitié d'eau acidulée par l'acide sulfurique.

Le voltamètre a ses parois en verre; il est divisé aussi en deux compartiments par un diaphragme en porcelaine poreuse, et dans toute la longueur de chacun d'eux il y a trois tubes recouverts de feuilles de platine. Les feuilles de platine d'un des compartiments communiquent avec le pôle négatif, celles de l'autre avec le pôle positif; une moitié du premier compartiment se remplit d'eau acidulée, l'autre moitié de gaz oxygène, et le second compartiment avec parties égales d'eau acidulée et d'hydrogène. Cette pile, une fois armée, devait produire les merveilles que nous avons dites plus haut, c'est-à-dire une immense quantité de gaz, qui, à son tour, devait mettre en mouvement les pistons d'une puissante machine.

Il paraît qu'un autre Italien, M. Frascara, ne se laissant pas rebuter par le résultat des essais du docteur Carosio, s'occupe de résoudre le problème de la même manière.

PILES SÈCHES.

Ces piles, parmi lesquelles nous aurions dû peut-être ranger celles de MM. Buff, Becquerel, Lacassagne et Thiers, diffèrent des piles ordinaires en ce que le conducteur interposé entre les éléments ou couples est un corps solide légèrement humecté.

Les premières piles sèches furent construites en 1803 par Hachette et Desormes, avec des plaques de zinc et de cuivre séparées par une pâte d'amidon; plus tard, M. Biot substitua à l'amidon le nitrate de potasse ou salpêtre, qui, parmi les sels, est un des meilleurs conducteurs. En 1809, Deluc, qu'on regarde généralement comme le véritable inventeur des piles sèches, en présenta une à colonne formée de trois cents plaques de zinc et de trois cents disques en papier doré d'un seul côté. En 1812, Zamboni, dont le nom a été donné à ce genre de piles, les perfectionna en pressant fortement les uns contre les autres des milliers de disques en papier un peu fort dont une surface était étamée, et l'autre enduite d'une couche de peroxyde de manganèse. Quelquefois on imbibe le papier avec une légère dissolution de lait, de beurre, de miel, d'huile, de térébenthine, etc.; mais si, par ces moyens, on donne d'abord aux piles une force plus grande, elles ont l'inconvénient de se détériorer plus promptement que les autres, car il est rare qu'après quelques années elles conservent encore leur énergie primitive.

Les piles de Zamboni ne donnent pas de commotion, elles ne produisent pas non plus de décompositions chimiques; mais avec une pile de mille ou deux mille éléments, on charge un condensateur, et l'on obtient quelquefois une étincelle; il est vrai qu'il faut attendre quelque temps avant que la pile ait réparé ses pertes, soit à cause de la lenteur des actions chimiques, comme le prétendent les partisans de cette théorie, soit à cause de la mauvaise conductibilité du papier, comme le pensent les adeptes de la théorie du contact.

On a fait une application des piles sèches, connue sous le nom de *électroscope de Bohnenberger*, son auteur. Après avoir supprimé dans le condensateur à feuilles d'or une de celles-ci, il disposa à égale distance de l'autre les deux pôles d'une pile sèche très-peu énergique : il est clair que la moindre charge d'électricité positive ou négative, si minime qu'elle soit, oblige la feuille, qui est très-mobile, à se diriger vers le pôle positif ou vers le pôle négatif; et, une fois le mouvement commencé, il continue ses allées et venues pendant quelque temps.

Enfin M. Delezenne a construit récemment des piles sèches de grandes dimensions avec des feuilles de papier étamé de cent soixante-dix-huit millimètres de long sur cent cinquante-huit de large, et il a prouvé qu'avec trois cents de ces éléments, convenablement humectés et pressés, on obtient des commotions assez vives et une décomposition très-sensible de l'eau.

PILES THERMO-ÉLECTRIQUES.

Il ne faut pas induire, de ce que nous plaçons dans ce chapitre la description des piles thermo-électriques, que nous prétendons attribuer le dégagement électrique qui s'y opère à la même origine que celui de l'électricité voltaïque; car, bien que nous ne soyons pas éloigné de penser ainsi, c'est encore une hypothèse trop vague et qui ne repose pas sur des données capables de la faire ranger au nombre des théories reçues; toutefois nous espérons que les progrès de l'esprit humain nous rapprocheront de l'unité scientifique et de cette suprême simplicité que peut-être l'homme n'atteindra jamais, mais vers laquelle il marche incessamment, poussé par une force irrésistible.

Les courants développés par les piles thermo-électriques sont tellement identiques aux courants voltaïques, que les uns ont servi pour calculer les lois des autres; et, s'il existe dans les premiers une régularité qu'on ne trouve pas dans les seconds, cette différence, à notre avis, n'est due qu'à la nature de l'agent générateur, peut-être à ce que, dans les piles thermo-électriques, la cause déterminante générale de tout développement électrique agit moins indirectement que dans le frottement et dans le contact ou les réactions chimiques.

Nous avons déjà dit que, si l'on soude bout à bout deux barres métalliques formant un circuit, et si l'on maintient les deux soudures à une température différente, il y a une manifestation électrique sous forme de courant, et cette manifestation est d'autant plus sensible, que le nombre des soudures est plus considérable, la température des soudures paires entre elles étant la même, la même aussi celle des impaires. C'est sur ce principe qu'est fondée la pile dont nous donnons la description dans le paragraphe suivant.

Pile thermo-électrique d'Oersted et Fourrier. — C'est la première de ce genre qui fut connue. Elle se compose d'une série de petites barres de bismuth et d'antimoine soudées les unes au bout des autres en ligne droite ou en cercle. A chaque soudure les barres de bismuth sont terminées en une espèce de coude que l'on plonge dans de la glace à 0°, pendant que les autres, c'est-à-dire les soudures impaires, sont élevées à la température de 200° ou 300° au moyen d'une ou de plusieurs lampes.

Pile thermo-électrique de Nobili. — Le célèbre physicien italien de ce nom a modifié la forme de la pile que nous venons de décrire, afin de réunir un plus grand nombre d'éléments en un petit volume. Les barres de bismuth ou d'antimoine sont disposées de manière qu'après avoir formé une série de cinq couples, comme dans la figure 60, la barre de bismuth *b* se soude latéralement à l'antimoine d'une seconde série semblable, puis la dernière barre de bismuth de cette seconde série à l'antimoine d'une troisième, et ainsi de suite jusqu'à quatre séries verticales, qui contiennent vingt couples. Les éléments sont isolés les uns des autres au moyen de bandes de papier couvertes de vernis, et

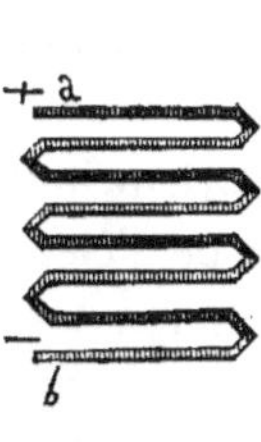

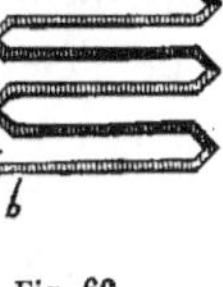

Fig. 60.

Fig. 61.

s'emboîtent dans un étui en cuivre P (fig. 61), de manière qu'il n'y a que les soudures qui apparaissent aux côtés de la pile. Deux tiges en cuivre, m et n, isolées par un anneau en ivoire, communiquent intérieurement, l'une avec le premier antimoine, et représente le pôle positif, l'autre avec le dernier bismuth, et forme le pôle négatif.

Pile thermo-électrique de M. Morren. — M. Morren a présenté à l'Académie des sciences de Paris une nouvelle pile thermo-électrique, construite avec du fer-blanc et du bismuth, et qui semble avoir plusieurs avantages sur celle d'antimoine et de bismuth : 1° parce qu'elle peut se construire avec plus de facilité; 2° parce qu'il suffit de frapper sur l'une des extrémités du fer-blanc pour augmenter sa sensibilité et la faire rivaliser avec l'appareil thermo-électrique de Melloni; 3° parce que le peu d'épaisseur du fer-blanc diminue la masse métallique et permet de réunir un plus grand nombre d'éléments dans un volume donné; 4° parce que la réaction thermo-électrique des deux métaux ne subit pas l'influence de l'interposition variable des métaux étrangers qui entrent dans la soudure.

Nous terminons avec ce chapitre la seconde période de l'histoire de l'électricité, période dans laquelle nous avons dû parler de quelques découvertes postérieures à celle qui forme le point de départ de la troisième époque de cette science; en effet, il n'était pas possible de conserver un ordre chronologique absolu sans s'exposer à disséminer des idées qui doivent demeurer réunies, afin de ne point embrouiller le lecteur, et même de ne pas tronquer la description d'un simple appareil qui a reçu plusieurs modifications successives, qu'on ne pourrait mentionner plus loin isolément.

Lorsqu'ils traitent du galvanisme ou électricité voltaïque, les auteurs s'arrêtent généralement à l'étude de l'électro-chimie, que nous n'avons fait qu'indiquer en passant, la nature de notre travail ne nous permettant pas de nous étendre davantage. Nous recommandons pour cette étude le *Traité d'électricité* de M. de la Rive, ou celui de M. Becquerel, dont le tome second est presque exclusivement consacré à l'électro-chimie.

CHAPITRE III

MAGNÉTISME

Avant d'entamer la troisième période de la relation historique élémentaire que nous faisons de l'électricité, période qui commence par la découverte d'Oersted en 1820, nous ne pouvons nous dispenser de dire quelques mots sur le *magnétisme*, considéré par les physiciens, il n'y a pas longtemps, comme un fluide spécial, appelé impondérable par la raison que nous avons indiquée en donnant la définition de l'électricité.

Les mêmes considérations que nous avons développées alors pourraient être répétées ici comme preuves de l'impropriété de cette définition; mais ce serait inutile, car il existe déjà des motifs bien fondés de croire que le magnétisme n'est autre chose qu'un état particulier de l'électricité. Nous aurons plus tard l'occasion de nous en convaincre.

Depuis les temps les plus reculés, on connaît la propriété qu'ont certains minéraux de fer d'attirer des parcelles et même de petits morceaux de ce métal. Ces minéraux ont reçu le nom d'*aimants*, en grec μάγνης, soit qu'ils existassent en abondance en Magnésie, contrée de la Lydie, et c'est l'opinion la plus probable; soit que le fait rapporté par Pline comme survenu l'an 3200 de la création soit réel. Il raconte qu'un berger nommé Magnes, porteur d'une chaussure ferrée, éprouva un jour une grande difficulté à lever les pieds en passant sur une certaine pierre : celle-ci prit alors le nom du berger, et le donna plus tard à la ville, à cause des mines abondantes qu'on trouvait dans ses environs. Ce qu'il y a de certain, c'est que les propriétés de l'aimant, comme celles de l'ambre jaune, semblèrent miraculeuses aux anciens, et qu'ils allèrent jusqu'à leur supposer une âme.

On donne le nom d'*aimants naturels* aux oxydes de fer et autres substances qui se rencontrent dans la nature, et qui possèdent la propriété d'attirer le fer, pour les distinguer de ceux qu'on produit artificiellement, soit au moyen de frictions, soit au moyen de l'électricité, comme nous le ferons voir bientôt.

Les *aimants artificiels* sont des barres ou des aiguilles d'acier trempé qui, après avoir été soumises à une certaine opération, acquièrent les propriétés des aimants naturels et exercent de la même manière le pouvoir d'attirer à une certaine distance et à travers tous les corps; comme celle des aimants naturels, leur puissance diminue rapidement, en raison de l'augmentation de la distance, et varie aussi avec la température, c'est-à-dire que leur puissance diminue quand la température s'élève, et revient à l'état primitif quand celle-ci s'abaisse, à moins pourtant qu'ils n'aient dépassé une certaine limite; car, chauffés jusqu'au rouge, les aimants perdent entièrement leur pouvoir d'attraction. Ce pouvoir a été appelé *force magnétique*, et l'on a conservé le nom de *magnétisme* à la théorie par laquelle on explique ses lois, c'est-à-dire à la science qui embrasse l'étude de ses propriétés.

La force magnétique n'est pas la même dans toute l'étendue d'un aimant; son maximum réside dans les deux points extrêmes; elle diminue à mesure qu'elle s'en éloigne et devient tout à fait nulle dans la partie moyenne, comme on peut s'en convaincre en introduisant une barre aimantée dans une grande quantité de limaille de fer (fig. 62). Les parties p et p' se recouvrent du métal en forme de franges ou de houppes hérissées, tandis que la partie *mm* reste dépourvue de toute matière adhérente; et la forme même de cette frange de limaille prouve clairement que la force d'attraction va en s'amoindrissant graduellement de p et p' en m.

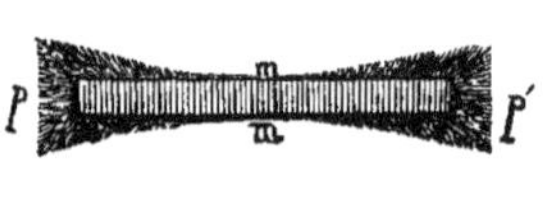

Fig. 62.

On a donné le nom de *pôles magnétiques* aux points p et p', où se manifeste le maximum d'attraction; celui de *ligne neutre* à la partie *mm* de l'aimant, dans laquelle la force magnétique est nulle ; et c'est un fait constant que tout aimant naturel ou artificiel a deux pôles et une ligne neutre. Il arrive cependant que, dans l'aimantation des barres et des aiguilles, il se produit quelquefois des pôles intermédiaires entre les deux extrémités, auxquels on a donné le nom de *points conséquents;* mais, cela étant dû à des circonstances spéciales, nous supposerons toujours, dans les explications qui suivent, le cas général d'un aimant ayant deux pôles et une ligne neutre.

Il semble au premier abord, quand on considère l'aimant de la figure 62, que, si on le divisait en deux parties par la ligne *mm*, on obtiendrait dans chaque morceau un pôle p, où l'attraction serait à son maximum, et un bout m, où la force magnétique serait insensible ; mais il n'en est point ainsi : chacun des fragments est converti en un nouvel aimant avec ses deux pôles et sa ligne neutre, de sorte que la partie *mm*, où l'attraction était nulle avant la séparation, devient dans chacun des deux morceaux un pôle dont la force magnétique est au maximum ; et, si l'on subdivise ces morceaux, le même phénomène aura lieu sans qu'il y ait de limite à cette propriété, qu'on devra ne pas oublier plus tard, lorsque après en avoir cité une autre non moins importante nous examinerons la théorie du magnétisme.

Les deux pôles d'un aimant semblent identiques quand on les approche d'un morceau de fer ou autre substance magnétique ; mais, si on leur oppose un autre aimant, il y aura attraction ou répulsion, selon qu'on présentera l'un ou l'autre pôle de ce dernier. Soient par exemple *ab* et *a'b'* deux aiguilles aimantées, suspendues chacune à un fil (fig. 63), et *AB* une barre aimantée aussi. Si l'on approche le pôle A de la barre du pôle b de la première aiguille, on observera qu'il y a attraction ; et il en sera de même avec le

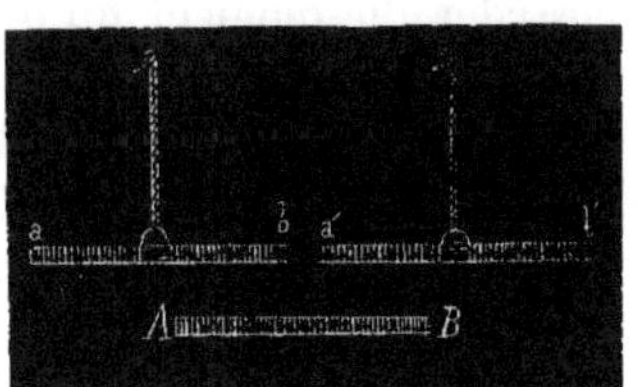

Fig. 63.

pôle *b'* de la seconde aiguille; si, au contraire, on présente successivement le même pôle *A* de la barre aux deux pôles *a* et *a'* des aiguilles, il y aura répulsion dans toutes deux. Si c'est le pôle *B* que l'on présente, il y a attraction des deux pôles *aa'* et répulsion dans les pôles *bb'*. Par conséquent, dans tout aimant il y a un pôle qui est attiré et un autre qui est repoussé par chacun des pôles d'un second aimant. D'un autre côté, on a observé que si l'on approche l'un de l'autre les deux pôles *a* et *a'* des aiguilles, qui étaient attirés par le pôle *B* de la barre, ils se repoussent entre eux; qu'il en est de même des pôles *b* et *b'*, qui étaient repoussés par le pôle *B;* et qu'au contraire il y a attraction entre les pôles *a* et *b'*, *a'* et *b* des aiguilles, qui étaient alternativement l'un repoussé et l'autre attiré par les pôles de la barre. On voit donc que les pôles marqués des mêmes lettres, — et qui, comme nous l'a démontré la barre *AB*, sont de la même nature, — se repoussent; et qu'au contraire ceux qui sont marqués de lettres différentes s'attirent entre eux. On peut, par conséquent, établir cette loi sur les actions réciproques de deux aimants : *Les pôles du même nom se repoussent, et ceux du nom contraire s'attirent,* loi tout à fait identique à celle qui a été établie pour les fluides électriques, et qui, comme nous le verrons, n'est pas la seule analogie qui existe entre l'électricité et le magnétisme.

En effet, le magnétisme agit par influence sur le fer, de la même manière que l'électricité sur les corps bons conducteurs : un morceau de ce métal acquiert la force magnétique pour tout le temps qu'il est soumis à l'action d'un aimant, et cesse de la posséder du moment qu'il est soustrait à son influence. La figure 64 représente la manière dont on peut démontrer cette propriété par une expérience : *f* est un cylindre de fer soutenu par un aimant *ab ;* si de ce cylindre on approche de la limaille de fer, celle-ci y adhérera dans la forme indiquée plus haut (page 198) et y restera suspendue pendant tout le temps qu'il de-

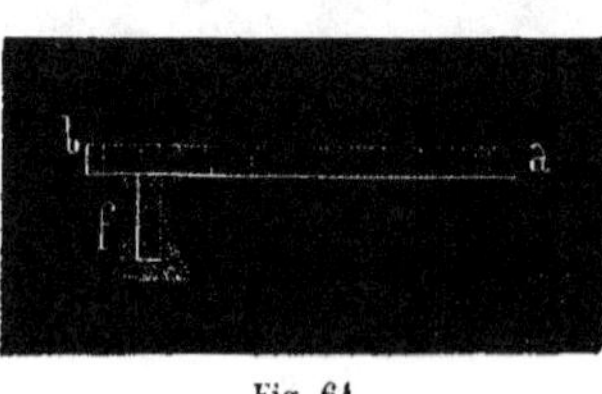

Fig. 64.

meurera en contact avec l'aimant; mais, au moment où ce contact cessera, toute la limaille tombera, et on n'observera plus dans le cylindre aucune force d'attraction. Pour se convaincre que l'aimant agit par influence sur le morceau de fer *f* et le convertit en un corps aimanté, et que ce n'est pas l'attraction directe que peut exercer à distance l'aimant *ab* qui maintient la limaille adhérente, il suffit d'observer que si le cylindre *f* est d'une autre substance non magnétique, les limailles n'y adhèrent pas, que les franges de limaille qu'attire le cylindre *f* diminuent d'épaisseur à mesure qu'elles s'éloignent de l'extrémité, et qu'il y a un endroit où elles ne peuvent pas adhérer, endroit qui correspond à la ligne neutre, enfin qu'on les revoit au-dessus de cet endroit, mais en sens contraire.

Si au lieu de limaille on présente au cylindre *f* un autre cylindre pareil et à celui-ci d'autres encore, ils adhèrent tous les uns aux autres en formant une chaîne magnétique (fig. 65) dont les morceaux se désuniront aussitôt que l'on séparera l'aimant *ab* du premier cylindre.

Fig. 65.

L'action des aimants par influence a lieu non-seulement par le contact, mais à distance : il suffit, par exemple, pour qu'un cylindre de fer doux devienne magnétique, de l'approcher du pôle d'un aimant. Cette action peut être démontrée avec évidence et d'une manière très-simple, en suspendant deux petits morceaux de fil de fer à deux brins de soie, comme les deux petites boules de moelle de sureau d'un électroscope; on approche de ces morceaux de fil de fer l'un des pôles d'une barre aimantée, et on les voit aussitôt se séparer l'un de l'autre par l'effet de répulsion qu'exercent les pôles de même nom, et que ces morceaux de fil de fer ont acquis à leurs bouts supérieurs ou inférieurs : l'aimant est à peine éloigné, que les deux morceaux se rapprochent et reprennent la position verticale, ce qui prouve que l'aimantation a cessé.

Connaissant déjà ces trois propriétés fondamentales :

1° Que quand un aimant est divisé en morceaux, chacun de ces morceaux devient un nouvel aimant;

2° Que, dans les aimants, les pôles de même nom se repoussent et ceux de nom contraire s'attirent;

3° Que les aimants agissent par influence sur les corps magnétiques,

Nous pouvons exposer la théorie du magnétisme.

Les anciens, qui n'avaient observé dans l'aimant que sa propropriété d'attirer le fer, ne purent donner à ce sujet que ces explications vagues auxquelles en se borne toujours pour des faits uniques dans leur genre et difficilement compris. Thalès et Anaxagore disaient donc que l'aimant est doué d'une âme capable d'attirer et de mouvoir le fer; Cornelius Gemma, qu'il y avait entre le fer et l'aimant des fils rayonnants invisibles; d'autres, qu'il y avait une sympathie; d'autres, une similitude; d'autres, une différence de parties : toutes explications qui n'expriment que le fait. Épicure supposait que les atomes de fer conviennent à ceux de l'aimant et qu'ils s'accrochent; Plutarque imaginait qu'il y avait autour de l'aimant une émanation capable de faire le vide; d'autres aimaient mieux supposer des vapeurs; Cardan prétendait que le fer est attiré parce qu'il est froid; et Costeo de Lodi, médecin, regardait le fer comme la nourriture de l'aimant : en comparant ainsi les phénomènes magnétiques à quelque autre phénomène naturel, on pouvait multiplier les hypothèses à l'infini, et c'est ce qu'on n'a pas manqué de faire. Gilbert fut assez hardi pour condamner toutes ces explications et autres pareilles; en même temps il fut assez bon philosophe pour n'en proposer aucune à leur place. Descartes vint ensuite avec ses tourbillons et sa matière cannelée : comme il expliquait tout, il expliqua aussi le magnétisme; son système fut adopté, et continué pendant plus d'un siècle dans les ouvrages de ses disciples. Descartes suppose qu'un tourbillon de matière subtile passe rapidement sur la terre, allant de l'équateur vers chacun des pôles; la matière ne l'arrête pas parce qu'elle est poreuse, mais les substances magnétiques, ayant des molécules rameuses très-mêlées, opposent au tourbillon une résistance plus grande que les autres corps ; enfin il émet une foule d'autres idées du même genre, et l'on ne sait, comme dit très-bien M. Pouillet, ce qu'il faut le plus admirer, ou qu'elles aient été inventées par Descartes, ou que, pendant un siècle, elles aient été reproduites et approuvées par des hommes éminents comme Euler et Daniell Bernouilli.

OEpinus soumit au calcul tous les phénomènes magnétiques, et voulut démontrer qu'ils peuvent être déduits des lois de l'attraction et de la répulsion, adoptant ainsi la vraie méthode expérimentale et levant l'espèce de voile dont l'esprit de système recouvre la réalité des choses.

Ce même OEpinus n'avait admis qu'un seul fluide magnétique ; mais après lui, tout en conservant ses principes, on admit deux fluides différents, qui reçurent plus tard le nom, — nous dirons pourquoi, — l'un de *fluide austral*, et l'autre de *fluide boréal*. La combinaison de ces deux fluides constituait l'*état naturel*, et leur séparation l'*état magnétique;* mais on supposait que ces fluides, une fois séparés, pouvaient traverser les corps et se répartir dans la masse pour produire les phénomènes que nous avons fait connaître. Voyons maintenant les considérations qui durent décider Coulomb à adopter la théorie qui subsisterait peut-être encore sans les découvertes dont nous parlerons dans le prochain chapitre, et qui sont venues la modifier considérablement.

L'analogie surprenante qui existe entre quelques-uns des phénomènes magnétiques et les phénomènes électriques semblait conduire naturellement à attribuer les premiers à deux fluides magnétiques doués de propriétés du même genre que celles des deux fluides électriques, et à supposer que le *fluide magnétique nord* est la cause des effets que produit le *pôle austral* d'un aimant : et le *fluide sud* celle des phénomènes que présente le *pôle boréal*.

L'analogie est, à notre avis, plus grande que ne le supposent certains auteurs, M. de la Rive, par exemple, qui, tout en l'admettant dans ce fait que les fluides de même nom se repoussent et ceux de nom contraire s'attirent, ne veut pas aller plus loin, dit-il, « parce que l'expérience a démontré que les fluides électriques et les fluides magnétiques n'exercent mutuellement aucune influence les uns sur les autres, et parce que les fluides électriques peuvent se manifester dans tous les corps, tandis que les fluides magnétiques ne sont sensibles que dans un petit nombre d'entre eux. » Ce dernier argument nous semble de bien peu de valeur du moment que les expériences de le Baillif, Arago, Faraday et Becquerel, ont démontré que l'action des aimants s'exerce sur tous les corps, et quand le nombre des substances magnétiques était si restreint il n'y a pas longtemps, qu'on doutait même que cette propriété appartînt à un autre corps que le fer. Quant au premier des arguments de M. de la Rive, les faits sont venus démontrer qu'il ne pouvait être plus mal fondé, car l'influence mutuelle des fluides électrique et magnétique est si grande, si nécessaire pour ainsi dire, qu'on est venu à considérer l'un comme la conséquence de l'autre.

Mais revenons à la théorie du magnétisme par Coulomb. Ce savant ne put se dispenser d'adopter l'idée de deux fluides analogues par leurs propriétés aux deux fluides électriques; mais il lui fut impossible d'admettre qu'une fois séparés ils pouvaient traverser les corps et se répartir dans leur masse en occupant chacun son pôle. Le fait que nous avons cité de la division des aimants en morceaux qui deviennent de nouveaux aimants donnerait plutôt à supposer que les deux fluides magnétiques se trouvent dans chacune des molécules d'une substance magnétique; que, dans l'état naturel, ces deux fluides sont neutralisés l'un par l'autre et qu'il n'y a aucune action entre eux; mais que l'aimantation les sépare sans que, pour cela, ils abandonnent la particule qui les contient; seulement les fluides de la même espèce se dirigent d'un même côté des molécules, et ceux de l'autre espèce du côté opposé. Qu'on suppose une rangée de molécules placées les unes à la suite des autres (fig. 66); si l'on promène dans toute la longueur le pôle austral d'un aimant, ce pôle décomposera successivement le magnétisme naturel de chacune des particules sur lesquelles il passera; il attirera le fluide sud vers l'extrémité du côté où il marche, et repoussera le fluide nord à l'extrémité opposée. De cette manière, chaque particule a un pôle *sud* dans la direction que suit l'aimant, et un pôle nord dans la direction contraire; et on trouvera par conséquent un pôle sud au côté extérieur de la dernière particule touchée par l'aimant, et un pôle nord au côté extérieur de la première. Ces deux pôles seront les seuls qui agiront, car les fluides contraires des molécules intermédiaires se dissimuleront mutuellement. Et nous disons qu'ils se dissimulent et non qu'ils se détruisent, parce qu'en effet ils ne se détruisent pas, comme le prouve l'expérience déjà mentionnée de la barre aimantée, divisée et subdivisée, dont chaque morceau devient un nouvel aimant; les deux pôles qui se présentent sont dus aux magnétismes contraires qui se trouvaient aux extrémités opposées des particules contiguës qu'a séparées la rupture. Si les deux fluides avaient été détruits et non dissimulés, ils ne seraient pas redevenus libres par la simple séparation des deux molécules.

Fig. 66.

La nature des deux pôles qui se présentent sur chaque point de rupture est entièrement d'accord avec la théorie, comme le démontre parfaitement bien la figure 66.

Cette propriété que nous attribuons aux deux fluides de pouvoir se dissimuler sans se détruire peut être directement mise en lumière par une expérience. Il suffit de suspendre un objet quelconque en fer doux à l'un des pôles d'une barre aimantée et d'approcher par-dessus le pôle opposé d'une autre barre semblable. Au moment où a lieu le contact des deux pôles contraires, et même avant, l'objet en fer se détache; et il est impossible de le faire adhérer de nouveau tant que les pôles contraires des deux barres continuent d'être en contact : preuve évidente que l'action de l'un était momentanément neutralisée par l'autre, c'est-à-dire *dissimulée;* en effet, aussitôt qu'on les sépare, chacun reprend l'énergie qui lui est propre.

Il y a une cause qui modifie sensiblement la distribution du magnétisme libre dans les aimants et influe sur la situation des pôles; cette cause est l'action mutuelle qu'exercent entre eux les deux pôles, et qui recompose une grande partie du magnétisme développé par l'aimant extérieur dans l'acte de l'aimantation, surtout quand les aimants sont très-courts; raison par laquelle on observe dans ceux-ci moins de fluide magnétique que dans ceux d'une grande longueur. Dans ces derniers, la réaction magnétique d'un pôle sur l'autre est moins sensible, mais elle a lieu sur les parties intermédiaires, et, en y détruisant l'équilibre qui y existait, produit les points conséquents qu'on remarque dans certaines barres très-longues.

L'exemple que nous avons donné dans la figure 66 pour expliquer la théorie du magnétisme, en supposant une seule rangée de molécules, n'est qu'un cas théorique; en réalité, un aimant est une réunion de rangées semblables qui seraient parallèles entre elles dans une barre parfaitement cylindrique ou prismatique; et alors, abstraction faite de la réaction mutuelle dont nous venons de parler, les pôles se trouveraient aux extrémités de la barre, car c'est par ces points que passerait la résultante de toutes les forces émanées des pôles situés à l'extrémité de chaque rangée. Mais ce résultat n'a jamais lieu, car, par suite de la structure moléculaire du métal, les rangées de particules ne sont jamais parfaitement parallèles; et c'est là encore une des causes qui modifient la distribution du magnétisme et influent sur la situation des pôles.

La théorie du magnétisme que nous venons d'exposer suppose implicitement l'existence d'une force, qu'on a nommée *force coercitive*, et qui est analogue à la force isolante qui, dans l'électricité, maintient séparés les deux fluides dans les corps dont les molécules sont polarisées.

On peut donc définir la force coercitive en disant qu'elle est la force qui maintient séparés les deux magnétismes dans chaque molécule et les empêche d'obéir à leur attraction mutuelle.

Cette force doit s'opposer aussi à leur séparation et rendre par conséquent l'aimantation difficultueuse. En effet, l'on observe que les corps les moins faciles à aimanter, comme l'acier trempé, sont ceux qui conservent le mieux l'aimantation, et qu'au contraire ceux qui s'aimantent facilement, comme le fer doux, perdent immédiatement leur magnétisme. Les premiers ont une force coercitive considérable; dans les seconds, elle est presque nulle. La chaleur détruit la force coercitive, et, par cette raison, les corps aimantés perdent leur magnétisme quand on les expose à une température élevée. Les actions mécaniques ont sur la force coercitive la même influence que la chaleur, bien qu'on observe quelquefois le contraire : en effet, au moyen de la pression ou de la torsion, ainsi que par l'oxydation, le fer doux est susceptible d'acquérir une certaine force coercitive, quoique peu durable.

On crut pendant longtemps que l'action des aimants sur les corps se bornait au fer et à ses composés, jusqu'à ce qu'enfin Coulomb observa, en 1802, que les aimants agissent sur tous les corps d'une manière plus ou moins marquée. Les phénomènes observés par lui furent attribués à la présence de matières ferrugineuses dans les objets soumis aux expériences; mais le Baillif d'abord et plus tard MM. Becquerel père et fils ont démontré d'une manière irréfutable l'exactitude des observations faites par Coulomb.

L'action est tantôt attractive, tantôt répulsive, et cette dernière propriété, que possède le bismuth à un plus haut degré qu'aucun autre corps, fut observée par Brugmans en 1778, et par le Baillif en 1828. M. Becquerel prétend avoir fait à cette même époque des expériences qui prouvaient la répulsion de certains corps quand on les approchait d'un aimant dans de certaines conditions; mais c'est Faraday qui a mis de nouveau en évidence la propriété extraordinaire observée par Brugmans. En 1848, il reconnut, au moyen d'un puissant électro-aimant (aimant artificiel beaucoup plus énergique que les aimants ordinaires, et que nous ferons connaître plus tard), que non-seulement le bismuth et plusieurs autres métaux, mais aussi le phosphore, le soufre, l'eau, l'alcool et plusieurs autres corps solides, liquides et gazeux, sont repoussés par les pôles d'un aimant; et que, au lieu de prendre la position *axiale* de la figure 67 qu'affectent les

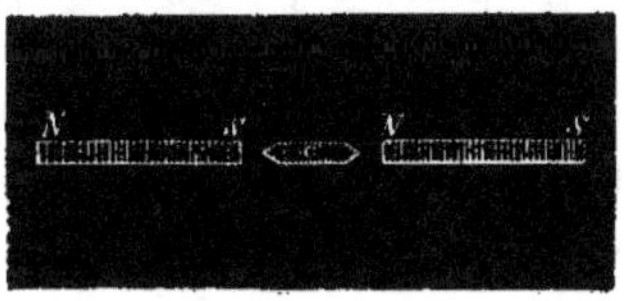

Fig. 67.

corps magnétiques, ils prennent la position *équatoriale* de la figure 68.

Faraday crut que l'on devait admettre dans la matière une nouvelle propriété inverse de celle que possède le fer, et qu'il fallait diviser les corps en *magnétiques*, ou capables d'être attirés par un aimant, et en *diamagnétiques*, ou repoussés par le fluide magnétique libre. Cette opinion a été généralement adoptée; de là vient le nom de *diamagnétisme*, par lequel on désigne l'ensemble de phénomènes que présentent les substances diamagnétiques.

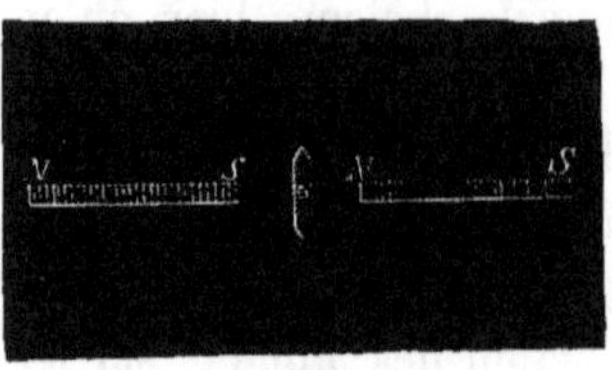

Fig. 68.

M. Edmond Becquerel, cependant, explique les phénomènes diamagnétiques d'une manière très-ingénieuse : il considère tous les corps comme magnétiques, quoique à un degré différent, et n'admet par conséquent qu'un genre d'action entre les corps et les aimants; quant à la répulsion exercée sur certaines substances, il l'attribue à ce qu'elles se trouvent dans un milieu indéfini plus magnétique qu'elles-mêmes.

Les phénomènes du magnétisme que nous avons fait connaître ne sont ni les seuls ni les plus surprenants que l'on connaisse. Les aimants ont une autre propriété merveilleuse, qui a donné lieu à l'application la plus importante que les hommes aient peut-être jamais faite dans le cours des siècles : *cette propriété est celle que possède une aiguille aimantée librement suspendue par son centre de se diriger vers les mêmes points de l'espace.*

On prétend que cette propriété est connue des Arabes et des Chinois depuis un temps immémorial; car, d'après des documents cités dans la *Description de l'empire de la Chine*, par Duhalde, ses habitants se servaient de la boussole pour voyager par terre, plus de mille ans avant Jésus-Christ.

L'opinion générale attribue à Marco Polo la gloire d'avoir apporté la boussole en Europe, au retour de son voyage en Chine, en 1295; mais M. Becquerel, dans sa *Relation historique sur l'é-*

lectricité et le magnétisme, assure que Marco Polo n'en a pas parlé dans la relation qu'il écrivit de ses voyages, et il cite un manuscrit du douzième siècle, attribué à Guyot de Provins, où il est fait mention de la boussole, connue alors sous le nom de *marinière*. Il cite aussi l'*Histoire orientale* de Jacques de Vitry, qui vivait en 1200, où il est question de l'aiguille magnétique, et où il est dit qu'elle était nécessaire et indispensable même aux voyageurs sur mer. D'autres ont supposé que son invention est due à Flavius Gioja, d'Amalfi, dans le royaume de Naples, qui vivait à la fin du treizième siècle. Il est donc assez difficile de remonter à l'origine de la boussole, et le nom de son inventeur reste couvert d'un voile impénétrable. Ce qu'il y a de certain, c'est que Colomb, Vasco de Gama et tous les navigateurs du quinzième siècle en firent usage dans leurs longs voyages.

Le fait fondamental sur lequel repose la construction de la boussole est, comme nous l'avons dit, que, *dès qu'on suspend librement une aiguille aimantée*, ses pôles, au lieu de rester dans une position quelconque, prennent toujours une direction qui se rapproche plus ou moins de la ligne nord-sud de la terre. Si, au lieu de la suspendre à un fil, on la laisse flotter sur l'eau soutenue par un morceau de liége, elle prend immédiatement la direction susdite, sans se rapprocher ni de l'un ni de l'autre pôle de la terre, mais en tournant sur elle-même; par conséquent, l'action des pôles terrestres sur les aimants n'est pas attractive, mais *seulement directrice*, comme si elle était le résultat de deux forces égales et parallèles appliquées aux extrémités de l'aiguille et agissant en sens contraire, l'une vers l'un des pôles, l'autre vers l'autre pôle de la terre.

En répétant l'expérience avec différentes aiguilles et sur différents points du globe, on a vu que tous les pôles de même nom se dirigeaient vers le nord, et ceux de nom contraire vers le sud; on a donc comparé la terre à un grand aimant dont les pôles seraient les pôles terrestres, et dont la ligne neutre coïnciderait avec l'équateur; et, comme on sait que les fluides de même nom se repoussent et ceux de nom contraire s'attirent, on est convenu de nommer *pôle austral* de l'aiguille celui qui se dirige vers le pôle nord de la terre, et que l'on suppose contenir le *fluide austral*, et *pôle boréal* celui qui contient le *fluide boréal* et se dirige par conséquent vers le pôle sud de la terre. Ce ne fut pourtant qu'après bien du temps qu'on arriva à cette conclusion, car on supposa d'abord que la force qui attire l'aiguille magnétique au nord résidait dans une petite étoile qui forme la queue de la *Grande Ourse;* d'autres la plaçaient plus loin encore, et Gilbert fut le premier qui, à la fin du seizième siècle, démontra qu'on devait la chercher dans le globe terrestre lui-même.

De même qu'on nomme méridien astronomique d'un lieu quelconque le plan qui passe par ce lieu et les pôles de la terre, de même on donne le nom de méridien *magnétique* d'un lieu au plan qui passe par ce lieu et par les deux pôles d'une aiguille aimantée mobile, en équilibre sur un axe vertical.

Dans le principe, on croyait que le pôle austral d'une aiguille aimantée se dirigeait toujours vers le nord; mais on ne tarda pas à observer le contraire, et Colomb, lors de son premier voyage en 1492, paraît être le premier qui s'aperçut que sa direction n'est pas constante; quoique Thévenot assure dans ses *Voyages* qu'il a vu une lettre de Pierre Adzige, écrite en 1269, dans laquelle il disait positivement que l'aiguille déclinait 5°, c'est-à-dire que l'angle formé par le méridien astronomique et le méridien magnétique, et qu'on a désigné sous le nom d'*angle de déclinaison*, était de 5°. Les observations de quelque exactitude les plus anciennement faites sur la déclinaison de l'aiguille aimantée datent de 1550 à Paris.

Gunter, professeur au collége de Gresham, fut le premier qui observa à Londres que la déclinaison de l'aiguille magnétique au même point varie avec le temps; il fit cette découverte en observant la déclinaison à Londres en 1622; car il trouva qu'elle était de 6° 13′ vers l'orient, quand Robert Normann l'avait fixée à 11° 15′ à l'orient aussi, en 1580. A cette époque, le nord magnétique de la terre se trouvait à l'est, car le pôle austral de l'aiguille à Paris se séparait de 11° 30′ du méridien astronomique vers l'est; en 1663, l'angle de déclinaison était nul, car les deux méridiens magnétique et astronomique se confondaient; il varia alors vers l'ouest, et augmenta jusqu'en 1814, où il atteignit 22° 34′ O.; depuis cette époque, sa marche est décroissante, et aujourd'hui (décembre 1856) l'aiguille marque 19° 50′ O. [1].

Outre les variations que nous venons d'indiquer et qui ont reçu le nom de *séculaires*, l'aiguille magnétique en éprouve d'autres. Celles que fit connaître Cassini en 1784 furent nommées *annuelles*, et à cette époque elles avaient lieu de la manière suivante : de l'équinoxe du printemps au solstice d'été, l'aiguille rétrogradait à Paris vers l'est, et avançait au contraire vers l'ouest dans les neuf mois suivants. Le maximum d'amplitude observé dans la même année fut de vingt minutes. Les variations annuelles ne semblent pas constantes ; il est vrai qu'elles sont très-peu connues jusqu'à présent.

Celles qu'on appelle *diurnes*, découvertes par Graham vers la fin de 1722, sont très-faibles, et ne peuvent être observées qu'avec des aiguilles très-longues et à l'aide d'instruments très-sensibles. A l'aide de ces derniers, on a pu voir que, dans nos climats, l'extrémité nord de l'aiguille marche tous les jours de l'est à l'ouest, depuis le lever du soleil jusqu'à une heure du soir, et vient en rétrogradant occuper à dix heures du soir la même position à peu près qu'elle occupait le matin. Pendant la nuit elle varie à peine, mais elle éprouve cependant une certaine tendance vers l'ouest.

La déclinaison de l'aiguille magnétique éprouve des altérations accidentelles dans ses variations diurnes, par suite de différentes causes, entre autres les aurores boréales, les éruptions volcaniques et la chute de la foudre. Ces variations ont reçu le nom de *perturbations*.

Pour mesurer la déclinaison magnétique d'un lieu quelconque, on a inventé un instrument (fig. 69) nommé *boussole de déclinaison*, qui consiste en un cercle horizontal divisé en degrés, et au centre duquel se dresse une pointe en acier sur laquelle tourne, parfaitement en équilibre, une aiguille d'acier ou barre aiman-

[1] Nous devons cette communication, ainsi que celle de l'inclinaison de l'aiguille magnétique à la même époque, à l'obligeance de M. Ivon de Villarceau, de l'Observatoire de Paris.

tée. Pour rendre le frottement aussi faible que possible, cette aiguille porte à son milieu une chape en agate ou tout autre corps dur, et c'est par ce point qu'elle s'appuie sur le pivot.

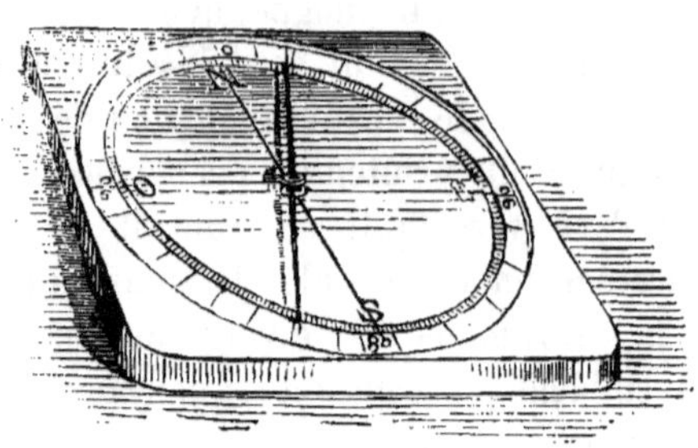

Fig 69

Le méridien astronomique une fois connu, il est très-facile, au moyen de la boussole, de connaître aussi le méridien magnétique : il suffit de placer dans la direction du méridien astronomique le diamètre du cercle qui passe par la division 0°, c'est-à-dire la ligne N. S., et l'aiguille marquera le nombre de degrés de la déclinaison orientale ou occidentale. Dans la figure 69, l'aiguille marque une déclinaison de 18° à l'est.

Pour trouver le méridien astronomique quand on connaît la déclinaison, il n'y a qu'à faire tourner la boussole dans le sens de la déclinaison, jusqu'à ce que l'aiguille marque sur le cercle le nombre de degrés correspondants. La prolongation du diamètre N. S. sera le méridien astronomique.

Les indications de la déclinaison par la boussole, telles que nous venons de les faire connaître, ne sont exactes qu'autant que l'axe magnétique, c'est-à-dire la ligne qui passe par les deux pôles de l'aiguille, coïncide avec l'axe de figure, c'est-à-dire avec la ligne droite qui unit les deux extrémités. Mais, comme cela n'arrive pas généralement, il faut avoir soin de corriger l'erreur, ce qui peut se faire par la méthode de l'*inversion*, qui consiste à tourner l'aiguille de manière que la face qui était en bas se trouve en haut; alors, en prenant le terme moyen des deux angles marqués par l'aiguille, on obtiendra la déclinaison exacte. Le simple examen de la figure 70 suffira pour rendre cela évident, sans qu'il soit nécessaire de nous arrêter à de plus longues explications.

La boussole a aussi été appliquée à la géodésie, comme tout instrument avec lequel on peut mesurer des angles, et c'est à elle qu'on doit en grande partie les progrès dans l'art d'explorer les mines ; mais la plus importante de ses applications est celle qu'on en a faite à la navigation : avec son secours, on est parvenu à se diriger sur l'immensité des mers avec autant de certitude que sur la terre, où les moyens d'orientation sont si nombreux.

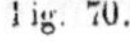
Fig. 70.

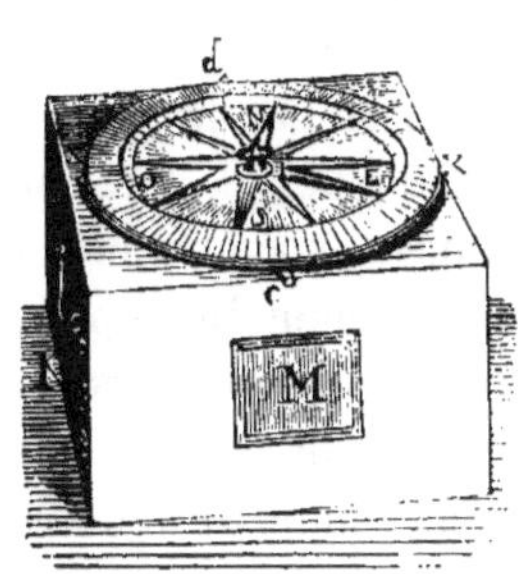

Fig. 71.

La *boussole marine*, nommée aussi *compas de variation*, ne diffère de la boussole ordinaire de déclinaison qu'en deux points : 1° en ce que l'aiguille est fixée à un cercle en carton léger ou en tôle, sur lequel est tracée une étoile ou rose à trente-deux rayons, qui a reçu le nom de *rose des vents*, où sont marqués les huit rumbs, les demi-rumbs et les quarts ; 2° en ce qu'on la suspend de manière qu'elle puisse conserver sa position horizontale malgré le mouvement du navire. Cette méthode de suspension, dite *de Cardan*, consiste à assujettir la boussole à deux anneaux concentriques pouvant tourner chacun autour d'un axe, et situés perpendiculairement l'un par rapport à l'autre (fig. 71). La boîte dans laquelle est enfermée la boussole a reçu le nom d'*ha-*

bitacle, et est fixée sur le pont à l'arrière du vaisseau : on l'oriente de manière que la *ligne de foi*, tracée sur les bords de la boîte, coïncide avec le centre de l'aiguille dans la direction de la quille du bâtiment. Connaissant le rumb qu'il faut suivre, le timonier n'a plus qu'à tourner le gouvernail jusqu'à ce que le rayon correspondant de la rose des vents coïncide avec la ligne de foi. Il faut toutefois tenir compte des variations de déclinaison dans les différents points du globe et faire les corrections indispensables.

En 1576, Robert Normann, fabricant d'instruments de physique à Londres, découvrit que l'aiguille aimantée éprouvait encore une autre espèce de variation. On avait remarqué plusieurs fois que l'aiguille perdait son horizontalité en se rapprochant du nord, et que son pôle austral s'inclinait au-dessous du plan horizontal qui passe par le point de suspension. Ne sachant à quelle cause attribuer ce fait, on supposait simplement que l'aiguille n'était pas suspendue bien exactement par son centre de gravité. Robert Normann lui appliqua un contre-poids pour rétablir l'horizontalité ; mais il s'aperçut qu'il fallait nécessairement changer ce contre-poids, selon l'endroit où on se trouvait, et cette circonstance le conduisit à découvrir l'*inclinaison magnétique*. On ne tarda pas à voir que, pour bien observer ce phénomène, il fallait que l'aiguille pût se mouvoir librement dans le plan du méridien magnétique, ce qu'on obtint en la suspendant par son centre à un axe perpendiculaire à ce plan. Quand l'aiguille n'est pas aimantée, elle conserve une direction horizontale; mais, au moment où on lui communique la propriété magnétique, elle s'écarte de l'horizontale d'un certain nombre de degrés ; son pôle austral, dans notre hémisphère, s'incline constamment vers la terre, dans la direction du pôle boréal de celle-ci ; et, dans l'hémisphère opposé, le pôle boréal de l'aiguille s'incline à son tour vers le pôle austral du globe.

Quand le plan vertical dans lequel se meut l'aiguille coïncide avec le méridien magnétique, on appelle *inclinaison* l'angle qu'elle forme avec l'horizon, et, pour le mesurer, on se sert de l'instrument que représente la figure 72, nommée *boussole d'in-*

clinaison. Elle se compose d'un cercle gradué horizontal *m*, reposant sur trois vis ; sur ce cercle il y a une plaque *A*, qui tourne autour d'un axe vertical et qui, au moyen de deux colonnes, sou-

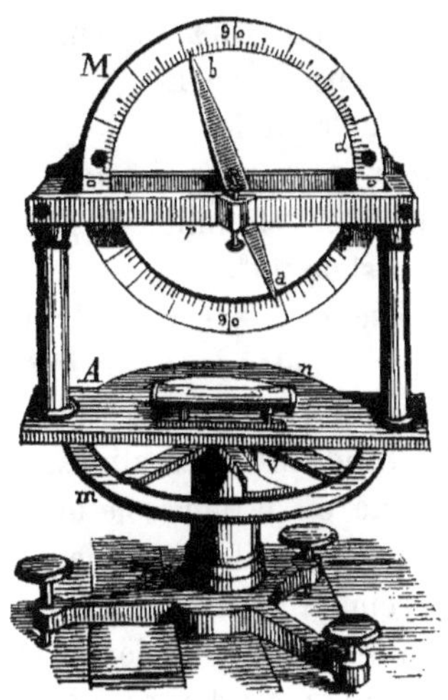

Fig. 72.

tient un second cercle gradué vertical *M*; un châssis soutient l'aiguille *ab*, dont les pôles parcourent la circonférence graduée où l'on peut voir l'inclinaison. Le niveau *u* sert à placer bien horizontalement le diamètre 00, au moyen des trois vis, avant de faire l'observation.

La déclinaison magnétique du lieu où l'on fait l'observation étant connue, il suffit de placer le limbe vertical dans cette direction et d'y lire le numéro indiqué par l'aiguille. Si l'on ne veut pas fixer préalablement la déclinaison au moyen d'une autre boussole, il faudra tourner l'instrument jusqu'à ce que l'aiguille soit entièrement verticale ; alors on n'a qu'à faire virer de 90° le limbe vertical, et il se trouvera dans la direction du méridien magnétique. En effet, l'aiguille magnétique, sollicitée par deux forces qui sont toutes deux dans le plan du méridien magnétique, et ne pouvant obéir à la force horizontale parce que l'axe de suspension l'en empêche, vient se placer verticalement, cédant à l'autre force, qui est verticale et qui agit dans un plan perpendiculaire à celui dans lequel se meut l'aiguille. On voit donc que plus l'angle formé par le limbe vertical et le méridien magnétique sera petit, moins l'aiguille s'inclinera, parce que l'action de la force horizontale augmente. On a ainsi un moyen simple de se rendre compte de l'inclinaison d'un lieu, qui sera toujours l'angle le plus petit marqué par l'aiguille.

On a appelé *équateur magnétique* la courbe qui passe par tous les points où l'inclinaison est nulle, et *pôles magnétiques* les points où l'inclinaison est de 90°.

L'inclinaison ne varie pas seulement d'un lieu à un autre, mais aussi d'une époque à l'autre dans le même endroit. En 1671, elle était de 75° à Paris; en 1798, date à laquelle on commença à faire avec plus d'exactitude les observations, elle était de 69° 51′ et, depuis 1835, époque où la boussole marquait 67° 24′, elle continua de diminuer, à ce qu'il paraît, de 3′ par an régulièrement; au mois de décembre 1853, elle était de 66° 28′, et, par conséquent, en décembre 1856, elle devait être de 66° 19′; en effet, d'après une note que nous devons à l'obligeance de M. de Villarceau, l'inclinaison moyenne, audit mois, était de 66°,19′ à l'Observatoire de Paris.

Il peut exister dans les observations de l'inclinaison deux causes d'erreur dont il faut tenir compte afin d'y remédier : 1° l'axe magnétique de l'aiguille peut ne pas coïncider avec l'axe de figure et produire des erreurs dans le genre de celles que nous avons indiquées, ainsi que le moyen de les éviter, en parlant de la déclinaison magnétique; 2° le centre de gravité de l'aiguille peut ne pas coïncider avec l'axe de suspension et donner, par conséquent, un angle trop grand ou trop petit. On évite cette cause d'erreur en changeant les pôles de l'aiguille, ce qu'on obtient en la frottant avec les pôles contraires de deux barres aimantées, de manière que chaque pôle de l'aiguille reçoive le frottement du pôle du même nom. La direction de l'aiguille est alors tout à fait opposée, et, si son centre de gravité était d'abord sur le point de suspension, il restera maintenant en dessous, et l'angle d'inclinaison qui était trop petit se trouvera trop grand;

il suffira donc alors de prendre le terme moyen des deux résultats pour avoir la valeur exacte de l'angle d'inclinaison.

On donne le nom d'*aiguille astatique* à une aiguille qui, après avoir été aimantée, est soustraite à l'action magnétique de la terre; et de *système astatique* à la réunion de deux aiguilles de la même force, placées parallèlement et avec les pôles contraires en regard, comme l'indique la figure 73. Nous verrons plus tard une application très-importante de ce système.

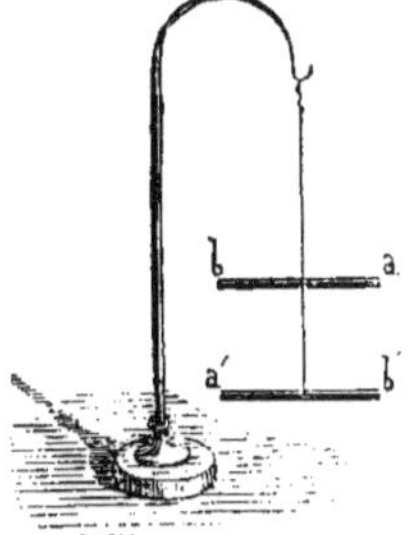

Fig. 73.

Les physiciens n'eurent pendant longtemps qu'un moyen de déterminer l'action des forces magnétiques. On mettait en contact avec l'une des extrémités de l'aimant qu'on voulait expérimenter un morceau de fer doux, que l'on chargeait ensuite avec des poids jusqu'à ce qu'il se détachât, et le poids total de cette charge déterminait la force de l'aimant. Entre autres causes d'erreur, ce procédé en renfermait une qui provient d'une propriété singulière des aimants, encore inexpliquée : celle de s'affaiblir quand on les *surcharge;* c'est-à-dire que, si un aimant peut soutenir facilement un poids de vingt kilogrammes et si, lentement et graduellement, de jour en jour, par exemple, on ajoute un nouveau poids, on pourra augmenter la charge jusqu'à 30 kilogrammes ou peut-être plus ; mais, du moment où le contact cesse et où la charge se détache par excès de poids, l'aimant se refuse à la reprendre, il ne *mord* pas, comme on dit en termes techniques, et il faut recommencer à lui faire *supporter* une charge moindre que les 20 kilogrammes qu'il supportait facilement auparavant; cependant, avec certaines précautions et surtout avec le temps, on parvient à le *fortifier* de nouveau et à lui rendre sa vigueur primitive. Que l'on juge si cette propriété de l'aimant suffit pour faire condamner l'ancien procédé employé pour mesurer l'action des forces magnétiques, et s'il était possible d'obtenir la moindre exactitude dans les observations.

Coulomb proposa, en 1789, deux méthodes au moyen desquelles on peut préciser l'intensité des forces magnétiques : celle de la balance de torsion et celle des oscillations.

La première méthode, analogue à celle qu'il employa en 1785 pour déterminer les lois des attractions et des répulsions électriques, est fondée sur le même principe, et il se servit du même appareil, que nous n'avons point décrit dans notre premier chapitre, nous proposant de le faire ici.

La balance de torsion consiste en une cage en verre (fig. 74) dont le couvercle, en verre aussi, est percé d'une ouverture près

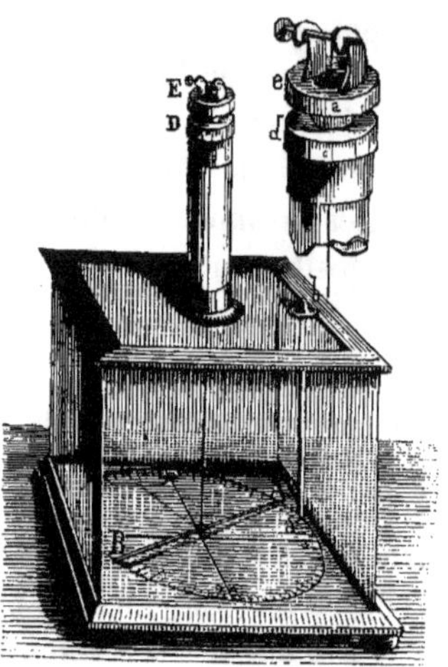

Fig. 74.

de l'un des bords, destinée à introduire un aimant *ab*. Au centre de ce couvercle, il y a une seconde ouverture à laquelle on adapte un tube en verre qui peut tourner à frottement sur les bords de l'orifice. Ce tube porte à sa partie supérieure un *micromètre*, dont une pièce *D*, fixe, est divisée en 360°, et une autre *E*, mobile, porte un point de repère qui indique sur la pièce fixe de combien de degrés elle a tourné. Au disque *E* sont fixés deux montants traversés par un axe horizontal sur lequel s'enroule un fil très-fin en argent qui soutient une aiguille aimantée *AB*; et enfin, dans le fond de la cage se trouve un cercle gradué destiné à constater les mouvements de l'aiguille aimantée *AB*, et par conséquent la torsion du fil d'argent.

Voyons maintenant comment on peut se servir de cet appareil. On place le point de repère *a* du disque mobile devant le *zéro* de la division du disque fixe *D*, et l'on pose la cage de manière que le centre et le *zéro* du cercle inférieur se trouvent dans la direction du méridien magnétique. On retire l'aiguille aimantée *AB* de l'espèce d'étrier qui termine le fil d'argent, on la remplace par une autre aiguille d'un métal quelconque, et, si le fil n'est pas tordu, cette aiguille sera aussi sur le *zéro* du cercle inférieur; dans le cas contraire, on tourne le tube de verre, et avec lui tournent les deux pièces *E* et *D* du micromètre, ainsi que le fil d'argent et l'aiguille, jusqu'à ce que celle-ci soit dans la direction indiquée; alors on replace l'aiguille aimantée *AB*, et, si elle marque le *zéro*, on peut être sûr qu'elle est dans le sens du méridien magnétique et que le fil est sans torsion.

Avant d'introduire l'aimant *ab* que l'on veut essayer, il faut connaître l'action directrice de la terre sur l'aiguille *AB* quand celle-ci n'est pas dans le sens du méridien magnétique; pour cela on fait tourner la pièce *E* du micromètre jusqu'à ce que l'aiguille s'éloigne d'un degré du méridien, et alors le point de repère *a* marquera sur le cercle du micromètre *D* le nombre de degrés de torsion qu'il a fallu donner au fil pour vaincre l'action directrice de la terre, plus un, que l'aiguille a parcouru.

L'action directrice de la terre étant connue, on introduit l'aimant *ab* de manière que les deux pôles du même nom soient en présence l'un de l'autre, et le pôle *A* de l'aiguille mobile est repoussé d'un certain nombre de degrés, qui mesurent l'angle de déviation ou d'écart. On tourne ensuite la pièce *E* du micromètre pour approcher l'aiguille *AB* de l'aimant vertical *ab*, et, dans chaque position que l'on veut observer, on mesure les angles et les forces répulsives.

Par cette méthode, Coulomb put formuler en 1789 la loi suivante : *Les attractions et les répulsions magnétiques s'exercent en raison inverse du carré de la distance.*

La *méthode des oscillations* consiste à faire osciller une aiguille aimantée pendant des intervalles de temps égaux, d'abord sous l'influence seule de la terre et ensuite sous celle de la terre combinée avec celle du pôle attractif d'un aimant placé successivement à deux distances différentes. Du nombre d'oscillations dans chacun de ces trois cas on déduit par le calcul la loi de Coulomb.

Par des méthodes analogues à celle de ce dernier, puisqu'elles consistent à faire osciller une aiguille d'inclinaison ou de déclinaison pendant un temps donné, à des époques et dans des lieux différents, les physiciens sont parvenus à déterminer l'intensité magnétique du globe dans plusieurs endroits. Ces observations ont conduit aux résultats suivants :

1° L'intensité du magnétisme terrestre augmente à mesure qu'on s'éloigne de l'équateur magnétique, où elle semble être une fois et demie plus faible qu'aux pôles. La ligne sans inclinaison est donc en même temps la ligne de moindre intensité.

2° L'intensité magnétique du globe décroît à mesure que l'observation est faite à une plus grande hauteur dans l'atmosphère ; et ce décroissement s'effectue probablement en raison inverse du carré de la distance.

3° L'intensité magnétique de la terre varie avec l'heure du jour ; elle est à son minimum entre dix et onze heures du matin, et atteint son maximum entre quatre et cinq heures du soir.

4° L'intensité magnétique présente des variations irrégulières ; et, comme l'inclinaison et la déclinaison, elle éprouve des perturbations accidentelles sous l'influence des aurores boréales.

On a donné le nom de *lignes isodynamiques* aux lignes qui sur la surface du globe présentent dans toutes leurs parties la même intensité magnétique ; celui de *lignes isogones* à celles qui présentent partout la même déclinaison, et celui de *lignes isoclives* à celles d'égale inclinaison.

DES CAUSES QUI PEUVENT DÉVELOPPER LE MAGNÉTISME DANS LES CORPS.

Plusieurs raisons nous ont fait retarder jusqu'à ce moment l'examen des causes qui peuvent développer le magnétisme dans les corps, c'est-à-dire l'étude de l'*aimantation*. Ce sujet formant pour ainsi dire un chapitre à part dans la série de faits qui constituent le magnétisme, et n'étant pas absolument indispensable pour faire comprendre les phénomènes qui servent de base à la théorie magnétique, comme nous l'avons vu, les physiciens n'ont suivi aucune règle fixe quant à l'endroit où ils devaient s'occuper de cette matière, que nous trouvons traitée par les uns au commencement de leur livre, par d'autres, soit avant, soit après la théorie du magnétisme, et que quelques-uns enfin, comme M. de la Rive, réservent pour clore le chapitre du magnétisme proprement dit. D'accord avec ce dernier système, nous croyons que l'aimantation est le complément de l'étude des phénomènes magnétiques, et que c'est seulement après avoir fait connaître ces phénomènes et l'explication qu'on a cru pouvoir en donner qu'on peut traiter des faits encore enveloppés de la plus profonde obscurité et dont il est difficile de se rendre compte. Un autre motif très-important nous a encore décidé : c'est que l'une des causes connues qui produisent l'aimantation est si intéressante, si nouvelle, et a pris des proportions si vastes, qu'il est indispensable de lui consacrer un chapitre spécial, ce que nous pouvons faire ainsi sans rien changer à l'ordre logique, qu'il convient tant de respecter en toute occasion. Au moyen de la disposition que nous adoptons, nous pourrons traiter l'aimantation par l'électricité avec toute l'extension nécessaire pour l'objet que nous nous proposons, et non-seulement nous ne l'aurons point séparée des autres causes qui développent le magnétisme dans les corps, mais elle conservera la place qui lui revenait de droit.

On ne connaît jusqu'à présent que trois moyens de produire l'aimantation des corps : 1° l'influence d'autres aimants, 2° le magnétisme terrestre, et 3° l'électricité; car, malgré qu'on ait cru qu'il en existait d'autres, comme la chaleur, la lumière, la torsion, la traction et la rotation, nous verrons plus tard que ce ne sont là que des cas particuliers d'un des trois moyens mentionnés, ou des causes secondaires qui viennent en aide à l'influence de la principale. Quant à nous, partisan décidé de la simplicité qui existe dans toutes les lois de la nature, et nous fondant sur la théorie même du magnétisme, déduite des phénomènes de l'électro-magnétisme, dont nous parlerons plus tard, nous n'hésitons pas à espérer que la science ne tardera pas à démontrer que la cause de l'aimantation est peut-être une : l'induction électrique.

AIMANTATION PAR L'INFLUENCE DES AIMANTS.

Le procédé d'aimantation le plus simple consiste à appliquer l'un des pôles d'un aimant à l'extrémité de l'aiguille ou barre que l'on veut aimanter. Les premières particules en contact avec ce pôle ont leur magnétisme naturel décomposé ; le fluide austral se dirige du côté le plus rapproché du pôle nord de l'aimant, et le fluide boréal du côté le plus éloigné ; ce dernier fluide décompose à son tour le magnétisme naturel des particules suivantes, et ainsi de suite jusqu'à l'extrémité la plus éloignée de la barre, dont les molécules possèdent de cette manière, extérieurement, un magnétisme semblable à celui du pôle qui a produit l'aimantation.

Telle est la théorie du procédé ; mais le phénomène n'a pas toujours lieu d'une manière aussi simple. Le docteur Robison, physicien écossais, a observé que quand au lieu de fer doux on aimante de l'acier par ce moyen, il n'acquiert le magnétisme que graduellement et progressivement, et que la gradation est d'autant plus sensible que la trempe de l'acier est plus forte. Ainsi, quand on applique le pôle nord d'un aimant à une barre d'acier dur, l'extrémité de celle-ci qui est en contact acquiert immédiatement un pôle sud, et l'autre ne semble pas impressionnée. On observe seulement un pôle nord qui se forme à peu de distance du pôle sud, et, après lui, un second pôle sud très-faible. Ces pôles avancent graduellement le long de la barre ; et enfin un pôle sud très-faible apparaît à l'extrémité la plus éloignée du contact ; mais ce n'est que longtemps après, et même rarement, qu'il y a un pôle nord simple et énergique.

Pour aimanter fortement par le simple contact, quand la force coercitive est très-considérable, il faut placer la barre entre deux pôles contraires ; l'aimantation a lieu alors en deux sens qui concourent au même résultat; l'opération est moins longue et réussit beaucoup mieux.

Un autre procédé plus énergique et plus généralement employé consiste à promener tout le long du pôle d'un aimant le morceau d'acier que l'on veut aimanter. La force coercitive est plus facilement vaincue dans cette opération, où chaque particule de la surface subit à la fois l'influence directe du magnétisme du pôle. Il est nécessaire de répéter le frottement plusieurs fois, surtout quand la force coercitive est grande; mais il faut avoir soin de le faire toujours dans le même sens.

Le mode d'action de ce frottement réitéré n'est pas facile à comprendre, dit M. de la Rive, et, en effet, si, après avoir aimanté une première fois une aiguille, on replace le pôle de l'aimant à l'extrémité où fut touchée la première particule, on détruit le magnétisme qu'on avait commencé à lui donner avant qu'on le lui ait communiqué complétement par une seconde friction. Chaque molécule frottée se trouve donc aimantée d'abord dans un sens contraire à celui où elle le sera plus tard. Pourquoi la seconde friction donnée dans le même sens augmente-t-elle l'effet de la première, la troisième celui de la seconde, et ainsi de suite jusqu'à une certaine limite? On dirait que le mouvement imprimé en deux sens alternativement contraires aux deux magnétismes des particules favorise leur séparation, et que la force coercitive cède plus facilement après avoir été déjà plusieurs fois vaincue que lorsqu'elle ne l'a point été encore. Il y a comme une espèce de vibration nécessaire à l'aimantation, et dont l'intensité augmente avec le nombre des frictions. Cette méthode, connue sous le nom de *méthode de simple touche*, a un très-faible pouvoir d'aimantation et développe fréquemment des *points conséquents*.

Quand il s'agit d'aimanter fortement une aiguille de boussole ou des lames d'une épaisseur qui n'excède pas 4 à 5 millimètres, il faut disposer aux extrémités de l'aiguille que l'on va aimanter deux aimants puissants qui agissent par leurs pôles opposés sur les deux extrémités de l'aiguille. Celle-ci est placée sur les aimants de manière qu'elle empiète de 20 à 30 millimètres sur chacun de leurs bouts (fig. 75). On prend deux autres barres aimantées dans chaque main, et on touche avec leurs pôles opposés le milieu de l'aiguille, puis, leur donnant une inclinaison de 25° à 30°, on les fait glisser simultanément avec la même inclinaison vers les deux bouts de l'aiguille. On les replace au milieu pour répéter l'opération jusqu'à ce que l'aimantation soit assez forte. Il faut avoir soin que le pôle de chaque barre qui touche l'aiguille soit le même que celui de l'aimant fixe vers lequel on le fait glisser, afin que les deux effets se favorisent mutuellement. Cette méthode, dite *méthode de la touche séparée*, fut adoptée par Knight en Angleterre, en 1745, et perfectionnée plus tard par Duhamel, à qui appartient l'idée de placer l'aiguille sur les deux aimants fixes.

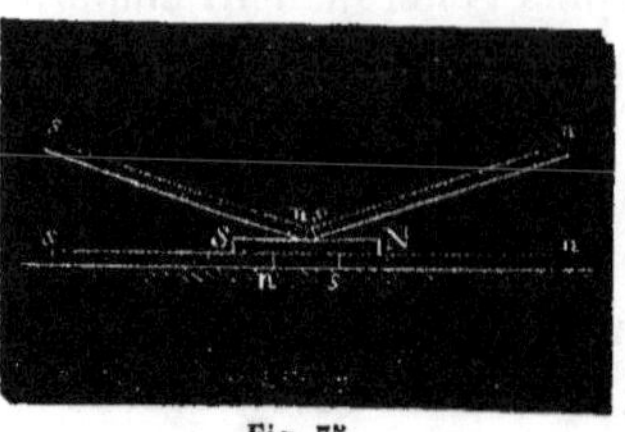

Fig. 75.

C'est par ce procédé qu'on obtient l'aimantation la plus régulière ; mais il est insuffisant lorsque les lames que l'on veut aimanter ont une grande épaisseur. Dans ce cas, il faut avoir recours à la *méthode de la double touche*, due à Mitchel, qui diffère seulement de celle qui précède en ce que les deux aimants qui servent à l'aimantation glissent réunis et non séparément depuis le milieu de la barre jusqu'aux extrémités, en conservant les pôles contraires en contact avec la barre ; on met entre eux un petit morceau de bois (fig. 76), et on les fait glisser ensemble depuis le centre jusqu'à un des bouts, et de ce bout à l'autre, et ainsi de suite, en ayant soin de terminer au centre, pour que chaque moitié de la barre reçoive un nombre égal de frottements.

Œpinus perfectionna cette méthode en 1758, en plaçant, comme dans celle de la touche séparée, deux fortes barres aimantées sous celle que l'on veut aimanter, et inclinant les aimants mobiles de 15° à 20° (fig. 76).

Fig. 76.

La méthode de la double touche étant trop énergique, elle détermine une réaction des pôles sur les parties immédiates de l'aimant, et présente souvent l'inconvénient de produire des points conséquents et de donner des pôles de force inégale.

Canton, Antheaume, Savery et d'autres, ont proposé aussi des méthodes nouvelles et des perfectionnements qu'il serait très-long de faire connaître; nous dirons seulement quelques mots des travaux du savant Knight, qui, par des procédés inconnus, ou peut-être seulement par le soin extrême qu'il apportait à ses travaux, parvenait à donner à ses aimants un pouvoir extraordinaire qui les a rendus célèbres; on cite entre autres un aimant que possède la Société royale de Londres, composé de 450 barres de 15 pouces chacune, et dont l'armure ne se détache des pôles que sous une pression de cent livres. Le docteur Knight était parvenu aussi à faire des pâtes magnétiques susceptibles d'acquérir un magnétisme plus fort que l'acier. D'après Ingenhouze, la composition qui lui avait le mieux réussi était un mélange de poudre d'aimant naturel, de poudre de charbon très-fine et d'huile de lin.

C'est ici le lieu de faire observer que, quel que soit parmi les procédés que nous venons de faire connaître celui que l'on emploie pour l'aimantation, les aimants ne perdent rien de leur force dans cette opération, ce qui prouve que le fluide magnétique ne se transmet point d'une barre à l'autre; voici les circonstances remarquables qu'on a observées à cet égard : 1° la quantité de magnétisme qu'acquiert un corps va toujours en augmentant, selon la force des barres qui servent à l'aimanter; mais cette quantité de magnétisme à lui transmise rencontre une certaine limite, que l'on nomme *point de saturation;* 2° on ne peut augmenter indéfiniment l'intensité magnétique d'une aiguille, en lui faisant subir un grand nombre de frottements avec des barres faibles; après un certain nombre, les nouveaux frottements sont sans effet; 3° une aiguille aimantée avec de puissants aimants ne peut être sans inconvénient aimantée de nouveau avec d'autres aimants d'une intensité moindre, car ceux-ci, même en agissant dans le même sens que les premiers, lui font perdre peu à peu son magnétisme et la laissent au degré d'intensité qu'ils auraient pu lui donner d'abord. Cet effet remarquable est une nouvelle preuve que les aimants qui glissent développent le magnétisme en déterminant dans chaque molécule des décompositions et des recompositions successives des deux fluides.

AIMANTATION PAR L'ACTION MAGNÉTIQUE DE LA TERRE.

La terre exerçant sur les substances magnétiques une action comparable à celle exercée par les aimants, on ne sera pas surpris que le magnétisme terrestre tende constamment à séparer les deux fluides qui se trouvent neutralisés dans le fer doux et dans l'acier; mais, la force coercitive de ce dernier corps étant très-grande, l'action de la terre n'est pas suffisante pour produire l'aimantation. Il n'en est pas ainsi avec une barre de fer doux, surtout si on la place parallèlement à l'inclinaison dans le méridien magnétique. Les deux fluides se séparent alors; l'austral se dirige vers le nord, et le boréal vers le sud; cependant cette aimantation n'est pas stable, car, si on retourne la barre, les pôles s'intervertissent immédiatement, ce qui provient du peu de force coercitive du fer doux, force, en effet, presque inappréciable; mais on peut la rendre sensible, d'après la découverte de Gilbert, en 1600, si, pendant que la barre est soumise à l'influence de la terre dans la direction indiquée, on la frappe avec un marteau, ou si on lui fait subir une torsion, l'action de la lime, de l'oxydation, ou toute autre action mécanique ou chimique; car chacune d'elles semble être plus ou moins propre à développer la force coercitive et à fixer par conséquent les fluides décomposés. C'est ainsi que s'explique la formation des aimants naturels, et l'aimantation qu'on remarque fréquemment dans les objets en acier et en fer très-anciens.

Œpinus avait observé que l'on pouvait aimanter fortement une aiguille ou une barre d'acier en la chauffant jusqu'au rouge et en la laissant refroidir entre les deux pôles contraires de deux puissantes barres aimantées. Mais ce fait, qui d'abord pourrait faire croire que la chaleur est une des sources de l'aimantation, provient de ce qu'elle détruit, au contraire, la force coercitive; et un aimant, quelle que fût sa puissance, perdrait tout son magnétisme s'il n'était pas soumis à l'action des fluides des deux pôles opposés, qui font ici l'effet des deux pôles de la terre sur un corps sans force coercitive, comme le fer doux

La lumière ne semble pas plus efficace que la chaleur pour déterminer une séparation des fluides magnétiques, car, bien que certains observateurs, et particulièrement Morichini, aient cru pouvoir reconnaître un pouvoir magnétique dans les rayons solaires, les expériences de MM. Pouillet, Reiss et Mozer ont donné des résultats contraires.

En décrivant les procédés d'aimantation, nous avons donné, pour ainsi dire, les moyens de fabriquer ou de composer des aimants; il nous reste à indiquer maintenant comment on peut les conserver et augmenter leur puissance.

Les aiguilles, les lames et les barres sont des aimants d'une seule pièce qui, une fois aimantés jusqu'à saturation, conservent très-bien leur magnétisme. Les lames et les barres, cependant, sont exposées, dans certaines circonstances, à subir une recomposition partielle des fluides par l'action du magnétisme terrestre, comme cela arriverait dans nos climats si l'on maintenait verticalement une barre avec le pôle boréal en bas, et si, dans cette position, elle recevait quelques coups de marteau. Pour empêcher ces recompositions, on emploie ce qu'on appelle des *armures*.

On donne ce nom à des pièces de fer doux qu'on met en contact avec les aimants pour conserver l'activité de ceux-ci par la décomposition magnétique qu'elles éprouvent. Pour *armer* les barres aimantées, on en place généralement deux dans la même boîte, disposées parallèlement et avec les pôles contraires en regard; deux autres barreaux, placés aux extrémités de manière à compléter le parallélogramme, deviennent eux-mêmes deux aimants qui agissent sur les barres aimantées et maintiennent séparés les fluides décomposés (figure 77).

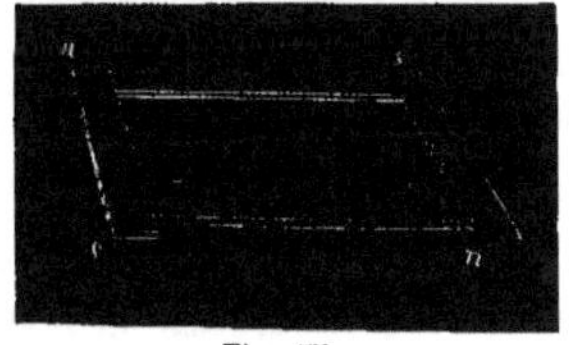
Fig. 77.

Les aiguilles montées sur un pivot n'ont pas besoin d'armure, parce qu'elles tournent pour obéir à l'action de la terre, et que cette force leur sert d'armure.

On appelle *faisceau magnétique* un assemblage de barres ou lames aimantées, réunies parallèlement, avec tous les pôles du même nom tournés d'un même côté. Tantôt on leur donne une forme rectiligne, tantôt celle d'un fer à cheval (fig. 78) : dans ce cas, il suffit d'un seul barreau de fer doux pour réunir les deux pôles; cette forme offre encore cet avantage qu'elle permet d'utiliser l'action des deux pôles lorsqu'on veut faire supporter un poids à l'aimant.

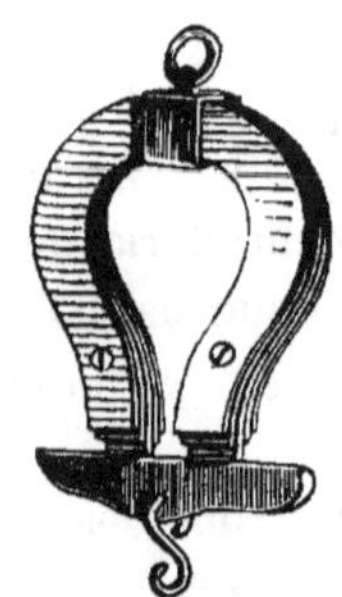

Fig. 78.

La figure 79 représente un faisceau rectiligne composé de douze lames rectangulaires disposées en trois couches de quatre lames chacune. Pour chacune des deux espèces de faisceaux magnétiques, on trempe et on aimante les lames séparément; on les superpose ensuite et on les assujettit avec des vis ou des viroles. On voit, dans la figure 79, que les lames ne sont pas de même

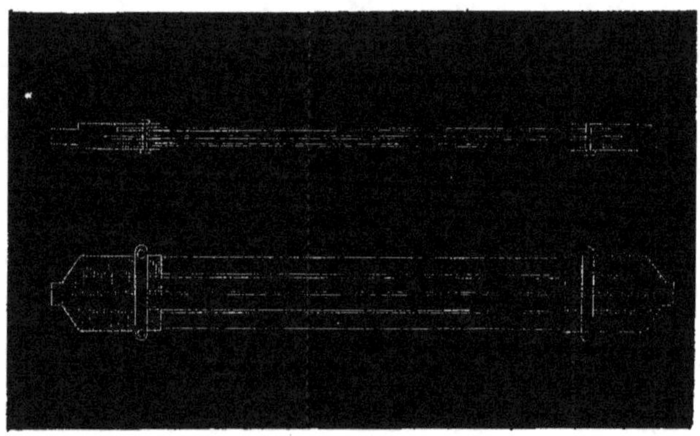

Fig. 79.

longueur : celle du milieu est plus longue, et, à mesure que l'on en superpose de nouvelles, on a soin de raccourcir un peu ces dernières, afin d'augmenter la force des aimants : en effet, il résulte des observations faites par Coulomb que la force d'un faisceau magnétique n'est pas égale à la somme des forces de chaque barreau; ce qui provient des actions répulsives qu'exercent les pôles immédiats les uns sur les autres. Les découvertes de Coulomb ont guidé Nobili pour de nouvelles observations, et ce dernier s'est livré à des expériences très-intéressantes, mais qu'il nous est impossible de décrire ici.

La figure 80 représente les armures des aimants naturels : les parties *ll'* se nomment les *ailes* de l'armure, et les parties *pp'* les *pieds*. On donne aux ailes une largeur égale à celle de l'aimant et une épaisseur de trois ou quatre millimètres : les dimensions des pieds dépendent de la force de l'aimant, et ce n'est qu'en faisant des essais qu'on peut en déterminer la forme et la grandeur convenables. Les aimants naturels sont très-faibles quand ils ne sont pas armés; mais leur force augmente considérablement au moyen des armures.

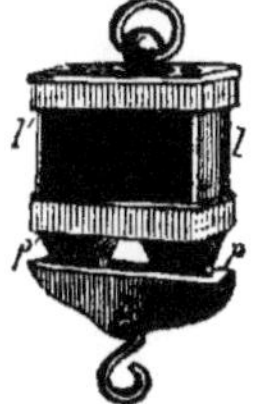

Fig. 80.

CHAPITRE IV

ÉLECTRO-MAGNÉTISME. — ÉLECTRO-DYNAMIQUE.

La grande analogie que nous avons signalée, dans les chapitres précédents, entre certains phénomènes de l'électricité et du magnétisme devait nécessairement attirer l'attention des savants qui se consacrent à l'étude des sciences physiques. Quoique les phénomènes de l'attraction et de la répulsion, qui firent admettre dans la théorie du magnétisme des explications entièrement identiques à celles de l'électricité, parussent devoir conduire à leur supposer une origine commune, d'autres phénomènes, comme, par exemple, l'action directrice, spéciale aux aimants (page 208), et la conductibilité électrique, qui n'a jamais été observée dans le magnétisme, firent maintenir l'hypothèse des deux fluides électrique et magnétique distincts l'un de l'autre.

Franklin, Beccaria, Wilson, Cavallo et d'autres cherchèrent en vain des rapports intimes pour assimiler les deux fluides : par la décharge d'une bouteille de Leyde ou de grandes batteries, ils parvinrent à modifier le magnétisme de très-petites aiguilles; mais, n'ayant obtenu aucun phénomène régulier, ils se contentèrent d'admettre que le choc électrique agissait mécaniquement comme le choc d'un marteau. Hachette et Désormes ne furent pas plus heureux dans les essais qu'ils firent en 1805, pour arriver à connaître la direction que prendrait, en vertu de l'action terrestre, une pile voltaïque horizontale, suspendue libre et isolée. L'idée de constater cette similitude semblait donc définitivement abandonnée, ainsi que l'opinion de Ritter, qui s'était hasardé à dire, appuyé sur quelques expériences qui n'avaient pas toujours été heureuses, que la terre avait des pôles électriques, bien qu'il leur assignât une position contraire à la manière dont le globe terrestre agit réellement sur les conducteurs électriques.

Un homme cependant restait fidèle à l'idée léguée par Franklin de chercher l'identité entre les fluides magnétique et électrique ; et les conjectures remarquables qu'il émit en 1807 dans un ouvrage intitulé : *Identité des forces chimiques et électriques*, se virent justifiées par une des plus grandes découvertes humaines, découverte qui fera toujours marcher de pair le nom d'Oersted avec ceux de Franklin, de Galvani et de Volta. Le savant danois, après avoir énuméré dans son ouvrage les ressemblances et les différences de l'électricité et du magnétisme, faisait ressortir celles qui existent entre l'électricité par frottement et l'électricité à courant continu, partant de là pour conclure que l'électricité qui se trouve à deux états différents dans le conducteur de la machine électrique et dans celui de la pile pouvait se trouver à un troisième état dans les aimants. « La forme d'activité galvanique, écrivait-il, occupe le milieu entre la forme d'activité électrique et la forme d'activité magnétique. Les forces y sont plus cachées, plus latentes que dans l'électricité, et moins latentes que dans le magnétisme ; il est donc vraisemblable que les forces électriques exercent une influence moindre sur les forces magnétiques que sur les forces galvaniques. » Il définit ensuite le magnétisme « l'état électrique qui convient aux aimants, » et termine par ces paroles mémorables : « *Il serait bon de s'assurer si l'électricité, à son état le plus latent* (c'est-à-dire sous la forme de courant galvanique), *n'exerce aucune action sur l'aimant considéré comme tel,* » c'est-à-dire comme un état latent de l'électricité.

Cette phrase prophétique, semblable à celle qui fut l'origine du paratonnerre, eut encore un autre point de ressemblance avec elle : c'est qu'elle ne fut claire et féconde que pour celui qui l'avait prononcée. Pendant treize ans la science électrique demeura stationnaire, comme à la fin de la première période, où Galvani fit sa découverte, et comme si elle attendait qu'une autre découverte non moins neuve, non moins fondamentale, vînt lui donner une nouvelle impulsion. Cette gloire, nous l'avons dit, était réservée au même Oersted, qui, guidé par les idées théoriques que lui-même avait énoncées, démontra par des expériences que l'électricité agissait sur le magnétisme d'une manière sûre et permanente.

Poursuivant ses conjectures, il voulut s'assurer si le courant voltaïque, sous sa forme la plus latente, n'agirait pas sur un aimant, considéré à son tour comme une électricité plus cachée, plus latente encore. Mais quand l'électricité voltaïque se présente-t-elle sous sa forme la plus latente? Quand le courant existe-t-il dans la pile sans se montrer, sans produire de résultat mécanique ou chimique, sans présenter aucun phénomène perceptible? C'est lorsque les deux pôles de la pile sont réunis par un corps suffisamment conducteur, par un fil métallique assez gros ; en un mot, quand le circuit est fermé; circonstance que Hachette et Désormes négligèrent en faisant leurs expériences, et qu'aucun autre physicien ne prit en considération; car ce fut seulement en 1820 qu'Oersted annonça dans un ouvrage en latin, et qu'on sut pour la première fois dans le monde scientifique, qu'*une aiguille aimantée, placée à peu de distance d'un fil métallique qui réunit les deux pôles d'une pile, se met en mouvement, oscille pendant quelques instants, et s'arrête dans une position fixe différente de sa position ordinaire.*

Le fait une fois connu et son infaillibilité démontrée, les phénomènes fondamentaux se présentèrent d'eux-mêmes à Oersted, et bientôt, dans les mains d'Ampère et de Faraday, ils prirent un tel développement, qu'ils constituèrent dans la science une branche nouvelle, appelée *électro-magnétisme*, qui traite des actions mutuelles exercées entre eux par les aimants et les courants voltaïques; et jamais on n'a vu une science s'enrichir d'un plus grand nombre de principes dans une période de temps si courte.

Pour faire l'expérience d'Oersted, on place horizontalement, dans la direction du méridien magnétique, un fil de cuivre, nommé *fil conjonctif*, par lequel on fait passer un courant électrique en le mettant en contact avec les pôles d'une pile. On place sur ce fil une aiguille aimantée librement suspendue, *laquelle dévie immédiatement de la direction qu'elle devrait prendre, et s'approche d'autant plus de la direction perpendiculaire du courant que l'intensité de ce courant est plus grande.*

Divers cas peuvent se présenter quant à la position que prennent les pôles de l'aiguille déviée, bien qu'ils se rapportent tous à une cause unique, comme nous le verrons bientôt. Pour rendre plus claire l'explication de ce phénomène, nous rappellerons que l'on suppose toujours que le courant marche dans le fil conjonctif du pôle positif au pôle négatif et traverse la pile du pôle négatif au pôle positif : remarquons toutefois que ceci n'est qu'une supposition d'Ampère, généralement admise pour représenter plus aisément les phénomènes, sans que pour cela on prétende que ce soit le vrai sens du courant, car il n'est pas même prouvé que le mouvement de l'électricité ait lieu sous forme de courant. Cela dit, examinons les quatre cas qui peuvent se présenter dans l'expérience d'Oersted. 1° Quand l'aiguille se trouve sous le courant et quand celui-ci va du sud au nord, le pôle N. ou austral de l'aiguille dévie vers l'ouest (fig. 81); 2° si l'aiguille est placée sur le fil conjonctif et si le courant va de même du sud au nord, le pôle N. de l'aiguille dévie vers l'est (fig. 82); 3° si le courant va du nord au sud, l'aiguille dévie vers l'est (fig. 83), quand elle est placée sous le fil conjonctif; 4° et vers l'ouest (fig. 84), quand elle se trouve placée dessus.

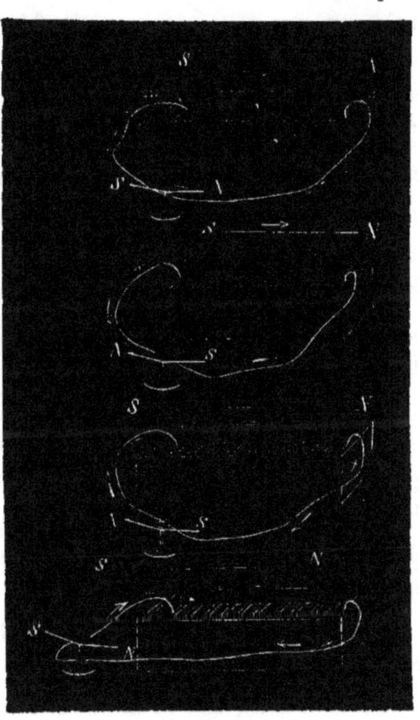

Fig. 81, 82, 83 et 84.

L'action des courants électriques sur l'aiguille aimantée peut être représentée d'une manière très-facile à se graver dans la mémoire, comme l'a fait Ampère, en supposant un observateur couché sur le fil conjonctif, de manière que le courant entre par les pieds et sorte par la tête, la face étant tournée vers l'aiguille. Quelle que soit la position qu'on donne à cette dernière autour du fil conjonctif, le pôle nord ou austral se tournera toujours du côté gauche de l'observateur. Le courant étant ainsi personnifié, on peut résumer tous les cas susmentionnés en disant que, *dans l'action directrice des courants sur les aimants, le pôle nord de ceux-ci est constamment dévié vers la gauche du courant.*

La force qui émane d'un courant électrique agit de deux manières sur l'aiguille aimantée : l'une directrice, et l'autre attractive ou répulsive : et ces deux forces s'exercent dans le vide, dans l'air et à travers toutes les substances, excepté celles qui sont très-magnétiques, comme le fer. Il est facile de s'assurer que cette action varie avec la distance, en faisant osciller l'aiguille plus ou moins près d'un courant, sous l'influence d'une forte barre aimantée qui détruise l'action directrice de la terre. C'est ainsi que MM. Biot et Savart ont posé la loi suivante : *L'intensité de la force électro-magnétique est en raison inverse de la distance entre l'aiguille aimantée et le courant.* Nous devons dire cependant que cette loi n'est exacte que quand le courant est rectiligne et suffisamment long pour qu'on puisse le considérer comme infini par rapport à l'aiguille.

On peut démontrer l'action attractive ou répulsive des courants sur les aimants en suspendant une aiguille à coudre aimantée à un fil de soie très-fin, et en faisant passer près d'elle un courant horizontal : les attractions et les répulsions que l'on observe, d'après le sens du courant, s'expliquent par la théorie d'Ampère sur les solénoïdes, que nous verrons plus tard.

Fondé sur le principe découvert par Oersted, et peu de temps après, le savant allemand Schweiger dota l'humanité d'un appareil admirable, connu sous le nom de *galvanomètre* ou *rhéomètre* [1], au moyen duquel on peut rendre sensibles les courants les

[1] Poggendorff, de Berlin, et Avogrado en Italie, disputent à Schweiger la gloire d'avoir inventé le galvanomètre.

plus faibles, qui ne feraient pas la moindre impression sur les électroscopes dont nous avons déjà parlé, même les plus délicats. Un galvanomètre rivalise, par son extrême sensibilité, avec les muscles d'une grenouille récemment écorchée.

Nous avons vu qu'une aiguille aimantée, dont l'axe est placé parallèlement à un conducteur parcouru par un courant électrique, dévie vers l'est ou vers l'ouest, selon que le courant marche du nord au sud ou du sud au nord, et qu'il passe par-dessus ou par-dessous l'aiguille. Il résulte de ces considérations que, si le conducteur qui transmet le courant passe d'abord par-dessus l'aiguille, et se replie ensuite pour passer en-dessous, en laissant l'aiguille au milieu, comme on le voit dans la figure 85, le courant qui parcourt la branche supérieure du conducteur tend à faire dévier l'aiguille dans le même sens que celui qui passe par la branche inférieure. On obtient ainsi sur l'aiguille une action deux fois plus forte que si le courant n'agissait qu'une fois par-dessus ou par-dessous. Si, au lieu de replier le conducteur une seule fois, on le replie deux fois, l'effet sera double, et triple si on le replie trois fois. En un mot, on peut, en donnant au fil un grand nombre de tours, multiplier considérablement l'action du courant sur l'aiguille aimantée.

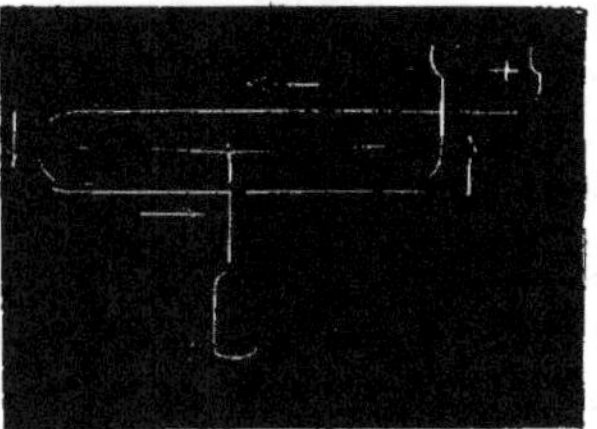
Fig. 85.

La description seule de cet appareil fait ressortir un autre avantage qu'il a encore sur les autres voltamètres : c'est qu'il indique le sens du courant, ou plutôt la situation respective des pôles positif et négatif du générateur employé.

La structure du multiplicateur varie selon le générateur électrique que l'on emploie; mais le type général, le multiplicateur primitif, pour ainsi dire, est celui que représente la figure 86. Il consiste en un cadre en bois *abcd* de peu de hauteur et assez large pour qu'on puisse y enrouler un fil métallique *ff*, recouvert de soie afin d'isoler les circonvolutions entre elles ; à l'intérieur du cadre on place une aiguille aimantée *sn* librement suspendue, soit au moyen d'un axe, comme dans la figure 86, soit au moyen d'un fil de soie très-mince.

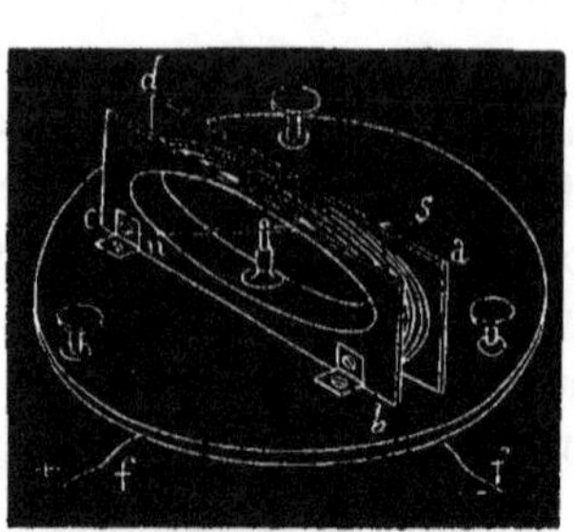

Fig. 86.

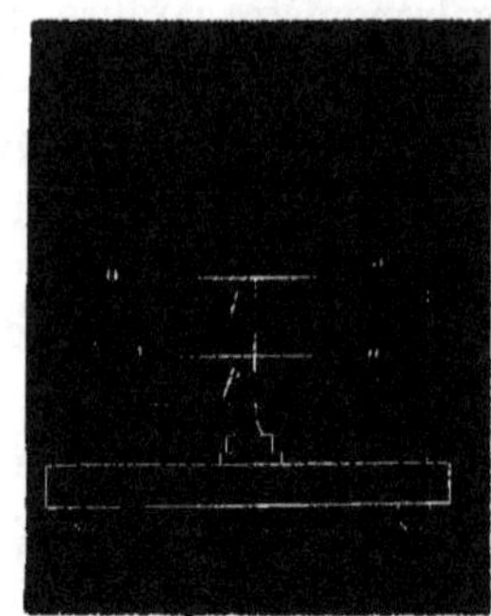

Fig. 87.

M. Nobili eut l'ingénieuse idée de substituer à cette seule aiguille aimantée un système astatique, c'est-à-dire deux aiguilles fixées parallèlement, avec les pôles renversés, aux extrémités d'une petite tige qui les traverse par leur centre de gravité ; de cette manière, il parvint à neutraliser la force directrice du magnétisme terrestre. Une des aiguilles *sn* (fig. 87) est placée à l'intérieur du cadre, et l'autre *s'n'* à l'extérieur ; de manière que la déviation que le courant tend à imprimer à la première aiguille est dans le même sens que celle qu'il imprime à la seconde ; et la sensibilité de l'appareil augmente ainsi d'une manière extraordinaire. Il est facile d'observer que si les deux aiguilles étaient à l'intérieur du cadre avec les pôles renversés, ou si elles avaient les pôles homogènes dirigés dans le même sens, en restant l'une dedans et l'autre dehors, elles tendraient à se dévier en sens opposés, et l'appareil, par conséquent, cesserait d'accuser le passage de l'électricité par le conducteur.

L'appareil de Nobili, que représente la figure 87, est généralement muni, en dehors du cadre et sous l'aiguille extérieure, d'un cercle gradué pour mesurer la déviation de l'aiguille ; on place le cadre sur un support mobile, afin de lui donner facilement toutes les positions voulues, et les axes ou les fils où les aiguilles sont suspendues peuvent monter et descendre à volonté.

Il peut se présenter dans le galvanomètre quelques irrégularités qui proviennent principalement du manque de parallélisme entre les axes des deux aiguilles du système astatique et du magnétisme qu'acquiert le fil galvanométrique. Pour remédier à ces inconvénients et pouvoir observer les courants électriques très-faibles, comme ceux qui se développent dans les nerfs et dans les muscles, M. Dubois-Reymond a ajouté au multiplicateur de Nobili un tronçon d'aiguille à coudre aimantée, qu'il place devant le 0 de la division du cercle gradué, et dont l'action compense l'effet des causes perturbatrices.

Le *galvanomètre différentiel* est un appareil dû à M. Becquerel; il diffère de ceux que nous avons décrits en ce qu'il a deux fils métalliques enroulés au cadre et isolés l'un de l'autre. Au moyen de cet appareil, on peut neutraliser deux courants électriques en mettant chacun de ses fils en contact avec un générateur, de manière que les courants marchent dans un sens opposé. S'ils sont égaux, le système d'aiguilles ne fera aucun mouvement; mais, si elles se meuvent, il est certain que la déviation sera due à la différence d'intensité entre les deux courants. Le galvanomètre différentiel a aussi l'avantage de permettre la réunion des bouts des deux fils métalliques, et, selon la manière de faire cette union, on peut obtenir un conducteur mince et deux fois plus long que l'un des fils, ou de même longueur et d'épaisseur double.

Les galvanomètres que nous venons de décrire servent à accuser avec une sensibilité extraordinaire des courants très-faibles, mais en aucune manière à mesurer leur intensité, car celle-ci est très-loin d'être proportionnelle à l'ouverture de l'angle de déviation quand elle est de plus de 20° : on devrait donc les nommer plutôt des *galvanoscopes*. Pour les employer, comme de vrais galvanomètres, à la mesure des angles de déviation, Peltier, Nobili, Melloni et M. Becquerel ont calculé des tables de correspondance entre les déviations de l'aiguille et les intensités relatives des courants; mais leurs procédés ont été abandonnés depuis l'invention des galvanomètres comparables, connus sous les noms de *boussole de sinus* et *boussole de tangentes*, dus tous deux à

M. Pouillet, bien que le principe du premier eût été décrit en 1824 par M. de la Rive.

La *boussole de sinus* se compose d'un multiplicateur *m* (fig. 88) avec son aiguille aimantée placée au centre sur un axe;

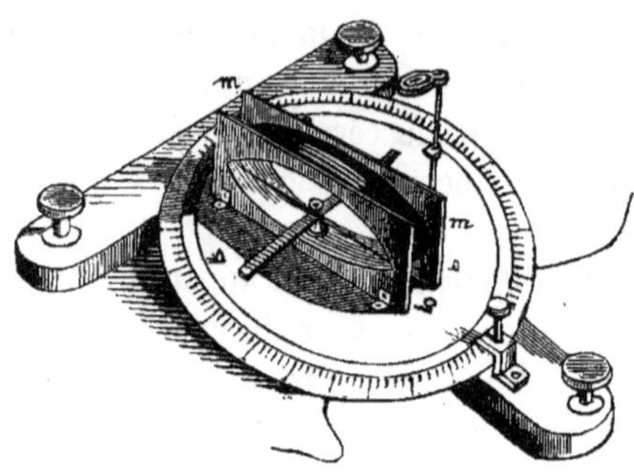

Fig. 88.

celle-ci porte perpendiculairement à sa longueur une petite règle de bois ou de métal très-légère sur laquelle on trace un point de repère qui sert d'indicateur pour connaître la vraie position de l'aiguille. On fixe le multiplicateur et son aiguille sur l'alidade mobile d'un cercle gradué. Quand le plan moyen du multiplicateur est exactement dans le méridien magnétique, l'appareil doit marquer *zéro*, et le point de repère de la petite règle ou indicateur reste sur la verticale du cheveu d'une loupe fixée au multiplicateur et qui l'accompagne dans tous ses mouvements. Si, dans cet état, on fait passer un courant électrique par le multiplicateur, l'aiguille dévie, et alors on fait tourner l'alidade jusqu'à ce que le cheveu de la loupe arrive au point de repère de la petite règle; le cercle fixe indique le nombre de degrés qu'il a fallu parcourir pour arriver à ce point, et c'est la mesure exacte de la déviation. En effet, l'aiguille obéissant d'un côté à la force répulsive du courant du multiplicateur qui l'éloigne du *zéro*, et, d'un autre, à l'attraction de la force directrice de la terre qui l'attire vers ce même *zéro*, il en résulte que, quand l'aiguille se trouve dans le plan du multiplicateur, toute la force répulsive du courant est vaincue par la force attractive du méridien magnétique; et, comme elle ne peut l'être que par une autre force égale à elle-même, il est évident qu'étant possible de mesurer cette force antagoniste, on aura la mesure de la force vaincue, c'est-à-dire de l'intensité du courant. Or, comme la force directrice de la terre est proportionnelle au sinus de l'angle de déviation (Pouillet, tome Ier, page 622, 7e édition), on peut déterminer exactement les rapports d'intensité qui existent entre les différents courants transmis à travers le fil du multiplicateur, parce qu'ils seront proportionnels aux sinus des angles marqués par l'aiguille : c'est pour cette raison qu'on a donné à ce galvanomètre le nom de *boussole de sinus*.

La *boussole de tangentes* est représentée dans la figure 89. On

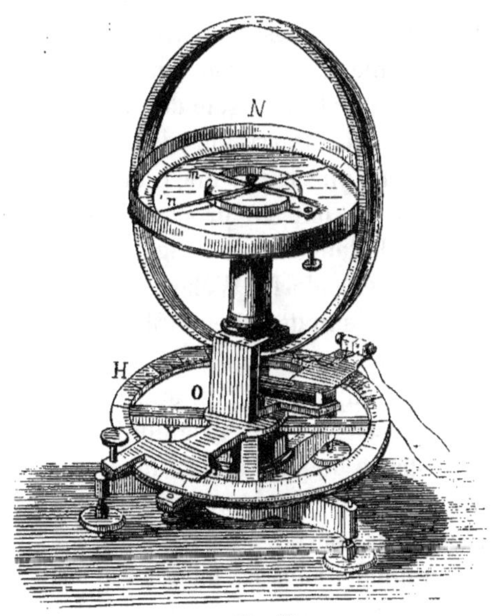

Fig. 89.

y voit que le multiplicateur est un grand cercle perpendiculaire à un autre cercle horizontal *N*, dans lequel se trouvent l'aiguille aimantée *m* et la règle ou indicateur *n*. Les deux cercles sont placés sur un pied *O* qui tourne autour d'un axe vertical passant au centre d'un cercle horizontal fixe, où, au moyen d'un indicateur *Y*, on peut voir de combien de degrés le multiplicateur a tourné pour obtenir le même résultat qu'avec la boussole de sinus, en opérant de la même manière. La boussole de tangentes, en effet, ne diffère essentiellement de la boussole de sinus que dans les dimensions respectives du cadre du multiplicateur et de l'aiguille; c'est-à-dire dans la distance à laquelle agit le courant, qui doit être très-grande dans l'appareil que nous décrivons, pour qu'on puisse bien voir que le courant électrique n'exerce son action que sur le centre de l'aiguille. Le calcul démontre alors que l'intensité du courant est proportionnelle à la tangente de l'angle de déviation.

Le célèbre constructeur Ruhmkorff a réuni les deux galvanomètres de sinus et de tangentes en un seul instrument, avec lequel on peut faire les deux observations : il suffit de changer l'aiguille de place, ou mieux d'en avoir deux, une longue et une courte, cette dernière pour la boussole de tangentes. M. Ruhmkorff et M. de la Rive ont observé tous deux que la boussole de sinus donne des résultats plus exacts que celle de tangentes.

Plusieurs modifications ont été proposées pour rendre plus exact le rapport entre la tangente de l'angle de déviation et l'intensité des courants. Poggendorff, Weber, Peclet et M. Despretz ont obtenu de très-bons résultats ; et enfin M. Gaugain est parvenu à donner à ses instruments un degré d'exactitude et de sensibilité qui les rend très-supérieurs aux autres. La modification qu'il y a introduite consiste à placer l'aiguille aimantée en dehors et à une certaine distance du plan moyen du cercle vertical que parcourt le courant. Les effets obtenus par M. Gaugain ont été analytiquement confirmés par M. Bravais.

Un autre appareil qui donne assez bien le rapport entre les intensités des différents courants qu'il transmet est le *galvanomètre de torsion*, de Ritchie. Il consiste en une balance de torsion dans laquelle l'aiguille aimantée astatique se trouve, quand elle est à *zéro* de torsion, dans le méridien magnétique et dans le plan moyen du cadre du multiplicateur.

M. Becquerel a imaginé une *balance électro-dynamique*, que ce n'est pas le moment d'expliquer, et qui peut servir, non-seulement de galvanomètre comparable, mais aussi de galvanomètre différentiel.

La *balance rhéométrique* de M. Regnard se recommande par son extrême simplicité, dit M. du Moncel, qui la décrit dans sa *Revue des applications de l'électricité*, ouvrage auquel nous renvoyons le lecteur pour cet appareil et plusieurs autres que nous ne faisons que mentionner ou indiquer sommairement, tels que le *galvanomètre* de M. Fabre, le *réélectromètre* de M. Marianini, qui n'est qu'un galvanomètre dont le multiplicateur est remplacé par un électro-aimant. On avait contesté l'exactitude de cet appareil; mais M. Masson paraît avoir démontré que c'est à tort.

Enfin M. Weber a fait au galvanomètre ordinaire des modifications très-importantes, qui peuvent être appliquées aussi aux galvanomètres comparables.

Ces modifications sont fondées sur cette observation : qu'il est préférable d'avoir des déviations très-faibles mesurées avec une grande précision que de grandes déviations évaluées seulement d'une manière approximative. Ce physicien s'est servi d'une grosse barre aimantée suspendue par le système bifilaire ou de deux fils, avec un miroir et une lunette qui augmente considérablement les divisions réfléchies par le miroir. Le cadre du multiplicateur est doublé en cuivre à l'intérieur, et ce métal, comme nous verrons plus tard, exerce une influence sur l'aimant en mouvement, influence dont M. Weber a profité pour diminuer le nombre d'oscillations de la barre et rendre moins pénibles les observations.

Au moyen des galvanomètres décrits on peut comparer, comme nous l'avons dit, l'intensité de différents courants électriques, et c'est de ces comparaisons, faites, entre autres, par Ohm, Pouillet, Fechner, Faraday et de la Rive, que l'on a déduit, sur l'intensité des courants, les lois que nous allons faire connaître; mais auparavant nous décrirons un instrument qui a servi à la détermination de ces lois.

Le rhéostat est un instrument dû à Wheatstone, et qui sert à augmenter ou diminuer la longueur du circuit parcouru par un courant, et à lui faire produire dans le galvanomètre une déviation donnée. Il se compose de deux cylindres (fig. 90), l'un en bois et l'autre métallique, sur chacun desquels existe une rainure en hélice, autour de laquelle on peut adapter un fil conducteur de l'électricité. Au moyen d'une manivelle, on fait tourner

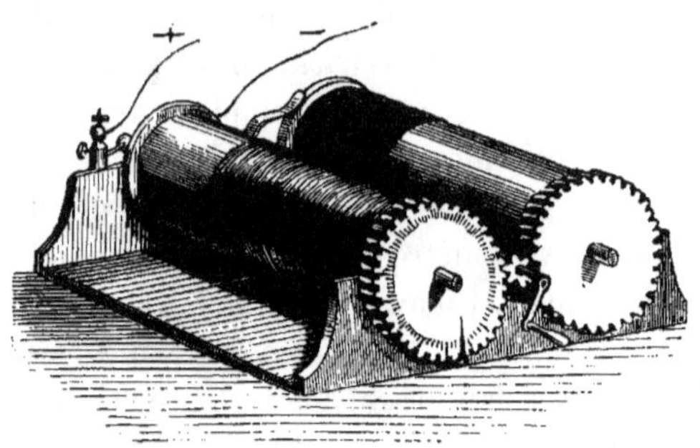

Fig. 90.

à la fois les deux cylindres, de manière que le fil métallique s'enroule sur l'un quand il se déroule de l'autre. L'un des rhéophores de la pile ou générateur électrique vient terminer dans le cylindre métallique, et l'autre dans une vis mise en contact avec l'extrémité du fil qui s'enroule sur le cylindre en bois. Comme celui-ci n'est pas conducteur de l'électricité, tandis qu'au contraire le cylindre métallique est un très-bon conducteur, il s'ensuit que le circuit s'allonge à mesure qu'on augmente le nombre de tours du fil métallique sur le cylindre en bois, si, comme c'est indispensable, on a la précaution de tenir les tours convenablement séparés les uns des autres.

M. Jacobi a construit des appareils rhéostatiques, auxquels il a donné le nom d'*agomètre*, et dans lesquels il a remplacé par le mercure le fil de cuivre du rhéostat de Wheatstone. M. Regnard a transmis dernièrement au directeur du *Cosmos* la description d'un rhéostat. Voici la note elle-même de M. Regnard :

« Une bobine en bois placée verticalement sur un support est entourée d'un fil fin de cuivre ou mieux de laiton garni de soie.

Ce fil est coupé par sections de 1 mètre, 2 mètres, 2 mètres, 5 mètres, 10 mètres, 10 mètres, 20 mètres, 50 mètres, 100 mètres, 100 mètres, 200 mètres et 500 mètres. Sa longueur totale est ainsi de 1,000 mètres. Autour du socle de la bobine sont disposées, les unes à la suite des autres, treize pièces de cuivre qu'on peut faire communiquer la première avec la seconde, la seconde avec la troisième, et ainsi de suite, au moyen de vis de pression ou de petits leviers. La première section du fil, qui a 1 mètre de longueur, aboutit par une extrémité à la première pièce, et par l'autre à la seconde. La seconde section, qui a 2 mètres, aboutit par une extrémité à la deuxième pièce et par l'autre à la troisième, et ainsi de suite. Le courant sur lequel on veut agir entre dans l'appareil par la première pièce et sort par la dernière.

« Dans cette disposition, si on met toutes les pièces de cuivre en communication directe par les vis de pression, le courant suit cette voie, sans que la résistance soit sensiblement augmentée.

« Il suffit de rompre le contact de la première pièce avec la seconde pour forcer le courant à parcourir 1 mètre de fil fin. On lui fait parcourir 2 mètres en rompant le contact de la seconde pièce avec la troisième, et ainsi des autres. On peut ainsi, par une manœuvre prompte et facile, faire passer le courant par 1 mètre, 2 mètres, 2 mètres, 5 mètres, 10 mètres, etc., de fil fin, et combiner ces nombres pour former telle somme totale que l'on veut, comme on le fait avec la série des poids de 1 gramme, 2 grammes, 2 grammes, 5 grammes, etc., qui est en usage.

« Pour rendre la manœuvre plus facile encore, la bobine est susceptible de tourner sur un axe rigide, elle reçoit le courant par cet axe, et le rend par une virole concentrique, qui en est isolée. »

Ce rhéostat peut être employé non-seulement pour modérer l'intensité des courants, mais aussi pour mesurer cette intensité par la résistance que ces courants peuvent vaincre pour être ramenés à un effet déterminé.

Le rhéostat proposé dernièrement par M. l'abbé Caselli a mérité une mention particulière à cause de sa simplicité et de son ingénieuse disposition. Que l'on se figure une toile dont les fils de chaîne sont en coton et disposés sur une largeur en rapport avec les dimensions des appareils où ce genre de rhéostat doit être employé, et dont la trame est formée par un fil métallique et un fil de coton alternés, de sorte que, tout étant réunis par un bout de manière à former des zigzags, deux portions contiguës du fil métallique ne se toucheront pas, étant séparées par le fil de coton. Pour isoler encore davantage ces fils, on peut tremper ce tissu dans une dissolution de gomme laque et de bitume fondus, et alors il est possible de replier le tissu sur lui-même et de le réduire à un très-petit volume.

Chaque morceau de tissu offrira une résistance en rapport avec le nombre de fils qui entrent dans la trame; il suffira donc d'avoir des bandes de plusieurs largeurs, ou d'ajouter les unes aux autres différentes bandes pareilles, pour augmenter la résistance d'une quantité donnée; pour obtenir des fractions de résistance, il suffit dans la bande la plus petite de souder un fil à chaque retour du fil sur lui-même. Tous ces fils aboutissent à de petites plaques métalliques disposées autour d'un commutateur circulaire.

Un autre moyen proposé par M. Caselli consiste à piquer sur une planche deux rangées parallèles de petits clous, et à replier autour de ces clous le fil recouvert de soie qui doit fournir la résistance ; on applique ensuite une feuille de papier que l'on recouvre de bitume fondu avec la résine ; on arrache les clous et on applique une feuille pareille sur la seconde surface; on prend enfin toutes les précautions pour que l'isolement soit complet, et on évite ainsi de se servir d'un métier à tisser.

Les lois des courants électriques, quelle que soit leur origine, déduites des observations faites avec les instruments que nous venons de décrire, sont :

1° *L'intensité d'un courant électrique est directement proportionnelle à la somme des forces électro-motrices qui sont en activité dans le circuit;* on entend par force électro-motrice la cause, quelle qu'elle soit, qui produit un dégagement d'électricité dynamique.

2° *L'intensité est égale dans tous les points du circuit.*

3° *L'intensité est en raison inverse de la longueur de toutes les parties du circuit.* Il faut se rappeler, quant à cette loi, que les piles présentent des résistances très-différentes, et qu'au lieu de la longueur de la pile il faut faire entrer dans le circuit celle d'un fil métallique dans les mêmes circonstances que le fil ou conducteur *interpolaire*, et dont la résistance soit équivalente à celle de la pile. M. Pouillet a donné à ce circuit ainsi modifié le nom de *courant réduit.*

4° *L'intensité est en raison directe de la section et de la conductibilité du fil qui transmet le courant.*

On conclut de ces deux dernières lois que *l'intensité doit rester constante si la section du fil varie proportionnellement à sa longueur.*

Action directrice des aimants sur les courants. — M. Ampère, dont nous avons déjà cité le nom dans le cours de ce livre, et qui occupe une des premières places dans les annales de l'électricité, pensa que l'action entre les courants et les aimants doit être réciproque, et que si, dans l'expérience d'Oersted, c'est toujours l'aiguille aimantée qui se meut pour se placer perpendiculairement au courant, on ne doit pas attribuer cette circonstance à ce que l'aiguille est toujours passive, mais à sa mobilité. En effet, l'expérience vint confirmer cette conjecture, que, quand l'aimant est fixe et le fil conjonctif mobile, c'est celui-ci qui se dévie et vient se mettre en croix avec l'aimant, en laissant toujours le pôle nord vers la gauche.

Pour démontrer ce principe, il imagina de donner au conducteur la disposition représentée dans la figure 91, c'est-à-dire de le plier en forme de rectangle, de manière que ses extrémités soient presque réunies, mais se sans toucher; en introduisant chacune de ces extrémités dans une cavité remplie de mercure et en communication avec les deux pôles d'une pile, une partie du conducteur devient mobile, puisqu'il peut tourner sur les deux points *pn*. Si on approche un aimant de la partie inférieure du rectangle mobile, celui-ci se met immédiatement en mouvement, et, après quelques oscillations, il reste dans un plan perpendiculaire à l'aimant. Si, pendant qu'il est dans cette position, on change le sens du courant, le conducteur se remet en mouvement, et décrit 180° pour devenir encore perpendiculaire à l'aimant, mais avec les pôles renversés, c'est-à-dire, toujours à la gauche de l'observateur supposé par Ampère, ou du courant.

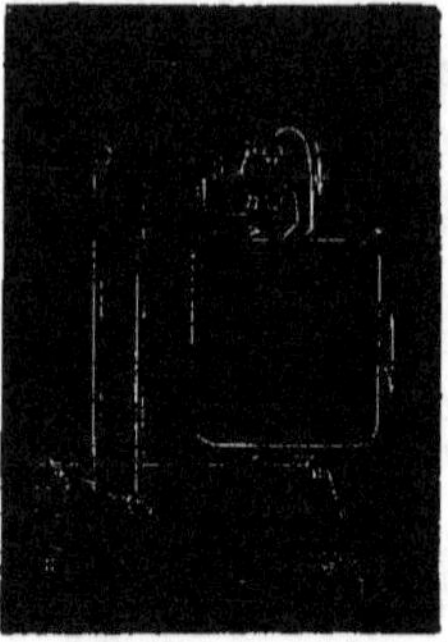

Fig. 91.

Ce résultat une fois obtenu, il était naturel qu'Ampère ne s'arrêtât pas dans la carrière brillante qui s'ouvrait devant lui, et qui devait le conduire à démontrer pour ainsi dire la théorie du magnétisme. Il ne tarda pas à découvrir, en se servant d'un courant très-puissant et d'un conducteur mobile, comme celui qui vient d'être décrit, mais d'un diamètre de 40 ou 50 centimètres, que le magnétisme terrestre agit sur les courants comme pourrait le faire un aimant; et que le conducteur mobile traversé par un courant vient se placer dans un plan perpendiculaire au méridien magnétique, de manière que le courant marche de l'est à l'ouest dans la partie inférieure du rectangle ou du cercle, selon la forme que l'on a donnée au conducteur.

Ce principe peut se démontrer aussi avec la pile flottante de M. G. de la Rive, lequel a réussi à obtenir avec elle ce que Davy avait tenté inutilement en suspendant une pile voltaïque.

La pile flottante est simplement un couple de plaques de cuivre et de zinc fixées sur un morceau de liége, et le traversant du haut en bas, mais de manière que la plus grande partie des plaques se trouve à la partie inférieure du liége, et par conséquent plongée dans le liquide acidulé où flotte ce dernier. Les deux extrémités des plaques qui paraissent à la partie supérieure du morceau de liége sont réunies par un fil métallique, auquel on fait faire un grand nombre de tours dans le même sens pour que le courant, naturellement faible, puisqu'il ne provient que d'un seul couple, se multiplie et se dévie avec plus d'énergie, soit sous l'influence d'un aimant qu'on lui présente, soit par l'action du magnétisme terrestre (fig. 92).

L'action directrice de la terre sur les courants, quoique moins puissante que celle d'un fort aimant que l'on approche du conducteur, peut altérer les résultats quand on étudie cette dernière action, et c'est pour éviter cela qu'Ampère a imaginé de plier le

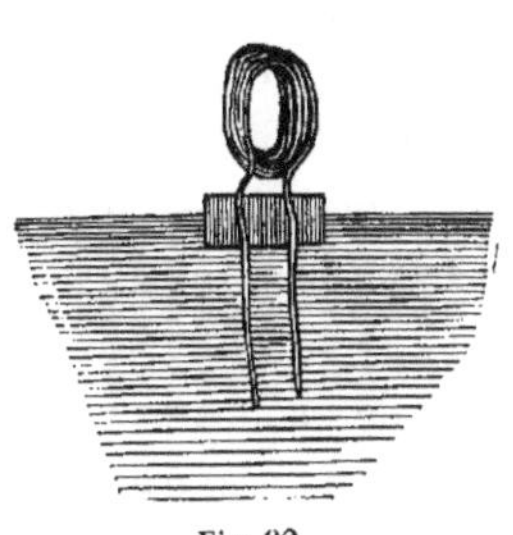
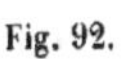
Fig. 92.

Fig. 93.

fil conducteur mobile en forme de deux rectangles égaux, de l'une des deux manières représentées dans la figure 93 ; disposition en vertu de laquelle les actions directrices de la terre sur les deux parties du circuit tendent à se diriger en sens contraire, et, par conséquent, se détruisent, comme il arrive avec le système astatique d'aiguilles; c'est pour cette raison qu'on a donné le nom de *courants astatiques* à ceux qui parcourent un conducteur disposé de cette manière.

ÉLECTRO-DYNAMIQUE.

Dès l'instant où Ampère commença la série d'investigations qu'il entreprit en se fondant sur la découverte d'Oersted, il remarqua qu'un courant électrique n'agit pas seulement sur un aimant, mais aussi sur un autre courant électrique, et, le 25 septembre 1820, il présenta à l'Académie le résultat de ses observations sur l'action qu'exercent les courants électriques les uns sur les autres; observations qui constituent une nouvelle branche de l'électricité à laquelle on a donné le nom d'*électro-dynamique*, et dont nous exposerons les principes le plus brièvement possible.

Quand deux courants *rectilignes* et *parallèles* passent par des conducteurs mobiles, ou du moins dont un seul est fixe, *ils s'at-*

tirent mutuellement quand ils vont dans le même sens; et se repoussent quand ils marchent en sens contraire. On peut démontrer cette loi expérimentalement avec le conducteur astatique mobile de la figure 93; car, si on lui présente à peu de distance un fil métallique, tenu dans les deux mains, et par lequel passe un autre courant électrique, on observe que, si le courant marche dans le même sens, le conducteur mobile tourne et s'approche, et il suffit de changer la position des mains de manière que le courant passe dans le fil en sens contraire, pour observer le phénomène opposé: le conducteur mobile tournera, mais ce sera pour s'éloigner du fil qu'on lui présente.

Ampère ne tarda pas à généraliser la loi des courants parallèles, et l'étendit au cas où les courants sont angulaires, c'est-à-dire quand les deux conducteurs, traversés chacun par un courant, forment un angle, soit dans le même plan, soit dans des plans différents : dans ce dernier cas, l'angle formé par les deux courants est celui que forment les deux plans dans lesquels sont situés les conducteurs, et qui a pour sommet la ligne droite mesurant la plus courte distance qui les sépare. La loi formulée par Ampère pour ce cas général est la suivante: *deux courants angulaires s'attirent quand leur direction est telle, que tous deux marchent vers le sommet de l'angle, ou que tous deux s'en séparent; et ils se repoussent quand l'un se dirige vers le sommet et que l'autre s'en éloigne.*

Cette loi comprend quatre cas différents, pour l'intelligence desquels il suffit d'examiner la figure 94, où les flèches les plus

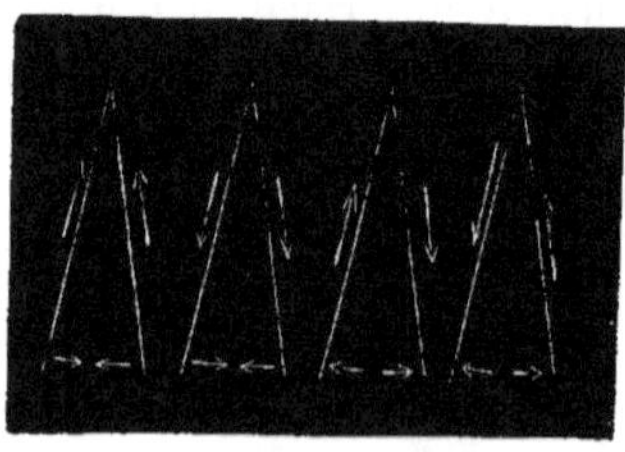

Fig. 94.

Fig. 95.

longues indiquent la direction des courants, et les plus courtes le sens dans lequel les conducteurs sont sollicités, c'est-à-dire l'attraction ou la répulsion qu'ils éprouvent.

La loi des courants angulaires est la même, quelle que soit la valeur de l'angle, et on peut la considérer comme un cas particulier de la loi générale énoncée pour les courants rectilignes parallèles. Un autre cas particulier très-intéressant, auquel nous devons nous arrêter un moment, est celui où les deux courants forment un angle de 180°, c'est-à-dire, où l'un est la prolongation de l'autre. Ampère tenta de vérifier directement la loi dans ce cas, et il fit l'expérience suivante : au moyen d'une substance non conductrice on divise le vase *AB* (fig. 95) en deux compartiments que l'on remplit de mercure ; prenant ensuite un fil métallique recouvert de soie à l'exception de ses deux extrémités, on lui donne la forme représentée dans la figure, en ayant soin que les deux branches *ab* et *a'b'*, perpendiculaires au plan de l'arc *bcb'*, soient parallèles l'une à l'autre ; on fait flotter ce fil sur le mercure de manière que chaque branche *ab* et *a'b'* entre dans son compartiment, et que leurs extrémités dépourvues de soie soient en contact avec le mercure ; puis, plongeant chacun des pôles de la pile dans chacun des compartiments, on fait traverser par le courant le fil métallique flottant, et à peine a-t-on fermé le circuit, que le fil se met en mouvement, glissant sur le mercure et s'éloignant rapidement des pôles : effet qu'Ampère attribue à la répulsion entre le courant qui traverse le flotteur et le courant transmis dans le mercure avant de pénétrer dans le fil ou après en être sorti.

Le courant du mercure et celui du fil ne sont en effet que la prolongation l'un de l'autre, ou, ce qui revient au même, deux courants formant un angle de 180°, et dont l'un se dirige vers le sommet de l'angle et l'autre s'en éloigne ; il est donc naturel qu'il y ait répulsion dans chacune des branches séparément, d'après la loi antérieurement émise. Cette conséquence importante de la loi générale s'énonce en disant que *tous les éléments d'un même courant se repoussent mutuellement*. Nous devons dire cependant que tous les physiciens ne sont pas encore convaincus de l'exactitude de cette loi par les phénomènes observés dans l'expérience que nous venons de rapporter, quoiqu'ils soient confirmés par une autre semblable due au célèbre Davy. MM. de la Rive et Becquerel paraissent ne pas en douter; mais M. Pouillet et d'autres prétendent qu'il suffirait qu'une partie du courant se présentât obliquement pour qu'il y eût répulsion. A notre avis, les physiciens devraient éclaircir cette question et lui chercher une démonstration pratique qui ne laissât aucune place au doute. M. de la Rive croit l'avoir trouvée en se fondant sur ce qui se passe dans le tourniquet électrique, dont nous parlerons ici, bien que les ouvrages de physique en placent toujours la description dans le chapitre de l'électricité statique.

Le tourniquet électrique (fig. 96) est un appareil composé de quatre, six ou plusieurs tiges métalliques disposées comme les rayons d'un polygone régulier, mais dont les extrémités sont toutes recourbées dans le même sens, et dont les centres sont fixés à une chape commune qui peut tourner sur un pivot. En mettant cet appareil sur le conducteur d'une machine électrique, les rayons commencent à tourner en sens contraire à celui de la courbure au moment où l'on charge la machine.

Fig. 96.

On explique presque généralement ainsi ce phénomène : le fluide électrique répandu dans la surface des tiges du tourniquet exerce dans toutes les directions une pression sur l'air ambiant; s'il ne trouvait pas de sortie, les pressions opposées seraient toujours égales et l'appareil resterait en repos; mais, trouvant une issue par les pointes dont sont pourvues les tiges, il n'y a plus de pression au point de sortie, et celle que le fluide continue d'exercer sur le point opposé détermine le mouvement de rotation par un effet de réaction semblable à celui du tourniquet hydraulique. M. Ganot repousse hautement cette explication, et admet avec plus de raison un effet de répulsion entre l'électricité des pointes et celle qu'elles communiquent à l'air. M. de la Rive, qui ne connaissait pas cette théorie, puisque en parlant du tourniquet dans l'électricité statique il donne l'explication générale admise par ses prédécesseurs, reproduit cependant presque entièrement, sans la condamner, la théorie de M. Ganot, mais moins circonscrite, car il considère le phénomène comme une conséquence de la loi d'Ampère, et suppose que l'électricité qui sort par les pointes forme un courant qui se propage dans le milieu où il pénètre; et que le mouvement de rotation qu'éprouve le tourniquet dans le sens opposé aux pointes n'est que le résultat de la répulsion continuelle qui a lieu entre le courant qui parcourt la tige métallique mobile et celui qui en est sorti pour pénétrer dans l'air. C'est là un nouveau point de contact entre l'électricité statique et l'électricité dynamique qui pourrait donner lieu à des travaux très-intéressants.

Une autre conséquence importante des principes exposés sur les courants angulaires est l'*action directrice d'un courant ouvert sur un autre courant fermé*, qu'on peut démontrer aussi au moyen du conducteur mobile de la figure 95. En présentant à la partie inférieure du courant fermé un fil métallique horizontal parcouru par un autre courant, si le fil est fixe, et, par sa longueur, peut être considéré comme infini relativement au conducteur mobile, on observera que *le conducteur du courant fixe tend à placer le conducteur du courant mobile dans une position parallèle telle, que le sens des deux courants soit le même dans les deux conducteurs;* c'est-à-dire dans le conducteur fixe infini et dans la partie du conducteur mobile la plus rapprochée de lui.

Les attractions et les répulsions qu'exercent entre eux les courants angulaires peuvent facilement se transformer en mouvement circulaire continu. S'il y a, par exemple, deux courants, l'un *ABC* circulaire, fixe dans un plan horizontal (fig. 97), et l'autre *mn* rectiligne, mobile dans un plan vertical, et que tous deux marchent dans le sens des flèches, ils devront s'attirer dans l'angle *nmC*, car l'un et l'autre se dirigent vers le sommet *m*, et se repousser dans l'angle *nmB*, parce

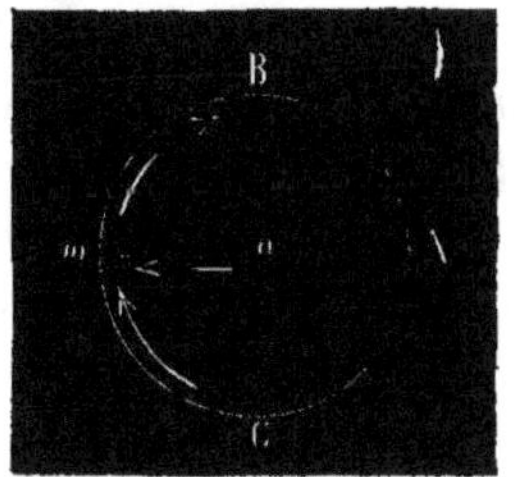

Fig. 97.

que l'un se dirige vers ce même sommet m et que l'autre s'en éloigne; par conséquent, les deux effets doivent concourir à faire tourner le fil mn dans le sens CAB.

Après Ampère, Davy, Faraday, de la Rive et Poggendorff se sont livrés à des travaux très-intéressants sur la rotation continue résultant de l'action mutuelle des aimants et des courants, et de ces derniers entre eux. Nous ne pouvons nous arrêter davantage sur ce fait, qui, nous le pressentons, deviendra le point de départ d'autres études qui conduiront à d'utiles applications; mais cela nous mènerait trop loin ; nous nous bornerons à exposer en peu de mots une autre loi très-importante pour l'intelligence de ce qui nous reste à dire sur l'électro-dynamique.

Loi des courants sinueux. — *L'action d'un courant sinueux est la même que celle d'un courant rectiligne de longueur égale en projection.* On peut démontrer ce principe en disposant un courant (fig. 98) dont une partie, ab, est sinueuse, et l'autre, cd, rectiligne; si l'on approche ce conducteur du courant mobile de la figure 93, on verra qu'il n'exerce aucune action sur lui, tandis que l'une des deux parties séparées l'attire ou le repousse selon le sens du courant.

Fig. 98.

THÉORIE D'AMPÈRE SUR LE MAGNÉTISME.

Après avoir étudié l'action mutuelle des courants électriques les uns sur les autres et avoir déterminé ses lois, Ampère tenta d'identifier l'action de ces mêmes courants et celle des aimants au moyen d'une hypothèse très-ingénieuse sur la nature du magnétisme. En analysant avec soin l'action des différentes parties d'un aimant sur un courant mobile, et celle d'un courant sur les différentes parties d'un aimant mobile à son tour, il put se convaincre que ces actions étaient exactement les mêmes que celles qui auraient eu lieu si on avait remplacé la section de l'aimant qui agit, ou sur lequel on agit, par un courant électrique faisant le tour de la section, soit par conséquent un circuit fermé et situé sur un plan perpendiculaire à l'axe de l'aimant. Examinant ensuite dans quels cas il y avait attraction, et dans quels autres il y avait répulsion entre la section d'un aimant et un courant électrique dont il connaissait la direction, il parvint à déterminer le sens de ces courants hypothétiques, en se fondant sur cette loi que lui-même avait trouvée, à savoir qu'il y a attraction quand les courants vont dans le même sens, et répulsion quand ils marchent en sens contraire. Voici comment on obtient ce résultat.

On prend une barre aimantée prismatique, et, ayant soin de la maintenir horizontale avec le pôle nord tourné vers la gauche, on la présente à la tige verticale d'un conducteur mobile astatique qui forme partie d'un circuit électrique, et on observe alors que, si cette tige est traversée par le courant de bas en haut, elle est repoussée par toutes les parties de chacune des faces de l'aimant; et qu'au contraire elle est attirée par toutes les parties aussi de l'aimant si le courant marche de haut en bas. Il faut maintenir toujours la barre aimantée horizontale, avec le pôle nord à gauche, quand on la promène d'une extrémité à l'autre de chacun de ses côtés devant le courant vertical.

Si sur chacun de ces côtés de l'aimant on fixe, avec un peu de cire, des flèches en carton ayant la pointe dans la direction que devrait suivre un courant pour produire sur le conducteur mobile l'attraction ou la répulsion qu'y détermine l'action de l'aimant, on voit que ces flèches représentent un courant qui circule autour de chacune des sections de l'aimant en conservant le même sens dans toutes; c'est-à-dire, de haut en bas dans le côté le plus rapproché du conducteur mobile, de bas en haut dans le côté opposé, en s'éloignant du conducteur dans le côté inférieur, et en s'en rapprochant dans le côté supérieur. L'ensemble de ces directions constitue réellement un courant qui circule autour de chaque section de l'aimant, comme dans un circuit fermé.

Si, sans changer la position des flèches, on tourne l'aimant de manière que le pôle nord se trouve à droite, il est facile de comprendre que, la direction étant intervertie, le courant que représentent les flèches ira de bas en haut sur le côté le plus rapproché du courant mobile; il arrive ainsi qu'il y a répulsion entre le courant mobile et les différentes parties de l'aimant qu'on lui présente; action tout à fait contraire à celle qui avait lieu dans le cas précédent.

On obtient un résultat identique en présentant un courant horizontal aux différentes sections d'un aimant suspendu verticalement à un fil par l'une de ses extrémités (fig. 99); et, en indiquant avec des flèches sur les côtés de l'aimant, à différentes hauteurs, la direction que doivent avoir les courants que l'on suppose circuler autour de la surface, on se rend parfaitement compte des effets attractifs ou répulsifs qu'on observe.

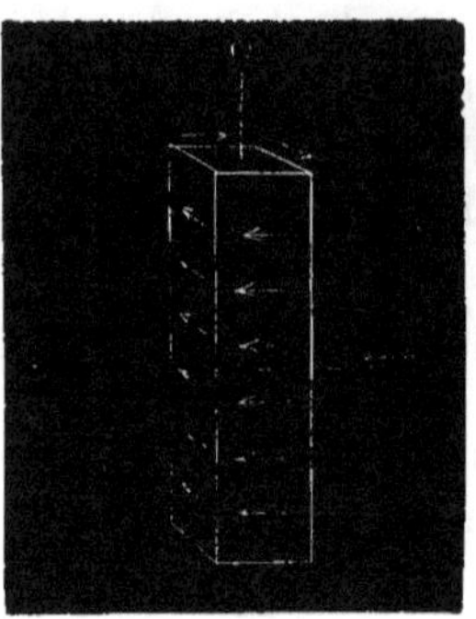

Fig. 99

On peut donc considérer un aimant comme formé d'une réunion de courants qui circulent tous dans le même sens autour de sa surface et situés dans les plans parallèles entre eux et perpendiculaires à l'axe de l'aimant. Quant au sens de ces courants, nous venons de voir, en analysant l'action mutuelle d'un aimant et d'un courant dont on connait la direction, que, si l'observateur a l'aimant devant soi, placé horizontalement avec le pôle nord à gauche, le courant va de haut en bas dans le côté extérieur le plus éloigné, et de bas en haut, par conséquent, dans le côté intérieur le plus rapproché. Il est plus commode, pour se bien graver cette direction dans la mémoire, de supposer l'aimant dans sa position naturelle, celle que lui fait prendre, quand il est mobile, la force directrice de la terre, avec le pôle austral tourné vers le nord; on voit alors par la direction des flèches que le courant se dirige de l'est à l'ouest dans la partie inférieure de l'aimant et de l'ouest à l'est dans la partie supérieure; qu'il est ascendant dans le côté est et descendant dans celui que regarde l'ouest.

Il est évident que la forme du circuit dans lequel circule chacun de ces courants parallèles, dont la réunion constitue l'aimant, dépend de la forme extérieure de l'aimant lui-même : il sera circulaire si l'aimant est cylindrique ; rectangulaire si l'aimant est un parallélipipède, et il formera une série de rectangles diminuant de grandeur du centre aux extrémités si l'aimant est un prisme rhomboïdal.

L'hypothèse d'Ampère sur la constitution des aimants, telle que nous venons de l'exposer, et que nous avons extraite du *Traité d'électricité* de M. de la Rive, explique d'une manière satisfaisante la découverte fondamentale d'Oersted, ainsi que toutes les expériences relatives à la déviation d'un aimant ou d'un courant par l'action mutuelle qu'ils exercent entre eux. Tous ces effets, ainsi que ceux de l'attraction et de la répulsion des aimants les uns sur les autres, viennent se rapporter à ceux qui résultent de l'action mutuelle de deux courants l'un sur l'autre ; action en vertu de laquelle ils tendent à se placer parallèlement entre eux, de manière que leur direction soit dans le même sens. Pour que ce parallélisme puisse avoir lieu entre un courant électrique et ceux qui circulent autour de l'aimant, il est indispensable que celui-ci soit placé transversalement au courant qui agit sur lui, et c'est précisément ce qui arrive dans l'expérience d'Oersted quand l'aimant tend à dévier de la direction normale qu'il avait avant de passer le courant pour prendre une position perpendiculaire ; ne pouvant obéir directement à l'attraction ou à la répulsion, il tourne autour du point central.

Pour confirmer son hypothèse sur la nature du magnétisme et pour rendre plus évidente l'identité des fluides électrique et magnétique, Ampère voulut disposer les courants de la même manière que, suivant lui, se trouvent disposés naturellement ceux des aimants ; et il parvint à obtenir ainsi une réunion de courants avec toutes les propriétés de véritables aimants. Il prit pour cela un fil de cuivre, et, l'enroulant en forme d'hélice, de manière que les spires successives ne se touchassent pas entre elles, il en plia ensuite les deux bouts, et, les dirigeant suivant l'axe de l'hélice jusqu'au milieu, il les fit ressortir de manière qu'il n'y eût pas le moindre contact ni entre eux, ni avec aucune autre partie de l'hélice; il recourba aussi les pointes du fil métallique, afin de pouvoir le suspendre comme un conducteur mobile (fig. 100). Puis, établissant un courant électrique à travers le fil qui forme l'hélice ainsi disposée, il obtint un véritable aimant, dont l'axe et les pôles étaient constitués par l'axe et les extrémités de l'hélice. Un barreau aimanté ordinaire exerçait sur ces extrémités les mêmes attractions et répulsions qu'il aurait exercées sur l'aiguille d'une boussole.

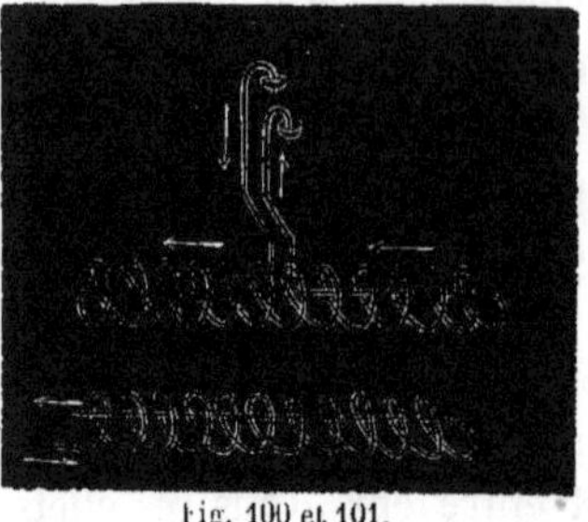

Fig. 100 et 101.

Les hélices de cette nature, formées d'un fil métallique parcouru par un courant électrique, sont connues aujourd'hui sous le nom d'*hélices électro-dynamiques* ou *solénoïdes*. Pour en obtenir des effets plus marqués, on les établit avec un fil métallique recouvert de soie; de cette manière, les spires peuvent être rapprochées entre elles, même jusqu'à se toucher, sans cesser pour cela d'être isolées.

Ces spires, tant rapprochées soient-elles les unes des autres, ne sont jamais perpendiculaires à l'axe de l'hélice; par conséquent, la direction du courant est oblique et on peut la considérer dans chaque spire comme la résultante de deux directions, l'une parallèle à l'axe du solénoïde et l'autre perpendiculaire. Comme, d'après la théorie d'Ampère, cette dernière est la seule qui existe dans les aimants, pour qu'un solénoïde soit un véritable aimant, il faut détruire la composante qui marche parallèlement à l'axe; ce qu'on obtient facilement, comme nous l'avons vu dans la loi des courants sinueux, en donnant au solénoïde la forme de la figure 101, c'est-à-dire que le fil de cuivre avec lequel est faite l'hélice se recourbe et passe à l'intérieur de cette hélice pour aller sortir par la même extrémité où on a commencé à l'enrouler. Il ne reste ainsi dans le solénoïde que l'action du courant perpendiculaire à son axe, exactement comme celle d'une série de courants circulaires et parallèles.

Les solénoïdes étant de véritables aimants, on peut leur appliquer tout ce qui a été dit sur l'action des courants électriques et des aimants les uns sur les autres; et l'expérience a en effet démontré qu'ils obéissent aux mêmes lois; il est donc inutile de les énoncer de nouveau, comme font la plupart des auteurs, pour expliquer l'action des solénoïdes sur les aimants, sur les courants et sur d'autres solénoïdes. La première expérience d'Ampère, que nous avons citée, suffit pour donner un exemple de ces actions, et pour faire voir la manière dont on dispose les solénoïdes quand on veut les rendre mobiles.

Pour compléter la théorie d'Ampère sur le magnétisme, nous dirons comment on explique avec elle les phénomènes *magnéto-terrestres*. On admet l'existence de courants électriques circulant constamment autour de notre globe, de l'est à l'ouest, perpendiculairement au méridien magnétique, et situés à une profondeur peu distante de la surface. On doit à ces courants la direction que prennent les aiguilles magnétiques librement suspendues, ce qui correspond parfaitement aux lois énoncées par Ampère. Il paraît que l'on doit aussi à ces courants l'aimantation naturelle de certains gîtes de minerai de fer qu'on rencontre fréquemment. Quant à l'origine de ces courants, nommés *courants telluriques*, on l'attribue généralement aux variations de température qui résultent de la présence successive du soleil sur les différentes parties de la surface du globe; en un mot, à une action *thermo-électrique*.

MM. de la Rive et Faraday ont fait quelques objections à la théorie d'Ampère; entre autres, que l'on n'observe aucune action aux pôles mêmes d'un barreau aimanté, fait contradictoire en apparence avec les principes exposés; mais le savant auteur de la théorie du magnétisme, loin de se décourager, parvint à répondre victorieusement, et il a établi sa théorie sur des bases assez solides pour l'avoir fait généralement adopter.

Il part de ce principe : que les courants électriques, auxquels les aimants doivent leurs propriétés, sont moléculaires, c'est-à-dire qu'ils circulent autour de chaque particule. Ces courants électriques préexistent dans tous les corps magnétiques avant l'aimantation; seulement ils sont disposés d'une manière irrégulière par suite de laquelle il peut arriver qu'ils se neutralisent les uns par les autres.

L'aimantation est l'opération au moyen de laquelle on leur imprime une direction commune, d'où il résulte que la succession des portions extérieures des courants moléculaires dirigées toutes dans le même sens constitue un courant circulaire autour de l'aimant ; tandis que les portions intérieures sont neutralisées par les extérieures, dirigées en sens contraire de la molécule suivante. Pour bien comprendre ces effets, il faut décomposer l'aimant en couches concentriques et pareilles. La figure 102 représente la section d'un aimant cylindrique d'après cette hypothèse.

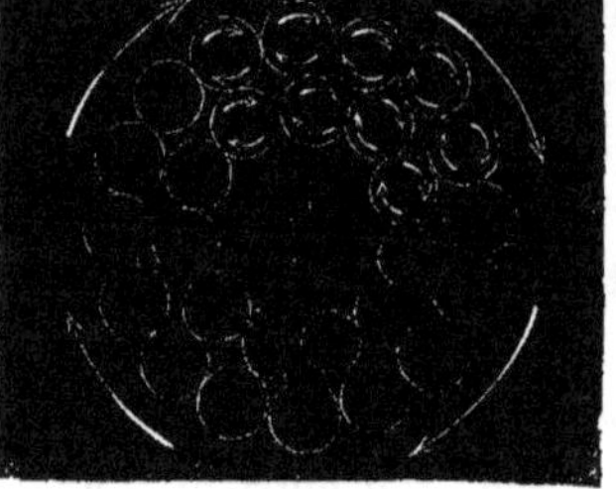

Fig. 102.

On y voit que tous les courants moléculaires intérieurs se neutralisent et qu'il ne reste que les courants extérieurs. Les corps doués de force coercitive conservent la direction imprimée aux courants moléculaires par l'aimantation ; ceux qui ne la possèdent pas, comme le fer doux, aussitôt que cesse la force agissante, obéissent de nouveau à leur action mutuelle, et prennent la position relative qui produit la cessation de tout effet extérieur : l'équilibre.

AIMANTATION PAR L'ÉLECTRICITÉ DYNAMIQUE.

Le moment est venu de parler d'une des découvertes les plus remarquables de ce siècle, d'une des plus prodigieuses que puisse concevoir la pensée, à cause des résultats immenses qu'a produits son application. Quand on pense qu'au moyen des courants électriques on peut obtenir instantanément l'aimantation à une distance de cent, de mille lieues, et produire par conséquent à cette distance les effets d'attraction et de répulsion; quand on considère que c'est à l'application de cette découverte que l'on doit le merveilleux système qui bientôt fera le tour du monde en peu de minutes, et qui déjà, dans l'espace de quelques instants, nous transmet une dépêche qui aurait exigé, il n'y a pas longtemps, des mois entiers, l'imagination reste confondue à l'idée des merveilles que nous cache encore la nature, et qu'un éclair de l'intelligence humaine, un jeu du hasard, peut nous révéler d'un moment à l'autre.

Une fois connue la découverte d'Oersted, et une fois obtenue la déviation de l'aiguille par l'action d'un courant électrique agissant comme un aimant, il était naturel de rechercher s'il n'existait pas une complète identité entre l'électricité et le magnétisme, considérés alors comme deux fluides différents. En effet, M. Arago en France et Davy en Angleterre, pendant qu'Ampère se livrait à la même recherche par une autre voie, conçurent en même temps l'idée de s'assurer si le fil conducteur qui agit sur l'aiguille aimantée n'agirait pas comme l'aimant sur les corps magnétiques; et tous deux trouvèrent en effet, M. Arago d'abord, Davy quelque temps après, que le courant y développe au plus haut degré la vertu magnétique.

M. Arago observa que les limailles de fer doux placées à peu de distance d'un fil métallique qui unit les deux pôles d'une pile sont attirées par ce fil, mais s'en détachent aussitôt que la pile cesse de fonctionner ou que le circuit est rompu.

Davy, de son côté, aimanta deux aiguilles d'acier en les frottant sur un fil conjonctif et en les plaçant à quelque distance de ce fil; et il employa l'électricité statique avec autant de succès que celle de la pile.

M. Arago obtint le même effet; mais il observa que, pour donner un magnétisme permanent aux aiguilles d'acier, il fallait les placer transversalement, et que, pour rendre plus sensible encore l'action des courants, il était indispensable de remplacer le conducteur rectiligne par une hélice dans l'axe de laquelle on place l'aiguille.

Les figures 103 et 104 représentent deux fils métalliques formant hélice autour d'un tube en verre dans lequel on introduit l'aiguille ou barreau que l'on veut aimanter; il suffit de faire passer le courant pour obtenir l'effet instantanément dans le fer doux, et plus difficilement dans les aiguilles d'acier trempé, dont la force coercitive présente quelque résistance, surtout à l'action de l'électricité de la pile, qui est moins puissante pour la vaincre que la décharge d'une ou plusieurs bouteilles de Leyde.

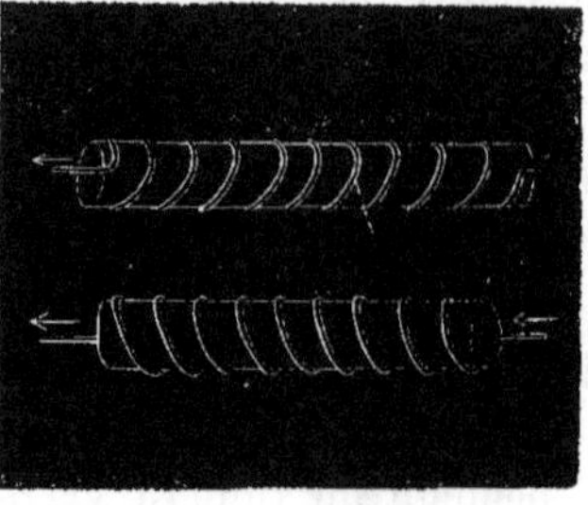

Fig. 103 et 104.

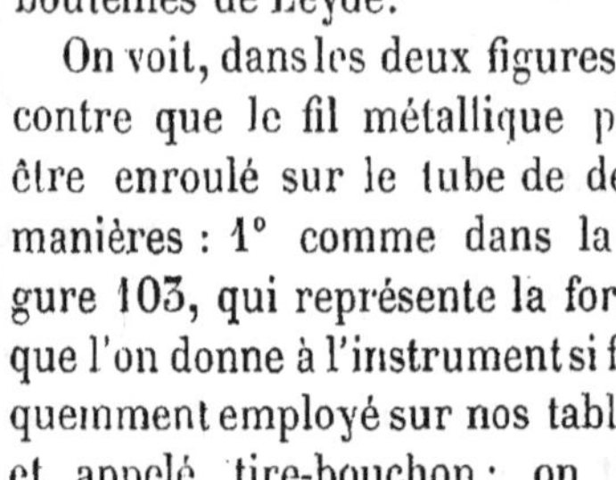

On voit, dans les deux figures ci-contre que le fil métallique peut être enroulé sur le tube de deux manières : 1° comme dans la figure 103, qui représente la forme que l'on donne à l'instrument si fréquemment employé sur nos tables, et appelé tire-bouchon; on lui donne le nom d'*hélice dextrorsum;* 2° comme dans la figure 104, c'est-à-dire avec les enroulements en sens opposé, ou, ce qui revient au même, dans l'une des hélices, l'enroulement part de gauche pour se diriger vers la droite dans un sens, et, dans l'autre, il part de droite pour se diriger à gauche dans le même sens; c'est pourquoi on appelle la première *dextrorsum*, et la seconde *sinistrorsum*.

La nature du tube sur lequel on forme l'hélice n'est pas sans influence. M. Arago a observé que le bois, le verre, ou tout autre corps isolant, ne modifie en rien l'action; mais, que, si l'on interpose un corps conducteur de l'électricité entre le fil par lequel passe le courant et le barreau que l'on veut magnétiser, il peut arriver qu'on détruise complétement l'effet du courant.

La situation des pôles dans les barres aimantées, obtenues soit par des hélices *dextrorsum*, soit par des hélices *sinistrorsum*, est une conséquence rigoureuse de la théorie d'Ampère, qui a été confirmée aussi par l'expérience de M. Arago, qui enroula autour du même tube un fil de manière à lui faire former plusieurs hélices contraires : l'ayant ainsi disposé, il introduisit dans le tube une longue aiguille, et, faisant passer une forte décharge ou un courant énergique, il obtint un point conséquent dans l'union de chaque hélice.

Nous ne parlerons pas davantage des faits observés ni des considérations qui s'ensuivent sur l'aimantation des aiguilles d'acier.

Nous allons nous occuper de l'aimantation du fer doux, beaucoup plus importante à notre point de vue, à cause de l'application qu'on en a faite.

ÉLECTRO-AIMANTS.

En parlant de l'aimantation dans le chapitre précédent, nous avons vu les tentatives qui ont été faites pour former des aimants artificiels doués d'un grande énergie, et l'insuffisance des résultats obtenus par les moyens connus jusqu'à présent, c'est-à-dire par les frottements ou les touches avec de puissants aimants naturels ou artificiels. Grâce à la découverte d'Arago, qui, comme nous l'avons vu, fut le premier à observer qu'un fil métallique traversé par un courant électrique attire la limaille de fer doux et la retient autour de lui en quantité considérable pendant tout le temps que le courant passe; grâce à cette découverte, disons-nous, nous pouvons former aujourd'hui des aimants d'une force extraordinaire, en employant la troisième des causes que nous avons indiquées dans ce chapitre comme capables de développer le magnétisme.

Il suffit d'enrouler autour d'un barreau de fer doux, et toujours dans le même sens, un fil métallique recouvert de soie, de coton ou de toute autre substance isolante, et d'y faire passer un courant électrique, pour avoir un aimant plus ou moins puissant. Ce fil agit comme une hélice, ou, pour mieux dire, est réellement une hélice, et, comme nous l'avons vu déjà, le fer se magnétise en présentant des pôles contraires aux deux extrémités : on obtient alors ce que l'on connaît sous le nom d'*électro-aimant*, ou *aimant dynamique*.

La forme des électro-aimants varie beaucoup, selon les applications auxquelles on les destine; mais ils peuvent être divisés en deux grandes catégories : les *électro-aimants droits*, et les *électro-aimants courbés ou en fer à cheval*. M. du Moncel admet deux autres catégories : les électro-aimants *boiteux* et les électro-aimants *à pôles multiples*, dont nous dirons aussi quelques mots.

Les électro-aimants droits sont presque toujours cylindriques, parce que les barres ordinaires dont on se sert pour les construire ont généralement cette forme; mais ils pourraient tout aussi bien être prismatiques, ellipsoïdes, ou de toute autre forme, sans cesser pour cela d'avoir les mêmes propriétés. On peut varier aussi le mode d'enroulement du fil, soit en l'enroulant directement sur le fer, soit sur des cylindres creux en bois, cuivre, carton, etc., etc., à l'intérieur desquels on introduit ensuite un barreau de fer doux; il ne faut cependant pas oublier que la nature de la substance qui sépare le fer de l'hélice influe sur la rapidité de l'aimantation et de la désaimantation, qui diminue avec les bons conducteurs; pour augmenter cette rapidité, on devra employer le fer recuit, ou bien diminuer l'intensité du courant et éviter le contact entre l'armature et le fer, comme nous le verrons bientôt.

Les pôles du barreau se trouvent toujours aux extrémités les plus éloignées; et peu importe qu'ils dépassent ou non l'hélice, et qu'ils soient terminés en telle ou telle forme. On les termine en un plan perpendiculaire à l'axe du barreau ou obliquement en forme de biseau (fig. 105), quand on les destine à aimanter des barres par la méthode de la double touche; en pointe dans les électro-aimants dont on se sert pour les expériences où il faut produire une action concentrée (fig. 106); et, au contraire, on

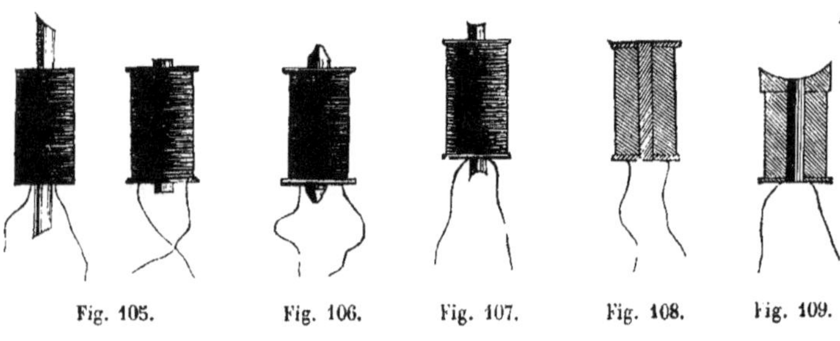

Fig. 105. Fig. 106. Fig. 107. Fig. 108. Fig. 109.

leur donne la forme concave (fig. 107), quand on veut disperser l'action polaire; on emploie aussi pour ce dernier cas des électro-aimants dont les extrémités sout garnies de rondelles en fer (fig. 108).

Cette propriété et celle de ne pas exiger que la masse de fer soit symétriquement placée autour de l'axe permettent de donner facilement aux électro-aimants une direction convenable dans les appareils.

Au lieu d'un barreau de fer, on emploie fréquemment un faisceau de tiges ou de fils de ce métal réunis par une virole; mais cette disposition, bien que très-avantageuse dans certains cas, comme nous le verrons au chapitre de l'*induction*, à cause de la plus grande rapidité avec laquelle le faisceau s'aimante et se désaimante, ne convient pas toujours, parce que ce faisceau n'acquiert pas une force magnétique aussi grande que les barreaux d'un seul morceau. Nous dirons enfin qu'on peut se servir de barreaux creux, quand leur diamètre est assez grand pour qu'il en résulte une économie (fig. 109); mais il faut avoir soin de laisser toujours au fer une épaisseur égale au moins à la quatrième partie du rayon du barreau. Ceci semble fondé sur la théorie d'Ampère (pages 257 et 258).

Les *électro-aimants en fer à cheval* ne sont que des électro-aimants droits courbés sous cette forme et qui présentent, par conséquent, les deux pôles dans la même direction; nous avons déjà signalé, dans le chapitre du *magnétisme*, les avantages qui en résultent sous le rapport de la force d'attraction, car l'armature est doublement attirée par l'action des deux pôles.

L'hélice d'un électro-aimant droit peut être divisée sur deux bobines, qui se communiquent, bien entendu, sans que l'action magnétique soit altérée; en courbant, par conséquent, une barre cylindrique en forme de fer à cheval et en adaptant sur chaque bras une bobine dont les tours soient disposés dans le même sens, on aura un *électro-aimant en fer à cheval* (fig. 110).

Si, au lieu d'un cylindre en fer courbé, on emploie deux cylindres droits, réunis par une barre de même métal, on obtiendra un électro-aimant (fig. 111) ayant les mêmes propriétés que ceux en fer à cheval, car l'ensemble de ces pièces réunies par le contact produit le même effet que si c'était un seul morceau de fer; cependant l'expérience semble avoir démontré que ces électro-aimants sont moins forts que ceux en fer à cheval ; mais, comme ils peuvent s'ajuster plus facilement aux appareils où on les ap-

Fig. 110.

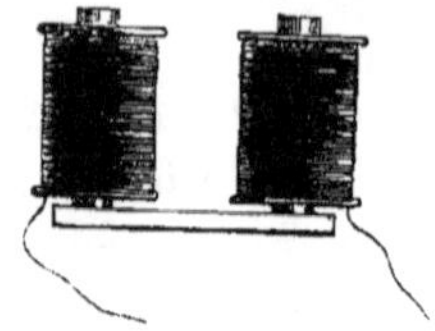

Fig. 111.

plique, on les préfère généralement et on n'emploie les aimants en fer à cheval que dans les expériences où il faut une force considérable.

Toutes les observations que nous avons faites sur les électro-aimants droits peuvent s'appliquer aux électro-aimants courbes, car ils sont à peu près les mêmes; nous ajouterons seulement quelques considérations relativement à leur force spéciale. La communication de deux hélices peut se faire, quand ce n'est pas le même fil qui forme les deux bobines de l'électro-aimant, soit directement de l'une à l'autre en soudant les deux fils des bobines, soit au moyen du fer même de l'électro-aimant, en y soudant ou en y rivant les deux bouts des fils ; on évite cependant d'employer ce second moyen, parce qu'il exige beaucoup plus de soin dans l'isolement du fil.

M. du Moncel a désigné sous le nom d'*électro-aimants boiteux* des électro-aimants en fer à cheval n'ayant qu'une bobine sur l'une de leurs branches (fig. 112), et qui, comme il le dit lui-même, ne sont autre chose que des électro-aimants droits sur les deux pôles desquels réagissent deux masses de fer : l'une au contact, qui est la branche sans bobine, l'autre à distance, qui est l'armature. L'expérience a démontré que la force attractive de ces électro-aimants est beaucoup plus grande que celle des aimants droits ; et, contrairement à ce qu'on serait porté à croire, ce n'est pas le pôle revêtu de l'hélice magnétisante qui est le plus énergique et que l'on doit choisir dour réagir à distance sur l'armature.

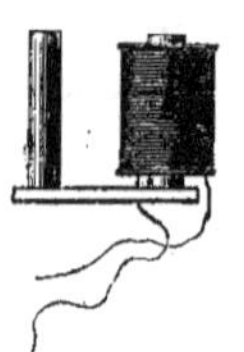

Fig. 112.

Les électro-aimants circulaires dus à M. Nicklès sont encore des modifications des aimants droits et des aimants en fer à cheval. Une des variétés de ce genre d'électro-aimants consiste en deux disques de fer réunis parallèlement par une traverse du même métal sur laquelle est enroulée une hélice magnétisante. Chaque disque constituant un pôle de cet électro-aimant, il en résulte qu'une armature rectiligne qui est en contact avec ces deux disques est attirée presque aussi énergiquement que si elle s'appuyait sur les branches d'un électro-aimant en fer à cheval.

Le maximum d'effet utile exercé sur un électro-aimant droit par une masse de fer additionnelle ajoutée à l'un de ces pôles est obtenu, d'après M. du Moncel, quand cette masse est à peu près double de celle du noyau de fer magnétisé, et quand bien même cette masse est outre-passée, elle ne fait perdre à l'électro-aimant que très-peu de son énergie. Ainsi un électro-aimant boiteux avec trois branches polaires, dont deux sans bobine, possède une énergie plus grande que les électro-aimants boiteux à deux branches et même que les électro-aimants en fer à cheval. Ces sortes d'électro-aimants (fig. 113), auxquels M. Nicklès a donné le nom de *trifurqués*, constituent une des variétés des aimants à *pôles multiples*.

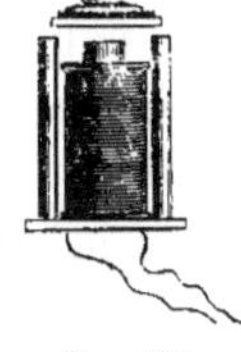
Fig. 113.

MM. Fabre et Kunemann ont construit des électro-aimants d'une forme particulière, qu'ils appellent *tubulaires*, mais qui, comme les trifurqués, ne sont qu'une variante des électro-aimants boiteux. Ils se composent d'une barre de fer doux, dont une des extrémités est terminée par un grand disque ou plateau de même métal d'un diamètre plus grand que celui de la bobine qui doit entourer la barre ; en soudant autour de ce disque un cylindre creux, aussi en fer doux, il résulte que l'hélice magnétisante reste enfermée (fig. 114), entre la barre et le cylindre creux, avec les deux pôles du même côté, et l'un entouré par l'autre, qui est annulaire.

M. Faraday a imaginé, pour étudier les phénomènes du diamagnétisme et de la polarisation de la lumière sur l'influence du magnétisme, une forme qui permet d'avoir l'un en face de l'autre les deux pôles contraires du même électro-aimant, et de graduer leur distance à volonté. Il suffit pour cela, comme on

Fig. 114.

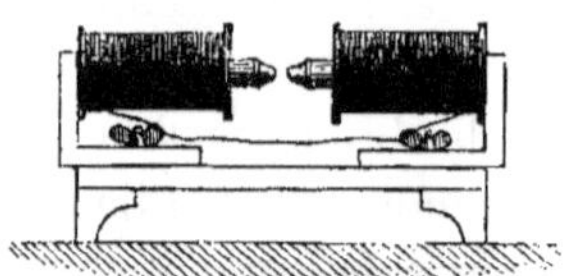

Fig. 115.

le voit dans la figure 115, de courber à angle droit chacune des branches d'un électro-aimant à double bobine, et que le barreau, au lieu d'être d'un seul morceau de fer, se compose de trois pièces, dont l'une sert de coulisse aux deux autres. Ce sont, pour ainsi dire, deux électro-aimants boiteux, dont les deux branches boiteuses, réunies par une pièce en fer, constituent un électro-aimant à deux bobines.

La figure 116 représente un électro-aimant à pôles multiples employé par M. Froment. La distribution du magnétisme est fort singulière dans ces électro-aimants : toutes les branches paires ont le même pôle, et les impaires le pôle opposé, de manière qu'il y a toujours un pôle entre deux autres du nom contraire, et on peut dire que chaque branche, moins celles des extrémités, fait partie de deux aimants en fer à cheval. Ces électro-aimants ont une force extraordinaire, ils agissent à la fois sur plusieurs points d'une armature, et sont par conséquent très-propres à être employés dans les machines électro-motrices.

Nous avons dit que l'on construit les électro-aimants en enroulant un fil de cuivre recouvert de soie, de laine ou de coton autour d'un barreau de fer doux, soit droit, soit courbé. Généralement on enroule le fil sur un cylindre creux de cuivre, de bois ou de carton, avec ou sans rebords, dans lequel on introduit le barreau de fer doux. Cette disposition, quoique diminuant la force des électro-aimants, est très-commode, à cause de la facilité d'exécution et d'application qu'elle présente; quelques constructeurs sont parvenus à augmenter le pouvoir des électro-aimants ainsi construits en pratiquant dans le cylindre de grandes rainures longitudinales dont nous expliquerons plus tard les effets.

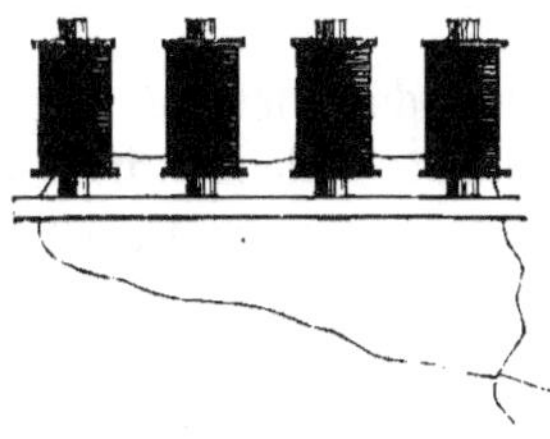
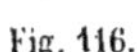

Fig. 116.

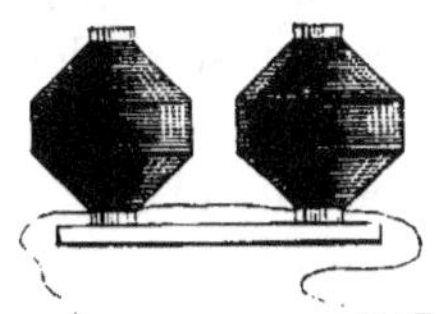

Fig. 117.

Quelquefois, cependant, il est indispensable d'enrouler l'hélice magnétisante sur le fer directement; dans ce cas, on superpose les tours en rétrogradant un peu à chaque nouvelle couche, de manière que chaque bobine a la forme de deux cônes tronqués. Ces électro-aimants (fig. 117) sont employés dans les machines de Clarke, dont nous parlerons dans le chapitre suivant.

Nous avons déjà dit que la forme des électro-aimants dépend des effets que l'on veut en obtenir. Dans des conditions semblables, la longueur influe sur leur pouvoir quand ils sont droits, mais non quand ils sont en fer à cheval, parce que la distance entre les deux pôles reste la même, quelle que soit la longueur du barreau. Ce phénomène a quelque rapport avec celui que l'on a observé lorsqu'on éloigne ou qu'on sépare les branches d'un électro-aimant à deux bobines; l'action qu'il exerce sur l'armature varie, bien que l'intensité du courant et la longueur du fil restent les mêmes. M. Nicklès a observé que le pouvoir magnétisant croît régulièrement avec l'intensité du courant, comme dans les électro-aimants rectilignes, et décroît après avoir atteint un maximum variable, dont l'amplitude augmente aussi avec l'intensité du courant. Il est donc nécessaire, dans la construction des électro-aimants à deux bobines, de donner aux branches une séparation en rapport avec l'intensité magnétique que l'on veut obtenir. Voici les dimensions généralement adoptées :

Longueur de chaque branche recouverte de fil, variable entre deux fois et demie et quatre fois le diamètre de la barre de fer.

Séparation des branches prises intérieurement, une fois et demie à deux fois le diamètre du barreau.

La *longueur du fil métallique* dépend des effets que l'on veut produire, et on enveloppe ordinairement les deux branches jusqu'à ce que les bobines de chaque côté se touchent par les derniers tours du fil.

La grandeur des électro-aimants varie, et on peut employer des barreaux de fer doux depuis 1 jusqu'à 10 ou 11 centimètres de diamètre, dimension qui permet de développer une force très-considérable, quand le courant est proportionnel.

Les effets produits par les électro-aimants dépendent de certaines conditions que nous allons résumer :

1° De la nature du fer ou du métal magnétique avec lequel est construit l'électro-aimant;

2° De la nature de la substance interposée entre la bobine et le barreau, ou des substances qui peuvent recouvrir l'hélice magnétisante, en totalité ou en partie;

3° Des dimensions du barreau et de sa forme;

4° De l'énergie du courant électrique;

5° De la longueur et du diamètre des fils conducteurs, ainsi que du nombre de tours de l'hélice.

Nous nous sommes déjà suffisamment étendu au sujet de la première de ces conditions et sur la nécessité d'employer du fer très-doux pour éviter les effets du magnétisme rémanent, dû à la force coercitive, qui empêche la séparation immédiate de l'armature quand cesse le courant.

Nous avons parlé aussi de l'influence qu'exerce sur la prompte désaimantation de l'électro-aimant la nature des substances qui recouvrent le barreau de fer doux. Nous ajouterons seulement que, pour éviter toute réaction indépendante des effets d'attraction que l'on veut produire, le fil des hélices magnétisantes et les bobines sur lesquelles on l'enroule doivent toujours être de métaux non magnétiques.

Plus le fer qu'on emploie dans la construction d'un électro-aimant est gros, plus la force qu'il acquiert avec la même quantité de fil est grande. Cette augmentation, cependant, s'arrête à une certaine limite, qui dépend de la cinquième condition que nous allons examiner en même temps que la quatrième.

L'accroissement de la force magnétique développée n'est pas proportionnel au nombre d'éléments dont on renforce la pile; il diminue progressivement à chaque élément ajouté, et il vient un moment où il est presque insignifiant. Cela dépend de la résistance du circuit; et, par cela même, quand l'hélice est très-courte et faite de gros fil, on arrive à la limite avec un très-petit nombre d'éléments; quand, au contraire, l'hélice est longue et le fil très-fin, la limite s'éloigne considérablement.

Pour donner à un électro-aimant toute la force dont il est susceptible, le diamètre du fil qui constitue l'hélice magnétisante doit être modifié, non-seulement d'après le nombre des éléments de la pile, mais aussi selon la nature de celle-ci et la composition du circuit. Quand la pile est faible ou donne une petite quantité d'électricité, comme la pile à sable, celle de Daniell ou celle de Bagration, il faut employer un fil très-fin; si, au contraire, la pile donne une grande quantité d'électricité, comme celles de Bunsen, Grove ou Wollaston, il est nécessaire d'employer du gros fil.

On doit prendre les mêmes précautions par rapport aux dérivations qu'on peut établir dans le circuit. Si, par exemple, l'on veut que deux électro-aimants agissent par le courant du même générateur électrique, avec la même énergie, tout en se trouvant placés à une grande distance l'un de l'autre, il faut que le fil soit plus long et moins gros dans l'électro-aimant qui est plus près de la pile; car, sans cela, le courant prendrait le chemin le plus court, qui lui offrirait moins de résistance.

Outre les conditions qui précèdent, la force des électro-aimants varie en raison de la masse de leur armature et selon la manière dont celle-ci est exposée à l'action attractive. Quant au premier de ces deux points, nous dirons que la force croît proportionnellement à la masse de l'armature, jusqu'à une certaine limite, et généralement on lui donne une épaisseur égale au diamètre du barreau. Quant au second, on a observé que la force augmente d'une manière très-sensible quand on place l'armature de champ.

L'action des électro-aimants ne se fait pas sentir seulement au contact, mais à distance et à travers les corps les plus compactes, comme il arrive aux aimants naturels; mais leur énergie diminue considérablement à mesure que l'on augmente la distance.

On observe dans les électro-aimants un autre phénomène très-remarquable qui rappelle celui de l'*affaiblissement par la surcharge* et par la *suraimantation*, dont nous avons parlé au chapitre précédent. Quand un électro-aimant a été *excité* par une force électrique supérieure à celle que l'on doit employer à l'état normal, il perd une partie de la force qu'il aurait eue sans cela. M. Du Moncel attribue ce phénomène à une série de réactions statiques, qui provoquent dans le fer la trempe magnétique que les molécules acquièrent au passage du courant. Il explique de la même manière cette circonstance qu'un aimant est moins énergique la première fois qu'on s'en sert, quoique les conditions dans lesquelles on l'emploie soient les mêmes. Que cette explication soit ou non plausible, ce qu'on peut certainement conclure de ces faits, c'est que l'on ne doit jamais essayer un électro-aimant avec une force supérieure à celle qu'on se propose d'employer ordinairement.

L'*armature*, dans les électro-aimants, n'est pas une pièce qui, comme dans les aimants permanents, sert à empêcher l'affaiblissement du pouvoir magnétique par la recomposition des fluides, mais une pièce qui est attirée ou repoussée par l'électro-aimant, selon que le barreau qui le constitue est ou non aimanté; elle sert par conséquent à changer en action mécanique l'action électrique de la pile.

Les armatures peuvent être des barres aimantées, des aimants temporaires, c'est-à-dire d'autres électro-aimants, ou de simples planches en fer doux. Elles peuvent aussi être disposées de différentes manières : articulées sur les deux branches des électro-aimants, ou très-près d'elles, quand l'électro-aimant est en fer à cheval (fig. 118) : alors le mouvement de l'armature a lieu parallèlement à la ligne *axiale*, mais perpendiculairement ou formant angle avec la ligne *équatoriale;* par conséquent, dans les deux cas, l'action des deux pôles sur le fer est égale ; ou bien les armatures peuvent être articulées par une de leurs extrémités comme dans la figure 119 : alors le mouvement est angulaire par rapport à la ligne *axiale;* par conséquent, l'action des deux pôles est inégale, mais très-efficace, car l'un d'eux est presque en contact; enfin on peut articuler les armatures entre les pôles de l'électro-aimant, au moyen d'un axe parallèle à ses branches (fig. 120) ; et, dans ce cas, l'action attractive est latérale et le mouvement alternatif dans le sens équatorial d'un pôle à l'autre : tel est le système employé par M. Siemens dans son télégraphe électrique.

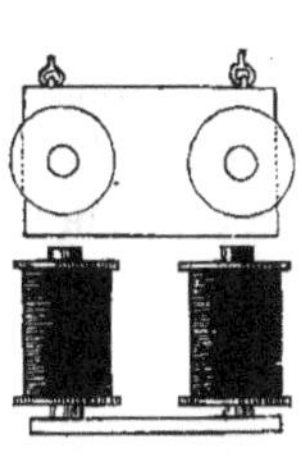

Fig. 118.

Fig. 119.

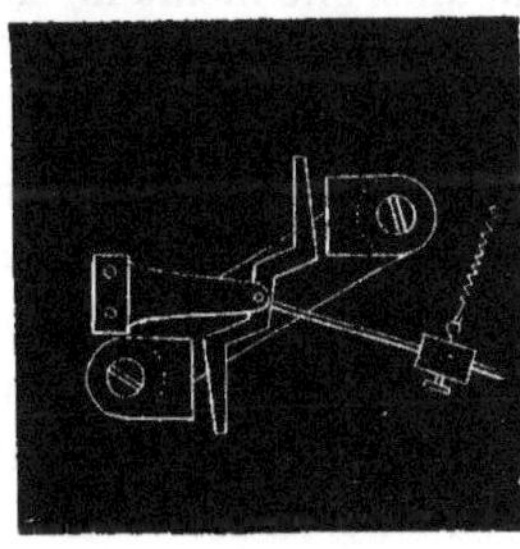

Fig. 120.

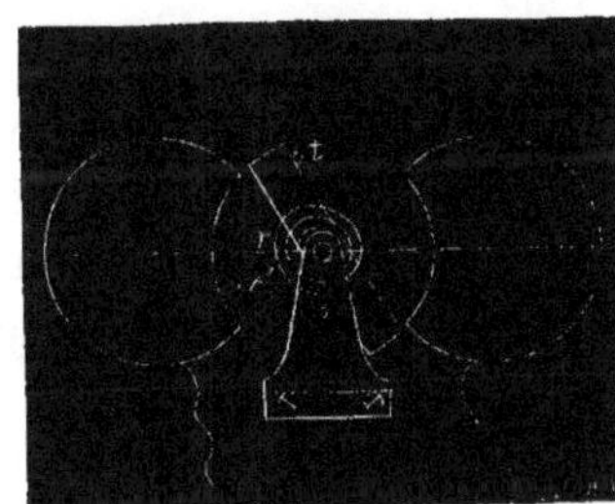

Fig. 121.

Quand on veut obtenir, au moyen d'un électro-aimant, le mouvement circulaire alternatif, on emploie différents moyens, parmi lesquels celui indiqué dans la figure 121 semble être le plus avantageux ; il consiste à mettre en mouvement l'armature par l'action des deux pôles de l'électro-aimant, dont les bords sont échancrés de manière qu'elle puisse tourner librement et qu'elle soit exposée à l'action magnétique de presque une demi-circonférence; les deux pôles agissent à la fois, s'aidant mutuellement, et, quand ils perdent leur magnétisme, le ressort *r*, qu'on nomme *ressort antagoniste*, sépare l'armature de l'électro-aimant, et le bouton fixe *t* l'empêche de dépasser la position que l'on veut qu'elle conserve.

M. Dezelu a adopté deux dispositions très-ingénieuses pour les armatures des électro-aimants. L'une d'elles permet d'obtenir, avec un électro-aimant droit, la même action qu'avec ceux à deux branches; elle consiste à courber l'armature (fig. 122) de manière qu'elle se présente en même temps aux deux pôles.

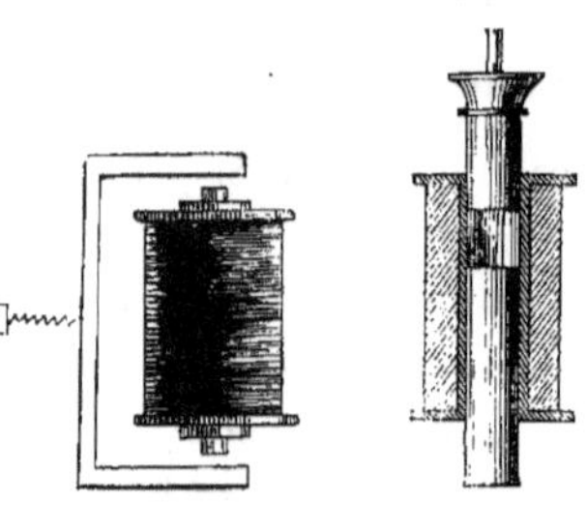

Fig. 122.

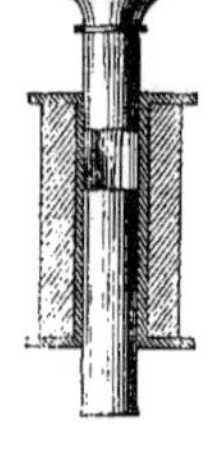

Fig. 123.

Enfin, la figure 123 représente une autre forme très-ingénieuse, adoptée par M. Bonnelli dans ses métiers électriques; elle présente cet avantage, que l'armature, entrant dans l'intérieur du cylindre creux, comme le piston d'une pompe, devient ainsi elle-même un électro-aimant et est attirée avec plus de force.

Pour que les différentes armatures dont nous venons de parler puissent agir, il est indispensable qu'après qu'elles ont perdu leur magnétisme il y ait un ressort qui les éloigne du barreau de fer doux; ce ressort, nous l'avons dit, a reçu le nom de *ressort antagoniste;* mais la propriété que possèdent les électro-aimants de changer de pôles par l'inversion du courant qui les parcourt a permis de les employer sans faire usage de ces ressorts.

M. Gloesener, professeur de physique à Liége, persuadé que les ressorts antagonistes exerçaient une action préjudiciable, eut l'heureuse idée d'employer des armatures aimantées dans les électro-aimants. Il expose, dans ses *Recherches sur la télégraphie*, quelle est cette influence nuisible des ressorts antagonistes, en même temps qu'il démontre les avantages des armatures aimantées; avantages que révoque en doute M. du Moncel, mais à tort, croyons-nous, car nous avons vu fonctionner les appareils de M. Gloesener avec toute la régularité désirable.

La figure 124 représente un électro-aimant de ce genre; il est des plus simples. C'est un électro-aimant droit, muni de deux armatures articulées par une de leurs extrémités. Pour qu'avec une semblable forme l'armature puisse rester dans une position fixe, il est indispensable de faire usage de boutons ou de quelque autre arrêt qui la maintienne; car l'action magnétique pourrait l'entraîner plus loin qu'il ne faut.

Fig. 124.

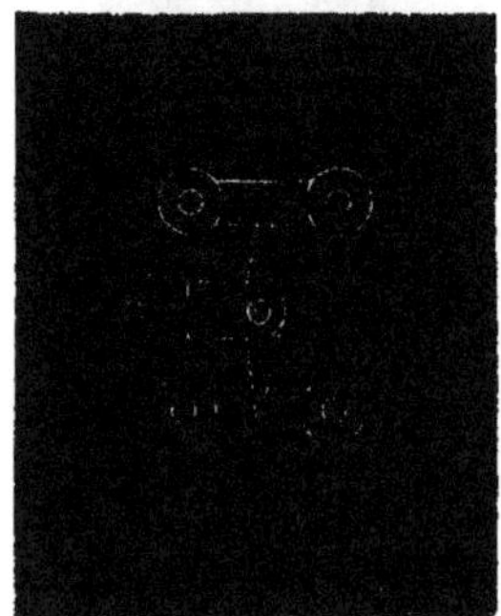

Fig. 125.

On peut obtenir des effets plus grands en combinant plusieurs électro-aimants, en faisant agir à la fois l'attraction et la répulsion, et, dans certaines circonstances, une troisième force, qui peut être la pesanteur. Parmi le grand nombre de moyens proposés, nous signalerons de préférence celui de la figure 125, dont se sont servis MM. Tyer, Mirand et Loiseau dans leurs expériences. C'est une aiguille ou une barre assujettie par son centre comme celle d'une balance, et qui oscille entre les pôles de deux électro-aimants, bien qu'il soit aisé de comprendre qu'un seul suffirait si l'on voulait une action moins énergique. Si le poids du bras inférieur de cette balance est assez grand pour vaincre la réaction du barreau aimanté sur le fer de l'électro-aimant, ou la réaction du magnétisme rémanent au moment de l'interruption du circuit, l'armature prend une position verticale ; mais, selon que le courant marche dans un sens ou dans l'autre, elle inclinera vers la droite ou vers la gauche.

Il est superflu d'ajouter que toutes ces dispositions peuvent être interverties, c'est-à-dire que les électro-aimants peuvent être rendus mobiles. M. du Moncel y voit des inconvénients, parce que, dit-il, cela oblige à mettre en mouvement les pièces les plus lourdes; mais, d'après M. Gloesener, la force augmente, et dans certains cas cette inversion peut être d'un grand avantage. La figure 126 présente la disposition proposée par M. Gloesener.

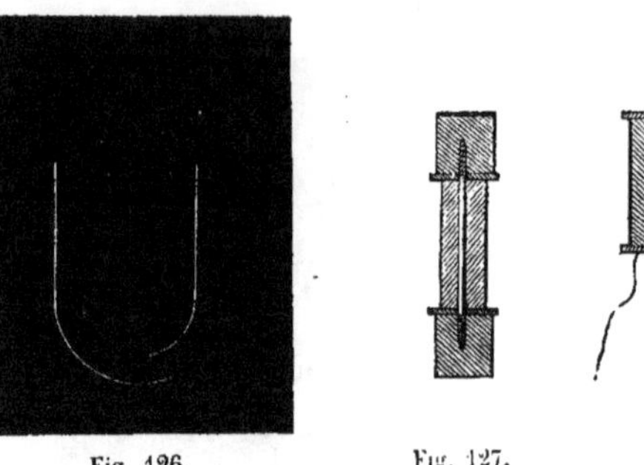

Fig. 126. Fig. 127. Fig. 128.

M. Cecchi recommande l'emploi d'un autre genre d'armatures pour la télégraphie électrique. Elles consistent en un électro-aimant de la forme indiquée dans la figure 127, articulé entre les quatre pôles de deux aimants permanents en fer à cheval. En faisant en sorte que cette articulation ait lieu sur deux points dans les deux extrémités des cubes qui sortent de l'hélice, et dans la prolongation de l'axe de celle-ci, on parvient à obtenir que le poids de l'hélice n'ait aucune influence sur le mouvement de ladite armature, et l'on profite de tout le pouvoir d'aimantation dont est susceptible le fer, sans avoir à redouter la désaimantation à laquelle sont exposées les armatures d'acier aimanté.

Dans l'électro-aimant creux de la figure 109, l'impulsion qui attire le fer doux de l'armature est due aux actions réciproques du courant électrique et des courants magnétiques engendrés dans cette armature; on pourra donc, comme nous l'avons expliqué plus haut, remplacer le fer par une seconde hélice où le courant électrique marche dans le même sens. Se fondant sur ce principe, M. Siemens a construit des électro-moteurs à un seul électro-aimant munis d'armatures de ce genre (fig. 128); mais, pour éviter le frottement et l'usure de la matière isolante, il a recouvert l'hélice avec un cylindre métallique très-mince.

Comme, d'un côté, l'étude des électro-aimants est fort intéressante, et comme, de l'autre, il ne nous est pas possible de nous y arrêter longuement dans ce résumé, nous recommandons à nos lecteurs de lire à ce sujet ce qu'a écrit M. du Moncel dans ses excellents ouvrages : *Exposé des applications de l'électricité*, et *Étude du magnétisme et de l'électro-magnétisme.* Nous ne terminerons pas cependant ce chapitre sans faire connaître une nouvelle espèce d'électro-aimants dont on n'a fait mention dans aucun des livres publiés jusqu'à présent, mais qui a occupé récemment l'attention de plusieurs membres de l'Académie des sciences de Paris, et dont ont parlé plusieurs journaux scientifiques.

Bobines sans fil recouvert de soie. — Les fils métalliques qui composent les hélices dynamiques généralement en usage, dit M. Bonelli, doivent être plus ou moins gros et plus ou moins longs, selon les phénomènes que l'on veut produire et la force que l'on emploie; il faut quelquefois donner aux bobines une grande longueur et le plus petit diamètre possible aux fils métalliques; mais ceux-ci, qu'on les recouvre de soie ou de coton, sont excessivement chers, et c'est là une des causes qui rendent difficiles les applications pratiques de l'électricité. D'un autre côté, il y a une certaine limite dans la ténuité des fils, qu'on n'a pu dépasser, malgré toute l'importance qu'il y aurait à y parvenir, car on ouvrirait de nouvelles routes à l'étude de l'électricité. M. Bonelli croit avoir résolu le problème dans ses deux parties; c'est-à-dire qu'il croit pouvoir réussir à construire à bas prix les bobines pour les machines électro-magnétiques, et à donner aux fils une finesse infiniment supérieure à celle des fils les plus minces.

Que l'on suppose, par exemple, une feuille ou bande de papier *AB* (fig. 129) de la largeur d'une bobine ordinaire ou du cadre d'un galvanomètre, et sur laquelle, par un des moyens connus, on trace des lignes métalliques *aa'*, *bb'*, *cc'*, *dd'*; ces lignes restent isolées les unes des autres par le papier même où elles sont tracées, et un courant électrique pourra les parcourir séparément et dans toute leur longueur s'il y a continuité dans le métal dont elles sont formées. Si l'on enroule le papier sur un cylindre creux ou sur un cadre et si l'on fait communiquer toutes les extrémités *abcd* entre elles et avec un des pôles d'une pile, pendant que les quatre autres extrémités *a'b'c'd'* communiqueront avec le pôle opposé, on obtiendra le même effet qu'avec un fil dont la section serait égale à la somme de ces lignes, et dont la longueur égalerait celle de la bande de papier. Si, au contraire, on laisse en dehors l'extrémité intérieure de la bande où sont les bouts *a'b'c'd'*, si l'on réunit *a'* avec *b'*, *b* avec *c*, *c'* avec *d'*, et si l'on établit la communication entre le bout *a* et l'un des pôles de la pile, et entre le bout *d* et l'autre pôle, le courant passera successivement par toutes les lignes, en marchant toujours dans le même sens; et il produira le même effet qu'un seul fil mince dont la section serait égale à celle d'une des lignes et la longueur équivalente à la somme de toutes.

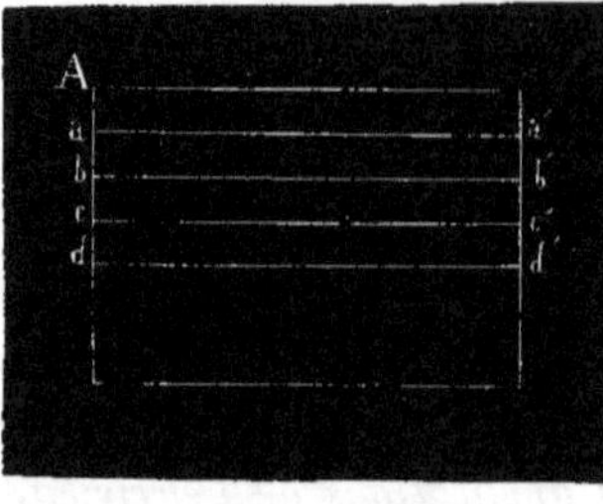

Fig. 129.

D'après l'auteur de cette idée, on peut donner aux lignes et aux intervalles qui les séparent une épaisseur d'un millimètre et moins encore, de manière à pouvoir en tracer quarante ou cinquante dans la largeur d'une bobine ordinaire. Le papier qui reste sous les lignes métalliques et entre elles les maintient parfaitement isolées, et, comme il peut être très-fin et enroulé d'une manière très-serrée, on parviendra à faire entrer un nombre considérable de spires métalliques dans un petit volume.

M. Bonelli a construit un galvanomètre et un électro-aimant qui, dit-il, fonctionnent merveilleusement; et il s'occupe de fixer au moyen du calcul les lois qui doivent présider à la construction des appareils électriques d'après son système.

M. Piallat prétend qu'un an avant que l'invention de M. Bonelli fût annoncée à l'Académie des sciences, il avait tenté de construire des bobines en se fondant sur le même principe. Au lieu de la bande de papier, il s'était servi de gutta-percha en feuilles très-minces et en avait entouré le barreau de fer doux qui devait former l'électro-aimant; ensuite il enroula ensemble deux fils, l'un en cuivre, et l'autre, un peu plus gros, en zinc, et, une fois le cylindre entièrement couvert, il déroula le fil de zinc et laissa celui de cuivre, de manière que toutes les spires étaient isolées entre elles; il appliqua dessus une autre feuille de gutta-percha, et, en enroulant le fil de cuivre, il eut soin que les tours entrassent dans les creux laissés par le fil de zinc. M. Piallat, tout en prétendant son procédé applicable et même susceptible de donner d'excellents résultats, avoue qu'il ne fut pas heureux dans son premier essai, car, au bout de deux ou trois mois, le passage de l'électricité détériore la gutta-percha. En sera-t-il de même avec le papier de M. Bonelli? L'expérience ne tardera pas à nous le dire.

Enfin, l'abbé Fauvel emploie avec succès, depuis trois ans, à ce qu'il paraît, une méthode économique pour la construction des électro-aimants. Il prend un fil de cuivre et un fil en bourre de soie ou de coton de même grosseur que le fil métallique; il les enroule parallèlement sur la bobine ou cylindre creux, de manière que chaque tour de soie ou de coton se trouve interposé entre deux tours de fil métallique; avant de faire une seconde couche de spires, il couvre l'hélice avec une bande de papier imbibé d'une dissolution de gomme laque; et il obtient de cette manière un parfait isolement. On peut supprimer le bain de gomme-laque, parce que le papier isole suffisamment, et, comme le coton ou la bourre de soie n'ont qu'une valeur minime, le prix d'un électro-aimant ainsi construit dépasse à peine celui du fil de cuivre seul.

CHAPITRE V

INDUCTION ÉLECTRO-DYNAMIQUE.

Tous les phénomènes qui constituent une science ont sans doute entre eux un certain rapport plus ou moins grand qui les rend inséparables les uns des autres; et, si l'on remarque entre quelques-uns une différence qui permet ou plutôt qui oblige à les considérer isolément, en établissant une ligne de division tranchée, cela est, à notre avis, une conséquence du manque de faits observés jusqu'à présent, et du peu de continuité qui existe dans la chaîne immense de ces sciences; chaîne qui, s'il était possible de la compléter un jour, nous ferait passer insensiblement d'un chaînon à l'autre, sans ces secousses violentes qui mettent à l'épreuve notre intelligence et élèvent soudainement une barrière qui l'arrête dans sa marche, jusqu'à ce que l'étude ou le hasard, ajoutant un nouvel élément, lui permette de faire un pas de plus.

L'électricité, malgré le grand nombre de faits dont elle s'est enrichie dans ces dernières années, offre plus que toute autre science cette solution de continuité qui, il n'y a pas longtemps, permettait à peine d'établir l'identité du fluide développé par le frottement avec le fluide parcourant les rhéophores d'une pile; qui maintenant encore nous laisse dans le doute relativement à l'identité existant entre l'électricité et le magnétisme; qui enfin a laissé pendant huit ans isolé et sans explication plausible le magnétisme développé par la rotation. Aujourd'hui encore on est forcé de séparer l'étude de ses phénomènes de l'étude de ceux que nous avons fait connaître en parlant de l'électricité par influence, et de ceux que nous avons observés plus tard dans l'aimantation par les courants électriques, bien que tous reconnaissent pour principe la même cause.

Dans le chapitre premier, en parlant des sources de l'électricité, nous avons indiqué comme l'une des plus puissantes l'induction électrique, qui provient, soit de l'électricité elle-même, soit du magnétisme, et est une véritable électricité par influence; mais nous avons dû ajourner l'étude de cette partie jusqu'à ce moment, tant à cause de la place qu'elle occupe dans la chronologie de la science que parce qu'il était nécessaire auparavant de donner quelques notions sur les matières traitées dans les chapitres précédents.

La création de cette branche des connaissances humaines est due, sans aucun doute, à Faraday, qui, le premier, établit, par ses découvertes, les principes fondamentaux de plusieurs faits déjà connus, mais inexpliqués. C'est pourquoi nous commencerons ce chapitre par l'énonciation des phénomènes observés par le physicien anglais en 1832, nous réservant de parler plus tard de ceux que, depuis 1824, avait étudiés M. Arago : l'action qu'exercent sur l'aiguille aimantée les corps en mouvement.

Si l'on place parallèlement à côté l'un de l'autre deux fils métalliques isolés *AB* et *CD* (fig. 130), le premier en communication avec les pôles d'une pile *P*, et le second avec les extrémités d'un galvanomètre *M*, qui permette de juger, par les déviations de l'aiguille, du mouvement électrique qui s'est opéré dans le fil, on observera les phénomènes suivants : au moment où l'on établit le courant électrique dans le fil *AB*, l'aiguille du galvanomètre éprouve une déviation; après quelques oscillations, elle revient à la position d'é-

Fig. 130.

quilibre, et reste sur le *zéro* tant que le courant constant circule par *AB*; mais, aussitôt que l'on interrompt la communication entre le fil *AB* et la pile, c'est-à-dire quand le courant cesse, l'aiguille du galvanomètre éprouve une nouvelle dérivation, mais en sens contraire. Faraday appelle *induction électrodynamique* le pouvoir que possèdent les courants électriques d'exciter dans un corps conducteur très-rapproché, mais isolé, les effets que nous venons de décrire; il a donné le nom de *courant inducteur* à celui que produit la pile et qui parcourt le fil *AB*, et celui de *courants induits* à ceux que l'on observe dans le fil *CD*. Si l'on examine la direction des courants induits, on voit qu'ils marchent en sens contraire du courant inducteur, quand on établit ce courant et qu'il commence à parcourir le fil *AB*; et qu'ils vont dans la même direction, quand on rompt le circuit.

On peut donc résumer l'effet observé en disant qu'*un courant électrique inducteur peut développer un courant électrique induit sur un conducteur isolé très-rapproché, au moment de commencer et de finir; le courant induit, dans ce dernier cas, marche dans le même sens que le courant inducteur, et en sens inverse, au contraire, quand le courant inducteur commence.*

L'exemple que nous avons présenté, très-propre, par sa simplicité, à faire connaître le phénomène, n'est pas celui qui convient le mieux pour expérimenter les effets de l'induction, car les courants induits seraient trop faibles, et ne pourraient être étudiés convenablement. Pour rendre cette étude possible, on enroule autour d'un cylindre de bois deux fils métalliques recouverts de soie, de manière à en faire deux hélices parfaitement semblables et dont les spires soient parallèles et aussi rapprochées que possible (fig. 131). On met en communication les deux bouts de l'une des hélices avec un galvanomètre, et ceux de l'autre avec les deux pôles d'une pile; et, aussitôt que l'on ferme le circuit de celle-ci, on voit se produire les phénomènes déjà énoncés, mais avec une intensité beaucoup plus grande.

On peut encore procéder d'une autre manière : on enroule autour d'un tube de bois ou de verre un seul fil de métal recouvert de soie, dont les deux bouts communiquent avec les extrémités du fil d'un galvanomètre; on introduit ensuite le plus rapidement possible dans le tube un cylindre électro-dynamique, c'est-à-dire une hélice traversée par un courant électrique, et on la retire de même. Au moment de l'introduction, on obtient dans l'hélice extérieure un courant d'induction dirigé en sens contraire de celui du cylindre électro-dynamique; et, quand on retire ce cylindre, on obtient un second courant dirigé dans le même sens que le sien. Pour que ces deux courants soient sensibles, il faut, comme nous l'avons dit, introduire et retirer très-précipitamment le cylindre électro-dynamique, et même avec cette précaution il

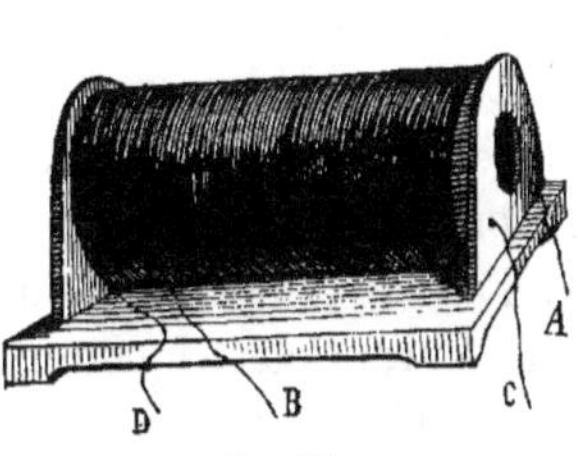

Fig. 131.

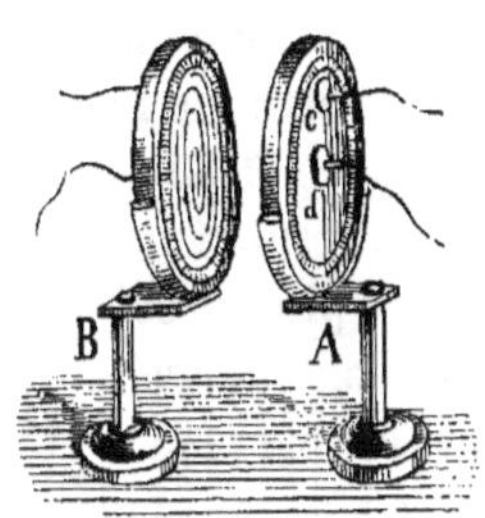

Fig. 132.

est impossible de créer instantanément les courants, comme on y parvient avec la première des deux méthodes, où l'on établit et interrompt le circuit; c'est à cette différence qu'est due sans doute aussi celle que l'on observe dans les courants produits par l'un ou l'autre moyen : dans le premier cas, ils sont vraiment instantanés, tandis que, dans le second, ils ont une durée sensible.

M. Matteucci a imaginé un appareil (fig. 132) au moyen duquel non-seulement on peut faire l'expérience en ouvrant et en fermant le circuit de la pile et en approchant le fil inducteur du fil induit; mais, au lieu de l'électricité dynamique, on peut employer l'électricité statique et faire usage de bouteilles de Leyde au lieu de piles voltaïques. Cet appareil consiste en deux disques ou plateaux de verre avec des cadres de laiton, portés sur des pieds *A* et *B*, de manière qu'on peut les approcher l'un de l'autre à volonté. Sur la face antérieure du plateau *A*, on place un fil de cuivre isolé, enroulé en spirale, dont les deux bouts passent à travers le plateau en *c* et *d*, et se terminent en deux pinces ou vis, où l'on engage les fils métalliques qui doivent mettre en communication la spirale avec la pile ou la bouteille de Leyde. Sur le disque *B* il y a un autre fil de cuivre en spirale, disposé de la même manière, et dans les pinces qui terminent les deux extrémités on engage les fils qui doivent faire passer le courant induit par le galvanomètre ou par l'électroscope.

L'analogie qui existe entre les propriétés des aimants et celles des cylindres électro-dynamiques, dit M. de la Rive, fit supposer à Faraday qu'on obtiendrait les mêmes résultats en introduisant dans l'intérieur de l'hélice creuse (fig. 131) un aimant au lieu d'un cylindre électro-dynamique. C'est ce qui arriva en effet, et on eut un résultat inverse de celui que nous avons fait connaître dans le chapitre précédent, où nous avons vu qu'au moyen de l'électricité on obtenait des aimants; Faraday, au moyen d'un aimant, est parvenu à développer un courant électrique, et découvrit ainsi une source nouvelle de fluide électrique, et une analogie de plus entre l'électricité et le magnétisme. Pour faire cette expérience, on prend un cylindre creux *MN*, en bois ou en carton (fig. 133), autour duquel est enroulée une hélice formée d'un seul fil de cuivre assez long, recouvert de soie, dont les bouts sont en communication avec un galvanomètre. Si l'on introduit un aimant par l'une des extrémités de l'hélice, l'aiguille du multiplicateur éprouve immédiatement une déviation, qui ensuite cesse, et ne se reproduit pas tant que l'aimant reste immobile; mais un nouveau courant d'induction se manifeste, en sens inverse du premier, au moment où l'on retire le barreau aimanté. Si l'on examine le sens des courants d'induction par rapport aux pôles de l'aimant, on voit qu'il s'accorde parfaitement avec la théorie d'Ampère, et que si, au lieu d'un aimant, on introduisait

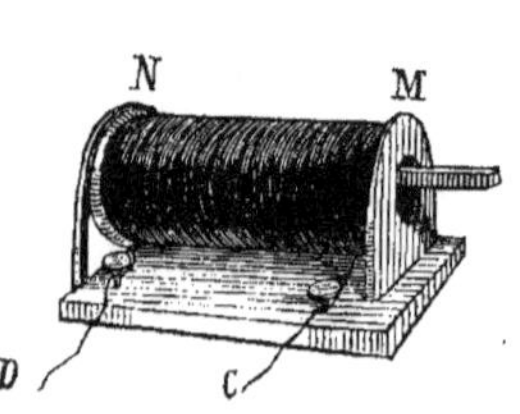

Fig. 133.

le solénoïde dont on le suppose formé, la direction serait la même. Quand le barreau aimanté que l'on emploie est suffisamment énergique, les courants induits sont beaucoup plus forts que ceux produits par les courants électriques inducteurs.

On peut employer un autre procédé beaucoup plus commode et plus énergique, fondé sur les principes déjà énoncés de l'électro-magnétisme, car il est très-difficile d'introduire et de retirer l'aimant avec la promptitude nécessaire. Cette méthode consiste à introduire un cylindre de fer doux à l'intérieur d'une hélice ou bobine, dont les deux bouts communiquent avec le galvanomètre. Au moment même où l'on approche de l'une des extrémités du cylindre le pôle d'un barreau aimanté, on observe dans le galvanomètre les effets d'un courant induit, qui cessent immédiatement et se présentent en sens contraire au moment où l'on retire le barreau aimanté.

On peut faire aussi l'expérience avec la double hélice, c'est-à-dire, avec un courant inducteur provenant d'une pile, et en conservant en même temps à l'intérieur le cylindre de fer doux. Les effets sont alors beaucoup plus énergiques, parce que le courant qui traverse une des hélices non-seulement détermine directement dans l'autre un courant d'induction, mais il aimante en même temps le fer doux, qui, par cette raison, détermine aussi un courant dans le même sens, mais beaucoup plus fort, qui s'ajoute au courant direct. Quand le courant cesse, le fer est désaimanté, et la double action se produit sur le fil induit.

Pour se convaincre de l'énergie que donne aux courants induits l'action du fer doux, il suffit de le retirer du cylindre creux, où sont les deux hélices; celles-ci produisent seules les effets d'induction, mais beaucoup plus faibles.

Dans le cours de ses observations, Faraday a démontré un nouveau fait, auquel on devait s'attendre, une fois que l'action des aimants sur les conducteurs en hélice était devenue chose évidente. Il consiste dans la production de courants électriques d'induction par la force magnétique du globe, de la même manière que les développe l'action d'un aimant ou d'un autre courant électrique. Nous ne nous arrêterons pas à décrire les expériences au moyen desquelles le physicien anglais a démontré ce fait; nous dirons seulement qu'elles prouvent d'une manière évidente que le globe terrestre agit comme pourrait le faire un fort aimant placé à l'intérieur de la terre dans la direction de l'aiguille d'inclinaison; ou comme une bande de courants électriques dirigés de l'est à l'ouest autour de l'équateur magnétique. Il résulte aussi de ces expériences que le magnétisme terrestre développe des courants électriques sur les corps en mouvement avec une telle facilité, qu'il faut en déduire une conséquence qui, de prime abord, semble extraordinaire, c'est qu'un corps conducteur quelconque ne peut se mettre en mouvement sur la surface du globe sans qu'il en résulte dans sa masse des courants d'induction.

L'intensité des courants induits dépend de diverses circonstances; mais principalement de la longueur et du diamètre des fils des hélices, et de l'énergie de l'aimant ou du courant inducteur; points sur lesquels, dans l'état où se trouve la science, il n'est possible de donner aucune règle précise. En général, il est avantageux de se servir de fils très-longs et même de joindre bout à bout plusieurs hélices; mais alors il faut, quand ce n'est pas avec un aimant qu'on fait l'induction, employer un courant inducteur provenant d'une pile composée d'un grand nombre de couples. La détermination de ces données varie avec la nature des effets, par conséquent avec celle des conducteurs que doivent traverser les courants induits, et aussi avec la longueur et le diamètre du fil du galvanomètre qui sert à les observer.

Les phénomènes d'induction que nous avons étudiés jusqu'à présent sont ceux que produit un courant électrique sur un conducteur très-rapproché de celui qui donne passage à ce courant; mais l'expérience a démontré que les courants d'induction peuvent se produire sur le conducteur même qui transmet le courant inducteur. M. Henry, de Princeton, en Amérique, avait observé que, quand on réunit les pôles d'une batterie au moyen d'un fil de cuivre et de deux capsules remplies de mercure, on obtient une étincelle brillante au moment où l'on rompt le circuit, si le fil a quelques mètres de longueur. M. Jenkins avait aussi remarqué, de son côté, le même effet quand on réunit les deux plaques d'un électro-moteur, c'est-à-dire d'un simple couple, au moyen d'une hélice enroulée autour d'un cylindre en fer doux ; tandis qu'il ne se produit aucun effet quand les plaques sont réunies par un simple fil de cuivre.

A la suite de longues études expérimentales, Faraday put démontrer que cet effet provient de la présence d'un courant induit au moment où l'on rompt le circuit ; courant qui, provenant d'un seul couple, est capable, si on le dispose convenablement, de rougir et même de fondre un fil de platine, de décomposer l'eau, et de faire dévier l'aiguille du galvanomètre. On a donné à cette espèce d'induction le nom d'*induction d'un courant sur lui-même*, et le courant induit a reçu celui d'*extra-courant*. Il suffit de se rappeler que l'extra-courant se produit au moment de la rupture du circuit pour être en droit de supposer que sa direction sera la même que celle du courant inducteur ; il en est ainsi en effet ; quant à l'extra-courant qui doit se produire en sens contraire du courant inducteur, il ne peut être aperçu, parce qu'il parcourt le même circuit, et il ne se développe qu'au moment où le courant inducteur est déjà établi ; il doit cependant produire un effet : celui de diminuer un peu, dans les premiers moments, l'intensité du courant inducteur. L'expérience parait avoir confirmé cette dernière supposition, dit M. de la Rive, dont l'ouvrage nous a fourni la plupart des passages que nous venons d'insérer. Ce physicien s'est servi de l'extra-courant pour augmenter la tension électrique de son élément voltaïque, et a construit un appareil, qu'il nomme *condensateur électro-chimique*, au moyen duquel il décompose l'eau avec un élément de Daniell qui, seul, ne produirait aucun effet.

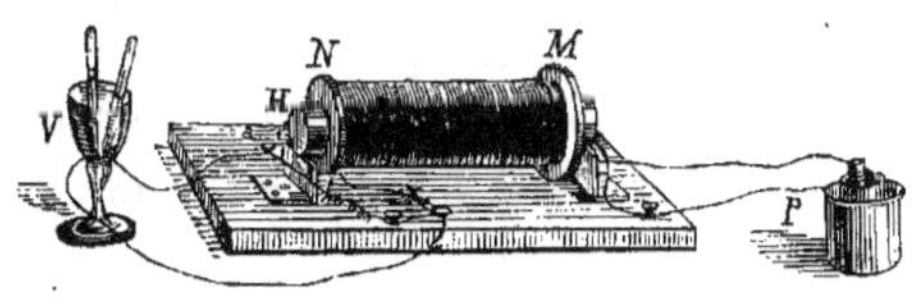

Fig. 134.

L'appareil consiste (fig. 134) en un cylindre de fer doux, qui se place à l'intérieur d'un autre cylindre creux en bois, autour duquel on enroule un gros fil métallique recouvert de soie. Près du cylindre et en communication avec le fil métallique se trouve une tige de cuivre *tt'* avec un marteau de fer *a*, qui est attiré par le cylindre de fer doux au moment où le courant, passant par l'hélice, l'aimante; la tige de cuivre étant entraînée par le marteau, le circuit s'interrompt, et il se produit dans le fil un courant d'induction qui traverse la pile et qui, réuni au courant de celle-ci, passe au voltamètre et décompose l'eau. Si l'on interrompt le circuit, le fer perd son magnétisme et laisse libre le marteau de fer *a*, qui descend avec la tige de cuivre et va fermer le circuit.

Les courants inducteurs, en déterminant dans les conducteurs soumis à leur influence un courant induit, déterminent aussi des effets très-prononcés d'électricité statique, tels que les étincelles à distances, les commotions, la charge d'un condensateur, etc.; de manière que le courant d'électricité dynamique se transforme pour ainsi dire en électricité statique. Ce fait très-important a été indiqué par Faraday et démontré de la manière la plus évidente par les expériences de MM. Masson et Breguet.

Parmi les observations faites par ces deux physiciens, nous en mentionnerons une très-remarquable, à savoir que, pour obtenir des signes de tension électrique, il n'est pas nécessaire de se servir des deux extrémités de la même hélice ou bobine. Soient deux bobines, l'une traversée par le courant inducteur, et l'autre, bien isolée, placée très-près de la première : on éprouve une vive commotion en prenant un bout du fil de la première bobine et le bout contraire de la seconde. Cette expérience, dit M. de la Rive, prouve que les deux fils, au moment de l'interruption du circuit, sont dans les mêmes conditions que deux bouteilles de Leyde chargées, à moins que la soie qui entoure les fils des bobines ne se charge d'électricité statique, qu'elle peut conserver en vertu de sa faculté isolante. Nous adoptons cette dernière hypothèse, nous fondant sur les observations du vicomte du Moncel et sur celles que nous avons faites nous-même avec l'appareil de Ruhmkorff, qui, comme nous le verrons en en donnant la description, se compose des deux hélices employées par MM. Masson et Breguet, dans les mêmes conditions, mais mieux disposées, de manière à rendre les effets plus énergiques.

M. du Moncel, dans sa *Notice sur l'appareil de Ruhmkorff*, a parlé le premier d'un fait observé sans doute par tous ceux qui se sont servis de cet appareil : c'est que les deux extrémités du conducteur en hélice traversé par le courant induit n'ont pas la même tension ; car l'extrémité intérieure peut être touchée impunément sans qu'on observe aucun phénomène, tandis que l'extrémité extérieure donne des étincelles et produit de fortes commotions quand on lui présente un corps conducteur sans toucher aucun autre point du circuit, ni même le fil inducteur, comme le faisaient MM. Masson et Breguet ; par conséquent, on n'a que faire de supposer les deux fils conducteurs dans les mêmes conditions que deux bouteilles de Leyde chargées. Le fait d'une tension inégale dans les deux extrémités du fil que parcourt le courant induit, fait qui ne s'expliquait pas d'une manière satisfaisante, d'après M. du Moncel, a été éclairci, croyons-nous, par un autre fait observé dans les expériences en grand que nous avons faites pour notre système de signaux électriques sur le chemin de fer d'Almansa. Nous ne pouvons entrer dans les détails de l'expérience ni dans les considérations auxquelles elle donne lieu ; cela a été fait dans un travail spécial, et nous nous contenterons de dire maintenant que nous avons obtenu à l'extrémité intérieure de la bobine induite une tension aussi considérable que dans l'extrémité extérieure, et capable de produire les mêmes effets et avec la même intensité : il suffit pour cela d'augmenter la longueur du corps conducteur que l'on présente au pôle intérieur ; c'est-à-dire, que l'inégalité de tension des deux extrémités ne dépendait que de la disposition donnée aux appareils : ce qui a été confirmé par un travail de M. Laborde, lequel assure avoir construit les siens de telle sorte, que la tension est égale dans les deux pôles, quand le fil induit est enroulé de façon que ses deux extrémités sont à une distance égale, pour ainsi dire, du centre d'induction. Ce résultat est parfaitement d'accord avec le fait que nous avions observé et avec la théorie que nous avions imaginée pour expliquer le phénomène[1].

Nous avons dit que M. Henry, l'un de ceux qui se sont le plus occupés de l'étude de l'induction après la découverte de Faraday, fut le premier qui observa l'induction d'un courant sur lui-même; mais ce qu'a surtout étudié le physicien américain, c'est le développement des courants d'induction par les courants induits eux-mêmes. Pour obtenir ce développement, il se servit de plusieurs spirales plates, dans la forme représentée par la figure 135.

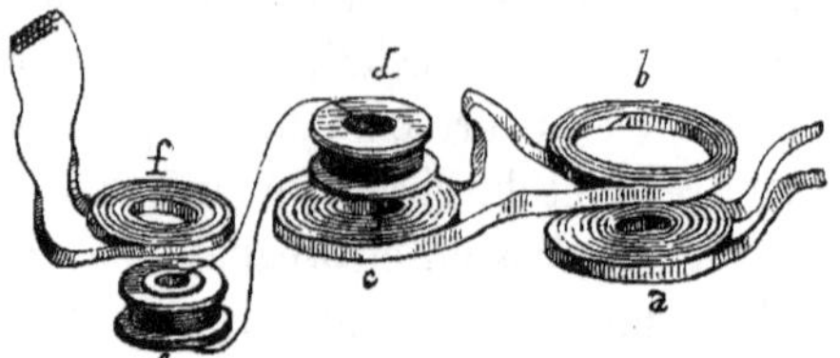

Fig. 135.

La première spirale *a* conduit l'électricité d'une pile, et produit un courant induit de premier ordre dans la spirale *b*, lequel passe aussi par la spirale *c*, car leurs quatre extrémités sont réunies deux à deux, et produit un courant induit de second ordre en *d*; ce courant, en passant par *e*, en développe un autre de troisième ordre en *f*, et on peut ainsi prolonger la série des courants, quoique leur intensité décroisse rapidement à mesure qu'ils sont d'un ordre plus élevé. M. le professeur Abria a complété ces investigations, surtout dans la partie relative à l'intensité et à la direction des courants, qui, comme les courants induits de premier ordre, sont toujours en sens contraire de ceux qui les font naître quand on ferme le circuit, et vont dans le même sens quand on l'interrompt.

Avant d'expliquer la théorie de l'induction, nous indiquerons brièvement le résultat des travaux de M. Dove sur les courants d'induction, et particulièrement sur l'influence qu'exercent sur eux la nature et la disposition des masses métalliques que l'on

[1] Voyez plus loin la description de l'appareil de Ruhmkorff.

introduit à l'intérieur des hélices destinées à produire l'induction, soit qu'on se serve de courants inducteurs, soit des décharges électriques, soit de l'action des aimants.

Quand on opère avec des *décharges électriques ordinaires*, l'introduction d'un corps solide de fer dans l'une des hélices de l'inducteur différentiel (instrument dont se servit M. Dove pour faire des expériences) *affaiblit* l'action physiologique, calorifique et de tension, autrement dit, électroscopique, de la décharge; mais en *augmente* l'effet d'aimantation.

Quand on emploie des *courants voltaïques* dans l'induction, la présence d'un solide de fer dans l'une des hélices *augmente* indistinctement tous les effets électroscopiques et d'aimantation.

L'introduction d'un faisceau de fils de fer agit comme celle de la masse solide avec les courants voltaïques, c'est-à-dire qu'elle augmente tous les effets quand on se sert des décharges électriques, sauf l'effet calorifique, qu'elle *diminue*.

Enfin, quand, pour aimanter le fer, au lieu d'employer des courants ou des décharges électriques, on se sert d'un aimant, on n'augmente pas l'action du courant d'induction en divisant le fer en fils; de même qu'elle ne diminue pas non plus quand on entoure ces fils d'une enveloppe conductrice.

Il résulte de l'étude de tous les faits énoncés par M. Dove que la diversité d'effets observée dans les courants d'induction provient d'*une différence dans leur durée*, et non d'une différence dans leur énergie, et que l'enveloppe métallique qui entoure un faisceau de fils ou la surface unie d'un cylindre massif, sur lequel se développent aussi des courants d'induction, n'affaiblit pas, mais ralentit seulement l'action de cette force.

Enfin nous dirons que M. Dove a fait une étude spéciale des courants qui développent un autre courant induit dans le conducteur même qu'ils parcourent : il leur a donné le nom de *contre-courants* pour les distinguer des *juxta-courants* qui ont lieu dans les circuits parallèles au circuit inducteur.

Théorie de l'induction. — « Sans recourir à des notions et à des calculs aussi profonds que Weber et Neumann, dit M. de la

Rive, j'estime qu'on peut considérer l'induction comme le résultat de la décomposition par influence de l'électricité naturelle de chaque particule du conducteur induit par les électricités déjà séparées de chaque particule correspondante de l'inducteur. Pour cela il faut admettre que la propagation du courant se fait par une série de décompositions et de recompositions des électricités des molécules successives.

« Soit donc *AB* (fig. 136) un conducteur traversé par un courant dans la direction de *A* en *B*; les particules successives dont il se compose ont leur électricité naturelle décomposée, les — tournés du côté de *A*, où est le pôle positif de l'appareil, et les + tournés vers *B*. où est le pôle négatif. Les électricités, dès qu'elles

Fig. 136.

ont été séparées, se combinent de particule à particule, savoir : la négative de *a* avec la positive du pôle *A*, la négative de *b* avec la positive de *a*, et ainsi de suite jusqu'à la positive de *h*, qui se combine avec la négative du pôle *B*. Cette recomposition, qui est instantanée, est immédiatement suivie d'une nouvelle décomposition, et celle-ci d'une recomposition, et ainsi de suite. Cette succession de décompositions et de recompositions est tellement rapide, qu'il y a toujours, ainsi que l'expérience le démontre, une tension électrique dans chaque particule du conducteur, de sorte qu'on peut regarder que l'état dans lequel il est représenté dans la figure 136, que nous appellerons *état de polarisation*, est à peu près permanent.

« Soit maintenant un second conducteur *A'B'* (fig. 156) semblable au premier, aussi rapproché que possible de lui, tout en étant isolé par de la soie ou de la cire ; au moment où l'on fait passer un courant dans *AB* et où l'on polarise par conséquent ses particules, on produit dans *A'B'* une polarisation moléculaire opposée, le + de chaque particule étant vis-à-vis du — de chaque particule de *AB* et le — devant le +. Il en résulte que si, au moment où *AB* est envahi par un courant, les deux extrémités de *A'B'* sont réunies par un conducteur, tel que le fil d'un galvanomètre, le + de la molécule *a'* se combine, à travers ce conducteur, avec le — de la molécule *h'*, et produit ainsi un courant instantané dirigé de *A'* à *B'* dans le conducteur, de *B'* à *A'* dans le fil *A'B'* lui-même, c'est-à-dire en sens contraire du courant inducteur. De même, si, au lieu d'être réunies par un conducteur, les extrémités *A'* et *B'* communiquent avec les deux plateaux d'un condensateur, *A'* lui donne une charge d'électricité positive et *B'* une de négative. Dès que *a'* a perdu son électricité positive et *h'* sa négative, la négative de *a'* se trouve dissimulée par la positive de *b'*, et ainsi de suite jusqu'à la négative de *g'*, qui est dissimulée par la positive de *h'* ; ces électricités ne se neutralisent pas, parce qu'elles sont retenues par les électricités opposées des particules de *AB* ; mais, au moment où le courant cesse de passer par *AB*, alors si les deux extrémités de *A'B'* sont unies par un conducteur, l'électricité négative de *a'* se réunit avec la positive de *h'*, et en même temps les électricités contraires de chacune des particules *a'b'c'd'e'f'* et *g'* se combinent, et il en résulte un courant qui va dans le conducteur de *B'* en *A'* et de *A'* en *B'* dans le fil *A'B'* lui-même. Ainsi *A'B'* est traversé, dans ce cas, par un courant dirigé dans le même sens que le courant inducteur. L'état de tension électrique dans lequel se trouve le fil *A'B'* pendant que le courant traverse *AB* est celui que Faraday avait appelé *électro-tonique* ; et la cessation de cet état produit le second courant d'induction, tandis que sa création avait produit le premier. On conçoit, d'après la théorie qui précède, que la tension électrique des molécules extrêmes sera d'autant plus forte que le fil induit sera plus long ; car, s'il est court, les deux électricités accumulées à ses deux extrémités se réuniront plus facilement à travers le fil lui-même ; d'un autre côté, pour produire un fort courant, il faut qu'il soit bon conducteur, afin que la décomposition des électricités naturelles de chacune de ses particules et leur recomposition se fassent plus facilement, et par conséquent plus vite et en plus grande proportion. Au fond, dans la théorie que nous venons de donner, la production des deux courants instantanés d'induction est tout à fait semblable à ce qui se passe dans la charge et la décharge par cascade de plusieurs bouteilles de Leyde consécutives, dont l'armure intérieure de chacune communique avec l'extérieure de la précédente. »

Quoique les pages de ce livre ne soient peut-être pas un endroit bien convenable pour discuter la valeur des opinions d'un auteur, nous ne pouvons nous dispenser néanmoins de faire quelques réflexions sur la théorie que nous venons de transcrire, et d'exposer le plus brièvement possible celle que nous a suggérée une étude approfondie de cette matière. Nous n'avons pas voulu donner seule la théorie de M. de la Rive, parce que ses explications nous semblent au moins obscures, et que nous croyons ce sujet trop intéressant pour ne pas nous efforcer de l'éclaircir. Nous ne pouvions pas davantage nous contenter de donner la nôtre seulement, car, tout arrêtées que soient nos convictions, nous avons pour but de présenter les faits fondamentaux de l'électricité, et de les expliquer de la manière la plus généralement admise. En exposant les deux théories à la fois, il ne peut résulter d'autre inconvénient que celui d'avoir occupé un moment de plus l'attention de nos lecteurs.

Nous admettons avec M. de la Rive que la propagation du courant se fait dans le fil *AB* (fig. 136) par une série de décompositions et de recompositions des électricités des molécules qui produit l'*état de polarisation presque permanent*. Nous admettons aussi la *polarisation moléculaire opposée*, qui se produit sur le fil *A'B'*; mais nous ne croyons pas que le courant contraire au primaire ou inducteur soit l'effet de la combinaison à travers un conducteur de l'électricité + de la première molécule *a'* avec l'électricité — de la dernière h'; nous pensons qu'il résulte simplement du mouvement produit dans chaque molécule dans la direction de B' à A', au moment de la première décomposition dans l'inducteur AB; en un mot, que la polarisation n'est pas *presque* mais *tout à fait permanente* dans le conducteur induit, et qu'il n'y a pas de décompositions et recompositions successives, ce qui constitue le courant dynamique.

Si l'on veut bien faire attention que, dans le fil induit, il n'y a pas d'action électro-motrice qui provoque ces décompositions et recompositions; que l'état de polarisation n'est produit que par l'influence que dissimule l'électricité en état de tension; que plusieurs causes, comme les milieux interposés entre les deux conducteurs, influent sur l'action de l'induction et la retardent, et que l'électricité de la pile, ou l'action électro-motrice, doit avoir rencontré plus de résistance et avoir été par conséquent plus lente dans la première décomposition des électricités naturelles de chaque molécule que dans les recompositions et décompositions suivantes, on n'aura pas trop de violence à se faire pour supposer que l'électricité, dans le conducteur induit, ne puisse pas suivre les mouvements rapides qui ont lieu dans chaque molécule du fil inducteur, et reste dans l'état de polarisation où la laisse la première décomposition, c'est-à-dire dans un véritable état de tension électrique, mais sans les propriétés de l'électricité dynamique ou en mouvement. Cette hypothèse explique l'état *électro-tonique*, que l'on conçoit avec moins de difficulté en le comparant à un phénomène optique : celui d'un espace ou ligne parcourue avec une grande rapidité par un point lumineux; chaque point de cette ligne est lumineux et cesse de l'être, et cependant notre rétine ne perçoit pas l'impression de ce changement, à cause de la vitesse avec laquelle il a lieu.

Une fois expliqués le courant induit, contraire au primaire ou inducteur, et l'état *électro-tonique* ou *électro-statique*, comme nous proposerions de le nommer, il est facile de se rendre compte de quelle manière a lieu le courant induit qui se dirige dans le même sens quand on rompt le circuit inducteur. Non comme l'explique M. de la Rive, parce qu'il se produirait un courant en sens contraire de celui qui doit résulter et que donne l'expérience, à moins de recourir à la destruction de l'électricité + de a' et à celle — de b'; élimination qui nous semble au moins obscure. A notre avis, aussitôt que cesse l'action électro-motrice de la pile, la polarisation, n'existant plus sur le fil inducteur AB, ne doit plus exister non plus dans le fil $A'B'$, les électricités de leurs molécules se recomposent de nouveau, et il y a dans chacune d'elles un mouvement dont la somme constitue un courant qui va de A' à B', car c'est cette direction que prend l'électricité positive, contraire à celle qu'elle avait prise dans la polarisation, et dans le même sens que le courant inducteur.

Ayant exposé ces théories du cas le plus général et le plus simple de l'induction, de celui qui est regardé comme fondamental, il est inutile d'entrer dans les mêmes détails relativement aux courants produits par les aimants et autres pareils, car ils ne sont que des cas particuliers qui se rapportent à la même théorie.

MAGNÉTISME PAR ROTATION.

Parlons maintenant du *magnétisme par rotation*, fait qui, comme nous l'avons indiqué, était connu avant la découverte de Faraday. La première expérience qui a démontré que le mouvement est un moyen de développer le magnétisme ou des courants électriques dans tous les corps (action qu'on ne doit pas confondre avec celle découverte par Coulomb, et dont nous avons parlé dans le troisième chapitre) est due à l'illustre Arago. Les phénomènes dont nous allons nous occuper sont dus exclusivement au mouvement, c'est-à-dire à la position différente qu'occupe la cause qui agit par rapport au corps sur lequel elle exerce son action ; ils ont reçu le nom de *magnétisme par rotation*, nom qui provient de la manière dont ils furent mis en évidence.

Arago observa d'abord qu'en faisant osciller une aiguille aimantée, librement suspendue dans une cage de cuivre circulaire, dont le fond et les rebords étaient très-rapprochés de l'aiguille, l'amplitude des oscillations diminuait rapidement, et celles-ci cessaient assez vite, comme si le milieu dans lequel elles s'opéraient était devenu plus dense ; mais il s'aperçut en même temps que le cuivre n'influait pas sur la durée, mais seulement sur l'amplitude de l'oscillation. Faisant osciller ensuite l'aiguille aimantée sur des plans de substances différentes et à des distances variables, il observa un autre fait que Seebeck a confirmé, à savoir que la distance diminue considérablement l'intensité de l'effet, et que les métaux agissent plus énergiquement que le bois, le verre, etc.

A cette expérience en succéda une autre dans le but de s'assurer si la plaque qui avait la propriété de diminuer l'amplitude des oscillations sans en altérer la durée n'entraînerait pas l'aiguille avec elle lorsqu'on la mettrait en mouvement. Arago vérifia aussi ce fait, en se servant de l'appareil représenté dans la figure 137, et qui consiste en un disque de cuivre *AB*, sur lequel on suspend une aiguille aimantée au moyen d'un fil sans torsion, de manière que le centre de l'aiguille corresponde exactement au centre du disque : si l'on fait tourner celui-ci après avoir interposé une plaque de verre ou une feuille de carton, pour que l'air agité par le mouvement du disque n'influe pas sur l'aiguille, on observe que celle-ci dévie de sa position normale dans le sens du mouvement, et forme avec le méridien magnétique un angle plus ou moins grand, selon la vitesse de rotation donnée au disque. Si le mouvement est très-accéléré, l'aiguille finit par tourner avec le disque lui-même.

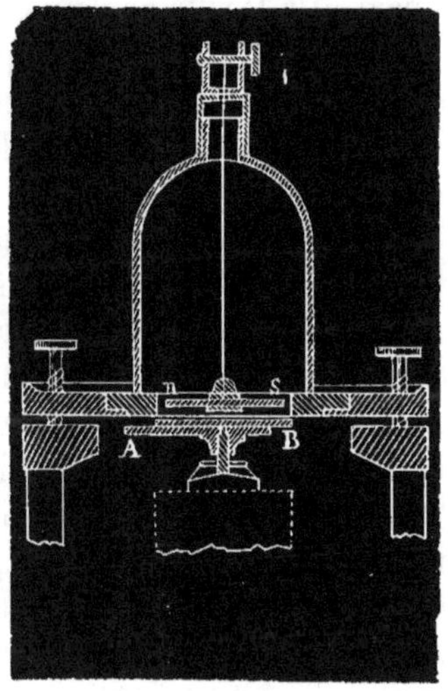

Fig. 137.

D'après les observations d'Arago, confirmées plus tard par MM. Babbage, Herschell, Harris, Barlow et autres, qui se servirent d'une méthode différente, la force diminue rapidement avec la distance de l'aiguille au disque, dans un rapport plus grand, à ce qu'il paraît, que le carré de cette distance; les angles de déviation sont entre certaines limites proportionnelles à la vitesse, et l'on diminue considérablement la puissance du disque de cuivre en le sillonnant de fentes dans le sens de ses rayons. Ces solutions de continuité, qui altèrent à peine la masse, influent cependant beaucoup sur l'intensité de l'action; au point qu'un léger disque de cuivre, suspendu sur un fort aimant en rotation, accomplissait six révolutions en 55″, tandis que, incisé en huit endroits dans la direction des rayons, il mit 121″ pour accomplir le même nombre de révolutions. Les parties séparées ayant été ressoudées avec de l'étain, le disque put opérer les six révolutions en 56″, c'est-à-dire à peu près dans le même espace de temps qu'avant les coupures.

Un des physiciens qui ont le plus travaillé sur ce sujet, M. Harris, a trouvé non-seulement de grandes différences entre les corps quant à la faculté qu'ils possèdent d'entraîner l'aiguille, mais aussi quant à la propriété qu'ils ont d'intercepter cette action, et il a reconnu que le fer et en général les substances magnétiques, ne sont point les seules qui puissent ainsi arrêter l'effet du magnétisme par rotation.

L'observation d'un autre fait des plus importants sur cette matière est due à MM. Ampère et Colladon, qui ont découvert que, dans toutes les expériences du magnétisme par rotation, on pouvait substituer à l'aimant une hélice traversée par un courant électrique, ce qui établit une nouvelle analogie entre le fluide électrique et le fluide magnétique.

M. Barlow a étudié l'action qu'exerce sur l'aiguille aimantée une sphère de fer creuse ou pleine en mouvement, et les effets obtenus dépendent de l'influence combinée qu'exercent sur la sphère le magnétisme terrestre et l'aiguille aimantée. Mais le fait le plus important établi par le même observateur est la grande différence qu'on remarque dans l'action, selon que la sphère est pleine ou creuse. Cette différence est complétement nulle quand le globe et l'aiguille sont en repos, ce qui provient, comme nous l'avons déjà dit, de ce que la force magnétique ordinaire est tout entière concentrée à la surface ; mais, dès qu'il y a mouvement, il n'en est plus de même. (De la Rive.)

Avant la découverte de Faraday, on avait imaginé plusieurs théories pour expliquer les phénomènes du magnétisme par rotation; entre autres, M. Poisson, qui avait déjà soumis à l'analyse mathématique les travaux de Coulomb sur le magnétisme et avait tenté d'expliquer les nouveaux phénomènes par la même théorie; mais maintenant, comme nous l'avons dit, on peut les expliquer par les effets de l'induction.

Quand un disque de cuivre tourne au-dessous d'une aiguille aimantée mobile autour de son centre, des courants d'induction prennent naissance dans le disque en différents sens. Dans les parties qui s'éloignent des pôles, les courants sont directs, et, dans celles qui s'en rapprochent, ils sont inverses; mais les actions sont très-compliquées, car il doit y avoir des courants dans un grand nombre de sens. L'action combinée de ces courants sur l'aiguille mobile tend à lui donner un mouvement que l'expérience a démontré être dans le sens où tourne le disque.

Faraday a constaté le premier, au moyen d'expériences, qu'il y avait des courants électriques dans le sens des rayons du disque. Pour cela, il a fait tourner un disque de cuivre entre les pôles d'un aimant très-puissant (fig. 138), et, mettant en contact les deux bouts du fil d'un galvanomètre, l'un avec le centre, et l'autre avec la circonférence du disque, il a obtenu un courant électrique continu.

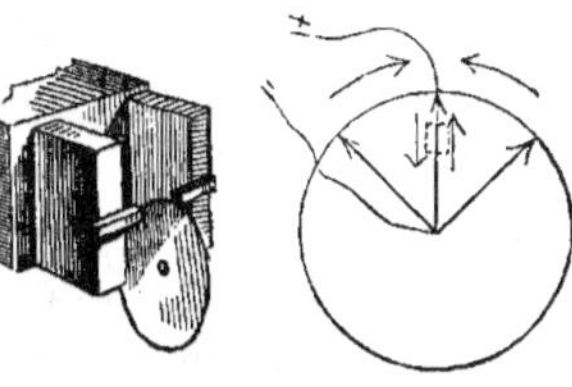

Fig. 138.

MM. Nobili et Antinori ont établi aussi par des expériences l'existence de courants électriques induits dans plusieurs sens. A cet effet, ils ont fixé aux deux extrémités du fil d'un galvanomètre deux fils amincis par le bout, et les ont appliqués sur différents points du disque mis en mouvement, afin de constater ainsi les courants qui passent par ces points. Cette expérience a démontré que, dans les parties du disque qui se trouvent sous l'influence magnétique, il se développe un système de courants contraires à ceux de l'aimant, et, dans les autres, un système de courants ayant la même direction que ceux de l'aimant, et, par conséquent, contraires aux premiers.

M. Matteucci a analysé le phénomène dans ses différentes conditions, mais d'une manière plus complète que MM. Nobili et Antinori. La méthode employée par ce physicien consiste à faire tourner verticalement un disque de cuivre bien aplani, sous l'influence des deux pôles d'un électro-aimant dont les branches horizontales aboutissent très-près du disque, mais sans contact; puis à toucher ses différents points avec des conducteurs ou des sondes communiquant avec les deux extrémités du fil d'un multiplicateur.

Les résultats qu'il a obtenus sont représentés dans la figure 139; *N* et *S* indiquent la position des deux pôles de l'aimant fixe. Après avoir démontré que le disque est maintenu par induction dans le même état électrique qu'une lame métallique en communication avec les deux pôles d'une pile, il rencontre dans le disque, comme dans la lame, des lignes de *courant nul*, indiquées dans la figure par les numéros 1, 2, 3, 4 et 5. Ces lignes de courant nul se contournent près des bords de la lame, de manière à les couper toujours normalement. Quant aux courants électriques, soit les lignes où les sondes accusent le maximum d'électricité, ils coupent toujours normalement les lignes de courant nul, et sont représentés dans la figure par des lignes ponctuées. La ligne circulaire n° 6 sépare les deux états électriques opposés, et M. Matteucci l'appelle *ligne neutre* et d'*inversion;* elle est analogue à la ligne droite qui, dans le cas d'une lame traversée par un courant électrique, coupe par le milieu la ligne qui joint les pôles de la pile. *EF* est une autre ligne neutre qui se déplace proportionnellement à la vitesse du mouvement giratoire.

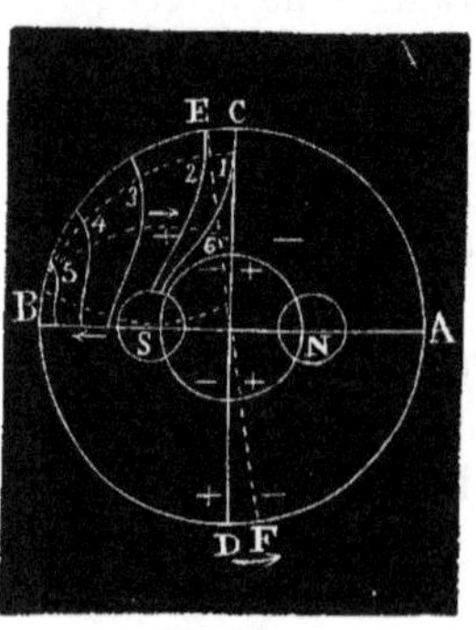

Fig. 139.

Il est facile de comprendre maintenant l'influence qu'exercent sur les phénomènes du magnétisme par rotation les solutions de continuité du disque; si elles diminuent d'autant plus l'action qu'elles sont plus nombreuses, c'est qu'elles s'opposent à la circulation des courants d'induction, et en modifient ainsi le nombre et la direction; il suffit, en effet, nous l'avons dit, de remplir les interstices du disque avec un métal conducteur pour rétablir les circuits interrompus.

Quant à la différence de force observée entre des disques de divers métaux, elle s'explique également par la différence qui existe entre eux comme conducteurs, et, conséquemment, par le plus ou moins de facilité qu'ils présentent à la circulation des courants induits. Faraday a confirmé cette explication par des expériences, et M. Christie est parvenu à déterminer le pouvoir conducteur des différentes substances d'après la force avec laquelle chacune d'elles entraîne l'aiguille magnétique dans son mouvement de rotation.

De même que nous avons terminé les chapitres respectifs de l'électricité statique et de l'électricité galvanique par la description des générateurs électriques fondés sur les principes qui y avaient été expliqués, de même nous terminerons celui-ci par la description des appareils magnéto-électriques, ou générateurs de l'électricité où ce fluide se développe par l'induction des aimants ou des courants électriques; mais, auparavant, nous ferons connaître quelques appareils accessoires qui sont pour ainsi dire des organes essentiels des machines d'induction et de la plupart des applications de l'électricité. Les principaux sont les *rhéotomes* ou *interrupteurs* des courants, et les *rhéotropes*, *inverseurs* ou *commutateurs*.

RHÉOTOMES OU INTERRUPTEURS.

Le mot *rhéotome*, qui vient de deux mots grecs signifiant *courant* et *couper*, a été appliqué par les physiciens aux appareils, ou plutôt aux organes des appareils qui servent à interrompre et à rétablir un circuit ou une action électrique, soit à la main, soit par l'action même du courant. M. du Moncel, dans son *Exposé des applications de l'électricité*, établit une différence entre les rhéotomes et les interrupteurs. D'après lui, les interrupteurs sont des organes qui peuvent établir ou rompre un contact métallique d'où dépend la circulation d'un courant; et les rhéotomes sont les organes de l'appareil qui servent à maintenir une action électrique quand la cause qui l'a produite cesse d'exister, ou à faire diparaître cette action électrique quand la cause qui l'a produite subsiste encore. Quoique cette division nous semble très-juste, nous ne pouvons pas l'adopter dans notre livre, destiné à servir d'introduction explicative aux travaux et aux descriptions d'autres physiciens qui se servent indifféremment des mots *interrupteur* ou *rhéotome*.

Les interrupteurs peuvent être *conjonctifs* ou *disjonctifs*, selon qu'ils sont destinés à établir ou à rompre le circuit; et ils peuvent même être disposés pour exécuter les deux choses à la fois. Il y en a de simples et de multiples; les uns, pour fonctionner, ont besoin de la main de l'homme, tandis que d'autres agissent sous l'impulsion d'un mouvement automatique quelconque.

Le rhéotome conjonctif le plus simple que l'on puisse voir est celui que représente la figure 140. Il consiste en un ressort métallique *CB*, muni d'une tête *E*, en platine s'il est possible, et en un *bouton* d'ivoire *A*, sur lequel on n'a qu'à appuyer le doigt pour que la tête *E* vienne toucher la pièce *D*, aussi en platine, et établir

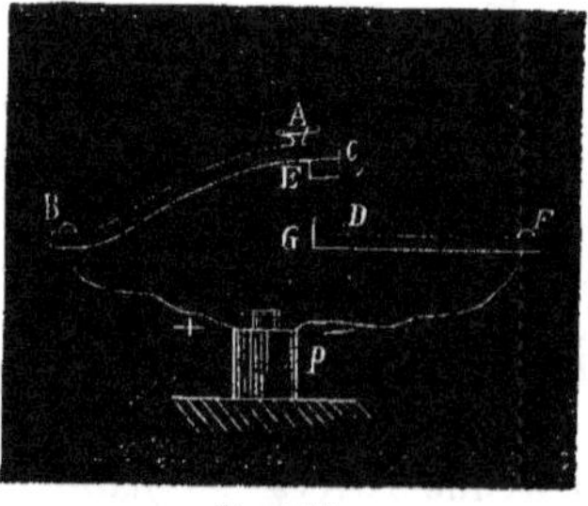

Fig. 140.

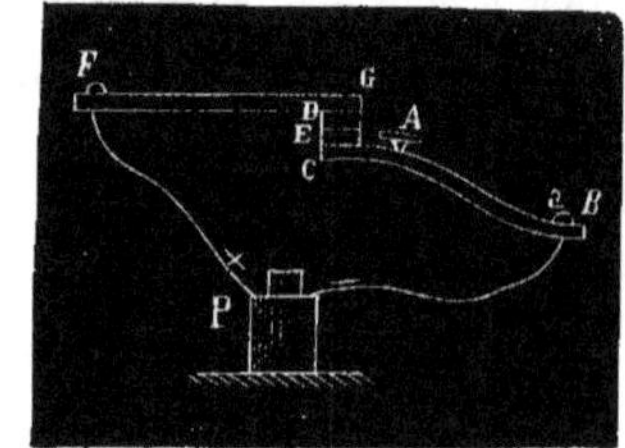

Fig. 141.

une communication entre les deux fils métalliques que doit parcourir le courant.

La figure 141 représente un rhéotome disjonctif d'une disposition semblable au rhéotome conjonctif que nous venons de décrire. Il suffit d'appuyer le doigt sur le bouton *A* pour interrompre le courant qui passe par les fils.

Une autre forme d'interrupteur est celle représentée dans la figure 142. Elle consiste en une roue dentée métallique, dans laquelle les espaces vides laissés d'ordinaire entre chaque dent sont remplis par d'autres dents en bois, ivoire, ou toute autre substance peu conductrice de l'électricité. Un ressort *cd* appuie contre la circonférence de la roue, et, chaque fois qu'il touche une dent métallique, il établit le circuit en mettant en communication le fil qui vient aboutir à l'essieu de la roue et celui dont une extrémité est au pied du ressort. Quand, au contraire, celui-ci se trouve en contact avec une dent de bois, il n'y a plus de communication, et, par conséquent, le courant ne circule pas.

Fig. 142.

Le condensateur de M. de la Rive, que nous avons déjà décrit, est un vrai rhéotome ou interrupteur. On voit, en effet, dans la figure 143, où il est représenté sous une autre forme, qu'en mettant en communication les deux extrémités du fil d'un électro-aimant, l'une avec le pôle positif d'une pile, l'autre avec le pied d'un marteau métallique dont la tête est en fer doux, et en mettant l'autre pôle en contact avec une pièce *b* qui touche le marteau *tm*, par suite de l'action du ressort *a*, qui pousse le marteau *m* vers la pièce *b*, il s'établit un courant à travers l'hélice *AB;* le fer *de* devient magnétique, attire le marteau *m*, malgré la résistance du ressort *a*, et le sépare de la pièce *b;* le courant est alors interrompu, le fer *de* perd son magnétisme, le ressort force le marteau à se remettre en contact avec la pièce *b;* puis le courant s'établit de nouveau pour s'interrompre encore, et ainsi de suite indéfiniment, tant que

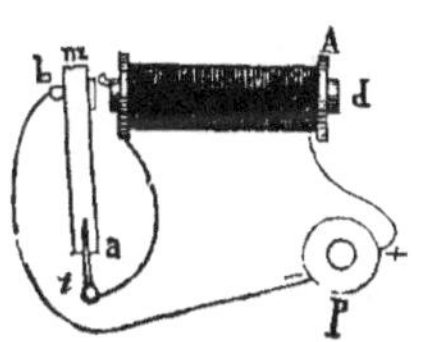

Fig. 143.

la pile fonctionne et que les contacts métalliques sont parfaits.

Nous ne finirions pas s'il nous fallait faire connaître tous les rhéotomes ou interrupteurs qu'on a imaginés, plus ou moins bons, plus ou moins compliqués, selon l'objet auxquels ils sont destinés ; nous nous contenterons de décrire encore le suivant, qui, à cause de sa simplicité et de l'énergie avec laquelle il fonctionne, est fréquemment employé dans les cabinets de physique.

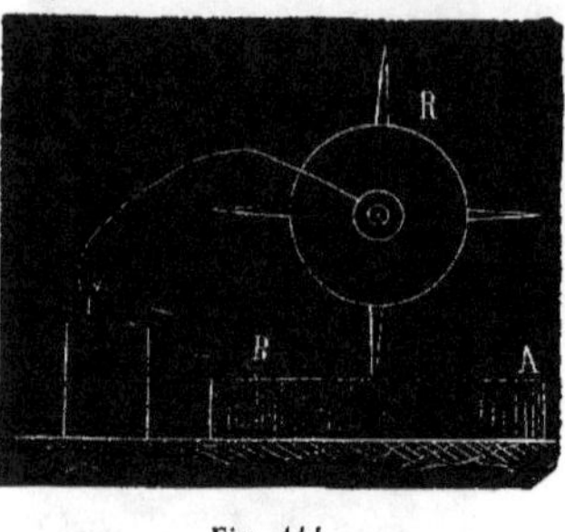

Fig. 144.

Il consiste en une roue métallique R (fig. 144) dans la circonférence de laquelle se trouvent plusieurs aiguilles dont la pointe peut entrer dans le mercure d'une capsule AB; ou bien, au lieu d'une roue, on peut employer un essieu traversé par une aiguille; en mettant en communication les deux pôles de la pile, l'un avec le mercure et l'autre avec l'essieu ou la roue, le circuit ne se fermera que lorsqu'une des aiguilles trempera dans le mercure, et sera interrompu aussitôt que cette aiguille cessera d'y tremper, de manière qu'il suffit de mettre l'essieu ou la roue en mouvement pour établir et interrompre le courant aussi rapidement que l'on veut.

RHÉOTROPES, COMMUTATEURS OU INVERSEURS.

Les commutateurs ou inverseurs ont reçu le nom de *rhéotropes*, aussi de deux mots grecs qui signifient : *courant* et *changer*, et, comme les interrupteurs, ils peuvent varier infiniment, selon le genre d'application qu'on veut leur donner.

L'objet des commutateurs peut être, soit de faire passer le courant électrique d'un circuit à un autre, soit d'intervertir les pôles ou la direction du courant dans le même circuit.

Presque tous les interrupteurs peuvent être convertis en commutateurs au moyen de quelques légères modifications. Ainsi on voit que le commutateur de la figure 145 n'est en réalité que l'interrupteur de la figure 140, auquel on a ajouté l'appendice métallique *e*, qui lui permet de toucher la pièce *o*, aussi en métal. De cette manière, le courant électrique qui part de la pile *p* passe par le circuit *pdoe* quand le commutateur se trouve dans la position que représente la figure; mais, si l'on appuie le doigt sur le bouton d'ivoire *m*, la pièce *e* se sépare de *o*; *c* et *a* se touchent; par conséquent, le premier circuit est interrompu, et le courant électrique passe par celui qui s'établit en *pdcab*.

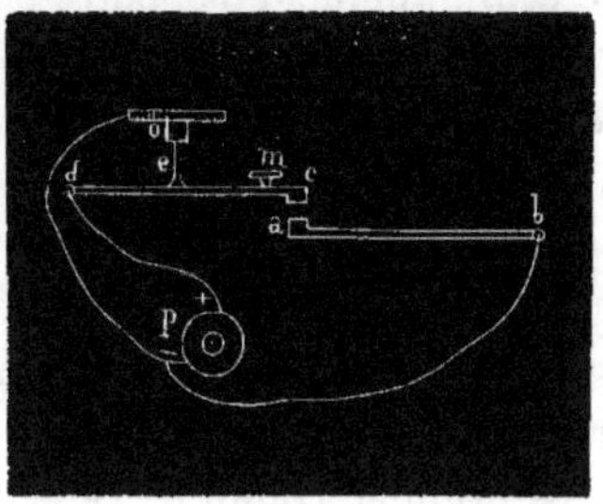

Fig. 145.

La figure 146 représente un commutateur qui consiste en deux roues dentées, appliquées sur un cylindre ou tambour de matière isolante; les deux roues ont les dents alternées, c'est-à-dire que les pleins ou dents métalliques de l'une correspondent aux vides ou isoloirs de l'autre; mais ces derniers sont plus petits que les pleins métalliques, et toujours plus grands que la surface des

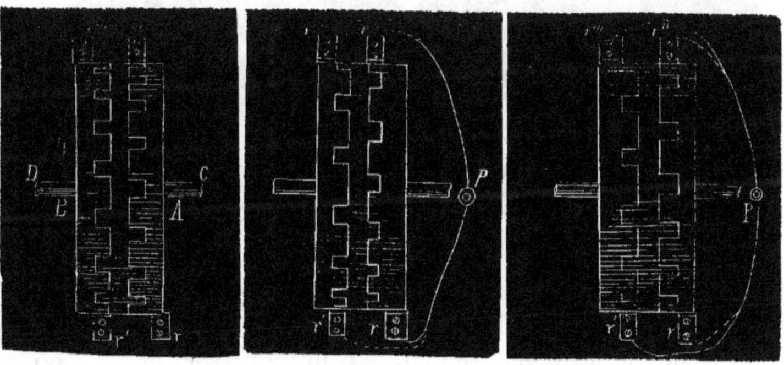

Fig. 146.

ressorts $r'r''$, qui sont en contact avec les roues; de cette manière, on évite que le circuit soit jamais tout à fait ouvert, et qu'il se produise des étincelles par l'extra-courant, comme nous l'avons vu plus haut. L'effet de ce commutateur se comprendra facilement si l'on fait attention que les ressorts ou frottoirs *r* et et r''' appuient toujours sur la partie métallique des roues qui ne communiquent pas entre elles, et que, quand le ressort r' est sur un vide, le ressort r'' est sur une dent métallique, et *vice-versa*, de manière que tantôt le courant passe par le circuit pr'', Ar, tantôt par le circuit pr''', Br', comme le font voir les deux positions du commutateur représentées dans la figure.

Quand on veut non pas changer le courant d'un circuit à l'autre, mais en renverser le sens, il faut disposer les rhéotropes d'autre manière.

Le premier connu de ce genre est celui d'Ampère, représenté dans les figures 147 et 148. Sur une planche TT' on creuse deux rigoles rr' de quelques millimètres de profondeur, et quatre cavités semblables $vv'tt'$, en communication diagonale par deux rubans en cuivre $ll'mm'$, qui ne se touchent pas au croisement. Après avoir préparé ces cavités et ces rainures, on introduit le fil

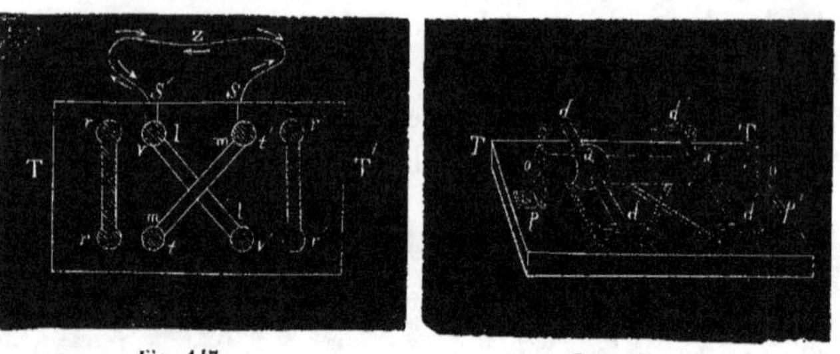

Fig. 147. Fig. 148.

positif de la pile dans la rainure r et le fil négatif dans la rainure r' : le courant ne passera pas par le circuit SZS' tant qu'on n'établira pas une communication entre chacune des deux rainures ou rigoles et l'une des cavités vv' ou tt', où aboutissent les deux extrémités du fil qui forment le circuit; mais, au moment où cette communication aura lieu, le courant passera de S à S' ou de S' à S, selon la rainure avec laquelle communique chacune des cavités. En faisant communiquer, par exemple, r avec v, et t' avec r', le courant marchera de S' à S, parce que S' sera en contact avec le pôle positif de la pile; si, au contraire, on veut que le courant passe de S à S', on devra faire communiquer r avec t et v' avec r'.

Pour obtenir ce résultat, Ampère se servit de la pièce représentée dans la figure 148, qui consiste en un axe *aa'* tournant sur les supports *opo'p'*; dans cet axe sont emboîtés deux leviers *dd*, *d'd'*, munis à chacune de leurs extrémités d'un arc métallique qui peut entrer en même temps dans une des rainures et dans une des cavités, mais toujours du même côté de la planche, de manière qu'il suffit d'incliner l'axe d'un côté ou de l'autre pour établir la communication comme nous avons dit ci-dessus, et pour changer le sens du courant dans le circuit *SZS'*.

Un autre inverseur d'un emploi très-commode, dont se sert très-souvent M. Ruhmkorff dans la construction de ses appareils, est celui que représente la figure 149, vu de face et de côté. Il

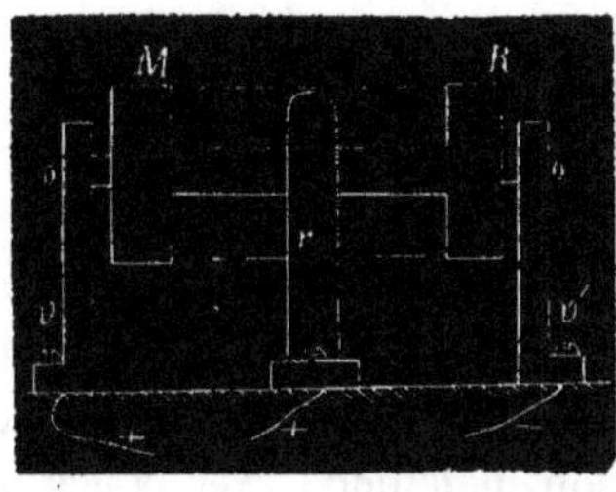

Fig. 149.

se compose d'un cylindre *MR*, en ivoire, dont la surface est en partie couverte par deux plaques de métal, qui ne communiquent pas entre elles; mais chacune d'elles est en contact métallique avec l'un des supports qui soutiennent l'axe *oo* du cylindre. Deux ressorts *rr'* appuient constamment contre les plaques de métal et sont en communication avec les deux extrémités du fil du circuit par où doit passer le courant. Or l'on conçoit que celui-ci ne circulera pas si les ressorts appuient contre la partie non conductrice de la surface du cylindre; mais il passera au moment où, le cylindre venant à tourner, les plaques métalliques se trouveront en contact avec les ressorts; et il suffira d'alterner le contact des deux plaques avec les deux ressorts pour faire varier la direction du courant, car de cette manière ce sera le support *V* ou le support *V'* qui se mettra en communication, soit avec l'un des ressorts, soit avec l'autre, et tous deux communiquent avec un pôle différent.

Le dernier des commutateurs que nous décrirons est celui de la figure 150, employé généralement sur les lignes télégraphiques des chemins de fer. Il consiste en deux règles de cuivre *AB* fixées à une planche de bois *TT* au moyen de deux vis *bb'*; ces règles ont deux de leurs extrémités réunies par une pièce *CF*, munie d'un manche *P* en ivoire; les deux autres extrémités frottent contre la planche; et, par suite, contre trois feuilles de métal qui y sont enchâssées, *cbg*, que l'on nomme *contacts*, et placées dans la circonférence décrite par chacune des règles, à une distance égale à celle qui sépare celles-ci entre elles. Les pôles de la pile viennent communiquer avec les vis *C* et *D*, en contact le premier avec la feuille *b*, et le second avec la feuille *g*, laquelle, à son tour, est en communication métallique avec la feuille *c*. Les deux extrémités du circuit où l'on veut renverser le courant viennent aboutir aux vis *b* et *b'*, de sorte que le courant sortira par *b* et entrera par *b'* ou *vice versa* selon que les règles se trouveront sur les contacts *c* et *b*, comme dans la figure, ou sur *b* et *g*; pour obtenir cette dernière position, on n'a qu'à faire tourner les règles au moyen du manche *P*.

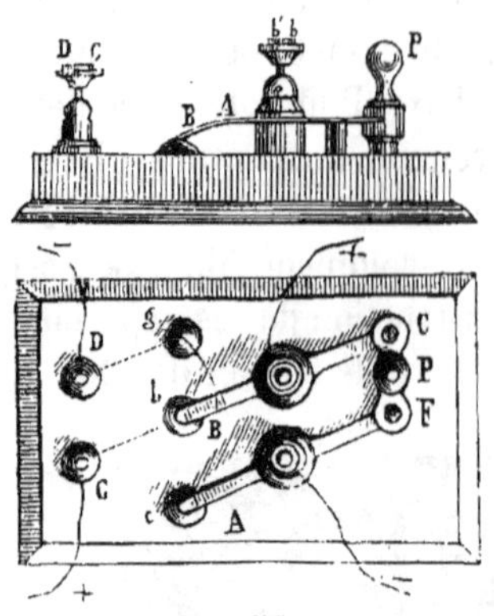

Fig. 150.

Une fois connu le principe sur lequel sont fondés les rhéotomes ou interrupteurs, et les rhéotropes, inverseurs ou commutateurs, il sera facile de comprendre leur effet dans les machines électro-magnétiques, dont nous allons faire la description, quoiqu'ils aient reçu une nouvelle disposition non comprise parmi celles ici expliquées.

MACHINES D'INDUCTION.

La première machine magnéto-électrique qui ait été construite est due à Faraday. Elle consiste en un disque de cuivre mobile dans un plan vertical, autour d'un axe horizontal, et qu'on fait tourner entre les deux pôles opposés d'un aimant (fig. 151). En

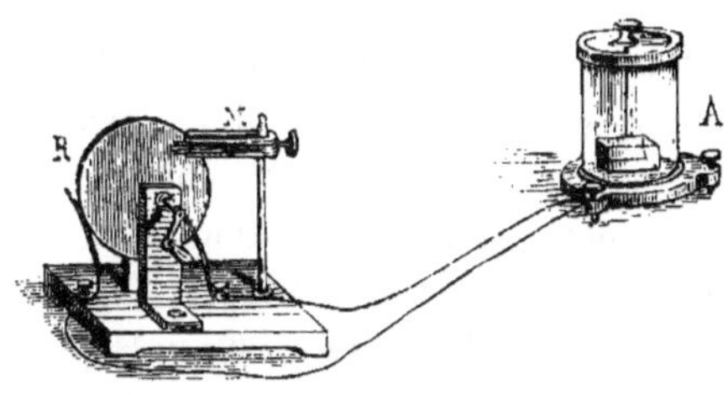

Fig. 151.

faisant communiquer les deux bouts du fil d'un galvanomètre l'un avec l'axe du disque, l'autre avec un point de sa circonférence, la déviation de l'aiguille qui a lieu indique le dégagement d'un courant constant dans le sens de la rotation; mais ce courant a fort peu d'intensité; et il est incapable de produire des décompositions chimiques, des commotions, ni aucun des effets de l'électricité statique.

Pour obtenir quelque intensité dans les courants induits, il est indispensable de les développer dans des fils assez longs en forme d'hélice, et que les conducteurs qui réunissent les bouts de ces fils présentent la même résistance, ou du moins n'en présentent pas beaucoup plus au passage du courant que les fils mêmes de la bobine ou hélice; car de cette manière, dit M. de la Rive, le courant peut les parcourir au lieu de rétrograder par le fil même dans lequel a eu lieu l'induction.

Comme nous avons vu que l'induction peut être occasionnée par des aimants ou par des courants voltaïques, et que les machines d'induction que l'on connait sont fondées sur l'un de ces moyens ou sur les deux combinés, nous diviserons ces machines en deux groupes, réunissant dans le premier, sous le nom de *machines magnéto-électriques*, les appareils où l'électricité se développe au moyen des aimants permanents seuls ; et, dans le second, sous le nom d'*appareils électro-magnétiques*, tous ceux où l'on emploie l'induction galvanique, soit seule, soit combinée avec l'action des aimants.

MACHINES MAGNÉTO-ÉLECTRIQUES.

Machine de Pixi. — Le premier à qui vint l'idée de construire, dans les conditions que nous venons d'indiquer, une machine d'induction, pour produire des courants énergiques, et qui imagina d'utiliser le mouvement de rotation d'une de ses parties principales comme moyen d'interrompre l'effet inducteur et d'obtenir ainsi des courants d'induction presque continus, fut M. Hippolyte Pixi, qui, en 1832, exposa à la Sorbonne le grand appareil qui servit pour le cours de M. Ampère. Cette machine, que nous ne décrirons pas en détail, car depuis on en a construit d'autres plus parfaites fondées sur les mêmes principes, et dont nous aurons à nous occuper longuement, consiste en un électro-aimant en fer à cheval en face des pôles duquel on place ceux d'un aimant permanent. En faisant tourner celui-ci, M. Pixi parvint à aimanter et à désaimanter alternativement le fer doux de l'électro-aimant, et à produire, par conséquent, dans le fil des bobines une série de courants d'induction.

Pour obtenir le courant toujours dans le même sens, il avait adopté l'appareil commutateur d'Ampère, le seul connu alors.

M. Stohrer, excellent mécanicien de Leipzig, modifia la machine de Pixi en y ajoutant un commutateur qui remplaçait avantageusement celui d'Ampère. Malgré cette modification, la machine de Pixi est très-incommode, et a été remplacée par une autre beaucoup plus simple et non moins énergique.

Machine de Saxton (fig. 152). — Cet appareil se compose d'un aimant en fer à cheval très-puissant fixé horizontalement, devant les pôles duquel peut tourner autour d'un axe, horizontal aussi, un électro-aimant de fer très-doux DD', au moyen d'une poulie mise en mouvement par une roue verticale EE', d'un grand diamètre, munie de sa manivelle K.

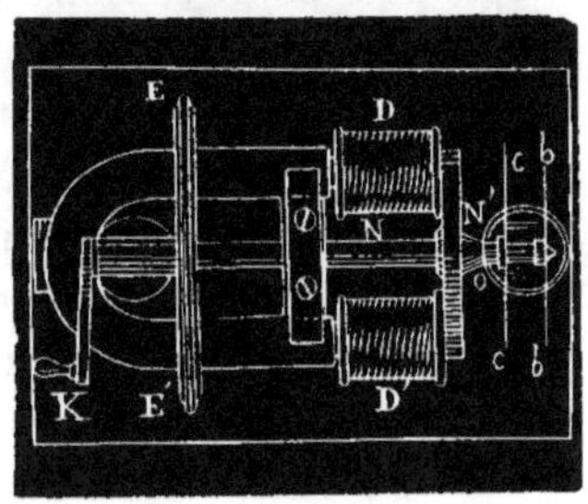

Fig. 152.

L'électro-aimant joue ici le rôle d'une armature; par conséquent, il s'aimante chaque fois qu'il se rapproche des pôles de l'aimant fixe, et perd son magnétisme lorsqu'il s'en éloigne ; et, dans chacun de ces cas, il se produit naturellement dans les bobines deux courants d'induction. Après plusieurs expériences, M. Saxton acquit la conviction que la disposition ordinaire des hélices sur le fer des électro-aimants n'était pas la plus favorable pour produire le maximum d'effet, parce que, les fils étant enroulés dans le même sens sur les deux bobines, il se produit en même temps deux courants en sens opposé, tandis qu'en enroulant ces fils en sens contraire sur les deux bobines, les courants qu'on obtient simultanément suivent la même direction. Il suffit d'examiner la figure et de se rappeler ce que nous avons dit au commencement de ce chapitre et à la fin du précédent sur la théorie des aimants et la manière de produire les courants d'induction, pour apprécier toute l'exactitude des observations de M. Saxton, et l'utilité de la modification adoptée par lui d'enrouler en sens contraire les fils des deux bobines[1]. Cette modification et celle qui consiste à faire tourner l'électro-aimant, en maintenant fixe l'aimant permanent, sont les deux principales introduites par M. Saxton dans la machine de Pixi.

Pour recueillir le courant développé dans les bobines, c'est-à-dire pour établir la communication entre les deux extrémités du fil qui forme les hélices, M. Saxton disposa son appareil de la manière suivante : l'arbre ou axe sur lequel se trouve l'électro-aimant a un prolongement, à l'extrémité duquel on fixe norma-

[1] Voyez l'*Exposé des applications de l'Électricité*, par M. du Moncel, Tome Ier, page 355, 2e édition.

lement une aiguille *bb* dans une position convenable par rapport à celle de l'armature. A côté de l'aiguille et sur l'arbre même, on adapte un cylindre en ivoire *o*, muni d'un disque de cuivre *cc*, auquel viennent aboutir les deux bouts extérieurs des fils des deux bobines; les deux autres bouts sont soudés aux branches mêmes de l'électro-aimant, de manière que ces branches, l'axe *NN'* et le disque jouent le rôle de conducteurs, et l'aiguille *b* et le disque *c* peuvent être considérés comme les pôles de l'appareil; par conséquent, il suffit, pour obtenir l'effet électrique continu, de réunir en temps opportun le disque *c* avec l'aiguille *b*, ce à quoi on parvient, soit au moyen d'une capsule remplie de mercure dans lequel plonge toujours le disque *c*, et peut entrer et sortir alternativement l'aiguille *b*; soit au moyen de deux verres remplis aussi de mercure où viennent aboutir les deux extrémités du circuit par lequel on veut faire passer le courant, et dans lesquels peuvent entrer le disque et l'aiguille.

M. Billant, constructeur français, a introduit quelques modifications dans la machine de M. Saxton, entre autres celle d'un commutateur très-simple, destiné à obtenir les courants d'induction dirigés toujours dans le même sens; mais, comme la disposition donnée par M. Clarke à ses appareils est beaucoup plus commode et a été généralement adoptée, nous allons en faire la description, où nous parlerons avec détail du commutateur.

Machine de Clarke. — Cette machine, représentée dans la figure 133, est, en réalité, la même que celle de Saxton, composée d'un aimant permanent en fer à cheval fixe *A*, devant lequel tourne l'électro-aimant *BB'*; mais l'aimant permanent, au lieu d'être horizontal, est placé verticalement, ce qui permet de donner à l'appareil une disposition plus commode et moins volumineuse. L'électro-aimant, comme dans la machine de Saxton, est emboîté sur l'arbre horizontal *O*, terminé à l'un de ses bouts par un commutateur que nous décrirons, et à l'autre par une poulie de transmission mise en mouvement au moyen d'une chaîne sans fin et de la roue *R*.

Les deux hélices de l'électro-aimant sont formées de fil de cuivre, recouvert de soie et enroulé dans le même sens, comme nous avons dit en parlant de la machine de Saxton. La longueur et la grosseur du fil varient selon l'effet que l'on veut produire; car, plus les fils enroulés sont longs et fins, plus il y a de rapport entre les propriétés des courants d'induction et celles des piles à grande tension ou celles de l'électricité statique. C'est ainsi qu'on donne souvent jusqu'à 1,500 tours aux fils des hélices, et l'électro-aimant reçoit le nom d'*armature d'intensité*. Mais, quand on veut obtenir des effets semblables à ceux des piles à grande surface, on emploie une *armature de quantité*, formée de cylindres de fer doux moins gros et d'un fil de cuivre long seulement de 40 mètres, mais beaucoup plus fort; c'est avec l'armature de quantité que l'on parvient à fondre le fer et à rougir un fil de platine.

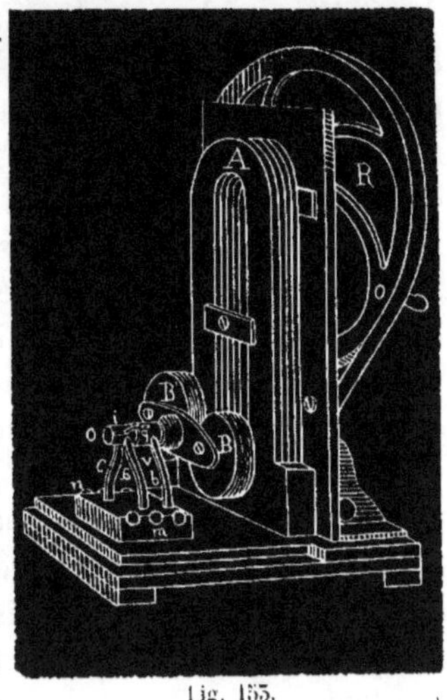

Fig. 155.

Dans l'un et l'autre cas, le fil de chaque hélice a l'un de ses bouts en communication avec l'axe de rotation, et, par conséquent, les deux hélices communiquent entre elles; l'autre bout de chaque fil vient aboutir à une virole de cuivre *q*, fixée à l'axe, mais isolée par un cylindre creux ou anneau d'ivoire.

Quand l'électro-aimant tourne, les deux branches s'aimantent alternativement en sens contraire, sous l'influence de l'aimant *A*, et il se produit dans les hélices deux courants induits qui, vu la manière dont est enroulé le fil, viennent se réunir dans l'axe de rotation ou dans l'anneau *q*, et changent de direction à chaque semi-révolution, parce qu'il y a une aimentation et une désaimantation.

Avec la machine telle que nous l'avons expliquée, on aurait, dans un circuit dont les extrémités viendraient aboutir à l'anneau *q* et à l'axe *O*, des courants alternés dans les deux sens; mais on peut les obtenir toujours dans le même sens, en ajoutant un commutateur composé d'une seconde virole ou anneau *v*, formé de deux pièces ou demi-anneaux métalliques, isolés entre eux, mais dont l'un communique avec l'axe et l'autre avec l'anneau *q*, de manière que pendant la rotation de l'électro-aimant, chaque moitié de la virole *v* constitue un pôle qui change de signe à chaque demi-révolution. Si l'on met de chaque côté de la virole deux lames ou ressorts métalliques frottant constamment contre elle, les courants passeront par ces ressorts aux plaques de cuivre *m* et *n*, qui seront alors les pôles ; mais, là, ces derniers auront toujours le même signe parce que les ressorts qui leur transmettent le courant ne le recueillent de la virole *v* que pendant la demi-révolution où elle présente le même signe, et changent dans l'autre demi-révolution, de manière que les plaques *m* et *n* sont alternativement en contact avec l'axe ou avec la virole *q*, selon le sens des courants. En réunissant les deux plaques au moyen d'un conducteur, on obtiendrait un courant dont le sens serait constant.

L'appareil de Clarke est employé le plus souvent comme machine à commotion, et il est nécessaire d'ouvrir et de fermer le circuit induit : pour cela, il a fallu ajouter un interrupteur au commutateur déjà expliqué. Il consiste en une troisième lame ou ressort métallique *a* et deux appendices *i*, isolés l'un de l'autre sur un cylindre d'ivoire, mais communiquant respectivement avec les pièces *v*. Chaque fois que le ressort *a* touche l'un de ces appendices, il ferme le circuit, en mettant en communication les deux ressorts *b* et *c*, si, comme l'indique la figure, il est en contact métallique par le pied avec le ressort *b*, et touche à l'appendice de la pièce *v*, qui est en contact avec le ressort *c*, ou *vice versa*. Quand le ressort *a* ne touche aucun des appendices, le circuit s'interrompt ; par conséquent, il s'ouvre et se ferme deux fois dans chaque révolution.

Machine de Page. — Elle diffère de celles que nous avons décrites en ce que l'électro-aimant qui reçoit l'induction et tourne entre les pôles de deux aimants en fer à cheval fixes, au lieu d'avoir les branches réunies et de former un seul électro-aimant courbé quand il s'aimante, forme deux aimants droits, indépendants l'un de l'autre et montés sur le même axe de rotation. Ce système est, de plus, recouvert par un cylindre de cuivre muni d'une roue qui reçoit l'action du moteur.

Le commutateur, nommé par l'inventeur *unitrep*, est double et monté sur l'axe de rotation aux deux extrémités opposées des bobines qui constituent l'électro-aimant. Il se compose d'une virole en ivoire dans laquelle sont inscrustés deux segments en argent diamétralement placés et en rapport avec les extrémités des fils des hélices. Deux frottoirs, comme ceux que nous avons décrits plus haut pour la machine de Clarke, s'appuient contre chaque *unitrep* ou virole, et distribuent le courant induit à deux boutons spéciaux.

Les aimants fixes se placent l'un en face de l'autre avec les pôles opposés; les bobines ont leurs fils enroulés en sens contraire, comme nous l'avons déjà dit; et, comme l'action inductrice est simultanée dans les deux électro-aimants, l'inversion du courant, pour passer dans le même sens par les frotteurs, s'opère naturellement par le fait seul de la rotation des *unitreps*. En effet, ceux-ci présentent à chaque demi-révolution un segment en rapport avec un courant contraire à celui de l'autre demi-révolution ; de manière que chaque frotteur n'est en contact avec lui que pendant la demi-révolution où le courant va dans un sens; il y aura donc toujours le même signe dans chacun des pôles, car on peut appeler ainsi les quatre boutons ou vis qui terminent les frotteurs, et il sera possible, par conséquent, de les combiner à la manière des pôles d'une pile, pour accumuler des effets électriques.

Machine de Wheatstone. — La machine que nous venons de décrire est, comme on a pu l'observer, à double effet ; celle de Wheatstone peut être dite à effet multiple ; elle donne un courant plus continu et dont l'intensité est telle, qu'elle peut vaincre la résistance des conducteurs les plus longs avec autant de facilité qu'une forte pile.

MNOPQR (fig. 154) sont six aimants à deux branches ou en fer à cheval, formés, si l'on veut, de plusieurs lames superposées; ils sont disposés de telle sorte, que les pôles de noms contraires de deux aimants consécutifs soient vis-à-vis l'un de l'autre. De plus, les six pôles d'un côté et les six de l'autre sont sur deux lignes

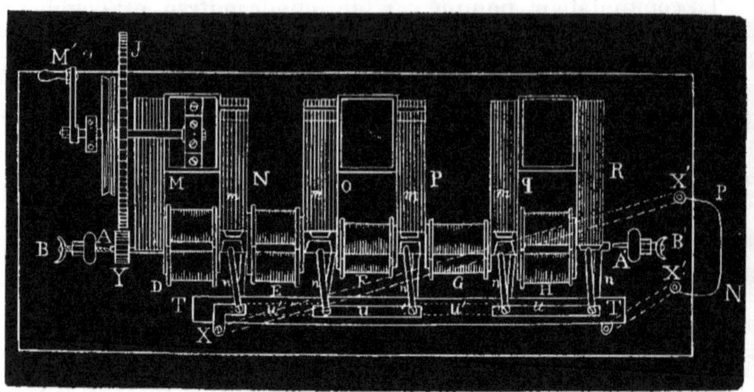

Fig. 154.

parallèles. *BB'* est un axe de rotation commun à cinq systèmes de bobines doubles *DEFGH*, ou parallèles aux lignes des pôles; il tourne librement sur les deux pivots *AA'*, par le moyen d'un pignon *Y*, dont les dents engrènent dans celles de la roue *J*, que fait mouvoir la manivelle *M'*. Les cinq systèmes de doubles bobines, qui forment autant d'électro-aimants, sont placés de manière que le plan de l'axe de rotation *BB'* et celui des axes des deux cylindres de fer doux de chaque bobine aient pour chaque couple une inclinaison différente, et que, par conséquent, tous les cylindres de fer doux arrivent successivement et non simultanément en présence des pôles des aimants adjacents.

Les lettres *mmmm* servent à indiquer de petits disques formés de deux demi-anneaux circulaires en laiton, séparés l'un de l'autre et isolés de l'axe *BB'* par de petits morceaux d'ivoire interposés. Le plan de la plaque d'ivoire isolante dans chacun des disques coïncide avec celui de l'axe de rotation et des deux axes des cylindres des bobines. *TT* est une barre de bois parallèle à l'axe *BB'* et à laquelle sont fixées des bandes métalliques *u*,*u'*, etc..., séparées les unes des autres. Les bandes u sont fixées sur la partie antérieure de la barre, les bandes u' sur la partie postérieure, et leurs extrémités sont munies de ressorts $nnnn$; deux de ces ressorts, comme on le voit sur la figure, portent sur des parties différentes des anneaux mm. Le fil de chaque double bobine est continu, mais il s'enroule en sens opposé sur chacun des deux cylindres de fer doux; et ses deux extrémités sont fixées aux deux anneaux métalliques semi-circulaires du disque isolé.

Voici comment la machine fonctionne : les deux extrémités du fil conducteur PN qui complètent le circuit sont en communication avec les deux plaques extrêmes uu, au moyen des vis de pression XX', et, dans toutes les positions de l'axe de rotation, le fil conducteur qui ferme le circuit, et tous les fils des bobines, un seul excepté, quand il est dans une position particulière, forment un seul circuit continu, de telle sorte que si l'ensemble est traversé par un courant électrique, il suivra la direction indiquée par les flèches. Quand l'axe tourne, les bobines changent de position par rapport aux aimants, et les courants d'induction produits changent de direction à chaque demi-révolution ; mais en même temps le ressort passe de l'un des demi-anneaux circulaires du disque isolé à l'autre, et le courant résultant suit toujours la même direction dans le fil PN; le courant naît pour chaque bobine dans une position différente de celle de l'axe de rotation, et commence dans chacune avant qu'il ait cessé dans les autres; le courant qui a lieu est donc parfaitement continu, et P et N sont en tout semblables aux pôles d'une pile. Il importe d'observer que les ressorts ne doivent jamais reposer sur l'ivoire seul, car alors le courant serait arrêté; il faut par conséquent les disposer de telle sorte, qu'ils commencent à toucher les seconds demi-anneaux circulaires avant d'abandonner les premiers.

Machine de l'usine à gaz des Invalides. — C'est la plus grande des machines magnéto-électriques qui aient été construites jusqu'à présent ; elle a pour objet d'extraire le gaz hydrogène de l'eau. Quoique les résultats n'aient pas répondu aux espérances, la machine cependant a produit une quantité d'*électricité* assez grande pour entretenir plusieurs becs de gaz.

Elle se compose de six machines exactement faites sur le même modèle, renfermant chacune quarante-huit aimants fixes en fer à cheval, distribués en séries de six autour d'une circonférence qui a pour centre l'arbre moteur, dans lequel s'emboîtent cinq roues qui contiennent chacune seize électro-aimants. Quand l'arbre tourne, les électro-aimants circulent entre deux séries consécutives d'aimants et reçoivent par leurs extrémités opposées un effet d'induction double. Chaque roue a son commutateur, semblable à celui que nous avons décrit dans la machine de Wheatstone; mais l'anneau métallique où se fait l'inversion, au lieu d'être séparé en deux, est divisé en huit parties égales correspondant aux huit positions des aimants fixes, qui, comme nous l'avons dit, sont autour d'une circonférence, et forment une étoile à huit rayons. Les frotteurs ont la forme d'un petit marteau pour éviter l'usure rapide occasionnée par le frottement.

Les hélices ou bobines d'induction, disposées perpendiculairement au plan de la roue qui les porte, sont fixées sur sa circonférence par des crampons de cuivre solidement attachés. Comme le mouvement de rotation est très-rapide et que les hélices passent extrêmement vite d'un aimant à l'autre, on a remplacé les cylindres de fer des appareils de Clarke par des tubes en fer munis de rainures longitudinales, afin que la désaimantation s'opère plus promptement et que le courant induit soit plus énergique. En outre, afin d'obtenir aussi des effets de quantité, on enroule sur chaque bobine quatre fils différents, dont les bouts sont réunis et soudés à une petite lame de cuivre. Quand on veut produire de l'électricité de quantité, ces petites lames communiquent alternativement avec deux anneaux métalliques, de manière que tous les bouts des fils de même ordre soient en rapport avec un même anneau; ces anneaux sont reliés au commutateur de la manière indiquée pour la machine de Clarke. Quand, au contraire, on veut obtenir de l'électricité de tension, ces lames sont réunies entre elles par séries, comme les pôles d'une pile en tension. En disposant à portée de ces lames un commutateur approprié, on pourrait obtenir à volonté de l'électricité de tension et de l'électricité de quantité avec la même machine. La machine ou plutôt les machines magnéto-électriques de l'usine à gaz des Invalides ont subi dernièrement d'importantes modifications de détails, surtout dans l'isolement des fils des bobines. On a fendu aussi le canon de fer des bobines et les rondelles qui les terminent afin d'augmenter l'intensité électrique, et on a transformé le commutateur de manière à diminuer l'usure des frotteurs. Avec une machine ainsi modifiée, on a fait rougir un fil de fer de 5 dixièmes de millimètre de diamètre sur une longueur de 4 mètres; et il a conservé la même intensité lumineuse pendant tout le temps qu'a fonctionné la machine.

L'usine galvano-plastique d'Elkington en Angleterre et celle de MM. Trelon et Bernard en France possèdent des appareils magnéto-électriques mus par la vapeur, au moyen desquels on a remplacé les piles employées généralement dans les opérations électro-chimiques.

Machine de Henley. — On emploie souvent en Angleterre un système de machines magnéto-électriques dans lequel les bobines d'induction sont séparées des pôles de l'aimant fixe au moyen d'un levier à bascule à l'extrémité duquel elles sont montées. Les effets de ces machines sont très-énergiques quand les aimants sont puissants, et M. Henley, qui est parvenu à leur faire produire l'étincelle à distance, les destine à l'explosion des mines.

M. Henley a construit une machine magnéto-électrique très-puissante, fondée sur le même principe, et qui peut donner deux courants différents. En mettant l'un à côté de l'autre deux aimants droits (fig. 155) et en adaptant devant leurs pôles contraires deux électro-aimants fixés à l'extrémité de deux leviers articulés, il suffit d'en éloigner un pour donner naissance à des courants d'une énergie

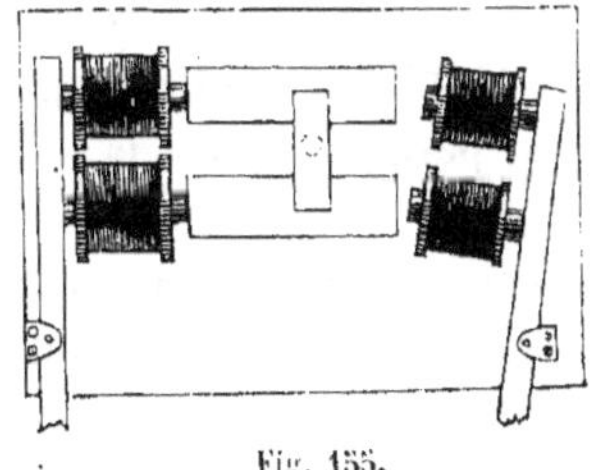

Fig. 155.

aussi grande que si les deux aimants droits avaient constitué un aimant en fer à cheval; et cela se comprend si l'on considère qu'au moment où l'on sépare l'un des électro-aimants, l'autre constitue une traverse magnétique qui fait des deux aimants droits les deux branches d'un aimant en fer à cheval.

Ce système a été appliqué par M. Henley à la télégraphie électrique.

Tous les appareils électro-magnétiques que nous avons expliqués jusqu'ici sont fondés, excepté celui de Faraday, sur l'aimantation temporaire et la désaimantation du fer doux quand on l'approche et quand on l'éloigne des pôles d'un aimant permanent. Que celui-ci soit mobile, comme dans la machine de Pixi, ou fixe, comme dans les autres, le fil qui doit recevoir le courant d'induction s'enroule toujours sur le fer doux en formant un électro-aimant. Nous allons maintenant décrire un autre genre d'appareils dans lesquels le courant induit s'obtient par la paralysation ou changement d'intensité des courants magnétiques qui existent dans un aimant permanent quand on en approche une masse d'une substance magnétique. Pour obtenir cet effet, on place les bobines d'induction dans les branches elles-mêmes de l'aimant permanent, et l'on fait tourner en face des pôles de cet aimant une armature en fer doux qui, par l'effet de la rotation, s'en approche et s'en éloigne alternativement.

Plusieurs physiciens se disputent la priorité de cette idée, qui, d'après les uns, appartient à M. Page, et, selon les autres, à M. Dujardin, qui, le premier, imagina de transporter les bobines d'induction de l'armature sur l'aimant fixe. Nous décrirons cependant, avant toute autre machine de ce genre, celle de MM. Breton frères, parce que c'est la première qui a été construite.

Machine de MM. Breton frères. — Cette machine se compose principalement d'un aimant en fer à cheval (fig. 156) dont les deux branches sont munies d'une bobine de bois sur laquelle est enroulée une certaine quantité de fil métallique recouvert de coton. Ces bobines sont fixes, et l'aimant peut, tout en les traversant, être rapproché plus ou moins, au moyen d'une vis de rappel *G*, de l'armature en fer doux *B*, qui tourne devant ses pôles. Le fil d'induction formant les deux bobines est enroulé sur elles dans le même sens, comme sur celles d'un électro-aimant ordinaire; et ces bobines sont reliées ensemble par les extré-

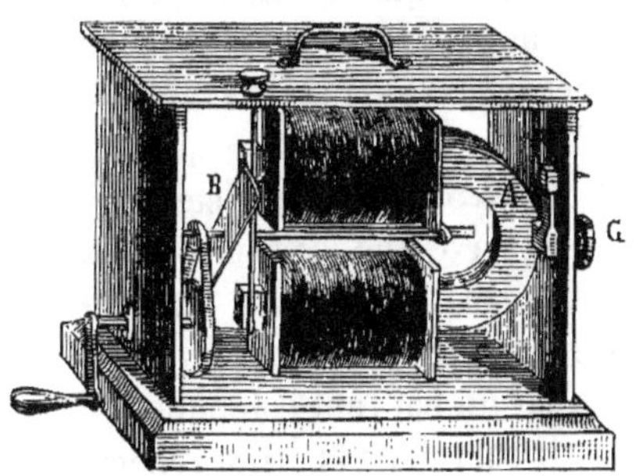

Fig. 156.

mités homologues de leur fil. Quant aux deux autres bouts du fil, l'un va aboutir au coussinet sur lequel tourne le pivot de l'armature, et l'autre au frottoir qui communique avec le commutateur. Ce dernier, dans les appareils de MM. Breton, principalement destinés à la médecine, est tout simplement un demi-anneau métallique incrusté dans un anneau de matière isolante, sur lequel appuie le frotteur ou ressort quand on ne recherche que le courant direct; mais, en leur adaptant un inverseur comme celui des appareils de Clarke, on peut leur faire produire aussi des courants continus dans le même sens. Le mécanisme rotateur de l'armature consiste en deux roues de diamètre différent, dont l'une est munie d'une manivelle, et l'autre, fixée à l'axe, reçoit le mouvement qui lui est transmis par une corde sans fin, à moins que les roues ne soient dentées.

M. Nollet eut l'ingénieuse idée de modifier cet appareil en combinant les deux systèmes de MM. Clarke et Breton, utilisant ainsi le courant électrique qui se développe autour de l'armature mobile de fer doux. Pour cela, au lieu que ce soit une simple armature de fer qui tourne devant le pôle de l'aimant, on a soin de lui donner la forme de celles de Saxton; il y a par conséquent dans l'appareil quatre bobines d'induction, et on peut obtenir, au moyen de commutateurs, deux courants continus, dont les effets peuvent être combinés ou employés séparément.

M. Gaiffe est parvenu à produire des courants d'induction aussi énergiques que ceux qui résultent d'une machine de Clarke ordinaire avec un appareil enfermé dans une boîte large et haute de 7 centimètres, et longue de 12.

Machine de M. Duchenne. — Le docteur Duchenne, médecin de Boulogne, avait observé que les courants développés dans les hélices induites exerçaient des effets physiologiques très-différents de ceux de l'extra-courant qui se produit dans les fils inducteurs traversés par un courant voltaïque; et, voulant les utiliser tous les deux, il chercha d'abord à rendre égale la force des deux courants, qui, dans les machines ordinaires, ont une intensité très-différente; ce qu'il obtint en diminuant le diamètre et en augmentant la longueur du fil inducteur. Il nomma *courants de premier ordre* les courants nés dans ce dernier, et *courants de second ordre* ceux qui se développent dans le fil induit.

La différence des effets physiologiques étant de nouveau constatée, même après l'égalisation des intensités des courants de premier et de second ordre, M. Duchenne voulut obtenir ces deux sortes de courants dans les machines magnéto-électriques, où l'on n'emploie pas l'électricité voltaïque, et, pour cela, il recouvrit le fil de leurs bobines d'induction d'un second fil beaucoup plus fin, supposant avec raison que le courant développé dans les hélices primitives devait être assimilé à l'extra-courant des machines électro-magnétiques; et que, par conséquent, le fil qui les recouvrirait devait à son tour produire des courants semblables à ceux des fils induits par l'électricité de la pile. L'expérience donna raison à M. Duchenne, qui chercha alors les moyens de graduer les deux courants; il en découvrit trois différents : 1° en se servant de l'influence qu'exercent les tubes métalliques dans les courants d'induction; 2° en employant le graduateur inventé par M. Breton; et 3° en se servant d'un commutateur à interruptions variables.

Dans la machine de M. Duchenne, l'aimant permanent ne se meut pas dans les hélices ou bobines, comme dans celle de M. Breton, pour se rapprocher ou s'éloigner de l'armature; mais celle-ci, ainsi que tout le système rotatoire, est montée sur une plate-forme à coulisses qu'on peut faire avancer plus ou moins vers les pôles de l'aimant au moyen d'une vis de rappel; cette vis est en rapport avec une aiguille qui marque dans un cercle gradué la distance qui sépare l'armature d'avec l'aimant.

L'aimant fixe se compose de deux barreaux fortement aimantés réunis par une traverse de fer de manière à constituer un aimant en fer à cheval, dans les bras duquel, comme dans l'appareil de MM. Breton, sont les hélices d'induction, mais disposées de telle sorte, que deux cylindres ou tubes de cuivre peuvent les couvrir plus ou moins, et graduer ainsi l'intensité des courants induits, surtout ceux de second ordre; car, comme nous l'avons dit, les bobines sont doubles ou composées de deux fils, l'un pour les courants de premier ordre, l'autre pour les courants de second ordre.

L'interrupteur, comme dans tous les appareils d'induction, est fixé sur l'axe de rotation de l'armature et peut fournir quatre interruptions à chaque révolution, c'est-à-dire une pour chaque courant direct et une pour chaque courant inverse; ou bien deux seulement pour les courants directs, à volonté. Enfin, comme il est important, pour l'application à la médecine, d'obtenir des courants interrompus, l'appareil est convenablement disposé pour que la roue motrice fasse les interruptions deux ou quatre fois à chaque tour, selon que l'on incline plus ou moins un ressort dont le degré d'inclinaison est marqué par une aiguille adaptée au bouton qui sert à effectuer cette inclinaison.

Machine de M. Dujardin. — Cette machine est construite d'après les principes qui ont servi de base à celles de MM. Breton et Duchenne; nous ne parlerons donc que des parties qui en diffèrent. Dans cette machine, l'armature, au lieu d'avoir un mouvement de rotation, est une plaque en fer doux fixée à un support au moyen de deux charnières, lesquelles lui permettent de s'éloigner des pôles de l'aimant fixe par un mouvement d'oscillation que lui imprime un levier.

On peut combiner plusieurs de ces machines et former de vraies batteries électro-magnétiques d'une grande puissance.

Un professeur de physique de l'Université de Liége, M. Gloesener, a eu la même idée que M. Dujardin, et, pour séparer plus facilement l'armature d'avec l'aimant, il fait en sorte que l'un des pôles de celui-ci sert de point d'appui pour le mouvement de bascule imprimé à l'armature.

MACHINES ÉLECTRO-MAGNÉTIQUES.

M. Masson a été l'un des premiers, après la découverte de Faraday, à chercher à perfectionner les appareils d'induction. Le premier qu'il employa dans ses expériences se composait d'une pile de Bunsen, d'un circuit qui était en même temps inducteur et induit, car il ne se servait que de l'extra-courant, et enfin de l'interrupteur représenté dans la figure 142, qui consiste en une roue dentée, sur la circonférence de laquelle vient appuyer un ressort de métal. Chaque fois que le ressort repose sur l'une des dents métalliques, le circuit est fermé, parce que l'un des pôles de la pile communique avec la roue et l'autre avec le ressort; tandis qu'au contraire le courant est interrompu chaque fois que le ressort porte dans les intervalles des dents : ainsi les interruptions se succèdent plus ou moins rapidement selon la vitesse avec laquelle on fait tourner la roue.

On a depuis perfectionné les moyens employés par M. Masson, principalement en substituant à la roue, qu'il fallait tourner à la main, les interrupteurs mécaniques, parmi lesquels le plus ingénieux et le plus simple est celui de M. de la Rive, que nous avons décrit en parlant de son condensateur électrique. La priorité de cette invention lui est disputée par M. Froment et par le docteur Neff, de Francfort, et ce dernier paraît avoir meilleur droit.

Appareil électro-magnétique de M. Jules Mirand. — Cet appareil, très-peu volumineux, se compose d'un cylindre en bois creux dans lequel on enroule d'abord le fil inducteur de deux millimètres de diamètre, qui forme quatre hélices superposées; le fil d'induction, très-fin et très-long, s'enroule sur le premier, et ses deux bouts viennent aboutir à deux vis où l'on peut fixer ensuite les fils du circuit où l'on veut expérimenter. Les extrémités du fil inducteur, c'est-à-dire du plus gros, communiquent, l'une avec le bouton ou vis où vient aboutir l'un des rhéophores de la pile, et l'autre avec l'interrupteur de Neff. Celui-ci est tout à fait à part, placé près du cylindre d'induction, et possède un petit électro-aimant spécial dont le fil est interposé naturellement dans le circuit inducteur. Cette interposition fait que toutes les vibrations produites par l'interrupteur sont répétées dans le courant inducteur et excitent dans le fil induit les courants d'induction.

Pour régler la force de son appareil, M. Mirand se sert d'un cylindre de fer-blanc qu'il enfonce plus ou moins dans la bobine d'induction; quand ce cylindre est tout à fait enfoncé, la force des commotions atteint son maximum; quand on le supprime, au contraire, la force est à son minimum. Cependant, comme dans cette dernière condition les commotions sont encore très-énergiques, M. Mirand indique un moyen d'affaiblissement qui consiste à retirer plus ou moins hors de l'acide nitrique le charbon de la pile de Bunsen qui fait marcher l'appareil.

Appareil d'induction de MM. Breton frères. — Dans l'appareil de ces messieurs, le fil d'induction s'enroule sur un cylindre creux très-mince, dans lequel on peut introduire plus ou moins avant un électro-aimant dont le fil, en communication avec une pile, devient alors inducteur. Quand le cylindre d'induction couvre tout à fait l'électro-aimant, le courant induit acquiert son maximum d'intensité, et son énergie diminue rapidement à mesure qu'on retire l'électro-aimant et qu'il y a moins de fil exposé à l'induction.

L'interrupteur de courants employé dans cet appareil se place à côté de l'électro-aimant, qui est droit et horizontal. Il consiste en un tourniquet composé d'un axe vertical, dans lequel se trouve une pièce qui, en tournant, interrompt ou ferme le circuit inducteur, selon sa position, et supporte en outre quatre petits morceaux de fer disposés en croix, de manière qu'ils tournent par l'action de l'électro-aimant qui les attire ou les abandonne, et, en tournant, ils font agir la pièce qui interrompt le circuit.

M. Paul de Vigan a introduit dans l'appareil de MM. Breton un rhéotrope qui, par l'action même de la machine, renverse le sens des courants.

Appareil volta-féradique de M. Duchenne. — Nous avons vu, en parlant de la machine magnéto-électrique de ce physicien, qu'il était parvenu à augmenter l'intensité du courant de premier ordre ou extra-courant, et qu'il s'occupait ensuite de la régulariser, comme il l'avait déjà fait pour ceux de second ordre. Au moyen d'un tube de cuivre interposé entre l'hélice inductrice et le faisceau magnétique que l'on y introduit pour rendre l'action plus énergique, M. Duchenne réussit à obtenir ce qu'il se proposait, car, en faisant avancer plus ou moins le tube, il diminue ou augmente l'action inductrice du faisceau magnétique sur le fil inducteur. Quoique cette action ait quelque influence sur les courants qui parcourent l'hélice induite, elle est bien moins directe, en raison de la plus grande distance à laquelle elle se trouve.

L'appareil de M. Duchenne (fig. 157) consiste en une bobine inductrice *Y*, dont le fil est parcouru par le courant d'une pile voltaïque; dans cette bobine on introduit un faisceau de fils de fer très-doux *H*, qui s'aimante par l'action du courant inducteur; entre le faisceau magnétique *H* et l'hélice *Y* se trouve le tube de cuivre *G*, qui peut avancer plus ou moins, et exercer, par conséquent, son action retardatrice sur une surface plus ou moins grande de la bobine *Y*. Sur l'hélice inductrice est enroulée l'hélice d'induction *E*, recouverte d'un autre cylindre de cuivre *F*, qui peut aussi avancer plus ou moins pour diminuer ou augmenter l'énergie du courant induit de second ordre (comme l'appelle M. Duchenne), qui se développe sur la bobine E.

L'interrupteur imaginé par l'auteur de l'appareil se trouve placé sur un des côtés de celui-ci. Il se compose d'une plaque

Fig. 157.

carrée en fer doux O, suspendue par une charnière qui, au moyen d'un battoir d'ivoire P, peut pousser un ressort flexible M en rapport avec l'un des bouts de l'hélice inductrice. Une vis N, en communication avec la pile, est en contact avec le ressort M, et, par suite de ce contact, le courant s'établit à travers l'appareil. Alors le faisceau magnétique s'aimante, attire la plaque O qui est devant lui, le battoir d'ivoire P pousse le ressort et le sépare de la vis N, et, par conséquent, le courant s'interrompt; mais il se rétablit immédiatement, parce que le faisceau perd son magnétisme, laisse libre la plaque et le ressort, qui vient toucher de nouveau la vis N, où il se remet en communication avec le pôle de la pile.

Sur le rhéotome que nous venons de décrire, on peut voir un autre interrupteur *L*, qui consiste en une roue dentée destinée à effectuer les interruptions à des intervalles très-grands, et, d'après M. Duchenne, à produire des effets d'induction plus énergiques.

Sur le côté opposé de l'appareil se trouve un commutateur *R*, que l'on aperçoit à la partie intérieure de la figure, et qui sert à transmettre au même circuit, soit le courant de premier ordre, soit celui de second ordre. Il porte à sa partie extérieure un bouton muni d'une aiguille indicatrice qui se place sur un arc de cercle gradué, au point correspondant à chaque position du commutateur.

Appareil d'induction de M. Bianchi (fig. 158). — Dans cet appareil, la double hélice d'induction, composée des deux fils in-

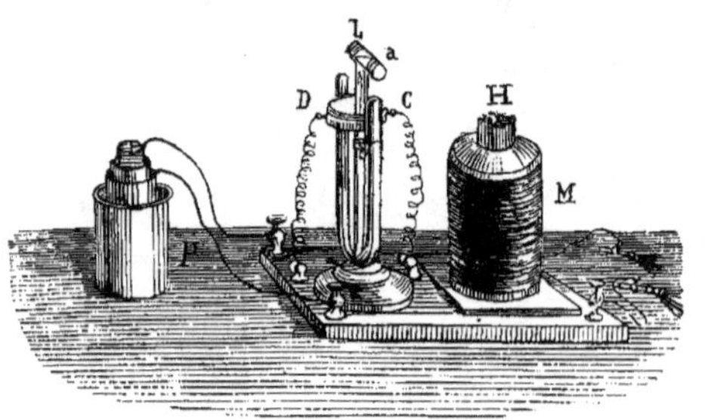

Fig. 158.

ducteur et induit, se trouve séparée de l'interrupteur. Celui-ci, qui est dû à M. Ritchie, consiste en un électro-aimant droit *ab*, mobile autour d'une tige qui sert d'axe au centre d'un support vertical placé entre les deux branches d'un aimant en fer à cheval *CD*. L'électro-aimant *ab*, par l'action du barreau de fer doux qui le constitue, tend à se placer dans la direction de la ligne des pôles; le fil conducteur qui entoure *ab* se termine par deux bouts en platine qui viennent toucher par leurs extrémités un bain de mercure, fixé aussi au support; le bain est divisé en deux par un diaphragme non conducteur qui n'oppose aucun obstacle au mouvement circulaire de l'électro-aimant, car, comme le mercure ne mouille pas les parois du vase qui le contient, il peut s'élever un peu plus haut que la partie supérieure du diaphragme, et, par conséquent, les bouts de platine dont nous avons parlé ne viennent point heurter contre ce dernier, bien qu'ils trempent dans le mercure des deux compartiments, lequel présente une surface convexe. Or, du moment où les deux bouts de platine touchent les deux surfaces du mercure, le courant s'établit, l'électro-aimant *ab*, repoussé, se met en croix avec la ligne polaire de l'aimant fixe, et le courant s'interrompt; le fer doux désaimanté obéit de nouveau à l'attraction des pôles *CD*, et le courant inducteur qui passe par ce rhéotome s'établit et s'interrompt un grand nombre de fois par seconde.

Machine de M. Ruhmkorff (fig. 159). — Cette machine, qui porte le nom de l'habile constructeur qui l'a exécutée, est la plus

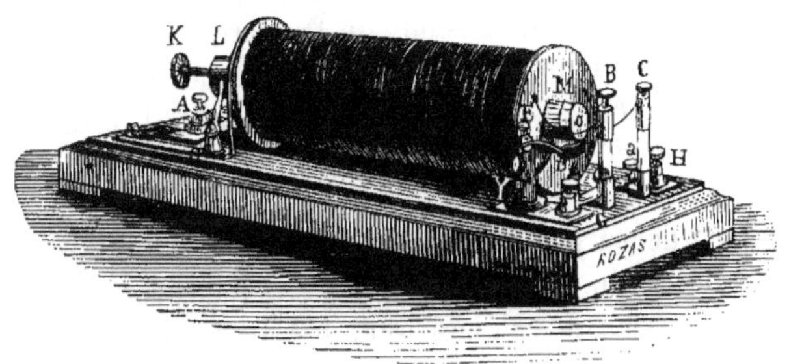

Fig. 159.

puissante de toutes les machines d'induction qui ont été construites jusqu'à présent; et est parvenue, par ses admirables effets d'électricité statique, à remplacer les machines électriques à frottement. Cet appareil, qui a attiré, à juste titre, l'attention de tous les physiciens, et a mérité à son auteur une des quatre médailles accordées lors du concours pour le prix de 50,000 francs affecté à la plus utile application de la pile de Volta, a été particulièrement étudié par M. le vicomte du Moncel, qui en a publié une description très-remarquable accompagnée de la relation des expériences auxquelles il l'a soumis. Nous recommandons son travail à ceux qui désirent connaître cette machine dans tous ses détails; pour le moment, nous nous contenterons d'en extraire la description, et nous expliquerons plus tard quelques-uns de ses phénomènes.

« En 1851, M. Ruhmkorff, mettant à profit les expériences et les observations de MM. Masson et Breguet, chercha à combiner l'appareil d'induction de manière qu'il pût recevoir sans la perdre l'électricité statique fournie par la réaction du courant voltaïque. Il s'appliqua pour cela au parfait isolement des fils, qu'il noya, pour ainsi dire, dans de la gomme laque, et prit le soin de faire aboutir sur des colonnes de verre les extrémités du fil induit, pensant avec raison que le bois qui isole l'électricité voltaïque n'isole pas suffisamment l'électricité statique. D'un autre côté, ayant constaté que ce n'était pas la longueur ou le développement des spires de l'hélice induite qui entretenait l'accroissement de l'effet électrique, mais bien leur multiplicité, il restreignit considérablement les dimensions de l'appareil Breguet-Masson, et ne chercha à augmenter les bobines d'induction que dans le sens de la longueur. Considérant en outre que, d'après la manière même dont s'opérait l'induction, une très-grande résistance de la part du circuit induit était la condition indispensable pour la tension de l'électricité qui s'y trouvait développée, il prit pour ce circuit induit du fil très-fin et très-long (dans ses grands appareils la longueur de ce fil varie de 8 à 10 kilomètres). Enfin, étant convaincu que la réaction des courants magnétiques était plus utile au développement du courant induit que la réaction seule du courant inducteur, il enfonça à l'intérieur de l'hélice inductrice un faisceau de fils de fer dont les courants magnétiques individuels, en s'ajoutant, réagissaient plus énergiquement que le seul courant créé dans un cylindre unique de fer. Comme interrupteur du courant inducteur, il employa le petit mécanisme de M. de la Rive, disposé de manière à pouvoir être réglé. »

Le corps de la bobine, dans ces appareils, est ordinairement en carton mince avec les rebords en verre, ou bien, si les rebords sont en bois, le tout est recouvert d'une épaisse couche de gomme laque. Sur cette bobine est enroulé en hélice, et parfaitement isolé, un gros fil (d'environ 2 millimètres) qui fait trois cents tours et dont les extrémités viennent s'attacher à des colonnes de cuivre *Y* et *O*. Sur cette hélice, on en enroule une seconde, formée d'un fil très-fin ($\frac{1}{8}$ de millimètre à peu près), ayant une longueur de 8 à 10 kilomètres : ses deux extrémités aboutissent aux boutons *B* et *C*, montés sur deux colonnes en verre.

Les rhéophores d'une pile, ordinairement ceux de la pile de Bunsen, viennent communiquer avec l'appareil par les deux vis *A* et *A'*, où ils s'attachent; ces vis communiquent à leur tour avec les deux ressorts du commutateur *KL*, qui n'est autre que celui que nous avons expliqué page 305, et, par conséquent, il suffit de tourner le cylindre du commutateur pour que le courant marche dans un sens ou dans l'autre.

Dans le circuit inducteur se trouve en outre l'interrupteur *ED*, représenté plus en grand dans la figure 160, et qui, comme nous l'avons dit, est celui que M. de la Rive emploie dans son condensateur électro-chimique, mais modifié de la manière suivante : le faisceau de fil de fer doux se termine en *M* par une rondelle de fer doux aussi destinée à agir sur l'interrupteur. Celui-ci se compose essentiellement d'un levier *ED*, terminé par une plaque de fer *D*, qu'on appelle le marteau, et d'un ressort *ab* terminé par un cylindre massif de cuivre *b*, désigné sous le nom d'*enclume*. Ce ressort, fixé par la vis *a* sur l'une des lames qui servent de conducteur au courant inducteur, permet, au moyen d'une vis de pression *c*, de rapprocher plus ou moins l'enclume *b* du marteau *D*, et, par conséquent, de graduer l'intervalle des interruptions. L'enclume *b* porte soudée à sa partie supérieure une petite rondelle de platine bien poli, et le marteau en porte une semblable à sa partie inférieure, qui, en temps ordinaire, est en contact avec l'enclume.

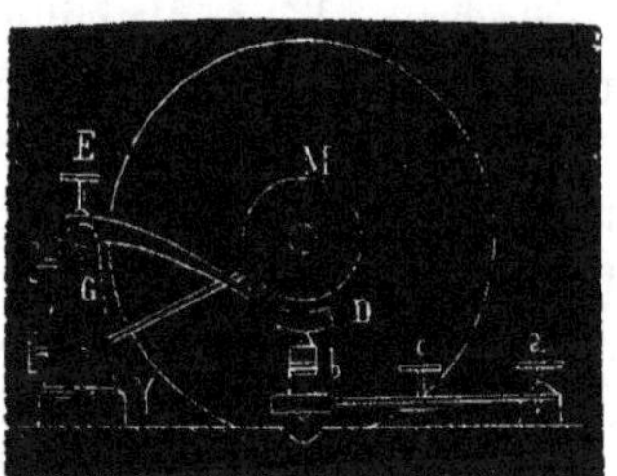

Fig. 160.

Le levier *ED* du marteau s'insère dans une rainure de la colonne métallique Y, qui communique avec le fil inducteur, et y est maintenu au moyen d'un boulon ou axe métallique qui lui sert d'articulation; dans les vis G de la colonne et E du levier, on assujettit un fil d'argent qui sert à rendre parfaite la communication métallique entre le levier et la colonne.

Quand le marteau se trouve en contact avec l'enclume b, le circuit inducteur est fermé, le courant circule; le faisceau magnétique qui est à l'intérieur de l'hélice s'aimante, et, attirant le marteau, le sépare de l'enclume. Au moment même où s'effectue cette séparation, le circuit s'interrompt, le courant cesse de circuler, le faisceau perd son magnétisme, et le marteau, retombant par son propre poids, vient établir de nouveau le courant. Cette série d'interruptions et d'attractions a lieu avec une rapidité d'autant plus grande, que la distance qui sépare le marteau de l'enclume est plus petite.

Les effets obtenus avec l'appareil ainsi disposé sont vraiment surprenants; l'étincelle jaillit à une grande distance, non-seulement quand on rapproche les deux extrémités du circuit induit, mais aussi quand on la provoque par un corps isolé; on observe même ce phénomène à travers la substance isolante qui recouvre le fil de l'hélice. Comme on le voit, on est parvenu à faire une machine électrique capable de rivaliser, malgré son petit volume, avec les plus puissantes de Ramsden et de Van Marum.

M. Fizeau, de son côté, à la suite de ses travaux sur l'induction, découvrit le moyen d'augmenter les effets électriques en interposant dans le courant inducteur un condensateur dont les fonctions, d'après lui, consistent à accumuler l'électricité de tension ou d'induction que développe l'extra-courant dans le fil inducteur, et à annuler les effets nuisibles qu'elle produit sur le circuit induit. En effet, quand le condensateur est interposé, l'étincelle de l'interrupteur diminue d'intensité, et celle du courant induit devient au contraire plus volumineuse.

Ce qu'il y a de positif, c'est que le condensateur augmente l'énergie des effets de l'appareil, surtout quand il existe entre les pôles une résistance à vaincre, et plus la résistance est grande, plus l'effet est sensible.

Le condensateur dont M. Fizeau a découvert la fonction importante a été combiné et adapté à l'appareil de la manière la plus heureuse par M. Ruhmkorff. Ce condensateur est formé de deux feuilles de papier d'étain collées des deux côtés d'une bande de taffetas gommé d'environ trois à quatre mètres de longueur, et repliées entre deux autres bandes de ce même taffetas, de manière à pouvoir être introduites dans l'intérieur du pied de l'appareil. Les armures de ce condensateur sont en rapport avec les boutons d'attache *G* et *H* (fig. 159), qui livrent passage au courant inducteur, et dans lesquels peut être recueilli l'extra-courant.

On peut augmenter considérablement les effets de la machine de Ruhmkorff en réunissant plusieurs appareils, soit en tension, soit en intensité, dont les rhéotomes aient des vibrations unisones, c'est-à-dire en formant de vraies batteries sous l'influence de plusieurs générateurs électriques, ou d'un seul, comme l'a proposé M. Léon Foucault, ou bien en interposant dans le courant induit un condensateur d'une surface proportionnelle au nombre des éléments de la pile qui fait marcher l'appareil.

Appareil d'induction de M. le professeur Cecchi. — Cet appareil n'est qu'une modification de la machine de M. Ruhmkorff, modification qui permet d'augmenter beaucoup la puissance de celle-ci. Le moyen adopté par l'auteur pour réaliser cet accroissement de force consiste à éliminer le courant inverse, et, par conséquent, à n'utiliser que le courant direct, en ayant soin d'intervertir le sens du courant inducteur à chaque interruption, afin de détruire complétement le magnétisme du fer, qui atteint précisément alors son maximum d'intensité, et dont la persistance ne peut qu'être nuisible au développement du courant induit.

Les modifications principales faites par M. le professeur Cecchi dans la machine de Ruhmkorff sont au nombre de trois :

1° A la place du faisceau de fils de fer, il introduit dans la bobine le fer doux d'un de ses électro-aimants à rochet (page 274, fig. 127), ayant les dimensions convenables, et dont les pôles, sortant des extrémités de la bobine, se terminent par deux gros cubes de fer massif.

2° Il applique sur chacune des faces latérales et bien dressées de ces cubes des plaques de fer doux servant de contact et aussi longues que l'appareil entier. Le grand rochet ressemble ainsi à un grand parallélipipède de fer d'où sortent, par quatre trous pratiqués sur un des contacts, les quatre bouts des fils conducteurs renfermés dans de petits tubes de verre. Si les contacts ont assez d'épaisseur, on peut n'en appliquer que trois et laisser entièrement libre la quatrième face, d'où sortent alors les fils conducteurs du courant inducteur et du courant induit.

3° Il remplace le marteau rhéotomique de l'appareil de Ruhmkorff par un commutateur tournant à double effet, qui, alternant la direction du courant inducteur, maintient constante celle du courant induit; car, le marteau étant à simple effet, les courants de la pile qui parcouraient le gros fil avaient tous la même direction.

Quoique M. Cecchi n'ait opéré qu'avec de petits appareils, les effets produits ne permettent pas de douter de l'importance de ceux qu'on pourrait obtenir avec de plus grandes machines.

Machine d'induction de M. Poggendorff. — Cette machine est aussi une modification de celle de M. Ruhmkorff; son auteur s'est proposé plusieurs améliorations, qui, d'après M. du Moncel, n'ont pas été suffisamment démontrées par les résultats. Ces perfectionnements consistent :

1° A partager la bobine d'induction en un certain nombre de compartiments par des cloisons isolantes, et à recouvrir successivement avec le fil induit chaque compartiment en n'enroulant sur chacun d'eux qu'un nombre impair d'assises, afin que le fil passe régulièrement d'une division à l'autre, et se termine aux deux extrémités de l'appareil;

2° A plonger préalablement les fils métalliques, entourés de soie, qui doivent constituer les deux hélices de la bobine, dans un bain de blanc de baleine ou d'acide stéarique, ou même dans un mélange de cire et d'huile, fortement échauffé au-dessus de son point de fusion, afin d'empêcher la matière isolante de se solidifier brusquement au contact du fil et de lui permettre de pénétrer profondément la couche de soie qui entoure ce dernier;

3° A enrouler les hélices sur un cylindre de verre soutenu à ses extrémités par des montants en gutta-percha, et à les recouvrir d'une feuille de taffetas verni;

4° A donner à la bobine la forme d'un fuseau aminci vers ses deux extrémités;

5° A composer la spirale inductrice de deux fils séparés au lieu d'un, afin d'en faire à volonté un conducteur de section double ou d'une longueur double;

6° A former le faisceau magnétique de fils de fer plus gros que ceux employés par Ruhmkorff, et à les écarter les uns des autres pour isoler leurs courants magnétiques;

7° A isoler l'interrupteur rhéotomique de l'appareil, afin de pouvoir le faire agir dans des conditions différentes et des milieux différents;

8° A employer pour les condensateurs, au lieu de taffetas gommé, des feuilles de papier à lettre enduites d'une dissolution de cire à cacheter dans l'alcool, ou des feuilles de papier ciré recouvertes d'un vernis à la gomme laque.

Deux des modifications proposées par M. Poggendorff avaient déjà été adoptées depuis longtemps par MM. Fabre et Kunemann, qui, dans toutes les machines d'induction qu'ils construisent, emploient, au lieu d'un cylindre, une bobine en forme de *fuseau* sur laquelle ils enroulent le fil de manière que les deux bouts aboutissent aux deux extrémités de l'appareil.

Appareil d'induction modifié par M. l'abbé Laborde. — Dans le même but que les physiciens précédents, M. Laborde a apporté des modifications à l'appareil de Ruhmkorff.

La première consiste à remplacer le rhéotome de M. de la Rive par un interrupteur à double effet, non pas, comme celui de M. Cecchi, pour renverser le sens du courant inducteur, mais pour qu'un faible courant puisse le mettre en action, et pour que le mouvement, bien régularisé, puisse être accéléré ou ralenti dans des limites assez étendues.

Cet interrupteur se compose d'un petit cylindre de fer doux, soudé à une lame métallique flexible; celle-ci est fixée à un axe par l'un de ses bouts, et l'autre, armé du cylindre de fer doux, peut être dirigé vers l'un ou l'autre des deux petits électro-aimants placés en face.

Deux supports, un de chaque côté de la lame flexible, munis chacun d'une vis qui arrête la course de la lame quand elle est en mouvement, sont en communication avec les fils des deux électro-aimants : le support de droite avec l'électro-aimant de gauche, et celui de gauche avec l'électro-aimant de droite. En faisant communiquer les deux fils opposés des électro-aimants avec un des pôles d'une pile, et l'autre pôle avec l'axe où est fixée la lame flexible, celle-ci se mettra en mouvement, attirée par l'électro-aimant du côté contraire à celui où elle touche le support; car les communications entre les électro-aimants et les supports sont en croix; et la rapidité du mouvement dépendra de la distance des vis de contact ou buttoirs des supports, qui peuvent s'approcher ou s'éloigner à volonté.

Pour appliquer cet interrupteur à l'appareil de Ruhmkorff, on n'a qu'à mettre les deux fils libres des électro-aimants en contact avec une extrémité du fil inducteur, et l'autre extrémité de celui-ci en communication avec l'un des pôles de la pile : le pôle opposé se réunit à l'axe où est fixée la lame du rhéotome. Pour augmenter ou diminuer l'intensité des oscillations du rhéotome, dit son auteur, il suffit d'approcher du cylindre de fer doux un barreau aimanté; et, selon la tendance du pôle présenté à favoriser ou à détruire le magnétisme développé par l'action des électro-aimants, les oscillations seront plus fortes ou plus faibles; on pourrait même les rendre nulles. Si l'on renverse l'un des pôles des électro-aimants, le cylindre ne se dirigera que vers l'un des deux supports, selon le pôle de l'aimant qu'on lui présente.

La seconde modification proposée par M. Laborde est beaucoup plus importante : elle a pour objet d'égaliser la tension de l'électricité dans les deux pôles de l'appareil de Ruhmkorff.

Il y est parvenu par les moyens suivants. On fixe au milieu du cylindre creux où est enroulée l'hélice inductrice une rondelle de carton de même diamètre que les rebords extérieurs. Après avoir divisé le fil induit en deux parties égales, on introduit le bout d'une de ces moitiés sous la rondelle de carton et on enroule le fil depuis ce point jusqu'au rebord extérieur. La première moitié du fil étant ainsi disposée, on soude l'extrémité de la seconde avec celle de la première qu'on avait passée sous la rondelle, et on enroule cette moitié sur la demi-bobine inductrice qui était restée à découvert, de manière que c'est comme si l'on n'avait qu'un seul fil induit, dont le centre est dans le milieu de la première couche de spires de la bobine, et dont les extrémités, avançant progressivement vers la partie extérieure, présentent deux pôles de la même tension électrique.

Nous avions songé à obtenir un pareil résultat avant de connaître les travaux de M. Laborde, depuis qu'en faisant les essais en grand de notre système de signaux électriques pour éviter les accidents sur les chemins de fer, nous avions observé sur celui d'Almansa, où les expériences avaient lieu, un fait aussi intéressant que nouveau. Ayant l'intention d'employer comme signal d'alarme l'explosion d'un pistolet de Volta ou les pétards de Statham, et de nous servir du circuit induit de l'appareil de Ruhmkorff pour obtenir ce signal en cas de danger, nous crûmes qu'en interposant l'appareil d'alarme dans le fil communiquant avec le pôle intérieur de l'hélice induite, il n'y aurait point à redouter que les substances inflammables prissent feu tant que le circuit ne serait pas fermé; et il en fut ainsi dans toutes les expériences en petit que nous fîmes pour nous assurer du résultat. L'appareil ayant été transporté sur la voie dans un waggon, de manière que la terre restât en communication avec le pôle extérieur, que le pôle intérieur fût en contact avec l'appareil d'alarme, et celui-ci avec le communicateur qui devait toucher les fils télégraphiques isolés (de deux kilomètres de longueur), disposés parallèlement aux rails, tout se passa comme dans les premières expériences tant que le waggon ne pénétra pas sur la voie préparée; mais, aussitôt que le communicateur toucha le premier fil conducteur isolé, l'explosion eut lieu, et une série continue d'étincelles se fit sentir dans le pistolet pendant tout le temps du contact, comme si le circuit eût été fermé. La première idée qui nous vint naturellement à l'esprit fut d'attribuer le phénomène à l'isolement imparfait des fils du conducteur, bien que cela parût impossible, l'atmosphère étant parfaitement sèche et les fils reposant sur des isoloirs en verre et en caoutchouc vulcanisé de 0,33 mètres de longueur, attachés, à plus de 3 mètres au-dessus du sol, sur des poteaux en bois très-sec exposés au soleil ardent du centre de l'Espagne, que depuis longtemps n'avait point obscurci le plus léger nuage.

Notre erreur ne fut pas de longue durée, car, d'une part, convaincu que l'isolement des fils avait été fait très-soigneusement, et, d'autre part, préoccupé depuis quelque temps de la singularité du phénomène, alors inconnu, de l'inégalité de tension des deux pôles de l'appareil de Ruhmkorff, nous conçûmes l'idée qu'il pouvait bien se faire qu'il y eût quelque affinité entre ces deux faits, et que l'excès de tension du pôle extérieur provint seulement de la manière dont était construit l'appareil ; que, par conséquent, il était indispensable que le pôle intérieur, en se mettant en contact avec le fil télégraphique isolé, se trouvât dans les mêmes conditions que le pôle extérieur. Plusieurs expériences justifièrent nos présomptions : en mettant le pôle intérieur en contact avec un gros fil de cuivre de 100 mètres de longueur recouvert de gutta-percha, on obtenait à l'extrémité libre du fil des étincelles à distance, provoquées par un corps isolé du circuit, de la même manière qu'on les obtient ordinairement du pôle extérieur. A mesure que l'on diminuait la longueur du fil, la tension devenait moindre, et finissait par être presque nulle avec des fils de peu de longueur : il était donc évident que le fil isolé, sur les poteaux qui avaient servi aux expériences du chemin de fer d'Almansa, avait produit un effet analogue à celui du fil recouvert de gutta-percha dans les secondes expériences : il avait augmenté la tension du courant induit qui afflue au pôle intérieur de l'appareil de Ruhmkorff, au point de vaincre la résistance du milieu interposé entre les deux pointes de l'appareil d'alarme. Ainsi la différence de tension des deux pôles de l'hélice induite semblait ne tenir qu'à la distance à laquelle ils se trouvent l'un et l'autre du centre d'induction. Pour s'assurer du fait, il ne restait qu'à construire une machine dans laquelle l'hélice d'induction eût ses deux extrémités à égale distance du centre. Nous nous proposions de conférer à ce sujet avec M. Ruhmkorff, quand précisément nous apprîmes que, par suite sans doute d'observations analogues aux nôtres, M. l'abbé Laborde avait accompli ce qui faisait l'objet de nos préoccupations.

Mais dans la série d'expériences que nous venons de mentionner, il faut faire attention que, quoique le résultat obtenu soit le même et consiste dans l'augmentation de tension du bout ou pôle intérieur de l'hélice induite de l'appareil de Ruhmkorff, il y a deux sortes d'expériences qui diffèrent essentiellement par les circonstances où elles ont été faites et qui peuvent conduire à des conséquences très-différentes. Quand on emploie simplement le fil recouvert de gutta-percha et qu'on le met en contact avec le pôle intérieur de l'hélice induite, on tire des étincelles à distance de l'extrémité libre du fil isolé; on peut regarder ce fil comme se trouvant véritablement dans les mêmes conditions que le pôle extérieur de l'hélice : c'est-à-dire qu'on pourrait attribuer sa plus grande tension seulement à la distance où il se trouve du centre d'induction, et de là passer à la conséquence déduite par M. Laborde, conséquence très-fondée, puisque l'on obtient des pôles d'égale tension avec la disposition qu'il a donnée à son appareil. Mais cette disposition est-elle indispensable pour obtenir cette égalité de tension? Nous ne le croyons pas, et l'autre genre d'expériences que nous avons rapportées semble jusqu'à un certain point nous donner raison. En effet, quand on interposait l'appareil d'alarme (un pistolet de Volta), soit dans le fil conducteur isolé sur les poteaux, soit dans le fil recouvert de gutta-percha, cette interposition se faisait à un point très-rapproché du pôle même de l'appareil de Ruhmkorff; l'interruption du pistolet de Volta, où avait lieu l'accroissement de tension du pôle intérieur, était si près de ce pôle, que, si l'on séparait les pointes suffisamment pour empêcher l'électricité de celle qui était en contact avec la machine d'influer sur l'électricité naturelle de la pointe communiquant avec le fil libre et isolé, on ne pouvait plus tirer d'étincelles de la première. Mieux encore : lorsque le fil isolé communiquant avec l'autre pointe était très-court ou peu long, il n'y avait pas non plus la moindre apparence de tension dans l'interruption du pistolet de Volta; on voit par là combien a d'influence la grandeur du corps isolé qui sert à provoquer l'étincelle dans le pôle intérieur; car c'est précisément ce que fait la seconde pointe du pistolet communiquant avec le fil isolé quand on la rapproche de la première pointe communiquant avec le pôle intérieur de l'appareil. On peut donc conclure que, pour obtenir la même tension dans les deux pôles de l'hélice induite de l'appareil de Ruhmkorff, il suffirait de provoquer le passage de l'électricité avec un corps conducteur isolé dont la grandeur, ou peut-être la surface, surpasserait d'autant celle de l'excitateur employé pour le pôle extérieur que la différence de distance entre chaque bout de l'hélice induite et le centre d'induction serait plus grande; en un mot, que la grandeur ou la surface des deux excitateurs doit être en raison inverse de la distance entre chaque bout de l'hélice et le centre d'induction. Il serait peut-être bon aussi de mettre le pôle intérieur de l'appareil de Ruhmkorff en contact avec un rhéostat, car par ce moyen on pourrait augmenter ou diminuer la longueur de fil ajoutée, et non-seulement la régler de façon à obtenir la même tension électrique, mais on pourrait aussi étudier l'influence des courants d'ordre inférieur sur la partie du fil induit contiguë aux points d'induction.

La troisième modification proposée par M. Laborde concerne le condensateur. Sa propre expérience lui fit entrevoir la nécessité de diminuer, dans les armatures les distances que doit parcourir l'électricité libre, et, à cet effet, il prépara un condensateur qui pût remplir son but. Sur une bande de taffetas gommé d'une longueur quelconque, il colla une feuille d'étain dépassant de deux centimètres le rebord du côté droit du taffetas dans toute sa longueur, et laissant à découvert, du côté gauche, une largeur de trois centimètres à peu près; de l'autre côté du taffetas il colla une seconde feuille d'étain avec les mêmes précautions; mais en sens inverse, c'est-à-dire que la feuille d'étain dépassait de deux centimètres le rebord laissé à découvert la première fois, et laissait à découvert au côté opposé une bande semblable à la première. Il appliqua ensuite sur chaque feuille d'étain un morceau de taffetas d'égale grandeur avec le premier, de manière que les bords des trois morceaux se correspondissent parfaitement, et enroula le tout sur un bâton de bois. De cette manière le bord de l'armature supérieure se présente à droite, et celui de l'armature inférieure à gauche, tous les deux enroulés sur eux-mêmes. Cela fait, on serre bien fort les contours, de façon à établir entre eux un contact métallique parfait, et on les maintient au moyen de deux viroles. En mettant chacune de celles-ci en rapport avec un pôle de l'appareil, les communications se trouvent facilement établies, et l'électricité n'a à parcourir qu'une distance insignifiante, même quand on emploie un condensateur d'une grande étendue.

Modifications de M. Léon Foucault. — Outre le moyen proposé dans le but d'augmenter les effets des appareils de M. Ruhmkorff, en les réunissant en batteries, comme nous l'avons déjà dit, le célèbre auteur du gyroscope a tenté de remédier à l'un des inconvénients les plus graves présentés par ces appareils d'induction. Nous avons vu que l'interrupteur de M. de la Rive, qu'on y emploie, a une petite lame de platine soudée au marteau et une autre à l'enclume, pour prévenir l'action destructive de l'étincelle; mais, malgré cela, quand l'appareil fonctionne pendant quelque temps, le platine s'altère, et, si le courant est très-fort, il arrive que les pièces de l'interrupteur se soudent par suite d'un commencement de fusion, et l'appareil cesse de marcher. Pour éviter cet inconvénient. M. Foucault a eu recours au mercure, et a fait construire un rhéotome où l'enclume est remplacée par un vase contenant du mercure recouvert d'une couche d'alcool qui évite le dégagement des vapeurs mercurielles et s'oppose à l'oxydation du métal. Le marteau n'étant point limité dans son mouvement par un obstacle rigide, on a pu lui substituer une lame élastique, vibrant sous l'influence d'un électro-aimant. Cette lame, fixe par un de ses bouts, a à son centre une pièce de fer doux, sur laquelle l'électro-aimant exerce son action; et l'autre bout, après une courbure, se termine par une pointe ou aiguille de platine qui établit ou interrompt le circuit, selon qu'elle touche ou non le mercure. M. Foucault assure que le rhéotome exécute ces interruptions 60 fois par seconde, et que non-seulement il régularise les étincelles, mais que, appliqué aux appareils généralement employés, il augmente jusqu'à un certain point leur puissance.

Il peut s'adapter aussi sans aucune préparation aux machines ordinaires de M. Ruhmkorff réunies en batteries quand elles ne sont pas au-dessus de deux; mais, si l'on veut en augmenter le nombre, il faut isoler avec le plus grand soin les appareils ajoutés, et établir un isolement absolu entre le fil inducteur et la surface interne de l'hélice induite, ce qui s'obtient en introduisant un tube de verre dans l'espace annulaire qui sépare les deux hélices concentriques. Ces précautions ont été prises par M. Ruhmkorff, et, grâce à elles, quatre machines réunies ont produit les effets de tension qu'on pouvait espérer : le jet d'étincelles s'élançait à une distance de 7 à 8 centimètres.

Modifications de M. Hearder. — Les appareils d'induction de M. Hearder ont été construits dans le but d'analyser la part que prend chacun des éléments dans la manifestation des phénomènes électriques, et de déterminer en conséquence les meilleures conditions de ces éléments. A cet effet, ils peuvent être disjoints et se trouver indépendants les uns des autres.

Appareil d'induction de M. Jean. — L'appareil de ce physicien est aussi une modification de celui de M. Ruhmkorff, dans lequel le circuit induit et les accessoires se trouvent dans des conditions d'isolement excellentes : il se sert pour cela de l'essence de térébenthine ou d'un mélange résineux composé de bitume et de résine.

Ses bobines d'induction diffèrent de celles de M. Ruhmkorff

par le diamètre des fils, qui sont un peu plus fins; celui de l'hélice inductrice est de 1 millimètre 1/2 de diamètre et s'enroule sur quatre rangées de spires superposées; l'hélice induite présente 50 rangées et le diamètre de son fil n'est que de $0^{m},25$ de millimètre. Les rangées de la première de ces hélices sont séparées les unes des autres par une feuille de papier buvard, et dans l'hélice induite il y a deux feuilles du même papier entre deux rangées consécutives. Ainsi préparées, les bobines forment un tout qui est placé verticalement dans un vase cylindrique en grès rempli d'essence de térébenthine, de manière que le noyau de fil de fer qui occupe le centre soit lui-même entièrement plongé dans l'essence.

Pour que l'isolement soit plus parfait, M. Jean dessèche l'humidité des feuilles de papier buvard en les introduisant sous le récipient d'une machine pneumatique avec une capsule remplie d'acide sulfurique anhydre; le vide étant fait, ce n'est que lorsque le desséchement est jugé suffisant qu'on déverse, sans perdre un seul instant, l'essence dans le vase qui contient la bobine.

L'interrupteur de cet appareil est celui proposé par M. Foucault et qui vient d'être décrit. Quant au condensateur, il a la même disposition que celui de M. Laborde, que nous avons décrit aussi.

L'appareil de M. Jean est, par sa disposition, à l'abri des détériorations qu'occasionne l'addition indéfinie d'éléments à la pile; car, même dans le cas où les couches de coton et de papier qui isolent les différents tours de spires de l'hélice sont percées par les étincelles, les trous se trouvent immédiatement bouchés par l'essence liquide.

Cet appareil possède une tension extraordinaire, beaucoup plus grande que celle de tous les autres; mais la quantité d'électricité est très-petite, à cause du diamètre des fils, et on ne peut l'appliquer, par conséquent, à la production d'effets calorifiques ni chimiques.

MACHINES MAGNÉTO-ÉLECTRO-TELLURIQUES.

Les courants d'induction produits par l'action du magnétisme terrestre dans les conducteurs métalliques de différentes formes qui sont mis en rotation sous son influence ont été jusqu'à présent très-faibles et incapables de produire les effets chimiques, physiques et physiologiques des appareils que nous venons d'étudier; cependant nous verrons bientôt qu'on peut tirer un grand parti de cette action, car la machine *magnéto-électro-tellurique* construite par MM. Palmieri et Linari produit des étincelles très-fortes et tous les effets calorifiques, chimiques et physiologiques des autres appareils; elle ne peut pas cependant les remplacer avec avantage. Cette machine consiste en un cadre elliptique en bois, autour duquel on enroule un fil de cuivre de trois à quatre millimètres de diamètre et de plusieurs mètres de longueur. On imprime un mouvement de rotation à ce cadre, autour de son axe, en ayant soin de placer cet axe dans une direction presque perpendiculaire à celle du méridien magnétique, et on obtient des courants d'induction qui produisent les effets indiqués.

Dans la séance de l'Académie des Sciences de Paris, du 16 novembre 1857, on a lu la note suivante de M. Lamy :

« On sait que dans toute machine à vapeur fixe il existe une roue en fonte destinée à régulariser le mouvement, véritable réservoir de force qu'on appelle *volant*. A l'état de repos, ce volant est aimanté par l'action du globe; à l'état de mouvement, il est encore aimanté, mais le magnétisme est distribué d'une autre manière, et varie constamment pour une portion donnée de la jante. Si donc on enroule, sur une partie de cette jante comme noyau de bobine, et perpendiculairement à sa direction, un fil de cuivre recouvert de soie ou de coton, on formera une hélice qui pourra être assimilée à la bobine de l'appareil Clarke, avec cette différence toutefois qu'au lieu de tourner devant des aimants artificiels voisins, comme celle de Clarke, la bobine du volant tournera devant l'aimant terrestre. En outre, à cause de la grosseur du noyau métallique, on pourra multiplier considérablement la quantité de fil de cuivre, avant d'atteindre la limite d'action inductive, et l'on augmentera par là même de beaucoup la résistance du circuit, par suite la tension du courant produit.

« On remarquera que, par cette disposition, on profite d'un mouvement nécessaire. Quelques dizaines de kilogrammes de fil, ajoutés au poids d'un volant de 4 à 5,000 kilogrammes, ne peuvent être considérés comme opposant une résistance notable, ou plutôt comme nuisant à l'effet de la machine, puisque un poids considérable est nécessaire à la régularité de la marche et du travail.

« Je fais connaître, dans mon Mémoire, les dimensions, le poids et l'orientation du volant sur lequel j'ai opéré, son état magnétique complexe à l'état de repos ou de mouvement, l'influence directe de la terre sur l'hélice de la jante, enfin les longueurs limites que j'ai cru devoir adopter pour les bobines, eu égard à la vitesse de rotation du volant. J'ai monté trois bobines de 27 à 33 centimètres de longueur avec des fils de cuivre ayant pour diamètre, le premier $1^{mm},85$; le second de 1^{mm}, 1 à $1^{mm}4$; le troisième de $0^{mm},6$ à $0^{mm},62$. Le fil n° 1 avait 600 mètres de longueur : le fil n° 2, 2,000 mètres; le fil n° 3, 3,450 mètres.

« Avec la bobine n° 2, on a obtenu une faible étincelle, mais d'énergiques commotions par l'extra-courant. La bobine n° 3 seule, ou accouplée en longueur avec la bobine n° 2, a donné des effets de tension comparables à ceux d'une pile de deux éléments Bunsen. Toutes les dissolutions salines que j'ai essayées, l'eau de puits, l'eau distillée elle-même, parfaitement pure, ont été décomposées en employant pour électrodes des fils de platine.

« Les courants électriques, dont je fais connaître le mode économique de génération, pourront être produits, avec une intensité variable, dans la plupart des usines où existe un volant en fonte, et nous ne croyons pas trop présumer de leur importance en disant que leurs effets variés recevront un jour quelques utiles applications. »

Ces importants travaux ont valu à M. Lamy une mention honorable dans le rapport de la commission du concours du prix de 50,000 francs proposé pour la plus utile application de la pile de Volta.

Nous avons donné quelque extension à ce chapitre; mais son importance et la nouveauté des faits qu'il renferme, lesquels n'ont pas même encore tous reçu une explication satisfaisante, ne nous permettaient pas de négliger certains détails sans lesquels le lecteur n'aurait pu se former une idée exacte des phénomènes, ce qui est indispensable ici, où les opinions les plus accréditées elles-mêmes ne pouvaient encore faire loi, comme il arrive dans d'autres branches de la physique, bien que les unes et les autres, il faut l'avouer, s'appuient sur des hypothèses plus ou moins contestables.

CHAPITRE VI

PROPAGATION DE L'ÉLECTRICITÉ.

L'étude de la propagation de l'électricité est tellement importante, que nous ne pouvons pas moins faire que de lui consacrer quelques pages; autrement nous ne remplirions pas suffisamment l'objet que nous nous sommes proposé en écrivant la première partie de ce livre. En effet, la télégraphie électrique appliquée aux chemins de fer, quel que soit le système auquel on s'arrête, se compose de trois parties principales : les *générateurs électriques*, qui doivent produire l'agent puissant dont on se sert ; les *organes électriques*, que l'on emploie pour recueillir, transmettre et manier le fluide électrique; enfin, les *conducteurs*, au moyen desquels doit s'opérer la transmission, véritables chemins tracés à l'électricité, et qui, s'ils sont convenablement disposés, s'opposent à ce que le fluide les abandonne, et le font parvenir au terme de sa course dans l'état et à la quantité voulus. Nous avons décrit les générateurs électriques dans les premier, deuxième et cinquième chapitres, avec toute l'étendue qui nous a paru nécessaire; dans les quatrième et cinquième nous avons aussi fait connaître les organes électriques d'un emploi général dans la télégraphie, tels que les électro-aimants, les rhéotomes et les rhéotropes ; il ne nous reste à parler que des conducteurs et de la manière dont on leur transmet l'électricité, car, bien que nous ayons déjà abordé ce sujet dans les premier, deuxième et cinquième chapitres, nous n'avons pu lui donner alors tout le développement qu'il mérite : dans les premiers chapitres, parce que nous n'avions pas encore les notions nécessaires pour comprendre de quelle manière on était parvenu à obtenir expérimentalement les lois qui règlent la marche de l'électricité dans les différents milieux; et dans les chapitres suivants, parce que cette étude avait trop peu de rapport avec les matières qu'ils contenaient. Dans un chapitre spécial, qui peut être considéré comme un appendice de ceux qui précèdent, nous serons plus à l'aise et nous pourrons embrasser l'ensemble des observations les plus intéressantes qui ont été faites sur les conducteurs, les courants électriques, leurs lois et leur vitesse, prenant pour guide autant que possible les écrits des maîtres dans la matière, MM. de la Rive, Pouillet, Wheatstone et d'autres, mais principalement ceux du premier, auxquels nous avons eu surtout recours pour cette partie de notre travail.

Le mot *propagation* porte avec lui l'idée de mouvement, et, comme nous l'avons vu à la fin du premier chapitre, l'électricité en mouvement est, pour nous, l'électricité à l'état qui résulte de la réunion ou neutralisation des deux principes ou fluides électriques opposés. Nous avons dit au même endroit que cette réunion peut être *continue* ou *instantanée;* que, dans le premier cas, elle constitue un *courant*, dans le second une *décharge*. Des décharges se succédant avec rapidité, et qui, comme nous l'avons vu dans le chapitre de l'*Induction*, ont reçu le nom de courants instantanés, peuvent former un courant continu, de même que ce dernier peut se décomposer en une série de courants discontinus, au moyen d'un interrupteur ou rhéotome. Ce qui caractérise le courant, qui pourtant ne dure quelquefois qu'un instant et est alors dit courant temporaire, c'est qu'il agit sur le galvanomètre magnétique, tandis que la décharge, qui est complétement instantanée, produit une foule de phénomènes, mais n'exerce aucune influence sur cet instrument.

La manière la plus simple de se rendre compte de la propagation de l'électricité, c'est de l'observer dans un corps conducteur réunissant les deux pôles d'une pile voltaïque; les deux électricités qui sont constamment dégagées à chacun des deux pôles se neutralisent d'une manière continue, à mesure qu'elles sont produites à travers le conducteur, et constituent le courant, dont nous avons fait connaître les effets, ainsi que les actions qu'ils exercent sur d'autres courants et sur les corps extérieurs. Ce courant, en se propageant dans la masse entière du conducteur, suit une direction déterminée par la forme de ce dernier : c'est-à-dire qu'elle sera rectiligne, si ce conducteur est rectiligne, et curviligne s'il l'est aussi.

Si le conducteur n'a pas de dimensions bien déterminées, s'il est à peu près indéfini dans tous les sens, comme, par exemple, un bras de mer dans les flots duquel on plongerait à une certaine distance l'un de l'autre les deux pôles d'une pile, le courant se dissémine dans toutes les directions, comme nous le verrons plus loin, mais avec cette circonstance, ajoute M. de la Rive, que tous les fils infiniment déliés dans lesquels on peut le supposer divisé aboutissent toujours par leurs extrémités aux deux pôles. On voit par là qu'il est impossible d'assimiler la propagation de l'électricité dans un milieu conducteur à celle de la lumière ou à celle de la chaleur rayonnante ; car, dans ces deux derniers cas, la propagation émane d'un seul centre et a toujours lieu en droite ligne, du moins tant que le milieu qu'elle traverse ne change pas. D'un autre côté, M. Wartmann a démontré que, dans sa propagation, l'électricité dynamique n'est susceptible ni de réflexion ni de réfraction, et que, par conséquent, il ne faut pas songer, pour le moment, à établir une analogie dans la propagation de ces trois fluides, comme semblaient le faire pressentir les observations de M. le professeur Forbes, d'après lesquelles l'ordre de conductibilité des métaux est exactement le même pour la chaleur et pour l'électricité, comme si la propagation avait lieu en eux de la même manière.

Si l'on se rappelle la théorie de la pile, exposée dans le deuxième chapitre, et celle de l'induction électrique, dans le cinquième, on peut se faire une idée complète de la propagation de l'électricité. En effet, nous admettons, ce qu'a démontré Faraday et confirmé M. Matteucci, « que la propagation de l'électricité a lieu dans tous les cas par une neutralisation des électricités opposées des particules du corps à travers lequel la transmission s'opère; neutralisation toujours précédée d'une induction moléculaire; c'est-à-dire de la séparation de ces électricités dans chaque molécule. Dans les corps très-bons conducteurs, ces inductions et neutralisations successives s'opèrent avec une grande rapidité; dans les corprs isolants elles s'opèrent moins vite et d'autant plus lentement que le corps est plus isolant. On voit donc qu'il n'y a jamais propagation d'une seule électricité, et que la seule différence qui existe entre le cas où le milieu communique avec un seul corps électrisé et celui où il est placé entre deux corps chargés d'électricité contraire, c'est que, dans le second, il y a un effet double de celui qui a lieu dans le premier; car il est facile de voir que les deux effets doivent s'ajouter, loin de se détruire. En effet, si l'on suppose (fig. 161)

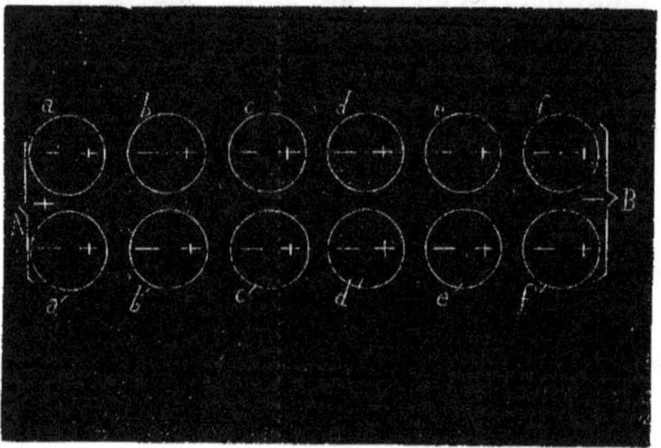

Fig. 161.

deux séries de molécules entre le corps *A*, chargé d'électricité positive, et le corps *B*, chargé d'électricité négative, la série de molécules *abcde*, sur lesquelles agit *A*, sera polarisée exactement comme la série des molécules *a'b'c'd'e'*, sur lesquelles agit *B;* mais, en fait, les deux séries ou plutôt toutes les séries de molécules comprises entre *A* et *B* sont soumises à l'action simultanée de *A* et de *B*, ce qui doit produire sur elles un effet double de celui qui résulterait de l'action seule de *A* ou de *B*. Ce principe est également vrai, qu'il s'agisse d'un courant continu ou d'une simple décharge. » (De la Rive.)

Après l'idée rapide que nous venons de donner de la propagation de l'électricité, nous pouvons passer à l'énonciation des lois qui la régissent et qui ont été déduites par MM. Ohm, Pouillet, Fechner et Wheatstone, les uns théoriquement, les autres à la suite d'expériences plus ou moins variées, mais qui ont abouti au même résultat.

Quoique, dans notre quatrième chapitre, nous ayons fait connaître quelques-unes des lois que nous allons étudier maintenant, comme nous n'avons fait autre chose alors que les énoncer, il convient de les prendre de nouveau en considération. Nous ne ferons pas de même à l'égard du multiplicateur de Schweigger, des boussoles de sinus et de tangentes, ni du rhéostat de Wheatstone, qui ont servi à la déduction de ces lois; car, bien que succincte, la description que nous en avons donnée est plus que suffisante pour faire comprendre les méthodes d'expérimentation qui ont été employées. Nous voulons rappeler cependant ce qu'on entend par *force électro-motrice*, par *résistance* et par *circuit réduit*.

La *force électro-motrice* est la cause qui fait naître un *courant électrique* dans un circuit fermé, et une *tension électroscopique* dans un circuit ouvert.

Par le mot *résistance* on désigne l'obstacle qu'oppose à la marche du courant le corps à travers lequel on fait passer ce courant.

Le *circuit réduit*, comme nous l'avons dit dans le quatrième chapitre, consiste en un fil interpolaire, ou qui joint les pôles de la pile, et un autre morceau de fil dans les mêmes conditions, dont la longueur varie selon le générateur électrique, puisqu'il doit représenter la résistance opposée par la pile elle-même au passage de l'électricité, c'est donc le *circuit* constitué par la pile et le fil interpolaire, *réduit* à un circuit formé dans toute sa longueur par un fil homogène. On peut ainsi comparer les forces électro-motrices par la simple observation de la longueur du fil nécessaire pour produire la même déviation dans le galvanomètre, avec deux circuits où il y a différents générateurs, tandis qu'il n'en serait pas de même si c'était la longueur du générateur qu'il fallût ajouter au fil interpolaire, car la résistance dans chaque pile est très-variable par rapport à ses dimensions.

Nous ajouterons à cette terminologie celle qu'a adoptée M. Wheatstone dans ses explications, et qui peut s'appliquer à celles de tous les physiciens, quel que soit le générateur électrique employé dans leurs expériences; car il est clairement prouvé que, bien que la source de deux courants électriques continus ne soit pas la même, les actions ne diffèrent entre elles que par la somme de leurs forces électro-motrices, modifiée par la résistance du circuit dont elles font partie. C'est pour cette raison qu'en se reportant à des circuits réduits, M. Pouillet a trouvé les mêmes lois pour les courants hydro-électriques que pour les courants thermo-électriques, qu'il avait employés comme plus constants.

Mais, pour en revenir à la nomenclature de Wheatstone, nous dirons qu'il emploie le mot *rhéomoteur* pour désigner tout appareil qui donne naissance à un courant électrique. Lorsqu'il parle d'un seul élément, il l'appelle *élément rhéomoteur*, et donne le nom de *série rhéomotrice* à ce qu'on définit ordinairement sous celui de *pile* ou de *batterie*, soit voltaïque, soit thermo-électrique. Comme terme général pour exprimer un instrument qui sert à mesurer la force d'un courant électrique, il emploie le mot *rhéomètre*, sans rejeter pourtant absolument ceux de *galvanomètre* ou *voltamètre*, dont il se sert parfois, selon qu'il s'agit d'un appareil fondé sur la déviation de l'aiguille magnétique ou sur la décomposition de l'eau par l'action du courant, bien qu'il pense qu'on pourrait nommer les uns et les autres *rhéomètres galvaniques*, *chimiques*, *calorifiques*, etc. Nous avons déjà expliqué ailleurs les mots *rhéotome*, *rhéotrope* et *rhéostat*, par lesquels il désigne trois appareils destinés à interrompre, renverser et arrêter ou contrarier le courant électrique; à ces appellations nous ajouterons ici le mot *rhéoscope*, nom donné à un instrument destiné à constater simplement l'existence d'un courant électrique.

Occupons-nous maintenant des lois de la propagation de l'électricité.

PROPAGATION DE L'ÉLECTRICITÉ DANS LES BONS CONDUCTEURS.

Nous avons dit que, absolument parlant, il n'y a pas de conducteurs parfaits de l'électricité; mais que tous les corps opposent une certaine résistance à sa propagation; on considère cependant comme bons conducteurs tous ceux qui permettent une propagation assez rapide pour que le courant qui en résulte puisse agir sur l'aiguille aimantée, et produire, par conséquent, les phénomènes de l'électro-dynamique. Cette définition n'est pas absolue non plus, car un même corps, l'eau, par exemple, peut être classée ou non parmi les bons conducteurs, suivant le générateur électrique que l'on emploie, le mode de communication établi entre elle et cet appareil, et enfin suivant les conditions physiques dans lesquelles elle se trouve. Mais tout cela est de peu d'importance, dès qu'il ne s'agit que de déterminer les lois de la propagation.

La première loi que nous rencontrons en étudiant la propagation de l'électricité dans un conducteur, dit M. de la Rive, *c'est la tendance qu'a le courant électrique à se distribuer ou plutôt à se disséminer dans toute l'étendue de ce conducteur.* Cette loi, qu'il a établie pour les conducteurs solides, en 1824, et, pour les liquides, en 1825, se démontre en introduisant dans une balance de torsion une lame métallique très-large, traversée par un courant et placée en face d'un conducteur astatique, suspendu au fil de la balance et traversé par un autre courant.

Quelle que soit la tranche ou section de la lame que l'on présente à la branche verticale du conducteur, les angles de torsion sont les mêmes, soit pour les mettre en contact, soit pour les séparer, selon que l'on fait passer le courant dans le même sens ou en sens contraire, dans la lame et dans le conducteur astatique.

Ces expériences conduisent à admettre que le courant électrique, en entrant dans un corps solide, se répartit dans toute l'étendue du conducteur en filets parallèles, tous de la même intensité; d'où il résulte nécessairement que moins cette étendue est considérable, plus le courant électrique sera condensé et plus, par conséquent, sera grande son intensité dans chaque fragment du conducteur. Cette présomption a été pleinement justifiée par l'expérience susmentionnée, quand on emploie une lame conductrice d'une épaisseur uniforme, mais plus large dans certaines parties de sa longueur. Cette même condensation du courant se démontre par le pouvoir que possède la partie étroite de la lame conductrice d'attirer la limaille de fer, tandis que la partie large n'en attire pas la moindre parcelle. C'est à la même cause qu'est dû le développement de chaleur qui se manifeste au passage du courant électrique dans les parties étroites d'un conducteur, dont les parties larges ne changent pas sensiblement de température, bien qu'elles soient traversées par le même courant pendant le même temps.

La loi qui vient d'être établie ne se vérifie d'une manière exacte que dans les conducteurs où la longueur l'emporte de beaucoup sur les autres dimensions, c'est-à-dire dans le cas de la propagation linéaire. Dans les autres cas, la loi est moins simple, quoique toujours conforme à la même théorie.

L'électricité dynamique manifeste cette même tendance à se disséminer dans un conducteur liquide susceptible d'être décomposé aussi bien que dans un conducteur solide ou liquide tel que le mercure. On observe que la partie de courant qui traverse la tranche liquide comprise entre les deux pôles est celle qui présente une intensité plus considérable, intensité qui augmente à partir du milieu, où elle est le plus faible, jusque près des pôles, où elle atteint son maximum. Toutefois on trouve des courants dans toutes les parties du liquide, même derrière les pôles : la diffusion est d'autant plus prononcée, que le liquide est moins bon conducteur. (De la Rive.)

La seconde loi à laquelle est soumise la propagation de l'électricité dans un conducteur est celle-ci : que *deux ou plusieurs courants électriques peuvent se propager dans le même conducteur sans se modifier mutuellement, et d'une manière, par conséquent, tout à fait indépendante les uns des autres.* M. Marianini a constaté cette propriété en faisant passer à travers un liquide contenu dans un vase cubique deux courants disposés de façon que les filets dont ils se composent se croisent à angle droit, sans qu'il en résultât de variation dans l'intensité de chacún d'eux, intensité qui reste la même, soit que les courants traversent chacun séparément ou tous deux ensemble la masse liquide conductrice. Un troisième courant peut encore être transmis à travers le même liquide dans le sens des deux autres faces du cube, et cette transmission a lieu comme si ce liquide n'était pas traversé déjà par deux autres courants. Cette indépendance dans la propagation des courants a été encore établie en faisant passer deux et même trois courants à travers une colonne liquide dans des directions plus ou moins obliques, et même en les transmettant à travers les fils d'un même galvanomètre, sur lequel l'effet observé est toujours la somme ou la différence des effets spéciaux de chacun des courants partiels. (De la Rive.)

La troisième loi est la *diminution d'intensité qu'éprouve l'électricité dans sa propagation à travers une masse liquide quand elle rencontre sur sa route des lames ou diaphragmes métalliques interposés dans le liquide.* Cette loi a été signalée et démontrée en 1825 par M. de la Rive et plus tard par MM. Marianini, Matteucci et autres physiciens, qui interposèrent des lames métalliques dans un liquide et observèrent la diminution d'intensité du courant initial par les rhéomètres galvanique, chimique et calorifique. Il y a donc, indépendamment de la résistance propre qu'opposent un liquide et un solide à la transmission d'un courant électrique, une résistance particulière due au seul fait du passage d'un courant d'un solide dans un liquide ou d'un liquide dans un solide; c'est cette résistance que les physiciens désignent sous le nom de *résistance au passage*. Elle a toujours lieu dès qu'un liquide est traversé par un courant électrique, puisque, pour mettre ce liquide dans le circuit, il faut nécessairement employer des conducteurs solides ou électrodes. (De la Rive.)

La quatrième loi qui régit la propagation de l'électricité consiste en ce que *toutes les parties successives d'un circuit fermé, y compris l'appareil lui-même qui produit le courant électrique, sont parcourus dans le même temps par la même quantité d'électricité*, quelle que soit la diversité de leur nature, de leur forme et de leur étendue; circonstances qui n'influent que sur la quantité absolue d'électricité qui circule, et non sur son intensité relative dans les différentes parties du circuit. Ainsi, si dans le même circuit on a d'abord la pile, puis un fil de métal, partant de l'un des pôles et aboutissant dans un liquide, et deux ou plusieurs fils parallèles partant de ce liquide pour aboutir à l'autre pôle, la quantité d'électricité qui, sous forme de courant, traverse la pile elle-même, le premier fil métallique, le liquide et les deux ou plusieurs fils parallèles, est exactement la même. Il est clair que si ce dernier système de conducteur se compose de deux fils et que ces deux fils soient parfaitement semblables en tout point, la quantité d'électricité qui circule dans chacun d'eux est la moitié de ce qu'elle est dans le premier fil; elle serait le tiers s'il y avait trois fils, et ainsi de suite; mais, dans les deux ou dans les trois réunis, elle est en totalité la même que dans le premier fil, c'est-à-dire qu'en donnant des sections transversales dans toute l'étendue du circuit, la quantité d'électricité qui passe par chacune de ces sections est la même dans toutes; mais elle sera plus ou moins condensée, comme nous l'avons vu pour la première loi que nous avons énoncée. M. Ampère avait déjà entrevu cette loi, MM. Becquerel et de la Rive l'ont constatée par plusieurs faits, et MM. Pouillet et Fechner l'ont démontrée d'une manière directe : le premier, en plaçant tous les éléments successifs d'une pile thermo-électrique dans le méridien magnétique, ainsi que le conducteur destiné à fermer le circuit, put s'assurer qu'une aiguille aimantée éprouvait toujours la même déviation, quelle que fût la partie du circuit qu'on lui présentât. M. Fechner a obtenu les mêmes résultats en faisant osciller une aiguille aimantée au-dessus des différentes portions solides d'un circuit voltaïque.

Il résulte de cette quatrième loi que *l'intensité absolue de l'électricité qui traverse sous forme de courant un circuit fermé ne dépend que de deux circonstances : la force ou les forces qui produisent l'électricité, et que nous avons appelées forces électro-*

motrices; et les résistances à la conductibilité que présente tout l'ensemble du circuit.

Plusieurs physiciens revendiquent l'honneur d'avoir fait connaître cette loi : M. Pouillet, tout en prétendant que l'idée et la démonstration lui appartiennent, avoue que la priorité de M. Ohm est incontestable, puisqu'il émettait cette idée dans un ouvrage publié en 1827, mais d'une manière abstraite et hypothétique, suivant M. Pouillet. M. de la Rive prétend l'avoir indiquée en 1825, et que M. Ohm avait été amené à l'admettre par une suite de spéculations purement théoriques. M. Poggendorff et les physiciens allemands en ont, par l'entremise de M. l'abbé Moigno, réclamé tout le mérite pour M. Ohm, affirmant qu'il n'a pas donné ses lois comme conséquence d'une pure hypothèse, mais qu'il les a démontrées réellement au moyen d'expériences directes, faites en 1825 avec la pile thermo-électrique. Ce qu'il y a de positif, c'est que les lois qui établissent un certain rapport entre la puissance et la résistance dans la propagation de l'électricité ont reçu le nom de *lois de Ohm*. Ce physicien les a énoncées de la manière suivante :

Dans un circuit fermé, la force du courant est directement proportionnelle à la somme des forces électro-motrices qui sont en activité dans le circuit; et inversement proportionnelle à la résistance totale ou à la somme des résistances de toutes les parties du circuit. Désignant par E les forces électro-motrices, et par R les résistances, on exprimera cette loi par la formule suivante, dans laquelle I représente l'intensité du courant :

$$I = \frac{E}{R},$$

c'est-à-dire que l'*intensité du courant est égale à la somme des forces électro-motrices, divisée par la somme des résistances*, formule dont l'expérience a confirmé l'exactitude.

Une autre loi, conséquence immédiate de la précédente, est que, si l'on augmente ou l'on diminue la résistance d'une partie quelconque d'un circuit, l'intensité totale du courant diminue ou augmente, toutes les autres circonstances restant les mêmes, dans une proportion semblable à celle qui existe entre la résistance ajoutée ou retranchée et la résistance totale nouvelle du circuit tout entier.

Si dans la formule $I = \frac{E}{R}$, R devient $R + r$ ou $R - r$, on aura

$$I = \frac{E}{R+r} \text{ ou } I = \frac{E}{R-r};$$

l'intensité du courant variera donc dans l'un et l'autre cas : en l'appelant I' dans le premier et I'' dans le second, on a :

$$I : I' : I'' :: \frac{E}{R} : \frac{E}{R+r} : \frac{E}{R-r} :: \frac{1}{R} : \frac{1}{R+r} : \frac{1}{R-r};$$

d'où l'on déduit :

$$I - I' : I :: r : R + r \text{ et } I'' - I : I :: r : R - r;$$

c'est-à-dire que la diminution d'intensité est à l'intensité primitive comme la résistance r ajoutée est à la résistance totale nouvelle $R + r$; et que l'augmentation d'intensité $I'' - I$ est à l'intensité primitive comme la résistance r supprimée est à la résistance nouvelle totale $R - r$.

M. Fechner a vérifié expérimentalement, au moyen des oscillations qu'exécute une aiguille aimantée sous l'action du courant, l'exactitude de la loi que nous venons d'énoncer. Il en a conclu qu'une pile dont la force électro-motrice serait représentée par 1, ayant ses pôles réunis par un conducteur dont la résistance serait également 1, et dans laquelle 9 représenterait la résistance de la pile elle-même, aurait une force représentée par $\frac{1}{9+1} = \frac{1}{10}$. En doublant la résistance du conducteur, il est évident qu'on ne rend pas moitié moindre la force de la pile, qui devient $\frac{1}{9+1+1} = \frac{1}{11}$ au lieu de $\frac{1}{10}$ qu'elle était auparavant. Si c'est la résistance du conducteur interposé entre les pôles de la pile qui est 9 fois celle de cette dernière, alors, en doublant cette résistance, la force de la pile, qui était $\frac{1}{1+9} = \frac{1}{10}$, devient $\frac{1}{1+18} = \frac{1}{19}$.

Il est facile de voir d'après cela que plus est forte la résistance du conducteur interposé entre les pôles, moins est grande l'influence de la résistance des autres parties du circuit.

M. Pouillet a fait la même vérification en employant la boussole de tangentes décrite dans le quatrième chapitre, et en interposant des conducteurs de différente longueur. La résistance totale du circuit (composée des résistances du couple de Daniell, qu'il employait comme générateur, du fil du galvanomètre et des conducteurs divers destinés à établir la communication) étant R avant l'introduction des fils, devient successivement, à mesure qu'on introduit les fils de différentes longueurs, $R + 5^m$, $R + 10^m$, etc. Il en résulte le tableau suivant :

Résistances.	Déviations observées.	Tangentes des déviations.
R	62° 00′	1,880
$R + 5^m$	40° 20′	0,849
$R + 10^m$	28° 30′	0,543
$R + 40^m$	9° 45′	0,172
$R + 70^m$	6° 00′	0,105
$R + 100^m$	4° 15′	0,074

En comparant la première observation avec chacune des suivantes, et en se servant de la formule $I - I' : I :: r : R + r$, on verra combien sont exactes et la loi et la formule déduite, car, en y substituant successivement les valeurs de la table, c'est-à-dire 1,880 au lieu de I; 0,849, 0,543, etc., au lieu de I'; 5, 10, 40 mètres, etc., au lieu de r, on obtient, dans chaque cas, pour R, les valeurs $4^m,11$, $4^m,06$, $4^m,01$, $4^m,14$ ou $4^m,09$, qui diffèrent très-peu, et dont la moyenne $4^m,08$ indique la résistance du circuit primitif représentée par $4^m,08$ de longueur du fil employé pour les conducteurs, qui est celle que nous avons appelée *longueur réduite* du générateur, et qui doit être ajoutée à la longueur du conducteur pour former le circuit réduit.

M. de la Rive établit encore deux autres lois importantes qui découlent implicitement des précédentes, dit-il, mais qu'on peut démontrer directement. Ces lois sont que *la résistance qu'offre au courant un conducteur quelconque est proportionnelle à sa lon-*

gueur et en raison inverse de sa section. Les chiffres obtenus dans la démonstration de la loi antérieure, confirmés par une multitude d'expériences, prouvent suffisamment la vérité de la loi relative à la longueur du conducteur, car les fils employés étaient du même diamètre et de la même nature.

La seconde loi, qui établit que l'intensité du courant est proportionnelle à la section, ou, ce qui revient au même, que la résistance est en raison inverse de la section du conducteur, se démontre par le même procédé, soit en composant des circuits avec deux, trois ou quatre fils parallèles du même diamètre et de la même longueur, soit en changeant pour chaque cas les fils et en les remplaçant par d'autres de la même longueur, mais d'un diamètre différent.

M. Pouillet a répété ses expériences avec des fils laminés, pour prouver que la surface n'exerce aucune espèce d'influence. Les soudures sont aussi sans influence, pourvu que tous leurs points acquièrent la même température.

La loi des longueurs et des sections s'applique aussi bien aux conducteurs liquides qu'aux solides ; mais, pour la démontrer, il faut tenir compte qu'en introduisant les électrodes dans le liquide, il y a une diminution d'intensité qui est due à la *résistance au passage* que nous avons déjà expliquée.

Une autre loi très-importante, qui dérive également des précédentes, et confirmée aussi par l'expérience, est celle qui régit *le partage du courant électrique entre deux conducteurs parallèles placés dans le circuit.* Si ces conducteurs sont de même nature, de même diamètre et de même longueur, conditions que remplissent deux fils métalliques semblables, il est évident que le courant se partage également entre eux, comme l'ont démontré les expériences directes de M. Pouillet, que nous avons citées pour la loi des sections. Mais, s'ils ont des longueurs différentes, tout en étant de même nature et de même diamètre, la longueur de l'un étant m et celle de l'autre n, le courant qui traverse chacun d'eux est proportionnellement inverse de leur longueur, et l'intensité du courant total est la même que si, au lieu de deux fils d'une longueur m et n, on en plaçait dans le circuit un seul d'une longueur $\frac{mn}{m+n}$[1]. Généralement, si a et b représentent les résistances respectives de deux conducteurs quelconques interposés parallèlement dans le circuit, la résistance complète des deux conducteurs est la même que celle d'un conducteur unique dont la résistance aurait pour expression $\frac{ab}{a+b}$. Les deux conducteurs peuvent différer par leur nature, leur longueur et leur section, ou par ces trois circonstances réunies; seulement il faut, pour que la loi se vérifie, qu'ils soient tous les deux métalliques ou tous les deux liquides, à cause du nouvel élément que ferait entrer la résistance au passage, si l'un était métallique et l'autre liquide. M. Poggendorff a mis en évidence cette exception importante de la loi. (De la Rive.)

La théorie des courants dérivés est une conséquence de la loi que nous venons d'exposer.

Quand, dans un circuit fermé, on réunit deux points de ce circuit par un conducteur additionnel, on opère ce qu'on appelle une *dérivation* du courant. Les deux points du circuit d'où part et où aboutit le nouveau conducteur se nomment *points de dérivation*, et l'intervalle qui les sépare *distance de dérivation;* le conducteur ou fil ajouté est le *fil de dérivation*. On désigne la portion du courant qui passe par ce fil sous le nom de *courant dérivé;* et sous celui de *courant partiel* la portion qui continue de passer par la partie du circuit comprise entre les deux points de dérivation; enfin on appelle *courant primitif* le courant qui existait avant qu'on eût opéré la dérivation, et *courant principal* la totalité du nouveau courant, nécessairement plus fort, qui traverse tout l'ensemble du circuit, après qu'on a ajouté le *fil de dérivation*.

[1] En effet, d'après la loi des longueurs, en appelant i' et i'' les intensités des deux courants partiels qui passent respectivement par les fils de la longueur m et de la longueur n, $i'+i''$ étant égal à i, intensité du courant total, on a :

$$i' : i'' :: n : m, \text{ ou, ce qui revient au même,}$$
$$i'+i''=i : i' :: n+m : n,$$

D'où $\frac{i'}{i'+i''} = \frac{n}{n+m}$.

On a aussi $i'+i''=i : i' :: m : x$, x étant la longueur cherchée.

D'où $x = \frac{i'}{i'+i''} \times m = \frac{mn}{m+n}$.

Il est facile, d'après les principes et les lois que nous avons exposés, de déterminer les intensités du courant principal, du courant dérivé et du courant partiel, du moment qu'on connaît celle du courant primitif, la longueur réduite du circuit primitif, la distance des points de dérivation et la conductibilité ou la résistance du fil de dérivation. Nous ne nous arrêterons donc pas à déduire les formules pour chacune de ces intensités; nous nous contenterons de présenter le résultat final, en recommandant à ceux qui voudront suivre la marche de l'opération le paragraphe 278 de la troisième édition du *Traité de physique* de M. Pouillet. Les formules sont :

$$x = t\,\frac{kp+1}{kp+1-n}$$

$$y = t\,\frac{kp}{kp+1-n}$$

$$z = t\,\frac{1}{kp+1-n}$$

$$t = \frac{E}{R}$$

Formules dans lesquelles

x = représente l'intensité du courant principal,

y = celle du courant partiel,

z = celle du courant dérivé,

t = celle du courant primitif,

n = le rapport de l'intervalle de dérivation à la longueur du circuit primitif,

k = le rapport de la longueur du fil de dérivation à celle de l'intervalle de dérivation,

p = le rapport des sections de l'intervalle de dérivation et du fil de dérivation,

E = la force électro-motrice,

R = la résistance qu'éprouve le courant primitif.

On tire de ces formules un grand nombre de conséquences importantes, en donnant des valeurs aux lettres.

Si on suppose, par exemple, la valeur de n très-petite, c'est-à-dire si l'intervalle de dérivation est très-court, le courant principal est égal au courant primitif, c'est-à-dire que celui-ci n'est pas altéré par la dérivation. Si, au contraire, $n = 1$, c'est-à-dire si on fait la dérivation aussi près que possible de la source, le courant partiel devient, suivant la formule, égal au courant primitif, c'est-à-dire que toute l'électricité qui passait par l'ancien circuit continue de passer sans aucune modification; et que le générateur donne directement au fil additionnel de dérivation toute la quantité d'électricité qui convient à sa longueur, à sa section et à sa conductibilité; par conséquent, si la longueur du fil de dérivation est alors égale à l'intervalle de dérivation, la formule doit donner et donne en effet : que l'intensité du courant dérivé est égale à celle du courant primitif quand la section est la même, ou $p = 1$; double, quand la section est double, ou $p = \frac{1}{2}$, etc., et que le courant principal ne cesse pas d'être égal à la somme du courant partiel et du courant dérivé, ce qui revient à dire en dernier résultat que l'intensité du courant est proportionnelle à la section du circuit, comme il a été démontré plus haut.

Si on modifie la valeur de k, la longueur du fil de dérivation restant la même, et si l'on diminue de plus en plus l'intervalle de dérivation, k augmentera, et sa valeur deviendra infinie quand l'intervalle sera nul, c'est-à-dire quand les deux points de dérivation seront excessivement rapprochés l'un de l'autre; alors, d'après la formule, il n'y a plus de courant dans le fil de dérivation. Au contraire, à mesure que l'intervalle de dérivation augmente, le fil de dérivation restant toujours le même, la valeur de k devient de plus en plus petite, et elle peut être très-près de 0 quand le fil de dérivation est très-court par rapport à l'intervalle de dérivation; et alors, d'après la formule, il n'y a plus de courant partiel sensible; toute l'électricité passe dans le fil de dérivation, et le courant dérivé est égal au courant principal, qui se trouve lui-même beaucoup plus grand que le courant primitif, et d'autant plus grand que la valeur de n approche plus de l'unité, c'est-à-dire d'autant plus que le premier point de dérivation se rapproche davantage de la source ou générateur.

Soit p maintenant le rapport des sections du circuit primitif pris entre les points de dérivation et du fil de dérivation lui-même, on conçoit que si l'on change en même temps et dans la même proportion les sections de l'un et de l'autre, leurs longueurs restant les mêmes, les intensités relatives du courant principal, du courant partiel et du courant dérivé sont les mêmes; mais leurs intensités absolues varient, parce que n, c'est-à-dire le rapport entre les longueurs du circuit primitif et du fil de dérivation, change de valeur.

Quand les valeurs de p et de k sont un peu grandes et que la valeur de n est petite, c'est-à-dire quand le fil de dérivation n'est pas éloigné de la source et n'a pas une longueur et une section moindres que l'intervalle de dérivation, le courant dérivé est proportionnel à la section du fil de dérivation.

Dans les formules citées, on a supposé que la conductibilité du fil est toujours la même dans le circuit primitif et dans le circuit de dérivation; mais, s'il n'en était pas ainsi, il faudrait y introduire les modifications nécessaires; ce qui n'est pas difficile, car, les effets de la conductibilité étant les mêmes que ceux de la section, si l'on représente par c la conductibilité du circuit primitif et par $\frac{c}{p'}$ celle du fil de dérivation, il n'y aurait qu'à écrire partout, dans les formules, pp' au lieu de p. (Pouillet.)

En dernier résultat, on peut conclure des observations et des expériences sur les dérivations faites avec un même fil de dérivation dans des circuits primitifs de différentes sections : que l'*intensité du courant dérivé est en raison inverse de la section du fil dans l'intervalle, et en raison inverse aussi de sa conductibilité*.

Lorsque, après avoir fait une première dérivation, on en fait une seconde dans une autre portion du circuit, il est facile de trouver les intensités du courant principal définitif, et celles des deux courants partiels et des deux courants dérivés. Ces dérivations, faites à côté les unes des autres, reçoivent le nom de *dérivations multiples*, et leurs formules se déduisent de celles qui ont été exposées.

Wheatstone a appliqué les propriétés des courants dérivés à la construction d'appareils destinés à mesurer, soit les résistances, soit les intensités des courants, appareils avec lesquels il semble avoir remplacé avantageusement le *rhéostat*, dont il est lui-même l'inventeur, comme nous l'avons vu au cinquième chapitre. Il s'en est servi pour déterminer les conditions les plus avantageuses à la production des effets électriques à travers des circuits d'une grande longueur. (*Voyez* la seconde édition du *Traité de télégraphie*, de l'abbé Moigno, 1852.)

Parmi les diverses questions qui se rapportent à la théorie des courants dérivés, il en est une qui a beaucoup occupé l'attention des physiciens, c'est celle de savoir si un même conducteur peut être parcouru en même temps par deux courants dirigés en sens contraire.

Au point de vue théorique, nous sommes parfaitement d'accord avec M. de la Rive, auquel il semble difficile d'admettre que les molécules successives d'un conducteur puissent transmettre à la fois deux courants dirigés en sens contraire; car, pour cela, il serait nécessaire que les particules fussent polarisées à la fois en deux sens opposés, ce qui est impossible. Il est plus probable que, si les deux courants contraires sont parfaitement égaux, les deux polarisations opposées se détruisent, et qu'il n'y a aucune propagation d'électricité. Si les deux courants sont inégaux, les molécules se polarisent avec une intensité égale à la différence existant entre les deux courants; il ne passe par conséquent à travers le fil conducteur qu'un courant qui est la différence des deux courants contraires. Si les deux courants, au lieu de traverser la même file de molécules ou d'aboutir à ses extrémités, comme il arrive avec un fil conducteur ordinaire, aboutissaient à un conducteur de grandes dimensions, il pourrait très-bien se faire que tous deux passassent en sens contraire par le même conducteur, mais propagés par différentes séries de molécules; cependant il est difficile, vu la tendance à la dissémination, qu'il y ait une indépendance complète, et que leur présence simultanée dans le même conducteur ne modifie pas la route qu'ils suivraient s'ils étaient seuls.

Quant à la question pratique, les expériences qui ont été faites, en unissant au moyen de deux fils les pôles opposés des deux piles, puis en unissant à leur tour directement ces deux fils par un troisième fil transversal, ne sont pas concluantes, parce que la constance observée dans l'intensité du courant, soit en employant, soit en supprimant le fil transversal, peut s'expliquer de la même manière en supposant, ou qu'il ne transmet aucune portion du courant, ou qu'il transmet par dérivation une certaine portion du courant de chacune des piles.

Il y a une autre expérience qui nous semble plus décisive; elle est due à M. Pétrina, de Prague, qui l'a basée sur ce fait remarquable découvert par Peltier, qu'un courant électrique, en traversant un couple de bismuth et d'antimoine, chauffe la soudure quand il va de l'antimoine au bismuth, et la refroidit quand il va du bismuth à l'antimoine.

L'appareil dont il se servit pour ses expériences était une espèce de thermomètre à air, soudé à l'extrémité supérieure d'un tube capillaire plongeant dans un liquide coloré. L'élément thermo-électrique, formé de bismuth et d'antimoine, traversait le globe du thermomètre, dont les parois avaient deux orifices auxquels on assujettissait l'élément avec du mastic, et deux gros fils de cuivre fixés aux extrémités de cet élément allaient se réunir aux deux pôles d'une pile de Grove.

Si l'on échauffe la boule de verre avec la main, assez pour que quelques bulles d'air s'échappent à travers le liquide du tube, on observe, après le refroidissement de la boule, que le liquide s'élève de quelques pouces dans le tube, de manière qu'en comparant sur une échelle divisée en pouces et dixièmes de pouce, on peut apprécier toutes les variations de température qui ont lieu à l'intérieur de la boule.

L'appareil ainsi disposé, on dirige un même courant électrique, successivement dans les deux sens, à travers l'élément thermo-électrique, et l'on observe constamment que le refroidissement n'est qu'une fraction de l'échauffement, autrement dit que la longueur de la colonne liquide produite par le refroidissement est beaucoup moindre que la dépression produite par l'élévation de température. Or, si l'on dirige à la fois deux courants d'une intensité égale, mais en sens contraire, à travers l'élément thermo-électrique, la partie supérieure de la colonne liquide doit descendre si les courants coexistent et se superposent, car l'élévation de température que produit l'un des courants occasionne un abaissement plus grand dans la colonne que l'élévation produite par le refroidissement, tandis que, si elle reste immobile, c'est une preuve que les deux courants se détruisent, ou n'existent pas en même temps.

Pour ne pas employer deux piles, qu'il est presque impossible d'obtenir d'égale intensité, M. Pétrina a eu recours à deux courants dérivés d'un courant principal, et, en les faisant circuler à travers le même galvanomètre, il allongeait ou raccourcissait les fils introduits dans le circuit jusqu'à ce que la déviation fût rigoureusement nulle. Or, comme en passant en sens contraire par le thermomètre les deux courants égalisés n'ont jamais produit de dépression, tandis qu'au contraire ils occasionnaient un mouvement dans le liquide du tube aussitôt que l'égalité était détruite, M. Pétrina crut, non sans quelque raison, que le conducteur traversé par deux courants en sens contraire ne laissait passer en réalité que la différence existant entre eux.

Professant l'opinion contraire, M. du Moncel cite à l'appui l'expérience de M. Masson dans l'œuf philosophique, et prétend que, puisque l'on voit en même temps la lumière bleue dans les deux boules de l'œuf, quand elles sont traversées par deux courants contraires provenant de deux machines d'induction, tandis que, si l'œuf n'est traversé que par un seul courant, la lumière bleue n'apparaît que sur une des boules; c'est une preuve que les deux courants le traversent en même temps. Mais cet argument n'est pas concluant, car, les courants d'induction n'étant pas rigoureusement continus, l'un peut passer quand l'autre ne passe pas, et, si les intervalles de temps sont plus petits que ceux qu'exige l'impression de la lumière pour disparaître de la rétine, on peut voir simultanément les deux lumières bleues, quoique en réalité elles ne soient pas produites ainsi. Quand le synchronisme des deux appareils est parfait, ce qui nous paraît presque impossible à obtenir, M. Gaugain dit que l'effet est dû aux courants dérivés qui s'établissent à travers les enveloppes isolantes, et que le phénomène des deux lumières bleues se produit avec un seul courant quand on augmente les résistances du circuit.

CONDUCTIBILITÉ ÉLECTRIQUE DES CORPS.

Nous avons dit dans le chapitre premier, et nous avons répété dans celui-ci, qu'il n'y a pas de conducteur parfait, et que tous les corps présentent une résistance plus ou moins grande à la propagation de l'électricité; de même les substances les plus idio-électriques peuvent transmettre plus ou moins d'électricité; mais il faut, pour obtenir ce résultat avec celles que nous appelons isolantes, comme les résines, le verre, la gutta-percha, l'air atmosphérique, etc., un générateur électrique d'une très-grande intensité; et même avec la source la plus énergique, comme la foudre, par exemple, ces substances ne transmettent point l'électricité sous la forme qui constitue l'état dynamique; mais elles la propagent ou trop lentement pour agir sur l'aiguille aimantée, ou avec une trop grande rapidité, — et alors elles se brisent elles-mêmes sous l'action de la décharge, — pour qu'il puisse y avoir un courant proprement dit.

Nous avons dit que nous n'appellerons conducteurs que les corps qui permettent le passage de l'électricité, de manière qu'elle puisse exercer son action sur l'aiguille aimantée. Nous allons maintenant examiner la conductibilité différente de ces corps par rapport à leur nature et à diverses circonstances physiques, comme nous venons de le faire par rapport à leurs dimensions.

La détermination de la conductibilité spécifique des corps est un problème des plus difficiles à résoudre, car non-seulement sa solution est fondée sur des principes très-complexes, mais elle exige des appareils doués à la fois d'une grande sensibilité et d'une extrême précision. Nous n'entrerons donc pas dans une étude approfondie à cet égard; nous ne nous arrêterons pas davantage à donner l'explication des méthodes qui ont été employées et qui sont fondées sur les mêmes principes que ceux au moyen desquels on détermine la conductibilité pour le calorique; car, bien que la manière dont se propagent les deux fluides ne soit pas tout à fait semblable, les récentes expériences de Kohlrausch prouvent que l'assimilation entre la propagation de l'électricité et celle du calorique à travers un corps conducteur ne peut être plus naturelle.

D'après les expériences de ce physicien, si l'on réunit les deux pôles d'une pile par deux fils de même nature et de même longueur, mais de diamètres différents, et soudés bout à bout, de manière à ne former qu'un seul fil continu, *la tension électrique augmente dans chacun des fils dans la même progression, à partir de leur point de contact, qu'on fait communiquer avec le sol; seulement les tensions absolues dans chacun des fils sont inverses des sections*. Quand, au lieu de deux fils de même nature, on en prend deux de nature différente, mais de même diamètre, de manière que l'un présente beaucoup plus de résistance que l'autre, on trouve que *les tensions absolues aux extrémités de chaque fil sont proportionnelles à leur résistance respective*, déterminée au moyen du rhéostat de Wheatstone, que nous connaissons déjà.

On obtient les mêmes résultats en se servant d'un conducteur liquide; et on peut même s'assurer, dans ce cas, que *la tension est la même dans tous les points de la section transversale*. On peut donc considérer chaque tranche transversale d'un conducteur homogène comme chargée de quantités différentes d'électricité dans les deux faces, mais uniformément répartie dans chacune d'elles; quantités qui, pour une force électro-motrice constante, diffèrent d'autant plus que la résistance de la tranche à la propagation de l'électricité est plus grande.

Si nous comparons les résultats de ces expériences avec la théorie que nous avons émise sur la propagation de l'électricité par la polarisation des molécules consécutives, nous pouvons dire que *la résistance à la conductibilité n'est autre chose que la somme des résistances qu'opposent les particules successives à leur polarisation électrique et à la neutralisation de leurs électricités contraires*. Chaque particule ou molécule physique possède comme une force coercitive ou isolante plus ou moins grande, qui s'oppose à la séparation des deux électricités en elle; puis, cette séparation opérée, il existe une résistance à la réunion des électricités contraires de deux particules consécutives, soit à cause de leur distance mutuelle plus ou moins grande, soit à cause de leur nature même plus ou moins cohibente, c'est-à-dire propre à opposer un obstacle, un empêchement. C'est en tenant compte de ces deux éléments si différents qu'on peut expliquer que la même circonstance extérieure, par exemple l'élévation de température, puisse, dans certains cas, favoriser la conductibilité, et, dans d'autres cas, la diminuer, selon qu'elle agit sur les particules mêmes ou sur leurs positions relatives.

Il est probable que les effets de chaleur, de lumière et les secousses physiologiques qui accompagnent presque toujours la transmission de l'électricité dynamique, sauf dans les cas où la résistance est très-faible, sont intimement liés aux deux causes de résistance que nous avons indiquées. Quant aux décompositions chimiques, elles doivent provenir essentiellement de l'arrangement que la polarisation des particules détermine dans le mode de groupement des atomes dont elles se composent, et des perturbations que les décharges qui suivent la polarisation apportent à cet arrangement[1]. (De la Rive.)

MM. Priestley, Harris et Riess ont proposé de déterminer le pouvoir conducteur des métaux au moyen de décharges électriques. M. Wilkinson, en se servant d'un courant électrique, au lieu de la décharge, suivit la même méthode, se fondant sur le principe admis *à priori*, que le degré de température où s'élève un fil par suite du passage d'une quantité donnée d'électricité est inverse de sa conductibilité électrique.

M. Christie employait une autre méthode, fondée sur ce fait observé par M. Faraday, que l'intensité des courants d'induction est proportionnelle au pouvoir conducteur des substances soumises à l'induction.

En prenant des fils de divers métaux, de même longueur et de

[1] M. de la Rive fait remarquer ici qu'il envisage la conductibilité électrique autrement que Faraday, tout en étant d'accord avec lui sur la polarisation des molécules. Faraday, regardant la continuité comme une condition essentielle de la conductibilité électrique, considérait comme indispensable que l'espace intermoléculaire fût conducteur; M. de la Rive attribue à la molécule seule la propriété d'être plus ou moins conductrice ou isolante.

même diamètre, et cherchant combien chacun d'eux pourrait décharger de couples voltaïques, M. Davy a réussi à établir d'une manière plus directe les deux lois générales de la conductibilité, à savoir : *que les pouvoirs conducteurs sont en raison inverse des longueurs, et en raison directe des sections des fils métalliques qui conduisent l'électricité.*

MM. Becquerel et Pouillet sont parvenus par des méthodes plus exactes à confirmer les lois trouvées par M. Davy et à déterminer les pouvoirs conducteurs de divers métaux; mais les résultats numériques obtenus par le premier avec le galvanomètre différentiel ne sont pas d'accord avec ceux du second, sans doute par suite de quelques différences dans la constitution moléculaire des deux métaux soumis aux expériences.

En se servant du rhéostat de Wheatstone, M. Becquerel a formé des tables d'où il résulte, qu'en faisant les expériences avec un seul fil de fer, *la résistance que détermine l'introduction du fil dans le circuit augmente en effet proportionnellement à la longueur du fil*, ou, ce qui revient au même, que *sa conductibilité est en raison inverse de sa longueur.*

Des expériences faites avec deux fils de fer de même longueur, mais d'un diamètre différent, il résulte que *l'augmentation de résistance occasionnée par l'introduction dans le circuit d'un fil de fer d'une certaine longueur est, relativement à celle que produit l'introduction d'un fil de même longueur, mais d'un diamètre différent, en raison inverse des carrés des deux diamètres.*

Le pouvoir conducteur des métaux est plus grand quand ils sont recuits que quand ils sont écrouis, et la température influe aussi d'une manière notable. La variation de la conductibilité, d'après M. Becquerel, suit d'une manière assez régulière, dans le même métal, la variation de température, et généralement elles sont proportionnelles; mais elle diffère beaucoup d'un métal à l'autre, et n'est point en rapport avec sa conductibilité absolue.

La conductibilité électrique du charbon n'a jamais été déterminée avec précision. Cela tient aux différences qu'elle présente, depuis le diamant, qui est complétement isolant, jusqu'au graphite et à la plombagine, qui sont de bons conducteurs. M. Kemp a démontré l'influence considérable qu'exerce l'élévation de température sur le pouvoir conducteur du charbon de bois, qu'elle augmente considérablement. Mais cette influence, qui est contraire à ce qui a lieu pour les métaux, diffère également en ce qu'elle est permanente, c'est-à-dire que le fait d'avoir été exposé à une très-haute température est ce qui rend le charbon de bois meilleur conducteur. (De la Rive.)

La détermination des pouvoirs conducteurs des liquides a été obtenue en suivant les mêmes procédés que pour les solides; il faut seulement avoir égard à deux circonstances qui ne se présentent pas quand il s'agit de ces derniers. La première, c'est la résistance au passage qui a lieu dans la transmission du courant électrique à la surface de contact du liquide et de l'électrode de métal; la seconde, c'est l'altération que subit très-promptement le liquide soumis à l'expérience, par l'effet de la décomposition chimique.

M. Becquerel, qui a fait des expériences très-délicates sur l'influence qu'exerce sur la conductibilité de différentes dissolutions salines la quantité plus ou moins grande d'eau qu'elles renferment, a trouvé que, si le pouvoir conducteur d'une dissolution saturée de sulfate de cuivre est 5,42, il se réduit à 3,47 quand la dissolution est diluée de manière que le volume soit double, et, si l'on ajoute de l'eau jusqu'à ce que le volume soit quadruple, le pouvoir conducteur se réduit à 2,08.

M. Pouillet, en employant la méthode de M. Wheatstone, différente de celle de M. Becquerel, a obtenu des résultats assez rapprochés; d'après ses expériences, le pouvoir conducteur du sulfate de cuivre est seize millions de fois plus faible que celui du cuivre.

M. E. Becquerel a observé que, dans certains sels, tels que le nitrate de cuivre et le sulfate de zinc, le pouvoir conducteur augmente à mesure qu'on étend la dissolution, jusqu'à une certaine limite, à laquelle il atteint son maximum, puis qu'ensuite il diminue; de telle sorte qu'on peut avoir une dissolution très-étendue possédant le même pouvoir conducteur qu'une autre très-concentrée. M. de la Rive dit avoir observé le même phénomène avec l'acide sulfurique; et ce qu'il y a d'assez remarquable, c'est que la dissolution la plus conductrice est précisément celle qui exerce l'action chimique la plus vive sur les métaux oxydables, comme le zinc, le fer, etc.

Il est donc évident qu'il existe une relation entre la conductibilité électrique des liquides et leurs propriétés chimiques. (De la Rive.)

L'influence de la température, d'après les expériences de MM. Becquerel et Hankel, est aussi très-sensible sur le pouvoir conducteur des liquides, mais contraire à celle qu'elle exerce sur les métaux, c'est-à-dire que l'élévation de la température augmente la conductibilité des liquides au lieu de la diminuer. Ce fait avait déjà été observé par M. Marianini en 1826. Dans ces expériences, il faut tenir compte de l'influence des électrodes, car il suffit de chauffer fortement un électrode de platine, sans élever d'une manière sensible la température du liquide, pour faciliter notablement la transmission d'un courant, et porter son intensité de 12° à 30° du galvanomètre; mais ce qu'il y a d'assez curieux, c'est que ce résultat ne s'obtient qu'autant que celui des électrodes qu'on chauffe est le négatif; l'élévation de température de l'électrode positif n'a aucune espèce d'influence. Cet effet tient à une cause chimique facilitée par la chaleur qui détruit la polarisation de l'électrode, car celle-ci, comme on le sait, contribue à diminuer l'intensité du courant transmis.

On doit à Faraday la découverte d'une autre sorte d'influence exercée par la chaleur sur la conductibilité des corps : elle consiste à rendre conducteurs, en les faisant passer à l'état liquide, une foule de corps composés qui, à l'état solide, étaient incapables de transmettre un courant, ou ne le transmettaient qu'imparfaitement.

Parmi les substances qu'il a trouvées susceptibles de devenir anélectriques quand elles sont liquéfiées par la chaleur, d'isolantes ou idio-électriques qu'elles étaient à l'état solide, se trouvent la glace, le verre, la potasse et plusieurs autres oxydes et composés métalliques; au contraire, le soufre, le phosphore, et plusieurs composés métalliques aussi, peuvent se fondre sans que le pouvoir conducteur se développe en eux. Une circonstance remarquable de cette propriété, c'est que le simple ramollissement d'un corps par la chaleur ne suffit pas, en général, il faut qu'il devienne complétement liquide, ce qui semblerait prouver que l'effet tient moins à l'élévation de température qu'à la liquéfaction du corps. M. de la Rive, qui prétend qu'un corps composé ne peut conduire l'électricité à la manière des corps simples, sans éprouver une décomposition, dit qu'il est probable que ce phénomène tient à ce que la décomposition ne peut s'effectuer qu'autant que les corps sont liquides. A l'appui de cette opinion, il cite un exemple très-remarquable : l'eau, qui est par elle-même très-peu conductrice, rend anélectriques non-seulement les corps solides qu'elle dissout, mais divers liquides isolants, tels que le brome, l'iode fondu et le chlore liquéfié.

Ainsi que l'a fait M. de la Rive, nous pouvons résumer de la manière suivante tout ce qui a été dit sur la conductibilité des corps :

1° Les métaux et le charbon ont une conductibilité propre qui varie avec leur nature et avec leur état moléculaire ;

2° L'élévation de température diminue dans tous les métaux le pouvoir conducteur dans une proportion variable, pour chacun d'eux, avec leur nature et leur état moléculaire ;

3° Quelques corps solides, isolants à la température ordinaire, deviennent conducteurs lorsqu'ils sont chauffés ; mais le plus grand nombre n'acquièrent cette propriété que s'ils sont assez chauffés pour passer à l'état liquide ;

4° Dans les dissolutions aqueuses, le pouvoir conducteur varie avec leur degré de concentration, les plus concentrées étant ordinairement, sauf dans quelques cas exceptionnels, les plus conductrices ; et ce pouvoir augmente généralement avec l'élévation de la température ;

5° Les différences existant entre les corps simples et les corps composés, quant à l'influence de la chaleur, semblent indiquer que leur conductibilité, ou, ce qui revient au même, leur mode de propager l'électricité, n'est point complétement identique, ce qui tient probablement à ce que, dans les corps composés, la transmission du courant électrique est toujours accompagnée ou d'un changement moléculaire, ou le plus souvent, sinon toujours, d'une décomposition chimique;

6° La question de la conductibilité électrique des corps composés ne peut être traitée complétement qu'en faisant l'étude des décompositions électro-chimiques, branche trop étendue et qui s'éloigne trop de notre but pour que nous essayions même d'en donner un résumé aussi complet que ceux que nous avons exposés jusqu'ici. (Consulter à cet égard le second volume du *Traité d'électricité* de M. de la Rive.)

PROPAGATION DE L'ÉLECTRICITÉ DANS LES CONDUCTEURS IMPARFAITS.

Nous commencerons ce paragraphe en répétant ce que nous avons déjà dit tant de fois sur les corps conducteurs et isolants, à savoir qu'il est impossible d'établir deux catégories tranchées, parce que la conductibilité n'est pas absolue. Nous avons déjà parlé des corps qui sont assez bons conducteurs pour transmettre l'électricité voltaïque d'une manière continue et rapide, propriété qui est manifestée par les effets dynamiques du courant. Nous allons maintenant étudier la propagation de l'électricité dans des corps dont plusieurs sont considérés comme isolants; ou qui, du moins, conduisent l'électricité trop imparfaitement pour pouvoir, sauf dans des circonstances exceptionnelles, transmettre un courant proprement dit.

Priestley avait observé que la glace, le verre, quand il est chaud ou pilé, la flamme d'une chandelle et un grand nombre de substances minérales peuvent transmettre une décharge électrique. Coulomb, dans ses admirables travaux sur la déperdition lente de l'électricité, avait découvert que des cylindres faits des substances en apparence les plus isolantes, telles que le verre, la cire d'Espagne, et même la gomme laque, transmettent, difficilement à la vérité, mais d'une manière sensible pourtant, l'électricité accumulée sur le conducteur d'une machine électrique avec lequel on les met en contact par une de leurs extrémités. Il est vrai qu'il découvrit aussi que, lorsque l'intensité de l'électricité n'est pas très-forte, un fil de gomme laque de 1 millimètre de diamètre et de 50 de longueur environ suffit pour isoler complétement une balle de sureau de 12 à 15 millimètres de diamètre. Mais, comme on le voit, cette propriété isolante n'est pas absolue, car Coulomb a lui-même observé que le degré de réaction électrique auquel des supports cylindriques très-fins commencent à isoler est, pour un même état de l'air, proportionnel à la racine carrée de leur longueur. Pour connaître la perméabilité de toutes les substances qui transmettent imparfaitement l'électricité, Coulomb observa l'intensité de la réaction électrique au moment où l'isolement commence, pour des fils de même longueur et de même diamètre, mais de nature différente. C'est ainsi qu'il s'est assuré que la valeur de cette réaction est dix fois plus forte pour un fil de gomme laque que pour un fil de soie.

Nous ne ferons que mentionner les travaux de M. Riess, qui a soumis à l'épreuve un grand nombre de substances pour s'assurer si elles sont ou non conductrices; d'après ses expériences, il a divisé les corps en conducteurs, conducteurs imparfaits, et non conducteurs, suivant la rapidité avec laquelle ils enlèvent l'électricité à un électroscope chargé.

Dans les liquides, comme dans les solides, il s'en trouve quelques-uns qui, bien que considérés comme isolants, ne sont cependant autre chose que des conducteurs imparfaits : tels sont, par exemple, les diverses espèces d'huiles qui présentent entre elles des différences notables observées par M. Rousseau; ainsi l'huile d'olive possède une conductibilité très-inférieure à celle de toutes les autres huiles végétales ou animales; et il suffit d'y ajouter un centième seulement d'une autre espèce d'huile pour augmenter considérablement son pouvoir conducteur.

Nous rappellerons ici ce que nous avons dit sur la manière dont se propage l'électricité d'après les théories et les expériences de Faraday. L'idée fondamentale de ce physicien est que la propagation de l'électricité se fait dans les corps plus ou moins isolants par la polarisation des molécules successives, et que chaque corps possède à cet égard un pouvoir spécifique qui lui est propre. Cette théorie été confirmée par M. Matteucci dans son expérience remarquable des lames de mica superposées, qui se trouvent polarisées, c'est-à-dire possèdent sur chacune de leurs faces une électricité différente, quand elles sont interposées entre deux armures fortement chargées d'électricités contraires.

Au moyen de cette expérience directe et de plusieurs autres, il est facile de démontrer la propagation de l'électricité dans un corps isolant; mais les nombreux résultats obtenus principalement par M. Matteucci ne conduisent pas à des lois très-simples, bien que les conclusions ne laissent pas que d'être curieuses.

En établissant le contact entre une lame isolante et la boule électrisée de la balance de Coulomb, il résulte que la quantité d'électricité acquise par la lame est proportionnelle et d'autant plus grande que la charge électrique est plus forte; elle est aussi d'autant plus considérable que la lame isolante est plus mince et moins étendue, ce qui tient à ce que l'effet est concentré sur un moins grand nombre de points et est, par conséquent, proportionnellement plus fort.

M. de la Rive croit pouvoir conclure des expériences de M. Matteucci que l'électricité se propage dans les corps isolants comme dans les corps conducteurs, et que le pouvoir isolant ne consiste que dans la résistance plus ou moins grande à l'établissement et à la destruction successive des états électriques moléculaires.

Un fait assez remarquable, c'est que l'électricité négative se propage plus facilement que l'électricité positive, soit sur la surface, soit à l'intérieur des corps isolants, et c'est à cette propriété différente des deux électricités que M. de la Rive attribue le phénomène des figures de Lichtenberg. Pour observer ce phénomène, on trace quelques lignes ou figures sur un gâteau de résine avec le bouton d'une bouteille de Leyde dont on tient à la main l'armature extérieure; on trace ensuite avec l'armature extérieure, en tenant la bouteille par le bouton, d'autres figures différentes, puis on saupoudre le gâteau avec un mélange de soufre et de minium triturés ensemble. Toutes les particules de soufre se dirigent vers les lignes positives, et toutes celles de minium vers les lignes négatives, et elles y restent adhérentes, lors même qu'on souffle sur le gâteau, ou qu'on le secoue fortement. Il est à remarquer encore que le soufre forme autour de chacun des points électrisés positivement une petite aigrette, tandis que sur les points négatifs le minium ne laisse qu'une tache circulaire. Ce phénomène a été expliqué jusqu'à présent par la supposition que dans la trituration les molécules de soufre ont pris l'électricité négative et celles de minium l'électricité positive; l'explication de M. de la Rive, que nous avons mentionnée plus haut, se rapporte seulement à la manière différente dont se groupent le soufre et le minium autour des lignes électrisées.

Les différences de température, même les plus légères, font varier considérablement le pouvoir isolant des corps; mais cette variation ne suit pas les mêmes progressions dans les différentes substances. Ainsi, avec des charges électriques très-fortes, le soufre est, jusqu'à 20° du thermomètre, moins isolant que la gomme laque; et c'est le contraire au delà de cette température.

Il ne faut pas confondre cette influence de la chaleur avec celle qui consiste à enlever de la surface de quelques corps, tels que le verre et le mica, une mince couche d'humidité qui les rendait un peu conducteurs. Dans ce cas, l'élévation de la température augmente le pouvoir isolant; mais un réchauffement plus fort le diminue : le verre, la résine et la cire deviennent bons conducteurs à une température suffisante pour les amollir et meilleurs encore s'ils ont été amenés à l'état liquide.

MM. de Senarmont et Wiedmann ont fait des expériences très-intéressantes sur les propriétés conductrices des cristaux; mais nous ne nous y arrêterons pas, parce que cela nous entraînerait trop loin, et que cela est plutôt du domaine de la minéralogie.

M. Ermann avait cru trouver dans une classe particulière de conducteurs imparfaits, qu'il avait nommés *unipolaires*, la propriété de transmettre l'une des électricités plus facilement que l'autre. Il introduisait dans un morceau de savon bien sec deux fils de métal communiquant chacun avec l'un des pôles d'une pile voltaïque; les deux pôles conservaient leur tension; mais, si l'on touchait le savon avec un corps conducteur, le pôle négatif se déchargeait, tandis que le pôle positif acquérait le maximum de tension qu'il possède quand, la pile étant isolée, on fait communiquer le pôle négatif avec le sol. M. Ermann avait rencontré la même propriété dans le blanc d'œuf desséché et dans la flamme du phosphore; il l'avait également remarquée dans les flammes de l'hydrogène, de l'alcool et des corps hydro-carbonés en général, mais avec cette différence, que c'est le pôle positif qui se décharge avec ces flammes, tandis que le pôle négatif acquiert sa plus forte tension; il avait en conséquence donné aux premiers corps le nom de *corps unipolaires négatifs*, et aux seconds celui de *unipolaires positifs*.

Depuis, M. Ohm a démontré que la cause du phénomène observé par M. Ermann ne réside point dans une propriété de la substance interposée entre les pôles de la pile, mais qu'elle tient à l'effet que produit dans cette pile, dès que le circuit est fermé, le courant qui la traverse, effet qui consiste dans la décomposition du savon, dont l'acide stéarique ou oléique se porte au pôle positif, tandis que la soude se rend au pôle négatif. (*Voyez*, pour tout ce qui précède, le tome second de l'ouvrage de M. de la Rive).

Les conducteurs imparfaits peuvent transmettre l'électricité, non-seulement d'une manière lente et graduée, mais encore brusquement et avec instantanéité. Ce mode de transmission produit toujours la rupture de l'équilibre moléculaire des corps, rupture qui se présente sous différentes formes et est souvent accompagnée d'effets lumineux, calorifiques et chimiques. Nous avons déjà parlé, dans le chapitre premier, des décharges électiques, nous croyons par conséquent inutile de revenir sur ce point; nous ajouterons seulement qu'outre le grand développement de chaleur et de lumière qu'occasionne toujours la décharge électrique, il se produit des effets mécaniques.

En résumé, tous les phénomènes que présente la propagation lente ou instantanée de l'électricité dans les conductèurs imparfaits rendent évident le rapport intime existant entre cette propagation et l'état moléculaire des corps. Là où la propagation est lente, tout ce qui modifie l'état moléculaire influe sur elle, cristallisation, liquéfaction, simple élévation de température; là où la propagation est instantanée, c'est l'état moléculaire qui subit l'influence de la décharge électrique. Il est donc très-probable que la différence sensible qui existe à cet égard entre les bons conducteurs et les conducteurs imparfaits tient à ce que, dans ceux-ci, l'influence de la polarité des atomes précédemment établie est beaucoup plus sensible. En effet, l'imperfection même de leur pouvoir conducteur fait que les électricités contraires produites à leurs pôles, c'est-à-dire aux extrémités de leur axe, ne peuvent pas se réunir par leur surface aussi facilement que chez ceux qui sont doués d'une bonne conductibilité; il en résulte un état polaire des particules qui les oblige de changer de position pour se disposer d'une manière harmonique avec les deux électricités entre lesquelles elles sont placées, tandis que les particules conductrices éprouvent seulement l'effet d'influence ou de polarisation artificielle et non naturelle que nous avons admise pour expliquer la manière dont l'électricité se propage dans les corps conducteurs. (De la Rive.)

PROPAGATION DE L'ÉLECTRICITÉ DANS LES FLUIDES ÉLASTIQUES.

Nous dirons quelques mots sur ce sujet, qui est très-intéressant pour l'établissement des conducteurs dans les applications de l'électricité.

Les gaz, quand ils sont bien secs, et en particulier l'air atmosphérique, passent pour être parfaitement isolants; cependant ils sont susceptibles de propager l'électricité plus ou moins facilement, selon leur nature et les conditions dans lesquelles ils se trouvent placés.

Coulomb est le premier qui ait cherché à apprécier la perte d'électricité qu'éprouve, par l'effet du contact de l'air, un corps électrisé bien isolé. Après avoir éliminé la cause de déperdition qui aurait pu produire une perte par les supports isolants, il trouva que, pour un même jour et un même état de l'air, *l'affaiblissement de l'électricité, dans un temps très-court, est propor-*

tionnel à son intensité, et qu'il varie, suivant une loi difficile à déterminer, avec l'état hygrométrique de l'air.

Faraday d'abord et M. Matteucci ensuite ont fait des recherches à ce sujet. Voici les résultats obtenus par les expériences délicates du dernier de ces deux physiciens, qui s'est servi de balances de Coulomb modifiées.

1° La perte de l'électricité par le contact de l'air n'est pas augmentée par l'agitation de ce fluide; au contraire, la déperdition est moindre dans l'air agité que dans l'air calme. Ce résultat, singulier en apparence, s'explique facilement, si l'on tient compte du temps qu'il faut probablement aux particules pour se polariser et transmettre ainsi l'électricité du corps avec lequel elles sont en contact.

2° La perte d'électricité qu'éprouve un corps par le contact de l'air subit l'influence des corps qui sont en présence, et varie avec l'état électrique de ces corps. Ainsi la perte est moindre quand le corps électrisé est en présence d'un corps qui possède une électricité contraire à la sienne; elle est plus considérable quand le corps en présence n'est pas électrisé et communique avec le sol, et surtout quand les deux corps ont la même électricité.

3° La perte d'électricité dans les gaz purs, et autant que possible privés de vapeurs aqueuses, est indépendante de son intensité, et, par conséquent, constante, du moins pour des quantités d'électricité comprises dans de certaines limites; mais la perte est plus grande quand la distance est moindre entre le corps électrisé et le corps non électrisé. La première partie de cette loi diffère de celle énoncée par Coulomb, qui établissait que la perte dans un temps donné était toujours proportionnelle à la quantité totale de l'électricité; il est vrai que Coulomb opérait dans de l'air plus ou moins humide.

4° La perte de l'électricité est la même dans l'air, dans l'hydrogène et dans le gaz acide carbonique bien secs et pris à la même température et à la même pression.

5° La perte de l'électricité, qui, dans les gaz secs et purs, est généralement la même pour l'électricité positive et pour l'électricité négative, devient plus rapide pour l'électricité négative que pour l'électricité positive quand les charges électriques sont très-fortes.

6° La perte de l'électricité augmente dans l'air sec avec la température.

7° La perte de l'électricité, dans l'air sec, diminue avec la diminution de la densité de l'air; mais il faut remarquer que la quantité absolue d'électricité qui peut rester sans s'échapper à l'état de tension, sur la surface d'un corps conducteur isolé, est beaucoup moindre quand l'air est raréfié que quand il est sous une pression plus forte. M. Matteucci en conclut que, dans le vide parfait, il n'y aurait point d'électricité retenue sur la surface du corps conducteur, comme nous avons vu qu'elle existait sur le verre de la bouteille de Leyde à armatures mobiles. Les expériences qui ont fait établir cette loi semblent prouver en effet, dit M. de la Rive, que l'électricité se transmet par les particules mêmes de l'air; quant à nous, il nous semble qu'il y a quelque chose de contradictoire dans ce paragraphe.

8° La perte de l'électricité dans l'air, à une température et à une pression constantes, augmente avec la quantité de vapeur d'eau contenue dans ce même air, mais non d'après une loi simple, comme Coulomb l'avait cru. Ce n'est que dans l'air qui contient une grande quantité de vapeur d'eau que la perte se trouve approximativement proportionnelle à la tension ou à la quantité de vapeur d'eau, quelle que soit la température. Une chose assez remarquable, c'est que la présence, dans de l'air très-sec, d'autres vapeurs, telles que celles du camphre, de quelques huiles essentielles et même de l'éther sulfurique, n'exerce aucune influence sur la perte de l'électricité.

Nous n'avons considéré jusqu'ici que les lois de la propagation lente, soit de la déperdition de l'électricité dans les gaz, et nous avons vu que la densité de ceux-ci ou le nombre de leurs particules est une circonstance favorable à la propagation, tandis que leur nature n'a que peu ou point d'influence. Mais la propagation peut avoir lieu rapidement, soit par décharges, soit d'une manière continue en forme de courant; dans ce cas, la densité du gaz est, au contraire, une circonstance défavorable, et sa nature a une influence très-prononcée. Il y a de plus dans la propagation rapide un mouvement, une agitation de l'air, qui indique que le déplacement de ses molécules est nécessaire pour que la propagation puisse avoir lieu, comme dans le tourniquet électrique, et que, par conséquent, loin de la faciliter, sa présence la contrarie. Il en est de même quand la propagation rapide se fait sous forme de courant continu, au lieu de s'opérer par décharges, comme l'ont démontré les expériences de M. Colladon et de M. de la Rive.

M. E. Becquerel a obtenu à ce sujet des résultats plus complets et plus remarquables. D'après lui, la propagation du courant à travers le gaz ne peut avoir lieu sans que celui-ci ait été porté à la température rouge; mais, à partir de ce point, la résistance du gaz diminue progressivement à mesure que la température s'élève, et cette diminution est très-rapide quand le tube qui contient le gaz est chauffé au rouge blanc. Tous les gaz présentent la même propriété, mais à des degrés différents.

Quand, pour transmettre le courant dans le gaz enfermé dans un tube, on se sert de ce tube et d'un fil comme électrodes, on observe que, quand le tube, c'est-à-dire l'électrode le plus large, est négatif et que le fil est positif, la transmission se fait plus facilement que dans le cas contraire. En employant comme électrodes deux fils de platine parallèles et isolés, il n'y a pas de différence dans la transmission, qui a lieu avec une égale facilité, en quelque sens que marche le courant. En laissant entre ces deux fils un intervalle de 5 millimètres, on a observé que *la résistance de l'air chauffé au rouge est 30,000 fois plus forte que celle de l'eau contenant* $\frac{1}{20,000}$ *de sulfate de cuivre en dissolution*. Cette résistance comprend celle qui est due au passage de l'électricité des électrodes dans le gaz, indépendamment de celle qui est due au passage à travers le gaz lui-même.

Un fait digne de remarque, c'est que la température à laquelle un gaz commence à transmettre le courant voltaïque (le rouge naissant) est la même, soit que ce gaz se trouve raréfié, soit qu'on le maintienne à la pression ordinaire; mais, une fois qu'on a atteint ce degré de température, les différences deviennent sensibles avec les variations de pression.

La chaleur, comme la raréfaction, agit sur tous les gaz et diminue leur résistance à la transmission de l'électricité ; mais cette diminution n'est pas la même pour tous.

Il paraît résulter de tout cet ensemble de recherches, dit M. de la Rive, que le rôle de l'air et des gaz est exclusivement négatif quand il s'agit de la propagation rapide de l'électricité, tandis qu'il est positif quand il est question de la propagation lente, ou déperdition. Dans ce dernier cas, les particules du gaz sont polarisées par l'électricité du corps qui est placé au milieu d'elles, elles déchargent le corps et se déchargent successivement les unes les autres, plus ou moins lentement, suivant certaines circonstances, de la même manière que cela a lieu pour les particules des conducteurs imparfaits solides et liquides. Si la propagation est rapide, la tendance des deux électricités à se réunir est contrariée par la présence des particules isolantes, que le milieu soit gazeux, liquide ou solide. Cette réunion, c'est-à-dire la décharge ou le courant, ne peut donc avoir lieu que quand les particules se seront écartées : de là la rupture des corps solides, le mouvement et l'agitation des particules dans les liquides et le gaz.

Un fait important que nous ne pouvons passer sous silence, c'est la différence qui existe entre l'électricité positive et l'électricité négative quant à leur facilité respective à déterminer la décharge dans les mêmes circonstances. Faraday a démontré que quand la décharge a lieu à travers l'air entre deux boules de grandeur inégale, l'étincelle est beaucoup plus longue si c'est la boule la plus petite qui est positive et la plus grande négative, et réciproquement. Il y a aussi une différence importante dans la longueur de l'étincelle, selon que les boules reçoivent l'électricité directement de la source, ou par induction. Quand la petite boule reçoit l'électricité positive directement de la source, c'est-à-dire quand elle est *inductrice*, l'étincelle est deux fois plus longue que quand elle est électrisée positivement par induction, ou qu'elle est *induite*. Quoique moins sensible, cette différence s'observe aussi quand la petite boule est électrisée négativement.

Nous ne terminerons pas l'énumération des faits qui se rattachent à la propagation de l'électricité dans les conducteurs parfaits ou imparfaits sans dire quelques mots sur deux questions importantes.

La première est la distinction qu'il faut faire entre les deux modes de transmission. Celle qui se fait par l'intermédiaire des corps de molécule en molécule, et que Faraday appelle *conduction*, est toujours accompagnée de l'induction moléculaire, et est générale à tous les corps, même les isolants, qui, au lieu de courant, produisent la déperdition lente. Ce moyen de transmission, nous l'avons déjà dit, peut produire des effets calorifiques et chimiques, et, dans ce dernier cas, il constitue l'*électrolysie*, qui, d'après M. de la Rive, n'est qu'un cas particulier, bien que Faraday la considère comme un mode distinct de transmission.

Le second mode de transmission a lieu à distance; il est le résultat de la tendance que les deux électricités ont à s'unir en vertu de leur attraction mutuelle. Comment s'opère cette réunion à distance des deux électricités? Est-ce simplement à travers l'éther et par son intermédiaire? ou a-t-elle toujours lieu par l'intermédiaire des particules très-fines détachées des électrodes chargés d'électricités contraires, et transportées de l'un à l'autre? Faraday admet les deux modes: il nomme le premier décharge *disruptive*, et le second décharge par *convection* ou *transportante*, qui diffère de la *conduction* en ce que, dans cette dernière, les particules matérielles n'ont pas de mouvement sensible.

Le dernier fait dont nous nous occuperons ayant rapport à la propagation de l'électricité à travers les conducteurs est celui des figures de Moser, qui, en 1842, découvrit que quand deux corps sont en contact ou très-rapprochés ils s'impriment mutuellement leur image l'un sur l'autre. Ce qu'il y a de remarquable dans cette expérience, c'est qu'elle réussit aussi bien dans une obscurité complète et pendant la nuit que sous l'influence de la lumière. M. Moser, partant du principe que tous les corps font rayonner de la lumière, même dans l'obscurité la plus complète, avait attribué le phénomène à une action particulière des rayons obscurs les plus réfrangibles ; mais M. Karsten parvint, peu de temps après, à produire des figures semblables dans des circonstances analogues, en se servant de l'électricité; à cet effet, il la faisait arriver sous forme d'étincelles qui se déchargeaient entre une pièce de monnaie et une plaque de métal, séparées par une plaque de verre. Après cent révolutions du disque de la machine électrique, la pièce de monnaie était enlevée, et, en soufflant l'haleine sur la plaque de verre, qui semblait n'avoir éprouvé aucune altération, on voyait apparaître l'empreinte entière de la pièce dans ses plus petits détails. M. Grove a fait dernièrement des expériences plus concluantes encore. (De la Rive.)

L'ensemble de lois et de faits que nous avons présenté sur la propagation de l'électricité dans les corps conducteurs et isolants est dû en grande partie à l'ardeur extraordinaire avec laquelle les physiciens ont étudié dans ces dernières années toutes les questions qui peuvent mener à la solution de tous les problèmes se rapportant à la télégraphie électrique, et qui peuvent être résumés en quatre, qui les comprennent tous : 1° calculer le pouvoir électrique nécessaire pour vaincre la résistance des conducteurs; 2° déterminer le moyen le plus économique d'augmenter la force électro-motrice; 3° fixer le mode le plus avantageux de faire les dérivations si nécessaires dans le service des télégraphes électriques; et 4° établir de la manière la moins coûteuse les conducteurs des grandes lignes.

Grâce aux admirables travaux de M. Wheatstone sur la détermination des lois de la propagation de l'électricité dans les circuits voltaïques, travaux où il a compris et rectifié tous ceux qui avaient été faits par MM. Ohm, Fechner et Pouillet, et qu'il a rendus originaux par la multitude d'observations et de découvertes dont il les a enrichis, grâce à ces travaux, disons-nous, dont nous avons fait connaître les principales conclusions dans le cours de ce chapitre, les deux premiers problèmes peuvent être considérés comme complétement résolus, et aujourd'hui, au moyen des formules obtenues, on peut déterminer la force électrique nécessaire à une ligne télégraphique, aussi facilement qu'on calcule le nombre de chevaux de vapeur que doit avoir une machine pour produire un effet déterminé.

Un des faits les plus surprenants parmi ceux qui résultent de la théorie de Wheatstone, malgré ce que nous avons dit au chapitre deuxième en parlant des piles, un fait qui semblerait même impossible sans les considérations où est entré le savant physicien et sans les nombreuses expériences dont il l'a appuyé, c'est que, pour vaincre la résistance présentée par les conducteurs dans un circuit voltaïque, la grandeur des éléments de la pile n'a aucune influence; toute la force dépend de leur nombre. Il ne faut pas perdre de vue cependant que la surface plus ou moins grande des couples influe sur les dimensions à donner à un électro-aimant interposé dans le circuit, et, par conséquent, sur la force mécanique que l'on peut développer ; c'est-à-dire que, pour vaincre la résistance du conducteur, il ne faut que de la *tension*, et de la *quantité* pour produire les effets que l'on désire. C'est par cette raison qu'à la grande surprise de ceux qui ne connaissaient pas les lois de Wheatstone, M. Read a pu faire fonctionner le télégraphe sous-marin de Douvres à Calais avec une pile dont les éléments n'étaient que de 3/4 de pouce.

Quant au troisième problème, nous avons déjà dit que l'on avait déduit des formules au moyen desquelles on détermine exactement la manière dont on doit établir les dérivations, suivant la force électro-motrice disponible et les effets que l'on veut obtenir, soit dans le circuit principal, soit dans les circuits dérivés; on peut donc considérer ce problème comme aussi complétement résolu que les deux premiers.

Le quatrième est beaucoup plus complexe, et les hommes de l'art ne sont pas encore entièrement d'accord sur les différents systèmes proposés et adoptés dans chaque pays. Les fils généralement employés comme conducteurs en Angleterre, en France et en Allemagne pour les lignes télégraphiques sont en fer, ont 4 millimètres de diamètre et sont recouverts d'une couche de zinc ; mais la même uniformité n'existe pas, quant à leur emplacement et à la manière de les isoler. Dans la plus grande partie des lignes télégraphiques on fixe les conducteurs sur des isoloirs, de formes et de substances très-variées, sur des poteaux plus ou moins élevés, et le long des voies de communication; dans d'autres, et c'est le plus petit nombre, on a souterré les fils en les recouvrant avec de la résine, de la gutta-percha ou d'autres substances isolantes; mais, comme nous l'avons dit, la question est encore loin d'être résolue; car, outre les considérations scientifiques, il en est plusieurs autres dont il faut tenir compte, comme, par exemple, protéger les conducteurs contre la malveillance, rendre facile les réparations, etc., etc.

Depuis une douzaine d'années on a réalisé un progrès important dans l'économie et la régularité de la transmission électrique sur les lignes télégraphiques, en se servant de la terre comme partie du circuit et supprimant de cette manière la moitié du conducteur métallique. La théorie de l'action de la terre, quand elle forme partie d'un circuit électrique, est une des questions les plus intéressantes suscitées dans ces derniers temps. Dans l'impossibilité où nous sommes de nous étendre beaucoup sur ce sujet, nous recommandons à nos lecteurs le chapitre que lui consacre M. l'abbé Moigno dans son *Traité de télégraphie électrique;* toutefois, voulant au moins donner un aperçu de la question, nous transcrirons en le modifiant le résumé qu'en a fait M. du Moncel dans son *Exposé des applications de l'électricité.*

Les premières recherches sur la conductibilité de la terre remontent à l'année 1747. A cette époque, le docteur Watson, qui, par des expériences préalables faites sur la Tamise, avait reconnu le pouvoir conducteur des liquides, imagina de faire entrer la terre pour moitié dans un circuit parcouru par une décharge électrique, et s'assura que dans un circuit ainsi composé, comme dans un circuit entièrement métallique, la transmission électrique était instantanée. Les expériences qu'il entreprit à cet égard furent faites successivement avec des fils de 45 mètres, de 1,609 mètres et de 3,218 mètres de longueur, et toujours la réussite fut complète. Elles furent ensuite répétées par Franklin, Deluc, Lemonnier et l'abbé Nollet, mais elles n'ajoutèrent rien à la découverte du savant Anglais.

Après la découverte de la pile de Volta, plusieurs savants,

entre autres, MM. Ermann, Basse (de Berlin) et Aldini, cherchèrent à répéter, en 1803, avec les courants voltaïques, les expériences que Watson avait faites avec les décharges d'électricité statique; ils reconnurent que le phénomène de la propagation du courant s'opérait de la même manière, mais sous certaines conditions. M. Fechner prétendit même que l'on pouvait utiliser cette propriété de transmission du sol dans la *télégraphie électrique* : il est vrai qu'à cette époque cette question de la télégraphie était loin d'être résolue. Mais une chose curieuse à constater, c'est que tous ceux qui se sont occupés, dans le commencement de ce siècle, de réaliser cette belle idée, ne cherchèrent pas à appliquer à leur système cette propriété si importante de la transmission par le sol, qui était pourtant découverte depuis longtemps.

Ce n'est qu'en 1838 que M. Steinheil, physicien allemand, eut l'idée d'en tirer partie pour un télégraphe électrique qu'il avait imaginé. Ses expériences furent faites à Munich, sur un circuit d'une lieue trois quarts d'Allemagne; il put se convaincre qu'effectivement la terre pouvait *transmettre* le courant électrique si le fil conducteur, qu'il appelait *fil d'aller*, se terminait à son extrémité libre par une plaque métallique enterrée dans le sol, et si la pile était elle-même en communication avec le sol de la même manière. D'autres expériences lui prouvèrent dans la suite que cette faculté de transmission de la terre était d'autant plus grande que les plaques offraient elles-mêmes une surface plus étendue, et que le terrain était plus humide.

Cette découverte était une véritable révélation, car elle permettait de supprimer sur toutes les lignes télégraphiques le fil de *retour* et de réduire, par conséquent, de moitié leur dépense d'installation. Aussi tous les physiciens se mirent-ils à l'œuvre pour étudier les conséquences qui pouvaient résulter de cette question nouvelle.

MM. Wheatstone et Cooke firent, en 1841, des essais qui eurent pour résultat d'établir que, la terre agissant comme un grand réservoir d'électricité, ou, jusqu'à un certain point, comme un excellent conducteur, la résistance offerte par elle à la transmission du fluide électrique est grandement diminuée, de sorte que la pile peut agir à une bien plus grande distance avec un fil conducteur d'un plus petit diamètre.

MM. Bain en Angleterre, Matteucci en Italie, et Breguet en France, firent de nouvelles et curieuses expériences; mais le second alla trop loin dans ses conclusions en prétendant que la résistance du circuit mixte dans lequel entrait la terre était moindre que celle qui se serait présentée avec le morceau de fil métallique seul. Cette hypothèse erronée a cependant amené ce résultat excellent de provoquer les grandes expériences de M. Magrini sur le chemin de fer de Milan à Monza, lesquelles confirmèrent complétement la supposition de quelques savants qu'en faisant intervenir la terre comme élément humide dans un couple voltaïque dont les éléments seraient très-éloignés l'un de l'autre, on pourrait obtenir des courants *électro-telluriques* à travers un circuit qui ne serait en communication avec aucune pile. C'est au professeur Kemp, d'Édimbourg, que l'on doit les premiers travaux sur ce sujet en 1828. M. Fox, de Falmouth, et M. Reich, de Freiberg, répétèrent peu de temps après les expériences de M. Kemp en substituant la terre à l'eau de mer, dont celui-ci s'était servi; ils obtinrent les mêmes effets, et purent en conclure que la terre, dans cette circonstance, tenait lieu du sable humecté dans une pile à sable ordinaire composée d'un seul élément.

M. Magrini, dans les expériences dont nous avons parlé, confirma non-seulement ce fait, mais il en découvrit un autre plus curieux encore, à savoir : qu'une seule plaque enfouie suffit pour produire un courant dans un fil librement suspendu à l'air libre, et que, par conséquent, des plaques de métaux différents n'étaient indispensables que dans le cas où on les employait simultanément, parce qu'alors les courants produits séparément par chacune d'elles étaient dirigés en sens contraire, et, au lieu de se neutraliser dans le conducteur commun, s'ajoutaient les uns aux autres. Il remarqua en outre que la source de pareils courants se comportait en quelque sorte comme un générateur calorifique, car leur intensité décroissait à partir de la plaque enterrée jusqu'à une certaine limite après laquelle la différence ne pouvait plus être appréciée, mais qui pouvait être prolongée par l'allongement du fil ou la réunion de plusieurs fils.

Une propriété assez extraordinaire de ces sortes de courants, auxquels M. Magrini, comme nous l'avons dit, a donné le nom de *courants telluriques*, c'est que leur direction est l'inverse de ce qu'elle devrait être si le zinc et le cuivre qui forment les extrémités du fil constituaient un couple voltaïque, d'où il résulte que notre planète serait un électro-moteur plus négatif que tous les métaux, le zinc excepté, en ce sens que le fluide passe de la terre aux autres métaux, et du zinc à la terre.

Quoi qu'il en soit de l'origine de ces courants, que M. Magrini regarde comme issus d'une pile de Bagration, constituée par le globe terrestre, il n'en est pas moins certain que l'interposition de la terre dans un circuit est d'autant plus avantageuse que le circuit lui-même est plus long; car, comme l'a observé M. Matteucci en 1844, la résistance de la terre étant un chiffre constant, elle est la même pour une petite distance que pour une grande, et les courants telluriques, venant s'ajouter à l'action de la pile, diminuent encore cette résistance. Plusieurs savants, parmi lesquels M. Matteucci, vont même jusqu'à prétendre qu'elle est tellement faible, qu'on peut n'en point tenir compte, et que, par conséquent, l'intensité du courant dans un circuit *mixte*, c'est-à-dire un circuit dans lequel la terre entre pour moitié, est double de ce qu'elle serait dans un circuit entièrement métallique.

Quel rôle la terre joue-t-elle dans cette transmission de l'électricité?... C'est là une question sur laquelle les savants sont bien partagés en ce moment; quant à nous, nous n'hésitons pas à adopter l'opinion de l'abbé Moigno, qui condamne celles qu'ont émises MM. Pouillet, Matteucci et autres en supposant que la terre agit comme un simple conducteur, dont la mauvaise conductibilité est compensée par l'immensité de la section. M. Pouillet prétend que la molécule d'électricité positive, après s'être détachée du pôle de la pile et avoir traversé le fil, vient chercher l'autre pôle de la même pile, parcourant les rivières, les mers et toutes les portions de la terre dont la conductibilité est suffisante pour lui livrer passage. M. Matteucci soutient cette autre hypothèse, qui n'est pas plus acceptable, qu'il suffit d'introduire dans la terre les extrémités d'un circuit voltaïque pour que la masse de fluide neutre qu'elle contient se décompose, de telle manière qu'on puisse mettre en évidence entre deux points quelconques l'électricité restée libre.

Il n'est pas nécessaire que nous nous arrêtions à combattre ces théories; il nous serait, du reste, difficile de le faire d'une manière aussi concluante, quoique un peu acerbe, que M. l'abbé Moigno dans son ouvrage; nous nous contenterons d'exposer en deux mots sa théorie. Il suppose que la terre est un vaste réservoir où les électricités positive et négative vont se perdre ou sont absorbées, une issue enfin à l'électricité produite par la pile; et que, par cela même que cette électricité se perd ou s'écoule, il y a production d'un courant électrique. Cette opinion, la plus rationnelle de toutes celles qui ont été présentées, outre qu'elle est professée par les hommes les plus éminents de l'Allemagne et qu'elle a été directement démontrée par les expériences de M. Wheatstone, que nous mentionnerons bientôt, offre cette circonstance tout à fait singulière de se prêter aussi bien à la théorie des deux fluides électriques qu'à celle d'un seul, exposée par Franklin. Plusieurs savants, et entre autres l'illustre Gauss, admettent que si les deux extrémités du conducteur unique, au lieu d'être enfoncées dans la terre, se terminaient en deux globes comme le nôtre, isolés dans l'espace, le courant existerait de la même manière, avec sa double intensité. Ce qu'il y a de positif, c'est que la transmission de l'électricité peut se faire à travers tous les terrains, dans les pays montagneux comme dans les plaines; mais il est toujours plus avantageux, quand cela est possible, de placer dans des puits remplis d'eau les plaques qui terminent le fil métallique.

C'est ici l'instant de faire connaître ou plutôt d'indiquer les remarquables expériences de MM. Faraday, Wheatstone et Palaggi sur la propagation de l'électricité; car il faudrait leur consacrer un chapitre spécial si l'on voulait les rapporter et les commenter avec l'étendue qu'elles méritent; mais il ne nous est pas possible de faire plus que de signaler leur objet et leurs résultats, sous peine de nous trop éloigner de notre but.

Les expériences de M. Faraday, que nous citerons d'abord, parce qu'elles sont antérieures à celles de MM. Wheatstone et Palaggi, prouvent la grande influence qu'exercent dans la transmission électrique les courants d'induction qui se développent dans le conducteur lui-même ou dans les corps qui l'entourent. Ces expériences ont été faites avec des fils recouverts de gutta-percha, ayant une longueur de plus de 160 kilomètres et disposés de manière qu'ils pouvaient être plongés dans l'eau en totalité ou en partie, à volonté. Le courant était produit par une pile isolée de 360 éléments de 4 pouces de hauteur sur 3 de largeur.

Il est inutile de dire que, le circuit étant fermé, malgré sa longueur, tous les phénomènes physiques et électro-dynamiques que nous connaissons avaient lieu, tels que l'inflammation de pétards, la déviation de l'aiguille du galvanomètre, etc. Ce que Faraday trouva de remarquable, c'est qu'une fois interrompu le circuit, les fils restaient chargés d'une certaine quantité d'électricité capable de produire des commotions, d'enflammer les substances explosibles et de dévier l'aiguille aimantée, quand le conducteur plongeait dans l'eau, mais non quand il était suspendu dans l'air, bien que, dans le premier cas, il se trouvât aussi bien isolé que dans le second.

Il a fait une autre série d'expériences avec des fils renfermés dans des tubes de plomb ou de fer et souterrés, lesquels formaient un circuit de plus de 2,000 kilomètres, mais qui allaient et venaient plusieurs fois de Londres à Manchester, de manière qu'ils permettaient d'interposer à la vue de l'observateur plusieurs galvanomètres à différentes distances des pôles. Il y observa que la propagation électrique, qui est presque instantanée dans les fils suspendus dans l'air, se trouve, dans ce cas, pour ainsi dire arrêtée, et met un temps appréciable à arriver d'un galvanomètre à l'autre; de sorte que dans le même conducteur il était possible d'observer deux ou trois ondes électriques qui se propageaient simultanément, et même rétrogradaient pour aboutir au même point si l'on séparait le pôle du fil du galvanomètre pour le mettre en contact avec la terre.

On peut tirer de ces expériences deux conséquences très-importantes : 1° que, dans un fil isolé entouré d'un corps conducteur quelconque, il se développe des courants qui restent actifs quelque temps après l'interruption du courant voltaïque ou inducteur; 2° que l'effet de ces courants est de retarder la vitesse de la transmission électrique.

M. du Moncel appelle ces courants courants statiques, et il les explique facilement en comparant leur effet à celui qui se produit dans la bouteille de Leyde; et, en effet, on pourrait considérer le fil comme l'armature intérieure d'un grand condensateur, le liquide où il est plongé comme l'armature extérieure, et la gutta-percha qui sert à isoler le fil comme le verre de la bouteille; mais nous croyons que ce phénomène doit être étudié encore davantage, et que la théorie que nous avons donnée dans le chapitre précédent à propos de l'induction lui est applicable, c'est-à-dire qu'on peut y reconnaître les effets de l'électricité par influence, mais sans recourir aux différences que M. du Moncel cherche à établir entre l'électricité statique et l'électricité dynamique.

Il n'est pas nécessaire d'insister sur l'importance de ce problème dans la télégraphie sous-marine; mais nous dirons que M. Varley a su éviter les inconvénients qui s'opposaient à la transmission, en renversant les courants au lieu de les interrompre; on espère pouvoir répondre de la même manière aux objections qu'ont présentées quelques physiciens relativement à l'installation du câble qui doit établir une communication entre le nord de l'Amérique et l'Europe.

Les nombreuses expériences de Wheatstone, qu'il nous serait impossible de relater, même en en faisant le résumé le plus succinct, peuvent être compulsées dans le *Cosmos* et dans la seconde édition de l'ouvrage de M. du Moncel, déjà mentionné; nous nous contenterons, pour le moment, de transcrire les résultats suivants de ces expériences :

1° Que les électricités qui se dégagent des pôles de la pile se neutralisent graduellement avec les électricités naturelles des molécules qui constituent le conducteur jusqu'à ce que celui-ci soit complétement changé;

2° Que les deux électricités qui se dégagent dans les deux pôles de la pile ne peuvent se mettre en mouvement l'une sans l'autre, car on ne peut charger un conducteur avec l'une d'elles sans charger avec l'autre un second conducteur présentant la même résistance;

3° Il résulte de cette dépendance une décharge simultanée dans les deux pôles, quoique la décharge effective n'ait eu lieu que sur l'un d'eux;

4° Que le mouvement des fluides a lieu du centre du circuit vers la pile quand le courant se ferme au centre, parce que sans doute c'est à ce dernier point que commencent les recompositions électriques qui produisent le courant;

5° Que le contraire arrive quand le circuit se ferme à l'un des pôles de la pile, parce que, le conducteur ne se chargeant qu'au moment où l'on ferme le circuit (comme il est dit § 2°), les premières recompositions qui déterminent le courant ont lieu près de la pile;

6° Que la terre ne joue pas seulement le rôle de conducteur dans un circuit où elle est interposée; car le mouvement des fluides, au lieu d'avoir lieu simultanément des pôles de la pile vers le centre du courant, quand on ferme le circuit à l'un des pôles, s'opère successivement du pôle touché à l'autre : la terre ne fait, par conséquent, qu'absorber, ou, comme on l'admet pour l'électricité statique, elle sert de réservoir commun;

7° Que la nécessité de mettre la pile en communication avec la terre pour charger un conducteur isolé vient de l'impossibilité de charger ce conducteur avec l'électricité dégagée du pôle qui communique avec lui, sans que l'électricité correspondante dégagée de l'autre pôle soit absorbée dans la même proportion;

8° Que la communication entre la terre et le fil qui fait partie d'un circuit ne s'établit que pour absorber l'électricité à mesure qu'elle charge le conducteur, et donner ainsi lieu à un courant;

9° Que l'impossibilité matérielle où l'on est d'obtenir un isolement complet est une cause déterminante d'absorption continue, qui crée dans un circuit un courant permanent qui augmente avec sa longueur;

10° Que, dans un circuit fermé, le mouvement des deux électricités doit se faire également à partir des pôles vers le centre du circuit, d'où il résulte que chaque moitié du conducteur doit être chargée d'une électricité différente. (Voyez l'opinion que nous avons émise dans le chapitre cinquième.)

Les expériences de M. Palaggi, faites en Toscane, sur le chemin de fer de Florence à Saint-Donnino, et décrites dans le journal la *Science* du 15 mars 1855, ne sont pas moins importantes.

D'après ces expériences, il est possible d'employer un télégraphe dans lequel les conducteurs ne soient pas isolés de la terre, car MM. Palaggi et Bertelli se sont servis des deux lignes extérieures des rails des deux voies, séparées par une distance de 7 mètres, et ont obtenu les résultats suivants :

1° Le courant peut parcourir un circuit métallique communiquant avec la terre, opinion déjà émise par MM. Palaggi et Bertelli eux-mêmes;

2° La tension du courant tout le long d'un circuit métallique communiquant avec la terre diminue avec la longueur, mais en proportion tout autre que si les conducteurs étaient isolés;

3° Dans une étendue assez grande (6,750 mètres) la tension du courant reste la même dans les deux extrémités du circuit, c'est-à-dire à la source du courant et à l'extrémité des conducteurs métalliques;

4° Que si le circuit se prolonge davantage, le courant cesse d'avoir la même tension aux deux extrémités;

5° Que, dans ce cas, la tension du courant augmente à côté de la pile, et la différence est d'autant plus grande, que le circuit est plus long.

Si l'on isolait l'un des pôles, le courant disparaissait toujours; mais, en répétant les expériences quand la terre était trempée par des pluies abondantes, l'aiguille du galvanomètre déviait à l'extrémité du circuit, mais de quelques degrés seulement.

Voulant s'assurer de ce dernier fait, M. Palaggi a fait de nouvelles expériences pour constater si, avec le circuit ouvert, on produisait réellement des déviations dans l'aiguille aimantée, la terre étant humide; et il observa qu'effectivement ces déviations avaient lieu, mais au rebours de ce qui arrive dans les circuits fermés, car la tension du courant électrique augmente avec la longueur des conducteurs.

Il résulte cependant que la différence dans la déviation est si grande entre un circuit ouvert et un circuit fermé, qu'il est permis jusqu'à un certain point d'espérer qu'on pourra appliquer cette sorte de conducteurs à des systèmes électriques de sécurité pour les chemins de fer. Il serait très-important d'entreprendre des travaux de cette nature.

Plusieurs expériences récentes, faites par M. Van Rees, et répétées à Portsmouth, ont fait croire qu'on avait résolu le problème de la transmission des courants sans l'intervention de fils conducteurs. On a pu faire fonctionner à travers une assez large rivière un télégraphe électrique sans relier les appareils par des fils conducteurs. On établissait pour cela sur l'un des bords, entre le pôle positif de la pile (fig. 162) et la rivière, une communication métallique au moyen d'une plaque de cuivre *B*, et l'autre pôle de la pile était mis en rapport avec un interrupteur du courant *Y*, qui communiquait à son tour avec l'eau de la rivière au moyen d'une autre plaque de cuivre *A*. Sur le bord opposé se trouvait l'appareil télégraphique *T*, dont l'organe électrique était en communication avec la rivière au moyen de deux plaques de cuivre *C* et *D*, très-éloi-

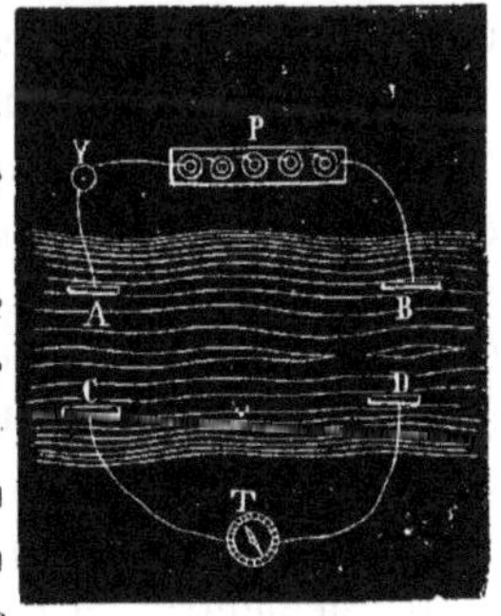

Fig. 162.

gnées l'une de l'autre. Au moment où l'on faisait fonctionner l'interrupteur, l'appareil télégraphique marquait les signaux voulus.

L'explication de cette transmission électrique est très-facile, dit M. du Moncel, car elle résulte d'une simple dérivation du courant. En effet, le courant transmis à la rivière par les plaques *A* et *B* se complète de *A* à *B* par le conducteur liquide; mais, en trouvant dans les plaques *C* et *D* une autre sortie *CTD*, il dérive et agit sur l'appareil *T*. Comme ce courant dérivé passe cependant par un circuit beaucoup plus long que celui qui va de *A* à *B*, il est très-faible, et devient nul pour une distance un peu plus longue; raison pour laquelle cette découverte, très-curieuse en elle-même, n'a pas été appliquée à la télégraphie.

Nous ne terminerons pas ce chapitre sans donner une idée des travaux qui ont été faits pour déterminer la

VITESSE DE L'ÉLECTRICITÉ.

Nous avons fait connaître dans le premier chapitre les expériences de Grey et Whoeler, qui, les premiers, observèrent que l'électricité se propageait avec une grande vitesse; mais, ni leurs travaux ni ceux d'Otto de Guéricke ne parvinrent à fixer quelle pouvait être cette vitesse. Plus tard, Watson, qui entreprit dans ce but une série d'expériences en grand, ne fit autre chose que de confirmer le fait déjà connu.

Nous ne pourrions suivre M. l'abbé Moigno dans tous les détails où il entre, dans son *Traité de Télégraphie*, pour donner la description des expériences qui ont été faites à ce sujet; nous nous contenterons donc d'en extraire les conclusions et le principe sur lequel sont fondées les principales méthodes employées pour mesurer l'électricité, comme l'a fait M. du Moncel, dans l'ouvrage duquel nous copions ce qui suit :

« En 1828, M. Arago, dans son intéressant article sur le tonnerre, démontra, au moyen d'un appareil fort simple, que les éclairs les plus brillants, les plus étendus, même ceux qui paraissent développer leurs feux sur toute l'étendue de l'horizon visible, n'ont pas une durée égale à la *millième partie d'une se-*

conde de temps. Bien que ce résultat ait pu donner une idée de la prodigieuse vitesse de l'électricité, il ne pouvait encore satisfaire les savants, car la limite minimum de cette vitesse n'avait pu être constatée, et il était probable qu'elle était encore bien éloignée. On s'appliqua dès lors à perfectionner les instruments et les procédés d'expérimentation ; mais ce ne fut qu'en 1834 que M. Wheatstone, au moyen d'un appareil fort ingénieux qu'il inventa, résolut en partie le problème.

« Ses conclusions furent :

« 1° Que la vitesse de l'électricité dans un fil de cuivre est au moins aussi grande que celle de la lumière dans l'espace planétaire ;

« 2° Que, dans un fil qui communique par ses extrémités avec les deux armures d'une bouteille de Leyde, le dérangement d'équilibre électrique se propage avec une vitesse égale à partir des deux bouts du fil et n'arrive que plus tard au milieu du circuit ;

« 3° Que la lumière électrique à l'état de haute tension dure moins de $\frac{1}{1,000,000}$ de seconde ;

« 4° Que l'œil est capable de voir distinctement les objets qui lui sont présentés pendant ce court intervalle de temps.

« Toutefois, comme M. Wheatstone n'avait pas opéré directement sur le courant électrique et que ses recherches avaient porté principalement sur l'électricité de tension dégagée dans un milieu aériforme, plusieurs physiciens, entre autres MM. Fizeau et Gounelle, cherchèrent à étudier ces lois de propagation du fluide électrique dans les corps solides métalliques, c'est-à-dire dans les circuits voltaïques. Or voici les résultats auxquels ils sont parvenus, en opérant sur une longueur de 600 kilomètres.

« 1° Dans un fil de fer dont le diamètre est de 4 millimètres l'électricité se propage avec une vitesse de 101,710 kilomètres, en nombre rond, 100,000 kilomètres par seconde;

« 2° Dans un fil de cuivre dont le diamètre est de 2 millimètres et demi, cette vitesse est, nombre rond, de 180,000 kilomètres par seconde.

« 3° Les deux électricités se propagent avec la même vitesse;

« 4° Le nombre et la nature des éléments dont la pile est formée, et par conséquent la tension de l'électricité et l'intensité du courant, n'ont pas d'influence sur la vitesse de propagation;

« 5° Dans les conducteurs de différente nature la vitesse augmente bien avec le degré de conductibilité des métaux, mais dans un rapport qui n'est pas proportionnel;

« 6° La vitesse de propagation ne paraît pas varier avec la section des conducteurs.

« Il serait sans doute intéressant de décrire les instruments avec lesquels les habiles physiciens dont nous venons de parler ont pu arriver à des résultats aussi curieux et aussi importants; mais, de crainte d'être obscur, je me contenterai d'en indiquer le principe.

« Un charbon brûlant que vous faites tourner rapidement autour de vous, les rais d'une roue qui se meut avec rapidité, ne peuvent être perçus isolément dans leurs différentes positions. Dans le premier cas, vous apercevez un ruban de feu, dans le second une surface unie et tournante, et cela, parce que l'impression de la lumière sur l'œil n'est pas instantanée et qu'elle persiste quelques instants (un dixième de seconde environ) après la cessation de l'action lumineuse. Mais si la cause éclairante est *instantanée*, on conçoit qu'elle saisira l'objet en mouvement dans une seule de ses positions, et devra le faire voir comme s'il était en repos. Plus le mouvement sera rapide, plus il faudra que l'apparition lumineuse soit prompte pour arriver à un pareil résultat. Or, en faisant tourner dans un lieu complétement obscur un disque de couleur blanche sur lequel étaient peints des rayons noirs, et éclairant ce disque avec la lumière produite par un éclair, M. Arago s'assura que les rayons noirs paraissaient toujours aussi distincts que si le disque eût été dans une position fixe, et quelque vitesse dont celui-ci fût d'ailleurs animé. En calculant alors, d'après la vitesse maximum imprimée à ce disque, la promptitude de l'apparition lumineuse, il trouva, comme nous l'avons déjà dit, qu'elle était au-dessus d'un millième de seconde.

« Comme les moyens mécaniques ne pouvaient suffire à eux seuls, et que d'ailleurs l'espace parcouru par un éclair aurait toujours été très-hypothétique, M. Wheatstone, en 1834 et 1836, employa un fil d'une longueur connue et disposé de manière à exciter de la part d'une bouteille de Leyde à ses deux bouts et en son milieu trois étincelles pour une même décharge. Les boules métalliques entre lesquelles s'échangeaient ces étincelles étaient toutes placées sur une même ligne droite, et assez rapprochées les unes des autres pour que les trois étincelles pussent être réfléchies par un miroir et projetées ensuite sur un très-grand écran disposé à cet effet. Le fil du circuit, long d'environ deux milles et soigneusement recouvert de soie et de gomme laque, était tendu dans toute la longueur de caves spacieuses et soutenu de distance en distance par des fils de soie. Enfin, le miroir sur lequel se réfléchissaient les étincelles était double et pouvait être, à l'aide d'un mécanisme d'horlogerie, animé d'un mouvement de 800 tours par seconde.

« Avec cette disposition on comprend aisément que le miroir, en tournant, pouvait saisir à la fois les trois décharges sous diverses inclinaisons, et devait par cela même allonger leur projection lumineuse sur l'écran dans une proportion d'autant plus grande que leur apparition était moins instantanée. De plus, la hauteur de ces projections elles-mêmes sur l'écran devait dépendre de l'instant précis de l'apparition des étincelles. Or, en faisant cette expérience, M. Wheatstone s'assura que non-seulement les projections des étincelles se trouvaient allongées, ce qui supposait à leur apparition une durée appréciable, mais encore que la projection de l'étincelle correspondant à la décharge du milieu du circuit n'était pas sur la même ligne droite que les projections des deux autres décharges. Quand le miroir tournait vers la droite, les lignes lumineuses apparaissaient dans cette disposition ═══, tandis que, s'il tournait vers la gauche, elles apparaissaient sous cette autre ═══; mais, dans aucun cas, M. Wheatstone ne les vit apparaître sous cette forme ═══ ni sous cette autre ═══, comme elles se seraient présentées dans la supposition du transport d'un seul fluide.

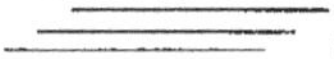

« En calculant l'angle correspondant à cette différence d'alignement dans ces projections, et rapportant cet angle à la durée d'un tour complet accompli par le miroir réflecteur, M. Wheatstone put déduire la fraction de seconde employée par la décharge à parcourir la moitié du circuit. Or cet angle, dans les conditions de l'expérience, n'était qu'un demi-degré, de sorte que la durée de la transmission dans le trajet d'un mille n'avait été que la $\frac{1}{720}$ partie de $\frac{1}{800}$ de seconde.

« D'après ce calcul, la vitesse de l'électricité serait de 576,000 milles anglais, ou 192,800 lieues dans une seconde. Du reste, M. Wheatstone, dans les expériences qu'il entreprit alors, n'avait pas la prétention de donner un chiffre exact pour cette vitesse; il voulait simplement démontrer que l'électricité avait une vitesse appréciable et en fixer le maximum. On comprend, en effet, que les appareils qu'il dut employer dans ses expériences n'étaient pas assez perfectionnés pour qu'il pût songer alors à une appréciation plus minutieuse.

« L'appareil de M. Fizeau était aussi fort simple : il se composait principalement de deux interrupteurs de courant, c'est-à-dire de deux roues, dont la circonférence était formée de parties conductrices et non conductrices, sur lesquelles venait s'appuyer un ressort en rapport avec le courant. Ces deux interrupteurs étaient placés aux deux extrémités d'un fil de ligne télégraphique double, et un galvanomètre très-sensible était interposé dans le circuit.

« Comme ces interrupteurs étaient en relation avec un système moteur susceptible de leur donner à volonté une vitesse aussi grande qu'on pouvait le désirer, ils pouvaient, à un moment donné, interrompre le courant d'une manière qui aurait été concordante, si, marchant avec la même vitesse, la transmission électrique eût été instantanée, mais qui devait être discordante dans le cas contraire. Ainsi, dans ce dernier cas, le courant, étant interrompu à Paris, par exemple, ne devait pas l'être à Amiens dans le même instant, et réciproquement. Mais, si, au lieu d'avoir des vitesses égales, les interrupteurs eussent été animés d'une vitesse différente, il aurait pu se faire que la différence des vitesses compensât le retard occasionné par la transmission du fluide, et que les deux interruptions se fussent manifestées dans le même temps, circonstance qui pouvait être accusée par le galvanomètre. Or, dans ce cas, la différence de vitesse de l'appareil moteur pouvait servir à déterminer la vitesse de l'électricité.

« Tel est le principe sur lequel M. Fizeau a basé ses expériences, principe vrai en lui-même, mais qui exige une perfection d'instrument et d'expérimentation dont peu de personnes sont susceptibles. Aussi n'est-ce qu'après vingt-huit expériences que l'habile physicien a pu constater les beaux résultats que nous avons enregistrés précédemment. » L'Institut de France, en lui accordant le grand prix triennal de 1856, a rendu justice au mérite incontestable de l'auteur des travaux sur la vitesse de l'électricité.

Nous terminons ici le chapitre de la propagation de l'électricité, dans lequel, bien que nous nous soyons étendu plus que nous ne l'aurions voulu, nous avons pu à peine donner une idée des principales merveilles de cette partie de la science.

qu
siè
fo
co
jou
ci
d'a
sc
ce
cha
lais

pi
ci
tel
lais

DEUXIÈME PARTIE

APPLICATIONS DE L'ÉLECTRICITÉ

CHAPITRE VII

APPLICATIONS DE L'ÉLECTRICITÉ.

Peu de sciences peuvent revendiquer autant d'applications que l'électricité. Elle était presque inconnue il y a un demi-siècle, et les propriétés les plus importantes sur lesquelles sont fondées les merveilles de la télégraphie étaient à peine soupçonnées il y a trente ans; pourtant il est presque impossible aujourd'hui à l'homme le plus actif de suivre les progrès extraordinaires qui ont été accomplis, lors même que son but n'est pas d'approfondir les questions et qu'il se propose seulement d'inscrire sur le grand catalogue des conquêtes de l'intelligence celles que l'on doit à cette branche de la physique, qui a déjà changé la face du monde civilisé et promet d'étendre sa bienfaisante influence à toutes les sciences, à toutes les industries.

Cela dit, on comprendra que nous ne pouvons, dans ce chapitre, que mentionner les principales applications de l'électricité; dans un autre nous donnerons un aperçu historique de la télégraphie électrique et de ses principaux appareils, et nous laisserons pour le second volume de cet ouvrage la description des systèmes imaginés pour éviter les accidents sur les chemins de fer au moyen de l'électricité : sujet que nous développerons le plus complétement que nous pourrons, puisque c'est l'objet principal que nous nous sommes proposé en prenant la plume.

Nous avons déjà dit ailleurs que, bien que quelques phénomènes électriques fussent connus six cents ans avant Jésus-Christ, l'étude de ces phénomènes était si peu avancée au dernier siècle, qu'on les mentionnait à peine comme une curiosité dans les traités de philosophie; c'est ainsi que le grand Newton, Descartes et plusieurs autres physiciens éminents crurent ne pas devoir donner à l'électricité l'attention qu'ils avaient accordée à l'optique, à l'acoustique et autres branches de la physique. Franklin fut le premier qui révéla l'importance immense de son étude; et, en démontrant l'analogie qu'il soupçonnait exister entre le fluide électrique des machines et celui que développent les orages; en rendant évidente par ses expériences l'influence des pointes, il rendit à l'humanité un service inappréciable, car il lui procurait les moyens de rendre inoffensive la foudre, dont il semblait insensé de prétendre diriger la marche capricieuse et destructive. Il y parvint cependant, et, en le faisant, il inaugura, par une des applications les plus surprenantes qui se puissent imaginer, l'ère de celles auxquelles l'électricité devait se prêter encore, et dont cet admirable prélude présageait toute l'importance.

Déjà, dans notre premier chapitre, nous avons donné une idée du paratonnerre, tel que le proposa son inventeur; nous croyons inutile de le décrire ici de nouveau; nous dirons seulement que Gay-Lussac en 1823 et Pouillet en 1854, ont présenté à l'Académie des sciences de Paris des travaux très-importants sur sa forme, sa disposition et la manière de l'employer. Mais personne n'est arrivé à la perfection qu'a atteinte sir William Snow Harris, dont les paratonnerres appliqués à la marine ont produit des résultats tellement satisfaisants, qu'ils lui ont mérité les plus grands honneurs et une magnifique récompense de l'amirauté anglaise.

Se fondant sur la théorie de Volta, qui attribue la formation de la grêle à l'action de deux nuages chargés d'électricités contraires, M. l'aéronaute Dupuis-Delcourt pensa que, de même que le paratonnerre préserve des funestes effets du fluide électrique les objets qui se trouvent à une distance double de sa hauteur, de même on pourrait, en élevant à 1,500 ou 2,000 mètres un appareil qui soutirât l'électricité de l'atmosphère, mettre à l'abri des effets désastreux de la grêle une étendue de terrain de 6,000 à 8,000 mètres de diamètre. Pour obtenir ce résultat, il propose un appareil dont nous n'entreprendrons pas la description; nous dirons seulement qu'il se compose principalement d'un cylindre étroit et long garni de pointes métalliques et terminé par deux cônes dans les bases. Ce cylindre, rempli d'hydrogène, se maintient dans l'air à la hauteur indiquée et est assujetti au sol par une ou plusieurs cordes semi-métalliques.

M. Dupuis-Delcourt croit que son électro-substracteur permettrait d'amasser à l'extrémité des cordes métalliques de grandes quantités d'électricité, qui pourraient servir d'amendement dans la culture, comme semblent l'avoir démontré les expériences de MM. Maimburg, Jallabert, Boze et l'abbé Menon en Angleterre, bien qu'elles aient été moins heureuses en France.

APPLICATIONS CHIMIQUES DE L'ÉLECTRICITÉ.

Unique, mais d'une portée immense, l'invention du paratonnerre remplit à elle seule la première époque de l'histoire des applications de l'électricité. La seconde, qui commence avec la découverte de Volta, est déjà plus riche en applications, et la pile est à peine inventée, que nous voyons la chimie s'en emparer et faire un pas de géant en parvenant à décomposer l'eau, la potasse, la soude, et une multitude de corps que l'on avait crus irréductibles, comme nous l'avons vu dans le deuxième chapitre. C'est de là que dérivent toutes les applications chimiques de l'électricité, parmi lesquelles figure, comme une des plus remarquables, la *galvanoplastie*, ou l'art de déposer les métaux sur la surface des corps au moyen des courants électriques, et dont l'invention est due à Brugnatelli, disciple de Volta, qui, en 1801, parvint à dorer l'argent en se servant de la pile sans que le métal perdit son éclat. Mais, comme chaque invention a son époque marquée et qu'il y a des pays déshérités où les hommes de génie devancent de beaucoup trop les besoins et les goûts du moment, les brillants résultats de l'essai de Brugnatelli demeurèrent ensevelis dans la poussière des bibliothèques, et aujourd'hui, en proclamant, avec justice sans doute, Spencer et Jacobi comme les vrais créateurs de la galvanoplastie, on dit du premier inventeur ce qu'on a dit de tant d'autres qui ont eu le même sort : « *Son invention, ignorée des savants de l'Europe et même de ses compatriotes, n'avait aucune importance à cette époque, et seul l'intérêt qu'éveille actuellement cette matière a pu faire chercher dans les archives les traces de cette tentative oubliée.* »

La galvanoplastie, limitée, dans le principe, à la dorure et à l'argenture des métaux, se présente tout d'abord avec ce cachet humanitaire qui semble inséparable de toutes les applications de l'électricité, et si heureusement inauguré dans la première par l'auteur du *Bonhomme Richard*. L'économie est le moindre des avantages de la dorure et de l'argenture au moyen de l'électricité : on peut s'en convaincre en considérant le service immense que ce procédé a rendu à l'humanité en arrachant à la mort et en préservant d'une existence maladive les nombreux ouvriers qui se trouvaient constamment exposés à l'influence meurtrière des vapeurs mercurielles dégagées dans l'ancien système de dorure.

La galvanoplastie étant fondée sur le pouvoir qu'ont les courants électriques de décomposer les dissolutions métalliques, en précipitant le métal réduit sur l'un des électrodes, il suffit de faire terminer l'un des rhéophores d'une pile voltaïque par l'objet que l'on veut argenter ou dorer, et l'autre rhéophore par une feuille du métal dont on veut recouvrir cet objet; en plongeant les deux électrodes dans une dissolution de ce même métal, le circuit se ferme et la précipitation a lieu pendant tout le temps que dure l'action de la pile et qu'il reste du métal dans la dissolution. Il est à remarquer que la quantité de métal qui se précipite sur l'objet par lequel se termine un des électrodes et celle qui se dissout de la feuille qui termine l'autre sont les mêmes.

On peut obtenir pour la couche de métal déposée l'épaisseur

que l'on désire, car il suffit de prolonger l'action du courant et d'ajouter du métal à la dissolution : c'est ce qui permet d'appliquer ce système à des médailles, des vases, des plateaux ciselés, et même dernièrement, par le procédé de M. Lenoir, à des statues moulées dans des moules de gutta-percha. Nous disons le procédé de M. Lenoir, parce que c'est sous ce nom qu'on l'a fait connaître récemment à l'Académie des sciences; mais il paraît que M. Zier avait déjà présenté à M. Pouillet, en 1843, un groupe obtenu par ce même procédé, groupe qui fut exposé en public au cours de physique de cette année.

L'heureuse idée qu'eut M. Hulot de mouler en relief sur la gutta-percha le dessin d'une carte géographique gravée sur cuivre, afin d'obtenir ensuite autant de planches métalliques qu'on voudrait, reproduisant la même gravure, pour y marquer les différentes divisions, peut faire présager l'avenir immense réservé à cette application, qui, dans le cas précité, outre l'avantage de l'exactitude, réduit la dépense à moins d'un dixième de ce qu'elle serait s'il fallait graver séparément chacune des planches dont on a besoin.

L'application faite par un graveur du dépôt de la guerre n'a pas été moins heureuse : elle a fourni le moyen de faire facilement les corrections et les modifications voulues sur une planche de cuivre dont la gravure aurait à subir quelques changements dans certains endroits. Pour cela, on couvre avec un vernis isolant la planche entière, sauf l'espace ou ligne que l'on veut effacer; on soumet ensuite cette partie à l'action galvanoplastique, et elle se recouvre d'une couche de cuivre, sur laquelle on grave de nouveau après l'avoir polie pour lui donner le niveau du reste de la planche.

Nous mentionnerons aussi, puisque nous ne pouvons nous arrêter à le décrire, le procédé de M. Salmon pour reproduire des gravures et des photographies. Dans le troisième volume des *Applications de l'électricité*, de M. du Moncel, on trouvera expliquées les opérations chimiques et électriques sur lesquelles est fondé ce procédé.

M. Hansen a proposé un autre système de gravure que nous

ne devrions pas mentionner au nombre des applications électro-chimiques, parce qu'il est électro-mécanique; mais, comme nous nous bornons à dire que ce système est exactement basé sur le même principe que le télégraphe autographique de Backwell, que nous expliquerons dans le chapitre suivant, et dans lequel le crayon est remplacé par un burin, nous avons cru que la mention de ce procédé figurerait mieux à côté de celui de M. Salmon que tout isolée dans le paragraphe des applications électro-mécaniques.

M. Oudri, qui a présenté à l'Académie des sciences de Paris une magnifique collection de produits de galvanoplastie, promet de nouvelles merveilles avec le système qu'il a imaginé pour doubler en cuivre, au moyen de l'électricité, les coques en bois ou en fer des navires. Nous regrettons de ne pouvoir nous arrêter à faire connaître les avantages qui résulteraient pour la navigation de l'adoption de son système, s'il était possible de l'appliquer économiquement. Nous aurions à parler aussi des vastes ateliers de M. Elkington à Birmingham, où l'on a employé pour la première fois les machines électro-magnétiques, au lieu des piles, pour obtenir le dépôt galvanoplastique; mais l'espace nous manque. Cependant nous ne voulons pas passer sous silence une autre application importante de la galvanoplastie: elle est due à MM. le Molt et Robert, qui ont imaginé de construire des réflecteurs en verres concaves, sur lesquels ils déposent, au moyen de la pile, une couche d'argent semblable à l'étain des glaces ; avec un de ces réflecteurs on a pu voir l'heure d'une montre à 100 mètres de distance. Après cela on ne saurait s'étonner que les glaces argentées soient sur le point de remplacer avantageusement les glaces étamées.

APPLICATIONS PHYSIOLOGIQUES.

Bien que nous voyions déjà, avant la découverte d'Oersted, l'électricité appliquée à la guérison de certaines maladies, au moyen des commotions des machines électriques ordinaires, la médecine n'a tiré vraiment parti de cet agent que depuis que la connaissance des phénomènes de l'induction a permis de construire les appareils de MM. Breton, Duchenne, Ruhmkorff et autres, décrits dans notre chapitre cinquième. M. Pulvermacher, avec ses piles à chaînes, a été l'un de ceux qui ont appliqué avec le plus de bonheur l'électricité à la thérapeutique.

Il n'y a pas longtemps MM. Vergnes et Poey, de la Havane, ont prétendu extraire du corps humain les particules métalliques absorbées, soit par les pores, soit par le conduit digestif. Ils font entrer le patient dans un liquide acidulé contenu dans une baignoire métallique isolée du sol, et le maintiennent assis sur un banc de bois, isolé de la baignoire, avec laquelle le malade ne doit point être en contact. Ce dernier prend dans ses mains le pôle positif de la pile, tandis que le pôle négatif communique avec la baignoire ou avec une plaque métallique plongée dans le liquide.

Si les faits exposés par les auteurs à l'appréciation de l'Académie des sciences sont exacts, les résultats sont on ne peut plus merveilleux. Le célèbre chimiste Raspail réclame, avec raison, paraît-il, la priorité de cette invention.

Dans l'*Histoire de l'électricité médicale* de M. Guitard, et dans l'excellent *Traité des applications de l'électricité* dernièrement publié par M. du Moncel (auquel nous devons en grande partie les matériaux qui ont servi à la rédaction de ce chapitre), on peut voir les diverses et nombreuses manières d'appliquer l'électricité à la médecine : au moyen des machines ordinaires, en forme de bains, en se submergeant dans une atmosphère électrique positive ou négative, en recevant l'action des pointes ou des étincelles, en subissant des commotions, en se frictionnant avec des brosses métalliques isolées et mises en communication avec les machines.

Le galvanisme permet aussi d'administrer l'électricité en forme de bains, comme nous l'avons vu dans l'invention de MM. Raspail, Poey et Vergnes; en se soumettant à l'action des courants, par des commotions, par des moxas galvaniques, par la cautérisation et par diverses applications, comme les cataplasmes, les tissus, les mixtures, et les chaînes galvaniques : ces dernières ont été décrites dans le deuxième chapitre.

Quant à l'électrisation par induction, les moyens de la produire sont innombrables : on peut se servir des courants de premier ordre, de ceux du second, de l'extra-courant, et s'appliquer des ventouses, des éponges, et même des sacs électriques, que nous n'avons pas à décrire ici.

Les effets physiologiques de l'électricité, dont M. Duchenne a tiré un si grand parti pour reproduire les expressions diverses de la physionomie humaine, en contractant certains muscles, n'ont pas été exclusivement appliqués à la médecine, mais aussi à l'industrie et même à la sécurité domestique. Comme exemple d'application à l'industrie, nous citerons l'appareil électro-magnétique construit par M. Jacobi, célèbre physicien de Saint-Pétersbourg, et destiné à la pêche de la baleine. C'est une véritable machine d'induction, qui, au moindre mouvement, produit des commotions sensibles et doit, par conséquent, étourdir la baleine quand on lui a lancé le harpon qui communique avec la machine. Quant à l'application à la sécurité domestique, il suffit de mettre l'un des pôles de l'appareil de Ruhmkorff en communication avec une grille en fer, un verrou, ou une serrure quelconque, et l'autre avec une plaque métallique, placée par terre devant la porte : au moment où quelqu'un chercherait à ouvrir en touchant la serrure, il recevrait une série de commotions irrésistibles ; il est vrai qu'un voleur instruit ouvrirait sans difficulté impunément; mais nous n'en indiquerons pas le moyen, bien que sa simplicité paraisse rendre futile cette précaution.

APPLICATIONS PHYSIQUES.

L'intensité extraordinaire de la lumière électrique quand les deux rhéophores d'une forte batterie voltaïque sont terminés par deux petits cônes de charbon, phénomène dont la découverte est due à Davy, avait éveillé depuis longtemps l'idée d'employer cette lumière à l'éclairage dans certains cas; mais la nécessité de maintenir les charbons à une certaine distance proportionnelle à l'intensité de la pile, et la difficulté d'y parvenir, à cause de l'usure rapide d'un des charbons, avaient fait abandonner la solution du problème jusqu'à ce qu'en 1848 MM. Staite et Petrie construisirent à Londres un appareil au moyen duquel les charbons se rapprochent à mesure qu'ils se consument, et où la lumière par conséquent est continue. Ces appareils ont été nommés *régulateurs de la lumière électrique.*

Presque en même temps M. Foucault présenta à l'Académie des sciences de Paris un autre appareil de même espèce; et MM. Archereau, Breton frères, Duboscq, Deleuil, Jaxton, Jaspar, Allman et Loiseau construisirent successivement les leurs.

Plus ou moins variés, tous ces appareils sont fondés sur le même principe : faire en sorte que quand la distance entre les deux charbons devient telle que le courant ne passe pas avec l'intensité suffisante à produire la lumière électrique, un électro-aimant, interposé dans le circuit, fasse agir sur les tubes où sont emboîtés les crayons de charbon un ressort destiné à rapprocher ces derniers ; le courant ainsi rétabli, l'électro-aimant retient de nouveau le ressort, jusqu'à ce que, la distance interrompant encore le passage du fluide de l'un à l'autre charbon, le ressort vienne de nouveau les repousser. Quoique le rapprochement des charbons soit intermittent, quand les appareils sont bien réglés, les périodes de mouvement et de repos sont si rapides et si régulières, qu'elles équivalent à un mouvement de progression continue. C'est ainsi que dans les grandes constructions de la rue de Rivoli, en 1854, la lumière électrique a été employée pour permettre la continuation des travaux pendant la nuit ; deux foyers lumineux produisaient une clarté semblable à celle d'un beau clair de lune, et qui suffisait parfaitement pour l'exécution de tous les travaux généraux d'une bâtisse, tels que le transport des matériaux, la préparation des mortiers, etc., etc., sur une étendue de plus de 20,000 mètres carrés. Pour la taille des pierres et autres travaux qui n'exigent pas le déplacement de l'ouvrier et à l'exécution desquels peut n'être pas favorable l'ombre intense qui se projette sur les objets non exposés à la lumière, il fallait un éclairage spécial avec des lanternes ou des lampes ordinaires. Nous lisons dans un journal qu'on s'est servi du même appareil pour éclairer les grandes constructions des *Docks Napoléon*, et la dépense n'allait pas au delà de 14 francs chaque nuit pour éclairer huit cents ouvriers.

M. Liais et M. Martin de Brettes ont proposé les moyens de perfectionner l'éclairage par la lumière électrique, en évitant les inconvénients que présentent les simples régulateurs dont nous avons parlé. D'après M. Liais, en faisant en sorte qu'un commutateur change incessamment le sens du courant, les deux charbons s'useront également; et on peut aussi le faire agir sur deux systèmes de charbons formant le foyer lumineux. D'un autre côté, en faisant tourner rapidement l'appareil, on dissimulera le passage du courant d'un charbon à l'autre; enfin, en plaçant ceux-ci dans un globe rempli d'un gaz peu propre à la combustion, ils doivent s'user beaucoup moins rapidement. M. Martin de Brettes propose, outre le régulateur, un *système amplificateur*, qui consiste en une armature ou charpente en fer, polygonale, dans le pourtour de laquelle se trouvent six lentilles de phare. Cette armature est montée de manière qu'elle puisse pivoter autour de son centre par un mouvement perpendiculaire à celui de l'appareil lenticulaire, qui tourne horizontalement. Si ces deux mouvements sont combinés de manière que les lentilles passent dix fois par seconde dans la même direction, on projettera un rayon lumineux sur chaque point de l'espace, qui se trouvera éclairé d'une manière continue, car la persistance de l'impression visuelle est précisément d'un dixième de seconde.

Le 26 et le 27 octobre 1856, on fit, aux Champs-Élysées, l'essai de la lampe photo-électrique de MM. Lacassagne et Thiers, dont les merveilleux résultats avaient été annoncés depuis plus de six mois dans les journaux, et dont nous avons fait mention dans le deuxième chapitre en parlant de la pile qu'ont inventée ces messieurs.

Les livraisons du *Cosmos* du 31 octobre et suivantes renferment une description des expériences et des appareils qui constituent le système complet de MM. Lacassagne et Thiers ; nous donnerons seulement ici une légère idée des appareils.

Ils se composent, outre la pile, de deux parties principales : la lampe photo-électrique proprement dite, et le régulateur électro-métrique.

Dans la première, les inventeurs se sont servis d'un mécanisme tout à fait nouveau pour que les charbons se maintiennent toujours à la même distance. Au lieu des roues d'engrenage et autres pièces qui entraînaient dans leur mouvement le charbon inférieur quand le courant s'interrompait, ils obtiennent ce mouvement par l'écoulement proportionnel d'une certaine quantité de mercure contenu dans un récipient. Si l'on se représente le crayon de charbon attaché à un flotteur qui monte dans un tube à mesure que le mercure y entre, et une soupape qui n'ouvre le passage du récipient au tube que quand elle est ouverte par le ressort antagoniste d'un électro-aimant, on comprendra que cela aura lieu seulement quand l'usure du charbon aura affaibli le courant, et que l'effet devra être beaucoup plus grand que par les roues à engrenage des autres régulateurs, car il y a constamment deux forces qui tendent à s'équilibrer et qui doivent produire un jet continu de mercure exactement en rapport avec l'usure des charbons, puisque c'est la distance existant entre ceux-ci qui règle le courant, et l'intensité de celui-ci qui s'oppose dans l'électro-aimant à la force du ressort antagoniste qui fait fonctionner la soupape d'écoulement du mercure.

MM. Lacassagne et Thiers se servent du régulateur électro-métrique pour obtenir des courants électriques invariables dont la régularité ne peut être altérée ni par l'inconstance des piles ni par les variations atmosphériques; on peut, en outre, avec ce régulateur, graduer le courant à volonté, et connaître exactement la quantité d'électricité dynamique employée dans un travail quelconque, car cet appareil n'est pas applicable seulement à l'éclairage. Supposons le conducteur d'une pile interrompu, et que les deux extrémités de l'interruption, après avoir pénétré dans une cloche ou gazomètre en verre, se terminent par deux feuilles de platine, plongeant plus ou moins dans un liquide acidulé que recouvre la cloche, selon le degré de tension des gaz qui se dégagent par la décomposition de l'eau; comme cette décomposition croît proportionnellement à l'intensité du courant, il résulte de là que quand les plaques de platine sont complétement plongées dans le liquide, le courant de la pile passera tout entier sans résistance, le dégagement des gaz sera considérable, et, ne pouvant sortir par un orifice gradué, la cloche montera et avec elle les feuilles de platine; celles-ci, ayant moins de surface en contact avec le liquide, opposeront plus de résistance au passage du courant, la production des gaz diminuera, et, par conséquent, la cloche redescendra. Or, si l'on fixe à la cloche un électro-aimant avec une armature à levier dont le ressort antagoniste soit un piston adapté au tube de sortie des gaz, et que la pression de ceux-ci s'y oppose à l'action magnétique de l'électro-aimant, on aura, comme dans la lampe photo-électrique, deux forces contraires tendant à s'équilibrer; et il se produira un écoulement de gaz continu et en rapport avec l'intensité du courant, car l'orifice de sortie est réglé par l'armature à levier, qui se met en mouvement à la moindre altération dans l'équilibre des forces; ce mouvement est inséparable de celui de la cloche, qui, en plongeant par suite de l'affaiblissement du courant, augmente l'intensité de celui-ci, et, au contraire, la diminue quand l'excessive quantité de gaz dégagés indique que le régulateur électro-métrique livre passage à un courant trop fort d'électricité. Il suffit de varier le trou de sortie pour graduer l'intensité du courant, et, en faisant passer les gaz à une éprouvette graduée, on mesure, au moyen d'une table d'équivalents électro-chimiques, la quantité d'électricité dynamique dépensée dans en temps donné.

On a proposé plusieurs moyens d'appliquer la lumière électrique à l'éclairage des grandes villes, soit, comme dans les travaux susmentionnés de la rue de Rivoli et des Docks Napoléon, où un générateur électrique sert à mettre en action un seul et grand foyer de lumière; soit comme l'ont proposé MM. Wartmann et Quirini, à l'instar de l'éclairage au gaz, c'est-à-dire qu'un générateur fournit la lumière à un grand nombre de becs distribués dans les rues et dans les établissements, et alimentés par un conducteur général avec ses dérivations; soit enfin, comme l'a expérimenté M. Deleuil, en multipliant les piles et les appareils électriques, mais en formant avec tous un ensemble.

Chacune de ces méthodes a, indépendamment de l'élévation du prix, des inconvénients qui rendent impossible, jusqu'à présent, leur adoption pour l'éclairage public : la première obligerait à élever le foyer de lumière à une hauteur immense, afin que la projection des ombres ne fût pas plus grande que la partie illuminée dans la plupart des rues; avec la seconde, on ne peut pas maintenir assez longtemps la régularité indispensable dans tous les becs, et elle réclamerait des soins beaucoup trop grands.

Nous ne finirions pas s'il nous fallait énoncer tous les moyens qui ont été proposés pour appliquer la lumière électrique à l'éclairage; entre autres systèmes, on peut regarder comme les plus intéressants celui de M. Petrie pour les phares, avec lequel on obtient un éclairage intermittent avec périodes réglées d'avance; celui qui consiste à substituer la lumière électrique à celle du soleil dans les expériences de physique, et dont on ne peut se faire une idée exacte qu'en assistant aux merveilleuses soirées de M. Duboscq. M. du Moncel donne dans son ouvrage la liste de ces expériences. Les opérations militaires, d'après M. Martin de Brettes, trouveront, tant sur mer que sur terre, un puissant auxiliaire dans la lumière électrique : sur mer, on éviterait les innombrables cas d'abordage qui se présentent chaque jour, si tous les navires étaient pourvus d'un fanal à leur proue; et il y aurait moins d'accidents occasionnés par l'emploi des bouées lumineuses. Les arts se sont aussi servis de la lumière électrique dans les représentations théâtrales et dans les reproductions photographiques, et quelques industries, entre autres celle de la pêche, espèrent en retirer des avantages immenses.

La propriété remarquable que possède la lumière électrique de se produire sous l'eau et dans le vide la rend susceptible de deux applications importantes. M. du Moncel indique les moyens de faire la première d'entre elles dans les travaux sous-marins, et principalement quand il s'agit d'explorations au fond de la mer, ou de travaux de sauvetage pour repêcher les objets perdus dans les naufrages.

Plusieurs savants réclament la priorité d'invention de la seconde des applications susindiquées, celle d'employer la lumière électrique dans les travaux des mines.

MM. de la Rive, Boussingault et Louyet, — ce dernier à plus juste titre, — se disputent entre eux l'honneur d'avoir eu l'idée, dont l'application n'a été faite qu'en 1845 par M. Boussingault, d'éviter le danger qui menace les ouvriers quand il se dégage des gaz inflammables dans les mines de charbon de terre. En enfermant chaque foyer lumineux avec son régulateur dans un globe hermétiquement clos, on préviendrait peut-être ce que n'ont pu éviter les lampes de Davy; cependant M. Dubrull a proposé dernièrement des lampes de Davy perfectionnées de telle sorte, qu'il est impossible de les ouvrir sans éteindre la lumière, quoiqu'on puisse arranger la mèche sans difficulté. Pour le moment, nous doutons que la lumière électrique puisse remplacer avantageusement les lampes de Davy perfectionnées, si ce n'est dans des cas tout à fait spéciaux.

C'est à une autre application physique de l'électricité que nous croyons le plus d'avenir dans les travaux des mines : l'inflammation des substances explosibles à de grandes distances. Cette découverte fut faite par hasard par M. Brunton, pendant les expériences qui avaient lieu à Londres pour l'essai du télégraphe sous-marin de Douvres à Calais. Ayant remarqué un défaut dans un des fils du câble, et l'examinant attentivement, il observa avec admiration, à l'endroit où il était interrompu, une série d'étincelles qui passaient avec une rapidité extraordinaire : ce phénomène était nouveau pour la science, et M. Brunton tenta de l'appliquer à l'explosion des mines. Les expériences qu'il fit, avec M. Statham, furent très-heureuses, et ils ne tardèrent pas à reconnaître qu'avec un pétard très-simple, construit dans les conditions qui avaient été observées pour le câble, on pouvait agir à une distance presque illimitée avec un fil mince et une batterie peu puissante. Les pétards, dont nous donnerons la description, parce qu'elle est très-intéressante, sont très-faciles à confectionner : on prend deux bouts de fil de cuivre rouge recouvert de gutta-percha ordinaire; on enlève la gutta-percha des extrémités, qu'on entortille comme on le voit figure 163, et on recourbe les bouts des fils métalliques de manière à les faire entrer dans une enveloppe *ab* de gutta-percha vulcanisée, que l'on a coupée et enlevée de dessus un fil de cuivre qui en avait été depuis longtemps recouvert. On pratique sur cette enveloppe une échancrure, et, après avoir maintenu à 2 ou 3 millimètres l'une de l'autre les extrémités des fils de cuivre, on en recouvre les pointes de fulminate de mercure, afin de rendre l'inflammation de la poudre plus aisée. On remplit l'échancrure de poudre et on enveloppe le tout avec un bout de tuyau de caoutchouc ou dans une cartouche remplie de poudre.

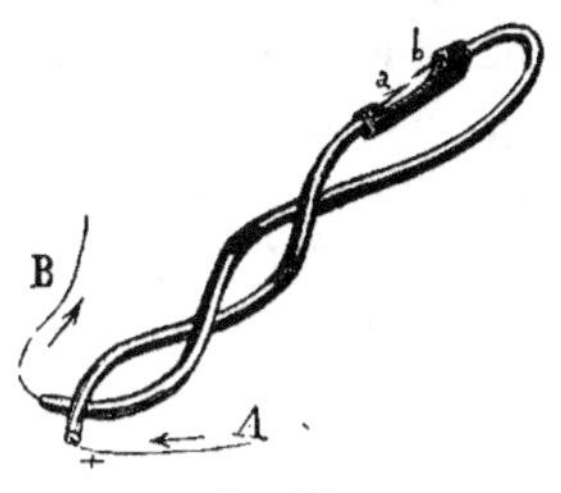

Fig. 163.

Malgré les bons résultats de la méthode de MM. Brunton et Statham, qui fut employée, lors de l'inauguration du télégraphe sous-marin de Calais à Douvres, pour mettre le feu d'une extrémité du câble à la pièce d'artillerie qui se trouvait à l'autre, on était obligé de se servir d'une pile à grande tension, et le problème n'aurait pas reçu une solution complète sans les travaux du colonel espagnol D. Gregorio Verdú, qui imagina d'appliquer à cet usage les courants d'induction; et, aidé du célèbre constructeur M. Ruhmkorff, il se servit de la machine de ce dernier, modifiée convenablement, de manière qu'avec un simple élément de Bunsen ou un appareil ordinaire de Clarke, il parvint à enflammer de la poudre à une distance d'abord de 400 mètres, augmentée ensuite successivement jusqu'à 26,000. Ces expériences, qui eurent lieu en 1853 à la Villette, près Paris, furent suivies d'autres plus concluantes encore, en 1854, dans les environs de Guadalajara, où on disposa quatre fourneaux de mine qui sautèrent en même temps avec un seul appareil, sans qu'il fût possible d'entendre plus d'une détonation toutes les fois qu'on répéta l'expérience, tant les explosions étaient simultanées.

Après le colonel Verdú, M. Savare, capitaine français, et M. du Moncel ont proposé d'autres moyens plus économiques peut-être, et plus sûrs pour obtenir différentes explosions à la fois; mais le mérite d'avoir fait en grand cette expérience, et de s'être livré aux études nécessaires pour son application à l'attaque des places fortes appartient à notre compatriote, qui a donné des explications détaillées dans un mémoire intitulé *Mines de guerre*. La méthode de M. du Moncel a été appliquée avec succès à Cherbourg pour faire sauter d'énormes masses de roche, lors des travaux entrepris pour l'agrandissement de ce port.

Dans un mémoire publié en juin 1856 par M. le baron d'Ebner, major du corps impérial du génie en Autriche, sur l'application de l'électricité aux mines de guerre, on trouve la description des expériences faites par le corps du génie avec des appareils qui diffèrent essentiellement de ceux employés par MM. Verdú et du Moncel. M. le baron d'Ebner prétend que l'emploi de l'électricité dynamique a, entre autres inconvénients, celui de la complication, tandis que la méthode des ingénieurs autrichiens est on ne peut plus simple. Dans une boîte qui ne pèse pas plus de 8 kilogrammes et demi, est renfermé un disque de verre qui frotte contre des coussins et charge une bouteille de Leyde; il suffit de dix ou douze tours de manivelle pour cette charge, et, en fermant le circuit, l'étincelle part à 30 kilomètres. Dans d'autres appareils plus complets, il y a deux disques et un fourneau destiné à maintenir sec l'intérieur de la boîte.

M. Ador, connu par ses inventions, a imaginé un appareil électrique au moyen duquel, dit-il, on peut dégager un mètre cube de gaz par minute, en décomposant l'eau, et ayant en outre la propriété extraordinaire de réduire le gaz produit à un tel état de tension électrique ou de fulguration, qu'il devient une espèce de globe de feu ou de tonnerre en boule, et peut lancer des projectiles ou produire un effet mécanique quelconque.

Il serait trop long d'entreprendre l'énumération de toutes les applications qu'on pourrait faire de cette propriété des courants électriques; il nous suffira de dire que l'artillerie, la marine et tout ce qui a quelque rapport avec la science militaire, les mines, les travaux publics et la pyrotechnie verraient diminuer le nombre des victimes que font les méthodes actuellement employées, si l'on parvenait à perfectionner celle que nous venons d'indiquer, en conciliant l'économie et la simplicité avec la sécurité qu'elle présente, et qu'on ne peut lui contester.

Il n'y a pas longtemps on a installé à l'observatoire astronomique de Paris une mire pour les observations de nuit ; elle s'allume en enflammant le gaz de l'éclairage au moyen de l'appareil de M. Ruhmkorff à 100 mètres du lieu de l'observation, d'après une méthode proposée par MM. Liais et du Moncel.

Fondé sur le même principe et en se servant presque des mêmes moyens, M. Treve a proposé dernièrement un système télégraphique de nuit qui permet d'établir une communication sûre et rapide entre deux vaisseaux, entre une escadre et un port bloqué, ou en toute autre circonstance analogue. Les essais faits à Paris, à la fin de 1856, ont eu un brillant résultat et ont mérité l'éloge que M. Despretz en fit à l'Académie des sciences.

Nous terminerons la relation des applications des effets calorifiques de l'électricité en mentionnant celles qui en ont été faites à la fusion des métaux, soit de ceux qui sont considérés comme infusibles dans les arts, soit de ceux qui, dans un travail quelconque, comme, par exemple, le forage d'un puits artésien, restent engagés dans l'intérieur du trou. La métallurgie ne doit pas désespérer de voir un jour cet agent devenir pour elle un puissant auxiliaire.

APPLICATIONS MÉCANIQUES.

Les applications physiques, chimiques et physiologiques que nous venons de passer en revue ne sont ni les plus nombreuses ni les plus importantes de l'électricité. Les applications mécaniques, par leur multiplicité et leurs effets merveilleux, méritent peut-être d'occuper le premier rang, la télégraphie surtout, qui dispute à l'imprimerie et à la vapeur le mérite d'avoir changé la face du monde, et qui a sur ses rivales l'avantage incontestable d'avoir opéré ce changement aussi rapidement qu'elle transmet la pensée d'une extrémité à l'autre de la terre.

Les travaux qui ont été faits dans la télégraphie depuis 1838, époque à laquelle on peut dire qu'a pris naissance cette branche de l'électricité, sont tels et le nombre des appareils proposés est si considérable, que même en ne prenant en considération que les principaux et en n'en faisant qu'une brève description, nous pourrons à peine renfermer dans un chapitre spécial une matière si étendue. Nous ne ferons donc, dans celui-ci, que donner une idée du principe sur lequel sont fondées la plupart des applications mécaniques de l'électricité dont nous avons à parler; nous pourrons les y comprendre toutes, car, bien qu'elles constituent des inventions non moins ingénieuses que les télégraphes, elles sont aujourd'hui moins importantes, et nous glisserons rapidement sur celles qui n'ont pas de rapport immédiat avec l'objet principal de ce livre, c'est-à-dire avec l'application de l'électricité aux chemins de fer.

Les télégraphes électriques les plus usités de nos jours, et dont nous discuterons l'origine plus tard, sont fondés sur l'un des deux phénomènes que nous avons expliqués dans le chapitre de l'*électro-magnétisme*, selon le système auquel appartiennent les appareils employés. Le plus simple de tous, dû à Wheatstone, et que l'on connaît sous le nom de *télégraphe à aiguilles*, n'est qu'un multiplicateur de Schweiger dont l'aiguille s'incline à droite ou à gauche, selon la direction que l'on fait prendre au courant. Les *télégraphes à cadran*, celui de Morse et plusieurs autres que nous ferons connaître, fonctionnent en vertu de la propriété que possède un morceau de fer doux entouré d'une hélice de fil métallique de s'aimanter quand on fait passer à travers cette hélice un courant électrique, et de perdre son magnétisme aussitôt que ce courant est interrompu. Il y a encore une autre espèce de télégraphes, construits d'après un principe tout autre que celui des deux systèmes précédents, et dont nous avons parlé dans le chapitre deuxième : ce sont les *télégraphes électro-chimiques*, dans lesquels un corps se décompose ou reste inaltérable, selon que passe ou non un courant électrique à travers les fils métalliques.

Nous expliquerons en peu de mots la manière dont fonctionne chacun de ces trois systèmes, sans nous arrêter aux détails, que nous donnerons plus tard; ce qui est essentiel ici, c'est de démontrer comment on peut produire le signal à distance, et pour cela nous ferons une observation qui peut s'appliquer à tous les systèmes indifféremment.

Tout télégraphe se compose de quatre parties essentielles : 1° de la pile ou générateur de l'électricité; 2° du manipulateur ou appareil pour établir ou interrompre le circuit électrique; 3° du récepteur ou appareil qui se place à distance, et sur lequel doivent se reproduire les signes qui ont été faits avec le manipulateur; 4° du conducteur ou fil métallique qui met en communication la pile, le récepteur et le manipulateur.

Le récepteur, dans les télégraphes à aiguilles, est, comme nous l'avons dit, un simple galvanomètre multiplicateur de Schweiger; et, en effet, qu'on se représente un circuit électrique composé de la pile et d'un fil double ou d'un seul fil et de la terre : si, à l'une des extrémités de ce circuit, on introduit un galvanomètre, c'est-à-dire une aiguille entourée par un fil métallique, chaque fois que le courant passera par le fil, l'aiguille s'inclinera d'un côté ou de l'autre, selon le sens du courant, et reviendra à sa position normale aussitôt que ce dernier sera interrompu; il suffit donc d'établir à l'autre extrémité du fil un simple commutateur de courants, qui sera le manipulateur, pour que deux personnes, d'accord auparavant sur les signes convenus, puissent communiquer entre elles d'une extrémité à l'autre du fil; car celle qui tient le manipulateur peut incliner l'aiguille du côté qu'elle le désire et autant de fois que cela lui convient, et, si chacune de ces combinaisons a sa lettre ou signification, la personne qui se trouvera à côté du récepteur pourra interpréter les signes.

Le télégraphe de Morse, et en général tous ceux qui écrivent ont pour récepteur un électro-aimant dont l'armature est attirée chaque fois que passe le courant, et repoussée par un ressort aussitôt que le courant cesse de passer. Si le manipulateur est un simple interrupteur conjonctif, comme celui de la figure 140 (page 300), on comprendra qu'il suffit d'appuyer le doigt dessus pour établir le courant, lequel cessera de passer dès qu'on lèvera le doigt; par conséquent, l'armature de l'électro-aimant récepteur sera attirée et repoussée autant de fois que l'on voudra de l'autre côté du fil conducteur; et le passage du courant pourra être instantané ou se prolonger au gré de la personne qui tient le manipulateur. Il suffirait donc, pour se comprendre, de s'entendre d'avance sur la valeur à donner en lettres ou en signes à la combinaison des attractions instantanées et prolongées. Mais ce télégraphe ne se borne pas à parler; il écrit aussi, et, pour cela, l'armature de l'électro-aimant est munie d'un crayon ou poinçon qui ne touche à rien quand le circuit électrique est interrompu, et qui s'appuie sur un papier quand il est attiré par le fer doux aimanté; or, si ce papier a un mouvement continu et passe régulièrement par le point où vient s'appuyer le crayon, il est clair que celui-ci y tracera des points ou des lignes, selon que l'attraction sera instantanée ou prolongée. La combinaison des points, des raies et des espaces forme les lettres et paroles ou signes de convention.

Dans le télégraphe à cadran, on utilise la même propriété du fer doux, mais le mouvement de l'armature de l'électro-aimant produit un effet différent. Le manipulateur du télégraphe à cadran consiste en un cercle dans la circonférence duquel se trouvent tracées les 26 lettres de l'alphabet, sur chacune desquelles on peut placer la pointe d'une aiguille fixée au centre du cercle. L'axe sur lequel tourne cette aiguille est aussi celui d'une roue métallique qui a treize dents et treize intervalles remplis d'une substance isolante, c'est-à-dire 26 divisions qui correspondent à chacune des 26 lettres du cadran qui est au-dessus, de manière qu'un ressort métallique fixe qui appuie contre la circonférence de la roue, quand celle-ci fait un tour complet, se trouve treize fois en contact avec une dent métallique et treize autres fois avec une dent isolante, alternativement, et, par conséquent, si les deux pôles de la pile viennent aboutir l'un au ressort et l'autre à l'axe de la roue, le circuit s'établira treize fois et sera autant de fois interrompu pour chaque tour complet de la roue; on comprend facilement que l'armature d'un électro-aimant fixé au *récepteur* sera attirée et repoussée le même nombre de fois. Cette armature, au lieu d'avoir un crayon ou un poinçon, comme dans le télégraphe de Morse, se trouve combinée avec un échappement double, d'une construction particulière, de sorte que chaque fois qu'elle est attirée ou repoussée, elle laisse passer une dent d'une roue qui en a vingt-six, et dans l'axe de laquelle se trouve fixée une aiguille qui tourne autour d'un cercle semblable à celui du manipulateur, sur la circonférence duquel se trouvent les 26 lettres de l'alphabet dans le même ordre. Or, si les deux aiguilles sont symétriquement placées dans le manipulateur et dans le récepteur, il suffira de faire tourner celle du premier pour que celle du second tourne aussi; et, comme les deux roues ont le même nombre de dents, à chaque passage de celles du manipulateur il y aura une attraction ou une répulsion dans l'électro-aimant du récepteur, dont la roue fera aussi un pas. Il suffit donc pour correspondre de lire les lettres sur lesquelles s'arrête un moment l'aiguille.

Le télégraphe électro-chimique de Bain est fondé sur la propriété qu'a le courant électrique qui traverse un fil de fer de décomposer le cyanure de potassium. Il se compose d'un manipulateur pareil à celui du télégraphe de Morse, que nous avons décrit, et le récepteur n'est qu'un poinçon ou morceau de fil de fer qui appuie sur un cylindre métallique; interposée entre celui-ci et le poinçon, passe régulièrement une bande de papier trempé dans une dissolution de cyanure de potassium. Chaque fois que l'on établit le contact avec l'interrupteur, le passage du courant décompose le cyanure et laisse sur le papier un point ou une raie bleue, selon que les contacts ont été instantanés ou prolongés. Les signes sont donc les mêmes que dans les télégraphes de Morse, et permettent d'employer, ce qu'on fait généralement, le même alphabet.

Nous avons décrit les quatre principes élémentaires des télégraphes les plus usités, non pas précisément tels qu'ils sont employés, mais réduits, pour ainsi dire, à leur essence. Dans le prochain chapitre on pourra les voir tels qu'ils existent dans les appareils en usage, avec toutes les modifications qui ont été adoptées ou essayées avec quelque succès, ainsi que d'autres applications des mêmes principes, au moyen desquels on est parvenu, non-seulement à imprimer à distance avec des caractères ordinaires, mais à autographier l'écriture d'une personne quelconque.

HORLOGES ÉLECTRIQUES.

La plus importante des applications mécaniques de l'électricité, après le télégraphe électrique, est sans contredit celle qui a pour objet de faire marcher à distance une ou plusieurs horloges avec une régularité qu'il est absolument impossible d'obtenir dans les horloges ordinaires, et qui est presque infaillible dans les horloges électriques.

L'horlogerie électrique est une conséquence immédiate de la télégraphie, et, le problème de cette dernière à peine résolu, il dut se présenter à l'imagination de l'homme l'idée de se servir du nouvel agent pour faire marquer exactement l'heure aux différentes horloges d'une grande ville ou d'un chemin de fer; la conception de cette idée a donc dû être simultanée, chez certains physiciens, avec celle de transmettre la parole, et n'a pas dû se faire attendre longtemps chez les autres. Quant à la réalisation pratique, elle appartient sans conteste à M. Steinheil, à qui revient aussi la gloire d'être le premier qui ait établi un télégraphe électrique; un document authentique en fournit la preuve : c'est la concession exclusive que le roi de Bavière accorda au physicien de Munich pour la construction des horloges électriques.

MM. Wheatstone et Bain, en Angleterre, se sont disputé avec acharnement la priorité de cette invention, et le monde scientifique a suivi cette lutte avec intérêt, prenant tantôt parti pour l'un, tantôt pour l'autre, jusqu'à ce que la connaissance du document précité vînt faire retomber sur un troisième la gloire que tous deux réclamaient pour eux. Cependant nous devons dire que, d'après le Bulletin de l'Académie de Bruxelles, M. Wheatstone avait appliqué, avant le 8 octobre 1840, le principe de son télégraphe à faire lire simultanément dans différents endroits l'heure marquée par une horloge; et, le 26 novembre de la même année, non-seulement il lut à la Société royale de Londres une description de son invention, mais il présenta quelques appareils qui fonctionnèrent le soir même dans la salle de la Bibliothèque. M. Bain prétend qu'en 1838 il avait déjà inventé une horloge électrique; mais il n'a pu le prouver d'une manière authentique.

Bien que presque aussi intéressante que celle des télégraphes électriques, il nous est impossible de faire, comme pour ceux-ci, l'énumération des modifications qu'a subies successivement le mécanisme des horloges électriques; nous nous bornerons à mentionner les plus remarquables, après avoir indiqué le principe général. Celui-ci, comme dans les télégraphes électriques, est fondé sur l'effet mécanique que peut produire un électro-aimant lorsqu'on établit et qu'on interrompt alternativement le passage d'un courant électrique à travers ses spires.

Que l'on se représente, en effet, dans un télégraphe à cadran un manipulateur qui interrompe et rétablisse le courant avec des intervalles parfaitement égaux, et que l'aiguille mise en mouvement par l'électro-aimant fasse un tour toutes les douze heures devant un véritable cadran d'horloge, où soient écrits les chiffres au lieu des lettres, et on aura une horloge électrique réglée par la main de l'homme. Si, au lieu de faire les interruptions du courant avec un manipulateur, on emploie un balancier ou toute autre pièce qui règle la marche d'une horloge ordinaire, le mouvement de l'aiguille de cette horloge, qu'on nomme *horloge type*, se reproduit fidèlement sur le récepteur, et celui-ci reçoit le nom d'*horloge électro-chronométrique*. Si, au lieu d'employer une horloge type pour établir et interrompre le circuit, on se sert d'un pendule qui bat des secondes, par exemple, et dont le mouvement se maintient à son tour par l'action électrique, alors le récepteur marque l'heure de la même manière et reçoit le nom d'*horloge électro-magnétique*. Il est inutile de dire que, dans l'un comme dans l'autre des deux systèmes, on peut faire en sorte, au moyen de mécanismes très-simples, qu'il y ait deux aiguilles qui tournent, et même plus encore, si l'on veut obtenir l'indication des secondes, du jour de la semaine, etc. Quant à la question de savoir lequel est le plus avantageux des deux systèmes électro-chronométrique et électro-mganétique pour l'horloge type, il n'est pas possible de la décider encore : les opinions des constructeurs sont partagées, et l'expérience seule pourra rendre un arrêt sans appel; mais l'utilité des horloges électriques comme récepteurs pour indiquer la même heure dans différents endroits est incontestable, et l'usage s'en est rapidement répandu tant en Allemagne qu'en Angleterre; en France, on n'en compte que fort peu, quoiqu'on ne manque pas d'excellents constructeurs, dont nous examinerons les systèmes, le plus brièvement possible, en même temps que ceux d'Angleterre, de Belgique et d'Allemagne.

HORLOGES ÉLECTRO-CHRONOMÉTRIQUES.

M. Paul Garnier, l'un des plus fermes partisans du système où l'on se sert d'une horloge type mécanique pour transmettre le mouvement aux horloges électriques, place l'interrupteur du courant sur l'axe de la roue de délai du mécanisme de la sonnerie d'une pendule ordinaire. L'horloge électrique proprement dite, ou récepteur, se compose d'un cadran ordinaire derrière lequel se trouve l'électro-aimant interposé dans le circuit. Cet électro-aimant se place verticalement et son armature est munie d'un crochet qui, à chacun de ses mouvements, agit sur deux roues pourvues de leur ancre d'échappement et d'un mécanisme très-simple en rapport avec les aiguilles.

Dans les grandes horloges construites par M. Garnier, l'électro-aimant est placé de manière que son propre poids serve de ressort antagoniste pour le séparer de l'armature quand le courant ne passe pas, et cela sans doute pour économiser de la force; mais cela a l'inconvénient de produire dans les aiguilles un mouvement de trépidation ou de secousse qui peut faire partir l'échappement.

M. Froment a cherché à éviter cet inconvénient, et a muni ses armatures de ressorts secondaires; les aiguilles de ses horloges ont un mouvement sec et sans vibration, elles marquent toujours les secondes, et le mécanisme interrupteur qui les fait marcher consiste en une roue à rochet mise en rapport avec l'horloge type de telle manière, que chacune de ses dents vienne toucher un ressort fixe toutes les secondes; ce ressort est une simple lame d'or très-mince en communication avec une branche du courant, l'autre branche est en contact avec la roue, et par conséquent le circuit se ferme à chaque contact, c'est-à-dire à chaque seconde.

Dans les systèmes que nous avons mentionnés, le mécanisme qui fait marcher les aiguilles est mis en mouvement par l'action directe de l'électro-aimant, et a besoin par conséquent d'un courant un peu fort. M. Breguet a cherché à rendre celui-ci le plus faible possible en appliquant aux horloges le principe de son télégraphe électrique; c'est-à-dire qu'il se sert de pendules ordinaires sans balancier ni volant, et l'électro-aimant ne fait que régler la marche.

M. le vicomte du Moncel propose un système dans lequel les chiffres, comme aux horloges italiennes, apparaissent dans deux guichets : l'un qui correspond aux heures, l'autre aux minutes, de cinq en cinq. Le système d'échappement qu'il emploie est très-curieux; il dépend de la forme de l'armature de l'électro-aimant, et est applicable à tout télégraphe où le cercle qui porte les chiffres ou les lettres est mobile. L'interrupteur, on ne peut plus simple, est une circonférence ou couronne métallique, armée de languettes en fer doux, laquelle s'applique sur le cadran de l'horloge type; l'aiguille de celle-ci touche successivement les languettes, et, par conséquent, elle établit et interrompt le circuit si l'une des branches de celui-ci vient aboutir à la circonférence et l'autre à l'aiguille.

M. Paul Garnier emploie dans son système les courants dérivés pour faire marcher plusieurs horloges, de manière que le courant ne passe pas successivement de l'une à l'autre; mais il se divise entre toutes proportionnellement à son pouvoir conducteur; de la sorte, l'un d'eux peut s'arrêter sans que les autres cessent pour cela d'indiquer l'heure régulièrement. La figure 164 donne une idée de ce système, dans lequel le circuit de chaque horloge *ab*, *a'b'*, *a''b''*, vient aboutir à ce que M. Garnier appelle deux artères électriques *AB*, *CD*, sans que cela empêche de dériver si l'on veut un circuit *cd* des branches *a''b''* d'un autre circuit secondaire.

Le fameux prestidigitateur Robert Houdin a adopté une disposition différente pour faire agir le courant sur chaque horloge avec toute la puissance qu'il aurait s'il se trouvait seul, quoique la série soit très-grande. Pour cela, l'un des pôles de la pile communique avec un fil métallique en contact avec l'une des extrémités de la bobine de chaque électro-aimant qui fait marcher son horloge; l'autre pôle communique avec la roue à chevilles du régulateur ou balancier qui établit ou interrompt le courant; mais le mécanisme est disposé de manière que le circuit ne se

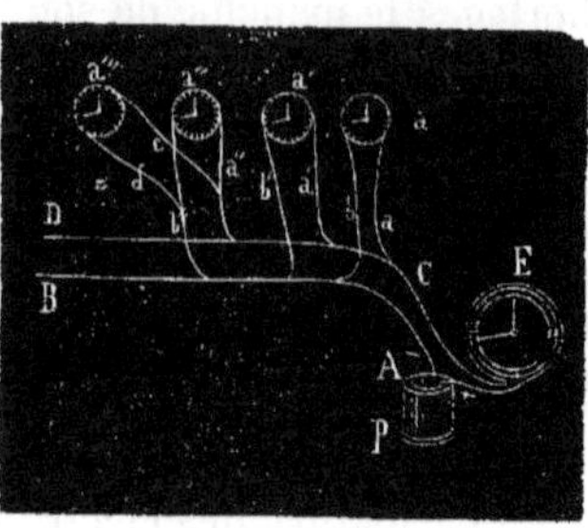

Fig. 164.

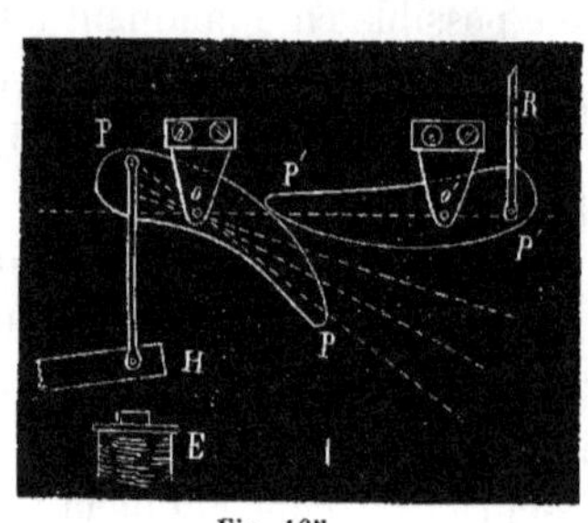

Fig. 165.

ferme que dans la première horloge, et, quand l'armature de l'électro-aimant est attirée, le courant s'y interrompt; mais le circuit s'établit par la seconde horloge : le mécanisme de celle-ci est pareil à celui de la première; par conséquent, le même effet a lieu, et le courant passe à la troisième.

Ce fut la nécessité de faire sonner les heures dans un nombre indéfini d'horloges qui lui suggéra cette idée; sans elle, il lui aurait fallu employer des courants plus forts.

Puisque nous parlons des inventions de M. Robert Houdin, il nous est impossible de ne pas mentionner la plus importante peut-être qui ait été faite dans les pièces de transmission de l'horlogerie et de la télégraphie électrique : nous voulons parler du *répartiteur électrique*. C'est une combinaison de deux leviers arqués (fig. 165) qui basculent autour de points fixes, et leurs longueurs efficaces, déterminées par les points de contact ou de tangence, sont nécessairement variables. Quand le courant passe par l'électro-aimant E, l'armature H est attirée, et, au lieu d'agir directement sur la résistance R, comme dans la disposition ordinaire, avec une force inégale qui augmente à mesure que l'armature s'approche, et qui est, par conséquent, plus faible au commencement, quand on aurait besoin de l'avoir plus grande pour vaincre l'inertie de *R*; au lieu d'agir directement, disons-nous, il le fait par l'entremise du répartiteur; et, comme on le voit dans la figure, au commencement la puissance agit sur le bras de levier le plus long, et celui-ci va se raccourcissant à mesure que l'armature descend et que l'attraction, par conséquent, est plus considérable. De la même manière, quand le courant cesse de passer, le mécanisme appliqué à *R* doit commencer par vaincre l'adhérence de l'armature par l'effet du magnétisme rémanent; mais le répartiteur électrique rend cela facile, car les leviers se présentent dans la position la plus favorable, et la longueur du bras diminue à mesure que l'armature se sépare de l'électro-aimant.

M. Bain fait aussi marcher successivement plusieurs horloges électriques au moyen d'un régulateur type, comme M. Robert Houdin; mais il fait agir le courant isolément et alternativement sur chaque électro-aimant depuis l'horloge type elle-même, en adaptant à celle-ci un interrupteur comme celui que nous avons vu dans le système de M. du Moncel; l'aiguille parcourt en une minute toute la circonférence de l'interrupteur, de manière que dans cet intervalle on obtient l'heure dans toutes les horloges, sans qu'il puisse y avoir plus d'une minute de différence entre les deux qui seraient le moins d'accord.

M. Bain est parvenu aussi à régler d'heure en heure un certain nombre d'horloges au moyen d'un seul régulateur qui n'établit le courant que pendant la dernière seconde de l'heure de l'horloge type, de manière que tout retard ou avancement est corrigé.

M. du Moncel a présenté à l'Académie des sciences de Paris une note sur un nouveau système, dans lequel les horloges se règlent par la marche du soleil. Il s'est proposé, à ce qu'il paraît, d'éviter l'inconvénient que présente le système de M. Bain d'exiger une horloge type très-coûteuse, et, à sa place, il se sert de l'action d'une lentille, qui fait partie d'un cadran solaire, sur un thermomètre dont la colonne métallique ferme un circuit électrique lorsqu'elle monte, dilatée par la chaleur de la lentille, qui ne peut la frapper qu'à une heure donnée. Nous croyons cette invention plus ingénieuse qu'utile.

Un autre ploblème d'horlogerie, très-curieux aussi, c'est le calendrier perpétuel électro-magnétique que le même M. du Moncel décrit dans ses *Applications de l'électricité.*

M. Gloesener a proposé et construit, à l'aide de M. Tinsington, des horloges électriques sans piles, qui marchent par le courant induit d'une machine magnéto-électrique mise en mouvement par une horloge type. Dans ces appareils, comme dans ceux qu'il a fait marcher au moyen de piles, M. Gloesener a appliqué son système d'inversion de courants à double échappement, au lieu de la simple interruption qu'exige l'emploi des ressorts antagonistes; système auquel, comme nous le dirons en parlant de ses télégraphes, est peut-être réservé un avenir immense dans les applications de l'électricité, et dont profitent déjà quelques constructeurs, mais sans avouer qu'ils en doivent l'idée au professeur de Liége.

HORLOGES ÉLECTRO-MAGNÉTIQUES.

Ces horloges diffèrent de celles que nous avons désignées sous le nom d'électro-chronométriques en ce qu'elles marchent par l'action de la force électro-motrice seule, sans le secours d'une horloge type pour établir et interrompre le circuit. Elles sont beaucoup plus simples; mais quelques constructeurs n'ont pas grande confiance en leur régularité. Nous n'entrerons pas dans l'examen de cette question, que, comme nous l'avons dit, la pratique seule peut résoudre; nous ne nous arrêterons pas non plus à décrire chacun des nombreux systèmes qui ont été présentés pour faire mouvoir le balancier ou le volant de l'horloge de manière à rendre la marche des aiguilles parfaitement régulière. Nous décrirons seulement un des plus simples, et nous ferons connaître les différences essentielles des plus usités ou des plus ingénieux.

Les appareils primitifs étaient construits de manière que le balancier de l'horloge eût un électro-aimant qui, par son action sur les armatures extérieures, conservât son mouvement : M. Bain construisit ainsi sa première horloge en 1840.

M. Froment a proposé la disposition suivante (fig. 166) : *P* est un pendule, suspendu par un ressort *AB* à une pièce de cuivre fixe *M;* il peut osciller librement, et a un appendice *En* terminé par une vis *n*, qui peut monter ou descendre. Une petite pièce en cuivre *m*, fixée à l'extrémité d'un bras de levier *Nam*, mobile autour d'un centre fixe *N*, peut tomber à intervalles égaux sur la pointe de la vis *n*, et communique alors au pendule *P* une impulsion qui compense la perte de mouvement.

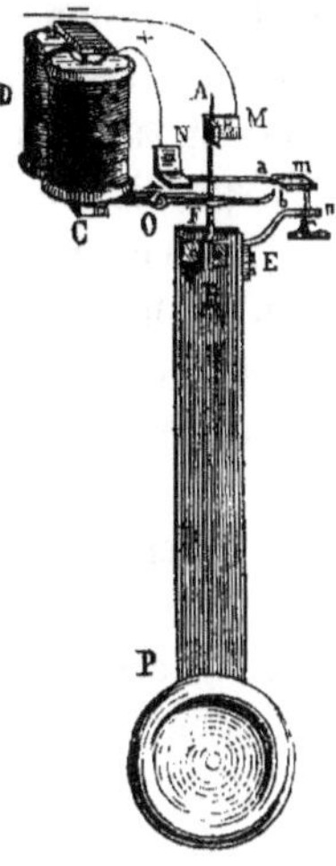

Fig. 166.

On obtient ce résultat au moyen d'un électro-aimant *D* qui agit sur une armature de fer doux *C;* cette armature est à l'extrémité d'un des bras du levier *boC*, mobile autour du point fixe *o*, et l'autre extrémité *b* vient soutenir le levier *Nam*. Le bras du levier *ob* a une ouverture en *F* laissant passer librement le ressort qui soutient le pendule, et, comme le but est de ne pas empêcher le mouvement de ce pendule, on pourrait obtenir le même résultat en faisant l'ouverture dans le ressort pour laisser passer le levier.

Le courant électrique qui circule dans l'électro-aimant passe par le levier *Nam*, par la pièce *m*, la vis *n* et l'appendice *nE;* au moyen d'un fil métallique *cf*, il passe ensuite par le ressort *BA*, et arrive à la plaque de cuivre *M*. On comprend que si le pendule est en mouvement et au milieu de l'oscillation qui le fait monter à droite de l'observateur, la masse *m* et la vis *n* sont en contact et ferment le circuit; l'électro-aimant attire l'armature *C*, la masse *m* n'est plus soutenue et agit par son poids sur le pendule, en lui communiquant une impulsion en sens contraire. Quand le pendule monte de l'autre côté, *m* et *n* ne sont pas en contact; l'électro-aimant n'a pas d'action; l'armature *C* tombe et la masse m remonte occuper sa première position. Cet effet se produit dans chaque oscillation; par conséquent, l'action du poids m compense la quantité de mouvement que font perdre au pendule la résistance de l'air, le frottement et l'adhérence; et l'horloge marche régulièrement tant que le courant est assez fort pour lever l'armature de l'électro-aimant.

Cet appareil, qui est un des plus parfaits parmi ceux présentés à l'Exposition de 1855, dit M. Becquerel, a l'avantage de ne pas exiger un courant dont l'intensité soit constante; par conséquent, si on le place dans une cave où la température soit toujours égale, comme l'a proposé M. Faye, ou si le pendule est à compensation, on pourra s'en servir comme d'un chronomètre. Il peut fonctionner avec un simple élément de Daniell ou avec un courant tellurique, obtenu au moyen de deux plaques, l'une en zinc, l'autre en cuivre, enterrées à une certaine profondeur.

M. Weare, horloger anglais, a employé, entre autres, un système dans lequel il supprime le balancier et le remplace par un volant monté sur un axe; il y a dans l'axe lui-même une aiguille entourée par un cadre galvanométrique, de manière que le passage du courant par ce cadre produit un mouvement dans l'aiguille, qui entraîne le volant avec elle; une barre métallique traversée dans l'aiguille sert à rétablir et interrompre le courant.

M. Liais, qui, comme M. Weare, a construit des horloges analogues à celles déjà mentionnées de M. Bain, en a fait aussi une autre sans balancier, qu'il appelle chronomètre électrique, et qui peut être employée dans la marine et dans tous les cas où l'action de la pesanteur n'est pas utilisable. Elle diffère de celle de M. Weare en ce qu'elle ne nécessite pas l'emploi d'un galvanomètre, dont l'effet mécanique est toujours faible; elle a recours aux réactions magnétiques, beaucoup plus fortes, des électro-aimants.

Se fondant sur le même principe que M. Froment, dont il a été déjà question, M. Brisebarre a construit une horloge dans laquelle le balancier se meut sous l'impulsion que lui donne un levier en rapport avec l'armature d'un électro-aimant.

M. Vérité a construit une horloge électrique entièrement semblable, paraît-il, à une autre de M. Liais, qui l'aurait précédée. Il s'est servi d'un échappement de son invention qui a, entre autres avantages, celui de diminuer extraordinairement le frottement, de manière qu'il a pu faire marcher son horloge pendant une année avec un seul élément de grande surface, sans avoir besoin de le renouveler.

Dans une note adressée à l'Académie des sciences de Bruxelles, M. Jaspar, constructeur à Liége, propose différentes dispositions, dont nous avons déjà fait connaître quelques-unes, telles que l'emploi des courants alternés et celle de rendre indépendantes les unes des autres toutes les horloges d'une série quant à la marche du courant, comme l'a déjà réalisé M. Garnier ; nous ne savons pas si ce dernier a des droits à la priorité. M. Jaspar recommande, à côté du régulateur ou horloge type, l'emploi d'une *horloge contrôleur* dans laquelle la résistance éprouvée par le courant soit plus grande que celle que présentent les autres horloges ; de cette manière, si la pile faiblit, cette horloge contrôleur sera la première à s'arrêter, et on pourra renforcer l'action du courant avant que les autres s'arrêtent et sans qu'il soit besoin de faire des observations, toujours incommodes, avec la boussole.

M. Robert Houdin, dont nous avons cité quelques-unes des ingénieuses inventions pour les horloges électro-chronométriques, en a fait aussi pour les horloges électro-magnétiques proprement dites, et a produit de vraies merveilles de mécanique. Il a présenté entre autres à l'Exposition de 1855 un appareil auquel il a donné le nom d'*horloge électrique populaire*, dans lequel il a tellement simplifié le mécanisme en le perfectionnant et en le mettant à l'abri de l'influence de la variation des courants, que M. Detouche, dont les ateliers sont dirigés par M. Robert Houdin, donne pour soixante francs une pendule électrique excellente. Le mécanisme destiné à maintenir le mouvement diffère de celui de M. Froment en ce que c'est un ressort qui appuie sur un appendice du pendule ; et un autre appendice établit et interrompt le courant ; le ressort agit et cesse d'agir sous l'action d'un électro-aimant, dont l'armature est en rapport avec un système de leviers très-bien disposé.

M. Paul Garnier a construit une pendule électro-magnétique dans laquelle il utilise le mécanisme dont se servent les horlogers pour soustraire le balancier aux variations causées par le moteur, par le frottement des organes entre eux et par la fluidité plus ou moins grande des huiles. L'ouvrage de MM. Becquerel père et fils, que nous avons déjà mentionné, contient une description complète de cet appareil.

Quoique avec une disposition différente de celle des premières horloges électriques, M. Regnard a proposé un système dans lequel l'électro-aimant, indépendant du balancier, agit sur l'armature qui se trouve dans la tige de celui-ci. Il a recours à la même disposition, avec les modifications indispensables, pour utiliser le double échappement dont nous ferons mention en parlant de son télégraphe.

Enfin M. Gérard, horloger à Liége, a exposé dernièrement à Bruxelles un pendule électro-moteur, comme il l'appelle, qui tient lieu d'une horloge type. En le construisant il s'est proposé d'éviter que l'appareil de contact se trouvât dans l'horloge même; son appareil renferme une disposition ingénieuse pour établir le contact des deux pôles de la pile, et elle ne manque pas d'originalité, comme on a pu le voir dans le deuxième chapitre, où elle a été décrite.

Comme il nous est impossible de rendre compte des autres systèmes proposés par les constructeurs français, allemands et anglais, parmi lesquels méritent une mention spéciale MM. Mouilleron, Grasset, Steinheil, Fardely, Stohrer, Scholle, Siemens et Locke, nous recommandons la lecture des chapitres que consacrent à l'horlogerie électrique M. du Moncel, dans ses *Applications de l'électricité*, et M. Schellen, dans son *Traité de la télégraphie électrique*.

Nous terminerons la partie relative à l'horlogerie électrique en annonçant que l'idée émise pour la première fois par M. Nollet d'appliquer l'horlogerie électrique à donner l'heure dans les rues des villes en établissant des cadrans dans les lanternes se généralise de plus en plus, et nous verrons bientôt ce service organisé comme l'est aujourd'hui l'éclairage au gaz, non-seulement pour la voie publique, mais pour les maisons particulières, où l'on pourra envoyer l'heure, moyennant rétribution, comme on envoie maintenant l'eau et la lumière. MM. Breguet et Detouche ont déjà posé quelques horloges dans les lanternes de Paris, et la municipalité de Marseille a affecté 22,000 francs pour en placer dans toute la ville : d'après le plan approuvé, il faudrait un fil conducteur de 40 kilomètres, et l'entretien ne coûterait que 2,000 francs par an[1].

PENDULE A MOUVEMENT CONTINU DE M. FRANCHOT.

Dans l'expérience faite par M. Foucault pour démontrer le mouvement de rotation de la terre au moyen du gyroscope, il fallait que le pendule oscillât indéfiniment, et il n'était pas possible d'y parvenir comme dans les horloges électriques. M. Franchot cependant a résolu le problème au moyen de l'électricité, en appliquant le principe dont se servent instinctivement les enfants quand ils se replient sur eux-mêmes à chaque oscillation pour accélérer le mouvement d'une balançoire; c'est-à-dire qu'il s'est

[1] Depuis que nous avons écrit ces lignes on a fait de grands progrès dans l'horlogerie électrique; mais, comme ils n'ont rien changé aux principes fondamentaux de cette partie des applications électriques, et le temps nous manquant pour signaler d'autres progrès plus propres à figurer dans ce livre, nous nous contenterons de mentionner les noms de M. Robert Houdin, qui a perfectionné sa pendule électrique et en a construit une nouvelle qui sert de contrôleur et de distributeur de courants; de M. Garnier fils, qui a cherché les moyens de soustraire les horloges électriques à la réaction qui est peut être une des principales causes de l'irrégularité dans la marche de certaines horloges. M. Lasseau a combiné heureusement les systèmes de MM. Liais et Breguet, et ses horloges fonctionnent depuis longtemps de la manière la plus satisfaisante. M. Breguet lui-même a modifié ses cadrans compteurs pour les établir à Lyon, et a proposé un nouveau régulateur d'horloges. M. Liais, pour sa part, a envisagé le problème du réglage électrique des horloges au point de vue de l'heure exacte, et propose un *système de distribution électrique* de l'heure. M. du Moncel a cherché à perfectionner son régulateur électro-solaire, et M. Regnard a voulu donner de l'extension à la même idée en combinant un appareil au moyen duquel l'action du soleil peut être employée à conduire les mouvements d'une horloge. Enfin, M. Treve a proposé un moyen de transmission de l'heure dans les ports par la décharge d'une pièce d'artillerie, dont l'éclair servirait de signal; l'étincelle serait propagée par l'appareil de Ruhmkorff.

servi d'une série d'attractions verticales exercées en temps opportun sur une plaque circulaire en fer, fixée à la tige du pendule et à un ressort en hélice où il est suspendu. Ce système présentait quelques inconvénients qu'ont fait disparaître M. Foucault lui-même et M. Froment, au moyen de plusieurs modifications importantes dans l'idée de M. Franchot.

M. H. de Kerikuff a proposé un pendule magnéto-électrique ayant un but tout différent, et qui, comme dit M. du Moncel, est le mouvement perpétuel présenté sous une forme spécieuse. Il s'agit d'entretenir, au moyen des courants induits provoqués sur une bobine par le rapprochement et l'éloignement d'un aimant attaché à un pendule, le mouvement de ce même pendule.

SONNERIES ÉLECTRIQUES.

Ces appareils, qu'employa le premier M. Wheatstone, sont du plus grand intérêt dans l'application de l'électricité aux chemins de fer; nous donnerons donc une description détaillée des deux systèmes qui semblent offrir aujourd'hui le plus d'importance : celui de M. Breguet, qui est celui de M. Wheatstone, perfectionné, et celui de M. Mirand, remarquable par la simplicité de son mécanisme, qui le rend applicable même aux usages domestiques.

Sonnerie de M. Breguet. — « Elle consiste en un rouage mû par un fort ressort renfermé dans un barillet destiné à faire tourner un excentrique *E* (fig. 167), qui, au moyen d'une bielle *B*, fait mouvoir autour du centre de mouvement un marteau qui frappe sur un fort timbre *T*.

« L'axe de l'excentrique, prolongé de l'autre côté, porte un bras *b* à ressort qui vient s'arrêter contre une entaille *e* faite dans une lame de ressort *R* et empêche le rouage de marcher. Cette lame est placée de bas en haut, perpendiculairement au bras de l'excentrique.

« Il y a un second excentrique *E'* qui, lorsque le rouage est en mouvement, maintient la lame de ressort *R* éloignée, pour que le bras du premier excentrique puisse exécuter un certain nombre de tours et faire frapper assez de coups au marteau contre le timbre; deux parties d'un plus petit rayon permettent à *R* de reprendre sa place, et alors le bras *b* vient s'y arrêter.

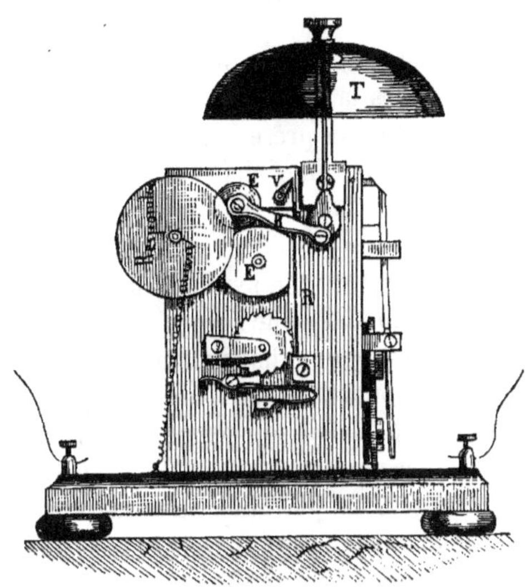

Fig. 167.

« Une petite pièce en cuivre *V*, dans le haut de la platine, placée tout contre l'extrémité de la lame du ressort, est destinée, par un mouvement contre cette lame, à lui faire quitter le bras *b* de l'excentrique, et conséquemment à laisser marcher le rouage. Cette pièce de cuivre est placée à l'extrémité d'un axe qui traverse les deux platines; il porte deux leviers : l'un à l'intérieur, qui est destiné à être relevé par une cheville placée sur une roue pour ramener la pièce de cuivre à sa place, et permettre à la lame de ressort de revenir se mettre devant le bras de l'excentrique. L'autre levier est au delà de la seconde platine; il repose sur le bras de la palette en fer qui doit être attirée par l'électro-aimant placé dans le bas et derrière la machine.

« Ce levier est tiré de haut en bas par un ressort à boudin. Quand il y a aimantation, la palette est attirée, son bras quitte le levier, qui, tiré par le ressort, descend; et, dans ce mouvement, la pièce de cuivre *V*, qui est devant et placée sur le même axe, se meut et dégage le bras *b* de l'excentrique; le tout se relève, comme nous l'avons dit, au moyen du levier intérieur, et le levier de derrière vient se replacer sur le bras de la palette de l'électro-aimant.

« Sur le devant est une plaque qui porte le mot *répondez*, lequel apparait à travers la boîte, par une petite fenêtre, et indique à l'employé, par sa présence, s'il a été appelé pendant qu'il était hors du poste; une clef sert à remettre le mot *répondez* à couvert. »

Système de M. Mirand. — Ce système, dont le principal mérite est celui de la simplicité et de l'économie, a l'avantage de ne point exiger un mouvement d'horlogerie; on n'a pas à le remonter pour le faire marcher, et, par conséquent, il est plus sûr, car il suffit que le circuit soit fermé pour qu'il fonctionne : cette circonstance permet de se servir des sonneries de M. Mirand comme de télégraphes portatifs, où la succession des coups peut indiquer des mots ou des phrases.

L'appareil se compose d'un timbre avec son marteau mû directement par l'action de l'électro-aimant *BB* (fig. 168), par l'armature duquel passe le courant, comme dans le marteau de l'appareil de M. Ruhmkorff. L'armature *C*, dont la position est verticale, est fixée à une lame ou ressort en acier *D*, qui tend à la séparer des fers de l'électro-aimant, en la faisant appuyer par l'extrémité opposée sur un autre ressort *E*, moins fort que le premier; c'est par ce ressort que s'établit le circuit qui passe par l'armature. On comprend qu'aussitôt qu'en dehors de l'appareil on ferme le circuit l'électro-aimant *B* attire l'armature, et le marteau frappe un coup sur le timbre; mais l'armature, en se séparant du ressort *E*, interrompt le courant, l'attraction cesse, et elle revient se mettre en contact avec *E* pour fermer de nouveau le circuit.

Le manipulateur destiné à établir le courant hors de l'appareil, c'est-à-dire dans tous les points d'où l'on veut faire le signal d'appel, est un disque en bois de quelques centimètres de diamètre, au milieu duquel se trouve un bouton en ivoire *m*. En appuyant le doigt sur le bouton, on détermine le contact de deux feuilles de laiton renfermées dans le disque et qui se trouvent séparées par leur élasticité naturelle; chaque feuille étant attachée à l'une des extrémités de l'interruption du conducteur, le circuit s'établit et l'appareil fonctionne. Quand on ne fait qu'ap-

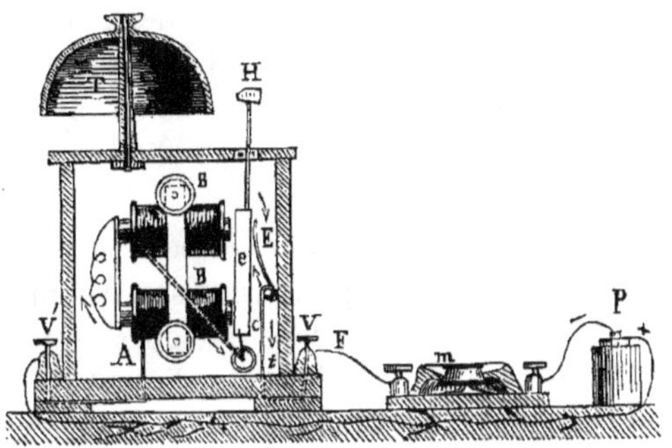

Fig. 168.

puyer le doigt, le marteau frappe un seul coup; mais, si on le maintient un certain temps, il y a un vrai roulement, effet des interruptions rapides qu'occasionne l'armature attirée par l'électro-aimant.

Quand le service auquel est appliqué cet appareil l'exige, une disposition particulière permet à celui qui reçoit la communication de répondre ou de faire savoir au moins qu'il l'a reçue; il suffit pour cela d'ajouter au manipulateur un petit électro-aimant qui fait apparaître dans un guichet le mot *reçu* ou *entendu*, quand on touche le bouton d'un second manipulateur ajouté à l'appareil où se trouve le timbre.

M. Mirand propose en outre plusieurs autres modifications pour rendre sa sonnerie électrique applicable dans les établissements où l'on est obligé d'appeler de différents points et de laisser l'indication de celui qui a sonné; il en propose aussi l'adoption pour la transmission des ordres sur un navire, sur un train de chemin de fer et dans plusieurs autres cas où elle pourrait être réellement d'une grande utilité et très-facile à installer.

Sonnerie de M. Dumoulin. — Elle diffère de celle de M. Mirand en ce qu'elle se compose de deux électro-aimants et en ce que ses armatures sont en rapport avec un système de leviers semblable au répartiteur électrique de M. Robert Houdin : la tige du marteau est attachée aussi au système de leviers, de manière que, comme la force électro-magnétique agit avec toute son intensité, le marteau frappe avec autant de force que de rapidité le timbre qui sert de signal.

M. Froment a construit des sonneries de cette espèce dans lesquelles le marteau ne frappe qu'un coup sec, comme les timbres employés dans les bureaux et dans quelques systèmes de sonnettes. MM. Paul Garnier et Robert Houdin ont aussi leurs sonneries électriques, et se servent du même artifice que dans les horloges pour reproduire le signal dans différents endroits à la fois.

M. du Moncel, qui a voulu résoudre par lui-même tous les problèmes d'application de l'électricité qui ont été proposés, a aussi ses sonneries, qu'il adapte à une pendule ordinaire, de manière que le marteau du timbre de la pendule sert lui-même de communicateur et donne le signal d'arrêt dans les différentes salles de travail d'une grande usine, ou bien indique l'heure dans plusieurs appartements d'une maison où il n'y a qu'une pendule. Il se sert pour ces appareils de la pile à sulfate de zinc.

Il existe plusieurs autres applications non moins ingénieuses des sonneries électriques; par exemple, à des horloges, pour leur faire donner elles-mêmes un signal qui prévient qu'elles ont besoin d'être remontées. La manière dont on obtient cet effet est fort simple à concevoir : il suffit d'ajouter à l'axe du barillet de la pendule un pignon qui engrène avec une roue dont le diamètre est en proportion du nombre de tours qu'il faut donner à ce pignon pour qu'il soit tout à fait remonté; un frottoir porté par la roue appuie sur une plaque en ivoire munie d'une toute petite plaque métallique; quand ce frottoir se met en contact avec cette dernière, le circuit électrique se ferme et la sonnerie fonctionne.

Pour obtenir un signal automatique qui indique qu'une pile ou batterie voltaïque a perdu de son intensité et qu'il faut renouveler les liquides, on peut se servir aussi d'une sonnerie électrique. On arrive au résultat désiré en faisant passer le courant par un galvanomètre sur l'aiguille duquel on fixe perpendiculairement une autre aiguille en cuivre, qui vient toucher une pièce métallique fixée à l'angle correspondant au degré minime que doit avoir le courant; si l'on met la pièce et l'aiguille en rapport avec un circuit local où se trouve la sonnerie, ce circuit se ferme aussitôt que l'aiguille entre en contact avec la pièce. M. du Moncel a obtenu le même résultat sans circuit local, en se servant de la pile même qu'il faut renouveler.

Quant à l'application des sonneries électriques aux usages domestiques : pour qu'une porte ne puisse être ouverte sans qu'un signal ait lieu, à la distance voulue, ou pour d'autres cas pareils, il est inutile d'insister davantage; les idées générales qui ont été émises suffisent pour faire comprendre à combien d'usages pourraient être appliquées les sonneries électriques. MM. Moigno et du Moncel reproduisent tous deux dans leurs livres respectifs un fragment de l'ouvrage de M. Walker avec une longue liste d'applications, parmi lesquelles nous voyons figurer, sans oser nous y arrêter, faute d'espace, celles qui ont été proposées pour les opérations géodésiques et militaires, pour les incendies, et enfin pour les communications à bord de ces vaisseaux immenses que l'on construit actuellement, et où tous les moyens acoustiques connus seraient impuissants. Peut-être, avec un système bien combiné d'ordres transmis électriquement eût-on plus facilement réussi dans l'opération gigantesque de la mise à flot du *Léviathan*, ce bateau à vapeur colossal que tout le monde a admiré sur les bords de la Tamise.

CHRONOSCOPES ET CHRONOGRAPHES ÉLECTRIQUES.

Bien que ces appareils soient, comme les horloges, de véritables chronomètres, et qu'on puisse leur donner ce nom, puisqu'ils servent à mesurer le temps, ils en diffèrent en ce qu'on ne les applique qu'à la mesure d'un intervalle de temps excessivement court, comme, par exemple, lorsqu'on veut se rendre compte de la promptitude avec laquelle s'enflamment les substances explosibles, de la vitesse de la chute des corps et de la rapidité des projectiles lancés, etc. La plus grande difficulté, dans des cas de ce genre, ne réside pas dans l'appréciation du temps infiniment court, mais dans la fixation du moment précis où doit commencer et finir l'observation; car nos organes n'en sont pas capables. L'électricité, avec ses merveilles, est venue remplacer cet organe sensible qui nous manque, et M. Wheatstone, que nous avons vu tant de fois et que nous verrons encore à la tête de ceux qui ont fait d'heureuses applications de l'électricité, est aussi le premier qui inscrive son nom dans l'exécution du chronoscope électrique.

Cet appareil, inventé par le savant Anglais en 1840, se compose d'un mouvement d'horlogerie avec une aiguille qui indique sur un cercle divisé le moment où une roue à rochet, mise en mouvement par un poids, s'arrête sous l'action d'une ancre à échappement. Cette ancre, selon qu'elle est ou non sollicitée par un électro-aimant, arrête ou laisse libre le mouvement de l'aiguille; la durée du courant, et par conséquent celle de l'intervalle de temps que l'on veut connaître, est indiquée par l'arc décrit. Il est facile de comprendre comment, dans chacun des cas qui se présentent, par exemple celui d'un projectile lancé, on pourra fermer le circuit au moment où la balle sort, et l'interrompre quand elle arrive au but, ou *vice versa*.

M. Breguet, qui a voulu disputer à M. Wheatstone la priorité de cette invention, construisit en 1843 un autre chronoscope plus perfectionné, mais tellement compliqué, que son usage n'a pu se généraliser.

En 1844, M. Pouillet fit aussi construire un chronoscope fondé sur un principe d'une application très-difficile : que la déviation de l'aiguille d'un galvanomètre est proportionnelle non-seulement à l'intensité du courant, mais aussi à sa durée.

M. Martin de Brettes a proposé plusieurs systèmes très-ingénieux, entre autres un assez simple qu'on peut appliquer avantageusement à l'appréciation d'intervalles très-courts. Il consiste principalement en un chronomètre disposé de manière que la pression exercée sur un bouton extérieur se transmette instantanément à une aiguille qui marque un point noir sur un cercle divisé.

M. Breton est parvenu à construire un chronoscope encore plus simple que le précédent; on l'a appliqué à la vérification de la chute des corps, en le substituant avantageusement à la machine d'Atwood. Cette idée, cependant, n'appartient pas exclusivement à MM. Breton frères, car elle avait déjà été mise à exécution par M. Hip, de Berne, qui se servit du chronoscope de M. Wheatstone, admirablement perfectionné, d'après l'opinion de M. Wheatstone lui-même, qui regarde cet appareil comme fort exact depuis les modifications qu'y a introduites le savant physicien suisse. Mais aucun des appareils que nous avons mentionnés ne vaut ceux de M. Navez, capitaine d'artillerie belge, et du célèbre physicien M. Siemens, que nous aurons à citer tant de fois et qui réclame la priorité de conception et d'exécution de l'idée d'appliquer l'électricité à cette sorte d'appareils.

Celui de M. Navez, composé de trois parties, est trop compliqué pour que nous essayions d'en donner la description, qu'on pourra trouver du reste dans le *Traité d'électricité* de MM. Becquerel. Un pendule, que laisse libre le projectile en partant, entraîne dans son mouvement une aiguille avec un vernier qui parcourt un cercle divisé. La rupture de deux circuits électriques et la fermeture d'un troisième font marquer à l'aiguille un certain nombre de degrés. En faisant l'observation deux fois, de manière que dans la première la rupture des deux circuits soit simultanée, il y a dans la seconde un intervalle dans la rupture effectuée par le projectile, et la différence entre les deux arcs décrits par l'aiguille est ce qui marque le temps employé par le projectile pour arriver au but.

Le chronoscope de M. Siemens est fondé sur l'emploi de l'électricité statique ; c'est-à-dire sur le signal que laisse l'étincelle électrique sur un métal poli dont la couleur varie selon sa nature. « Maintenant, qu'on imagine un cylindre d'acier poli, à pourtour divisé, tournant sur son axe avec une vitesse appropriée, et une pointe métallique établie à une distance fort petite vis-à-vis de ce cylindre, dont la marche sera d'ailleurs réglée à l'aide d'un pendule conique. La pointe et le cylindre feront partie des circuits de deux batteries de Leyde qui se trouveront interrompus aux deux points de la course du projectile entre lesquels il s'agit de mesurer sa vitesse. Le projectile, en traversant la première station, complète le circuit de la première batterie ; une étincelle jaillit entre la pointe et le cylindre d'acier et y laisse sa marque. Le cylindre continue de tourner, et le boulet, en complétant le second circuit, donne lieu à une seconde marque dont la distance de la première, évaluée en degrés de la circonférence du cylindre, sert, comme dans les autres appareils de ce genre, à déterminer le temps qui s'est écoulé entre les deux étincelles, et par conséquent dans le trajet du projectile, car avec la prodigieuse vitesse du fluide électrique on peut considérer comme simultanées la rupture des deux circuits et la marque des étincelles. »

Ce système présente des avantages incontestables, mais il a l'inconvénient d'exiger un isolement plus parfait dans les conducteurs, et celui de ne pouvoir déterminer exactement le centre de la tache. M. du Moncel croit qu'on pourrait remédier à ces deux vices, tout en conservant les avantages de l'appareil Siemens, avec un chronographe qu'il appelle électro-chimique, en appliquant le procédé du télégraphe Bain, et en obtenant les marques sur un papier préparé au cyanure de potassium. Dernièrement M. Martin de Brettes a repris l'idée de M. Siemens en substituant aux batteries électriques les courants d'induction de l'appareil de Ruhmkorff.

M. le baron Wrede en Suède, et M. Gloesener en Belgique, ont imaginé et essayé des chronoscopes dans lesquels on utilise l'inversion des courants. L'appareil du dernier se compose d'un tambour en aluminium de 7 centimètres de longueur et 50 centimètres de circonférence, divisé en mille parties égales, faisant deux tours par seconde, et muni d'un compteur indiquant le nombre de tours accomplis. Un mouvement circulaire produit par des poids et réglé par un volant l'oblige à présenter tous les points de son contour à plusieurs poinçons disposés de manière à correspondre tous avec la même division du tambour, et séparés tout au plus de 2 à 3 millimètres les uns des autres. Ces poinçons, poussés, à un moment donné, par une action électrique, quand le tambour est en mouvement, y laissent une marque produite par le noir de fumée dont ils étaient enduits d'avance. La nouveauté de cet appareil consiste principalement à intervertir les courants pour produire des signaux, et à compter l'intervalle entre deux signaux par l'impulsion de deux poinçons successifs, et non par le temps écoulé depuis qu'un poinçon tombe et marque jusqu'à ce qu'il se relève et cesse de marquer. D'après l'inventeur, ce chronographe n'a pas les nombreux inconvénients que présentent les autres.

Dernièrement M. Martin de Brettes a imaginé de substituer aux divers moyens que nous venons de décrire la propriété que possède l'étincelle d'induction de percer très-finement le papier quand elle est excitée par un rhéophore pointu, propriété dont déjà depuis longtemps MM. Grove et Hearder avaient profité pour mesurer le nombre de décharges d'un courant induit dans l'unité de temps; mais leurs appareils étaient loin de constituer des chronographes usuels. M. Martin de Brettes a eu recours pour l'application de ce principe au pendule balistique et aux appareils dont le mobile est assujetti à une loi de mouvement connu et formulé mathématiquement, pensant avec raison que c'est beaucoup plus simple et beaucoup plus exact. Ce système a reçu le nom d'*appareil chrono-électrique à induction*.

Il nous reste à mentionner deux autres chronographes; ce sont ceux de M. du Moncel et de M. Digney. Ce dernier est une modification du télégraphe Morse, analogue à celle du télégraphe de M. Digney lui-même, que nous décrirons au huitième chapitre. Le chronographe de M. du Moncel, appliqué à vérifier la marche des moteurs et à mesurer le travail mécanique produit, est des plus simples : la fermeture d'un courant à chaque révolution de l'arbre de couche produit une marque sur une bande de papier. Il nous semble inutile d'entrer dans les détails de construction.

APPAREILS ENREGISTREURS OU GRAPHO-ÉLECTRIQUES.

Il faut quelquefois mesurer des vitesses et marquer sur le papier, au moyen de courbes ou de points, la distance parcourue par une voiture, un navire, et surtout par un train de chemin de fer dans un temps donné. Les appareils destinés à cet usage, que certains auteurs appellent improprement *chronographes*, et d'autres *tachomètres* ou *vélocimètres*, varient beaucoup par leur disposition. Quelques-uns consistent principalement en un cylindre recouvert de papier que fait tourner régulièrement un mouvement d'horlogerie, et sur lequel un poinçon ou un crayon trace des points ou des courbes, qui, d'après la distance où ils se trouvent les uns des autres, indiquent le degré de vitesse de la pièce ou appareil qui est en rapport avec le crayon. Déjà en 1840, M. Wheatstone avait proposé l'application de son chronoscope à mesurer la vitesse des essieux des moteurs; M. Breguet, en 1845, en fit autant pour son chronographe, et MM. du Moncel et Bain ont proposé des appareils dans lesquels l'électricité sert d'agent pour mesurer la marche des navires et des trains.

Le même M. du Moncel, qui a beaucoup étudié ce sujet, a publié, dans un mémoire spécial, la description détaillée d'autres appareils destinés à mesurer et à marquer la vitesse du vent au moyen de l'électricité. Les *anémomètres* et les *anémographes électriques*, dont nous ne décrirons pas le mécanisme, donnent la direction et la vitesse du vent dans le cabinet même de l'observateur, les appareils étant établis sur le toit de la maison. Ils sont fondés, comme on peut aisément se le figurer, sur le relevé du nombre de tours que fait un moulinet de Woltmann, toujours placé, au moyen d'une girouette, de manière à recevoir le choc du vent sous le même angle. L'inventeur a installé à l'Observatoire astronomique de Paris un de ces appareils, qui, non-seulement indique la marche du vent, heure par heure, minute par minute, mais qui fait pour ainsi dire les récapitulations mensuelles, si nécessaires pour le calcul des termes moyens météorologiques; cet anémomètre contient en outre un pluviomètre anémométrique qui donne la quantité de pluie tombée avec chaque vent.

MM. Abria et Salleron ont imaginé et construit aussi des instruments de cette espèce qui ont mérité les éloges de personnes compétentes et qui peut-être occupent déjà une place dans quelques observatoires d'Europe. Postérieurement, M. Regnard a proposé aussi un système d'anémographe.

Pour généraliser les moyens d'observer la direction et l'intensité des vents, M. du Moncel a construit un *anémoscope*, qui est moins parfait, mais qui offre en échange l'avantage d'être beaucoup plus économique et portatif que l'anémomètre.

Déjà, en 1843, avant les inventeurs précités, M. Wheatstone avait appliqué l'électricité à la météorologie en construisant son *thermomètre-télégraphe;* cet instrument, exécuté plus tard sur une plus large échelle, reçut le nom d'*enregistreur météorologique*, et fut placé à l'Observatoire de Kew. Il inscrit de cinq en cinq minutes toutes les indications du baromètre, du thermomètre et du psycromètre (sorte d'hygromètre), quelle que soit la distance à laquelle l'observateur se trouve des appareils, soit qu'on les lance dans l'espace au moyen d'un ballon captif, soit qu'on les ensevelisse sous terre à une certaine profondeur.

L'appareil de M. Wheatstone consiste en ce que la colonne de mercure fait partie d'un circuit voltaïque, avec un fil de platine pénétrant dans le liquide métallique du tube ouvert et en ressortant à des moments déterminés par l'action d'un mouvement d'horlogerie. Si la température ou la pression atmosphérique est toujours la même, l'interruption se fera au bout d'un certain temps; mais elle avancera ou retardera si la colonne monte ou descend sous les influences atmosphériques.

M. Liais a aussi construit dernièrement des baromètres, thermomètres et psycromètres dans lesquels, au moyen de l'électricité, on marque les hauteurs maxima et minima, ainsi que l'heure à laquelle a lieu cette indication; circonstance très-importante pour ceux qui s'occupent d'observations de ce genre. Ces appareils, que leur inventeur nomme *barométrographes*, *thermométrographes* et *psycrométrographes*, sont décrits, ainsi que ceux proposés par MM. Regnard, Montigni et Hardy, dans l'ouvrage tant de fois cité de M. du Moncel.

Cet infatigable physicien a voulu remédier aux inconvénients que présente, dans le baromètre de Fortin, la variation incessante du niveau du mercure dans la cuvette; à cet effet, il a mis la vis avec laquelle on vérifie le niveau de cet instrument en rapport avec un appareil électro-magnétique qui permet de faire monter et descendre cette vis et de la maintenir dans la position qu'elle doit avoir, sans qu'il soit nécessaire d'y regarder, car un circuit, fermé ou interrompu en temps opportun, fait sonner un appareil avertisseur.

Le *séismographe électro-magnétique* de M. Palmieri est un instrument au moyen duquel le savant directeur de l'observatoire du Vésuve a cherché à enregistrer les secousses de tremblement de terre; il est fondé sur la fermeture d'un circuit électrique au moment où le mercure contenu dans des tubes de verre, agité par la secousse, vient toucher un fil de platine placé à une très-petite distance. L'appareil est disposé de manière à enregistrer séparément les tremblements de terre verticaux et les tremblements horizontaux ou ondulatoires.

Afin de réunir tout ce qui a rapport à l'électricité appliquée à la météorologie, nous ferons ici mention des derniers travaux de M. Leverrier, qui, avec un zèle digne des plus grands éloges, est parvenu à établir un réseau d'observatoires combinés les uns avec les autres, et qui, au moyen de l'électricité, peuvent faire simultanément les observations, seul moyen d'obtenir des résultats concluants et de tirer parti d'une tâche aussi pénible que monotone. Déjà, aux États-Unis, le télégraphe a devancé les effets terribles d'un orage, et, en faisant connaître à un port éloigné la direction de cet orage, on a pu prévenir quelques malheurs qui, sans cet avis, auraient été inévitables, puisque les vaisseaux n'auraient point été préparés à recevoir le choc. Quel parti ne pourrait-on pas tirer d'un système de semblables avertissements régulièrement établi sur différents points du globe!

Nous terminerons ce qui a rapport aux appareils enregistreurs en en citant quelques-uns pour faire voir le grand nombre d'applications auxquelles peut se prêter cette science à peine née d'hier : le *magnétomètre électrique* de M. Weber, au moyen duquel on a pu obtenir une chose jusque-là impossible : mesurer exactement et simultanément l'action électrique des composantes verticales et horizontales du magnétisme terrestre; le *galvanométrographe* de M. Regnard, qui sert à enregistrer les indications fournies par les boussoles des sinus; le *photomètre électrique* de M. Masson, qui sert à mesurer exactement les intensités lumineuses, soit qu'elles proviennent directement de foyers lumineux, soit de la réflexion ou de la réfraction des rayons émanés de ces foyers, et qu'on peut en outre, ce que ne permettaient pas les photomètres antérieurement connus, appliquer aux lumières colorées, pour avoir ainsi leur terme de comparaison, auquel on peut rapporter les différentes intensités lumineuses que l'on observe; l'*actinomètre électrique* de M. Becquerel, destiné à rendre perceptibles les courants électriques dus à l'action chimique de la lumière; le *sphéromètre*, ainsi appelé par son inventeur, M. du Moncel, et qui sert à apprécier des épaisseurs excessivement petites; l'*enregistreur*, proposé par M. Marqfoy pour *mesurer la flexion des ponts en tôle*, qui nous semble plus ingénieux qu'exact; et enfin l'*enregistreur électro-physiologique* de M. Boëck, ou *kymographion*, comme l'a nommé son inventeur, qui sert à déterminer des problèmes fort curieux, tels que de constater le temps qui s'écoule entre l'instant où un corps nous touche, où la lumière frappe l'œil, où le son frappe l'oreille, et l'instant où, par la pression du doigt sur une touche, nous pouvons marquer à l'extérieur que la sensation est perçue.

L'astronomie est aussi appelée à retirer de grands avantages de l'électricité, comme le prouvent quelques-unes des applications déjà faites. On sait que la longitude d'un point du globe par rapport à un autre se détermine par la différence de l'heure à laquelle passe le soleil ou tout autre astre fixe par le méridien des deux points. Au lieu d'employer pour cette détermination un chronomètre réglé sur le temps vrai des lieux que l'on quitte et que l'on va comparer ensuite avec celui des lieux où l'on observe, on se servira des lignes télégraphiques établies, qui permettent d'indiquer instantanément, d'un point à l'autre, le moment de l'observation, c'est-à-dire du passage de l'astre déterminé : on peut juger facilement de l'énorme différence que présentent ces deux procédés quant à l'exactitude, la sûreté et la promptitude. Le dernier est en vigueur depuis quelques années déjà en Amérique; et l'Europe a commencé récemment à suivre son exemple en mettant en rapport les observatoires de Greenwich, Édimbourg, Bruxelles et Paris.

L'avantage de l'application de l'électricité à l'astronomie ne se borne pas aux cas où l'on veut mettre en rapport des points éloignés, comme celui que nous venons de citer, et auquel nous pourrions ajouter l'application qui a été faite en Angleterre pour transmettre le temps moyen à différents endroits à la fois, surtout aux points maritimes, de manière que chacun fût comme pourvu d'un observatoire avec son chronomètre réglé par la marche des astres. L'astronomie peut aussi utiliser l'électricité dans l'observatoire même, comme l'a démontré l'appareil de M. Bond *pour enregistrer les observations astronomiques*. Il consiste, comme la plupart de ces appareils, en un cylindre recouvert d'une feuille de papier, et qui fait un tour par minute; en même temps qu'il avance sur son axe, un crayon ou un poinçon trace sur lui une série de points en hélice, qui se fixent à mesure que les astres passent par le réticule de la lunette. L'observateur n'a qu'à appuyer le doigt sur l'interrupteur sans quitter des yeux son instrument.

Nous citerons, en dernier lieu, comme l'une des plus curieuses applications de l'électricité à l'astronomie, celle que, à l'aide de la photographie aussi, a proposée M. Liais pour résoudre un des problèmes les plus difficiles qui puissent se présenter : la détermination de la trajectoire des bolides, en marquant toutes les variations de leur mouvement angulaire. La méthode consiste à employer deux daguerréotypes disposés de manière qu'au moyen de l'électricité on puisse les ouvrir simultanément en une fraction de seconde. Si la plaque de l'un des daguerréotypes est fixe et si celle de l'autre tourne autour de son axe avec un mouvement régulier et connu, il est certain que le bolide, en passant par le champ des deux instruments, tracera sur les deux plaques des lignes différentes, dont la comparaison permettra de mesurer aisément sa vitesse angulaire à divers instants. De plus, si la plaque fixe a été orientée avec soin, on pourra déduire de la direction de la trace laissée sur elle par le météore la position du plan qui passe par le centre de l'objectif et la trajectoire apparente. Avec plusieurs daguerréotypes on embrasserait un champ plus vaste dans le ciel, et l'électricité seule serait capable de les faire fonctionner simultanément.

ÉLECTRO-MOTEURS.

Les effets prodigieux de l'aimantation temporaire du fer, la force d'attraction immense que perd et acquiert un électro-aimant par la simple interruption ou la simple fermeture d'un circuit électrique, devaient éveiller l'idée d'utiliser comme moteur une force aussi facilement développée ; et, en effet, peu de problèmes ont autant occupé l'attention des physiciens pendant ces dernières années, et rarement on a vu déployer une si grande fécondité d'imagination que celle dont ont fait preuve à ce sujet les constructeurs. Malheureusement la solution du problème, comme dit l'un de ceux qui l'ont le plus étudié, M. du Moncel, ne doit pas être cherchée dans le perfectionnement des combinaisons mécaniques, mais plutôt dans l'affranchissement des inconvénients inhérents à la force électro-motrice elle-même. Or ces inconvénients, ajoute-t-il, sont tellement complexes, et les effets qui en sont la conséquence tellement contradictoires, qu'on peut presque dire que les moteurs qui réussissent le mieux en petit sont précisément ceux qui donnent les plus mauvais résultats en grand. Un autre physicien éminent, M. Jacobi, le premier qui a construit un électro-moteur d'une certaine force, a conclu de ses nombreuses investigations qu'avec les générateurs électriques que nous possédons, et dans l'état actuel de nos connaissances sur l'électricité et le magnétisme, l'effet mécanique ou le travail que peuvent produire les forces électriques est très-inférieur à celui des autres moteurs généralement en usage; mais nous croyons avec M. Becquerel que cette conclusion, ainsi que l'opinion émise par M. du Moncel, n'est pas une condamnation absolue; et l'électricité, qui est encore dans l'enfance, pour ainsi dire, a produit tant de merveilles, qu'il n'est pas impossible qu'un jour où on s'y attendra le moins, elle nous procure les moyens de créer des électro-moteurs très-puissants.

Les appareils de ce genre construits jusqu'à présent peuvent se diviser en deux grandes sections selon leur manière de fonctionner, soit par un mouvement de rotation direct, soit par un mouvement oscillatoire qui se transforme en mouvement circulaire continu, comme dans les machines à vapeur. M. du Moncel a fait une autre classification plus scientifique, selon l'état dans lequel se manifeste l'action électrique ; on trouvera cette classification, ainsi que des observations très-détaillées sur cette matière, dans un mémoire spécial qu'il a publié sur les électro-moteurs, en 1852, et dans son *Traité sur les applications de l'électricité*, édité plus récemment. Nous indiquerons néanmoins les travaux les plus remarquables entrepris dans le but d'employer l'électricité comme force motrice.

Parmi les *électro-moteurs fondés sur les réactions réciproques des courants électriques ou magnétiques*, on peut citer, outre l'appareil de Faraday pour la rotation des aimants, l'interrupteur de M. de la Rive, les piles de Zamboni et un grand nombre d'instruments qui ne produisent pas une force appréciable, l'électro-moteur à hélices oscillantes de M. du Moncel, qui a fonctionné en 1851 sur le bureau de l'Académie des sciences. Il consiste principalement en un cylindre de fer attiré alternativement par deux bobines d'induction dans lesquelles le cylindre même distribue le courant en temps opportun. M. du Moncel a construit aussi un autre électro-moteur avec une seule bobine, fondé sur l'attraction de deux courants électriques qui marchent dans le même sens, et sur leur répulsion quand ils marchent en sens contraire.

Parmi les *moteurs fondés sur les réactions réciproques des aimants temporaires et permanents*, nous devons citer de préférence à tout autre l'électro-moteur de M. Ritchie, car, à ce qu'il paraît, c'est le premier où l'on ait tenté d'économiser la force électrique au moyen des aimants permanents, qui, agissant sur des électro-aimants convenablement disposés, leur communiquent un mouvement de rotation continu.

M. Weare s'est basé aussi sur le même principe pour un de ses systèmes d'horloges; et M. Jacobi, comme nous l'avons déjà dit, construisit en 1834 un appareil fondé sur la réaction d'un électro-aimant sur un autre, selon la direction des courants, qui fait changer le nom des pôles. Cet appareil, qui était à rotation directe et de la force de 3/4 de cheval, put, en 1838, faire remonter la Néva à une chaloupe contenant douze personnes.

Les moteurs électriques fondés sur l'attraction du fer par les électro-aimants sont ceux qui ont présenté le plus de variété dans leurs formes, et qui ont le plus préoccupé les constructeurs. M. Froment en a construit quelques-uns à mouvement alternatif à simple et double effet, et avec deux manivelles produisant un mouvement analogue à celui des machines des bateaux à vapeur. Ces appareils consistent en une armature attirée et repoussée alternativement par un électro-aimant, et qui communique son mouvement à un volant portant avec lui le commutateur ou interrupteur du courant.

Le même M. Froment a imaginé aussi des moteurs à mouvement direct, qui ont subi, tant de sa part que de celle d'autres constructeurs, des modifications en nombre infini; mais, quelle que soit la disposition mécanique qu'on leur donne, ils se composent tous principalement d'une roue armée de palettes de fer qui passent à une très-courte distance des pôles simples ou multiples de plusieurs électro-aimants tangents à la roue, et qui reçoivent le courant successivement, soit chacune en particulier, soit plusieurs à la fois et par séries..Le commutateur se trouve toujours en rapport avec la roue. C'est le système d'après lequel M. Froment a construit les plus grands appareils connus de cette espèce, et celui qu'il a établi dans ses ateliers pour mettre en mouvement les tours des machines à diviser, machines d'une perfection telle, qu'on peut diviser un millimètre en 1,000 parties égales.

MM. Breton, Bourbouze, Page et Froment ont tenté d'amplifier la force électro-motrice en combinant entre elles les différentes actions dynamiques et statiques auxquelles elle donne lieu. A cet effet, ils ont réuni l'attraction des hélices à celle des électro-aimants, en faisant entrer dans deux longues bobines enroulées de fil métallique deux doubles fers d'électro-aimants dont l'un, mobile, sert de piston et agit sur un balancier pour la transformation du mouvement, exactement comme dans une machine à vapeur. Le premier construisit une petite locomotive électro-magnétique qui marchait avec assez de vitesse sur un chemin de fer circulaire ; et le second une petite machine pour monter l'eau, qui fonctionne à l'amphithéâtre de physique de la Sorbonne, quand on traite cette matière.

Une commission nommée à l'Exposition universelle de 1855 fit quelques expériences intéressantes pour déterminer le pouvoir mécanique et la dépense de quelques-uns des électro-moteurs présentés. On en choisit quatre qui permettaient qu'on leur adaptât un frein dynamométrique : le premier, de M. Larmenjeat, fondé sur l'attraction exercée par les électro-aimants sur les armatures fixées à une roue ; le second, de M. Loiseau, analogue à la machine de M. Jacobi, susmentionnée ; le troisième, appareil oscillant imaginé par M. Roux, et dans lequel les armatures en fer utilisent l'action magnétique des fils des électro-aimants, que M. Nicklès nomme trifurqués ; et le quatrième, de MM. Fabre et Kunemann, composé de deux électro-aimants tubulaires. Le résultat des expériences ne permet pas, comme nous l'avons dit, de considérer les électro-moteurs comme des machines économiques et capables de remplacer celles actuellement employées, sauf dans des cas tout à fait spéciaux, comme, par exemple, celui des machines à diviser de M. Froment; nous ne nous arrêterons donc pas à examiner la longue liste de machines électro-motrices proposées par un grand nombre d'inventeurs, parmi lesquels on compte des noms très-recommandables, comme ceux de MM. Becquerel fils, Pulvermacher, Pellis et Henry, et surtout M. Marié-Davy, dont l'appareil a été l'objet d'un rapport très-brillant de M. Becquerel et d'une récompense pécuniaire. Nous ne quitterons pas cependant cette matière sans faire mention du *moteur électro-chimique* de M. Moeff, dont la base, dit son auteur, « est la force qui résulte de la raréfaction produite par la combinaison de l'hydrogène et de l'oxygène pour former l'eau; combinaison qui a lieu sous l'influence du contact d'un corps en ignition ou du passage d'une étincelle électrique; l'inventeur ayant adopté ce dernier moyen, on a cru devoir lui donner le nom de moteur électro-chimique. »

APPLICATION DE L'ÉLECTRICITÉ A LA MÉCANIQUE INDUSTRIELLE.

Si la possibilité de convertir l'électricité en force motrice est une question sur laquelle sont partagées les opinions des physisiens, celle de l'application de l'électricité comme intermédiaire mécanique a suscité des débats non moins vifs, surtout depuis que le directeur des télégraphes sardes, M. Bonelli, a présenté son métier électrique, avec la prétention, disent quelques-uns, de faire abandonner le système Jacquard, exclusivement employé depuis si longtemps dans tous les ateliers. Nous ne pouvons entreprendre la description des moyens que propose M. Bonelli pour résoudre le problème, car il nous faudrait d'abord faire la description détaillée des métiers mécaniques tels qu'ils sont employés maintenant; nous dirons seulement qu'il remplace les cartons percés du système Jacquard par un cylindre métallique dont la surface est recouverte d'un papier où le dessin est découpé, de manière que ce dernier apparaît pour ainsi dire sur une substance conductrice; ou bien, au lieu du cylindre, un simple papier sur lequel on trace le dessin avec des feuilles d'étain très-minces, et c'est la méthode que préfère l'inventeur. Avec cette disposition, au lieu du mécanisme qu'on emploie aujourd'hui pour élever certains fils et baisser les autres, l'électricité est là qui s'en charge, selon que ces fils sont ou non en contact avec la partie conductrice du dessin.

Le problème est positivement résolu, car non-seulement M. Bonelli a construit sa machine, mais il a présenté à l'Académie des sciences de Paris des échantillons d'étoffes tissées avec cette machine; la question se borne donc maintenant à savoir si son système est plus économique que celui de Jacquard.

Après que M. Bonelli eut présenté son métier électrique, d'autres inventeurs y proposèrent des modifications, parmi lesquelles nous mentionnerons celles de MM. Maumené, Mathieu, Pascal, de Lyon, et Ed. Gand. M. Bonelli écrivait lui-même, il y a peu de temps, au directeur du *Cosmos* en lui annonçant qu'il avait trouvé le moyen de tisser des étoffes de plusieurs couleurs sans nouvelle complication dans l'appareil, et sans recourir à plus d'un dessin. Il a annoncé plus tard dans le même journal que la maison Dolfus, de Mulhouse, se proposait d'appliquer en grand son système. Ce serait là évidemment le meilleur moyen de répondre aux nombreuses objections qui lui ont été faites. Très-récemment M. Bonelli a fait perfectionner son métier électrique par le célèbre constructeur M. Froment; et la presse scientifique en fait les plus grands éloges.

M. Peyrot a fait une autre application de l'électricité au tissage, mais dans un but moins général: sa *navette moniteur électrique* fait tinter une sonnerie quand la traction est assez forte pour rompre le fil.

Non pour avertir que le fil va se rompre, mais pour prévenir qu'il faut en réunir les deux bouts rompus, M. Achard a proposé un mécanisme très-ingénieux qui fait partie d'une machine à filer les cocons de soie. Ce mécanisme, qui est un véritable moyen de transmission de mouvement, a été aussi appliqué par son auteur à prévenir les accidents sur les chemins de fer, en faisant fonctionner les freins d'un convoi; nous en donnerons plus tard la description détaillée.

Comme exemple de transmission de mouvement, nous citerons

le moyen dont s'est servi M. Nicklès. En plaçant autour de quatre roues en fer mobiles deux bobines fixes qui aimantent en sens contraire les parties des roues qui doivent être opposées, il se produit une adhérence entre chaque paire alternativement, comme si les deux systèmes étaient unis par des courroies. En employant cette disposition ou d'autres semblables, M. Nicklès s'est proposé aussi d'augmenter à volonté l'adhérence des roues des locomotives; de constituer des freins pour le service des chemins de fer et d'opérer des transmissions de mouvement dans toute espèce de machines.

Nous ne finirions pas si nous voulions énumérer toutes les applications de l'électricité à différents objets; nous ne ferons qu'une mention rapide de quelques-unes de celles qui ne rentrent dans aucune des catégories dont nous avons parlé jusqu'à présent, et qu'il est impossible de classer, à cause de leur trop grande variété.

M. Breguet a proposé récemment l'emploi d'un *manomètre électrique* qui marque le degré de pression dans les chaudières à vapeur en faisant tinter une sonnerie au moyen d'une aiguille qui, parvenue à la limite qu'on ne doit pas franchir, ferme un circuit électrique. M. du Moncel a protesté contre la nouveauté de l'invention, en citant un passage de son ouvrage dans lequel il décrit l'*électro-métreur* de M. Chenot, destiné à mesurer dans les chaudières à vapeur la quantité d'eau, le degré de pression et la température, et où il propose d'ajouter à cet appareil précisément ce que M. Breguet a donné plus tard comme nouveau.

Le même M. du Moncel a présenté dernièrement un projet d'appareil auquel il donne aussi le nom d'*électro-métreur*, et qui, suivant lui, pourrait être utilisé pour indiquer la hauteur de l'eau dans les réservoirs destinés à alimenter les grandes villes, de manière que l'employé pût s'en assurer sans sortir de son bureau. Cet appareil est une réduction du *maréographe électrique*, qui a pour objet, entre autres choses, de marquer à certaines heures du jour les hauteurs des marées en faisant les indications à distance : l'inventeur l'a décrit très-complétement dans le deuxième volume de la seconde édition de ses *Applications de l'électricité.*

Cet infatigable physicien a fait construire un autre appareil : c'est un *régulateur électro-automatique de la température*, au moyen duquel, par l'action seule de l'électricité, on maintient à une température constante un espace déterminé. Si cet appareil fonctionne aussi régulièrement que le dit son auteur, il serait d'une grande importance dans certaines opérations chimiques et dans les expériences de physique.

M. Chenot a imaginé deux appareils qu'il nomme *électro-trieurs*, avec lesquels il se propose de simplifier les opérations métallurgiques; ces appareils sont fondés sur la propriété qu'ont certains oxydes métalliques de devenir magnétiques après la calcination, de manière qu'ils peuvent être mécaniquement séparés des corps avec lesquels ils sont mélangés.

Les *appareils électro-musicaux* méritent aussi une place dans cette exquisse rapide. Non-seulement on a utilisé la propriété qu'a l'électricité de mettre en mouvement les lames métalliques et de les faire vibrer, mais l'électro-magnétisme est venu fournir le moyen de jouer à distance de quelques instruments, tels que pianos, orgues, etc.

Parmi les premiers, nous mentionnerons l'appareil vibratoire de M. Froment, que l'inconstance des piles ne permet pas de ranger parmi les instruments de musique, mais qu'on emploie comme régulateur de l'intensité des piles, et qui est beaucoup plus commode que les rhéomètres.

Quant aux appareils électro-musicaux de la seconde classe, rien de plus facile à concevoir dès que l'on connaît les télégraphes à touches. En se fondant sur le même principe, on peut faire des pianos destinés à enregistrer les improvisations musicales, et beaucoup plus simples que ceux à la confection desquels la mécanique seule a contribué. On peut aussi faire répéter par un orgue de grandes dimensions les airs d'une petite boîte à musique; il suffit pour cela que le cylindre à cames qui fait vibrer les ressorts soit métallique et communique avec une branche du circuit, et que les lames vibratoires, isolées les unes des autres, soient en rapport avec les électro-aimants des pianos ou des orgues électro-magnétiques, au moyen de fils spéciaux. Dans le grand concert qui eut lieu à l'occasion de la distribution des prix de l'Exposition universelle de 1855, le chef d'orchestre se servit avec succès d'un *métronome électrique*.

La galvanoplastie et la photographie trouvent dans l'électricité un auxiliaire qui peut perfectionner leurs procédés dans certains cas. Pour la première opération, M. du Moncel a imaginé un moyen pour que les objets à argenter ou à dorer fussent plongés et retirés à temps du bain où ils doivent subir l'action électrolytique, moyen qu'il propose aussi pour faire cuire les œufs à la coque sans dépasser le temps jugé nécessaire. Quant à la photographie, M. Campbell a mis à profit la propriété qu'a l'électricité de hâter l'impression de la lumière colorée, impression qui ne s'opère que fort lentement, vu le peu de sensibilité du chlorure d'argent.

Outre l'application dont nous avons parlé de l'électricité à la transmission des ordres sur les navires d'une certaine dimension; outre celle qu'a imaginée M. Robert Houdin pour signaler, au moyen d'une sonnerie électrique, l'instant où ils commencent à faire eau; outre le loch électrique qui sert à mesurer leur vitesse, inventé par M. Bain, la marine peut tirer parti du moniteur électrique, destiné à éviter l'ensablement des navires. Le moniteur de M. du Moncel, décrit *in extenso* dans le *Cosmos*, septième volume, page 583, consiste en une baguette enfermée dans un tube ouvert à la partie inférieure, et qui, étant poussée vers le haut par le contact du plan incliné que forment généralement les bancs de sable, agit sur un commutateur qui à son tour fait fonctionner un appareil d'alarme.

Il serait impossible d'énumérer les différentes autres applications de l'électricité qui se sont succédé depuis la publication de notre première édition; M. du Moncel s'est vu contraint d'ajouter un nouveau volume à ses *Applications de l'électricité*, et nous renvoyons nos lecteurs à ce livre, qui porte le titre de *Revue des applications de l'électricité*.

Nous terminerons ce chapitre en enregistrant une de ces découvertes qui font époque dans l'histoire de la science, et qui, bien qu'attendue depuis longtemps et bien que la possibilité de résoudre le problème fût admise, ne faisait pas moins comparer ceux qui s'acharnaient à sa recherche aux alchimistes du moyen âge, à des visionnaires qui couraient à la poursuite de la pierre philosophale : nous parlons de la fabrication du diamant, de ce corps mille fois plus précieux que l'or et qui a causé le désespoir de tant de chimistes depuis que l'analyse l'avait signalé comme un simple cristal de charbon pur. Tous les moyens employés, soit par la voie sèche, soit par la voie humide, infructueux toujours, n'avaient produit qu'une petite quantité de graphite, un peu moins impur que celui qu'on trouve dans la nature : ce nouveau triomphe était réservé à l'électricité. M. Despretz, le savant physicien que tout le monde connaît, eut l'heureuse idée de faire agir d'une manière continue sur le charbon même un courant électrique, et il parvint ainsi à obtenir des diamants cristallisés, très-petits, sans doute, mais enfin de vrais diamants, avec tous leurs caractères minéralogiques et chimiques : c'est ainsi qu'on a pu polir quelques rubis en très-peu de temps avec la poussière des cristaux obtenus par le savant académicien.

Le procédé qui a donné les meilleurs résultats est fondé sur la volatilisation lente du sucre candi carbonisé, qui est le charbon le plus pur que l'on connaisse, produite par un courant d'induction. On prend un ballon à deux tubulures disposé comme l'œuf électrique. A la tige inférieure on assujettit le cylindre de charbon pur que l'on veut soumettre à l'expérience; on fixe à la tige supérieure une douzaine de fils de platine qu'on place en face du charbon, à environ cinq ou six centimètres de distance, puis on fait le vide dans le ballon et l'on y fait passer le courant induit de la machine de Ruhmkorff, de manière que le pôle où se produit la lumière bleue corresponde aux fils de platine. Ce pôle, comme l'a démontré M. Despretz, est le pôle de la chaleur.

La pile, dans l'expérience de M. Despretz, se composait de quatre éléments de Daniell, réunis deux à deux, et l'opération a duré plus d'un mois sans interruption. Au bout de ce temps, il s'était déposé une légère couche noire de charbon sur les fils de platine, et c'est sur cette couche noire que se sont trouvés fixés les cristaux de carbone volatilisés, très-petits, il est vrai, mais parfaitement caractérisés. Ces cristaux étaient de deux espèces : les uns étaient des octaèdres noirs, les autres des octaèdres blancs opalins, reposant tous sur un de leurs sommets.

M. Despretz a employé d'autres procédés, mais ce n'est pas ici le lieu de les faire connaître; il nous suffit d'avoir donné une idée de ce nouveau prodige de l'électricité.

CHAPITRE VIII

TÉLÉGRAPHIE ÉLECTRIQUE

Les premiers essais de télégraphie fondés sur l'électricité statique développée par le frottement remontent, d'après le docteur Schellen, à l'année 1746, époque à laquelle Winkler semble les avoir faits à Leipzig; ils furent suivis, en 1747, de ceux de Watson à Londres et de Lemonnier à Paris; mais, tous ces essais ayant été indirects, pour ainsi dire, puisque le but de leurs auteurs n'était que d'étudier la vitesse de transmission du fluide électrique, nous ne croyons pas que ces derniers aient meilleur droit que Gray à occuper le premier rang dans l'histoire de la télégraphie électrique, dont l'origine est aussi difficile à préciser que celle de l'application de la vapeur à la mécanique. En effet, de même que ni Héron d'Alexandrie, ni Blasco de Garay, ni Salomon de Caus, ni le marquis de Worcester, ni Papin, ni Watt, ne peuvent être regardés comme les inventeurs de la machine à vapeur, par la raison que les premiers ne firent pas assez pour mériter cette gloire, et que les derniers trouvèrent déjà beaucoup trop de fait pour n'avoir pas à la partager avec leurs prédécesseurs; de même il serait inexact de dire qu'on doit l'invention du télégraphe électrique à Thalès, à Gray, à Watson, à Volta, à Oersted ou à Wheatstone; parce que les premiers, en découvrant les principes et en faisant les expériences qui devaient conduire au brillant résultat que nous connaissons, étaient loin d'y penser, et parce que Wheatstone, en établissant son premier télégraphe entre Liverpool et Manchester, en 1838, marchait, comme nous le verrons, dans le sentier qu'avaient déjà suivi, mais sans la même fortune, d'autres chercheurs non moins dignes de figurer dans l'histoire de la télégraphie. Dans l'impossibilité de décider à qui doit revenir l'honneur de l'invention de la télégraphie électrique, nous énumérerons le plus brièvement possible les travaux de ceux qui, après Winkler, Watson et Lemonnier, ont tenté de résoudre le problème de transmettre la pensée à de grandes distances au moyen de l'électricité; mais qu'il nous soit permis auparavant de faire mention d'un passage extraordinaire des *Prolusiones* de Strada, qui parle de la correspondance entretenue par deux amis au moyen d'un aimant, dont la vertu était telle, que, quand il avait une fois touché deux aiguilles, il suffisait de faire mouvoir l'une pour que l'autre exécutât simultanément le même mouvement. En se séparant pour se rendre dans des pays très-éloignés l'un de l'autre, les deux amis convinrent de se renfermer chaque jour à une certaine heure pour la consacrer à la correspondance, et, l'un deux faisant parcourir à une des aiguilles les caractères d'un alphabet disposé en forme de cadran, l'autre aiguille reproduisait fidèlement sur un autre cadran semblable les lettres sur lesquelles s'arrêtait la première. Ce passage a été cité par Addison en 1711, plus de cent ans avant que l'on connût l'influence des courants électriques sur l'aiguille aimantée, de sorte que la citation, vraie ou fausse, est aussi surprenante d'une manière que de l'autre, et l'on ne peut moins faire que d'admirer l'imagination du poëte qui semblait entrevoir à travers les siècles la forme même que la science devait donner à ses appareils.

D'après une lettre récemment trouvée en Angleterre, et envoyée à l'Institut de Londres, il paraît que c'est un Écossais dont on ignore le nom, mais dont les initiales sont C. M., qui eut la première idée d'appliquer l'électricité à la télégraphie. Ce document, publié en février 1753, dans le tome quinzième, page 88, du *Scots Magazine*, et dont nous allons donner un extrait, est indubitablement bien antérieur à tous les travaux que l'on connaissait à ce sujet depuis ceux de Watson, car les plus anciens étaient ceux de Lesage, qui, comme nous le verrons, n'établit son télégraphe que vingt ans plus tard, en 1774.

La lettre commence ainsi : « Renfrew, 1er février 1753. — Monsieur, — Il est bien connu de tous ceux qui s'occupent d'expériences d'électricité que la puissance électrique peut se propager, le long d'un fil fin, d'un lieu à un autre, sans être sensiblement affaiblie par la longueur du trajet. Supposons maintenant un faisceau de fils en nombre égal à celui des lettres de l'alphabet, étendus horizontalement entre deux points donnés, parallèles l'un à l'autre et distants l'un de l'autre d'un pouce… » La lettre, qui est très-longue, décrit ensuite comment, au moyen de morceaux de verre ou avec du mastic de joaillier, on pourrait empêcher que les fils touchassent la terre ou un corps bon conducteur. On y explique comment doit être placée la batterie électrique à l'une des extrémités des fils, tandis que chacune des autres extrémités se termine par une boule qui, en s'électrisant, attire de petits morceaux de papier ou d'autre substance légère, sur lesquels sont tracées d'avance les lettres de l'alphabet.

L'auteur de cette lettre explique encore avec détail comment on peut transmettre chaque mot, comment on doit le recevoir, et donne à entendre que les batteries électriques et la série de boules sont doubles, car il suppose d'abord qu'il transmet et qu'il reçoit ensuite la réponse de la même manière.

Dans la crainte qu'on ne trouve incommode cette manière de correspondre, à cause du travail qu'exige le tracé des lettres que marquent les attractions, il propose d'établir une série de timbres en nombre égal à celui des lettres de l'alphabet, et d'en diminuer graduellement les dimensions pour que l'étincelle, en se déchargeant sur chacun d'eux, indique par le son rendu la lettre qu'on a voulu désigner.

Le même auteur propose encore, comme variante de son système, au lieu de mettre les extrémités des fils horizontaux en contact avec la batterie, d'établir un second faisceau, qui, partant de l'électrificateur (c'est ainsi qu'il l'appelle), aille aboutir aux fils horizontaux du premier faisceau, disposés de telle sorte que chacun des fils de la deuxième série puisse être détaché du fil correspondant de la première par une pression exercée sur une simple touche, et qu'il revienne à sa première position aussitôt qu'on lui rend la liberté en cessant la pression, ce qui, prétend-il, peut s'obtenir avec le secours d'un petit ressort, ou par vingt autres moyens qu'on pourra imaginer sans peine. De cette manière les caractères adhéreront constamment aux boules, excepté lorsque l'on éloignera un des fils secondaires du fil horizontal en contact avec une d'elles, et alors la lettre qui se trouve à l'autre extrémité du fil horizontal se détachera immédiatement de la boule et sera par cela même indiquée à la personne avec laquelle on correspond.

Enfin la lettre se termine par une réponse à cette objection que l'on pourrait faire : que, bien que le *feu* ou *flux électrique* n'ait point paru diminuer sensiblement d'intensité en se propageant sur des fils d'une longueur de 30 ou 40 yards, seule distance expérimentée jusqu'alors, il pourrait arriver que son intensité s'amoindrît et même s'épuisât complétement par suite de l'action de l'air environnant, après un parcours de quelques milles. En recouvrant les fils, dit l'auteur, d'une extrémité à l'autre, avec une couche mince de mastic de joaillier, on les mettrait parfaitement à l'abri de l'action épuisante de l'atmosphère, puisque cette enveloppe est électrique par elle-même.

Le premier cas cité avec quelque fondement pour commencer l'historique de la télégraphie électrique, avant qu'on eût connaissance de celui de l'Écossais dont nous venons de parler, est celui d'un télégraphe formé de vingt-quatre fils métalliques séparés les uns des autres par une matière isolante, et mis en contact chacun avec un électromètre composé d'une petite boule de moelle de sureau suspendue à un fil : en mettant une machine électrique en communication avec tel ou tel de ces fils, le mouvement de la boule désignait la lettre que l'on voulait transmettre. Ce télégraphe, suivant M. l'abbé Moigno, fut établi à Genève en 1774, par son auteur, nommé Lesage, et celui-ci, dans une lettre écrite à M. Prévost en 1782, le décrit d'une autre manière, en substituant à la machine électrique un simple tube de verre, et aux boules de moelle de sureau de petites feuilles d'or placées sur les lettres de l'alphabet, disposées en forme de clavier. Pour isoler les uns des autres les vingt-quatre fils enfermés dans un tube, il les faisait passer par les vingt-quatre trous de plusieurs diaphragmes placés de distance en distance dans le tube : c'est exactement la réalisation de l'idée émise par l'Écossais C. M. en 1753.

Les uns disent que Lesage avait songé à offrir sa découverte au grand Frédéric de Prusse ; d'autres qu'il en fit réellement l'offre, mais qu'elle fut repoussée ; ce qu'il y a de certain, c'est qu'elle ne reçut point d'application en grand, de même que tous les essais qui ont été faits jusqu'à l'année 1837.

Dans la relation du voyage d'Arthur Young en France pendant l'année 1787, on trouve la description d'une expérience télégraphique faite par Lomond, qui employait pour représenter différents signes les degrés de divergence de l'électromètre, et qui correspondait avec sa femme d'un appartement à l'autre de la maison. Comme la longueur du fil d'archal n'a aucune influence sur l'effet, dit Young, on pourrait entretenir une correspondance de fort loin, avec une ville assiégée ou dans mille autres ciconstances.

Viennent ensuite Betancourt, Reyser, Cavallo, Bockman et Salvá. Le premier semble avoir tenté d'appliquer l'électricité à la production de signaux éloignés, en se servant de bouteilles de Leyde, dont il faisait passer la décharge dans des fils allant d'Aranjuez à Madrid. Nous n'avons pu trouver de détails sur ces expériences, qui, dit-on, furent faites en 1787.

Reyser proposa en 1794, dans une publication intitulée le *Magasin de Voigt*, une idée qui était déjà venue à l'imagination puissante de Franklin : celle d'employer les décharges électriques pour éclairer les différentes lettres de l'alphabet, en transmettant l'étincelle par autant de fils renfermés dans des tubes de verre ; et Cavallo, dans son *Traité d'électricité*, publié en 1795, proposait, pour transmettre un signal, l'inflammation de plusieurs substances combustibles ou détonantes au moyen de la bouteille de Leyde.

Dans la *Gazette de Madrid* du 29 novembre 1796 (et non dans celle du 25, comme le dit M. Moigno dans son *Traité de télégra-*

phie), on trouve un document que nous transcrivons en entier, et qui prouve que l'Espagne n'est pas restée étrangère aux importants travaux qui ont précédé l'établissement définitif de la télégraphie électrique. Grâce à ce document, le nom du docteur Francisco Salvá n'est pas tombé dans l'oubli, comme il arrive à tant d'autres moins heureux, et on ne peut lui enlever la gloire d'avoir été l'un des premiers qui mirent en pratique un système de télégraphie, comme a tenté de le faire M. Arago, dans son *Histoire des machines à vapeur*, à l'égard de notre immortel Blasco de Garay[1], sous le singulier prétexte que les documents trouvés dans les archives de Simancas sont manuscrits, et que l'histoire des sciences doit se faire exclusivement sur des pièces imprimées.

Nous ne concevons pas qu'un savant qui a été jugé avec raison digne de figurer parmi les grands hommes de Plutarque ait eu la faiblesse d'émettre une pareille opinion et de l'appuyer par la phrase suivante, non moins étrange : « Les documents manuscrits ne sauraient avoir aucune valeur aux yeux du public, car le plus souvent il manque de tout moyen de constater l'exactitude de la date qu'on leur assigne. » Nous nous abstenons de tout commentaire, et nous demanderions seulement à M. Arago s'il serait possible de rejeter tous les documents historiques antérieurs à Gutenberg. Mais revenons à l'histoire de la télégraphie, que nous a fait abandonner un moment l'émotion toute naturelle que produit une injustice patente, d'autant plus sensible que la personne qui la commet jouit d'une plus grande autorité.

Nous disions que, dans la *Gazette de Madrid* du 29 novembre 1796, on lit l'article suivant : « Son Excellence le prince de la Paix, qui, par tous les moyens, désire agrandir les progrès des sciences utiles dans ce royaume, ayant appris que le docteur D. Francisco Salvá avait lu à l'Académie des sciences de Barcelone un mémoire sur l'application de l'électricité à la télégraphie, et présenté en même temps un télégraphe électrique de son invention, a voulu l'examiner lui-même, et, charmé de sa simplicité et de la promptitude avec laquelle il fonctionnait, il l'a

[1] Voyez les Œuvres d'Arago, édition de Gide et Baudry, 1855, tome IIe des *Notices scientifiques*, p. 11.

fait voir au roi et à la cour : le lendemain, et en présence de Leurs Majestés, le prince lui-même fit fonctionner le télégraphe, et lui fit marquer les mots qu'il voulut, au grand contentement des personnes royales. Peu de jours après, ce télégraphe passa aux appartements de l'infant don Antonio, et Son Altesse se proposa d'en faire un autre plus complet, et de calculer la force d'électricité qui serait nécessaire pour parler avec ce télégraphe à diverses distances, soit sur terre, soit sur mer; à cet effet, Son Altesse a commandé une machine électrique dont le disque a plus de 40 pouces de diamètre, ainsi que les autres appareils nécessaires, et elle a résolu d'entreprendre une série d'expériences utiles et curieuses, qui lui ont été proposées par le docteur Salvá lui-même, et dont on rendra compte au public quand le moment sera venu. »

Toutes nos recherches pour trouver la description des appareils et les nouvelles postérieures que promettait le journal officiel ont été infructueuses jusqu'à présent; mais le recueil périodique de Voigt susmentionné annonçait, deux ans après, que l'infant don Antonio avait fait construire un vrai télégraphe sur une grande échelle et de grande étendue, et ajoutait qu'au moyen de son télégraphe le jeune prince reçut pendant la nuit une nouvelle qui l'intéressait vivement. Si ces faits sont exacts, ce que nous devons supposer, puisque c'est un journal allemand qui les a rapportés, et que ce journal n'avait par conséquent aucun intérêt à attribuer faussement à un prince espagnol une gloire qui n'aurait point dû lui revenir; si ces faits sont exacts, disons-nous, on ne pourrait nier que c'est là le premier télégraphe électrique établi sur une grande échelle, puisque nous n'avons pu découvrir les preuves que Betancourt ait réalisé en effet son idée de communiquer entre Madrid et Aranjuez, en se servant de la bouteille de Leyde.

Mais de tous les appareils connus de télégraphie fondés sur l'électricité statique, les plus ingénieux et les plus complets, dit M. l'abbé Moigno, furent inventés par un Anglais, Francis Ronalds, qui publia en 1823 les expériences qu'il fit en 1816. Une des parties les plus essentielles de son appareil consistait en un disque mobile portant des caractères qui venaient se présenter à volonté devant un petit guichet. La distance à laquelle les signaux étaient transmis par un fil métallique aurait été de huit milles anglais.

La découverte mémorable de Volta devait naturellement exercer une grande influence sur les travaux de télégraphie électrique; et, en effet, déjà en 1811 nous voyons abandonner l'idée d'employer l'électricité statique des machines à frottement pour se servir de la pile. Sœmmering proposa, dans une des séances de l'Académie de Munich, un plan complet de télégraphie fondé sur la décomposition de l'eau par la pile. Sur le fond d'un vase de verre il fixa trente-cinq pointes d'or, que l'on désigna partie par les vingt-cinq lettres de l'alphabet allemand, partie par les dix chiffres arabes, de 0 à 9. Chacune de ces pointes communiquait avec un conducteur qui se terminait par un cylindre en laiton; il y en avait donc trente-cinq de ceux-ci qui étaient marqués avec les mêmes lettres et les mêmes chiffres. En introduisant deux de ces cylindres dans le circuit d'une pile, on voyait aussitôt des bulles de gaz apparaître aux deux pointes d'or correspondant aux deux cylindres, et on indiquait ainsi deux lettres, dont la première était désignée par le dégagement de l'hydrogène, beaucoup plus abondant que celui de l'oxygène, qui représentait la seconde. Quand on avait à transmettre simultanément deux fois de suite la même lettre, on recourait au zéro, qu'on plaçait entre les deux; et, pour indiquer la fin d'un mot, on se servait du chiffre 1. Sœmmering isolait les trente-cinq fils en les recouvrant de soie et se servait de la pile à colonne : il proposa en outre, comme moyen de faire fonctionner un réveil ou appareil d'alarme, la rupture d'équilibre déterminée par le dégagement des gaz.

Schweiger, dans un curieux appendice au mémoire de Sœmmering, qu'il publia en 1838, prétend que ce dernier effet aurait pu être obtenu au moyen d'un pistolet de Volta, en ajoutant une batterie à la pile; moyen qui, à cette époque, aurait eu tous les inconvénients des premiers essais télégraphiques. Il dit, de plus, qu'on diminuerait considérablement le nombre des fils, tout en produisant les mêmes signes, si au lieu d'une pile on en employait deux d'intensité différente; et que, en tenant compte des intervalles plus ou moins longs entre les signaux produits avec l'une ou l'autre pile, on pourrait réduire à deux les fils conducteurs. Schweïger entre dans plusieurs autres considérations où il nous est impossible de le suivre, mais qu'on trouvera dans le *Traité de télégraphie électrique* de M. l'abbé Moigno, dont nous avons extrait une partie des matériaux qui remplissent les premières pages de ce chapitre.

Déjà avant Sœmmering, en 1810, le professeur Coxe, de Philadelphie, avait exprimé l'idée d'appliquer la pile voltaïque à des communications télégraphiques en déterminant par cet agent la décomposition de l'eau ou des sels métalliques à des distances plus ou moins grandes de l'appareil; mais, avec les moyens alors disponibles, son système, tel qu'il le décrit, fut considéré comme inapplicable.

La grande découverte d'Oersted en 1819, que nous avons fait connaître dans le quatrième chapitre, fit faire un pas de géant à la télégraphie électrique, car on pouvait désormais substituer au signal toujours confus de la décomposition chimique un autre signal aussi simple, aussi distinct que le mouvement d'une aiguille qui change de position chaque fois qu'un courant électrique passe ou cesse de passer à côté d'elle. Fechner entrevit la possibilité de cette idée, qui n'échappa pas non plus à la pénétration de l'illustre Ampère, car il en parle dans un mémoire qu'il lut à l'Académie des sciences le 2 octobre 1820. Si l'on avait appliqué cette idée à celle qu'avait émise Schweiger pour réduire à deux les fils du télégraphe de Sœmmering, on aurait résolu le problème de la télégraphie électrique dès l'année 1820; mais deux graves inconvénients, l'irrégularité des piles et surtout la décroissance rapide de leur intensité, n'ont permis l'application de cette grande idée que sur une petite échelle. On assure que Ritchie construisit en petit un télégraphe de Sœmmering, modifié d'après Ampère; mais ce télégraphe ne fut réellement construit et exposé en public qu'en 1837 par M. Alexander, d'Édimbourg. Il avait 30 fils conducteurs qui correspondaient aux vingt-six lettres de l'alphabet, à trois signes de ponctuation et à un astérisque pour indiquer la fin d'un mot. Quoique il semble au premier abord qu'il eût fallu 60 fils métalliques pour fermer les trente circuits, M. Alexander obtint, au moyen d'un mécanisme très-ingénieux, que tous les courants fussent fermés par un seul fil conducteur.

Aucun de ces essais n'aurait produit l'immense résultat de faire appliquer en grand la télégraphie électrique si Ampère, Arago et Faraday n'avaient point fait avancer la science, depuis la découverte d'Oersted, sous l'impulsion puissante de leur génie : le premier, en étudiant l'action qu'exercent les courants les uns sur les autres, et l'identité des aimants avec les solénoïdes; le second, en rendant évidente la vertu magnétisante des courants électriques par l'aimantation du fer doux, le plus important peut-être de tous les principes de la science, et celui qui a eu la conséquence la plus immédiate dans les progrès de la télégraphie; le troisième, enfin, en formulant les phénomènes de l'induction qu'Arago n'avait pu expliquer. Ces trois savants, et Daniell, avec sa pile à courant constant, firent disparaître les obstacles qui rendaient le problème impraticable, et offrirent au génie inventif de MM. Steinheil, Wheatstone et Morse, un champ déjà préparé à recevoir la féconde semence que nous avons vue fleurir et fructifier en si peu de temps. Mais à qui doit-on la gloire d'avoir jeté le premier grain dans le sillon? M. Wheatstone disait, en 1838, qu'il avait déjà réuni les noms de soixante-douze prétendants; il serait donc impossible de prendre en considération les raisons avancées par chacun d'eux : les auteurs d'ouvrages plus spécialement consacrés à ce sujet que le nôtre ont reculé devant une semblable tâche et se sont contentés d'examiner les droits des principaux prétendants; nous ferons de même, et nous donnerons seulement un extrait de ce que dit à cet égard M. l'abbé Moigno dans son excellent *Traité de télégraphie électrique*.

M. Morse croit que son appareil, dont nous donnerons la description plus loin, est la première application réalisable qui ait été faite de l'électricité à la télégraphie. Il inventa cet instrument, dit-il, en octobre 1832, en se rendant d'Europe en Amérique sur le paquebot le *Sully*; et il s'appuie sur le témoignage de M. Rives, ambassadeur des États-Unis près le gouvernement français et sur celui du capitaine du paquebot, M. W. Pell, auxquels il avait confié son idée.

M. Jackson, dans une lettre adressée à M. Élie de Beaumont, se plaint de ce que les savants français patronnaient à tort M. Morse, lequel, d'après lui, n'avait fait que s'approprier le télégraphe inventé par lui, Jackson, et dont la description avait été confiée à M. Morse à bord du paquebot le *Sully*.

Si ce qu'avance M. Jackson était vrai, les assertions de MM. Rives et Pell, sans laisser d'être exactes, n'auraient du moins aucune valeur quant aux droits qu'elles établissent en faveur de M. Morse; nous ne croyons pas cependant devoir accorder créance entière à M. Jackson; mais nous ne pouvons pas davantage prétendre, avec M. Moigno, qu'il faut appliquer rigoureusement à tous les cas les principes de M. Arago au sujet de la priorité, principes que nous avons déjà critiqués, et déclarer d'après eux que les prétentions de M. Morse à l'invention du télégraphe électrique sont aussi peu fondées que celles de M. Jackson. Ce qu'il y a de positif, c'est qu'entre l'époque à laquelle M. Morse déclare avoir émis son idée pour la première fois et la date certaine de la publicité qu'il lui donna en septembre 1837, d'autres appareils fondés sur les mêmes principes furent annoncés (M. Morse le dit lui-même), parmi lesquels les plus célèbres sont ceux de M. Steinheil, de Munich, et de M. Wheatstone, de Londres.

Avant ces appareils pourtant, nous citerons celui de M. le baron Schilling, de Saint-Pétersbourg, qui consistait en un certain nombre de fils de platine isolés, et réunis dans un cordon de soie, lesquels mettaient en mouvement, à l'aide d'une espèce de clavier, cinq aiguilles aimantées placées dans une position verticale au centre du multiplicateur. A tout ceci s'ajoutait une espèce de timbre que faisait fonctionner la chute d'une petite balle de plomb, occasionnée par le mouvement de l'aiguille aimantée, quand la correspondance commençait.

Déjà en 1834 les professeurs Gauss et Weber avaient fait connaître leur télégraphe. Il avait pour moteur une machine électro-magnétique, munie d'un commutateur au moyen duquel on dirigeait le courant dans un sens ou dans l'autre. Les mouvements divers ou les oscillations lentes d'un barreau aimanté, produits par le passage du courant, donnaient tous les signaux nécessaires pour correspondre avec facilité et promptitude entre l'Observatoire et le Cabinet de physique de l'université de Gœttingen, où les inventeurs avaient établi leur appareil.

Le télégraphe de M. Steinheil, déjà construit en juillet 1837, et désigné sous le nom de *télégraphe graphique et phonétique*, se composait, comme tout télégraphe, de deux parties principales : l'appareil producteur des courants et l'appareil producteur des signaux, séparés entre eux par une distance de 18,000 pieds, et mis en communication par un fil conducteur de 36,000. L'appareil producteur des courants était une modification appropriée de l'appareil de Clarke, que nous connaissons. Le système adopté pour la production des signaux consistait à utiliser la découverte d'Oersted, en déviant au moyen du courant deux barreaux aimantés bien suspendus sur des axes verticaux. Les aiguilles, en se mettant en mouvement, pouvaient faire sonner deux timbres, dont les tons différaient entre eux sensiblement, de manière qu'on pouvait établir une sorte de langage musical. En outre, on fixait sur le papier (au moyen de deux petits tubes capillaires, munis d'une encre grasse) des points noirs qui, combinés convenablement, représentaient les différentes lettres de l'alphabet.

Le télégraphe avait deux timbres et deux tubes qui marquaient les points sur le papier en deux lignes différentes correspondant avec les timbres, de manière que les sons aigus et graves s'écrivaient sur la bande de papier comme des notes de musique, par un point *haut* ou par un point *bas*. On peut voir la description et les dessins de ce curieux appareil dans le *Traité de télégraphie électrique* de M. Schellen ou dans celui de M. Moigno.

Le télégraphe à cinq aiguilles, le premier qu'inventa M. Wheatstone, et pour lequel il obtint un brevet en Angleterre le 12 juin 1837, est représenté dans la figure 169; on en comprendra facilement la disposition sans qu'il soit besoin d'entrer dans de grands détails. Il se compose essentiellement d'une pile P, d'un clavier C, de cinq fils conducteurs et de cinq aiguilles indiquant les lettres de l'alphabet par la conversion de deux d'entre elles vers un même point.

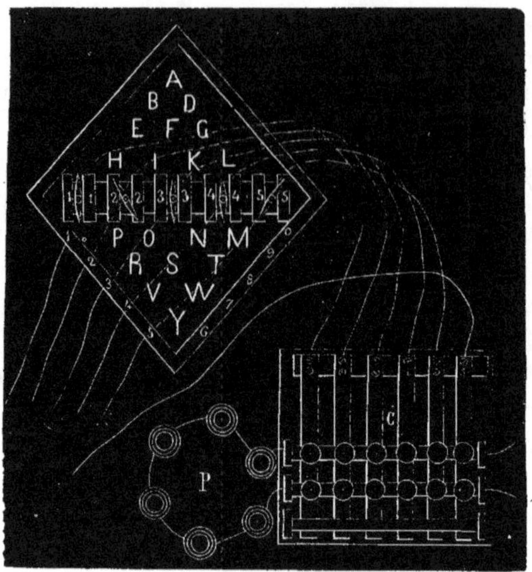

Fig 169.

Cherchant à mettre à profit la découverte d'Oersted en faisant dévier l'aiguille magnétique par le passage d'un courant électrique, système qui lui permettait d'obtenir des signaux sans le secours de mécanismes compliqués; mais voulant en même temps que les aiguilles indiquassent les lettres de l'alphabet, ce qui est plus intelligible et plus à la portée de tout le monde, il y parvint en réduisant à cinq le nombre des fils conducteurs au moyen de la disposition que représente la figure.

Sur un rhombe, divisé par cinq lignes parallèles à chacun de ses côtés, il plaça cinq aiguilles aux points où les cinq lignes se croisent sur le petit axe du rhombe; chacun des autres points d'intersection portait une lettre de l'alphabet, en la forme indiquée par la figure, de manière qu'il suffisait de faire dévier deux aiguilles en appuyant sur les touches correspondantes du clavier *C* pour que le courant fît prendre la même position aux deux aiguilles de l'appareil récepteur, c'est-à-dire du rhombe placé à l'autre extrémité de la ligne, et identique à celui que l'opérateur avait devant lui.

Ce télégraphe fut essayé sur le chemin de fer de Londres à Birmingham dans un parcours d'un mille et demi, et on ne tarda pas à l'établir entre Londres et Liverpool.

Pourquoi l'invention de Wheatstone a-t-elle formé époque dans l'histoire de la télégraphie électrique au point de faire considérer son auteur comme l'inventeur de cette application? Serait-ce, par hasard, parce que, plus heureux que d'autres, il put avant personne monter son procédé sur une grande échelle? Ou bien y aurait-il réellement dans son invention quelque particularité remarquable qui la fit différer de l'idée déjà émise par Ampère d'appliquer les courants électriques à la déviation de plusieurs aiguilles magnétiques? Pour être juste, nous avouerons que ces deux circonstances ont également contribué à la gloire justement méritée de M. Wheatstone. Nous avons déjà dit, quelques pages plus haut, notre opinion sur l'impossibilité d'attribuer l'invention de la télégraphie à une seule personne; mais nous sommes disposé à soutenir que c'est M. Wheatstone qui a réalisé ce rêve tant poursuivi, qui a donné un corps à cette ombre que tous apercevaient et admiraient, qu'on touchait presque, mais qui pourtant était demeurée insaisissable jusqu'alors. En effet, les expériences antérieures à l'année 1837 semblaient plutôt propres à faire craindre que la solution du problème fût introuvable, qu'à démontrer sa possibilité, car les télégraphes mêmes de Gauss et Weber, ainsi que celui de Steinheil, les plus parfaits que l'on eût imaginés, étaient bien loin encore d'être applicables. Dans celui de Wheatstone, les signes télégraphiques obtenus par l'action du courant voltaïque et la déviation des aiguilles aimantées sont si tranchés, si clairs, et produits d'une manière si simple, qu'ils ne donnent lieu à aucune confusion, et l'appareil, différant en cela de tous ceux qui lui sont antérieurs, pouvait fonctionner dans les mains de tout le monde. Il avait, il est vrai, ce grave inconvénient qu'il exigeait cinq fils conducteurs, ce qui était trop compliqué et trop coûteux, et prouvait bien qu'on n'était point encore arrivé à la perfection; mais Wheatstone était sur la voie, et, en effet, il ne tarda pas à réduire à deux et même à un les fils conducteurs, comme nous le verrons en décrivant dans les télégraphes à aiguilles ceux qui portent son nom et sont encore employés en Angleterre et en Espagne. Au brevet pris par ce physicien en 1837 se rattachait en outre une circonstance très-remarquable, un fait capital et riche d'avenir, comme l'a dit M. Moigno : c'était le mode de communication du mouvement qui met en jeu le timbre ou appareil d'alarme pour avertir que le télégraphe va parler. Le courant n'y agissait plus directement à l'état de force vive, il se bornait à aimanter en passant un morceau de fer doux, un électro-aimant, qui attirait à son tour une armature en fer doux aussi, et s'opposait à l'action d'un ressort permanent; l'échappement devenu libre, un mouvement d'horlogerie faisait agir le marteau qui frappait le timbre. Tout ceci, qui semble bien peu de chose et qui passe aujourd'hui presque inaperçu à côté d'un appareil télégraphique nouveau, contenait en principe un monde de merveilles, et donnait à l'homme les moyens de mettre en action, à une distance quelconque, toutes les forces de la mécanique [1].

Si M. Morse pouvait justifier d'une manière aussi évidente que l'a fait Wheatstone la date de son idée ; s'il avait conçu réellement en 1832 son appareil tel qu'il l'exécuta en 1838, il commit en ne le divulguant pas plus tôt une négligence impardonnable dont il subit aujourd'hui les fâcheuses conséquences, car assurément il aurait enlevé à Wheatstone la plus belle partie de sa gloire.

M. Amyot adressa à l'Académie des sciences de Paris, en juillet 1838, une note dans laquelle il proposait l'exécution d'un télégraphe au moyen d'un seul courant et d'une seule aiguille qui écrivait sur le papier, avec une précision mathématique, la correspondance que transmettait de l'autre extrémité du conducteur une simple roue sur laquelle on écrivait au moyen de pointes différemment espacées, comme celles du cylindre d'un orgue de Barbarie.

[1] Voyez le *Traité de télégraphie* de M. l'abbé Moigno, 2e édition, page 89.

M. Masson, professeur de physique à Caen, seul d'abord et associé plus tard à M. Breguet, envoya à l'Académie des sciences de Paris la description d'un télégraphe où il se servait d'un appareil électro-magnétique de Pixi pour développer le courant qui devait agir sur les aiguilles aimantées avec lesquelles il faisait ses signaux. En comparaison de ceux de MM. Morse et Steinheil, ces essais ne peuvent être considérés que comme fort incomplets.

C'est en 1839 que M. Vorsselman de Heer fit connaître son télégraphe électro-physiologique, fondé sur les expériences de M. Pouillet sur la résistance du corps humain au passage d'un courant, selon les conditions dans lesquelles il pénètre. Il consiste en un double clavier à chaque extrémité du conducteur; chacune des dix touches dont il se compose est munie d'une bande de cuivre pliée par une de ses extrémités, laquelle peut plonger dans un vase à mercure qui est au-dessous, quand on appuie sur elle avec le doigt, et ferme ainsi un circuit qui correspond au signe qu'elle représente. Celui qui reçoit la dépêche a les dix doigts appuyés sur les dix touches; quand il veut répondre il met des gants, et l'observateur de l'autre extrémité, ôtant les siens, place les doigts sur le clavier dans la même disposition que les avait le premier, tandis que celui-ci abaisse les touches correspondantes.

Dans la même année 1839, M. Davy prit à Londres un brevet pour un télégraphe électro-magnétique dans lequel un échappement analogue à celui des horloges arrête ou détermine le mouvement de plusieurs roues dentées, selon qu'une pièce en fer doux adaptée au mécanisme se trouve ou non aimantée par un aimant temporaire placé dans un circuit voltaïque : ces alternatives de mouvement et de repos font marcher un cylindre recouvert d'un papier sur lequel les signaux sont enregistrés par des points plus ou moins espacés : ces points s'obtiennent au moyen de l'action chimique du courant et de la décomposition de certaines substances.

Les résultats satisfaisants obtenus par Wheatstone avec son premier appareil l'encouragèrent à le perfectionner, et, en effet, nous l'avons déjà dit, il réduisit à deux les cinq fils conducteurs en faisant les signaux avec deux aiguilles. Nous décrirons plus tard ce télégraphe, ainsi que celui à une seule aiguille et un seul conducteur; disons seulement que, non satisfait encore de ces perfectionnements, il inaugura une nouvelle époque dans l'histoire de la télégraphie électrique en mettant au jour en 1840 son télégraphe à cadran, le seul qui ait véritablement popularisé la télégraphie, à ce point même de rendre possible pour tout le monde le maniement des appareils. Comme nous devons donner, quelques pages plus loin, la description des télégraphes actuellement en usage, nous nous bornerons à dire ici que dans ce télégraphe il ne se produit aucun effet dynamique direct par le courant, et qu'on ne s'y sert pas non plus du principe d'Oersted pour faire dévier une aiguille magnétique. Le courant, en passant, aimante le fer d'un électro-aimant; celui-ci déplace un morceau de fer doux qui alors laisse sa liberté d'agir à un mouvement d'horlogerie, mais que de petits ressorts ramènent aussitôt à sa première position; le mouvement d'horlogerie fait mouvoir une aiguille qui parcourt sur un cadran les lettres de l'alphabet, et s'arrête un moment sur celle que l'on veut indiquer. Voilà le principe du télégraphe à cadran, analogue, comme on le voit, à celui du timbre ou appareil d'alarme décrit par Wheatstone dans son premier télégraphe à aiguilles, et qui a servi de base à toutes les inventions dans lesquelles on veut obtenir un effet mécanique à une grande distance au moyen de l'électricité.

Dès que fut résolu le problème de rendre pratique l'application de l'électricité à la télégraphie; dès que le premier télégraphe de Wheatstone eut été établi en Angleterre, et que l'invention de ce physicien eut été popularisée par la forme qu'il lui donna dans le télégraphe à cadran, le nombre de ceux qui se lancèrent à la recherche de nouveaux moyens de transmettre la pensée par l'électricité fut infini. Le petit nombre de pages que nous pouvons consacrer à signaler les principales de ces inventions et la nécessité de le faire avec quelque clarté, nous obligent à abandonner l'ordre chronologique, afin de pouvoir grouper les descriptions des télégraphes actuellement en usage et les modifications proposées, et concilier l'exactitude avec la concision.

TÉLÉGRAPHES A AIGUILLES.

Les télégraphes à aiguilles, bien qu'ils aient l'inconvénient d'employer des signes de convention pour représenter les lettres de l'alphabet ou des phrases déterminées, ont en revanche l'avantage de fonctionner avec une force électro-motrice beaucoup moindre que celle des autres télégraphes, celui d'être extrêmement simples dans leur mécanisme, et de transmettre les signes plus rapidement que les télégraphes à cadran et les télégraphes qui écrivent.

Les figures 170 et 171 peuvent donner une idée complète

Fig. 170.

du principe sur lequel est fondé le télégraphe à aiguilles de MM. Cooke et Wheatstone, destiné au service des chemins de fer et aux correspondances télégraphiques en Angleterre.

Le récepteur est un multiplicateur de Schweiger, dont l'aiguille, par conséquent, s'incline d'un côté ou de l'autre, selon la direction du courant; sur le même axe est montée une autre aiguille, aimantée aussi, qui forme avec la première un système astatique, ce qui a le double avantage de rendre plus sensible l'appareil et de permettre d'observer plus facilement de quel côté incline l'aiguille qui reste à la partie extérieure du cadre; l'aiguille indicatrice a un petit contre-poids qui lui fait prendre la position verticale au moment même où le courant cesse de passer.

Le manipulateur se compose d'un commutateur comme celui

Fig. 171.

que nous avons décrit dans le cinquième chapitre (page 305), destiné à changer le sens du courant et à ouvrir et fermer le circuit; il est donc inutile de nous y arrêter davantage; nous dirons seulement qu'il est disposé de manière qu'il suffit à l'employé chargé de transmettre une dépêche d'incliner la manivelle du commutateur d'un côté ou de l'autre pour que le courant change de direction et fasse incliner du même côté l'aiguille du récepteur établi à l'autre extrémité du conducteur, c'est-à-dire dans une autre station, en même temps que cela a lieu dans l'appareil près duquel il se tient. Quand le manche du manipulateur est vertical, le courant se trouve interrompu, et l'aiguille, par conséquent, conserve aussi la position verticale que lui fait prendre le contre-poids.

A la partie extérieure de l'appareil se trouve marqué l'alphabet, qui consiste en quelques petits traits indiquant le nombre d'oscillations que fait l'aiguille d'un côté ou de l'autre. Au premier abord, il semble un peu confus, mais on peut l'apprendre sans grande difficulté.

Malgré la simplicité de ce télégraphe et l'avantage qu'il présente de n'exiger qu'un seul fil conducteur, en Angleterre et dans les autres pays où l'on a adopté cette sorte d'appareils on préfère employer celui à deux aiguilles dû aussi à Wheatstone : il jouit du privilége de transmettre les signes avec plus de rapidité, mais il a, par contre, l'inconvénient d'exiger deux fils, ce qui, par conséquent, rend son installation plus coûteuse.

Le mécanisme du télégraphe à deux aiguilles est tout à fait semblable à celui du télégraphe à une seule aiguille que nous venons de décrire; seulement il est double, parce que chaque aiguille a besoin du sien. Comme les signes sont indiqués par les oscillations, soit d'une aiguille, soit des deux, le plus compliqué n'exige que trois mouvements, tandis que, dans le télégraphe à une seule aiguille, il en faut quelquefois jusqu'à cinq.

Les télégraphes de Wheatstone ont tous une sonnerie ou appareil d'alarme dont le mécanisme, comme nous l'avons indiqué, consiste à faire passer le courant qui parcourt le conducteur à travers un électro-aimant dont l'armature est immédiatement attirée et laisse libre un mécanisme d'horlogerie, au mouvement duquel elle revient s'opposer aussitôt que le courant cesse de passer. Cet appareil, soit tel qu'il a été imaginé par le savant anglais, soit modifié de différentes manières, a été adapté à tous les télégraphes, quel que soit d'ailleurs le système sur lequel ils sont fondés.

M. Bain a imaginé un autre télégraphe à une seule aiguille avec un seul conducteur, au moyen duquel il transmettait les signes sans dépasser quatre mouvements pour chacun, c'est-à-dire un seul de plus que dans le télégraphe à deux aiguilles de Wheatstone. Ce télégraphe, modifié par M. Ekling, de Vienne, a été adopté par l'administration des lignes télégraphiques en Autriche, et fut établi pour la première fois, en 1846, sur la ligne d'Édimbourg à Glasgow.

M. Henley a construit un télégraphe dans lequel il emploie, comme force motrice, ses appareils d'induction, qui fonctionnent en général très-bien et exigent très-peu de force.

La figure 172 représente le manipulateur, qui consiste en un

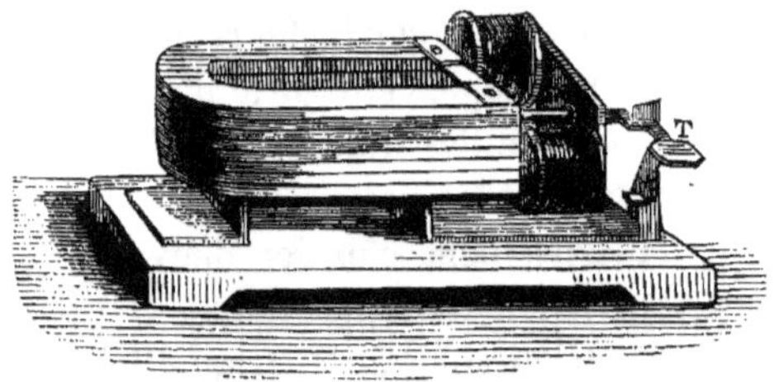

Fig. 172.

aimant permanent, en face duquel se trouve un électro-aimant qui, au moyen d'une touche *T*, peut présenter l'un ou l'autre de ses bras à chaque pôle de l'aimant, en produisant un courant d'induction chaque fois qu'il change de position. La touche est disposée de manière que, quand on la laisse libre après l'avoir baissée, elle revient naturellement à sa position primitive, ainsi que l'électro-aimant.

Le récepteur se compose d'un électro-aimant et d'une aiguille aimantée qui oscille entre ses pôles, déviée par l'influence du courant magnéto-électrique développé par le manipulateur et qui circule par l'électro-aimant du récepteur. Pour que celui-ci ait plus de sensibilité, il y a dans les pôles de l'électro-aimant deux pièces en fer doux semi-circulaires qui présentent quatre pôles, et c'est dans le cercle qu'elles forment que se trouve l'aiguille (fig. 173). Le mouvement de celle-ci n'est utilisé que dans un sens. Les signaux qui se font avec ce télégraphe, gravés sur le cadran de l'appareil, se traduisent sur le papier et correspondent à peu près à ceux du télégraphe de Morse, dont nous parlerons plus tard, c'est-à-dire qu'ils consistent en lignes et en points. Chaque double oscillation instantanée qui se produit quand on abaisse et qu'on lâche immédiatement la touche correspond à un point. Pour que l'aiguille demeure fixe pendant un espace de temps sensible, ce qui équivaut à une ligne, il suffit que la touche soit maintenue un instant dans sa position; la déviation de l'aiguille subsiste alors, parce que le magnétisme développé dans l'électro-aimant ne cesse pas instantanément.

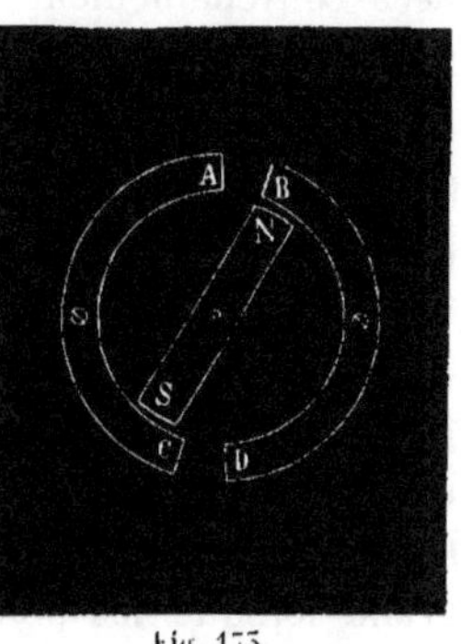

Fig. 173.

Si on disposait un double manipulateur et un double récepteur, on pourrait mettre en mouvement simultanément les deux aiguilles, et on augmenterait le nombre des signes, comme dans le télégraphe de Wheatstone; mais il faudrait aussi deux circuits.

Ce télégraphe porte toujours un appareil composé d'un électro-aimant, d'une aiguille et de deux timbres, lequel sert d'avertisseur et rend facile l'intelligence des signes, parce que le son des timbres coïncide exactement avec les oscillations de l'aiguille du récepteur.

M. Gloesener, professeur de physique à l'Université de Liége, a fait des modifications très-importantes dans les télégraphes à aiguilles de Wheatstone.

D'abord, dans le but d'augmenter la sensibilité, « il a employé un multiplicateur à trois aiguilles courtes et légères, et a fixé devant l'aiguille, à la face postérieure du multiplicateur, un électro-aimant dont l'action sur la dernière aiguille conspire avec celle du multiplicateur sur toutes les trois; par ce moyen, il a de beaucoup augmenté l'accroissement de la force motrice. L'appareil peut fonctionner de trois manières différentes, par l'influence du multiplicateur seul ou par celle de l'électro-aimant, ou enfin par l'action du multiplicateur et celle de l'électro-aimant combinées convenablement. Cette combinaison produit un accroissement très-sensible de la force motrice.

« Pour simplifier encore davantage la construction du télégraphe et le rendre en même temps très-sensible, M. Gloesener supprime le multiplicateur, emploie un seul électro-aimant et deux aiguilles aimantées très-légères, fixées en croix devant l'électro-aimant sur un axe horizontal très-mobile portant en dessous un petit contre-poids qui les ramène promptement à leur position initiale, dès que le courant est rompu. L'électro-aimant peut être reculé ou avancé à l'aide d'une petite vis; son effet est le plus grand lorsque les pôles de l'électro-aimant et des aiguilles se trouvent dans le même plan vertical. Les aiguilles peuvent être aimantées sur place à l'aide d'un petit aimant recourbé, et le contre-poids de l'axe est tel, que l'intensité du courant employé peut varier entre des limites très-étendues, sans que l'on ait à déplacer l'électro-aimant. De forts ressorts ramènent brusquement les manivelles inclinées à leur position initiale.

« L'appareil est muni d'une boussole électro-magnétique composée d'un électro-aimant de 25 à 30 mètres de fil et de deux aiguilles aimantées fixées en croix sur un axe horizontal devant l'électro-aimant. Cette boussole, que nous n'avons vue dans aucun autre appareil du même système, est d'une utilité incontestable : elle sert pour les communications directes, dispense de faire passer le courant dans tous les appareils placés sur la même ligne, lorsque deux stations se parlent; elle sert ainsi à économiser une grande partie de la force motrice employée, ou permet d'opérer avec des courants sensiblement plus faibles. Elle sert en même temps à accélérer la transmission des dépêches, puisque, deux stations voisines se parlant, d'autres stations placées plus loin peuvent aussi correspondre entre elles pendant le même temps. Enfin elle sert à empêcher que le secret des dépêches des correspondances directes ne soit connu aux stations intermédiaires. »

L'un des plus grands avantages des modifications faites par M. Gloesener aux télégraphes à aiguilles est celui de détruire, par l'inversion des courants, les effets nuisibles de l'induction électrique, qui, surtout dans les conducteurs sous-marins, diminue notablement la vitesse de transmission. Il résulte, en outre, des expériences faites par l'auteur, et publiées dans ses *Recherches sur la télégraphie*, que la force électro-motrice s'accroît de plus du double.

Les télégraphes à aiguilles ont l'avantage, nous l'avons déjà dit, d'être plus simples et plus sûrs que les autres; ils transmettent très-rapidement les dépêches, non-seulement parce que les mouvements à faire sont prompts, mais aussi parce que les signes sont indépendants les uns des autres, et que, même dans le cas où celui qui transmet se trompe d'une lettre, l'erreur n'a aucune influence sur les lettres qui suivent.

Comme contre-partie de ces avantages, ils présentent quelques inconvénients : d'abord, les signaux sont fugitifs, et il faut que les employés non-seulement apprennent un alphabet nouveau, mais qu'ils en aient une grande habitude pour pouvoir suivre celui qui transmet avec une certaine rapidité. Quand celle-ci est très-grande, il faut un second employé qui écrive sous la dictée du premier. M. Gloesener, en disant que cette circonstance est très-rare, semble donner à entendre que la transmission par le télégraphe à aiguilles est lente; nous ne sommes pas d'accord avec lui sur ce point.

Un autre inconvénient est reproché aux télégraphes à aiguilles, celui d'exiger deux fils conducteurs; mais cela n'a lieu que pour ceux à deux aiguilles, et en vérité nous ne pouvons croire qu'il y ait plus d'avantage à se servir de deux fils pour le même télégraphe, bien que cela simplifie les signes, qu'à employer deux télégraphes à une seule aiguille qui fonctionneraient simultanément.

L'inconvénient qu'ont tous les télégraphes à aiguilles indistinctement de ne pas s'arrêter promptement et d'osciller un peu après l'interruption, ce qui rend les signes confus et en empêche la transmission rapide, est beaucoup plus sensible dans les télégraphes à deux aiguilles.

Enfin, la dernière et peut-être la plus grave objection que l'on fait aux télégraphes à aiguilles est celle-ci[1] : « L'électricité atmosphérique affecte les aiguilles de différentes manières : elle développe dans les fils de ligne des courants qui, selon qu'ils sont dirigés dans le même sens ou en sens contraire du courant transmis, augmentent ou diminuent les déviations des aiguilles. Ces courants modifient en même temps, détruisent quelquefois, et même renversent les pôles des aiguilles. Ces perturbations se présentent parfois à une station, sans se manifester à la station correspondante, et alors les effets des courants transmis, mêlés avec les effets des causes locales, déterminent une confusion complète dans les communications. »

En un mot, les causes perturbatrices, telles que l'électricité ordinaire, la foudre et les aurores boréales, dérangent les télégraphes à aiguilles plus facilement que les autres, ce qui n'empêche pas qu'ils aient été avantageusement employés en Angleterre et ailleurs.

TÉLÉGRAPHES A CADRAN.

Les télégraphes à cadran sont ceux qui ont véritablement popularisé la télégraphie électrique, car avec eux tout le monde peut transmettre et recevoir une communication, même sans avoir jamais vu un télégraphe.

Nous savons que ce fut Wheatstone qui, le premier, imagina de construire cette espèce de télégraphes, fondés sur la propriété qu'a le fer doux de s'aimanter par l'action d'un courant électrique et de se désaimanter au moment où ce courant cesse de passer; mais, afin que l'on puisse concevoir facilement le principe sur lequel sont fondés presque tous ces appareils, nous commencerons par donner la description de celui qu'on connaît sous le nom de *télégraphe de démonstration*, qui a été construit par M. Froment.

Le manipulateur et le récepteur sont représentés dans les

[1] Gloesener, *Recherches sur la télégraphie*. Liége, 1853, page 89.

figures 174 et 175, que nous empruntons au *Traité d'électricité* de MM. Becquerel père et fils.

Le premier est installé à la station où se trouve la pile, et le second à l'endroit où l'on veut transmettre la dépêche; et, comme dans tous les autres télégraphes, le fil conducteur du courant, qui part d'un des pôles de la pile, parcourt les deux appareils et vient s'enterrer dans le sol à la sortie du récepteur : le second pôle de la pile étant en communication avec la terre, le circuit se trouve complet. Mais il faut l'ouvrir et le fermer alternativement, comme dans les télégraphes à aiguilles, car, autrement, l'aimantation serait permanente, et il n'y aurait pas de signaux : il a fallu, pour cela, donner aux appareils la disposition que nous allons décrire d'abord, et nous expliquerons ensuite comment on obtient le mouvement dans le manipulateur et le récepteur avec la régularité indispensable.

Le manipulateur *M* (fig. 174) consiste en un cadran sur lequel

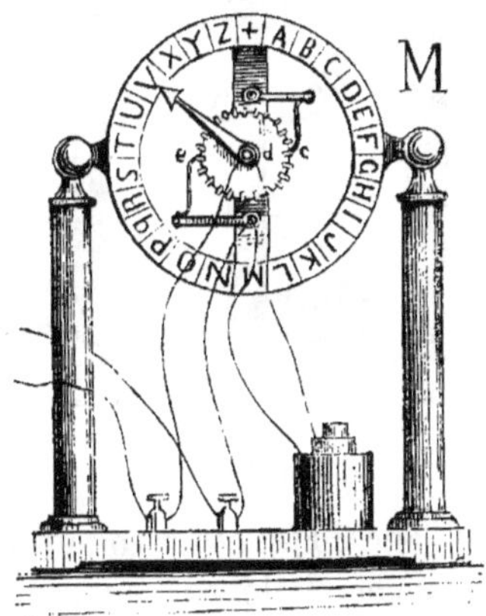

Fig. 174.

sont marqués vingt-six signes qui sont les lettres de l'alphabet et une croix. Au centre du cadran se trouve une aiguille montée sur une roue métallique *d*, qui a treize dents également distribuées sur sa circonférence, de manière que les intervalles existant entre chaque dent soient égaux à celles-ci ; on remplit ces intervalles avec des morceaux de bois, de gutta-percha ou toute autre substance isolante, ou même ils peuvent rester creux; l'essentiel, c'est que deux petites saillies *e* et *c*, placées à l'extrémité de deux ressorts métalliques, appuient sur la circonférence de la roue, et, quand celle-ci tourne, se trouvent alternativement en contact métallique ou isolées, selon qu'elles touchent ou non les dents de la roue.

Le récepteur *R* (fig. 175) est un autre cadran pareil à celui du manipulateur, avec les mêmes signes et une aiguille qui les parcourt; l'aiguille est aussi montée sur une roue *j*, qui tourne en même temps; mais cette roue a les dents de la forme indiquée dans la figure, c'est-à-dire comme celles d'une roue à rochet, taillées en plan incliné par rapport au rayon de la roue et aux

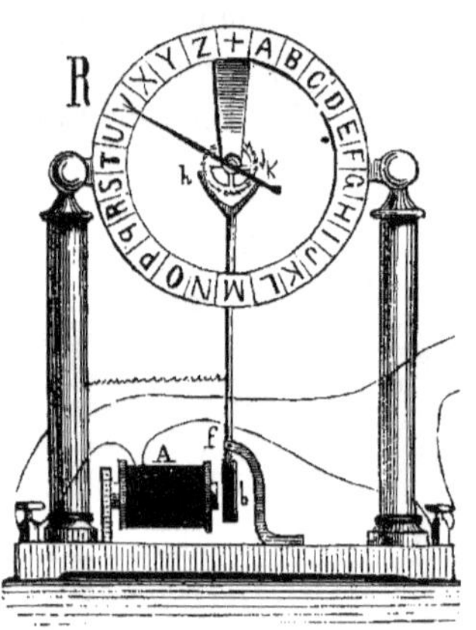

Fig. 175.

deux chevilles *hk*, de l'ancre *hfk*, qui reçoit un mouvement de va-et-vient de droite à gauche et de gauche à droite, fait avancer la roue d'une demi-dent à chaque mouvement, car les chevilles appuient alternativement sur la partie inclinée des dents, et les pousse toujours dans le même sens, produisant ainsi un mouvement de rotation continu. Le bras *f* de l'ancre est fixé à l'une des extrémités d'un levier, dont l'autre extrémité porte un morceau de fer doux *b*, qui sert d'armature à l'électro-aimant *A*.

On comprend aisément maintenant que, chaque fois qu'un

courant électrique passe par l'électro-aimant, il attire l'armature *b*; celle-ci entraîne avec elle le levier *f*, et l'ancre, dans son mouvement, pousse avec la cheville *h* la roue *j*, qui avance d'une demi-dent; pendant ce temps, la cheville *k* reste sans action, mais elle produira le même effet que *h* au moment où l'ancre marchera en arrière par suite de la désaimantation de l'électro-aimant, qui laisse libre l'armature, et, par conséquent, le levier; et celui-ci obéit à l'action d'un ressort qui tend à le séparer de l'électro-aimant.

Comme la roue a treize dents, et qu'elle n'avance que d'une demi-dent à chaque aimantation, et d'une autre demi-dent à chaque désaimantation, il en résulte que, quand l'électro-aimant a été aimanté treize fois et désaimanté treize autres fois, la roue a fait un tour complet en vingt-six mouvements et que l'aiguille, qui la suit invariablement dans sa marche, se sera placée successivement devant chacune des vingt-six lettres ou signes du cadran. Voyons maintenant comment on peut produire, de l'autre station, ces aimantations alternatives, de manière que l'aiguille du récepteur marque toujours la lettre que l'on veut indiquer.

Si on se rappelle que l'aiguille du manipulateur *M* est invariablement fixée à la roue *d* (fig. 174); que la circonférence de cette roue est divisée en vingt-six parties égales, treize métalliques et treize isolantes; que les ressorts *e* et *c* sont en communication métallique et isolés l'un de l'autre alternativement, on comprendra sans autre explication qu'en faisant passer le courant de la pile à l'électro-aimant par l'extrémité de cet interrupteur (car la roue *d* avec les ressorts n'est qu'un interrupteur), l'électro-aimant aura subi treize aimantations et treize désaimantations quand la roue *d*, et par conséquent l'aiguille du manipulateur, aura fait un tour complet. Il suffira donc que les deux aiguilles se trouvent sur le même signe en commençant pour que chaque mouvement de l'une soit fidèlement reproduit par l'autre.

Pour transmettre un mot, on fait tourner rapidement, mais uniformément, l'aiguille du manipulateur, toujours de gauche à droite, jusqu'à ce qu'on soit arrivé à la lettre que l'on veut désigner, et là on arrête un moment l'aiguille; l'observateur avec lequel on communique, voyant s'arrêter l'aiguille sur une lettre, sait ainsi que c'est celle-là qu'on veut lui indiquer. Entre chaque mot on arrête un moment l'aiguille sur la croix qui est figurée entre *Z* et *A*.

Le télégraphe à cadran tel que l'inventa Wheatstone diffère très-peu de celui que nous venons d'expliquer : ce dernier est même peut-être plus élémentaire, moins parfait, quoique construit plus tard, parce que le but de M. Froment était seulement de réduire à sa plus grande simplicité le principe appliqué par le savant anglais.

Le mécanisme, comme nous l'avons dit, est entièrement semblable : un interrupteur ou rhéotome dans le manipulateur, et, dans le récepteur, un électro-aimant avec les pièces nécessaires pour changer son mouvement de va-et-vient en mouvement de rotation. Dans le récepteur de Wheatstone, le cadran sur lequel sont marquées les lettres tourne avec l'aiguille derrière un écran à un seul guichet qui ne laisse voir qu'une seule lettre; et c'est à ce guichet que vient s'arrêter celle qu'on transmet de l'autre station. Le communicateur ou manipulateur consiste aussi en un cercle sur lequel sont gravées les lettres, et qui tourne, comme l'aiguille de l'appareil de démonstration, en même temps que l'interrupteur. Des broches placées à la circonférence dans les intervalles d'une lettre à l'autre permettent de placer le doigt à côté de celle que l'on veut transmettre, et on tourne jusqu'à ce que le doigt rencontre un arrêt fixé à un point invariable qu'il ne peut dépasser. En réfléchissant un peu, on voit que l'effet est le même que dans le mouvement de l'aiguille, car l'interrupteur fait passer le même nombre de divisions pour chaque lettre, que ce soit le cadran ou l'aiguille seule qui tourne.

Cet appareil, bien qu'il exige un mécanisme que ne nécessitent point les télégraphes à aiguilles, ne peut pas être taxé de complication; aussi, quoique plus lent, il a remplacé les autres dans une foule de circonstances, car il possède le précieux avantage d'indiquer directement chaque signal d'une manière qui ne laisse pas le moindre doute. Cependant, abstraction faite de quelques inconvénients inhérents à tous les télégraphes à cadran, et dont nous parlerons plus tard, celui de Wheatstone en présente un qui lui est propre : c'est d'exiger une force électro-motrice considérable, et de ne pouvoir être employé, par conséquent, à de bien grandes distances.

Wheatstone remédia à cet inconvénient en adaptant au récepteur un mouvement d'horlogerie mis en action par un ressort ou par un poids, et qui tend toujours à faire tourner rapidement la roue où se trouve fixée l'aiguille; mais un mécanisme alternatif, semblable à celui d'une ancre à échappement, ne permet pas à la roue d'avancer de plus d'une demi-dent chaque fois que l'armature est attirée par l'action alternative de l'aimant et du ressort dont nous avons parlé à propos du télégraphe de démonstration. En substituant donc un échappement à une impulsion, l'appareil devient beaucoup plus sensible, et avec la même force électro-motrice on peut transmettre à une distance beaucoup plus grande. Ce mécanisme a été appliqué par son inventeur aux sonneries ou appareils d'alarme, à l'impression des dépêches et à plusieurs autres effets mécaniques.

Tout récemment, M. Wheatstone a fait connaître son nouveau télégraphe à cadran, qui lui a mérité les plus grands éloges des personnes compétentes, et à propos duquel M. Faraday a dit qu'il est, par rapport aux télégraphes ordinaires, ce qu'un chronomètre est aux pendules de bois; en effet, plus les mobiles sont petits, moins la force d'inertie est difficile à vaincre et moins grande, par conséquent, la force électro-motrice nécessaire à les mettre en mouvement. Ses instruments sont donc maintenant de vrais télégraphes de poche, et les courants destinés à les faire marcher proviennent d'un appareil électro-magnétique excessivement petit qui peut être contenu dans une tabatière, comme ceux qu'employait depuis longtemps M. Pulvermacher; il faut cependant que cette petite machine soit animée par le courant d'une pile locale.

Télégraphe de M. Breguet. — M. Breguet a modifié le télégraphe à cadran de Wheatstone en lui donnant la forme que représentent les figures 176, 177 et 178. Nous transcrivons la description que fait son auteur du manipulateur et du récepteur[1], car, ce télégraphe étant généralement employé sur les chemins de fer de France et d'Espagne, il est intéressant de le faire connaître dans cet ouvrage.

« Le manipulateur (fig. 176) se compose d'une planche de forme carrée, sur laquelle est monté, au moyen de trois co-

Fig. 176.

lonnes, un plateau circulaire ou cadran en laiton. Ce plateau porte sur son pourtour des échancrures se trouvant en regard des lettres et des nombres que l'on a gravés sur le cadran, en deux circonférences.

« Une manivelle est articulée, au centre du plateau, avec un axe qui porte une roue, sur le plan de laquelle est creusée une gorge sinueuse, et dont les sinuosités sont régulières et en nombre égal à celui des signes gravés sur le cadran. Cette roue produit, dans son mouvement de rotation, le mouvement de va-et-vient du levier *G*, qui oscille autour du centre *O*, et va tou-

[1] *Manuel de la télégraphie électrique*, par L. Breguet, 3e édition, 1856.

cher alternativement aux contacts PP'. Pour un tour de la roue, le levier G fait treize oscillations, c'est-à-dire qu'il est treize fois en contact avec P, et treize fois avec P'.

« Dans la planche sont fixées six petites pièces en cuivre, dites gouttes de suif, trois à droite, trois à gauche ; ces deux groupes sont séparés par une bande en cuivre, portant les mots *communication directe*. Il y a de plus cinq bornes en cuivre où s'attachent les fils conducteurs qui relient le manipulateur au récepteur d'une part, à la sonnerie, à la terre, et à la pile d'une autre.

« Deux manettes à ressort LL', où s'attache le fil de ligne, servent à mettre en contact avec ce dernier les divers appareils ci-dessus, en les portant sur les gouttes de suif $TT'SS'EE'$.

« Une des colonnes qui supportent le cadran est reliée métalliquement avec la goutte EE'. La borne C communique avec P, T'' avec T et T', R avec P, S avec d, et les gouttes cc' avec la *communication directe*.

« La borne R est reliée par un conducteur au récepteur ; la borne T'' est reliée de même à la terre.

« La borne C l'est de même au pôle cuivre de la pile, dont le pôle zinc communique à la terre ; et les bornes SS' sont en relation chacune avec la sonnerie.

« On voit enfin qu'il y a communication immédiate entre la colonne qui est sous la croix et celle qui sert de centre de mouvement au levier L, puisque toutes deux son fixées au cadran.

« Toutes les fois que la manivelle du manipulateur est placée sur un nombre impair 1, 3, 5, etc., le levier G est en contact avec P, et si, au contraire, cette manivelle est sur les nombres pairs 0, 2, 4, etc., le contact aura lieu avec P'. »

Le récepteur du télégraphe de M. Breguet est représenté dans les figures 177 et 178. Il consiste, comme celui de Wheatstone, en un cadran sur lequel se trouvent marqués les signes que parcourt une aiguille.

Ici le cadran est fixe et les signes sont placés sur deux circonférences concentriques, l'une qui contient les vingt-six lettres de l'alphabet, et l'autre vingt-six numéros. Quant au mécanisme du récepteur, il est inutile que nous nous arrêtions à le décrire, car il ressemble beaucoup, s'il n'est tout à fait semblable à celui de Wheatstone : un mouvement d'horlogerie mis en action par un ressort qui tend à faire tourner rapidement l'aiguille, et un

Fig. 177.

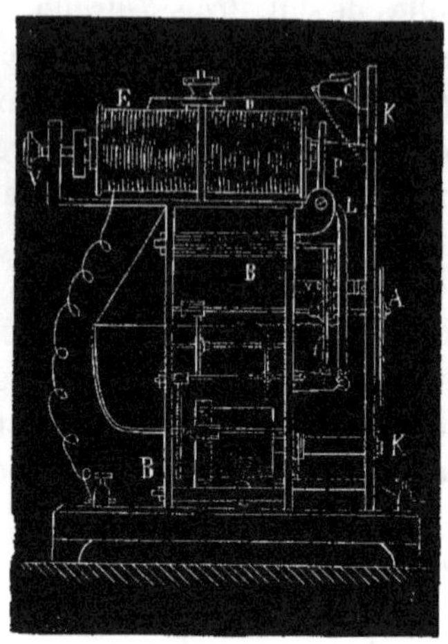

Fig. 178.

électro-aimant, dont l'armature est munie d'un levier qui ne permet à la roue de treize dents sur laquelle est montée l'aiguille que d'avancer d'une demi-dent. M. Breguet paraît s'être appliqué surtout à perfectionner l'échappement de manière que le mouvement d'horlogerie puisse marcher plus rapidement, et que l'électro-aimant puisse être monté et démonté facilement même par les ouvriers les moins intelligents.

Ce n'est point non plus ici le cas de procéder à la description des autres appareils accessoires inventés ou perfectionnés par M. Breguet, et qui accompagnent toujours ses télégraphes; entre autres, on peut citer les sonneries dont nous avons parlé au septième chapitre, les commutateurs, expliqués au cinquième, et les paratonnerres, que nous ferons connaître plus loin.

M. Mouilleron a introduit une modification dans le télégraphe de M. Breguet pour s'affranchir de l'obligation de régler à la main, d'après l'intensité du courant électrique, le ressort antagoniste qui sépare l'armature; il faut cependant avoir le soin de lâcher le ressort toutes les nuits après avoir terminé le service, et celui de donner plusieurs tours au manipulateur avant de commencer la transmission.

M. Paul Garnier a présenté à l'Académie des sciences de Paris la description d'un télégraphe à cadran très-remarquable par la simplicité des éléments mécaniques qui entrent dans sa composition.

Il a évité l'emploi des engrenages : le moteur est un poids très-léger, de 100 grammes, tenant lieu du ressort dont se servent Wheatstone et Breguet, lequel ressort, prétend-il, a l'inconvénient grave de se rompre au moment qu'on s'y attend le moins.

Les moyens auxquels a recours M. Garnier semblent être beaucoup simples et non moins sûrs que ceux généralement employés, et il affirme que leur durée sera plus grande et leur prix de revient infiniment moindre.

Quant à la manière d'indiquer les signes, elle ressemble un peu à celle du premier télégraphe de Wheatstone, car les lettres, les chiffres et les signes télégraphiques, placés sur trois cercles concentriques d'un cadran, vont se présenter devant les guichets dont est pourvue à cet effet la boîte renfermant l'appareil. Les lettres ne sont pas placées dans l'ordre de l'alphabet, mais d'après celui que l'expérience, après divers essais, a fait reconnaître comme le plus propre à permettre la transmission rapide d'une dépêche.

Plusieurs autres modifications et perfectionnements ont été proposés pour rendre plus facile, plus prompte, ou plus profitable, la manœuvre des télégraphes à cadran généralement employés sur les chemins de fer.

MM. Gossin et Mouilleron, par exemple, en rapprochant les deux pointes de vis ou contacts où vient butter le levier à ressort oscillant qui effectue les fermetures et ouvertures du courant, ont obtenu l'avantage de maintenir plus longtemps le contact, et les aimantations ont six fois plus de temps pour se développer lors de la transmission électrique; la force électro-motrice exigée est donc beaucoup moindre.

Une autre modification est celle de MM. Digney frères, qui ont eu l'idée de réduire de moitié le nombre des mouvements du levier interrupteur dans le manipulateur Breguet, et d'utiliser pour la fermeture du courant les deux vis-buttoirs entre lesquelles oscille ce levier en adaptant un troisième contact pour correspondre à la communication directe au moment où le manipulateur est ramené à la croix. Ce troisième contact est constitué par un galet affleurant la surface de la planche-support, et se trouve placé entre les deux buttoirs précisément au-dessous du levier qui le rencontre au milieu de son oscillation. Dans le manipulateur de MM. Digney, la gorge sinueuse a 7 ondulations au lieu de 13, et par ce moyen il gagne sur le cadran deux intervalles qu'il utilise à la répétition des deux lettres les plus usitées de l'alphabet, l'*E* et l'*N*.

Télégraphe de M. Didier. — C'est encore une modification du télégraphe à cadran qui a pour objet de réunir dans un même appareil le manipulateur et le récepteur. Au lieu d'employer le système allemand de Siémens et de Kramer, M. Didier divise le cadran du récepteur Breguet en 52 parties au lieu de 26, et ces divisions sont alternativement cuivre et ivoire, de manière à constituer un interrupteur circulaire. Les lettres sont gravées moitié sur le cuivre, moitié sur l'ivoire, de telle sorte que chacune d'elles correspond à deux divisions. La manette est assujettie sur un axe creux qui occupe le centre du cadran, et sur lequel est fixé un bras métallique à ressort portant une roulette qui se meut avec la manette autour du cadran. C'est ce ressort qui remplace le levier attaché au galet qui roule dans la gorge sinueuse du manipulateur Breguet, dont tout le mécanisme est ainsi supprimé. L'aiguille indicatrice est montée sur un axe qui traverse l'axe creux de la manette, et mise en mouvement par l'échappement ordinaire des télégraphes.

Après ce qu'on a vu pour d'autres télégraphes, il est inutile d'expliquer comment le courant agit sur les aiguilles des récepteurs par le mouvement des manettes, et comment on peut interrompre le courant pour que celui qui transmet sache qu'on a un avertissement à lui donner.

Télégraphe de M. Pelchrzim. — C'est aussi un télégraphe à cadran dans lequel le mouvement d'horlogerie est remplacé par un contre-poids à l'extrémité d'un levier sur lequel se trouve l'ancre qui fait tourner la roue fixée à l'aiguille indicatrice. Ce contre-poids est calculé de manière que, tout en étant suffisant à pousser la roue, il n'oppose aucune difficulté à l'attraction de l'armature par l'électro-aimant. Le communicateur ou transmetteur est formé d'une plaque de bois portant un cadran de laiton sur lequel sont inscrits les lettres et les signaux télégraphiques, et dont le bord intérieur porte autant de petites boules de cuivre qu'il y a de signaux télégraphiques écrits sur le cadran. Au centre de l'appareil se trouve un disque de laiton entièrement isolé du cadran, mais disposé de telle sorte, qu'il communique avec ce dernier au moyen de chacune des petites boules, chaque fois que celles-ci sont touchées par un prolongement métallique, ce qui a lieu quand l'indicateur se trouve sur la lettre correspondante. Si on met le disque en communication avec le récepteur et le cadran avec la pile, il n'y aura de circuit fermé que quand les deux parties du manipulateur communiqueront entre elles au moyen des petites boules, c'est-à-dire quand l'indicateur se trouvera sur une lettre.

Télégraphe de M. Drescher. — Dans le but d'éviter d'avoir recours à la main de l'homme pour, soit directement, soit au moyen d'une manivelle, placer successivement l'aiguille sur chacun des signes que l'on veut indiquer, ce qui entraîne trop de lenteur et cause une trop grande fatigue, M. Drescher a fait en sorte que l'indicateur reçût son mouvement de rotation par un mécanisme d'horlogerie, sans l'intervention immédiate de la main.

Le récepteur, comme dans les télégraphes à cadran que nous

avons expliqués, porte les signes marqués sur une planche circulaire que parcourt pour les indiquer l'aiguille montée au centre sur un axe attenant aussi à une roue dentée mise en mouvement par les attractions et les répulsions de l'armature d'un électro-aimant, armature qui se meut aussi autour d'un axe et qui a à son centre une fourche engrenant avec la roue dentée.

Le communicateur est, comme d'ordinaire, un ensemble de roues dentées mis en mouvement par un poids, qui fait tourner constamment, tant qu'on ne l'arrête pas, un disque métallique dont la circonférence est divisée en autant de parties égales qu'il y a de signaux télégraphiques ou de lettres sur le cadran : ces divisions sont alternativement conductrices ou isolantes. Contre le bord du disque vient appuyer un rouleau de cuivre isolé, qui communique avec la pile au moyen d'un fil, de manière que celle-ci ne communique avec le disque que lorsque le rouleau appuie sur une division métallique, et la communication se trouve interrompue chaque fois qu'il presse une des parties isolantes. Si on laisse libre l'action du poids, celui-ci fait tourner le disque sans interruption; mais il y a un clavier circulaire, disposé de manière que, quand on abaisse une touche, celle-ci empêche le disque de continuer son mouvement de rotation, et, par conséquent, l'aiguille du récepteur s'arrête sur la lettre correspondante. Toutes les touches, sauf celle qui se trouve entre les lettres *A* et *Z*, sont munies d'un ressort qui les fait revenir à leur première position quand on cesse d'appuyer sur elles ; la touche sans ressort, que l'on relève pendant tout le temps qu'on se sert du communicateur, s'abaisse, au contraire, quand on termine, et le disque, par conséquent, vient s'y arrêter. L'appareil est disposé de manière que, dans cette position, le disque et le rouleau communiquent entre eux métalliquement; et le courant passe constamment d'une station à l'autre.

Télégraphe de MM. Siemens et Halske. — Cet appareil est regardé, en Allemagne, comme le plus parfait de tous ceux qui ont été inventés, et il est, avec celui de M. Kramer, le seul dont on fasse usage sur les lignes télégraphiques, malgré qu'on l'accuse de lenteur et de complication. En voici la description abrégée, d'après celle qu'en ont faite MM. Moigno et Schellen :

Cet appareil a la forme que représente la figure 179 : EE' sont les pôles d'un électro-aimant, aplatis, comme l'on voit, d'un côté et arrondis de l'autre. AA' est l'armature mobile autour d'un axe vertical; un bras de levier l, fixe au centre de l'armature, tend, au moyen du ressort R, à la séparer de l'électro-aimant, de sorte qu'elle n'est en contact avec lui que sous l'influence de l'attraction produite par le passage du courant. Un autre bras de levier plus long, LL', aussi fixé à l'armature, tourne avec elle sur le même axe et participe par conséquent à son mouvement; ce levier porte à son extrémité L' une tige munie d'un crochet t' qui s'engage entre les dents d'une petite roue dentée en acier, r : en descendant, le crochet fait avancer la roue d'une dent, en remontant, au contraire, il glisse sur le plan incliné de la dent suivante et va s'engager au-dessus d'elle pour la faire descendre à son tour; un second crochet t'' empêche la roue dentée de tourner en arrière pendant le mouvement ascendant de la tige t'. Une aiguille ou indicateur en acier, montée sur l'axe de la roue dentée, tourne avec celle-ci sur le cadran circulaire à touches que représente la figure 180, et passe tour à tour devant les lettres ou signaux télégraphiques peints sur les touches. On voit donc, et il n'est pas nécessaire de l'expliquer, comment le passage ou l'interruption du courant fait marcher l'aiguille d'une lettre à l'autre.

L'organe essentiel du mécanisme de M. Siemens a reçu de lui le nom de navette, parce que, semblable en effet à la navette du tisserand, il va sans cesse de gauche à droite et de droite à gauche, fermant tour à tour et interrompant le courant, et imprimant ainsi à l'armature un mouvement continu. Cette navette, représentée en nn' dans la figure 179, est un parallélipipède en cuivre, excessivement long, une barre, pour ainsi dire, montée sur un support S''', et armée de deux appendices aa', terminés aussi par deux lames en cuivre sur lesquelles appuie avec isolement la pièce m du levier, qui entraîne dans son mouvement la navette et la fait toucher alternativement avec les appendices les vis à écrou ee', dont l'une, e, est en communication avec la pile;

le circuit se ferme donc quand la navette est en contact avec elle; alors l'électro-aimant attire l'armature, et la navette, poussée par le levier *LL'*, se sépare de la vis *e*, le circuit s'interrompt, et le ressort *R* agit sur l'armature et le levier en le forçant à toucher de nouveau la vis *e*, où le courant se rétablit encore. La vis *e'* ne sert qu'à circonscrire la course de la navette.

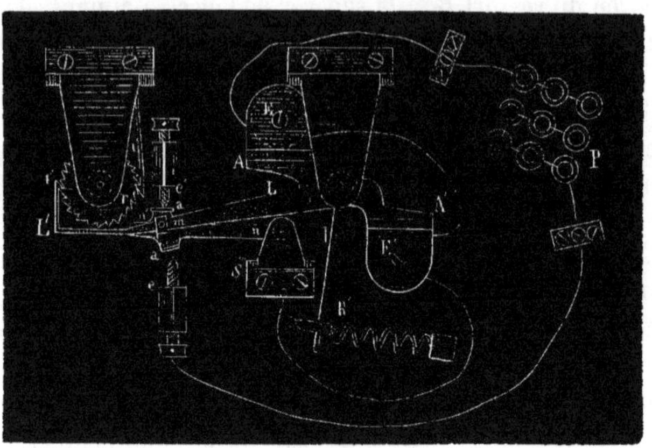

Fig. 179.

Un des caractères principaux du télégraphe de M. Siemens consiste en ce qu'aussi longtemps que la pile est dans le circuit le mécanisme fonctionne, et en ce que l'aiguille de l'indicateur parcourt incessamment le cadran, sans l'intervention d'aucun mouvement d'horlogerie.

Pour arrêter la marche de l'aiguille et marquer sur l'indicateur la lettre que l'on veut transmettre, le récepteur est disposé de manière à servir en même temps de manipulateur ou de communicateur. Le cadran, au lieu d'être une planche d'un seul morceau, se compose d'un clavier circulaire au centre duquel tourne une aiguille; chaque touche (fig. 180) a sa lettre et son numéro, et se prolonge à sa partie inférieure, ou plutôt elle porte un appendice ou pointe d'acier que la pression du doigt fait descendre et qui pénètre à l'intérieur de l'appareil pour s'opposer au mouvement de rotation d'une autre aiguille montée sur le même axe que la roue dentée *r* de la figure 179, et parallèle à celle de l'indicateur: celui-ci, par conséquent, s'arrête sur la même lettre dans les deux stations.

L'appareil porte en outre un signal d'alarme ou carillon dont le mécanisme ressemble à celui du télégraphe, et qui s'introduit dans le circuit; il se sépare au moyen d'un commutateur quand

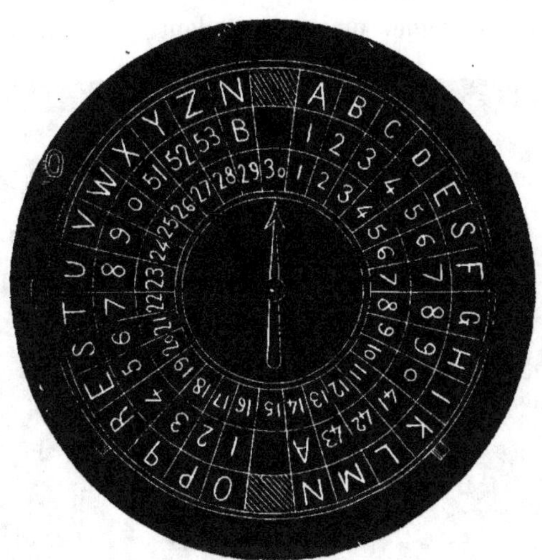

Fig. 180.

on transmet ou quand on reçoit une dépêche. Si l'employé de la station qui reçoit veut transmettre à son tour, manifester quelque doute ou demander quelques explications, il met le doigt sur une touche, l'aiguille de la première station s'arrête sur le signe correspondant à la touche, et la personne qui envoie la dépêche est ainsi prévenue que son correspondant veut parler; les explications s'échangent, et la communication interrompue reprend son cours; on peut dire que c'est une conversation bien ordonnée qui s'engage entre deux personnes qui veulent s'entendre, chacune d'elles ayant la liberté de placer son mot quand elle le juge à propos. (Moigno.)

Il paraît que MM. Siemens et Halske ont appliqué les courants d'induction à la marche de leur télégraphe à cadran en y introduisant les modifications nécessaires. D'après le *Cosmos*, on est arrivé avec ce télégraphe à communiquer à des distances de 4,000 kilomètres sans relais ni translateurs, par le fait seul de la transmission télégraphique.

Télégraphe de M. Kramer (fig. 181). — Ce télégraphe, très-employé en Allemagne, moins cependant que celui de M. Sie-

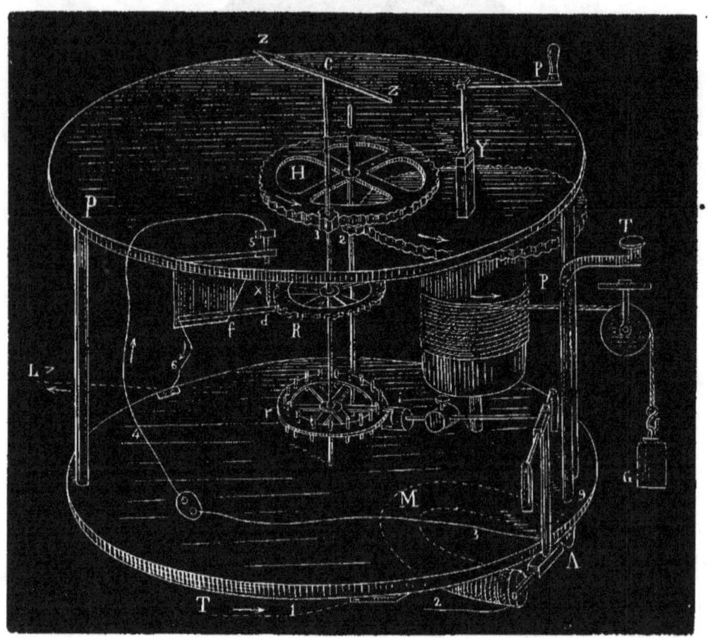

Fig. 181.

mens, consiste aussi en un clavier circulaire qui sert à la fois de communicateur et de récepteur. Comme dans celui de M. Siemens, l'aiguille indicatrice tourne constamment, jusqu'à ce qu'une cheville, mise en jeu par la touche pressée, arrête sa marche; mais, dans le télégraphe de M. Kramer, ce n'est pas l'effet de la rupture et de la fermeture du circuit électrique qui fait marcher la roue, mais un poids mis en mouvement par un mécanisme d'horlogerie où se trouvent deux pièces principales. L'une d'elles est une roue à chevilles *r*, montée sur le même axe que l'aiguille indicatrice, et qui fait passer celle-ci d'une lettre à l'autre au moyen d'une fourche d'échappement qu'un contre-poids *i* oblige de s'opposer à la marche de la roue; mais celle-ci reste libre par l'action de l'électro-aimant *M*, qui est supérieure à celle du contre-poids. Chaque attraction et chaque répulsion de l'électro-aimant déterminent donc deux mouvements de la roue à chevilles. Pour aimanter et désaimanter l'électro-aimant, il y a sur le même axe que la roue à chevilles une autre roue dentée *R*, dont les dents, égales en nombre aux chevilles, laissent échapper un ressort d'acier *df* qui va toucher la vis métallique *X*, et ferme ainsi le circuit électrique. Le courant passe alors par l'électro-aimant, qui attire l'armature *A*, triomphe de la résistance du contre-poids *i*, et la fourche cesse de s'opposer à la marche de la roue à chevilles; celle-ci entraîne dans son mouvement l'aiguille et la roue *R*, qui sont sur le même axe : la roue *R*, en tournant, sépare de la vis *X* le ressort *df*, pour le lâcher un moment après par l'effet même de son mouvement de rotation. L'indicateur continuerait à parcourir incessamment le cercle des signes, si on ne l'arrêtait sur celui que l'on veut transmettre, de la manière que nous avons expliquée pour le télégraphe de M. Siemens, c'est-à-dire en appuyant sur les touches qui, au moyen de chevilles ou appendices, opposent un obstacle à la marche du mécanisme au moment où le ressort *df* se trouve séparé de la vis *X*. Alors le circuit principal entre les deux stations est interrompu; mais celui d'une pile locale qui rend actif l'électro-aimant de l'indicateur se trouve fermé au moyen d'un rhéotome dont nous avons omis de faire mention en expliquant l'appareil, ainsi que d'autres parties secondaires, croyant ainsi pouvoir définir plus clairement la position des organes essentiels et leur manière de fonctionner, seuls détails nécessaires pour donner une idée sommaire de ce télégraphe et démontrer en quoi il diffère des télégraphes à cadran.

Télégraphe à clavier de M. Froment. — Cet appareil diffère de tous les autres par le communicateur ou transmetteur, qui a une disposition particulière; et, de même que les Allemands proclament le télégraphe de M. Siemens comme le plus parfait qui existe, les Français prétendent qu'il n'en est pas un seul qui puisse supporter la comparaison avec celui de M. Froment : malgré cela cependant, et bien que le président de la Commission des télégraphes électriques ait été du nombre de ceux qui le regardent comme le plus simple et le plus parfait, le télégraphe à clavier n'est encore employé sur aucune des lignes télégraphiques.

C'est un clavier semblable à celui des pianos, et dont chaque touche porte un chiffre. Il suffit de poser le doigt sur une des touches pour que l'aiguille de la station vienne se fixer sur le signe correspondant.

Les touches (fig. 182) basculent autour d'un centre et portent

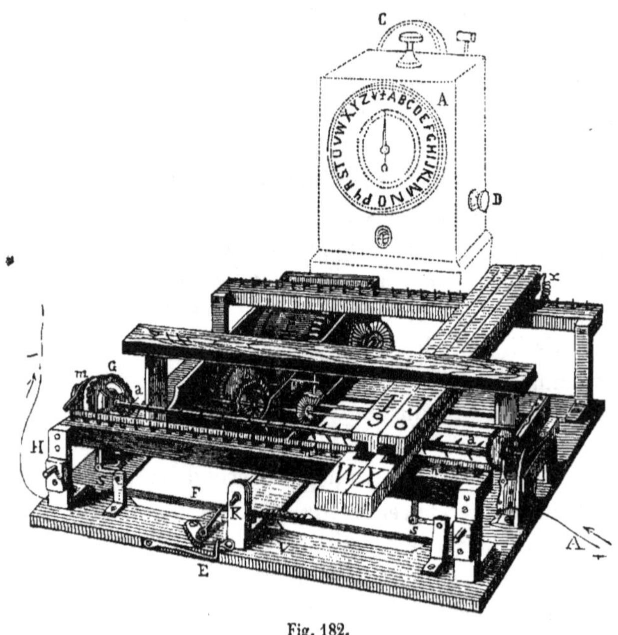

Fig. 182.

au milieu de leur longueur une petite palette d'arrêt dont l'usage sera expliqué ci-après. Sous le clavier se trouve un arbre en acier *a* portant en *r* une roue à rochet, et sur sa longueur des tiges en nombre égal à celui des touches, et implantées en hélice (fig. 183), de manière que chacune de ces tiges, dans la rotation de l'arbre, puisse être arrêtée par la pièce correspondant à la touche qu'on a abaissée.

Fig. 183.

En *B* se trouve une barre horizontale assujettie à se mouvoir de haut en bas, parallèlement à elle-même. Elle s'abaisse quand on appuie sur une quelconque des touches, et se relève lorsqu'on retire le doigt.

L'arbre *a* est sollicité à tourner dans le sens de la flèche par un rouage d'horlogerie. Il est arrêté dans son mouvement par un rochet *l* engagé dans les dents de la roue *r*.

Lorsqu'on pose le doigt sur une des touches, elle s'abaisse, entraîne dans son mouvement la barre *B*, qui dégage le rochet *l*, ce qui permet à l'arbre *a* de tourner jusqu'à ce que la tige correspondant à la touche qu'on a abaissée vienne rencontrer l'arrêt *S* qui lui est superposé.

Une autre touche qu'on vient à abaisser ensuite, produisant un effet semblable, laisse tourner l'arbre *a* d'un angle proportionnel à la longueur de l'hélice comprise entre les deux touches qui ont successivement arrêté le mouvement. De sorte que, si l'arbre *a* porte un interrupteur électrique qui ouvre et ferme le circuit chaque fois qu'il passe une dent de la roue à rochet, l'effet produit par ce mécanisme sur un circuit électrique sera identique à celui que produirait la rotation d'un cadran de télégraphe ayant autant de signaux qu'il y a de touches dans notre appareil, mais avec des avantages bien marqués.

La rotation de l'arbre *a* étant uniforme et réglée d'après la plus grande vitesse que permet l'appareil récepteur sans manquer son effet, l'accord, une fois établi entre ce dernier et le transmetteur, subsiste indépendamment de la manière plus ou moins régulière dont on touche le clavier, pourvu naturellement qu'on laisse à l'aiguille le temps de parcourir les divisions du cadran, et ce temps est le plus petit possible, puisque l'uniformité de mouvement permet de le régler pour la plus grande vitesse moyenne du récepteur. Cela est si exact, que M. Pouillet[1] a écrit : « Passez la main d'un bout du clavier à l'autre d'une manière quelconque, autant de fois que vous voudrez, aussi vite que vous voudrez, sans ordre ni attention aucune, pressant même plusieurs touches à la fois, le récepteur et le clavier n'auront pas perdu leur accord ; en mettant le doigt sur une touche, vous verrez l'aiguille du récepteur marquer la lettre qui y correspond, comme si l'on venait de régler l'appareil. »

M. Jacobi, de Saint-Pétersbourg, a aussi imaginé et exécuté un télégraphe à clavier ; mais nous ne sommes pas suffisamment renseigné pour en pouvoir donner une idée : nous nous contentons de le mentionner.

Une autre invention de M. Jacobi est le télégraphe électro-magnétique destiné à la marine qu'il a établi sur la frégate russe le *Polkan*, et dont M. Komaroff donne la description : « Un transmetteur est placé sur le pont ; non loin de lui se trouve une sonnerie que l'ingénieur mécanicien met en activité pour signaler sa présence auprès de la machine, et pour répondre au signal d'alarme qu'il faut transmettre d'abord pour éveiller son attention. Un récepteur est placé avec sa sonnerie près de la machine, et dans la cabine du capitaine se trouvent deux conjoncteurs, dont l'un correspond à la sonnerie du transmetteur du pont, et l'autre à la sonnerie du récepteur de la machine. Les deux conjoncteurs sont destinés à donner des signaux de convention, et n'ont rien à faire avec le système principal. Les conjoncteurs du récepteur correspondent tous les deux à la sonnerie du trans-

[1] *Éléments de physique*, 7e édition, t. Ier, p. 789.

metteur du pont, qui est placée de manière à être le plus près possible du mécanicien. La disposition en est telle, que l'ingénieur mécanicien n'a pas besoin d'attendre la cessation du signal d'alarme pour y répondre immédiatement. Six petits électro-aimants donnent six signaux nécessaires au commandement : *petite vitesse*, *moyenne*, *grande*, *augmente*, *stop*, *arrière*. Ces signaux se montrent dans des ouvertures disposées à cet effet ; leur couleur tranche sur le fond noir du compartiment de la boite; le bouton reste à sa place aussi longtemps que le circuit correspondant reste fermé. »

Ce télégraphe n'a rien de bien extraordinaire, et son objet est si restreint, que nous l'aurions placé dans le chapitre septième sans cette considération que, étant susceptible d'être modifié, il pourra recevoir d'autres applications.

M. le professeur Gloesener a appliqué aux télégraphes à cadran le même principe qu'il avait proposé pour les télégraphes à aiguilles : celui de renverser le courant électrique au lieu de l'interrompre; et ses télégraphes fonctionnent admirablement sur quelques lignes de Belgique, où on les connaît sous le nom du constructeur, M. Lippens, qui a présenté aussi comme sienne l'idée de se servir des courants électro-magnétiques au lieu de ceux de la pile.

Dans les télégraphes de M. Gloesener, le communicateur et le récepteur sont généralement réunis dans une seule boite de 37 centimètres de côté sur 15 ou 16 de hauteur. Le communicateur ou manipulateur est disposé, dit son auteur, de manière qu'on puisse établir le courant, l'interrompre, en changer alternativement la direction, le conduire dans les fils des lignes télégraphiques, le ramener de la terre à l'appareil pendant qu'on envoie des signaux, enfin diriger à tout instant, dans un récepteur placé à portée, le courant de la station qui veut parler. En outre, sans perte de temps sensible, l'employé qui reçoit la communication peut interrompre celui qui la lui transmet, s'il arrive qu'il n'ait pas bien compris.

M. Gloesener obtient tout cela au moyen d'un inverseur dont

on peut voir la description dans ses *Recherches sur la télégraphie électrique*, page 49, ainsi que les différentes formes qu'il a données à son transmetteur. Nous nous contenterons de dire que l'inverseur est semblable à l'interrupteur du télégraphe de M. Breguet; mais, comme au lieu d'interrompre il lui faut renverser le courant, il y a trois ressorts qui appuient à un moment donné sur deux disques, dont les circonférences se trouvent divisées en dents isolantes et conductrices.

Quant à la forme du manipulateur, nous avons déjà dit que la manière de transmettre est très-variable : tantôt c'est une manivelle semblable à celle de M. Breguet, mise en mouvement par la main de l'homme, et qui vient se placer successivement sur chaque lettre du cadran; tantôt le manipulateur n'a que deux touches que l'employé presse alternativement et qui font mouvoir une aiguille indicatrice, ou bien, et c'est le système le plus parfait, adopté par M. Gloesener, le manipulateur est un clavier circulaire, comme celui de M. Siemens, dans lequel un mouvement d'horlogerie ou un poids fait marcher l'inverseur, quand, par la pression de la touche correspondante, l'échappement est devenu libre.

Pour interrompre une dépêche dont on ne saisit pas le sens, il suffit d'abaisser une touche spéciale qui interrompt le courant, et celui qui transmet la dépêche est prévenu par le multiplicateur de sa station.

Bien qu'il ne songeât point à voir son invention introduite dans la pratique, M. Gloesener est parvenu à obtenir que l'aiguille d'un télégraphe à cadran puisse avancer, rétrograder et osciller à la volonté de l'employé du télégraphe. C'est là véritablement un télégraphe de démonstration, comme celui de M. Froment, dans lequel l'axe des aiguilles porte trois roues à rochet au lieu d'une seule. On peut en voir la description dans l'ouvrage susmentionné[1].

Comme pour son télégraphe à aiguilles, M. Gloesener se sert dans celui-ci de l'appareil qu'il nomme *boussole électro-magné-*

[1] Gloesener, *Recherches sur la télégraphie électrique*, page 38. Liége, 1853.

tique, analogue à celui que M. Breguet appelle *télégraphe silencieux*. Dans celui de M. Gloesener, une aiguille oscille pendant que le courant passe, et s'arrête brusquement au moment où il est interrompu, de manière que les stations intermédiaires peuvent connaître immédiatement l'instant où finit une communication directe, tandis que, dans les télégraphes employés aujourd'hui sur presque toutes les lignes, il faut fixer le temps que doit durer cette communication. M. Regnault, du chemin de fer de Saint-Germain, a proposé dans le même but un autre appareil qu'il nomme *communicateur*, et dont nous parlerons dans le chapitre onzième.

Mais parmi la multitude d'appareils de cette espèce, le plus ancien et le plus complet est celui de M. Wartman. Il se compose de deux électro-aimants et d'une armature aimantée à bascule qu'un ressort antagoniste maintient éloignée en temps ordinaire; mais, quand on veut établir la communication directe, on augmente la force du courant; les électro-aimants peuvent alors vaincre la résistance du ressort, et l'armature, en basculant pour s'approcher des électro-aimants, pousse un faible ressort en communication avec le fil de la ligne, et qui la mettait en contact avec la terre au moyen d'une vis où venait aboutir le fil de terre : le courant cesse alors de passer par les appareils de la station où se trouve le *relais silencieux*, comme propose de l'appeler M. du Moncel, et va directement à la station immédiate. On comprend que, si celle-ci est munie d'un appareil analogue, il suffit de renforcer encore le courant pour faire passer outre la communication; à cet effet, M. Wartman a proposé aussi un *régulateur de pile*.

MM. Doring, Mouilleron, Martorey, Amiot, Guez et Ailhaud ont aussi inventé des appels de stations intermédiaires ou proposé des modifications pour les appareils déjà existants.

M. le professeur Gloesener, qui condamne également les systèmes de télégraphie adoptés en France et en Allemagne, croit, et non sans raison, avoir remédié à quelques-uns des inconvénients qu'ils présentent, et même à plusieurs imperfections communes à tous les télégraphes à cadran, entre autres surtout au manque de célérité dans la transmission, qui n'est jamais aussi rapide que dans les télégraphes à aiguilles.

Système télégraphique de M. Regnard. — Dans un mémoire publié par M. Regnard en 1855, après celui de M. Gloesener, l'auteur se propose d'utiliser dans les télégraphes à cadran, et en général dans tous les télégraphes électro-mécaniques, le passage du courant électrique dans les deux sens, comme cela a lieu dans les télégraphes à aiguilles.

Il emploie pour cela deux armatures aimantées, disposées, comme le représente la figure 184, aux pôles de deux électro-

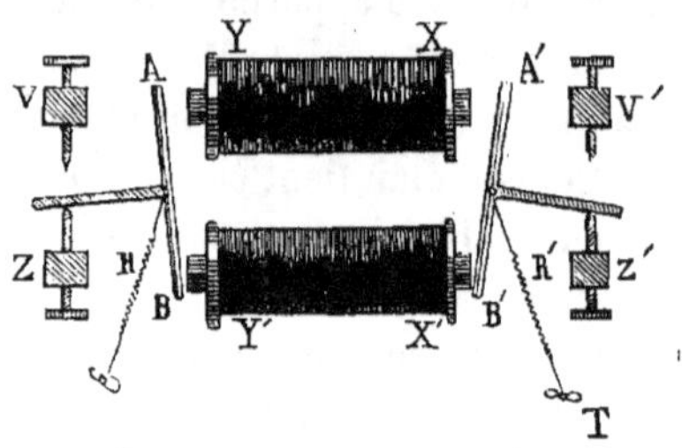

Fig. 184.

aimants, et dans lesquelles le courant marche dans le même sens; par conséquent, quand une armature est attirée par un électro-aimant, elle est repoussée par l'autre, et la seconde armature, dont les pôles sont placés dans le même sens que ceux de la première, exécute un mouvement absolument opposé.

Pour faire marcher les appareils télégraphiques avec des courants très-faibles, M. Regnard adopte un système de double échappement, applicable à toute espèce de télégraphes électro-mécaniques, mais que nous ne décrirons pas, car, en somme, ce n'est là qu'un problème de mécanique, très-digne d'être pris en considération dans un ouvrage spécial de télégraphie ou d'horlogerie électrique, mais tout à fait étranger à notre objet.

Fondé sur ces principes, M. Regnard propose un télégraphe à cadran dans lequel les lettres, au lieu d'être autour d'un cadran, se trouvent rangées sur une sorte d'écran, comme l'indique la figure 185, disposition qui, d'après l'auteur, présente deux avantages : le premier, c'est qu'elle n'exige en moyenne que 1 mouvement 77 centièmes pour la transmission de chacune des lettres d'une dépêche[1]. Le second avantage consiste en ce que, l'appareil reprenant sa position première après chaque signal, les erreurs ne se perpétuent pas.

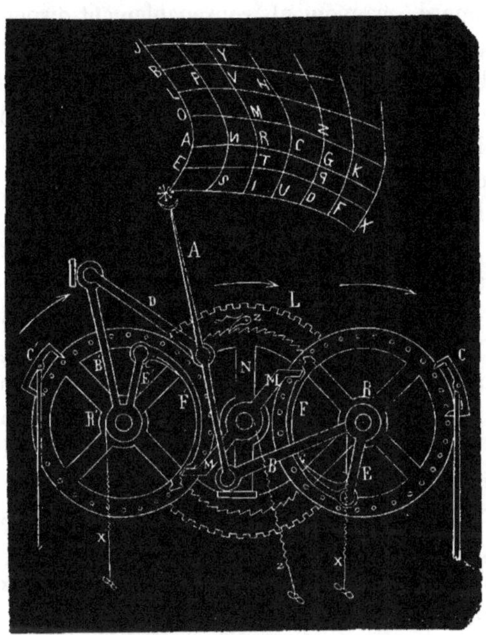

Fig. 185.

L'indication des lettres est faite par une aiguille A, articulée à sa partie inférieure avec le bras B, fixé sur un cylindre creux qui tourne librement autour de l'axe d'une roue à chevilles R; l'aiguille, dans sa partie moyenne, est retenue par la tige D, qui s'articule elle-même avec l'extrémité du bras B', disposé comme B sur l'axe d'une autre roue R'. Ces deux roues sont mues par deux

[1] M. Regnard appelle *un mouvement*, ce qu'il est nécessaire de faire pour envoyer le courant une fois dans un sens; *deux mouvements*, ce qu'on fait pour envoyer le courant une fois dans un sens et une autre fois dans l'autre.

mouvements d'horlogerie indépendants l'un de l'autre et mis en action par les deux ancres C et C'. Celles-ci se trouvent en communication avec les armatures aimantées et les électro-aimants, qui constituent le système général de M. Regnard, et marchent l'une sous l'action du courant positif, et l'autre sous celle du courant négatif.

Un système d'échappements convenablement disposés fait que la roue R, mise en mouvement par le courant positif, place la pointe de l'aiguille ou indicateur A sur chacune des bandes horizontales de l'écran, tandis que la roue R', mue par le courant négatif, fait passer la pointe de l'indicateur par les bandes verticales. Il suffit donc, comme appareil communicateur ou transmetteur, d'un inverseur double, comme celui du télégraphe à aiguilles de Wheatstone; mais l'auteur dit avec raison qu'on pourrait lui adapter un clavier ou une sorte de commutateur en forme de damier avec les lettres de l'alphabet, et il en décrit le mécanisme.

La roue à rochet N et le balancier MM sont destinés à faire revenir l'aiguille à sa première position quand elle a indiqué une lettre, et, pour cela, un troisième mécanisme d'horlogerie est nécessaire qui mette ces pièces en mouvement. Il faut que ce télégraphe réunisse de grands avantages de sécurité et de célérité pour compenser l'inconvénient de la complication.

Tout en conservant les avantages qui résultent de cette disposition et de l'alternance des courants, M. Regnard a varié la forme de son récepteur pour lui laisser celle d'un télégraphe à cadran ordinaire. M. du Moncel donne dans le quatrième volume de ses *Applications de l'électricité* une description détaillée, d'après M. Regnard même, et à propos de laquelle nous dirons seulement qu'il réduit de moitié le nombre des mouvements nécessaires pour porter l'aiguille sur la lettre indiquée au moyen d'un relais à deux armatures qui font avancer d'une ou de deux dents à volonté un rochet sur lequel se trouve l'aiguille. Le transmetteur est à manivelle, comme dans le télégraphe à cadran ordinaire; mais il diffère essentiellement pour produire les effets susmentionnés.

M. Regnard propose encore un autre récepteur à mouvement d'horlogerie pour éviter l'emploi du relais. On peut voir la description qu'il en fait dans l'ouvrage de M. du Moncel.

Les télégraphes à cadran, comme on a pu le voir, ont tous un mécanisme plus ou moins compliqué que n'exigent pas les télégraphes à aiguilles; mais, en revanche, un seul fil conducteur leur suffit, et les signes, quoique fugitifs aussi, sont plus perceptibles et à la portée de tout le monde, même des personnes qui n'en ont aucune connaissance préalable.

Les télégraphes français à cadran, si l'on en excepte celui de M. Froment, ont tous, comme le premier de Wheatstone, l'inconvénient de transmettre les lettres au moyen d'une manivelle que l'on fait tourner avec la main pour placer l'indicateur sur les lettres ou signaux. MM. Froment, Kramer, Siemens et autres constructeurs allemands ont tenté d'éviter cet inconvénient avec leurs télégraphes à clavier; mais ceux-ci ne sont pas à l'abri d'objections plus ou moins fondées. Le télégraphe de M. Froment, dit M. Gloesener, est à échappement simple, sans mouvement d'horlogerie, et on y emploie un ressort de rappel; par conséquent, il ne possède ni la vitesse de transmission ni la sensibilité qu'il pourrait avoir; en outre, le clavier rectiligne occupe un espace plus considérable que le clavier circulaire. Quant au jugement qu'il émet à propos du télégraphe de M. Siemens, il nous semble par trop sévère.

« Outre les inconvénients de peu de sensibilité relative et de lenteur, dit-il, communs à tous les autres télégraphes à cadran en usage, le télégraphe de M. Siemens en présente d'autres plus graves : il y a dans chaque récepteur un ressort de rappel qui occasionne une résistance et nécessite un fréquent réglage; de plus, des conducteurs fixes et mobiles destinés à établir et à rompre le circuit : or les contacts produits par la seule action du faible courant ne peuvent être que plus ou moins imparfaits, en supposant même que les points de contact sont inaltérables par le courant, ou qu'ils ont lieu entre des lames d'un alliage d'or et de platine. Enfin, ajoute-t-il, l'accord parfait dans la marche des deux récepteurs, placés à des stations éloignées l'une de l'autre, est à peu près impossible à obtenir et à conserver. »

Quoi qu'il en soit, nous avons vu fonctionner le télégraphe de M. Siemens avec une régularité admirable, et, tout en regardant comme exagéré le rapport de M. Pouillet sur ce télégraphe, relativement à sa vitesse de transmission et à son invariabilité, nous ne croyons pas qu'avec le principe sur lequel il est fondé on puisse tarder à le perfectionner et à transmettre avec une vitesse plus grande que la sixième partie de celle du télégraphe de Morse, comme l'a indiqué M. Steinheil.

Il y a cependant une telle différence entre les spéculations théoriques et les résultats pratiques, que, tout porté que nous sommes, en nous appuyant sur les premières, à penser, avec M. Siemens, qu'il y a avantage à supprimer tout mouvement d'horlogerie dans les télégraphes, nous serions des premiers à céder devant les faits, s'ils venaient nous démontrer le contraire. Malheureusement on n'a pas fait, comme on l'aurait dû, de véritables essais comparatifs entre les principaux systèmes télégraphiques, car tous fonctionnent dans des conditions très-différentes, et il est presque impossible aujourd'hui de décider lequel on doit préférer.

TÉLÉGRAPHE DU GOUVERNEMENT FRANÇAIS.

Ce télégraphe, qui, par la nature des signaux qu'il transmet, pourrait être rangé parmi ceux à aiguille; mais qui, par son mécanisme, correspond plutôt aux télégraphes à cadran, raison pour laquelle nous ne l'avons compris ni dans l'une ni dans l'autre classe, fut imaginé par M. Foy et construit par M. Breguet pour conserver les signaux du télégraphe optique de Chappe, et l'administration des télégraphes du gouvernement français l'adopta pour maintenir le personnel des lignes télégraphiques déjà établies.

Le récepteur de ce télégraphe est une boite renfermant deux mouvements d'horlogerie qui, comme dans les télégraphes à cadran, tendent à faire tourner les aiguilles indicatrices montées sur les axes de deux roues à quatre dents, dont la marche est arrêtée par une ancre d'échappement portée par l'armature d'un électro-aimant. Ce mécanisme ne diffère donc de celui que nous avons expliqué pour le télégraphe à cadran qu'en ce qu'il est double, et que les roues n'ont pas plus de quatre dents, différence qui provient de ce que les signaux télégraphiques, au lieu d'être des lettres écrites sur un cadran et successivement indiquées par l'aiguille, consistent seulement dans les positions que prennent deux aiguilles par rapport à une barre fixe horizontale qui joint leurs centres (fig. 186).

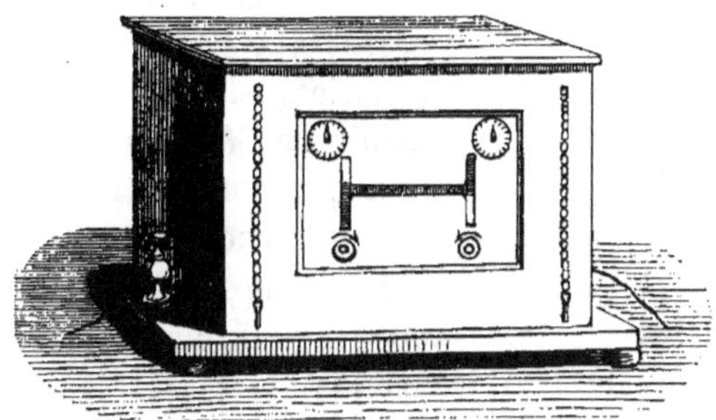

Fig. 186.

Ces positions peuvent être au nombre de huit pour chaque aiguille, et, combinées entre elles et avec la barre horizontale, elles donnent soixante-quatre signaux semblables à ceux du télégraphe optique ; ce qui permet, dit-on, une transmission plus rapide qu'avec le télégraphe à cadran des chemins de fer.

Le manipulateur ressemble à celui que nous avons décrit dans le télégraphe à cadran de M. Breguet. Il ne diffère qu'en ce qu'il est double, et que le disque qui servait sous le cadran pour établir et interrompre la communication du récepteur avec la pile se trouve ici placé verticalement sur une colonne, dans chaque moitié du transmetteur, dont l'une est représentée par la figure 187. D'un autre côté, la roue à échappement ne devant faire que huit pas pour compléter un tour, il suffit d'interrompre quatre fois le circuit et de l'établir quatre autres fois : pour cela, au lieu d'avoir un disque avec autant de sinuosités qu'il se trouvait de lettres dans le cadran, la roue *R* de ce transmetteur a tout simplement une gorge ou canal carré avec les angles arrondis, dans lequel roule le galet *r* qui termine le levier articulé *L'*, et, à chaque tour complet de la manivelle *M*, le courant passe quatre fois dans un sens et quatre fois dans l'autre au moyen du commutateur *L* fixé à l'axe *CC*, de manière qu'il suit les mouvements du levier *L'*, attaché au galet *r*. Les huit échancrures que porte le disque *D*, et dans lesquelles on peut arrêter la manivelle *M*, correspondent aux huit positions de l'aiguille, et il suffit de placer la manivelle dans chacune de ces échancrures pour que l'aiguille du récepteur se place sous le même angle à l'autre station.

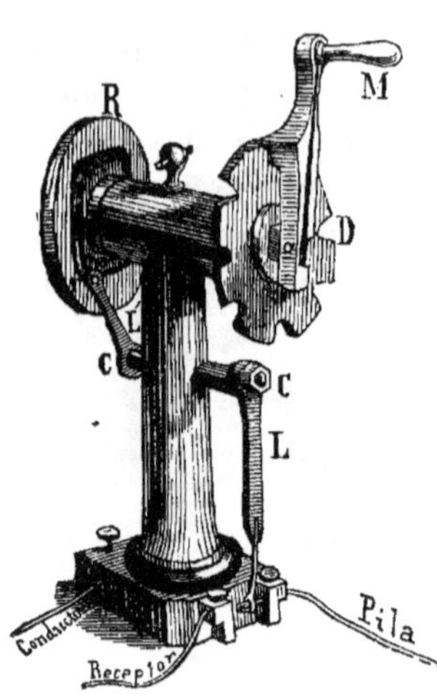

Fig. 187.

Ce télégraphe, comme on a pu l'observer, nécessite deux fils et deux piles, et l'employé doit agir des deux mains à la fois, ayant à partager ses soins entre les deux manipulateurs ; c'est pourquoi ce système nous semble entaché des mêmes défauts que les deux que nous avons déjà expliqués. Non-seulement, en effet, ce télégraphe a toute la complication des télégraphes à cadran mus par une manivelle, ce qui est doublement incommode et incertain, puisqu'il y a deux manipulateurs et deux mouvements d'horlogerie, mais il présente encore l'inconvénient d'exiger deux conducteurs et deux piles, comme les télégraphes à aiguilles, dont il n'a pas la simplicité. Les signaux y sont fugitifs, comme dans les deux systèmes susmentionnés ; mais, sans être beaucoup plus clairs que ceux produits par les aiguilles, ils ont le même défaut que ceux du télégraphe à cadran, c'est-à-dire que la non-correspondance entre un signe du communicateur et du récepteur entraîne la confusion de tous ceux qui suivent jusqu'à ce qu'on ait réglé les appareils.

Nous ne sommes donc pas surpris de la sévérité du jugement émis par M. l'abbé Moigno sur cet appareil dans son *Traité de télégraphie électrique*, et nous ne croyons pas que son emploi puisse être avantageux même avec les modifications de M. Gloesener, qui propose la suppression des ressorts de rappel ou antagonistes, et leur remplacement par la palette et les deux électro-aimants qu'il a si avantageusement introduits dans les télégraphes à aiguilles et à cadran.

En raison de ce qui précède, il nous semble inutile de donner la description d'un télégraphe de cette espèce imaginé par M. Breguet, et qui n'est qu'une modification de celui qui porte son nom et celui de M. Foy ; il voulait faire en sorte que la barre horizontale pût se mouvoir aussi et prendre exactement toutes les positions du télégraphe optique de Chape.

TÉLÉGRAPHES ÉCRIVANTS.

Télégraphe de M. Morse. — En parcourant l'histoire de la télégraphie, nous avons dit que MM. Morse et Wheatstone se disputaient la gloire d'avoir imaginé le premier télégraphe applicable aux grandes distances, gloire que revendique aussi M. Steinheil, de Munich. Mais, que ce soit ou non M. Morse qui ait eu la première idée de son télégraphe en 1832, ce qu'il y a de positif, c'est qu'aucun autre ne peut disputer à cet appareil le mérite de la simplicité, de la perfection et de la rapidité réunies. Aussi, appliqué d'abord sur presque toutes les lignes des États-Unis d'Amérique, il commence à s'introduire en Europe ; et, suivant l'exemple des gouvernements français et espagnol, qui ont pris le parti d'abandonner les télégraphes de Foy et Wheatstone, les autres pays ne tarderont pas à adopter aussi celui de M. Morse.

Ce télégraphe se compose, comme tous les appareils de ce genre, d'un manipulateur ou transmetteur et d'un récepteur; et ces deux parties sont on ne peut plus simples. Il est vrai qu'on a ajouté au récepteur un mouvement d'horlogerie et un relais, pièces très-importantes, puisque sans elles on ne pourrait ni opérer à de grandes distances, ni obtenir des signaux régulièrement marqués; mais ce ne sont néanmoins que des appareils accessoires sans lesquels on peut parfaitement se rendre compte de la marche du télégraphe; nous ne les ferons donc connaître qu'après avoir décrit les parties principales et la manière dont elles fonctionnent.

Le manipulateur ou clef (fig. 188) destiné uniquement à éta-

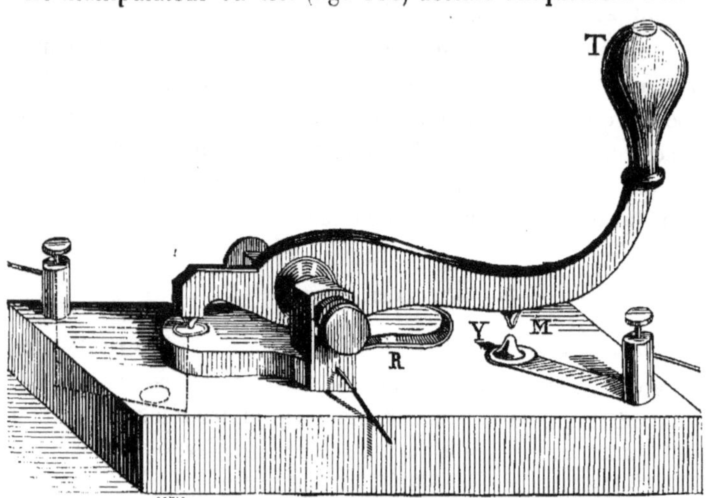

Fig. 188.

blir et à interrompre le circuit, se compose d'une pièce métallique *M* que l'on tient séparée d'une autre *Y* au moyen du ressort *R*. Le fil conducteur, car il n'en faut pas plus d'un, va de la pile d'une station au récepteur de l'autre, et se trouve interrompu par le manipulateur, de manière que l'une des extrémités de l'interruption communique avec la pièce *M* et l'autre avec la pièce *Y;* il suffit donc d'appuyer sur le manche *T* pour réunir les deux pièces *Y* et *M* et fermer le circuit; aussitôt qu'on cesse la pression, le ressort *R* lève la pièce *M*, et le circuit est interrompu. Si le contact ne dure qu'un instant, le courant ne durera pas davantage, et, au contraire, il continuera à passer pendant un intervalle de temps sensible, si on maintient la main appuyée sur le manche *T*.

Le récepteur consiste en un électro-aimant E (fig. 189) dont l'armature C se trouve à l'extrémité d'un levier mobile autour d'un axe OO. A l'autre extrémité du levier est fixé un crayon ou

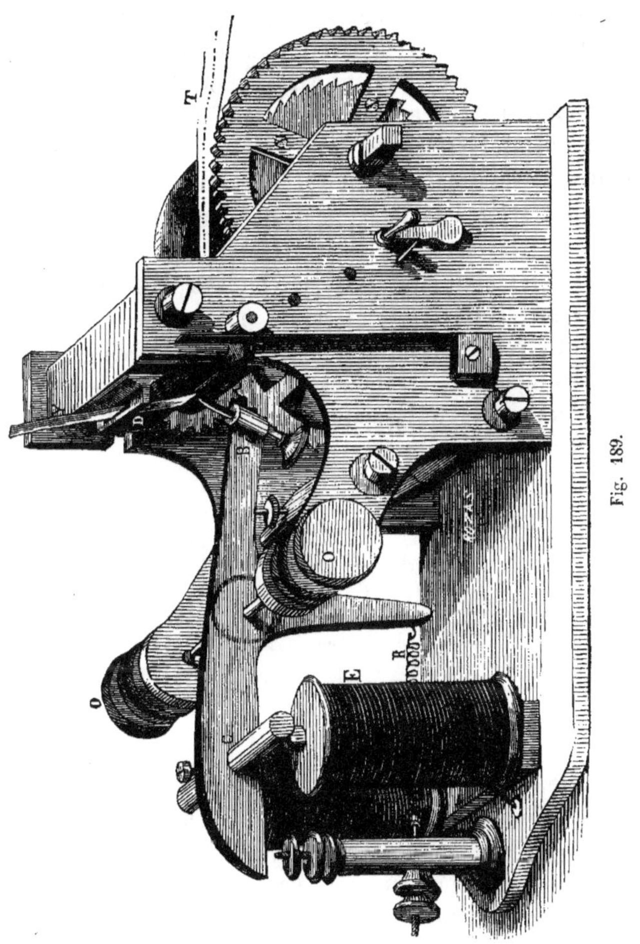

Fig. 189.

poinçon B, destiné à tracer des signes sur une bande de papier, et le ressort R sert à maintenir l'armature à une certaine distance des pôles de l'électro-aimant quand le courant n'y passe pas.

Une longue bande de papier *TS*, enroulée sur un cylindre que l'on ne voit pas dans la figure, passe par un autre cylindre *D* que fait tourner le mouvement d'horlogerie *X*, car il serait moins régulier et plus coûteux de le faire tourner à la main. La pointe ou crayon *B* n'appuie pas sur le papier du cylindre *D* dans les conditions ordinaires de l'appareil, c'est-à-dire quand l'armature est séparée de l'électro-aimant par l'action du ressort *R;* mais, au moment où l'on ferme le circuit et où le courant circule dans l'électro-aimant, celui-ci agit sur l'armature, et la pointe *B* appuie sur le cylindre *D* et fait sur le papier un signe plus ou moins long, selon le temps, pendant lequel on fait circuler le courant.

Si donc on établit une série de contacts très-courts avec le manipulateur, il en résultera sur le papier une succession de points; si les contacts sont prolongés, au lieu de points il en résultera des lignes. La combinaison de ces points et de ces lignes constitue les signes télégraphiques de cet appareil, dont voici l'alphabet :

·—	—·—	—···	·· ·	—··	·	··—··	·—·	——·	····	··
a	*ä*	*b*	*c*	*d*	*e*	*é*	*f*	*g*	*h*	*i*
·—·—	—·—	·—··	——	—·	· ·	———·	·····	··—·	·—·	
j	*k*	*l*	*m*	*n*	*o*	*ö*	*p*	*q*	*r*	
···	—	··—	··——	···—	·——	·—··	·· ··	··· ·	————	
s	*t*	*u*	*ü*	*v*	*w*	*x*	*y*	*z*	*ch*	
· ···	·——	··—··	···—·	····—	·····	·· ··	——··	—····		
&	1	2	3	4	5	6	7	8		
—··—	—									
9	0									

On comprend combien il est facile d'obtenir ces signes, et la rapidité avec laquelle un employé ayant quelque habitude peut manœuvrer le manipulateur. On peut, et même on doit varier les signes selon la langue, afin d'obtenir la plus grande rapidité possible, en appliquant les plus courts aux lettres le plus fréquemment répétées.

Quand on commença à se servir de l'appareil de M. Morse entre deux stations très-éloignées, sans se servir des stations intermédiaires directement, on remarqua que le courant produit par la pile de la station de départ ne suffisait pas à attirer avec la régularité nécessaire l'armature attachée au levier, et M. Morse employa alors l'appareil qu'on nomme *relais*, dont la priorité d'invention est réclamée par lui et par M. Breguet, quoique ni l'un ni l'autre ne soient fondés dans cette prétention, car ce fut Wheatstone qui le premier imagina, en 1837, de mettre en action une seconde pile au moyen du courant produit par la première, placée à une certaine distance.

Nous ne nous arrêterons pas à décrire les premiers relais qu'employa Wheatstone pour obtenir l'effet qu'il désirait; il suffit de dire que son premier essai était fondé sur une réaction chimique, et le second, qui lui réussit mieux, sur la déviation de l'aiguille d'un multiplicateur, qui, en se séparant de la verticale, introduisait l'une de ses extrémités, armée d'une fourche, dans deux verres qui contenaient du mercure; il y avait donc communication métallique entre l'un et l'autre.

Les relais aujourd'hui en usage sont fondés sur la propriété qu'ont les électro-aimants d'attirer une armature qui, en changeant de position, met en communication métallique ou interrompt le circuit d'une pile que l'on nomme *locale*. La forme et la disposition des relais peuvent varier à l'infini, comme on peut le voir dans l'ouvrage tant de fois mentionné de M. du Moncel, auquel nous emprunterons, pour en faire comprendre le mécanisme, la description d'un des relais les plus simples et les mieux appropriés aux usages de la télégraphie.

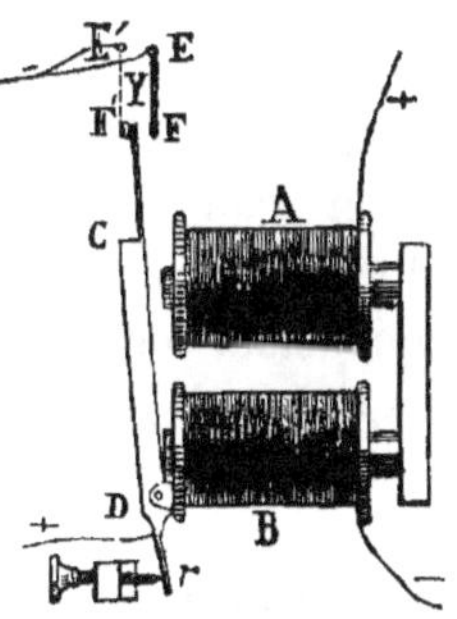

Fig. 190.

Que l'on se représente à la station où doit être installé le relais un électro-aimant *AB* (fig. 190) dont l'armature *CD* soit en rapport avec l'une des branches du circuit de la pile locale ou supplémentaire, et dont le fil soit interposé dans le circuit de la ligne, dont la pile se trouve à une autre station; on comprendra que chaque fois que le circuit principal se fermera, l'armature *CD* sera attirée, et qu'il suffira de mettre en *EF* un ressort en communication avec le second pôle de la pile locale pour que le circuit de celle-ci se ferme presque en même temps que le principal, car l'armature métallique établit la communication des deux pôles. Le ressort *r* sert à séparer l'armature et à ouvrir, par conséquent, le circuit local au moment même où le courant cesse de passer par le principal.

Le télégraphe de M. Morse, que nous venons de faire connaître, a l'incomparable avantage de donner écrits sur un papier les signaux que les télégraphes à aiguilles et à cadran ne font qu'indiquer, avantage qui non-seulement offre un moyen sûr de conserver fidèlement la dépêche écrite, mais qui permet aussi à l'employé du télégraphe de s'occuper d'autre chose pendant que l'on transmet une longue dépêche, pourvu que le cylindre sur lequel se trouve enroulé le papier en contienne une quantité suffisante.

Il suffit de remarquer la manière dont les signes se transmettent au moyen du communicateur pour comprendre la rapidité avec laquelle un employé déjà habitué peut transmettre une dépêche, rapidité qui se doit aussi à l'indépendance des signaux les uns par rapport aux autres, de sorte que, comme dans les télégraphes à aiguilles, on ne court pas le risque, ainsi qu'il arrive dans ceux à cadran, de voir la confusion s'introduire par suite du manque d'accord entre les signaux du récepteur et du transmetteur des deux stations. Un employé habile peut transmettre de quinze à dix-sept mots par minute, c'est-à-dire autant qu'en peut écrire à la plume un homme habitué à la manier.

Si on ajoute à cela que le mécanisme du télégraphe de M. Morse est excessivement simple et qu'il n'a besoin que d'un fil conducteur, on pourra se convaincre qu'aux avantages qui lui sont spéciaux il réunit ceux de tous les autres télégraphes examinés jusqu'à présent.

Modifications apportées au télégraphe de M. Morse par M. Gloesener. — Ce savant physicien a fait au télégraphe de M. Morse quelques modifications intéressantes et avantageuses, parmi lesquelles la principale est sans contredit la suppression du ressort de rappel, fondée sur les mêmes raisons et par l'emploi des mêmes moyens que ceux que nous avons fait connaître en parlant des modifications que M. Gloesener a introduites aussi dans les télégraphes à aiguilles et à cadran. Le communicateur de cet habile inventeur est, par conséquent, disposé de manière à changer la direction du courant, au lieu de l'interrompre, au moyen de deux contacts, en produisant deux signaux à chaque oscillation au lieu d'un seul, ce qui contribue, ainsi que la suppression du ressort de rappel, à augmenter la rapidité de la transmission.

Avec une autre disposition, on peut donner à ce même communicateur un mouvement de rotation et de va-et-vient, de sorte que, sans augmenter la force de la pile, on peut transmettre à la fois la même dépêche à deux stations différentes; ou bien garder une copie et transmettre en même temps la dépêche à l'autre station.

Ne pouvant entrer dans le détail des modifications proposées par M. Gloesener, nous renvoyons à la lecture de ses *Recherches sur la télégraphie électrique*, où elles sont minutieusement décrites. Nous ne terminerons pas cependant ce paragraphe sans dire qu'une de ces modifications porte sur le poinçon ou style avec lequel on grave, pour ainsi dire, les caractères sur le papier. Après de longs essais, M. Gloesener s'est décidé à substituer au style un petit cône creux en cuir, qui absorbe l'encre dans un vase où plonge la pointe opposée à celle qui sert à marquer. Nous avons vu fonctionner l'appareil, qui marchait parfaitement; mais nous ne savons pas s'il y aurait avantage à adopter cette modification, car M. Morse avait commencé par se servir d'encre et de crayon, mais il se vit contraint d'y renoncer, parce que le crayon s'usait, et que, quand l'appareil restait quelque temps sans fonctionner, l'encre laissait, en s'évaporant, un sédiment sur la plume. M. de Lafollye est parvenu aussi à supprimer le ressort antagoniste, mais non pas comme M. Gloesener par le renversement des courants, mais en se servant d'un électro-aimant boiteux dont l'une des branches, entourée de la bobine magnétisante, est mobile à l'intérieur du canon de cette bobine, et se trouve articulée sur la culasse, de manière à pouvoir osciller entre la branche sans bobine et un aimant fixe placé en regard de celle-ci.

Parmi les différents télégraphes construits sur le modèle de celui de M. Morse, mérite d'être cité celui de M. Palmieri, dans lequel le communicateur est formé par un cylindre sur la partie antérieure duquel se trouvent tracées les lettres et les chiffres, comme dans les télégraphes à cadran, et qui remplace la clef du télégraphe ordinaire.

M. Paul Garnier a présenté à l'Exposition universelle qui a eu lieu à Paris en 1855, une modification du cylindre de M. Palmieri; c'est, d'après quelques personnes compétentes, le meilleur des manipulateurs proposés pour faire fonctionner le télégraphe de Morse.

Outre le cylindre manipulateur de M. Garnier, nous devons citer ceux de MM. Regnard, Joly, Marqfoy et Mouilleron, qui, suivant l'idée de M. Palmieri, se sont proposé de substituer à la clef un cylindre composteur qui porte la dépêche préparée d'avance ou qui, au moyen de touches abaissées convenablement, produise les signes d'un seul trait, comme dans les télégraphes imprimeurs; mais l'avantage de toutes ces modifications est encore très-contestable. Il en est de même avec le *porte-crayon manipulateur* de M. Ailhaud, qui permet de transmettre une dépêche à mesure qu'on l'écrit; avec le collage de M. Breguet, la gorge sinueuse de M. Rizet et la machine de M. Humaston, qui exige l'emploi des pieds et des mains pour la faire fonctionner.

M. Mouilleron a introduit aussi d'autres modifications, parmi lesquelles nous devons citer celle des cylindres qui font courir la bande de papier.

Avec le système de M. Mouilleron, il n'est pas indispensable que la bande soit découpée très-régulièrement, et on peut l'enlever et l'introduire facilement, grâce à la forme qu'il a donnée aux cylindres. Il propose aussi de substituer un électro-aimant au mouvement d'horlogerie qui fait marcher ces cylindres.

Mais ce n'est pas tout; cet habile constructeur a introduit postérieurement d'autres modifications qui ont fait prendre à ses appareils le nom de *télégraphe à tire-ligne de Mouilleron*, quoique leur disposition mécanique soit à peu près la même que celle des télégraphes Morse. Au lieu du style de ces derniers, il adapte un tire-ligne qui plonge à l'état normal dans un réservoir d'encre; mais aussitôt que l'électro-aimant agit sur l'armature, le levier attaché à celle-ci fait appuyer une fourchette sur la queue du tire-ligne, dont la pointe imprégnée d'encre va rencontrer la bande de papier qui se déroule un peu au-dessus sur un cylindre : il va sans dire que ce tire-ligne est à bascule, mais il est bon d'ajouter que l'effet de la fourchette sur la queue est favorisé par un contrepoids. Le niveau de l'encre se maintient constant au moyen d'un bouton préposé à cela. M. Mouilleron a ajouté à ce télégraphe un timbre qui répète les mouvements de l'électro-aimant, de manière que, comme dans le télégraphe de Steinheil, il suffit d'entendre pour lire la dépêche; résultat que, du reste, l'habitude fait obtenir aux télégraphistes avec le télégraphe ordinaire de Morse.

Un des principaux avantages que présente le nouveau télégraphe de M. Mouilleron consiste en ce qu'il ne déchire pas la bande de papier, le tire-ligne exerçant la pression sous l'effort d'un ressort.

M. Stöhrer, habile mécanicien de Leipzig, a tenté de perfectionner le télégraphe Morse en remplaçant la pointe unique par un système de pointes doubles, qui fonctionnent alternativement et donnent deux séries de points ou de lignes situées sur deux files horizontales superposées comme dans le télégraphe de M. Steinheil. Le relais qu'il emploie se compose de deux aimants, de deux armatures de fer et d'un électro-aimant; il met en mouvement les deux styles ou poinçons au moyen de deux électro-aimants et de deux clefs ou manipulateurs, de manière que l'employé opère à volonté avec l'un ou l'autre, mais jamais avec les deux à la fois.

Ce système, bien qu'un peu compliqué, offre cet avantage, qu'on peut employer deux fois le même signe avec une valeur différente, selon la ligne où il se trouve; on abrége ainsi, par conséquent, les signes de l'alphabet Morse, mais on ne transmet pas aussi rapidement avec le manipulateur. Ce système est employé sur quelques lignes de Saxe.

Télégraphe écrivant de M. Froment. — M. Froment a construit aussi un télégraphe basé sur le même principe que celui de M. Morse; il n'en diffère essentiellement qu'en ce que l'électro-aimant agit sur une armature qui tourne autour d'un axe vertical, et en ce que les signaux présentent des traits horizontaux et parallèles à la direction du mouvement de l'armature.

M. Froment conserve dans son appareil le crayon, auquel a renoncé M. Morse; mais il le place de manière qu'il puisse se tailler sans cesse et se conserver toujours en état de servir sans l'intervention d'aucun employé. « Le crayon, disait M. Pouillet, dans son rapport à l'Académie des sciences, est mû d'une manière directe et sans intermédiaire par l'armature de l'électro-aimant, et peut exécuter jusqu'à trois ou quatre mille vibrations simples par minute. »

Pour transmettre la dépêche, M. Froment la compose d'avance en signes télégraphiques, découpés sur une bande de papier à l'aide d'une machine spéciale à clavier, et il introduit cette bande de papier ainsi préparée dans le communicateur. Celui-ci, qui consiste simplement en un ressort en rapport avec l'une des branches du courant et en un cylindre métallique en rapport avec l'autre branche, est disposé de telle façon, qu'il ne laisse subsister l'action électrique que quand le ressort, se trouvant engagé dans les trous de la bande, est en contact métallique avec la roue, sur laquelle il glisse, par les trous de la bande de papier. Il suffit donc de faire mouvoir cette bande avec une vitesse proportionnée à celle du tambour récepteur de la station opposée pour obtenir le nombre d'interruptions nécessaires à l'impression de la dépêche..

Télégraphe écrivant de M. Dujardin. — Ce télégraphe se compose essentiellement de trois appareils. Le premier, qui sert à produire le courant, est la machine électro-magnétique que nous avons fait connaître au chapitre cinquième. Le second est le télégraphe proprement dit, qui a une grande analogie avec celui de M. Morse, sauf que le papier s'enroule sur un cylindre d'une manière particulière, et qu'une plume, d'une forme spéciale aussi, trace sur ce papier des lignes et des points quand le courant passe, comme nous l'avons déjà vu. Le troisième appareil dont se compose le télégraphe de M. Dujardin est destiné à attirer l'attention des employés et à produire un son sur un timbre de cristal chaque fois qu'on interrompt ou qu'on établit le courant, comme cela avait lieu dans le télégraphe graphique et phonétique de M. Steinheil, dont il n'est en réalité qu'une modification perfectionnée, bien qu'à notre avis sa complication le rende moins pratique que l'appareil de M. Morse.

Télégraphes écrivants de M. Regnard. — M. Regnard, appliquant le principe des armatures aimantées aux télégraphes écrivants, a imaginé un appareil avec lequel il croit pouvoir éviter deux inconvénients du télégraphe de M. Morse : la nécessité d'employer une pile locale, et la confusion et la lenteur qu'occasionne, dit-il, la formation des signaux. Dans le télégraphe de M. Regnard, que nous ne pouvons nous arrêter à décrire, on produit les signaux, comme dans celui de M. Steinheil, au moyen de deux plumes ou crayons. Ces deux crayons, dit l'auteur, unissent leurs traits au temps de repos des courants électriques ; l'un s'écarte à droite sous l'influence du courant positif, l'autre s'écarte à gauche sous celle du courant négatif. Le trait écarté qu'ils forment se soutient pendant tout le temps de l'activité du courant qui l'a produit. Si le courant est animé et rompu, aussitôt, par un mouvement rapide, le crayon correspondant trace un petit trait transversal et revient aussitôt. L'alphabet de signaux

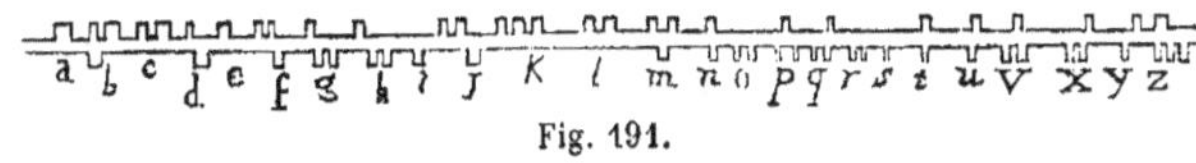

Fig. 191.

écrits formé par M. Regnard est représenté dans la figure 191 :

les traits verticaux ont seuls une valeur, et la combinaison de ceux de la ligne supérieure avec ceux de la ligne inférieure forme les lettres.

Dernièrement, M. Regnard paraît être revenu sur certaines idées émises dans son premier mémoire, car il propose un télégraphe écrivant dont le récepteur est muni d'un relais agissant sur deux électro-aimants, l'un par le courant positif et l'autre par le courant négatif; deux leviers juxtaposés et terminés par des pointes d'acier frappent sur une bande de papier mobile, et tracent les signes dont voici l'alphabet :

a ‾ *b* ˙.‾ *c* ‾_ *d* ‾. *e* . *f* ˙_˙ *g* ‾.˙
h ‾.‾ *i* _ *j* ˙_‾ *k* ‾_˙ *l* ˙_ *m* ˙.˙
n ˙. *o* _˙ *p* .˙. *q* .˙_ *r* _‾ *s* ‾. *t* .˙
u .‾ *v* .‾. *x* ‾˙. *y* .‾_ *z* _˙_ *w* _‾.

ch _‾_

Les mêmes signes peuvent se produire, d'après M. Regnard, avec un récepteur sans relais qu'il propose, mis en mouvement par un mécanisme d'horlogerie.

Le manipulateur de ce télégraphe est un commutateur à renversement de pôles semblable à ceux qu'on emploie dans la télégraphie depuis longtemps.

Fondé toujours sur le même principe et sans changer dans la construction de l'appareil rien autre chose que la manière de recevoir les signaux, M. Regnard propose un télégraphe sonnant. « Il suffirait, dit-il, de substituer aux deux leviers qui conduisent les crayons deux lames flexibles avec deux petits marteaux fixés à leur extrémité. » Rien, en effet, n'est plus facile à exécuter, et ce qui le prouve, c'est que M. Steinheil l'avait déjà fait pour son télégraphe en 1837, avec cette seule différence qu'il obtenait l'écriture et les sons avec le même appareil et en parfaite correspondance, de manière qu'une chose contrôlait l'autre.

Télégraphe de M. Tremeschini. — Ce télégraphe, que nous ne connaissons que par les notices dont nous allons donner des extraits, aurait été acheté, dit-on, par M. Breguet, qui se proposait de l'employer sur les nouvelles lignes de chemin de fer qu'on le chargerait d'organiser; si ce fait est vrai, il suffit pour prouver que ce télégraphe réunit réellement les avantages qu'on lui attribue.

D'après M. Govi, ce télégraphe est extrêmement simple et d'un maniement très-facile; il donne à volonté, soit des signaux fugitifs sur un cadran, soit des impressions permanentes à sec sur une bande de papier qui se déroule, c'est-à-dire qu'il réunit en lui les systèmes de Wheatstone et de Morse. Il offre, en outre, l'avantage d'indiquer, à la lecture des dépêches, les fautes qui pourraient s'y être glissées, et cela à l'aide de points de repère que l'instrument marque spontanément de treize en treize signaux transmis.

Ce télégraphe n'a pas besoin, pour fonctionner, d'une force électro-motrice plus grande que le télégraphe à cadran ordinaire, et il n'exige ni relais ni piles locales, comme celui de M. Morse. Son alphabet est beaucoup plus facile à apprendre et à lire que celui de ce dernier système, et les signes qui le représentent se marquent d'une manière beaucoup plus claire. Enfin le prix de revient d'un télégraphe de M. Tremeschini n'atteint pas le tiers du prix d'un appareil de Wheatstone, et son volume peut être réduit de manière qu'il serve de télégraphe portatif à une armée en campagne, ou pour des expéditions scientifiques.

Les appareils de Morse, ajoute le *Cosmos*, auquel nous empruntons ces renseignements, peuvent être transformés à peu de frais en télégraphes du nouveau système. En effet, dans la description détaillée que nous avons eue plus tard sous les yeux, nous voyons que le télégraphe *contrôleur de M. Tremeschini* (c'est ainsi qu'on le nomme) se compose : 1° d'un mécanisme à échappement pour faire tourner l'aiguille indicatrice des signaux autour d'un cadran; 2° d'un mécanisme pointeur avec ses accessoires pour l'entraînement de la bande de papier qui doit recevoir l'écriture; 3° d'un mécanisme transmetteur pour transformer un télégraphe en un autre. Tous ces mécanismes sont commandés par un seul électro-aimant et un mouvement d'horlogerie.

Le mécanisme destiné à faire tourner l'aiguille indicatrice est disposé de telle façon, que le mouvement saccadé de l'aiguille s'obtient sans entraver la marche du mécanisme moteur qui fait défiler le papier, quoiqu'ils soient dans la même boîte et reliés ensemble ; à cet effet, la roue sur laquelle est fixée l'aiguille montée sur l'axe du deuxième mobile du mécanisme d'horlogerie tourne librement sur cet axe et ne participe à son mouvement que quand un fort ressort à boudin exerce une pression sur elle : une bascule sur laquelle réagit le levier de l'électro-aimant, et qui, à son tour, commande une roue d'échappement à chevilles en rapport avec la première roue, complète ce mécanisme ; l'électro-aimant communique naturellement avec le fil de ligne qui vient du manipulateur, et le reste de l'appareil, qui sert à obtenir les effets d'un télégraphe à cadran, ne diffère pas des télégraphes de ce dernier genre.

Le mécanisme destiné à produire les effets du télégraphe Morse, c'est-à-dire le pointage, se compose d'un petit cylindre fixé sur l'axe même de la roue d'échappement, et sur lequel se trouvent trois petites roues à dents pointues, l'une, celle du milieu, avec treize dents, et les deux autres avec trois et quatre dents respectivement. A côté de ce cylindre s'en trouve un autre qui porte trois cannelures juste en face des trois petites roues, de manière que, quand un levier dont il est muni fonctionne opportunément, il s'approche desdites roues, entraînant la bande de papier qui défilait entre elles, et sur laquelle le développement de la circonférence où sont les dents pointues imprimerait ces dernières sous la forme suivante si le cylindre qui les porte faisait un tour complet :

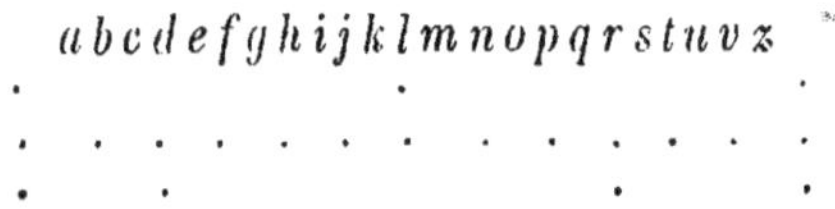

a b c d e f g h i j k l m n o p q r s t u v z

```
.                 .                 .
.  .  .  .  .  .  .  .  .  .  .  .  .
.     .                       .     .
```

On comprend qu'il suffit pour cela de les distancer convenablement, et, la bande de papier se mouvant comme dans les autres appareils écrivants, si l'on arrête quelques instants dans une position quelconque, au moyen d'un manipulateur à cadran, le cylindre qui porte les signes, au lieu de points il se produira des lignes, et les espaces blancs seront plus ou moins longs, à volonté. Or c'est la prolongation de ces points et des espaces de la ligne du milieu qui constituent les lettres transmises dans la dépêche, dont voici un échantillon :

Les trois points ne correspondent à aucun signe et indiquent le commencement de l'alphabet, dont les autres points hors de la ligne de la dépêche peuvent servir de points de repère faciles à distinguer de six en six lettres. Ainsi, dans l'exemple susindiqué, les espaces et points prolongés correspondent aux lettres *A*,*B*,*R*, *U*,*Z*,*E*.

Si l'on veut se servir du télégraphe à cadran seul, il est facile de faire en sorte que le papier n'appuie pas sur le cylindre ; de même, quand au lieu d'un manipulateur à cadran on veut se servir de l'interrupteur de Morse, les signes de cet alphabet se produisent comme dans le récepteur ordinaire.

Le télégraphe écrivant de Morse ayant été adopté pour le service de l'État, les inventeurs se sont mis à l'œuvre dans le but de le perfectionner ou de le remplacer par d'autres du même genre. Depuis la publication de la première édition de ce livre, le nombre de ces modifications a atteint un chiffre si considérable, que M. du Moncel, en les décrivant sommairement, n'en remplit pas moins de cinquante pages; nous nous bornons à les mentionner.

Télégraphe de M. Thomas John. — M. Thomas John emploie un système dans lequel le relais n'est plus nécessaire, car l'électro-aimant n'a d'autre effet à produire que d'approcher, au moyen d'un levier coudé, une molette à encre de la bande de papier qui se déroule en appuyant contre un point fixe situé à un demi-millimètre seulement de la molette; celle-ci trempe toujours dans un réservoir contenant de l'encre de Chine délayée, et tourne au moyen d'un système de poulies qui reçoit son mouvement du glissement de la bande de papier.

Télégraphe de MM. Beaudoin et Digney. — Ces messieurs ont fait au télégraphe de M. Th. John quelques modifications qui, d'après M. du Moncel, rendent cet appareil plus simple dans sa construction, moins délicat dans sa manœuvre et plus sûr dans ses effets. Au lieu que la roue à encrer soit mobile et s'approche du papier, c'est la bande de papier qui s'approche de la roue, laquelle continue de tourner sur un axe; seulement cet axe est fixe. Pour cela, ils placent la roue traçante de manière qu'elle reçoive directement son mouvement du mécanisme d'horlogerie qui fait marcher la bande de papier; ils font frotter contre cette roue un rouleau imprégné d'encre grasse; ils terminent le levier que met en mouvement l'électro-aimant par un couteau placé exactement au-dessous de la roue, et la bande de papier passe par-dessus le couteau. Il est facile de concevoir sans plus d'explications de quelle manière se fait l'impression des signes. Ce système n'est donc que celui de M. Thomas John renversé.

Télégraphe de M. Theyler. — Dans le but aussi de faire marcher sans relais le télégraphe Morse, M. Theyler a rendu le style de son appareil complétement indépendant de l'action électro-magnétique, qui n'intervient que pour déclencher la partie du mouvement d'horlogerie dont l'action produit le pointage. Ce même mouvement, auquel on a ajouté un troisième mobile, fait dérouler la bande de papier. On peut dire que M. Theyler a fait pour le télégraphe Morse ce que M. Breguet avait fait pour le télégraphe à cadran de Wheatstone.

Télégraphe de M. Hipp. — Avant l'invention de ces télégraphes, M. Hipp avait déjà réussi à supprimer le relais dans l'appareil écrivant de Morse par la simple modification du mécanisme d'horlogerie qui entraîne la bande de papier. En établissant les deux dernières roues de manière à leur donner la même vitesse et en y ajoutant plusieurs autres pièces, il est parvenu à faire réagir le style sans l'emploi des piles locales, tout en produisant un mouvement régulier indépendant de l'adresse du transmetteur et avec une vitesse réglée d'avance.

M. Achard a tenté aussi de supprimer le relais du télégraphe Morse, en appliquant le principe de son embrayeur à hélice, que nous décrirons dans le chapitre quatorzième ; mais, d'après M. du Moncel, les résultats obtenus ne sont pas très-satisfaisants, quoique M. Achard prétende que, les attractions ayant lieu au contact et non à distance, on profite davantage de la force électromotrice.

Télégraphe de MM. Pradines et Tondeur. — Voulant obtenir les traces à l'encre, tout en conservant la disposition ordinaire du télégraphe de Morse, MM. Pradines et Tondeur se sont contentés d'enrouler avec la bande de papier blanc une autre bande de papier ou de toile recouverte d'une encre d'imprimerie ayant la consistance du savon, de manière que la bande de papier blanc ne reçoit d'impresssion que quand le style appuie dessus, comme dans les tracés avec le pantographe à pointe sèche.

Télégraphe écrivant de MM. Siemens et Halske. — Ce télégraphe est surtout remarquable en ce qu'il a résolu un problème présentant de grandes difficultés, celui d'employer pour les télégraphes écrivants les courants d'induction déjà appliqués aux télégraphes à aiguilles et à cadran ; mais, ces courants étant instantanés, et l'alphabet des télégraphes écrivants se composant de signes dont la forme dépend de la durée plus ou moins longue de l'action électrique, on avait renoncé aux avantages que présente la tension plus grande de ces courants. MM. Siemens et Halske sont parvenus à éviter les inconvénients résultant de cette instantanéité, en donnant une disposition particulière au relais ; c'est avec la pile locale de ce relais que l'on fait fonctionner le récepteur et que l'on produit les courants induits destinés à réagir sur les circuits de la ligne, car M. Siemens se sert des machines d'induction que nous avons appelées *électro-magnétiques*. Le manipulateur de ce télégraphe est la clef même de M. Morse, interposée dans le fil inducteur de l'appareil d'induction, qui est dans le genre de celui de M. Ruhmkorff.

Télégraphe de M. Garapon. — « M. Garapon a cherché à simplifier l'alphabet Morse au point de vue des mouvements nécessaires à la production des signaux, et pour cela il a cherché à introduire dans l'élément traçant un mouvement particulier qui permît d'utiliser les positions différentes des traits à l'égard d'une ligne horizontale, de manière à exprimer des signaux différents, sans nécessiter pour cela des fermetures multipliées du courant.

« Pour obtenir ce résultat, il suffit, comme on le comprend aisément, de donner au style traçant un mouvement perpendiculaire au mouvement de translation de la bande de papier; car de la combinaison de ces deux mouvements résultent des traits inclinés en deux sens différents, comme des jambages qui, étant pris conjointement ou séparément dans un sens ou dans l'autre, à moitié ou dans toute leur longueur, peuvent fournir un grand nombre de combinaisons simples ne nécessitant pas une manipulation compliquée.

« M. Garapon a pu s'assurer, en effet, qu'avec six points seulement, répartis blancs ou noirs à volonté, sur un espace représentant en temps une fraction proportionnelle à la valeur du temps employé à produire 9p,67, il a été possible d'établir 64 combinaisons ne représentant chacune que 0",32 comme valeur du temps nécessaire à leur émission (les six points représentant 3 ouvertures et 3 fermetures de courant). Il en résulte que l'accélération dans la transmission télégraphique se trouve augmentée, avec ce système, de 43 pour 100, et cette accélération est due :

« 1° A un moindre temps pour l'émission des lettres (0",32 au lieu de 0",51);

« 2° A la suppression des entre-lettres, représentées dans l'ancien système par des ouvertures de courant, et qui peuvent être indiquées dans le système nouveau par la forme même des signaux;

« 3° A l'avantage résultant de la possibilité de représenter 26 assemblages de doubles ou triples lettres par un seul signal. Voici du reste l'alphabet de M. Garapon tel qu'il est reproduit avec son appareil[1].

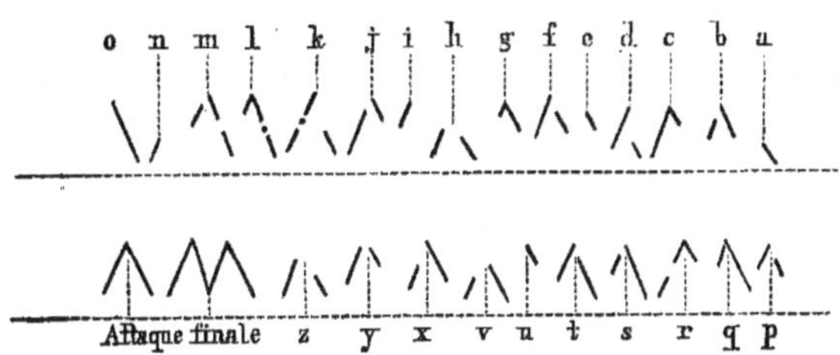

« Le moyen d'obtenir de la part du style ce mouvement perpendiculaire à la marche de la bande qui reçoit la dépêche est très-simple en lui-même. Il suffit en effet pour cela de placer le style sur une pièce dépendante du mécanisme d'horlogerie, et accomplissant d'une manière continue un mouvement de-va-et vient par suite de la réaction d'un excentrique sur un levier articulé. L'armature de l'électro-aimant agit alors sur ce style en lui présentant la bande de papier, comme dans le télégraphe Digney. Seulement, en raison du mouvement de ce style, la partie du levier qui soulève cette bande de papier doit présenter une surface à peu près plane. Maintenant, pour que l'on puisse se servir comme moyen de combinaisons alphabétiques de la position des traits aux extrémités supérieure et inférieure de ce mouvement, il faut que le manipulateur et le récepteur se trouvent mis en rapport de vitesse, et par conséquent que le déclenchage du récepteur s'effectue sous l'influence même de l'émission de la dépêche.

« Après y avoir réfléchi longtemps, M. Garapon s'est demandé si, dans le système des télégraphes écrivants, un synchronisme parfait était aussi nécessaire que dans les télégraphes imprimeurs

[1] Ce n'est qu'au moment de mettre sous presse que nous nous apercevons que notre graveur a reproduit la gravure de l'alphabet à rebours, telle qu'elle a été publiée dans l'ouvrage de M. du Moncel, auquel nous avons emprunté cette description.

et autographiques. Il put aisément s'assurer que non, car avec deux mouvements d'horlogerie convenablement réglés, mais établis sans aucune précision, le défaut de synchronisme ne se manifeste pas brusquement; ce n'est qu'au bout de quelques instants que les différences s'observent. En employant donc de simples mouvements d'horlogerie dans les appareils Morse combinés ainsi que nous l'avons dit précédemment, les signaux ne se déformeraient que successivement, mais alors celui qui recevrait la dépêche en serait averti, car les traits, au lieu d'être droits, se déformeraient aux angles des jambages et n'auraient plus la disposition voulue. Or, pour rétablir le synchronisme, il suffirait d'une vis régulatrice adaptée au mécanisme moteur du style que l'employé chargé de recevoir la dépêche manœuvrerait lui-même, suivant que besoin en serait, et au moyen de laquelle il modifierait la position du style lui-même. Tel a été le raisonnement sur lequel M. Garapon a fondé son système de synchronisme, système qu'on pourrait appeler *synchronisme par correction*. Nous n'insisterons pas sur les détails mécaniques de l'appareil de M. Garapon, qui ne sont pas encore définitifs; nous dirons seulement que, pour donner plus de régularité aux mouvements de ses appareils, M. Garapon a substitué aux volants à ailettes les pendules coniques appliqués par Huygens à l'horlogerie. Cette substitution entraîne, il est vrai, un ralentissement dans la vitesse du moteur; mais, comme la série des signaux qui peuvent être faits occupe sur le papier, avec le système dont nous avons parlé, une place beaucoup moins grande que dans le système ordinaire, la vitesse de déroulement de la bande de papier n'a pas besoin d'être aussi considérable.

« On sait que certaines substances, telles que les acides sulfurique et nitrique étendus d'eau, les chlorures et oxydes de cobalt, l'hydrochlorate d'or, le nitrate d'argent, le lait, le suc d'oignon même, donnent au papier qui en est imprégné la propriété de noircir sous l'influence de la chaleur ou du contact d'un corps chaud. De cette propriété résulte que, si, par un moyen quelconque, on peut rendre le style des télégraphes Morse constamment chaud, les traces fournies par lui pourront être noires par le seul fait de son contact avec la bande de papier. Or, pour obtenir un style dans ces conditions calorifiques, il suffit simplement de le composer d'un fil de platine replié sur lui-même et d'une assez mince section pour être chauffé presque jusqu'au rouge par le courant d'un élément de Bunsen. C'est alors la partie anguleuse de ce fil replié qui, en touchant le papier, fournit les marques absolument comme la lame de fer dans les télégraphes électro-chimiques. L'expérience n'a pas encore démontré, dit M. du Moncel, si ce moyen est réellement pratique; mais, quoi qu'il en soit, il est très-ingénieux et peut être appliqué dans beaucoup de cas. »

Télégraphe écrivant de M. Wheatstone. — Ce télégraphe, que le savant anglais a présenté à l'Académie des sciences le 24 janvier 1859, a produit une sensation telle dans le monde scientifique, que nous croyons devoir insérer ici la note même de M. Wheatstone, quoiqu'elle soit un peu longue; mais l'importance de sa nouvelle invention ne permet pas de nous contenter d'un extrait.

« J'ai l'honneur de soumettre à l'Académie un nouveau télégraphe automatique imprimant, lequel, je le pense, présente des avantages que l'on n'a pas encore obtenus jusqu'ici. Avec l'appareil déposé actuellement sur le bureau, on peut imprimer cinq cents lettres par minute. Les bandes trouées de papier qui déterminent l'ordre et la succession des courants électriques par un mécanisme analogue à celui des métiers à la Jacquard sont préparées de telle sorte, que les groupes de points qui constituent les différentes lettres sont distinctement séparés, ce qui rend impossible la confusion à laquelle donne lieu fréquemment aujourd'hui la succession continue des lettres adjacentes; en outre, l'impression de la dépêche en points tracés à l'encre d'imprimerie n'ajoute rien au poids des organes de l'appareil, ou n'oppose aucune résistance à la puissance motrice des électro-aimants.

« Mon invention consiste essentiellement dans une nouvelle combinaison de mécanismes ou appareils ayant pour objet la transmission, à travers un circuit télégraphique, de messages ou dépêches préparées à l'avance, et qu'il s'agit de signaler ou d'imprimer à une station éloignée. De longues bandes ou rubans de papier sont percées, par une machine construite à cet effet, d'ouvertures ou trous groupés de manière à représenter les lettres de l'alphabet ou d'autres caractères conventionnels. La bande ainsi préparée est placée dans un appareil associé à un rhéomoteur ou source quelconque de puissance électrique, lequel appareil, mis en action, fait mouvoir longitudinalement la bande de papier et la fait agir sur deux pointes, de telle manière que, si l'une des deux pointes est soulevée, le courant est transmis au circuit télégraphique dans une certaine direction, tandis que, si c'est l'autre pointe qui est soulevée, le courant est transmis dans la direction opposée. Les soulèvements et les abaissements des pointes sont gouvernés ou déterminés par les trous du papier et les intervalles pleins qui les séparent. Ces courants, qui se suivent ainsi, tantôt dans une direction, tantôt dans la direction opposée, agissent sur un appareil écrivant ou imprimant à la station distante, de manière à lui faire produire des marques correspondantes sur un ruban ou bande de papier mue par un mécanisme approprié.

« Je vais maintenant décrire plus en détail les divers organes ou appareils de ce système télégraphique, en faisant remarquer à l'avance que chacune de ces parties ou organes a son individualité et son originalité propres, et peut être appliquée aux appareils déjà existants.

« Le premier appareil, appelé *perforateur*, est destiné à percer de trous les bandes de papier dans l'ordre voulu pour former la dépêche. La bande de papier passe dans une rainure servant à la guider; sur le fond de la rainure on a ménagé une ouverture assez large pour permettre le mouvement de va-et-vient du bord supérieur d'un châssis portant trois emporte-pièces ou poinçons dont les extrémités sont placées sur une même ligne transversale ou perpendiculaire à la longueur de la bande. Chacun de ces poinçons peut séparément se soulever, par l'action du doigt, sur une touche qui lui correspond. La pression du doigt sur la touche, en outre du soulèvement du poinçon correspondant, soulèvement qui a pour objet de percer le papier, produit successivement deux mouvements différents : premièrement, elle soulève une pince qui fixe le papier dans la position qu'il occupe; secondement, elle fait avancer le châssis qui porte les trois poinçons. Dans ce mouvement en avant, celui des poinçons qui a été soulevé entraîne la bande de papier de la quantité voulue. Pendant la réaction de la touche ou pendant sa chute, après que le doigt a cessé de la presser, la pince, d'abord, qui maintenait le papier en place, puis le châssis, retombent à leur tour et reviennent à leur position normale. Les deux touches et les deux poinçons extérieurs servent à percer les trous qui, par leur arrangement, représentent les lettres ou autres caractères; la touche et le poinçon du milieu servent à faire les trous qui marquent les intervalles de séparation de deux lettres ou caractères consécutifs. Les perforations de la bande se dessinent donc de la manière suivante :

```
0     0 0                0 0    0
   o o     o o      o o     o o
0        0     0 0 0     0        0
```

« Par une addition très-simple, on rend le perforateur apte à transmettre de nouveau à une station plus éloignée une dépêche qui vient d'être reçue imprimée, sans qu'il soit aucunement nécessaire de la traduire, sans même qu'on ait besoin de savoir ce qu'elle exprime ou signifie. On fait passer la bande imprimée qui vient d'être reçue entre deux rouleaux, dont l'un reçoit le mouvement d'une vis tournée à la main, de manière à faire passer successivement les caractères de la dépêche sous les yeux de l'opérateur. On agit avec la main droite sur les touches du perforateur, tandis qu'on fait tourner la vis de la main gauche; à mesure que les caractères se présentent successivement à la vue, on abaisse les touches correspondantes aux points dont les lettres sont composées : c'est une opération toute machinale, et qui n'exige presque aucun exercice de l'intelligence.

« Il n'y a en réalité rien de changé à l'alphabet actuellement en usage; on peut convenir en effet que les points d'un côté de la bande représenteront les points ou marques courtes, et les points de l'autre côté de la bande, les traits ou marques longues de l'alphabet actuel, l'ordre de succession des marques restant d'ailleurs ce qu'il est; seulement, dans mon système, les lettres occupent un espace moins long, et sont par conséquent lues plus facilement.

« Le second appareil, appelé *transmetteur*, a pour fonction de recevoir les bandes de papier préalablement percées par le perforateur, et de transmettre les courants produits par une pile voltaïque ou tout autre rhéomoteur, dans l'ordre et la direction déterminés par les trous faits dans le papier. Cette transmission s'opère par un mécanisme assez semblable à celui par lequel le perforateur exerce ses fonctions. Un excentrique produit et règle la récurrence ou succession de trois mouvements : 1° le mouvement de va-et-vient d'un petit châssis qui contient une coulisse avec rainure destinée à recevoir la bande de papier et à la faire avancer pendant le déplacement en avant du châssis; 2° le soulèvement et l'abaissement d'un ressort qui maintient la bande de papier fixe pendant le mouvement en arrière du châssis, et lui permet de le suivre dans son mouvement en avant; 3° l'élévation ou soulèvement simultané de trois tiges minces ou fils placés parallèlement les uns aux autres, reposant par l'une de leurs extrémités sur l'axe de l'excentrique, pénétrant par leur autre extrémité libre dans des trous percés dans la rainure de la coulisse. Ces trois fils ne sont pas fixés à l'axe de l'excentrique, mais chacun d'eux est appuyé contre lui par un ressort poussant de bas en haut, de sorte que, si l'on exerce un léger effort sur l'extrémité libre de l'un quelconque des fils, le fil que l'on presse peut s'abaisser indépendamment des autres. Si la bande de papier n'est pas insérée ou mise en place, et si on fait mouvoir l'excentrique, une pointe attachée à chacun des fils extérieurs passe, durant chaque mouvement en avant et en arrière du châssis, du contact avec un ressort au contact avec un autre ressort; et, par le moyen de contacts et d'isolements convenablement ménagés, tout est disposé de telle sorte, que, pendant qu'un des fils est abaissé, l'autre restant soulevé, le courant passe de la pile voltaïque dans le circuit télégraphique, suivant une certaine direction, tandis qu'il passe dans la direction contraire, si le fil d'abord soulevé est maintenant abaissé, et réciproquement; le courant sera interrompu ou cessera de passer, si les deux fils sont à la fois soulevés ou abaissés. Si maintenant la bande de papier préparée est placée dans la rainure et entraînée en avant, quel que soit celui des deux fils qui entre dans un des trous de la rangée ou série qui lui correspond, le courant passe dans une direction, et, quand l'extrémité de l'autre fil entrera à son tour dans un des trous de la seconde rangée ou série, le courant passera dans la direction opposée. Par ce moyen, les courants sont amenés à se succéder l'un à l'autre automatiquement dans l'ordre et la direction voulus pour produire toute espèce de signaux. Le fil du milieu agit simplement comme guide du papier pendant la cessation des courants. La roue qui fait marcher l'excentrique peut être tournée par une force motrice quelconque.

« Au lieu de la pile voltaïque, on peut employer une machine magnéto-électrique ou électro-magnétique, comme source d'électricité. Dans ce cas, le transmetteur et la machine magnéto-électrique ou électro-magnétique forment un appareil unique, mû par la même puissance, et sont tellement adaptés l'un à l'autre, que les courants ou décharges sont produits au moment où les aiguilles du transmetteur entrent dans les trous du papier perforé. Lorsque le mouvement des transmetteurs sera effectué par des machines, un ou deux aides suffiront pour en surveiller un nombre quelconque et recevoir un nombre égal de dépêches.

« Le troisième appareil, appelé *récepteur*, produit à la station d'arrivée sur une bande de papier des marques ou points noirs correspondants dans leur arrangement régulier avec les trous du papier percé. Les plumes ou styles sont soulevées ou abaissées par leur liaison avec les parties mobiles ou armatures des électro-aimants; elles sont entièrement indépendantes l'une de l'autre dans leur action et tellement disposées, que, si le courant passe à travers le fil inducteur de l'électro-aimant, dans une direction, une des plumes est abaissée; et que, lorsque le courant passe en sens contraire, c'est l'autre plume qui est abaissée. Lorsque le courant cesse, de légers ressorts ramènent les plumes à leur position ou à leur élévation normale. L'encre est fournie aux plumes de la manière suivante : un réservoir de trois millimètres environ de hauteur, d'une longueur et d'une largeur convenables, fait d'une pièce de métal, est doré à l'intérieur pour prévenir l'action corrosive de l'encre qu'on y verse; le fond de ce réservoir est percé de deux trous assez petits pour que l'action capillaire empêche l'encre de couler par ces ouvertures; les extrémités de ces plumes sont placées immédiatement au-dessus de ces petits trous, et elles y pénètrent lorsque l'action de l'électro-aimant les abaisse, emportant avec elles une charge d'encre suffisante pour imprimer des marques ou points très-visibles à la surface du papier qui passe sous elles. Le mouvement ou la progression en avant du papier est produit et réglé par un mécanisme semblable à celui des récepteurs des autres télégraphes imprimants.

« Le quatrième appareil, appelé *traducteur*, a pour objet de traduire le signal télégraphique formé d'une succession ou ensemble de points ou de marques conventionnelles en caractères alphabétiques ordinaires.

« Dans le système que j'ai adopté, et qui limite à quatre le nombre des points entrant dans un signal, on dispose de trente caractères distincts. Le traducteur montre au dehors neuf touches, dont huit sont disposées sur deux rangées parallèles, quatre dans chaque rangée; la neuvième touche est placée séparément. La partie principale du mécanisme est une roue portant à sa circonférence trente types placés à des distances égales, représentant les lettres et autres caractères de l'alphabet. Un second mécanisme est tellement disposé et uni au premier, que, si l'on abaisse les touches de la rangée supérieure, la roue s'avance de 1, 2, 4 ou 8 pas ou lettres; que, si l'on abaisse de la même manière les touches de la rangée inférieure, la roue avance respectivement de 2, 4, 8 ou 16 pas ou lettres. Par cette disposition, lorsque les touches sont abaissées successivement dans l'ordre dans lequel les points sont imprimés sur le papier, c'est-à-dire si l'on abaisse la première touche pour un point, la première et la seconde pour deux points, etc., et que l'on choisisse les touches de la rangée supérieure ou de la rangée inférieure, suivant que le point est sur la ligne supérieure ou sur la ligne inférieure de la bande de papier imprimée, la roue à types ou lettres sera amenée dans la position convenable pour montrer la lettre correspondante à la succession ou ensemble de points tracés sur la bande. La neuvième touche, lorsqu'elle est abaissée, agit pour imprimer le type ou la lettre sur la bande, pour la faire avancer de manière à offrir une place fraîche ou libre à la roue à types, et pour ramener la roue à types à sa position première.

« Je termine par quelques remarques sur les avantages que présente le nouveau système.

« Quelle que soit la dextérité pratique que puisse acquérir un opérateur agissant par sa volonté, le résultat obtenu par lui sera toujours très-inférieur à celui qui sera donné par un procédé automatique qui n'est limité que par la vitesse que l'on peut imprimer aux mouvements du transmetteur. Dans l'état actuel de construction de mon appareil, on peut transmettre à des distances moyennes cinq fois plus de signaux qu'on ne peut en envoyer aujourd'hui; pour des distances très-considérables, et dans des conducteurs soumis à des influences inductrices, la vitesse de transmission est nécessairement limitée par la tendance que des courants très-courts ou qui se succèdent avec une grande rapidité ont à s'unir ou à se fondre l'un dans l'autre.

« Mais, alors même que le procédé automatique ne l'emporterait pas sur le mode d'expédition à la main au point de vue de la vitesse d'impression ou de transmission des dépêches, il n'en serait pas moins vrai qu'il possède des avantages incontestables. Actuellement, pour que le travail d'une ligne télégraphique soit profitable, il faut que l'opérateur arrive à manipuler aussi rapidement que le permet l'exactitude de la transmission de la dépêche; il faut beaucoup d'intelligence ou d'adresse pour devenir maître dans ce genre de manipulations; il faut en outre que la langue dans laquelle la dépêche est écrite soit tout à fait familière à celui qui l'expédie; car, s'il avait à envoyer une dépêche écrite dans une langue inconnue ou en chiffres, il serait forcé de procéder avec précaution et avec lenteur.

« Dans mon nouveau système, au contraire, les dépêches préparées sont transmises avec la même rapidité, dans quelque langue alphabétique ou chiffrée qu'elle soit écrite, et, comme les bandes-trouées peuvent être préparées à loisir, comme aussi elles peuvent être soumises à la révision d'un correcteur, on se trouve dans des conditions d'exactitude que le système de transmission volontaire à la main ne fournira jamais. S'il faut plusieurs aides pour préparer les dépêches que pourra expédier une seule ligne télégraphique constamment en activité, leur temps, au point de vue économique, aura beaucoup moins de valeur ou coûtera moins que le temps employé à transmettre un message à la main.

« Un autre avantage du nouveau système est que la même dépêche préparée peut être transmise par un nombre quelconque de lignes distinctes, sinon simultanément, du moins par une succession si rapide, qu'elle équivaut à la simultanéité; sans aucun travail additionnel, la même dépêche peut être transmise une seconde fois si cela est nécessaire; et les dépêches relatives à un service courant, journalier ou périodique, peuvent être gardées pour servir à une transmission nouvelle quand le besoin s'en fera sentir.

« Si le système de transmission automatique était généralement adopté, il serait plus convenable que les dépêches fussent préparées dans le bureau même qui commande leur expédition, d'autant plus que les appareils à l'aide desquels on les prépare sont très-portatifs et très-peu coûteux. Les opérations dans le bureau télégraphique se borneraient dans ce cas à faire passer les bandes trouées à travers le transmetteur d'une station, et à recevoir à l'autre station la dépêche imprimée. La traduction comme la préparation de la dépêche resteraient du ressort du bureau de l'administration qu'elle concerne.

« Dans le cas actuel, il ne s'agit pas de substituer à un genre d'habileté acquise un autre genre également difficile à acquérir; ce qui condamnerait l'universalité des employés à un travail long et pénible. La grande dextérité pratique exigée aujourd'hui ne sera plus nécessaire, puisque les principales et les plus laborieuses opérations sont entièrement automatiques ou mécaniques; il n'y a que fort peu de chose à apprendre, il y a plutôt quelque chose à oublier. »

TÉLÉGRAPHES IMPRIMEURS.

Bien que M. Vail la revendique pour lui-même, c'est à Wheatstone que revient la gloire d'être parvenu le premier à faire imprimer par le télégraphe lui-même les dépêches transmises d'une station à une autre. Il atteignit ce résultat en substituant au disque de papier de son télégraphe à cadran un disque mince en cuivre ou en bronze, divisé, du centre à la circonférence, en vingt-quatre secteurs disposés de manière que chacun formait un ressort sur les extrémités duquel on plaçait les caractères en relief. Un mécanisme additionnel, avec un échappement qui était mis en mouvement par un électro-aimant, obligeait un marteau à appuyer la lettre contre un cylindre, autour duquel étaient enroulées plusieurs couches de papier blanc et de papier rouge ou noir à calquer : on obtenait ainsi, sans créer de nouvelle résistance sur la roue motrice, plusieurs copies imprimées de la dépêche transmise.

Télégraphe de M. Bain. — Plusieurs personnes prétendent que le premier qui ait appliqué la télégraphie électrique à l'impression des dépêches est M. Bain, qui construisit en 1845 un télégraphe de cette espèce n'exigeant qu'un seul fil conducteur; mais, en réalité, son télégraphe était le même que celui de Wheatstone et ne différait qu'en ce que l'impression se faisait au moyen d'un second cadran indicateur pressé contre le papier chargé de noir de fumée. Depuis il en a changé la disposition et a adopté celle que nous allons faire connaître sommairement.

Comme dans les télégraphes français à cadran, un mécanisme d'horlogerie met l'appareil en mouvement; mais, au lieu de se servir d'un électro-aimant pour faire marcher ce mécanisme, M. Bain a utilisé la réaction d'un faisceau magnétique sur un cadre galvanométrique qui l'entoure. Les appareils sont identiques dans toutes les stations, et le mouvement des mécanismes d'horlogerie est synchronique dans tous, quand l'échappement part simultanément; on comprend alors que, si l'interrupteur du courant est disposé de manière que ce soit l'arrêt de la roue portant l'aiguille indicatrice qui produise l'interruption quand l'aiguille se trouve en face du signe que l'on veut transmettre, toutes les aiguilles des différents appareils s'arrêteront devant le même signe; et, si le mécanisme est combiné de telle sorte qu'il fasse tourner dans le même rapport un tambour sur lequel sont soudées les vingt-cinq lettres de l'alphabet, en relief, il sera facile de faire arriver en face d'un point fixe la lettre que l'on veut imprimer.

A côté du cylindre ou tambour sur lequel sont les caractères en relief, et auquel on donne le nom de *roue des types*, sur un axe qui porte une vis sans fin, est monté un autre tambour entouré d'une feuille de papier. Du côté opposé à celui de la roue des types, il y a un autre mécanisme d'horlogerie, qu'on nomme mécanisme imprimeur, dont l'échappement ne devient libre que quand le mouvement du premier s'arrête, et alors, au moyen d'un excentrique, il donne un mouvement d'impulsion à un levier coudé qui agit par pression sur la roue des types. Il résulte de cette disposition qu'au moment où la lettre en relief que l'on veut transmettre s'arrête devant le tambour recouvert de papier, le mécanisme imprimeur se met en jeu, le levier coudé presse fortement la roue des types contre le papier, et, s'il y a devant celui-ci une feuille de papier noirci, la lettre reste marquée. Pendant ce mouvement, le régulateur à force centrifuge, mis en liberté par l'échappement du mécanisme imprimeur, et recevant son mouvement du mécanisme de la roue des types, soit du télégraphe proprement dit, redevient sans action et retient le mouvement du mécanisme imprimeur au moyen d'un second arrêt, jusqu'à ce que, mis en marche de nouveau, il abandonne cet arrêt pour opposer le premier, et alors l'excentrique exerce une nouvelle pression.

Si le tambour sur lequel se trouve la feuille de papier engrène avec un pignon mû par une roue à rochet avec son arrêt, en rapport avec le levier coudé, chaque coup de presse fera avancer la surface du tambour de l'intervalle d'une lettre, et, comme la vis sans fin lui donne un mouvement de translation en même temps qu'a lieu celui de rotation, les mots de la dépêche resteront imprimés en spirale sur la surface du cylindre de papier.

Télégraphe de M. Siemens. — Au télégraphe à cadran que nous avons déjà expliqué, son auteur a ajouté, pour l'impression des dépêches, un mécanisme assez compliqué dont le principe est le même que celui qui a servi de base à son télégraphe à cadran; mais, au lieu d'aiguilles, l'axe de la roue à rochet porte la roue à types de Wheatstone, divisée en autant de secteurs faisant ressort qu'il y a de signes au cadran, chaque secteur portant un poinçon. Dans le mouvement de la roue, la lettre correspondante à celle qu'indique à chaque instant l'aiguille du cadran se trouve précisément au-dessus d'un marteau. Au-dessus de la roue est disposé un rouleau noirci, et entre ce rouleau et le poinçon passe la bande de papier à imprimer.

Il ne s'agit donc plus, pour imprimer, que de faire en sorte que chaque fois que l'on abaisse une touche du clavier d'un des télégraphes, le marteau frappe son coup de bas en haut : or il y a dans l'appareil un second aimant temporaire d'une grande puissance, qu'on appelle *l'aimant d'impression*, et dont les bobines sont en relation avec une pile locale.

Nous ne nous arrêterons pas à expliquer comment l'armature de l'aimant d'impression fait tourner le rouleau chargé d'encre, ni à décrire les autres particularités de l'appareil : cela nous entraînerait trop loin, et nous avons seulement à faire connaître le principe sur lequel il est fondé. Cependant, comme la condition la plus difficile à remplir, dans ces télégraphes, est celle de faire agir le mécanisme imprimeur au moment où la lettre désignée se présente, et non pas avant, nous constaterons que M. Siemens y est parvenu en construisant son *électro-aimant d'impression* de manière qu'il ne s'aimante suffisamment pour agir qu'après un intervalle de temps appréciable depuis la fermeture du circuit. Dans les ouvrages de MM. Moigno et Schellen, dont nous avons déjà parlé, on trouvera la description complète de cette partie du télégraphe de M. Siemens, non moins ingénieuse assurément, mais peut-être moins sûre que le cadran employé sur les lignes de chemins de fer allemands, et que nous avons expliqué avec plus de détail.

Télégraphe de M. Brett. — Quelques personnes regardent ce télégraphe comme le plus parfait qui ait été imaginé pour imprimer les dépêches, et il mériterait bien certainement que nous en donnassions une description complète pour faire connaître tout le talent de celui qui l'a construit; mais cette description nous prendrait trop de temps et d'espace; et nous recommandons de nouveau à cet égard l'ouvrage de M. l'abbé Moigno; nous nous bornerons à donner ici une idée de cet appareil d'après le résumé fait par M. du Moncel dans ses *Applications de l'électricité.*

Comme dans les télégraphes de MM. Bain et Siemens, la roue des types a pour moteurs des mécanismes d'horlogerie spéciaux, disposés de manière que le mouvement du levier d'impression est produit par la roue des types, qui est mue à son tour par l'action d'un électro-aimant interposé dans le circuit de la ligne; action qui s'exerce sur une ancre d'échappement dont la roue n'est autre que la roue des types elle-même. Ces types sont en acier et soudés autour de la roue, sur la circonférence de laquelle sont plantées des chevilles qui servent à l'échappement.

Le cylindre sur lequel est placé le papier se trouve fixé sur un axe horizontal à vis sans fin, qui permet d'obtenir le même effet que celui déjà indiqué à propos du télégraphe de M. Bain. Ce cylindre, placé à peu de distance de la roue des types, qui est verticale, peut, au moyen de deux bielles à excentriques, appuyer contre elle et recevoir ainsi l'impression du type qui se présente à cet instant. Le mouvement de va-et-vient du cylindre, ainsi que le mécanisme destiné à le faire correspondre exactement au passage de chaque lettre par le point de tangence avec la roue des types, a exigé une foule de précautions, que M. Brett a su prendre en considération et dont il s'est tiré avec une simplicité admirable; néanmoins nous n'en ferons pas la description, non plus que de la disposition adoptée pour faire en sorte qu'il n'y ait pas impression au passage de chaque lettre, mais seulement au passage de celle qu'on veut marquer; nous dirons seulement que l'inventeur emploie à cet effet un appareil hydraulique, qu'il nomme *gouverneur*, et dont l'objet est de faciliter le mouvement d'ascension et de rendre très-lente la descente d'un levier qui comprime le cylindre du papier contre la roue des types.

M. Brett a donné plusieurs formes à son communicateur : ce fut d'abord un clavier, comme celui de M. Froment, et depuis il le remplaça par un interrupteur circulaire mobile, comme ceux que l'on emploie communément dans les expériences de démonstration, c'est-à-dire une roue dont la circonférence est divisée en autant de parties qu'il y a de signes; mais ces parties sont alternativement isolantes et conductrices.

L'appareil avertisseur ou sonnerie fait partie du récepteur; il est excessivement simple; c'est tout bonnement un timbre dont le marteau est mis en mouvement par une came, comme ceux des moulins à farine.

M. Brett a modifié et perfectionné son télégraphe à plusieurs reprises, et il appelle très-particulièrement l'attention sur l'ordre dans lequel il a placé les lettres autour de la roue des types, ordre nécessaire pour abréger la transmission des dépêches, car dans la langue anglaise, et plus encore dans la langue allemande, la lettre *E*, par exemple, se présente trois mille fois, tandis que la lettre *Z* n'apparaît qu'une seule fois. Le télégraphe de M. Brett est connu aux États-Unis sous le nom de *télégraphe de House*.

Télégraphe de M. Freytel. — Ce télégraphe, qui a figuré à l'Exposition universelle de 1855, imprime la dépêche non plus sur une bande de papier plus ou moins longue, mais sur une large feuille, en lignes droites et superposées.

Ce télégraphe est basé sur ce qu'un électro-aimant, ayant deux armatures avec des ressorts antagonistes de différente force, peut agir sur l'une avec un courant d'une certaine intensité sans agir sur l'autre. Partant de ce principe, M. Freytel divise sa pile en deux parties, faisant agir une des deux moitiés sur l'armature qui commande le mécanisme télégraphique, et les deux ensemble sur le mécanisme imprimeur, qui fonctionne directement sans mouvement d'horlogerie.

M. Theiler, horloger du canton de Schwitz, a inventé et construit un télégraphe typographique qui a mérité les suffrages les plus élogieux d'une commission composée de MM. de la Rive, Colladon, Wartman, et autres personnes compétentes.

L'appareil a un clavier, composé d'autant de touches qu'il y a de signes, et communique par un seul fil conducteur avec la station de réception, où se trouve un mécanisme destiné à l'impression des dépêches, au moyen de deux roues dont le contour porte des types en relief qui prennent constamment l'encre en passant devant un rouleau d'imprimerie, et qui s'abaissent au moment opportun pour marquer sur le papier le signe voulu.

Le mécanisme du manipulateur a une certaine analogie avec celui qu'a inventé et exécuté M. Froment ; mais il en diffère essentiellement en ce qu'il suffit d'ouvrir et de fermer le circuit une seule fois pour la production de chaque lettre ; le jeu des touches est combiné avec un mécanisme à mouvement uniforme et exactement de la même vitesse que celui d'un autre mécanisme situé dans le récepteur, de manière qu'au lieu d'avoir une série d'interruptions et autant de fermetures du circuit qui mettent en communication les roues à impression avec les touches, c'est un mécanisme à échappement qui procure ici l'uniformité.

Après avoir énuméré quelques-unes des modifications que M. Theiler pourrait introduire dans son télégraphe, les membres de la commission terminent en disant : « En résumé, ce télégraphe, comme tous ceux qui servent à imprimer, a l'avantage de ne rien laisser à l'adresse ni à l'attention de l'employé, et présente en outre plusieurs combinaisons mécaniques trés-ingénieuses, parmi lesquelles nous sommes heureux de citer :

« 1° L'application de l'échappement libre au jeu du récepteur ;

« 2° La disposition au moyen de laquelle on réduit à deux les parties du commutateur qui agissent pour la transmission de chaque lettre ;

« 3° Le mécanisme destiné à tendre le ressort qui commande le rouleau où se meut la bande de papier continu ;

« 4° L'artifice au moyen duquel l'intervalle entre deux lettres reste constant et à l'abri de toute impression. »

Télégraphe typographique de M. Dumoulin. — Cet habile constructeur, qui s'est fait remarquer à l'Exposition de 1855 par quelques appareils très-ingénieux, a construit un télégraphe typographique qui mérite de figurer à côté de ceux que nous venons de mentionner; et, comme il n'a pas, que nous sachions, été décrit jusqu'à présent, nous nous y arrêterons un peu plus que sur les autres, et nous ajouterons à notre explication une figure, afin de nous mieux faire comprendre.

Le communicateur et le récepteur sont dans une même boîte, ou, pour mieux dire, chaque appareil sert de communicateur et de récepteur; et, comme dans l'appareil de M. Theiler, il suffit, pour imprimer chaque lettre, d'établir et d'interrompre une seule fois le circuit.

Il y a dans l'appareil un mécanisme d'horlogerie qui sert à mettre en mouvement quelques pièces du récepteur et du communicateur à la fois. La partie principale de ce dernier est représentée dans la figure 192. Elle consiste en une planche en bois

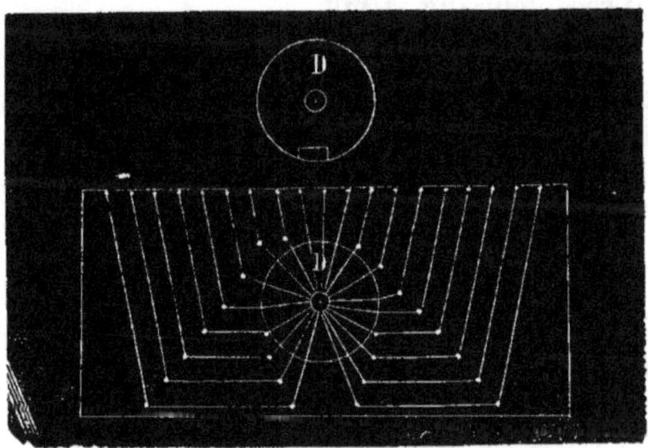

Fig. 192.

où se trouvent trente-deux plaques métalliques correspondant à un nombre égal de touches, avec lesquelles on indique et on imprime, comme nous allons le voir, un nombre double de signes. Chacune de ces plaques est mise en communication avec un des pôles de la pile quand on abaisse la touche correspondante du clavier, car ces touches portent un appendice élastique de cuivre argenté qui, en descendant, se met en contact avec les plaques. Celles-ci communiquent avec chacun des trente-deux ressorts qui entourent, en forme de rayons, le trou circulaire qui se trouve au milieu de la planche en bois. Tous ces ressorts appuient contre un disque en laiton *D*, qui est en contact avec le second pôle de la pile, après que le courant a parcouru les pièces correspondantes du récepteur à l'autre station. Nous savons, par conséquent, comment on établit le circuit; mais il nous reste à dire comment on peut l'interrompre sans cesser d'appuyer sur la touche si la marche de l'appareil l'exige. Le disque *D*, qui tourne par l'effet d'un mécanisme d'horlogerie, porte incrusté sur un point de son contour une petite lame d'ivoire qui, à mesure que tourne le disque, passe au-dessous de tous les ressorts communiquant avec les plaques métalliques, et, en arrivant à celle qui transmet le courant, celui-ci se trouve interrompu. Voyons maintenant l'effet que produisent sur le récepteur la fermeture et l'ouverture du circuit; nous avons recours pour cela à une figure de convention qui ne représente que la position des organes essentiels du récepteur (fig. 195).

Le courant de la pile, qui parcourt le communicateur, passe dans le récepteur par l'électro-aimant *E* d'un relais, dont l'armature *A*, selon qu'elle est ou non attirée, peut faire passer le courant de la pile locale *P'* par un autre circuit, en parcourant différentes pièces de l'appareil. Quand on abaisse une touche et que le courant passe, l'armature du relais est attirée par l'électro-aimant; elle touche la vis *T'*, et le courant de la pile locale passe par le circuit *P'T'E'*, suivant la direction des flèches. En *E'*, le courant aimante le fer doux d'un électro-aimant circulaire que fait tourner l'action du mécanisme d'horlogerie *M;* il attire vers lui l'armature *A'*, qui est un disque en fer doux aussi, monté sur le même axe que la roue *R;* les deux pièces suivent alors le mouvement rotatoire de l'électro-aimant circulaire, et, par conséquent, entraînent dans ce mouvement la roue des types *T*, qui tourne aussi pendant tout le temps que dure le passage du courant. Mais, aussitôt que la pièce en ivoire du communicateur interrompt le circuit principal, l'armature A du relais cesse d'être attirée et se sépare de la vis T' pour se mettre en contact avec

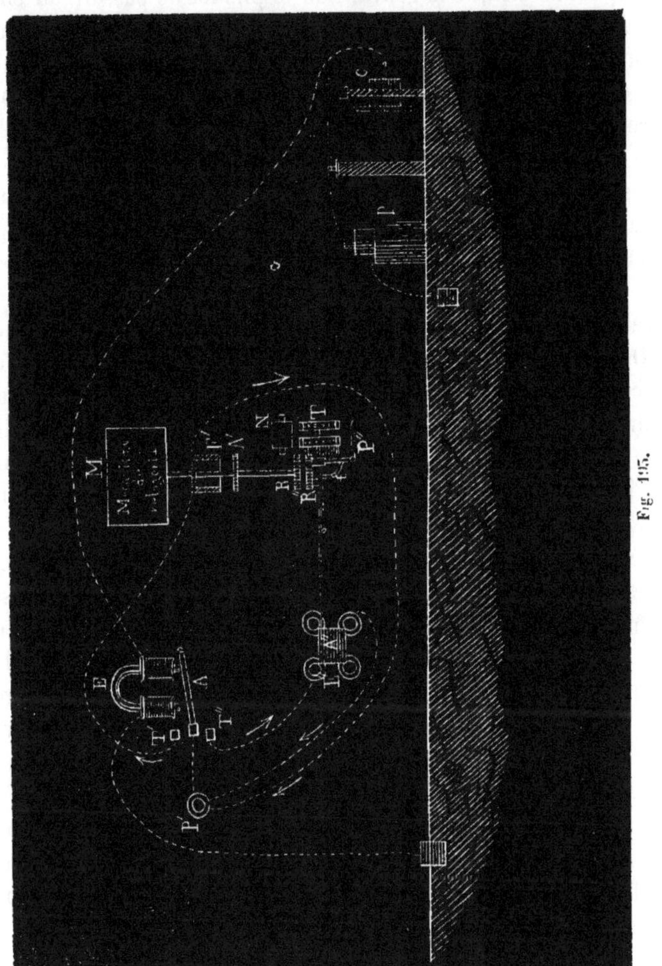

Fig. 195.

vis T'', et alors le courant de la pile locale passe par le circuit $P'T''E''$; le fer de l'électro-aimant circulaire perd son aimantation, l'armature A' s'en sépare et cesse de le suivre dans son mouvement de rotation, ainsi que la roue *R* et la roue des types, qui reste fixe, présentant la lettre désignée devant le papier et la presse qui se trouvent en *P''*.

Nous avons dit que le courant de la pile locale passait au circuit *P'T''E''*, dans lequel il parcourt les spires de l'électro-aimant *E''*, dont l'armature *A''* se met en mouvement en produisant deux effets : le premier, avant d'arriver au terme de son parcours, consiste à bien régler la position du type devant la presse, et, pour cela, il agit sur un levier terminé par la pièce triangulaire *t*, qui entre exactement dans l'espace triangulaire correspondant de la roue *R''*; le second effet consiste à faire appuyer la presse *P''* contre la roue des types, et, comme le papier passe entre elles deux, la lettre se trouve imprimée.

Tel est le mécanisme essentiel du télégraphe imprimeur de M. Dumoulin. Il embrasse encore une multitude de détails et d'accessoires aussi ingénieux les uns que les autres, comme, par exemple, la répétition des signes sur un cadran par une aiguille mise en rapport avec la roue *R*; et, le mécanisme d'horlogerie ne la faisant tourner dans le communicateur qu'après que le courant a parcouru le récepteur, cette indication fait savoir à l'employé qui transmet si la lettre a été imprimée à l'autre station et si c'est bien celle qu'il voulait transmettre; elle permet aussi à l'employé qui reçoit de lire en même temps, ce qui peut être fort utile dans certaines circonstances, comme, par exemple, lorsqu'il s'agit d'une dépêche si pressée, qu'on ne puisse attendre, pour en prendre connaissance, que l'impression en soit entièrement terminée; comme aussi lorsque l'encre de la roue *N* est trop sèche et que les types ne marquent pas très-bien; lorsque le papier se déchire, ou qu'il n'y en a plus, et qu'on ne peut pas sacrifier un instant pour en mettre de nouveau; enfin, c'est un excellent vérificateur. M. Dumoulin emploie deux séries de types semblables pour obtenir deux dépêches identiques, de manière que, le timbre étant posé sur toutes deux, l'administration expédie l'une d'elles et garde la sienne.

Le procédé mis en œuvre pour que l'impression des chiffres se fît indistinctement avec les mêmes touches et la même roue de types qui servent à l'impression des lettres n'est pas moins curieux ; l'employé n'a autre chose à faire pour cela qu'à abaisser une touche spéciale, au lieu de presser celle qui correspond aux intervalles de lettre à lettre. A cet effet, dans la roue *R''*, qui, comme nous l'avons dit, sert à bien fixer à sa place la roue des types, la cavité existant entre chaque dent, laquelle cavité correspond à la touche destinée à substituer les chiffres aux lettres, est beaucoup plus profonde ; la pièce triangulaire *t* s'y enfonce davantage, et le levier, en parcourant l'espace augmenté, pousse latéralement la roue des types de manière qu'elle ne présente plus à la presse la partie de son contour où sont les lettres, mais celle où se trouvent les chiffres ou les autres signaux.

Quand nous examinâmes pour la première fois cet appareil, M. Dumoulin n'avait pas cherché à remplir tant de conditions ; mais, en revanche, le mécanisme était beaucoup moins compliqué, et, bien qu'il se propose de le perfectionner en simplifiant les transmissions de mouvement, il a, à notre avis, le défaut de tous les télégraphes typographiques, la complication, qui, jointe à la difficulté de faire que les signaux du communicateur et du récepteur se correspondent exactement, comme il arrive aussi dans les télégraphes à cadran, diminue beaucoup l'avantage qui résulte de la possibilité de transmettre et de recevoir une dépêche, même quand on n'a fait pour cela aucun exercice préparatoire.

Télégraphe typographique de M. du Moncel. — M. du Moncel a publié en 1851 la description d'un système de télégraphe imprimeur qu'il avait fait construire, et qui fonctionnait sans mouvement d'horlogerie, sous l'influence seule du courant ; mais les modifications qu'il y a introduites afin de le rendre pratique en ont fait pour ainsi dire un autre appareil.

La grande difficulté dans les télégraphes typographiques est de parvenir à faire fonctionner le mécanisme imprimeur en n'employant qu'un seul fil conducteur, et de faire en sorte que ce mécanisme, restant immobile pendant le passage successif des lettres, n'agisse qu'au moment où se présente le signe que l'on veut transmettre. Pour obtenir ce résultat, nous avons vu que M. Bain se servait d'un double système d'arrêts mis en action par un régulateur à force centrifuge; que M. Brett employait un appareil hydraulique à mouvement ascendant accéléré et à mouvement descendant très-lent; M. Freytel rend inégale la tension des ressorts antagonistes des armatures qui mettent en mouvement et arrêtent le mécanisme de l'appareil compositeur et de l'appareil imprimeur; M. Siemens a recours à l'inertie d'aimantation des grands aimants, et M. Dumoulin profite de l'interruption du circuit principal pour faire passer le courant d'une pile locale du circuit où se trouve la roue des types à un autre circuit où se trouve l'appareil imprimeur. Excepté ce dernier, qu'il ne connaissait pas sans doute, M. du Moncel condamne tous les systèmes de télégraphes imprimeurs que nous avons mentionnés : les uns, comme celui de M. Siemens, parce qu'il en croit le principe peu rigoureux; les autres, parmi lesquels celui de M. Theiler, parce que, fondés sur une appréciation de temps, ils doivent se trouver en défaut à la moindre négligence des employés.

Son appareil se compose de deux systèmes tout à fait indépendants l'un de l'autre : le premier sert à faire arriver à un point fixe la lettre que l'on veut marquer, et consiste en un télégraphe à cadran ordinaire, dont l'aiguille indicatrice est remplacée par une roue très-légère sur laquelle sont fixés les signes ou types. Le second système, destiné à imprimer, se compose d'un piston élastique qui se meut horizontalement sur une coulisse, et dont la tige articulée correspond à une manivelle. Cette manivelle peut être mise en mouvement par un mécanisme d'horlogerie, mais elle est généralement maintenue dans une position fixe par un arrêt soumis à l'action d'un électro-aimant spécial. La palette ou armature de cet électro-aimant est en acier trempé et aimanté, de manière que la réaction du courant qui met en mouvement le premier système produit sur elle une répulsion quand il passe à travers l'électro-aimant qui lui correspond. La bande de papier sur laquelle doit s'imprimer la dépêche descend verticalement entre la roue et le piston, qui est précisément en face du point fixe ou signal; elle glisse sur deux tambours et vient s'enrouler sur un troisième cylindre muni d'une roue à rochet avec son arrêt, de manière qu'à chaque mouvement en arrière du piston la bande de papier avance de l'intervalle de deux lettres, comme dans le système de M. Brett. Les lettres de la roue des types prennent de l'encre en passant devant un rouleau d'imprimerie.

Le communicateur, dit M. du Moncel, peut être celui d'un télégraphe à cadran ordinaire, ou un clavier avec son inverseur, comme celui qu'a construit M. Mirand pour les concierges. Pour comprendre la manière dont fonctionne cet appareil, il faut se rappeler que le mécanisme ne s'arrête que sous l'influence de l'armature aimantée d'un électro-aimant dont l'action attractive est précisément l'inverse de celle qui agit sur le télégraphe. Il arrive donc que, pendant que celui-ci fonctionne, le mécanisme imprimeur reste inactif; mais, aussitôt qu'on a touché le commutateur de courants, le mécanisme devient libre, sans produire pour cela une réaction sur le télégraphe. Le piston avance alors vers la lettre de la roue des types qui se trouve devant le point de signal, et cette lettre demeure imprimée sur la bande de papier interposée.

Télégraphe de M. Digney. — Dans la séance du 22 décembre 1856, M. Babinet présenta à l'Académie des sciences un télégraphe dû aux frères Digney, et il énuméra les avantages de cet appareil en même temps qu'il fit voir des échantillons de plusieurs dépêches imprimées en caractères romains.

D'après la note même des inventeurs, ce télégraphe s'applique principalement et sans complication apparente aux télégraphes à cadran; c'est-à-dire que, pour la forme, il ressemble à celui de M. du Moncel; mais on peut, par son moyen, obtenir des dépêches tout imprimées, sans modifier d'une manière sensible les appareils actuellement en usage, ni leur manœuvre, c'est-à-dire que les employés s'en serviraient aisément sans nouvelle étude.

Le principe sur lequel est fondé le télégraphe de MM. Digney, et ce qui permet de l'appliquer aux récepteurs ordinaires, c'est qu'il est pourvu d'un manipulateur rhéotomique qui intervertit le courant pour produire le double résultat de la transmission et de l'impression. Sans entrer dans une description détaillée, qu'on trouvera dans le *Cosmos* du 27 décembre 1856, ou dans les *Applications de l'électricité* de M. du Moncel, nous dirons qu'au récepteur ordinaire d'un télégraphe à cadran on ajoute un autre électro-aimant, ou qu'on substitue à la palette d'échappement en fer doux un aimant artificiel, en fixant dans l'axe même de la roue à échappement un disque ayant des lettres en relief sur sa circonférence, et près duquel passe tangentiellement une bande de papier qui reçoit l'impression, quand un levier faisant corps avec la palette de l'électro-aimant supplémentaire produit en temps opportun la pression nécessaire.

Déjà, dans ses *Recherches sur la télégraphie électrique*, M. Gloesener proposait le plan d'un télégraphe typographique fondé aussi sur le renversement du courant pour arrêter le disque des types et fermer le circuit d'une pile locale qui devait mettre en mouvement le martinet d'impression.

M. Regnard avait proposé aussi un télégraphe typographique, construit comme son télégraphe à écran; mais il ne l'expliquait pas assez dans sa brochure de 1855 pour qu'on pût juger de son mérite. Dernièrement il a décrit un nouveau télégraphe imprimeur dont le récepteur, dit-il, est construit d'après les mêmes dispositions que son récepteur à cadran. Les électro-aimants animés par la pile du relais agissent aussi par impulsion sur un rochet qui porte, au lieu d'une aiguille, une roue autour de laquelle sont disposés des caractères d'imprimerie qui sont encrés par de petits rouleaux placés à droite et à gauche. La lettre à imprimer est amenée devant un repère par la succession de courants alternés; mais, en ce moment, le courant de la ligne étant interrompu, le relais transmet le courant de la pile locale à un rhéotome, et, au moyen de plusieurs pièces, agit sur l'appareil imprimeur. Le déplacement de la bande de papier s'opère progressivement, sans qu'il y ait besoin d'un appareil spécial, par l'action même de la pile locale.

Télégraphe imprimeur de MM. Gossin et Mouilleron. — Ces messieurs ont présenté d'abord un télégraphe dans lequel les vingt-cinq lettres de l'alphabet sont sur cinq roues de types indépendantes, mobiles dans deux sens, c'est-à-dire pouvant se déplacer latéralement au moyen d'un axe creux glissant sur une tige; de ces roues, il n'en marche qu'une à la fois, suivant le signe à transmettre, par l'action du manipulateur, qui, interrompant une, deux, trois ou quatre fois le courant, fait avancer d'une, deux, trois, quatre ou cinq dents une roue à échappement qui agit sur l'axe creux portant les roues des types et présentant, selon sa position, chacune de celles-ci au mécanisme imprimeur, qui se trouve fixe. Le manipulateur est composé de cinq leviers à manche articulé, dont chacun réalise trois effets différents : d'abord, avant d'atteindre la première lettre de celles qu'il commande, il opère, suivant son numéro d'ordre, une, deux, trois ou quatre fermetures du courant pour placer la roue des types correspondante en face du mécanisme imprimeur; puis le courant se renverse à un moment donné, et produit une interruption pour la première lettre, deux pour la seconde, etc., jusqu'à la cinquième; enfin, la lettre étant devant le mécanisme imprimeur, le levier reprend sa position primitive, et alors une bascule dont ils sont tous armés renverse de nouveau le courant et détermine la pression.

Un autre appareil des mêmes inventeurs, proposé quelque temps après, se rapproche davantage des télégraphes typographiques ordinaires, et surtout de celui de M. du Moncel, dit lui-même ce savant physicien. Dans cet appareil, ajoute-t-il, le mécanisme compositeur fonctionne, comme celui des télégraphes à cadran, sous l'influence du courant dirigé dans un sens, et le mécanisme imprimeur sous l'influence du courant renversé. Le manipulateur est analogue à ceux des télégraphes à cadran de M. Breguet.

Télégraphe de M. Grimeaux. — Le manipulateur de ce télégraphe est semblable aussi à celui que nous venons de mentionner, et c'est quand la manivelle arrive au repère, après avoir été chercher la lettre, que l'inversion du courant s'effectue pour produire l'impression. La roue des types, ici, au lieu de porter les caractères en relief sur son exergue, n'est qu'une simple étoile ayant vingt-huit rayons qui tourne sans mouvement d'horlogerie sous l'influence d'un rochet. L'impression s'effectue par l'action directe d'un électro-aimant qui met en jeu l'inversion du courant.

Télégraphe de M. Queval. — Le récepteur de ce télégraphe fonctionne, comme le précédent, sans mouvement d'horlogerie, sous l'influence d'un double relais ayant une disposition particulière, et le marteau imprimeur, en réagissant sur la roue des types, forme relais à plusieurs contacts pour renvoyer le courant à différents avertisseurs au moment où il entre en fonction. Le manipulateur est encore le même que celui des télégraphes à cadran de M. Breguet, avec certains accessoires.

Télégraphe imprimeur de M. Breguet. — Cet appareil, construit en 1847, dit M. Breguet lui-même, est resté abandonné pendant dix ans, parce qu'il ne présentait pas de véritables avantages dans la pratique. Cependant son auteur imagina plus tard de n'établir le courant qui fait marcher l'appareil imprimeur qu'au moment précis où cela est nécessaire ; et voici de quelle manière il fit l'application du principe.

« Dans tous mes télégraphes (c'est M. Breguet lui-même qui parle) il y a un échappement dans lequel l'armature, attirée successivement par l'électro-aimant, fait l'office du balancier dans une horloge. Cette palette est limitée dans ses oscillations par deux vis dites de réglage; contre ces vis vient battre un bras faisant corps avec la palette.

« Sur le côté de ce bras, qui vient appuyer contre une des vis, quand la palette est attirée par l'aimant, je place un ressort qui, dans ce cas, vient presser sur la vis.

« A l'extrémité de ce bras est un autre ressort qui peut venir toucher à une vis, quand le premier fléchit sous la force de l'aimantation.

« Ce nouveau ressort et la vis sont chacun le pôle d'une pile dont le courant passe autour de l'électro-aimant du mécanisme imprimeur. Cet électro-aimant est actif, du moment où ces deux pièces viennent à se mettre en contact.

« En transmettant des signaux à raison de trente-cinq par minute, quand on passe d'une lettre à une nouvelle lettre, le courant circule autour de l'aimant en 0s,07, et, au moment où l'on s'arrête sur la lettre que l'on veut expédier, il passe pendant 0s,40, à peu près cinq fois plus de temps. Eh bien, dans ce dernier cas, cela suffit pour que l'aimantation fasse fléchir le ressort du réglage et permette à l'autre ressort d'établir le courant de la pile de l'imprimeur. »

Le manipulateur n'a pas besoin d'une mention particulière, car c'est le même que celui employé par M. Breguet dans ses premiers télégraphes, où il faisait faire deux oscillations à la palette pour chaque dent de la roue d'échappement, qui en avait alors vingt-six.

Télégraphe imprimeur pour les signaux de M. Chape. — Ce télégraphe, imaginé et construit par M. Breguet pour obtenir l'impression des signaux télégraphiques de l'ancien télégraphe du gouvernement français, est très-compliqué. Nous nous bornerons à transcrire ici les quelques mots qu'en a dits M. du Moncel.

« Si les huit positions de chaque aiguille des anciens télégraphes du gouvernement français sont gravées en relief (chacune en particulier) sur huit aiguilles mobiles, on pourra faire en sorte, par la manière dont seront disposés entre eux les appareils transmetteurs et récepteurs, de faire arriver devant un point de repère fixe celle de ces aiguilles qui portera le signe transmis. Supposons donc que ce point de repère se trouve précisément au point de tangence des circonférences décrites par les deux systèmes d'aiguilles, et admettons que là précisément se trouve disposée en relief une barre placée dans le sens de la ligne qui joint le centre de ces deux systèmes, on concevra que les signes, en arrivant au point de repère des deux côtés de cette traverse, dessineront le signe télégraphique. Pour l'imprimer, il ne s'agira donc que de faire passer une bande de papier au-dessus et de la presser contre les reliefs, soit par l'intermédiaire d'un excentrique mis en mouvement par un mécanisme d'horlogerie détendu à temps, et relevé ensuite par ce mouvement d'horlogerie. Cette partie du mécanisme peut être combinée comme celle des mécanismes imprimeurs que nous avons déjà étudiés. Dans tous les cas, il faut que cette action mécanique soit suivie ou précédée d'une réaction sur les cylindres qui portent la bande de papier, de manière à la faire avancer d'une distance suffisante pour que les signes ne se superposent pas. »

Nous n'ignorons pas qu'après le télégraphe de M. Breguet on en a construit d'autres de la même espèce; mais nous ne les connaissons pas, et leur étude n'offre plus grande importance.

TÉLÉGRAPHES ÉLECTRO-CHIMIQUES.

Télégraphe de M. Bain. — L'invention de ce télégraphe, établi en Angleterre, de Londres à Manchester, et de Manchester à Liverpool, et sur plusieurs lignes des État-Unis d'Amérique, est une de celles qui feront époque dans l'histoire de la télégraphie, tant par la nouveauté du principe que par la simplicité du mécanisme, qui l'emporte même sur celle du télégraphe de Morse, car le télégraphe de M. Bain n'exige pas d'électro-aimant.

Voici le principe sur lequel est fondé cet appareil : un courant électrique décompose un sel métallique, en faisant reparaître le métal au pôle négatif; si une feuille de papier, imbibée d'abord d'une dissolution de cyanure de potassium et plongée ensuite dans de l'acide chlorhydrique, est exposée, humide encore, à l'action du courant, qui passe par une pointe de fer ou d'acier en contact avec le pôle positif, la pointe laissera un trait bleu qui se prolongera pendant tout le temps que le courant continuera de passer; et, au contraire, la pointe ne produira aucun signe sur le papier quand le courant sera interrompu.

On comprend que si le courant passe un moment et disparaît presque instantanément, la pointe de fer marquera un point; si le courant persiste pendant quelques instants, la pointe marquera un trait; et, à chaque interruption, il restera un espace blanc; on pourra par conséquent obtenir une dépêche écrite en caractères semblables à ceux du télégraphe Morse, composée de points et de traits combinés, mais sans qu'il soit besoin d'un électro-aimant pour mettre en mouvement la pointe; il suffira que celle-ci reste toujours appuyée sur le papier humide : la simple interruption et la fermeture du circuit dans le manipulateur suffit à marquer un point ou un trait sur le papier, quand celui-ci passe, entraîné par un mécanisme d'horlogerie ou par la main.

Soient *F* (fig. 194), une bande de papier imprégnée de cyanure de potassium et d'acide hydrochlorique; *R*, un rouleau métallique sur lequel passe la bande de papier; *Z*, le pôle négatif de la pile, qui, au moyen d'un ressort mince, au lieu de pointe, se met en communication avec le papier; et *C*, le pôle positif qui communique avec le rouleau métallique : si dans l'autre station on interpose dans le circuit la clef du télégraphe de Morse (fig. 188), les signaux se transmettront comme dans celui-ci.

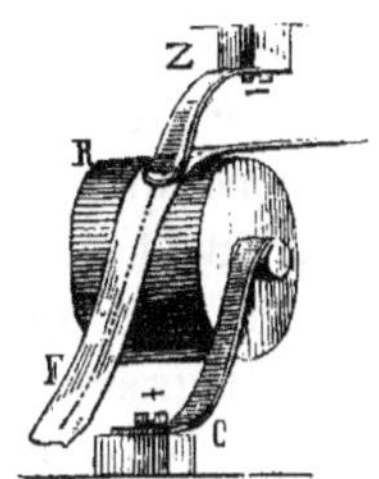

Fig. 194.

M. Bain, cependant, a donné une nouvelle forme à son manipulateur pour éviter que ce soit la main de l'employé qui fasse les signaux, et ceux-ci sont produits par un mécanisme sur lequel ils ont été préparés d'avance.

Il découpe dans une bande de papier des trous ronds et d'autres longs, comme les signes que doit tracer la pointe de fer dans le récepteur. Il enroule ensuite cette bande de papier, ainsi percée, sur une poulie, où elle est, pour ainsi dire, emmagasinée, et un mouvement d'horlogerie la déroule peu à peu pour la faire passer par deux cylindres métalliques. Un de ces cylindres est en rapport avec l'une des branches du circuit, et peut le fermer au moyen d'un ressort qui appuie sur sa surface convexe; mais, comme la bande de papier est interposée entre le cylindre et le ressort, ces deux pièces métalliques ne sont en contact, et, par conséquent, le courant ne circule que quand le ressort passe sur un des trous du papier. L'impression qui se produit sur l'autre extrémité de la ligne n'a pas besoin d'action mécanique, donc elle est instantanée, et la transmission peut être faite avec toute la rapidité que l'on désire; elle ne dépend que de la vitesse du mouvement d'horlogerie qui développe la bande de papier dans le communicateur. Chaque appareil est double et porte ensemble le communicateur et le récepteur.

M. Pouillet dit qu'ayant eu occasion de déchiffrer une dépêche d'une page, transmise de Paris à Paris même en passant par Lille, c'est-à-dire, par un circuit de 650 kilomètres, à raison de 1,100 à 1,200 signes par minute, il n'y trouva pas une seule faute. Il est donc certain, attendu la simplicité de l'appareil et la rapidité, la sûreté avec lesquelles il transmet par un seul fil conducteur des signes que l'on met tout tracés dans le communicateur, et qui s'obtiennent tout écrits dans le récepteur, sans exiger, par conséquent, l'attention soutenue des employés, qu'il n'y aurait aucun télégraphe qui pût lui être comparé, n'était la difficulté de préparer convenablement le papier; difficulté que n'ont pas pu surmonter d'une manière satisfaisante tous les efforts tentés depuis quelque temps par ceux qui s'occupent de télégraphie électrique. Dans le télégraphe de M. Bain le papier passe sur un paquet de mèches de coton à moitié plongées dans de l'eau, pour lui conserver constamment l'humidité dont il a besoin pour devenir bon conducteur et subir l'action électrolytique. Quand il est trop humide il est exposé à se briser; quand, au contraire, il ne l'est pas assez, les signaux ne se produisent pas distinctement et exigent que le courant soit plus fort et que le contact entre le papier et la pointe de fer soit prolongé davantage.

M. Varley, ingénieur, employé à la station centrale des télégraphes à Londres, a proposé plusieurs modifications et un télégraphe électro-chimique dans lequel le papier se trouvait imprégné d'iodure de potassium et d'amidon, de manière qu'une pointe de platine ou de tout autre métal, en décomposant l'iodure par l'action électrique, laisse en liberté l'iode, et celui-ci agit sur l'amidon en le colorant en bleu. M. du Moncel assure que le système de M. Bain est préférable, et probablement M. Varley a reconnu la vérité de cette assertion, car aujourd'hui il applique ses autres perfectionnements au télégraphe même de M. Bain, à celui de M. Morse et au télégraphe à aiguilles, qui est susceptible de les admettre aussi.

Les perfectionnements proposés par M. Varley consistent : 1° en une clef ou manipulateur qui renverse le courant et décharge le fil conducteur à chaque mouvement; 2° en un relais dans lequel on met à profit l'action de la pesanteur pour établir le contact, de manière qu'elle devient un auxiliaire de l'électricité et qu'on utilise ainsi la somme des deux forces au lieu de la différence; 3° en une disposition particulière du relais, par suite de laquelle, en établissant le contact obliquement ou par glissement, on déplace la couche d'air interposée, ce qui permet d'utiliser toute la force de la pile et de faire fonctionner les appareils même quand il y a quelques pertes d'électricité, faute d'isolement.

D'après le *Cosmos*, à travers un circuit de 428 kilomètres (200 kilomètres de câble sous-marin, 40 de fil souterrain et 188 de fil aérien), M. Varley aurait transmis et imprimé 701 mots en vingt minutes et demie : c'est la plus grande vitesse qui ait été obtenue avec un télégraphe écrivant, même le circuit étant tout entier composé de fils aériens.

M. Gloesener a construit un télégraphe qu'il appelle télégraphe chimique, dans lequel les signes s'obtiennent sur une feuille de papier ordinaire trempée dans une dissolution de teinture de tournesol, tracés par une plume composée d'un fil de platine fixé par une de ses extrémités à une palette d'acier aimanté, et portant à l'autre extrémité un petit cône en pierre ponce plongé dans de l'acide sulfurique concentré. Comme dans les autres télégraphes de M. Gloesener, l'action est à double effet au moyen de deux électro-aimants qui renversent les courants au lieu de les interrompre.

L'auteur assure que ses expériences ont été très-satisfaisantes, que l'action de la plume sur le papier est instantanée et les points et les traits rouges parfaitement visibles. Toutefois nous ne croyons ce télégraphe ni aussi rapide ni aussi sûr que celui de M. Bain, parce que, en somme, il exige une force mécanique dans l'appareil récepteur, et que la préparation du papier peut avoir quelque influence nuisible sur la netteté des signaux.

TÉLÉGRAPHES AUTOGRAPHIQUES.

L'idée du télégraphe autographique dut suivre immédiatement l'invention du télégraphe électro-chimique, et MM. Bain et Wheatstone s'en disputent la priorité ; mais la première mention de cette merveilleuse découverte se trouve dans la *Litterary Gazette* du 23 septembre 1847 : « On a fait, la semaine dernière, l'essai du télégraphe électrique autographique inventé par M. Backwell, et qui a pour objet de transcrire à distance des copies d'une dépêche écrite, de telle sorte que le correspondant reconnaisse immédiatement l'écriture de celui qui lui adresse une nouvelle ou un ordre. Les expériences ont été faites sur l'embranchement du télégraphe électrique établi par la compagnie générale entre Seymour-Street et Slough, et il s'agissait de savoir si le même courant si faible qui met en jeu le télégraphe à aiguilles pouvait suffire à la transmission autographique des dépêches. Nous apprenons que le résultat obtenu est des plus satisfaisants, et que des copies très-lisibles de dépêches écrites de Londres ont été obtenues à Slough avec une rapidité de transmission double de celle qu'aurait donnée le télégraphe à aiguilles. On ajoute que M. Backwell s'engage, avec l'aide d'un seul fil conducteur, à faire écrire 400 lettres par minute. »

N'ayant pas eu l'occasion d'étudier le mécanisme du télégraphe autographique de M. Backwell, nous reproduirons ce qu'en pensait M. du Moncel, car, bien qu'il ne le connût pas non plus, il avait pu voir quelques échantillons d'écriture présentés à l'Exposition de Londres en 1851.

« Un mouvement de va-et-vient d'une pointe métallique mobile peut être facilement obtenu de la part d'un appareil d'horlogerie, et ce mouvement imprimé à la pointe peut, par l'intermédiaire d'une vis sans fin, être combiné avec un mouvement de translation dans un sens qui lui soit perpendiculaire. Si cette pointe était un crayon, elle dessinerait des hachures plus ou moins serrées, suivant le pas de la vis, et la surface qu'elle devrait couvrir serait d'autant plus vite remplie que le mécanisme d'horlogerie tournerait plus vite aussi. Supposez donc à chaque station un mécanisme ainsi établi, et admettez qu'au-dessous des pointes métalliques soient placées, d'un côté à la station *A*, une feuille de papier préparé au cyanure de potassium, comme nous l'avons indiqué précédemment, et appliqué sur une plaque métallique en rapport avec la branche négative du courant; d'un autre côté, à la station *B*, la dépêche, qu'on aura eu soin d'écrire sur du papier métallique, du papier d'étain, je suppose : il arrivera que si le courant passe de la pile à la feuille d'étain, et qu'un fil métallique unisse d'une station à l'autre les deux pointes qui seront animées d'un mouvement synchronique par l'effet d'un déclenchement simultané de leur mécanisme d'horlogerie, il arrivera que ce courant ne sera interrompu à la station qui transmet que quand le style de la station *B* passera sur le corps même de l'écriture. Le style de la station *A* qui reçoit dessinera donc constamment des hachures bleues (par suite de la décomposition du cyanure) qui ne seront interrompues qu'aux différents points où le style transmetteur aura rencontré l'écriture. Or, comme le mouvement des deux styles est synchronique, la série d'interruptions produites par l'écriture sur la feuille d'étain composera, au milieu des hachures bleues de la feuille recouverte de cyanure, une série de points blancs qui reproduiront en blanc l'écriture même de la dépêche. »

M. du Moncel a fait construire un télégraphe de ce genre pour des expériences de cabinet.

L'idée de M. Backwell une fois connue, plusieurs personnes se sont mises à l'œuvre pour résoudre le même problème, tantôt suivant le même principe, tantôt s'en écartant un peu, mais toujours prenant pour base le télégraphe électro-chimique et quelquefois la marche synchronique des appareils placés aux deux stations.

Télégraphe de M. Caselli. — M. Caselli est celui qui paraît avoir le mieux réussi à donner une solution au problème; mais nous ne nous arrêterons pas à décrire son système, qui, quoique imparfaitement connu jusqu'à présent, a été longuement expliqué par M. du Moncel dans le quatrième volume des *Applications de l'électricité;* il suffit de dire que M. Caselli obtient un synchronisme parfait au moyen d'un pendule moteur à chaque station, pendule qui est lui-même un électro-aimant, ou plutôt qui se termine par un électro-aimant semblable à ceux qu'emploie M. Cecchi dans sa machine d'induction et qui, en réagissant aux deux extrémités de l'arc d'oscillation sur deux armatures de fer doux, peut arrêter momentanément le mouvement avant les oscillations rétrogrades, et ne le laisser continuer qu'après un temps déterminé. A cet effet, le courant qui anime l'électro-aimant de chaque pendule n'est fermé qu'à la fin de chaque oscillation, et est assez énergique pour réagir sur une masse aussi pesante que celle présentée par les pendules; ceux-ci font automatiquement l'interruption du courant, de manière qu'elle est la conséquence d'une de leurs positions déterminées et symétriques, et enfin, l'oscillation terminée, quoique animés chacun d'un mouvement mathématiquement différent, ils restent maintenus aux points extrêmes par l'adhérence, de manière à perdre leur vitesse acquise et à se trouver au commencement de chaque oscillation dans des conditions identiques. On conçoit que, ces problèmes partiels étant dûment résolus (et ils le sont, d'après M. du Moncel, si sévère d'ordinaire), le crayon ou style interrupteur étant attaché à un chariot mobile mis en rapport avec la tige du pendule, l'effet du télégraphe de M. Backwell sera produit, avec cet avantage qu'au lieu que l'écriture soit prise en travers, moyen qui exige un grand nombre d'interruptions faites à de très-courts intervalles de temps, les lignes seront prises dans le sens de la longueur, même quand elles auraient 30 centimètres, de manière que, l'intervalle des courses étant beaucoup plus long, l'effet se produira cependant en moins de temps.

M. Caselli paraît être parvenu aussi à obtenir l'écriture du télégraphe Backwell renversée, c'est-à-dire que, au lieu d'être blanches sur un fond bleu, les traces électro-autographiques sont bleues sur un fond blanc. Cette partie de l'invention de M. Caselli est encore un secret, ses droits n'étant pas suffisamment garantis. M. du Moncel croit avec raison qu'un principe analogue à celui employé pour la transmission simultanée de deux dépêches en sens contraires pourrait résoudre ce problème. (*Voyez* à la fin de ce chapitre.)

Télégraphe de M. Bonelli. — Afin d'éviter la complication des appareils qu'exige le synchronisme parfait des systèmes Backwell et Caselli, M. Bonelli propose de se servir de deux peignes métalliques composés de cinquante dents toutes isolées les unes des autres et assez serrées pour être contenues dans une largeur de 1 centimètre. Le mécanisme n'est pas bien compliqué, car il suffit de passer en même temps ces deux peignes, qui constituent l'un le récepteur et l'autre le transmetteur, sur la bande de papier d'étain où se trouve écrite la dépêche et sur le papier électro-chimique qui doit la recevoir; mais l'embarras, c'est qu'il faut cinquante fils de ligne. Inutile de nous arrêter à d'autres considérations, celle-là suffit pour faire comprendre combien l'invention de M. Bonelli est peu pratique, car il ne s'agit plus ici de pouvoir isoler les fils, comme il prétendait le faire pour ses bobines économiques; et même, l'isolement obtenu, il resterait encore d'autres difficultés à vaincre, et des inconvénients graves, tels que l'action des courants d'induction les uns sur les autres, les frais de construction, etc., etc.

Télégraphe autographique de M. Hipp. — Ce télégraphe diffère de ceux que nous venons d'expliquer en ce que la pointe métallique, au lieu de tracer une série de lignes droites presque en contact les unes avec les autres, parcourt un chemin sinueux. Quoique très-ingénieux, cet appareil n'est pas véritablement un télégraphe autographique.

« La partie active de ce télégraphe, dit M. du Moncel, est un mouvement d'horlogerie qui a pour effet de faire parcourir à une tige métallique un chemin sinueux ayant la forme de la figure 195 :

chaque station a un mécanisme semblable, et tous ces mécanismes sont soumis, sous l'influence du courant, à un mouvement synchronique. Les appareils des deux stations sont disposés de manière que les tiges mobiles soient constamment appuyées, l'une sur une bande de papier recouverte de cyanure de potassium qu'entraîne d'un mouvement uniforme et saccadé le mécanisme d'horlogerie, l'autre sur le plateau métallique où se place le papier chimique. Un commutateur en rapport avec ce plateau et le fil de la ligne permet de fermer le courant en temps opportun.

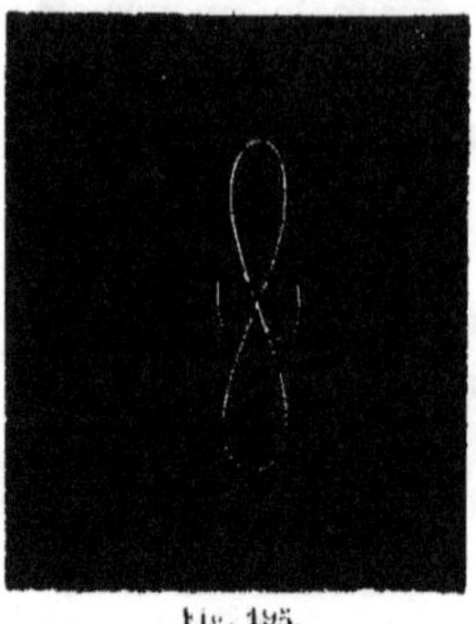

Fig. 195.

« Si l'on examine que les sinuosités parcourues par les pointes peuvent, suivant que l'on considère telle ou telle partie de leur contour, représenter les différentes lettres de l'alphabet, on comprendra qu'il suffira d'appuyer le doigt sur le commutateur de la station qui parle, précisément au moment où elle commencera à décrire la sinuosité qui représente la lettre à transmettre, pour qu'en ce moment même le courant soit fermé et fasse marquer cette lettre à la pointe de fer agissant sur le papier recouvert de cyanure de potassium. »

Plusieurs autres télégraphes autographiques ont été proposés, notamment ceux de MM. Lacoine, Bienaymé et Lucy, que nous n'essayerons pas de décrire, mais que nous voulons seulement indiquer sommairement.

M. Lacoine a tenté de résoudre le problème mécaniquement fondé sur ce que tout mouvement peut être produit par la combinaison de deux mouvements rectangulaires. En effet, au moyen d'une équerre (au sommet de laquelle se trouve un crayon qui sert à tracer les lettres), il transmet deux courants en relation avec les deux branches de l'équerre qui font répéter les mêmes mouvements, à l'aide des deux roues interruptrices, à une autre équerre qui constitue le récepteur et dont le crayon marque les mêmes sinuosités que le transmetteur; car les deux branches au sommet desquelles il se trouve avancent au moyen de deux crémaillères et de deux roues dentées mises en mouvement par deux électro-aimants, et ceux-ci ne fonctionnent que d'après le nombre d'interruptions qu'ont subi les courants dans l'autre station. C'est le même principe que celui du télégraphe à cadran.

M. Bienaymé paraît avoir cherché à résoudre le même problème, mais il s'est proposé d'employer un seul fil télégraphique, et, par conséquent, son mécanisme est différent; cependant la transmission s'y fait de la même manière au moyen d'un crayon attaché à une pièce qui rend ou non conductrices quatre lames, selon que le mouvement se fait à gauche, à droite, vers le haut ou vers le bas. On obtient les mêmes mouvements dans le récepteur à l'aide du même principe qui fait fonctionner les télégraphes à cadran.

Quant à l'idée de M. Lucy, nous dirons seulement qu'elle exige le synchronisme comme celle de M. Backwell, bien qu'il ne se serve plus du papier électro-chimique, mais d'un tire-ligne qui marque sur le papier quand le style du transmetteur passe par les interruptions du papier métallique où sont tracés les lettres ou signes.

TÉLÉGRAPHE PHOTO-ÉLECTRIQUE DE M. MARTIN DE BRETTES.

Il a été lu à l'Académie des sciences de Paris, dans sa séance du 7 juillet 1856, une note de M. Martin de Brettes, officier d'artillerie, qui réclamait la priorité d'invention d'un système de correspondance télégraphique au moyen de signaux courts et longs produits par la lumière électrique, et dont la durée est déterminée par des rhombes plus ou moins allongés découpés sur une feuille de papier. Comme le fit très-bien remarquer M. Leverrier dans la même séance, c'est une application de l'alphabet du télégraphe de M. Morse. Indépendamment de la question de priorité, nous reconnaissons à ce télégraphe un avantage sur le télégraphe solaire de M. Leseurre, contre lequel M. Martin de Brettes réclamait : c'est qu'il peut servir la nuit; et nous trouvons extraordinaire qu'à propos de cela un des savants académiciens ait émis l'opinion suivante, qui, du reste, n'est que trop répandue : *que, le système à signaux chronométriques de M. Leseurre étant excellent, il était inutile de chercher mieux.*

TÉLÉGRAPHE ÉLECTRIQUE GLOBO-TYPE.

Cet appareil, ainsi nommé par son inventeur, M. Callum, a été décrit par le *Practical mechanic's Journal;* voici en quoi il consiste :

Les signaux sont formés par des boules en verre de trois couleurs et dimensions différentes, disposées sur trois rangs, et qui, roulant dans des rainures pratiquées tout le long d'un plan incliné, viennent se placer, dans l'ordre de leur chute, derrière une plaque de cristal. L'ordre de succession forme les lettres, qui s'aperçoivent très-facilement. Celui qui transmet la dépêche a devant lui trois touches qui correspondent aux trois sortes de boules, et, chaque fois qu'il en presse une, le circuit électrique se ferme, et un électro-aimant déclenche l'arrêt qui retenait la boule que l'on veut faire tomber.

Nous avons passé une revue abrégée de tous les télégraphes que nous connaissons, et qui méritent une place dans l'histoire des *Applications de l'électricité*, soit en raison de l'époque où ils furent inventés, soit parce qu'ils sont employés actuellement sur les lignes télégraphiques, soit enfin parce qu'ils renferment des modifications vraiment utiles ou ingénieuses, qui tôt ou tard, sur le terrain de la pratique, seront appelées à rendre de grands services.

C'est avec intention que nous avons omis dans ce chapitre quelques appareils spéciaux, comme, par exemple, le télégraphe portatif de M. Breguet : nous croyons devoir préférablement nous en occuper lorsque nous parlerons des moyens qui ont été adoptés sur quelques lignes de chemins de fer pour éviter ou amoindrir les déplorables effets d'un accident.

Il ne nous reste plus qu'à faire connaître quelques appareils accessoires, mais cependant très-importants, et plusieurs modifications, aussi du plus grand intérêt, qui sont applicables à tous les systèmes de télégraphie ou à plusieurs d'entre eux réunis, et qui exigent par conséquent un paragraphe spécial.

PARAFOUDRES DES LIGNES TÉLÉGRAPHIQUES.

« En 1846, au mois de mai, un orage violent eut lieu à Saint-Germain, et il arriva qu'au moment de l'apparition d'un éclair tous les fils de la station du Vésinet, au bas du chemin de fer atmosphérique, furent brûlés et les appareils mis hors de service.

« Cet événement nous suggéra (c'est M. Breguet qui parle) l'idée d'appliquer un fait bien connu en physique : c'est que plus un fil est mauvais conducteur, plus il s'échauffe par le passage d'un courant électrique, et que cela peut même aller jusqu'à la fusion.

« C'est là que nous fîmes la première application de ce principe, laquelle depuis a été adoptée partout. Nous en avons fait un petit appareil appelé paratonnerre (fig. 196); il consiste en une petite planche sur laquelle sont placés deux boutons à une distance de six à sept centimètres, un fil très-fin en fer les relie entre eux. Cet appareil s'intercale dans le fil de ligne, de manière que, de quelque côté que soit dirigé le courant, il passe toujours dans le paratonnerre. Nous avons choisi le fer, parce que, comme nous l'avons vu, il est cinq à six fois moins bon conducteur que le cuivre à diamètre égal, et encore, autant que nous le pouvons, nous le prenons plus fin que le fil des bobines. Ainsi, non-seulement il ne peut, d'après sa section, laisser passer qu'une quantité d'électricité toujours moindre que celle nécessaire pour faire fondre le fil de cuivre; mais encore, si la quantité augmente, c'est lui qui supporte les avaries. Ce fil se remplace aisément, et tout est remis de suite dans le premier état. Ce fil est placé dans un tube de verre, afin qu'on ne puisse

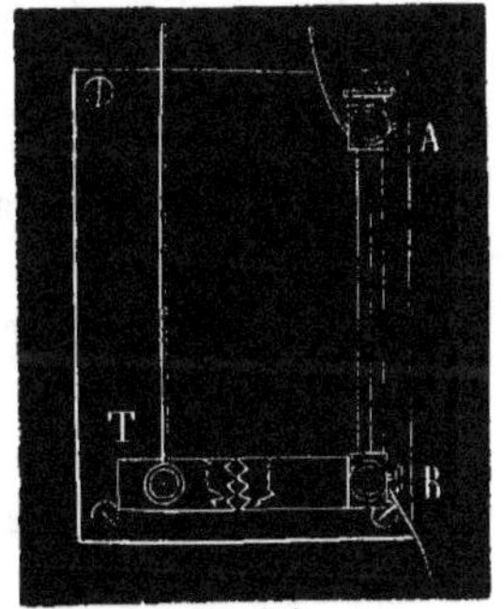

Fig. 196.

pas le toucher, et le casser accidentellement. A chaque extrémité du tube de verre sont deux montures en cuivre *A* et *B*, auxquelles le fil est fixé, et qui établissent sa communication métallique avec les deux boutons, où ces deux montures sont serrées par des écrous. En cas d'accident, il ne s'agit donc que de remettre un tube à la place d'un autre.

« A côté du bouton *B* en est un autre *T* qui est relié à la terre; ces deux boutons sont portés par des plaques de cuivre dentelées, et dont les pointes sont en regard, très-près les unes des autres; c'est afin que si le fil de la ligne se trouve chargé d'électricité, il puisse se décharger en partie par ces pointes.

« Avec cet appareil, il n'y a plus aucun danger ni pour les employés, ni pour les appareils.

« Ce petit instrument vient d'être attaqué dans le premier numéro d'un journal publié sous les auspices de l'administration télégraphique; il y est dit qu'il manque son but, et qu'il est dangereux pour les employés. La personne qui a rédigé l'article était mal informée, car nous pouvons montrer diverses attestations des chemins de fer, qui rendent pleine justice à sa *parfaite utilité*, ainsi qu'à son caractère *inoffensif*. A l'étranger, comme en France, il nous est très-demandé, et nous ne pouvons comprendre la *peur* qu'on a voulu faire d'un si petit et si bienfaisant appareil.

« Pour ce qui regarde la sûreté des employés, nous recommanderons instamment de ne jamais faire entrer de gros fils dans l'intérieur des postes, cela pouvant être dangereux; car d'un fil de 3 à 4 millimètres de section il peut s'échapper des étincelles à grande distance, et capables de blesser une personne. Il faut absolument les arrêter en dehors, et n'établir la communication avec le télégraphe qu'au moyen de fils d'un petit diamètre. Quand on le pourra, il sera encore préférable d'arrêter le gros fil à 1 mètre ou 2 de la station.

« Depuis que nous avons placé ce paratonnerre, et nous en avons installé quelques centaines, nous n'avons eu qu'à nous en louer; partout où il existe, aucun accident n'est survenu aux appareils. »

Nous croyons, avec M. l'abbé Moigno, que cet appareil, sans être absolument efficace pour les grands orages, a néanmoins rendu et peut continuer à rendre de grands services.

Nous avons vu à la station centrale des télégraphes de Paris un parafoudre de M. Breguet, modifié de telle façon, qu'au moment où le fil métallique se fond, la chute d'un petit poids met en communication le fil de la ligne avec la terre.

On obtient aussi ce dernier effet au moyen de trois viroles métalliques *ABC* (fig. 197), séparées par deux anneaux d'ivoire *mm*, de manière qu'ils ne communiquent pas entre eux directement; mais, aussitôt qu'un fil métallique recouvert de soie, qui, s'enroulant en hélice autour du tube, réunit les deux viroles extrêmes, devient rouge par l'effet de l'électricité atmosphérique, la soie brûle, et la partie métallique du fil, restant à découvert, touche les trois viroles, qui se trouvent ainsi en communication. Or, si la virole du centre est en rapport avec la terre et les deux autres avec les appareils télégraphiques et le fil de la ligne, celui-ci se mettra en communication avec la terre.

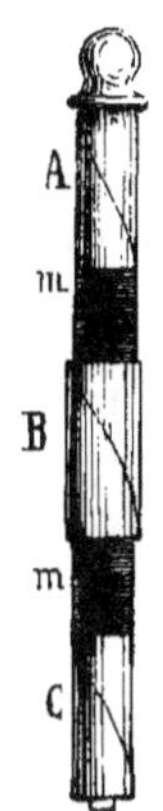

Fig. 197.

M. Walker a résolu le problème d'une autre manière. Son appareil consiste en un cylindre creux en cuivre mis en communication directe avec le sol et fermé à ses deux extrémités par deux disques de bois surmontés chacun d'un disque de cuivre. « L'un de ces disques est en rapport avec le fil de la ligne, et se trouve armé de pointes disposées circulairement en face du bord du cylindre qui lui correspond. L'autre disque est en rapport avec l'appareil télégraphique, et se trouve à portée des pointes métalliques dont le cylindre se trouve armé à son tour de ce côté. De plus ces deux disques sont en communication directe par une tige transversale qui les unit à l'intérieur du cylindre. Cette tige porte deux autres disques armés de pointes, et ces pointes font face à la surface interne du cylindre. Un peu au-dessous de ces disques hérissés de pointes, et toujours à l'intérieur du cylindre, est une bobine de bois sur laquelle est enroulé un fil très-fin (beaucoup plus fin que celui des appareils). Ce fil établit une relation entre le fil de la ligne et un autre fil se terminant aussi près du sol qu'il est possible, plus près de fait qu'aucune partie métallique de l'appareil télégraphique.

« Avec cette disposition, l'électricité de tension conduite dans l'appareil peut réagir par les pointes sur le cylindre-enveloppe, et provoquer de la part de la terre une neutralisation qui, si elle n'est pas suffisante, se trouve complétée par la fusion du fil fin entourant la bobine de bois. »

La figure 198 représente un autre parafoudre pour les lignes télégraphiques, inventé par M. Steinheil. Voici ce qu'en dit M. l'abbé Moigno : « Sur le toit de la cabane qui sert de station

Fig. 198.

télégraphique on voit d'abord aux deux pignons deux conducteurs en pointes communiquant avec le sol par un fil conducteur, puis deux plaques de cuivre *PP'* carrées de 6 pouces environ de côté. Le fil conducteur est brisé et se rattache de chaque côté normalement aux deux plaques ; ces plaques, posées sur une base isolante en faïence ou en porcelaine, sont fixées sur le toit et séparées de plus l'une de l'autre par plusieurs plis d'étoffe de soie; une cloche les défend de la pluie. Deux fils assez fins *FF'*, soudés aux plaques, conduisent le courant à l'appareil télégraphique. Ce courant aura toujours trop peu de tension pour vaincre l'isolement des plaques et passer directement d'une plaque à l'autre, il viendra donc par *F* aux appareils, et retournera par

F' au fil conducteur. L'électricité atmosphérique, au contraire, ne trouvera pas assez d'issue par les fils fins *FF'*, et sautera directement d'une plaque à l'autre; les appareils et les employés seront donc à l'abri de tout danger. En effet, dans les lieux où cette disposition a été adoptée, on n'a jamais vu, même pendant les plus grands orages et les coups de tonnerre les plus effrayants, ni étincelle ni bruit se produire dans les fils qui mettent en jeu les indicateurs. »

M. Fardely a appliqué sur la principale ligne télégraphique du grand-duché de Bade un système qui n'est autre que la combinaison des idées de MM. Steinheil et Breguet : il fait l'interruption du conducteur sur le dernier poteau, distant de la station de 4 à 5 mètres.

M. Meismer a employé sur la ligne du grand-duché de Brunswick un appareil qui ne diffère des précédents que par quelques détails de construction; seulement, au lieu de faire l'interruption sur le toit, comme M. Steinheil ou sur le dernier poteau, comme M. Fardely, il l'établit à l'intérieur de la station, après avoir fait passer le fil de la ligne par des tuyaux en fer enterrés sous le sol.

Dans le même but, M. Bianchi propose un autre parafoudre que M. du Moncel décrit de la manière suivante : « C'est une sphère de métal traversée par le fil télégraphique et maintenue au centre d'une autre sphère de verre formée par deux hémisphères réunis par un large anneau de cuivre. Cet anneau est armé intérieurement de pointes peu distantes se dirigeant vers le centre de la sphère métallique jusqu'à une petite distance de sa surface; les deux hémisphères sont terminés par des poulies dans lesquelles le fil conducteur passe et qui sont mastiquées. La partie inférieure de l'anneau de cuivre est munie d'un robinet métallique qui permet de faire le vide dans l'appareil et de l'y conserver, si on le juge nécessaire. Ce robinet porte un pas de vis qui doit recevoir la tige métallique destinée à mettre l'armature métallique en communication directe avec le sol en isolant complétement le fil du circuit fermé par la pile et la sphère qui en fait partie. Avec cet appareil, on conçoit que toute l'électricité atmosphérique qui se porte sur le fil conducteur et qui serait communiquée à l'appareil télégraphique, est transmise au sol par l'intermédiaire des pointes dont est armé l'anneau qui est en communication directe avec lui.

Le parafoudre des télégraphes du gouvernement français, disposé, croyons-nous, par M. Poujet-Maisonneuve, est formé d'une petite colonne verticale (fig. 199) au bas de laquelle s'attachent à trois petites bornes en cuivre, en *T* le fil de terre, en *L* le fil de la ligne, et en *A* le fil de l'appareil[1]. La borne *L* communique avec l'axe *H* d'un commutateur à trois branches qu'on fait mouvoir au moyen de la tige *K*. En plaçant cette tige au-dessus de l'une des trois plaques qui portent les indications *avec paratonnerre*, *terre*, *sans paratonnerre*, les branches du commutateur appuient sur de petites plaques métalliques *abc* et *d*. L'axe du commutateur communique seulement avec la branche du milieu; les deux autres, formées d'une seule pièce, étant isolées par un disque d'ivoire. Le fil recouvert de soie est placé dans l'intérieur de la pièce métallique *Z;* ses extrémités dénudées sont arrêtées par des vis dans les deux autres petites pièces *M* et *N*.

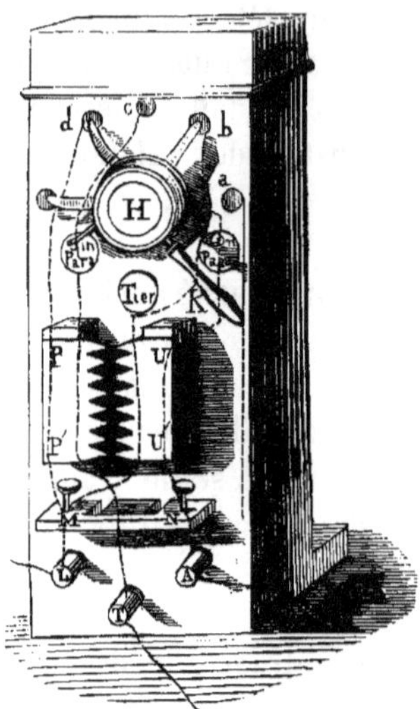

Fig. 199.

Les communications suivantes sont établies au moyen de fils ou de lames fixées derrière la planchette :

[1] Cette description est extraite du *Cours théorique et pratique du télégraphe électrique*, par M. Blavier. — Paris, 1857.

L avec *PP'* et *H*,
a avec *N*,
b avec *M*,
d avec *A*,
c avec *UU'*, *Z* et *T*.

Quand la tige *K* du paratonnerre est au-dessus de l'inscription *sans paratonnerre*, la branche médiane du commutateur appuie sur la plaque *d*. Le courant, arrivant de la ligne au bouton *L*, traverse la plaque de cuivre garnie de pointes *PP'*, et passe du centre *H* du commutateur au bouton *d*, d'où il se rend à la borne *A* et à l'appareil.

Si la tige *K* est placée au-dessus de l'inscription *avec paratonnerre*, les trois branches du commutateur se trouvent sur les trois plaques *a*, *b* et *d*. Le courant, après avoir traversé la plaque *PP'*, arrive, par l'intermédiaire de la branche du milieu, au point *b* et à la pièce de cuivre *M*; il traverse le fil du paratonnerre en *Z*, se rend de *N* au bouton *a*, suit les deux branches extrêmes du commutateur et passe de *d* à la borne *A*. Si une décharge électrique fond le petit fil, la ligne se trouve en communication avec la terre par l'intermédiaire de la pièce en cuivre *Z* dans laquelle il est placé.

Dans la troisième position de la tige *K*, la branche du milieu appuie sur la plaque *c*, qui communique avec la terre par l'intermédiaire de la tige *UU'*, de la plaque *Z* et de la borne *T*.

L'administration a renoncé dernièrement, à ce qu'il paraît, à ces parafoudres, qui avaient été mis hors de service en peu de temps. Elle emploie aujourd'hui un appareil très-massif dont la force et la solidité le rendent capable de résister aux effets mêmes de la foudre. Le déchargeur à pointes, qui est tout en métal, se trouve isolé du commutateur, et les pointes sont formées par des bouts de fortes vis que l'on peut appointir au fur et à mesure de leur usure, et qui peuvent se rapprocher plus ou moins du montant où sont implantées les pointes d'en face. Le commutateur ne paraît avoir rien de nouveau et ressemble à celui du paratonnerre dont nous allons donner une idée.

Parafoudre de MM. Mouilleron et Gossin. — Ces messieurs ont voulu diminuer les chances de dérangement, et ont introduit trois déchargeurs dans leur parafoudre. Il se compose principalement de deux disques de cuivre, armés de 600 pointes du même métal, placés l'un devant l'autre. En outre, il a deux tubes de verre verticaux renfermant chacun un fil de fer fin tendu par un ressort à boudin adapté à une pièce mobile de cuivre qui est placée au-dessus d'un appendice métallique en communication directe avec le sol. En temps normal, le contact n'a pas lieu entre la pièce et l'appendice, à cause du fil de fer tendu qui, en comprimant le boudin, les éloigne l'un de l'autre; mais, si la foudre vient à fondre le fil de fer, le ressort s'allonge, permet le contact, et il y a une communication directe du fil de la ligne avec le sol. Ce parafoudre est complété par deux commutateurs et un galvanomètre; ce dernier sert à s'assurer que le courant traverse l'appareil quand on l'introduit dans le circuit au moyen d'un des commutateurs; l'autre commutateur permet de compléter le circuit de ligne à travers les appareils, avec ou sans paratonnerre.

Les inventeurs ont combiné cet appareil sous une autre forme qui paraît l'avoir simplifié beaucoup sans lui rien faire perdre de son efficacité. M. du Moncel donne la description et la figure de ce nouvel appareil dans son quatrième volume des *Applications de l'électricité*.

M. Masson a proposé de mettre à profit l'observation par lui faite depuis longtemps que l'alcool est assez peu conducteur pour isoler un circuit voltaïque, mais d'une conductibilité suffisante pour laisser passer l'électricité de tension. L'appareil se composerait d'un vase de verre rempli d'alcool à 40° et renversé sur un soc mastiqué, de façon à empêcher la fuite du liquide. Le conducteur de la ligne télégraphique plongerait dans l'alcool, où il se terminerait par une lame de cuivre dentelée; une autre lame semblable, également dentelée, encadrerait la première sans pourtant y toucher en aucune façon; et, comme elle serait en communication avec le sol, elle servirait à décharger la première quand une charge considérable d'électricité s'y trouverait accumulée.

Il est inutile de dire comment on pourrait mettre ce parafoudre en rapport avec l'appareil télégraphique.

EMPLOI SIMULTANÉ DE DEUX SYSTÈMES TÉLÉGRAPHIQUES DIFFÉRENTS.

M. Varley, ingénieur de la compagnie de télégraphes de Lothbury, à Londres, et auteur d'un télégraphe électro-chimique que nous avons mentionné, a établi de telle manière les récepteurs et les communicateurs de la ligne de Londres à Dantzig, que non-seulement il peut correspondre directement d'un point à l'autre, malgré la grande distance et le câble sous-marin dont nous avons signalé les inconvénients dans le sixième chapitre; mais, ce qui est plus remarquable encore, à Londres on transmet et l'on reçoit les dépêches au moyen de son système de double courant ou d'inversion, avec un télégraphe électro-chimique et à aiguilles à la fois, tandis qu'à Hambourg, Berlin, Dantzig et Mémel, on transmet et on reçoit les dépêches avec le télégraphe Morse à simple courant ou à courant interrompu.

COMMUNICATION SIMULTANÉE D'UNE DÉPÊCHE A PLUSIEURS STATIONS TÉLÉGRAPHIQUES.

Relais rhéotomique de M. du Moncel. — Depuis longtemps Wheatstone avait cherché le moyen de résoudre ce problème, et avait imaginé un appareil fondé sur la persistance de la déviation du galvanomètre soumis à un courant interrompu à intervalles très-rapprochés; mais le parfait isochronisme qu'exigeaient ces appareils dans leur mouvement et la lenteur de la transmission les rendaient peu applicables à la pratique. M. du Moncel a cherché un autre moyen, et il a présenté à ce sujet à l'Académie des sciences une note dont voici la substance.

Qu'on suppose à la station centrale, distante de celle qui transmet, un mécanisme d'horlogerie dont le mouvement soit le plus accéléré possible, et dont l'effet mécanique soit de mettre en mouvement, circulaire ou rectiligne, un frotteur à piston appliqué sur une plaque fixe en ivoire. On conçoit facilement que si la plaque d'ivoire porte dans toute la longueur de la course du piston autant de petites plaques métalliques qu'il faut mettre d'appareils en mouvement, le piston, à chaque course, pourra envoyer successivement un même courant à différents appareils. Or, en admettant que le mouvement d'horlogerie soit subordonné à un électro-aimant interposé dans le circuit d'un relais ou dans celui même de la ligne, et que chaque attraction de cet électro-aimant ait pour effet de permettre au frotteur à piston de fournir une course entière, il arrivera qu'à chaque fermeture du circuit du relais il y aura une série de circuits fermés successivement, circuits qui pourront s'établir avec une infinie rapidité, car, pour être ouverts de nouveau, ils n'ont pas besoin d'être en rapport avec les actions mécaniques produites.

Ce système de *relais rhéotomique*, que son auteur ne croit applicable qu'aux télégraphes à aiguilles, pourrait l'être d'une manière plus simple si la transmission multiple devait être faite de la station même d'où part la dépêche, car alors le communicateur agirait directement sur le mouvement d'horlogerie sans avoir besoin ni d'un relais ni d'un électro-aimant qui exerce son action sur le relais rhéotomique.

Appliquant le principe de la commutation de courants, M. Regnard a proposé un relais double pour transmettre une dépêche dans deux directions différentes; ce relais était fondé sur l'emploi d'une paire d'électro-aimants doubles avec des doubles armatures aimantées, comme ceux que nous avons déjà mentionnés dans ce même chapitre.

Dernièrement nous avons appris par M. Wheatstone lui-même qu'il est sur le point de résoudre le problème d'établir sur le fil conducteur d'une ligne télégraphique toutes les dérivations, même au nombre de mille, s'il le fallait, dit-il, sans que le courant cesse d'être assez énergique pour mettre en mouvement un nombre égal d'appareils. Nous supposons que ce sera par le moyen d'autant de piles locales; mais, même ainsi, la solution du problème serait d'une importance extraordinaire et préférable à l'emploi d'un relais rhéotomique quelconque.

TRANSMISSION SIMULTANÉE DE DEUX DÉPÊCHES PAR UN MÊME FIL CONDUCTEUR EN SENS CONTRAIRE.

M. Gintl est le premier qui soit parvenu à ce résultat en appliquant son système à un télégraphe électro-chimique ; et ses expériences, commencées en 1853, eurent lieu publiquement en 1854, telles qu'elles sont décrites dans le numéro 2,375 du répertoire l'*Autriche*.

Plusieurs physiciens se sont occupés depuis de cette importante question, et à l'Exposition universelle de 1855 on a pu voir marcher plusieurs télégraphes de Morse, au moyen de dispositions diverses, bien que se rattachant toujours au principe proposé par M. Gintl. Les plus remarquables étaient ceux de MM. Siemens et Halske, Edlund et Wartman.

La figure 200, que nous empruntons au *Traité d'électricité* de M. Becquerel, peut donner une idée du principe de cette application, telle que l'ont proposée MM. Edlund et Siemens.

M et *M'* représentent les deux stations télégraphiques, pourvues l'une et l'autre d'appareils identiques et reliées par un seul conducteur *EE'*, et deux plaques métalliques *LL'*, souterrées pour établir le circuit par la terre. Les mêmes lettres indiquant les mêmes objets dans les deux stations, il suffira, par conséquent, d'en décrire une. *P* est une pile locale dont le pôle négatif va en *G;* l'autre pôle est le point d'où partent deux fils métalliques qui s'enroulent en sens inverse autour de l'électro-aimant du relais *S;* l'un de ces fils représenté par *ABCDE* est relié en *E* au conducteur de la ligne *EE'*, tandis que le second, représenté par *abcde*, se relie au fil *ef*, passe par le rhéostat *R*, qui peut, par conséquent, faire varier la résistance du circuit, et vient au point *H*, où il se réunit avec le fil métallique *HL*, communiquant avec la terre.

Il résulte de cette disposition que, tant que les deux points *G* et *H* sont séparés, les circuits se trouvent ouverts et l'électricité ne circule pas ; mais, si on joint *G* et *H*, le courant de la pile *P* se divise, passe en deux sens inverses par les fils du relais S de cette station, et ne produit par conséquent aucun effet magnétique si les deux courants sont de la même intensité, c'est-à-dire

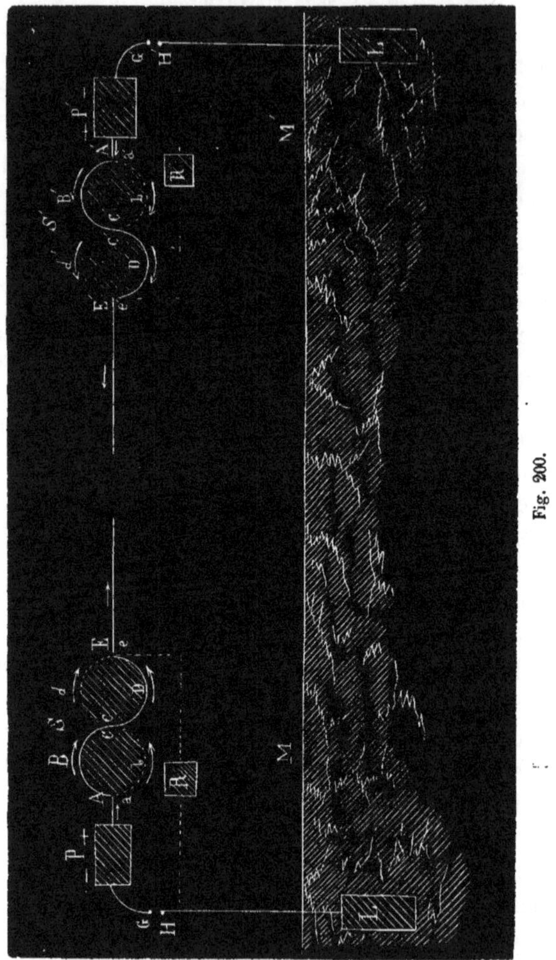

Fig. 200.

si les résistances sont les mêmes dans les deux circuits. Le premier de ces deux circuits se compose, comme nous l'avons dit, du fil *ABCDE*, du conducteur *EE'* et de la terre, parce que le courant revient de L' à L jusqu'au pôle négatif de la pile. Le second circuit se compose seulement du fil *abcde* et du rhéostat; mais, en variant la longueur du fil de ce dernier, on peut faire qu'il présente la même résistance que l'autre circuit; les courants qui traversent en sens inverse l'électro-aimant S seront donc égaux, et leur action magnétique sera nulle. On conçoit alors que, si l'on place en GH une clef ou manipulateur, comme celui du télégraphe de Morse, on pourra établir et interrompre le circuit par intervalles; mais, ni dans l'un ni dans l'autre cas, il n'y aura effet magnétique dans l'électro-aimant S, car, dans le second cas, il n'y a pas de courant, et, dans le premier, quelle que soit leur intensité, les deux courants partiels se détruisent mutuellement.

Si l'on considère l'effet produit par les piles dans les appareils de l'autre station, on verra que les actions ne s'annulent pas Quand on ferme le circuit en GH avec le manipulateur, un seul des courants partiels passe par EE'. Ce courant circule par le fil $E'D'C'B'A'$, et, s'il ne trouve pas G' en communication avec H', c'est-à-dire si le manipulateur $G'H'$ est ouvert, il passe ensuite par le fil $a'b'c'd'e'f'$ pour arriver à la terre en L' et retourner à la pile P en passant par le rhéostat R' et par H'; mais, en traversant deux fois le relais S', il ne le fait pas en sens inverse dans chaque fil, comme quand il traverse le premier relais S, mais dans la même direction; par conséquent, il produit une aimantation double dans l'électro-aimant, c'est-à-dire qu'il fait agir le relais S' et les appareils télégraphiques qui sont en rapport avec lui, sans produire aucun effet en S.

En supposant maintenant que G' et H' sont en communication, c'est-à-dire que la clef est fermée d'une manière continue, voyons ce qui se passe quand on ferme la clef ou manipulateur de GH, c'est-à-dire quand le courant électrique se présente en E' dans le sens EE'; alors S' ne s'aimante pas par le courant de P' par les raisons que nous avons exposées pour l'autre station; mais, s'il est vrai qu'au moment où le courant qui vient de M arrive à E' tout effet est nul dans la partie $E'D'B'A'$ parce qu'il y a deux courants en sens opposé, le courant $a'b'c'd'e'$, qui se trouvait annulé auparavant par $A'B'C'D'E'$, reprend toute son action et produit l'aimantation de S'.

Nous avons vu que, soit dans le cas où la clef $G'H'$ se trouve ouverte, soit dans celui où elle se trouve fermée, on peut produire un mouvement dans l'électro-aimant S' chaque fois qu'on ouvre ou qu'on ferme la clef GH, et, par conséquent, il arrivera la même chose dans l'autre station, qui est disposée exactement de la même manière. Un mouvement du manipulateur $G'H'$ produira un mouvement dans le relais S, quelle que soit la position de la clef GH, et partant les deux stations pourront correspondre en même temps par le même fil conducteur. Dira-t-on pour cela que deux courants contraires peuvent traverser simultanément le fil conducteur? Non certainement, et nous allons le démontrer par une observation bien simple.

Quand la clef $G'H'$ est ouverte, c'est le courant de la pile P qui agit, comme nous l'avons vu, sur l'électro-aimant S', parce que la pile P' a l'un de ses pôles isolé et ne fonctionne pas.

Quand la clef $G'H'$ est fermée, c'est l'électricité de la pile P' qui fait fonctionner le relais S', et non celle de P, comme il arrivait auparavant, parce que le courant venant par EE', qui, on ne doit pas l'oublier, est la moitié de celui que produit la pile P, se trouve annulé par la moitié du courant provenant de P', dont l'autre moitié, parcourant le fil $a'b'c'd'e'$, reste pour ainsi dire en liberté et produit son action inductive sur l'électro-aimant S', par l'effet du mouvement de la clef GH de l'autre station M.

De sorte que, dans ce second cas, l'électricité de P n'agit pas directement sur l'électro-aimant S', elle détruit seulement l'antagonisme des deux courants partiels dans lesquels se divisait le courant sorti de P', en absorbant, pour ainsi dire, l'un des deux; et, quoique le fil $ABCDEE'D'C'B'A'$ reste sans courant actif, le fil $a'b'c'd'e'$ conserve le sien, qui subsiste tant que GH reste fermé, c'est-à-dire aussi longtemps que le désirera l'employé de M. Ce qui pourrait arriver, ce serait que l'employé de M' ouvrît sa clef; mais alors, bien que les choses eussent lieu d'une autre manière, le résultat serait le même, c'est-à-dire que l'électro-aimant S' continuerait à produire le même effet que voulait M, quoique induit alors par le courant de *P*, comme nous l'avons dit plus haut.

Ce système peut s'appliquer de la même manière aux télégraphes à cadran, aux télégraphes électro-chimiques, aux télégraphes de Morse, et en général à tous ceux qui sont fondés sur l'interruption, et non sur le renversement des courants, mais plus généralement à celui de Morse; et, pour dissiper toute espèce de doute quant à la manière dont s'obtient le double effet dans les deux stations, nous présenterons quelques cas, en rappelant d'abord que dans le télégraphe de Morse les traits et les points se produisent quand le circuit est fermé, et les espaces blancs quand il est ouvert.

Supposons que *M* veuille faire un trait, tandis que *M'* veut un intervalle ou espace blanc; on comprendra aisément comment cela s'obtient : en effet, la clef *G'H'* ouverte laisse reposer la pile *P'*, il n'y a d'autre courant que celui de *P*, qui va en *S'*, aimante le fer du relais et trace son signe; pendant ce temps-là, le récepteur de *M* laissera son espace blanc sur le papier, car le relais *S* ne peut être mis en action que par la clef *G'H'*, et celle-ci a son circuit ouvert.

Si les deux stations veulent marquer un point précisément au même moment, les deux clefs *GH* et *G'H'* fermeront les circuits de leurs piles, les deux courants s'élanceront à la fois; les deux moitiés qui se portent sur le conducteur *EE'* se détruiront; mais il restera en *S'* le courant partiel *a'b'c'd'e'* de la pile *P'*, et en *S* le courant *abcde* de la pile *P*, les deux clefs s'ouvriront à la fois, et le courant cessera de subsister dans les deux. Il en sera de même si les deux stations veulent tracer deux traits.

Supposons maintenant que l'un des employés veuille marquer un point et l'autre tracer un trait, ou, ce qui revient au même, que les deux employés ne travaillent pas synchroniquement. Au commencement du tracé du plus long des deux signes, les effets auront lieu de la même manière que si l'on voulait tracer deux points; mais, si l'un des employés ouvre *G'H'*, par exemple, sa clef, il laissera sans le courant de la pile *P'* le relais *S'*, où doit être tracé le signe le plus long; mais peu importe, parce que l'électricité de la pile *P* passe alors sans obstacle autour de ce même relais *S'*, et continue l'action inductive.

Par conséquent, les appareils, quelle que soit la position de leurs clefs ou manipulateurs respectifs, fonctionnent toujours à la volonté de l'employé de l'autre station, tous les deux simultanément, sans que pour cela le courant passe en sens contraire par le même fil conducteur. Tout dépend de la construction des électro-aimants ou relais *SS'*, et de la graduation des rhéostats *RR'*, qui doivent présenter une résistance égale à celle du circuit du conducteur; égalité difficile peut-être à obtenir dans les lignes aériennes, mais nullement dans les lignes souterraines, et qu'il est surtout très-aisé de rectifier au moyen d'un galvanomètre différentiel.

Quoique fondés sur le même principe, les systèmes employés par MM. Siemens, Edlund et Wartmann diffèrent un peu dans la disposition. MM. Siemens et Halske se sont servis d'un rhéostat semblable à celui que nous avons expliqué, et d'un multiplicateur différentiel pour réduire toujours à 0° l'action magnétique exercée par la pile sur l'électro-aimant; M. Edlund a divisé le fil *abcde* en plusieurs fils parallèles qui s'enroulent dans le même sens autour de l'électro-aimant; et, en introduisant plus ou moins de fils dans le circuit, il obtient le même effet qu'avec le rhéostat isolé. M. Wartmann a proposé, comme M. Gintl, qui, nous l'avons dit, a le premier résolu le problème, deux piles locales, l'une qui n'agit que sur le fil *ABCDE*, et l'autre sur le fil *abcde* seulement.

De la série de cas que nous avons présentés pour démontrer de quelle manière se fait la transmission, l'on peut conclure que le meilleur moyen de s'assurer si les télégraphes fonctionnent bien consiste à maintenir fermée l'une des clefs ou manipulateurs, pendant que l'autre transmet la dépêche, car, si on la laisse ouverte, on se trouve dans le cas de tous les télégraphes où l'on ne transmet pas simultanément.

Les appareils sont construits de manière que, dans la station même qui transmet la dépêche, on puisse savoir si elle a été exactement transmise, et, pour cela, le bras du levier du télégraphe Morse, par exemple, qui fonctionne dans la station qui reçoit la communication peut fermer et ouvrir le circuit de la pile locale, et le commutateur est disposé convenablement pour que ce courant soit lancé sur la même ligne et revienne à la première station faire marcher l'appareil télégraphique. Dans ce cas, le récepteur de la seconde station joue le rôle de manipulateur, et renvoie la dépêche à la première station en même temps qu'il l'écrit. Si de la seconde station on envoie de la même manière la dépêche à une troisième et de celle-ci à une quatrième, on voit qu'au moyen du premier manipulateur la dépêche se transmet et s'écrit simultanément dans les autres endroits; on obtient, en un mot, l'effet produit par le relais rhéotomique de M. du Moncel, expliqué quelques pages plus haut.

TRANSMISSION SIMULTANÉE DE PLUSIEURS DÉPÊCHES PAR UN SEUL FIL DANS LE MÊME SENS.

Le journal la *Science*, dans son numéro du 27 août 1857, a publié un article de M. Dorville, où ce dernier explique le moyen dont s'est servi M. Stark, de Vienne, pour transmettre simultanément deux dépêches par le même fil conducteur, l'un entre Gratz et Vienne, et l'autre entre Trieste et Vienne, en passant aussi par Gratz, de manière qu'il fallait, en partant de Vienne, agir : 1° sur le récepteur de Gratz; 2° sur celui de Trieste; 3° sur les deux simultanément.

Pour résoudre cet intéressant problème de télégraphie, M. Stark emploie trois courants d'intensité différente, indépendants l'un de l'autre dans leur action, dit l'article susmentionné, en modifiant légèrement le manipulateur de Morse, généralement employé.

Nous aurions reproduit ici la description que fait du système de M. Stark le journal la *Science*, si nous ne l'avions pas trouvée incomplète et obscure; car, bien qu'elle expose très-clairement la manière dont fonctionnent les manipulateurs simultanément et indépendamment l'un de l'autre, et comment sont disposées les piles pour que l'intensité du courant varie selon le manipulateur mis en action, nous ferons remarquer qu'elle omet d'expliquer le mode d'action du courant sur les récepteurs, et à quel artifice il faut avoir recours pour éviter que les mouvements exécutés avec le manipulateur de courant plus fort agissent, quand il n'en est pas besoin, sur l'armature qui présente moins de résistance, si, comme nous le croyons, outre l'inégalité des courants transmis par les différents manipulateurs, il faut qu'il y ait aussi inégalité de résistance dans les armatures sur lesquelles ils doivent agir.

Avant de mettre sous presse l'édition française de notre livre, nous avons reçu le nouveau volume des *Applications de l'électricité* de M. du Moncel, qui trouve la même obscurité dans l'article où est décrite l'invention de M. Stark.

Mais le livre du savant physicien nous met à même d'expliquer le système de M. Duncker ayant pour but la solution du même problème, système qui paraît plus complet, ou qui du moins est plus clairement décrit.

Les dépêches sont d'abord expédiées par des manipulateurs en communication avec des piles de force régulièrement croissante comme les chiffres 1, 2, 3, 4, etc.; puis on établit aux stations de réception avant le relais du récepteur un appareil auquel l'inventeur donne le nom de *distributeur*.

Ce distributeur consiste en une série de marteaux de fer doux en nombre égal à celui des stations avec lesquelles on doit correspondre, et qui sont interposés entre les pôles d'un électro-aimant, convenablement disposés, de manière à pouvoir subir de leur part une double réaction en sens contraire. Les marteaux sont fixés à l'extrémité de tiges articulées oscillant entre deux appendices à ressort, lesquels sont mis en relation, du moins pour le premier marteau, l'un avec la terre, l'autre avec le relais. Des ressorts antagonistes et des buttoirs d'arrêt rappellent ces marteaux dans une position fixe, mais la tension des ressorts est différente pour chaque marteau, et se trouve mise en rapport avec les forces croissantes des piles différentes appelées à réagir sur le distributeur. Il résulte de cette disposition que, si le fil de l'électro-aimant communique avec le fil de ligne et la tige de ces marteaux, ceux-ci pourront être attirés, mais dans des conditions différentes et dépendantes de l'énergie de la force électrique transmise, de manière qu'il n'y aura jamais qu'un marteau d'attiré à la fois, et la tige de ce marteau, en réagissant sur l'un des appendices, opérera les liaisons métalliques nécessaires pour la transmission simultanée.

On comprend facilement que, quand le courant envoyé est le plus faible, il n'y aura d'attiré par l'électro-aimant que le marteau dont la résistance est moindre à l'action électro-magnétique; mais il faut que, quand le courant est assez fort pour vaincre la plus grande résistance, il n'y ait non plus qu'un seul marteau suffisamment attiré pour réagir sur les appendices en communication avec le relais. A cet effet, M. Duncker se sert d'un rhéotome combiné avec des piles locales *ad hoc* qui intervient pour arrêter en temps convenable les marteaux qui doivent rester inactifs : ce rhéotome n'a pas besoin d'une mention spéciale, car on peut lui donner plusieurs formes, et on sait que c'est un problème facile à résoudre.

On voit donc que toute la régularité du jeu du distributeur dépend du rapport exact existant entre l'intensité des courants transmis et la résistance des marteaux à l'action magnétique; cette intensité toujours constante est impossible à obtenir; mais M. Duncker a pu s'en passer au moyen de la disposition des marteaux entre les pôles de l'électro-aimant, car, les deux réactions s'exerçant sur eux, quoique l'une soit prépondérante, l'autre n'en intervient pas moins, et cette intervention s'effectue dans le sens des ressorts antagonistes. Avec ce distributeur, une station intermédiaire peut, sans porter préjudice à la transmission simultanée, avoir l'avantage de recevoir directement une dépêche de diverses stations, et savoir par le numéro d'ordre du marteau mis en action celle de ces stations qui a parlé, et cela en combinant convenablement les piles de chacune par rapport aux résistances qu'elles doivent vaincre.

Pour la transmission simultanée des dépêches, M. Duncker se sert de deux manipulateurs, quand il y a deux dépêches à transmettre, et de trois, si c'est avec trois stations qu'on veut correspondre simultanément. Ces manipulateurs ressemblent à celui du télégraphe Morse, mais diffèrent par une touche qui y a été ajoutée afin de pouvoir établir les liaisons qui sont nécessaires aux transmissions électriques; nous ne nous arrêterons pas à les examiner, nous dirons seulement que, selon que l'on abaisse la touche de l'un ou l'autre manipulateur, leurs piles respectives, dont l'intensité est différente, fera fonctionner séparément le marteau correspondant à cette intensité, et les stations pourront recevoir des signaux différents sans aucun dérangement. Quand plus d'un manipulateur fonctionne à la fois, le courant envoyé résultera d'autant de piles qu'il y a eu de touches abaissées, et ces piles réunies en tension auront pour résultat de faire fonctionner un marteau qui n'a pour effet que d'établir une dérivation du circuit sur un relais ; le courant se divisera alors entre deux stations, et les relais respectifs de ces stations fonctionneront comme s'ils recevaient également le courant qui les met en jeu quand les manipulateurs fonctionnent séparément. Ainsi, quels que soient les mouvements exécutés en même temps par les différents manipulateurs, les réactions électriques produites ne peuvent se détruire réciproquement, et arrivent forcément à leur destination. On peut consulter à ce sujet la *Revue des applications de l'électricité* de M. du Moncel, qui contient une description plus détaillée, accompagnée de figures.

APPLICATION DE LA VAPEUR A LA TRANSMISSION ÉLECTRIQUE.

L'*Ami des Sciences* du 13 décembre 1857 a inséré l'article suivant, que nous transcrivons sans commentaires, car ils seraient complétement inutiles.

« **Application de la vapeur à la transmission électrique.** — On s'occupe beaucoup, en Angleterre, d'un nouveau système de transmission électrique inventé par M. Boggs, et au moyen duquel il serait possible, suivant l'auteur, de transcrire douze colonnes du *Times* en moins d'une heure. L'inventeur a été amené à cette découverte, dit-il, par ses réflexions sur la lenteur de la télégraphie actuelle. Le mot de lenteur peut sembler paradoxal lorsqu'il s'agit d'une puissance capable de franchir 310 millions de mètres par seconde[1]. Aussi n'est-ce pas à l'électricité que s'en prend M. Boggs, mais à l'association, maladroite selon lui, du travail qu'effectue lentement l'employé chargé de la transmission, avec l'instantanéité du fluide. C'est un excellent domestique, prompt comme la pensée, commandé par un maître d'une lenteur extrême, qui met mille fois plus de temps à formuler ses ordres que son serviteur à les exécuter. Le problème consisterait donc à établir une indépendance bien complète entre la transmission électrique proprement dite et le travail de l'employé chargé de traduire le langage usuel en signes conventionnels aptes à être reproduits par les intermittences d'aimantation qui constituent le point de départ de toute télégraphie magnétique. Voici la solution que propose M. Boggs, qui demande que l'on se serve de la vapeur comme auxiliaire de l'électricité :

« Disposons une série de bandes de gutta-percha, d'environ 6 pouces de largeur et de 3 lignes d'épaisseur, s'enroulant sur des roues ou des tambours construits *ad hoc*. Ces bandes sont garnies des deux côtés d'une série de trous à de faibles intervalles bien égaux. Lorsqu'un message destiné à la transmission se présente, l'employé prend une de ces bandes, et plante dans les trous des épingles de cuivre dont la succession une par une, deux par deux, avec un ou plusieurs trous d'intervalle sans épingle, peut offrir toutes les combinaisons désirables pour le plus simple comme pour le plus compliqué des alphabets télégraphiques. De cette façon, les dépêches sont pour ainsi dire *composées* d'après une typographie de convention, où des employés exercés peuvent arriver à une grande rapidité d'exécution. C'est absolument une imprimerie, où chaque compositeur a sa case devant lui, et fait isolément un travail auquel il ne manque plus que la rapide formalité du tirage pour lui donner vie, et le reproduire indéfiniment. Pendant tout le temps que les employés de la télégraphie consacreraient à cette composi-

[1] D'après les expériences de MM. Fizeau et Gounelle, mentionnées dans le sixième chapitre, la vitesse de l'électricité est de 100 millions de mètres par seconde dans un fil de fer de 4 millimètres de diamètre, et de 180 millions dans un fil de cuivre de 2 millimètres et demi.

tion, le fil électrique offrirait l'inappréciable avantage d'être libre pour d'autres expéditions. Une fois les bandes de gutta-percha ornées de leurs épingles hiéroglyphiques, il ne reste plus que la seconde partie de l'opération, rapide celle-ci comme la pensée. On apporte les tambours, en ayant soin qu'il ne se produise aucun dérangement dans l'ordre des épingles, ce qui est facile à éviter; puis ces tambours sont mis en communication avec une machine à vapeur installée de manière à attirer régulièrement les bandes entre les pôles d'une pile électrique disposée de telle sorte, qu'au moment où la tête de l'épingle touche le point sensible, la communication électrique soit instantanément établie et transmette le signal à l'extrémité du réseau, où l'électricité trace ses intermittences sur des bandes de papier qu'il est aisé de préparer dans ce but. La vitesse de la machine à vapeur déroulant les bandes de gutta-percha n'a d'autres limites que celles que l'expérience précisera. Dans tous les cas, il est un fait acquis par des épreuves bien antérieures et fréquemment répétées, c'est qu'il suffit d'un contact de la deux centième partie d'une seconde avec le conducteur du fluide pour le sensibiliser et faire répercuter à l'autre extrémité du monde la secousse ou l'aimantation produite dans ce laps de temps infiniment petit. On voit avec quelle rapidité les communications peuvent avoir lieu par suite de cette ingénieuse idée, de séparer le travail de la composition de celui de l'expédition du même message. Dès que les bandes de gutta-percha d'un tambour seraient déroulées, — et il faudrait peu de temps, — d'autres tambours viendraient s'emparer de la place libre, et cette succession de dépêches serait seulement limitée par la proportion numérique des employés chargés de fixer les épingles de cuivre selon les données de l'alphabet conventionnel adopté. »

FIN DU PREMIER VOLUME

TABLE DES MATIÈRES

DU PREMIER VOLUME.

PREMIÈRE PARTIE

Précis historique élémentaire de l'électricité.

CHAPITRE Ier. — Électricité statique.

CHAPITRE II. — Électricité dynamique. — Galvanisme. — Thermo-électricité. — Piles.

CHAPITRE III. — Magnétisme.

CHAPITRE IV. — ÉLECTRO-MAGNÉTISME. — ÉLECTRO-DYNAMIQUE.

CHAPITRE V. — Induction électro-dynamique.

CHAPITRE VI. — PROPAGATION DE L'ÉLECTRICITÉ.

DEUXIÈME PARTIE

Applications de l'électricité.

CHAPITRE VII. — APPLICATIONS DIVERSES DE L'ÉLECTRICITÉ.

CHAPITRE VIII. — Télégraphie électrique.

FIN DE LA TABLE DES MATIÈRES DU PREMIER VOLUME

www.ingramcontent.com/pod-product-compliance
Lightning Source LLC
LaVergne TN
LVHW011938220826
846092LV00001B/24
9782329410555